网络控制系统建模、分析及安全控制

王燕锋　王培良　唐友亮　著

化学工业出版社
·北京·

内容简介

本书论述了网络诱导现象、事件触发机制、网络攻击和外部干扰各要素对系统性能的影响，提出了系统控制策略。为了便于读者理解，本书按照先易后难的原则组织相关材料，把网络仅存在于传感器和控制器之间的控制问题，逐步推广到网络不仅存在于传感器和控制器之间，还存在于控制器与执行器之间的控制问题，且综合考虑网络诱导现象、网络攻击、事件触发机制等多种因素下的控制器设计问题。

本书总结了作者近年来关于网络控制系统方面的研究，可以作为高等院校控制理论与工程、计算机应用技术、信息与计算科学、运筹学与控制论等专业的博士和硕士研究生的专业参考书。

图书在版编目（CIP）数据

网络控制系统建模、分析及安全控制 / 王燕锋，王培良，唐友亮著．—北京：化学工业出版社，2024.6

ISBN 978-7-122-45444-7

Ⅰ.①网… Ⅱ.①王… ②王… ③唐… Ⅲ.①计算机网络-自动控制系统-研究 Ⅳ.①TP273

中国国家版本馆 CIP 数据核字（2024）第 075753 号

责任编辑：郝英华　　文字编辑：孙月蓉
责任校对：边　涛　　装帧设计：史利平

出版发行：化学工业出版社
（北京市东城区青年湖南街 13 号　邮政编码 100011）
印　　装：北京天宇星印刷厂
787mm×1092mm　1/16　印张 15¾　字数 400 千字
2025 年 1 月北京第 1 版第 1 次印刷

购书咨询：010-64518888　　售后服务：010-64518899
网　　址：http://www.cip.com.cn
凡购买本书，如有缺损质量问题，本社销售中心负责调换。

定　　价：88.00 元　　

前言

随着信息化与工业化的深度融合，将计算、控制和通信技术综合于一体的网络控制系统（networked control system，NCS）应运而生。网络控制系统根据环境的变化实时调整动态交互方式，解决智能生产、生活的重大需求，实现提高生产效率和改善人们生活质量的目的。正是由于具备上述特性，网络控制系统已被广泛应用于工业生产、智能电网、智能交通等领域。

网络带宽的限制，使得数据的传输不可避免地存在时延、丢包等网络诱导现象，导致系统性能下降甚至使得系统不稳定。并且，网络的开放性，使得控制系统容易遭受网络攻击的影响，产生诸多网络安全隐患。另外，传统的控制系统广泛采用基于时间触发的通信机制来实现数据的传输，这种通信模式意味着各传感器节点在每一固定时刻都要传输、接收并处理数据，不可避免地浪费了节点的能量和带宽。近年来，事件触发机制被提出并引起了众多学者的关注。与时间触发机制不同，在事件触发机制下，是事件而不是固定的时间周期决定了采样数据是否被传输。从系统的观点来看，网络控制系统各要素之间，如网络攻击模式、事件触发机制与网络诱导现象之间，必然存在着相互影响的内在联系，各要素之间的交叉耦合又制约着安全控制器的设计及网络控制系统的性能。

本书论述了网络诱导现象、事件触发机制、网络攻击和外部干扰各要素对系统性能的影响，提出了系统控制策略。主要内容如下：第 1 章介绍了网络控制系统的研究背景、研究意义及研究的现状；第 2 章介绍了必备的基础知识；第 3~6 章及第 8 章对于网络存在于传感器和控制器之间的网络控制系统，针对时延（丢包）等因素的影响，讨论了网络控制系统的控制器设计方法；第 7 章基于线性时不变广义被控对象研究了网络控制系统的 H_∞ 控制问题；第 9 章研究了具有 S-C（传感器至控制器）和 C-A（控制器至执行器）丢包的网络控制系统 H_∞ 控制方法；第 10 章对于具有 S-C 和 C-A 时延和丢包的离散网络控制系统，研究了基于观测器的镇定问题；第 11 章对于具有 S-C 和 C-A 时延的网络化 Markov（马尔可夫）系统，研究了状态反馈控制器设计问题；第 12 章对于具有 S-C 和 C-A 丢包的网络化 Markov 系统，研究了具有观测器的控制问题；第 13 章讨论了同时有 Lipschitz（利普希茨）非线性、数据包丢失和受到周期性 DoS 攻击的网络化 Markov 跳变系统的基于观测器的控制问题；第 14 章对具有 S-C 丢包的网络化 Markov 跳变系统讨论了故障检测问题；第 15 章针对具有 S-C 及 C-A 两段不确定时延的连续网络化 Markov 跳变系统，研究了其在执行器故障下的观测器与容错控制器的协同设计问题；第 16 章针对具有 S-C 及 C-A 两段不确定时延的连续网络化 Markov 跳变系统，研究了基于事件触发机制的观测器与控制器的协同设计问题；第 17 章针对 S-C 和 C-A 之间均具有时延和不确定性的连续 Lurie NCS，设计了鲁棒容错控制器，使得系统执行器发生故障时，能够对故障有效地容错并使系统保持稳定；第 18 章同时考虑事件触发机制及 S-C 和 C-A 时延对系统的影响，研究了基于观测器的 NCS 的故障检测问题；第 19 章对于受到周期 DoS 攻击和具有时延的网络化 Lurie 控制系统，设计了基于事件触发机制的控制器。

本书可以作为高等院校控制理论与工程、计算机应用技术、信息与计算科学、运筹学与控制论等专业的博士和硕士研究生的专业参考书。

本书总结了作者近年来关于网络控制系统方面的研究。由于作者水平有限，对于书中存在的缺点和不足之处，恳请专家和读者不吝赐教！

作者

2024 年 10 月

目录

第1章 绪论

1.1 研究背景与意义

传统控制系统如控制器、传感器和执行器通过网络点对点结合，组成闭环控制系统。信号的发送和接收可以认为是在瞬间完成的，没有时延或数据包丢失（丢包），时延也可以忽略不计[1,2]。在工业上，这种控制方式已经成功应用了多年，但这种方式通常布线复杂，成本高，可靠性低，扩展操作不便[3]。

随着控制系统的规模和复杂性的增加，系统中通常存在许多控制器、传感器和执行器。系统的各组成部分通常分布在不同的地方。在结构如此复杂的系统中，控制器、传感器和执行器之间传统的点对点连接几乎是不可能的。例如，在连续轧制线上有成千上万的节点（见图 1.1）。如果这些节点之间仍然使用点对点的连接，系统连接将占据大量的空间，造成空间资源的紧张[4,5]。为了解决这些问题，人们开始将网络引入到控制系统中，用分布式网络结构来代替点对点的专线连接[6]。由网络形成的闭环反馈控制系统被称为 NCS（网络控制系统），其基本结构见图 1.2。

图 1.1　连续轧制线

NCS 的组成部分如控制器、传感器和执行器通过网络交换信息。因此，与传统的控制系统相比，NCS 具有结构清晰、布线简单、占用空间小、系统安装和维护方便、灵活性高、易于扩展等优点[7,8]。近年来，NCS 已经成为学术研究的热点之一。NCS 的出现反映了对复杂和远程控制系统的实际需求，这是控制系统发展的必然趋势。网络技术的快速发展为 NCS 的深入应用提供了必要的物质基础。NCS 已被广泛应用于过程自动化、制造自动化、

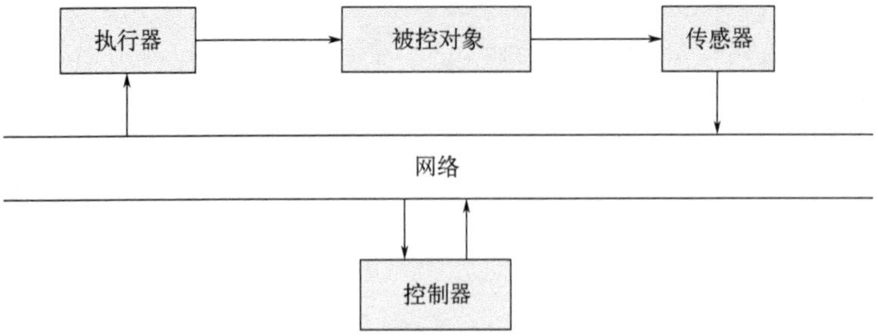

图 1.2　NCS 的基本结构

航空航天、无线通信、机器人、交通系统、智能建筑等领域[9,10]。

当网络被引入到控制系统中后，控制系统表现出了一些新的特性。例如，当信号在带宽有限的网络中传输时，不可避免地会出现网络引起的时延、丢包、混沌等问题[11]。网络引起的现象会影响系统性能，甚至破坏系统稳定性，这给系统的分析和综合带来了许多挑战[12,13]。关于 NCS 中的网络诱导现象，已经取得了大量的成果。现有的关于 NCS 的文献主要分为两类：基于网络的控制和对网络的控制[14]。“基于网络的控制”旨在提出适当的控制方法，以消除网络缺陷对系统性能的影响；“对网络的控制”的目标是提供优秀的网络服务质量。本章从以下四个方面对 NCS 进行了介绍：NCS 的控制、基于网络的滤波、NCS 的故障检测（fault detection，FD）以及 NCS 的调度策略。前三个方面属于“基于网络的控制”，而最后一个方面属于“对网络的控制”。本章最后介绍了本书的主要内容框架。

1.2　NCS 的控制

许多学者对 NCS 的控制问题开展了研究工作，并取得了一系列研究成果。从最初研究如何设计控制器以保证系统的稳定性，到研究如何考虑时延、丢包等因素提高系统性能。本节将分别介绍受时延影响的 NCS 的控制、受丢包影响的 NCS 的控制以及受时延和丢包同时影响的 NCS 的控制的研究成果。

1.2.1　受时延影响的 NCS 的控制

由于采用的网络协议不同，网络时延的长度通常不是固定的，通常具有随机性和不确定性的特点。根据时延的长度和系统的采样周期 h 之间的关系，时延可分为长时延和短时延：假设时延在区间$[0,a]$内分布，如果 $a\leqslant h$，则称该时延为短时延；否则，称其为长时延[15]。假设时延为短时延，通过对网络信号时序的分析，借助矩阵理论将时延转化为 NCS 的参数不确定性，将基于连续时间被控对象的 NCS 转化为具有模型不确定性的时延系统类型[16,17]。通过连续时间对象的离散化，在系统矩阵 $\boldsymbol{A}$ 的 n 个特征值不同和存在重复特征值的两种情况下，时延被转换为系统输入矩阵 $\boldsymbol{B}$ 的参数不确定性[16]。假设系统的总时延小于采样周期 h，时延被分为两部分：标称时延和可变部分。通过将连续时间系统离散化，并使用类似于文献［16］的分析方法，NCS 被转化为一类具有不确定性的离散系统。还提出了最大允许时延的估计方法和闭环 NCS 稳定条件下的控制器设计方法[17]。应该注意的是，这类方法只适用于具有连续时间被控对象的非线性系统的情况。

在基于离散时间被控对象的 NCS 中，长时延是周期 h 的整数倍，通常被建模为有限模式的离散马尔可夫链（Markov chain，也称 Markov 链）[18-24]。这种方法可以描述任何多步骤的时延，转移概率矩阵可以用来描述相邻时间瞬间的时延之间的依赖性。为了简单起见，在下面的讨论中，将从传感器至控制器（S-C）的时延记为 d_k，从控制器至执行器（C-A）的时延记为 τ_k。通过在执行器节点设置一个缓冲器，将 d_k 和 τ_k 之和描述为一个马尔可夫链，并通过状态增广的方式建立 NCS 的闭环模型。为了建立 NCS 的线性稳定条件，并获得依赖于时延的输出反馈控制器，要求系统输出矩阵 $\boldsymbol{C}$ 为列满秩矩阵[18]。

因为 S-C 通道和 C-A 通道在 NCS 中是独立的，所以 d_k 和 τ_k 也是相互独立的。一个更好的方法是分别建立 d_k 和 τ_k 的模型，而不是把它们作为一个整体建模。对于一种同时遭受 d_k 和 τ_k 的离散 NCS，用两种不同的马尔可夫链来表征 d_k 和 τ_k，建立 NCS 稳定性的充分和必要条件，并建立锥补线性化（CCL）算法来获得依赖于 d_k 和 τ_{k-1} 的状态反馈控制律[19]。由于 τ_{k-1} 的信息在到达控制器节点之前需要经历 S-C 时延 d_k，控制器通常不能在时间瞬间 k 获得 τ_{k-1} 的信息。通过设置在执行器节点的微处理器，提出了依赖于 d_k 和 τ_{k-d_k-1} 的输出反馈控制律[20]。在计算 Lyapunov（李雅普诺夫）函数的差值的过程中，计算了涉及马尔可夫链的多步骤转移概率。从这一角度来看，文献［20］是对文献［19］的改进和扩展。文献［21］利用构造合适的 Lyapunov-Krasovskii 函数和组合的自由权矩阵的方法，而不是使用状态增广，提出了类似的依靠 d_k 和 τ_{k-d_k-1} 的状态反馈控制律的设计方法。

文献［18-21］假设时延转移概率矩阵的信息是完全可获得的。然而，在实际通信领域，一般很难实现这一假设。因此，对转移概率矩阵中存在某些未知元素的 NCS 进行相关研究更为实际。在转移概率不可获得的情况下，也有一些成果被报道[22-24]。文献［22］对于一种受 S-C 时延影响的 Lipschitz（利普希茨）非线性 NCS，通过状态增广技术将 S-C 时延转化为了 NCS 的内部参数；考虑到一些时延转移概率是不可获得的，设计了一个状态反馈控制器。文献［23］通过改变采样周期将 NCS 离散化，并研究了非线性 NCS 的稳定问题；得到了时延转移概率的信息量与 NCS 的非线性约束之间的定量关系。文献［24］对于一类遭受 S-C 时延和 C-A 时延的基于 Markovian-plant 的 NCS，研究了依赖于 S-C 时延模式和 Markovian-plant 模式的控制律。S-C 时延和 C-A 时延分别取自两个马尔可夫链的值。文献［24］还通过构建 Lyapunov-Krasovskii 函数，在两个马尔可夫链的转移概率矩阵全部已知和部分未知的两种情况下，给出了依赖模式的控制律的解决方案。

1.2.2　受数据包丢失影响的 NCS 的控制

受数据包丢失影响的 NCS 如图 1.3 所示，其中 $\boldsymbol{y}_k$ 是对象输出测量值，$\tilde{\boldsymbol{y}}_k$ 是到达控制器节点的对象输出，$\boldsymbol{u}_k$ 是到达执行器节点的控制输入，$\tilde{\boldsymbol{u}}_k$ 是控制器根据控制律产生的控制量。当开关 $S_1(S_2)$打开时，说明数据包丢失发生。当开关 $S_1(S_2)$关闭时，它意味着数据包被成功

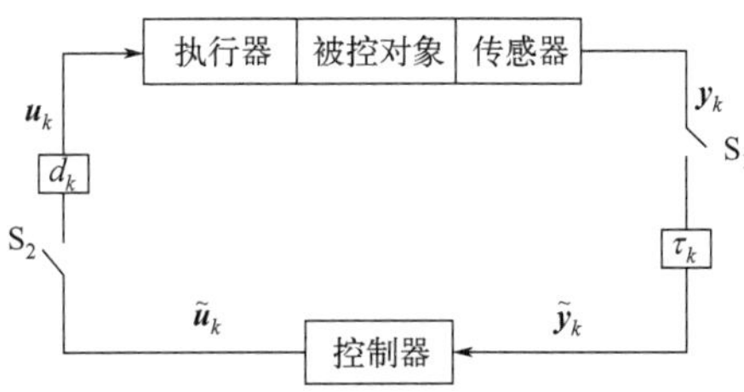

图 1.3　具有数据包丢失的 NCS 结构图

发送。从现有研究来看，主要有三种处理丢包问题的方法。

第一种方法是将丢包作为一个系统事件来处理，因此，受丢包影响的 NCS 被描述为一种异步动态系统（ADSs）[25-27]。文献［25］对于 S-C 和 C-A 信道中受丢包影响的离散 NCS，根据 ADSs 理论，得到了使闭环 NCS 稳定的成功传包率范围；此外，还给出了数据包丢失的上限，并将相关结果扩展到多数据包传输的情况。

以城市污水排放系统为被控对象，文献［26］建立了一个包括泵站执行器和中央协调控制器的 NCS 模型。其中，中央协调控制器收到的参数包括泵的运行数量、旋转速度、排出的污水流量、水池的水位等参数。同时，控制命令也被下发给泵站的执行器。其将污水排放系统的数据包缺失描述为基于 ADSs 的开关模型，并分别给出了间歇性和连续性数据包缺失的智能补偿策略。文献［27］研究了多智能体系统的协同控制问题，其中每个机器人通过网络与其他机器人进行通信。假设通信拓扑结构是一致的，多智能体系统被建模为一种 NCS，被视为受数据包丢失可能性制约的 ADSs。文献［27］还根据 ADSs 理论，设计了一个实现多智能体系统运动协同的控制器。

第二种方法是将数据包丢失作为随机变量，服从 Bernoulli（伯努利）概率分布，取值为 0 或 1[28-31]。对于一类 Lipschitz 非线性 NCS 的 S-C 和 C-A 数据包丢失，提出了一种基于观测器的反馈控制方法。考虑到被控对象的状态不可测量，通过将 S-C 和 C-A 通道的数据包丢失描述为随机的伯努利变量，构建了一个观测器来实现反馈控制。

$$\boldsymbol{y}_k=\alpha_k\widetilde{\boldsymbol{y}}_k,\boldsymbol{u}_k=\beta_k\widetilde{\boldsymbol{u}}_k \tag{1.1}$$

其中 $\boldsymbol{y}_k\in\mathbf{R}^n$，$\widetilde{\boldsymbol{y}}_k\in\mathbf{R}^n$，$\boldsymbol{u}_k\in\mathbf{R}^r$，$\widetilde{\boldsymbol{u}}_k\in\mathbf{R}^r$。文献［29］将文献［28］中的主要结果扩展到一类具有模型不确定性的 Lipschitz 非线性 NCS，给出了将双线性矩阵不等式转化为线性矩阵不等式（LMI）的方法，并研究了丢包的可能性与系统性能之间的关系。文献［30］研究了一种鲁棒预测控制方法，适用于遭受 S-C 数据包丢失的 NCS。S-C 数据包丢失是由随机的伯努利变量描述的；对于随机变量的数学期望值不确定和未知的情况，分别提出了鲁棒模型预测算法，结果是有效地减少了数据包丢失对工业互联系统的影响。文献［31］通过将数据包丢失描述为服从伯努利概率分布的变量，为受测量噪声和数据包丢失影响的 NCS 提出了一种迭代学习控制算法；设计并比较了断续和连续更新的两种方法，从而使输入序列在数据包丢失和存在随机噪声的情况下收敛到预期的系统输入。

第三种方法是将遭受数据包丢失的 NCS 描述为马尔可夫跳变线性系统（MJLS），随着数据包丢失的发生而改变模式[32-35]。该方法的优点之一是它可以描述相邻时间点的数据包丢失之间的关系。文献［32］研究了带有离散时间控制器的网络采样数据传输系统的稳定性条件；用离散时间 MJLS 描述遭受数据包丢失的采样数据远程传输系统；基于 Lyapunov-Krasovskii 的方法，使得闭环采样数据传输系统是随机稳定的。文献［33］和［34］将 S-C 信道和 C-A 信道中受到数据包丢失影响的 NCS 描述为具有四种操作模式的 MJLS；分别解决了状态反馈和基于观测器的输出反馈控制律设计问题。文献［35］研究了受 S-C 数据包丢失影响的 NCS 的预测跟踪控制问题；通过状态增广技术将闭环 NCS 描述为 MJLS；在考虑到输入和输出约束的情况下，对数据包丢失对 NCS 性能的影响进行了分析。

1.2.3 受时延和数据包丢失同时影响的 NCS 的控制

大多数现有文献只关注 S-C 信道的时延和丢包，而没有考虑 C-A 信道的时延和丢包。文献［36］忽略 C-A 信道的时延和丢包，提出了受 S-C 信道时延和丢包影响的 NCS 状态反馈控制律的设计方法，将闭环 NCS 建模为 MJLS 操作模式。文献［37］对于一种受 S-C 时延和 C-A 数据包丢失影响的 Lipchitz 非线性 NCS，解决了动态输出反馈控制的问题；利用有限状态的马尔可夫链描述了动态特性，同时采用了服从伯努利概率分布的随机变量来模拟数据包丢失；得到了数据包丢失的可能性、时延转移概率矩阵的信息和被控对象的非线性水平之间的定量关系。文献［38］研究了受 S-C 时延和 S-C 数据包丢失影响的 NCS 的智能控制；通过构造采样周期依赖的 Lyapunov 函数，提出了智能控制方法，并根据闭环 NCS 的既定稳定条件对系统性能进行了优化。

文献［39］建立了一个 NCS 在 S-C 通道和 C-A 通道中遭受时延和丢包的综合数学模型。在这个模型中，有两个有限状态的马尔可夫链被用来分别描述两个通道的时延，两个随机变量被用来模拟两个通道的丢包。在两个时延转移概率矩阵部分不可获得的假设下，其通过构建适当的 Lyapunov-Krasovskii 函数解决了稳定控制问题。如图 1.4 所示是基于观测器的受到时延和丢包影响的 NCS 结构图，其中 $\boldsymbol{y}_k$ 是对象输出测量值，$\overline{\boldsymbol{y}}_k$ 是到达观测器对象的输出，$\hat{\boldsymbol{x}}_k$ 是观测器状态，$\overline{\boldsymbol{u}}_k$ 是观测器控制输入，$\boldsymbol{u}_k$ 是对象的控制输入。

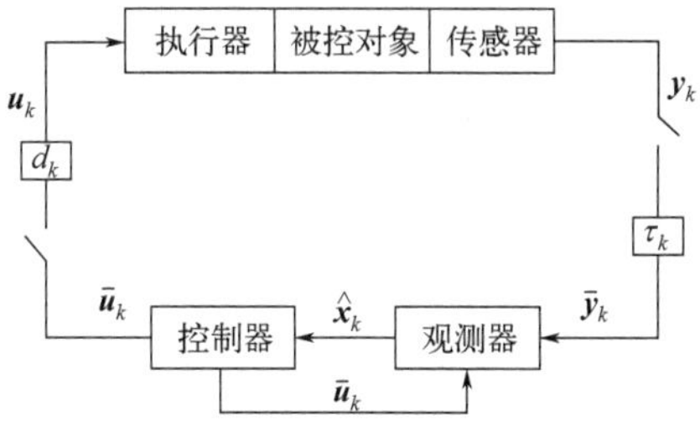

图 1.4　基于观测器的受到时延和丢包共同影响的 NCS 结构图

除了稳定问题外，H_∞ 控制问题[40-43] 和保本控制问题[44-46] 也是 NCS 的研究热点。

文献［40］研究了 S-C 信道和 C-A 信道中存在时延和丢包的 NCS 的 H_∞ 输出反馈控制问题，利用两个有限状态的马尔可夫链分别描述了两个信道的时延，丢包被视为某种类型的时延。对于存在时延和丢包的 NCS，在网络状态满足马尔可夫特性并满足一定的转移概率矩阵的假设下，文献［41］解决了 H_∞ 输出反馈控制问题。文献［42］通过提出一个新的 Lyapunov-Krasovskii 函数建立了闭环系统的稳定性和 H_∞ 性能的条件，研究了受时延和丢包影响的 NCS 鲁棒 H_∞ 控制问题。为了解决 S-C 信道和 C-A 信道中有界时延和连续丢包的一类 NCS 的 H_∞ 控制问题，文献［43］建立了一个数学模型，其中随机时延和丢包由 Bernoulli（伯努利）分布式变量描述。

文献［44］解决了一种受时延影响的 NCS 保本控制问题；为了取得保守性较小的结果，将保本控制器的增益设计为随时延变化；通过凸优化算法得到了 NCS 的次优控制器。文献［45］解决了受时延和数据包丢失影响的某种 NCS 的输出反馈保本控制问题，将 NCS 变成了具有两种运行模式的 Markvian 系统。文献［46］提出了一种与模式无关的鲁棒性输出反馈控制方法，可以使闭环 NCS 稳定并具有保本性能。

1.3　基于网络的滤波

在噪声信号统计信息可用的条件下，一些基于网络的卡尔曼滤波方法已经出现（见文献［47-52］）。与卡尔曼滤波相比，H_∞ 滤波的主要优点是不需要噪声信号的统计信息，这使得这种技术在某些实际应用中非常有用。在这一部分，主要关注基于网络的 H_∞ 滤波。基于网络的 H_∞ 滤波可以分为三类：受时延影响的系统的 H_∞ 滤波、受丢包影响的系统的 H_∞ 滤波，以及受时延和丢包共同影响的系统的 H_∞ 滤波。

基于网络的滤波系统的常见框图如图 1.5 所示，其中被控对象状态方程如下：

$$\begin{cases} \boldsymbol{x}_{k+1}=\boldsymbol{A}\boldsymbol{x}_k+\boldsymbol{B}\boldsymbol{\omega}_k \\ \widetilde{\boldsymbol{y}}_k=\boldsymbol{C}_1\boldsymbol{x}_k+\boldsymbol{C}_2\boldsymbol{\omega}_k \\ \boldsymbol{z}_k=\boldsymbol{D}_1\boldsymbol{x}_k+\boldsymbol{D}_2\boldsymbol{\omega}_k \end{cases} \tag{1.2}$$

其中，$\boldsymbol{x}_k\in\mathbf{R}^n$，是系统状态；$\widetilde{\boldsymbol{y}}_k\in\mathbf{R}^r$，是测量输出；$\boldsymbol{\omega}_k\in\mathbf{R}^p$，属于 $L_2[0,\infty)$ 的扰动；$\boldsymbol{z}_k\in\mathbf{R}^m$，是估计信号；$\widetilde{\boldsymbol{z}}_k\in\mathbf{R}^m$ 是待估信号；$\boldsymbol{A}$、$\boldsymbol{B}$、$\boldsymbol{C}_1$、$\boldsymbol{C}_2$、$\boldsymbol{D}_1$ 和 $\boldsymbol{D}_2$ 是具有适当维数的实矩阵。

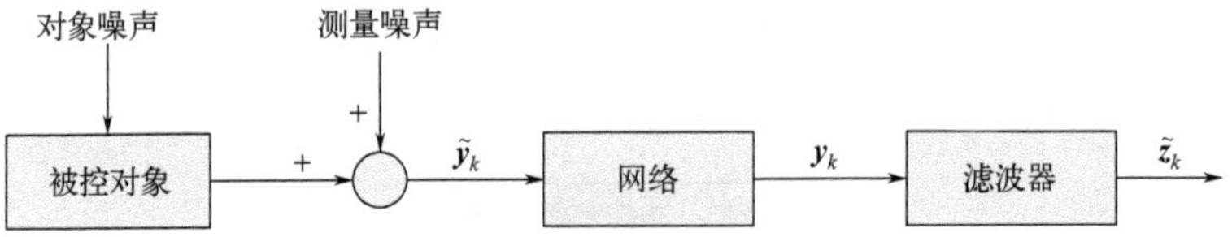

图 1.5　基于网络的滤波系统常见框图

文献［53-55］研究了受时延影响的系统的 H_∞ 滤波。以下模型在描述测量输出的随机一步时延方面发挥了重要作用。

$$\boldsymbol{y}_k=\xi_k\widetilde{\boldsymbol{y}}_k+(1-\xi_k)\widetilde{\boldsymbol{y}}_{k-1} \tag{1.3}$$

其中，$\boldsymbol{y}_k\in\mathbf{R}^r$，是到达滤波器的输出测量值；$\xi_k$ 是伯努利分布变量，其中 $\Pr\{\xi_k=1\}=\bar{\xi}$，$\Pr\{\xi_k=0\}=1-\bar{\xi}$，$\bar{\xi}\in[0,1]$。$H_\infty$ 滤波器是利用随机时延的测量来设计的，以确保闭环系统是均方随机稳定的，并且具有规定的 H_∞ 性能。闭环系统的均方随机稳定性的充分条件以 LMI 的形式被提出[53,54]。对于一种受时延影响的系统，基于网络的 H_∞ 滤波问题得到了解决。滤波器和传感器之间的随机时延 ρ_k 被描述为在 $L=\{0,\cdots,N\}$ 中取值的有限状态的马尔可夫链，具有已知的转移概率矩阵 $\boldsymbol{\Lambda}=[\rho_{ij}]$，其中 ρ_{ij} 被定义为：

$$\rho_{ij}=\Pr\{\rho_{k+1}=j\mid\rho_k=i\},\quad \sum_{j=0}^{N}\rho_{ij}=1,\rho_{ij}\geqslant 0$$

文献［56-58］发布了一些关于受数据包丢失影响的 NCS 的 H_∞ 滤波的结果。以下模型可以用来描述测量输出的数据包丢失：

$$\boldsymbol{y}_k=\alpha_k\widetilde{\boldsymbol{y}}_k+(1-\alpha_k)\boldsymbol{y}_{k-1} \tag{1.4}$$

其中，随机数据包缺失被转换为系统模型参数[55]。对于有约束的不确定性和受攻击的传输测量的系统，鲁棒 H_∞ 滤波问题得到了解决。被认为不完美的系统测量包括随机传感器非线性和数据包丢失。滤波错误系统模型是由独立的马尔可夫链建立的，具有部分未知的转移概率。为了简化系统分析，文献［57］建立了一个一对一的映射，将独立的马尔可夫链映射到一个增强的链上。文献［58］对于一种在不可靠的通信信道上有传感器饱和的非线性系统，研究了 H_∞ 滤波问题；通过分解方法处理传感器饱和度的特性；同时考虑了输出对数量化和数据包丢失的影响。

文献［58-62］研究了受时延和数据包丢失影响的系统的 H_∞ 滤波问题。在滤波器和传感器之间建立了数据包丢失和一步时延的数学模型如下：

$$\boldsymbol{y}_k=\xi_k\widetilde{\boldsymbol{y}}_k+(1-\xi_k)(1-\xi_{k-1})\delta_k\widetilde{\boldsymbol{y}}_{k-1}+(1-\xi_k)[1-(1-\xi_{k-1})\delta_k]\boldsymbol{y}_{k-1} \tag{1.5}$$

其中 δ_k 和 ξ_k 是不相关的随机变量，满足伯努利概率分布，并且 $\Pr\{\delta_k=1\}=\bar{\delta}$，$\Pr\{\delta_k=0\}=1-\bar{\delta}$，$\bar{\delta}\in[0,1]$。从式(1.5) 中可以知道，滤波器收到的数据没有时延和丢包的概率为 $\Pr\{\xi_k=1\}=\bar{\xi}$，一步时延的概率为 $\Pr\{\xi_k=0,\xi_{k-1}=0,\delta_k=1\}=(1-\bar{\xi})^2\bar{\delta}$，数据包丢失的概率为 $\Pr\{\xi_k=0,\xi_{k-1}=1\}+\Pr\{\xi_k=0,\xi_{k-1}=0,\delta_k=0\}=(1-\bar{\xi})\bar{\xi}+(1-\bar{\xi})^2(1-\bar{\delta})$。在此基础上，文献 [58,59] 设计了一个滤波器，使滤波器的误差系统有给定的 H_∞ 性能。

文献 [60] 研究了具有长时延和数据包丢失系统的 H_∞ 滤波。其假设数据包丢失的概率是已知的，滤波器误差系统被建模为具有两个事件的 ADSs；滤波器是根据 ADSs 的理论设计的。文献 [61] 提出对于一类具有混合时延和丢包的非线性系统 H_∞ 滤波方法，滤波误差系统是渐进稳定的，并且拥有给定的 H_∞ 性能。文献 [62] 设计了一个 H_∞ 滤波器，导致滤波误差系统均方稳定，从噪声信号到估计误差的 L_2 增益小于给定值。

1.4　NCS 的故障检测

由于控制系统引入了网络时延、丢包等现象，严重影响了信号传输的实时性和准确性，使得系统故障难以及时、准确地检测出来。因此，NCS 的故障检测（FD）比传统系统的 FD 更为复杂和特殊[63]。近年来，NCS 的 FD 问题已经取得了一定的成果。基于模型的 FD 如图 1.6 所示，主要由两部分组成：残差生成部分和残差评价部分。

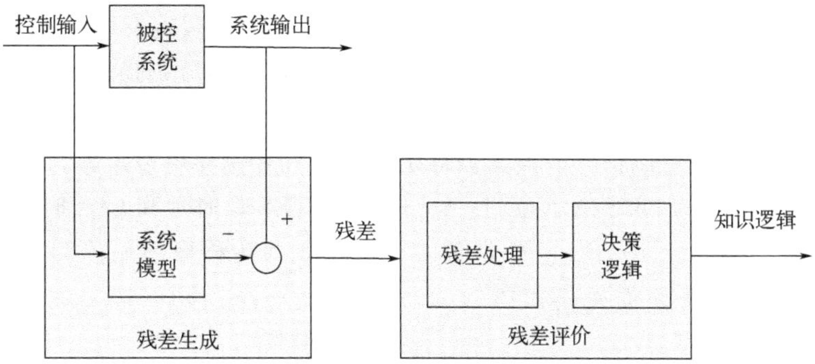

图 1.6　基于模型的 FD

现有的关于 NCS 的 FD 的研究大多集中在具有加性故障的线性被控对象上，常见的被控对象状态方程如下：

$$\begin{cases}\boldsymbol{x}_{k+1}=\boldsymbol{A}_p\boldsymbol{x}_k+\boldsymbol{B}_p\boldsymbol{u}_k+\boldsymbol{B}_d\boldsymbol{\omega}_k+\boldsymbol{B}_f\boldsymbol{f}_k\\ \boldsymbol{y}_k=\boldsymbol{C}_p\boldsymbol{x}_k+\boldsymbol{D}_d d_k+\boldsymbol{D}_f\boldsymbol{f}_k\end{cases} \tag{1.6}$$

其中，$\boldsymbol{x}_k\in\mathbf{R}^n$ 是状态向量；$\boldsymbol{u}_k\in\mathbf{R}^r$ 是控制输入；$\boldsymbol{y}_k\in\mathbf{R}^m$ 是控制输出；$\boldsymbol{\omega}_k\in\mathbf{R}^p$ 是外部扰动；$\boldsymbol{f}_k\in\mathbf{R}^q$ 是待检测的故障信号；$\boldsymbol{A}_p$、$\boldsymbol{B}_p$、$\boldsymbol{B}_d$、$\boldsymbol{B}_f$、$\boldsymbol{C}_p$、$\boldsymbol{D}_d$、$\boldsymbol{D}_f$ 是适当维数的常矩阵。在这一部分中，将分别对基于观测器（滤波器）和基于等效空间的 NCS 的 FD 进行展开。

1.4.1　基于观测器（滤波器）的 NCS 的 FD

基于观测器（滤波器）的方法思路是构建一个适合给定网络条件的故障观测器（滤波

器），在误差系统稳定性的基础上，将观测器（滤波器）的状态与被控对象的状态进行比较，得到故障残差，以检测系统故障[64]。根据研究重点的不同，关于NCS的FD的文献可分为三种类型：受时延影响的NCS的FD、受丢包影响的NCS的FD、受时延和丢包同时影响的NCS的FD。

(1) 遭受时延影响的NCS的FD

时延是影响NCS性能的主要因素之一，现有关于NCS受时延影响的FD的研究结果比较丰富。文献［65-68］将S-C时延τ_k和C-A时延d_k合在一起，并将得到的τ_k和d_k之和建模为了一个变量。文献［65］在执行器节点设置了一个定时器和一个接收缓冲区，在线获得了τ_k和d_k的总和，并通过增广模型方法构建了观测器以产生残差。文献［66,67］将τ_k和d_k的时延相加，借助于矩阵理论，将具有不确定时延的NCS作为一种具有模型不确定性的系统进行建模，建立了基于观测器的残差发生器的充分条件。文献［68］通过利用τ_k和d_k的概率分布信息，建立了非线性随机NCS的模型；通过利用FD滤波器作为残差发生器，将NCS的FD问题转化为了H_∞滤波器问题。

文献［68］研究了受时延影响的NCS的FD问题，将S-C时延τ_k或将S-C时延τ_k和C-A时延d_k的总和作为马尔可夫链，进一步将闭环NCS描述为MJLS。文献［69］采用有限状态的同质马尔可夫链来描述τ_k和d_k的总和，提出了一种时域优化方法来改善NCS的FD性能。

S-C时延τ_k和C-A时延d_k是由两个网络产生的，因此它们是相互独立的，更好的方法是分别处理τ_k和d_k[70,71]。文献［70］使用两个具有有限模式的马尔可夫链分别描述了τ_k和d_k的动态特性。文献［71］通过构建一个基于滤波器的残差发生器，将NCS的FD问题转化为了H_∞滤波问题；用两个具有有限模式的马尔可夫链分别描述了τ_k和d_k的动态特征；在假设τ_k和d_k的转移概率部分未知的情况下，解决了故障滤波器和控制器的联合设计问题。通过CCL算法可以得到故障滤波器增益矩阵和控制器增益矩阵。

图1.7为具有时延的NCS的示意图。τ_k和d_k代表S-C时延和C-A时延，分别从$M=\{\tau_{\min},\cdots,\tau_{\max}\}$，$N=\{d_{\min},\cdots,d_{\max}\}$中取值，$\tau_k$和$d_k$的转移概率矩阵为$\boldsymbol{\Lambda}=[\lambda_{ij}]$，$\boldsymbol{\Pi}=[\pi_{rs}]$，其中$\lambda_{ij}$和$\pi_{rs}$被定义为$\lambda_{ij}=\Pr\{\tau_{k+1}=j\mid\tau_k=i\}$，$\pi_{rs}=\Pr\{d_{k+1}=s\mid d_k=r\}$，其中$\sum_{j=\tau_{\min}}^{\tau_{\max}}\lambda_{ij}=1$，$\sum_{s=d_{\min}}^{d_{\max}}\pi_{rs}=1$，$\lambda_{ij}\geqslant 0$，$\pi_{rs}\geqslant 0$。NCS状态方程如下：

$$\begin{cases}\boldsymbol{x}_{k+1}=\boldsymbol{A}_p\boldsymbol{x}_k+\boldsymbol{B}_p\boldsymbol{K}\boldsymbol{x}_{k-\tau_k-d_k}+\boldsymbol{B}_d\boldsymbol{\omega}_k+\boldsymbol{B}_f\boldsymbol{f}_k\\ \boldsymbol{y}_k=\boldsymbol{C}_p\boldsymbol{x}_k\end{cases}\tag{1.7}$$

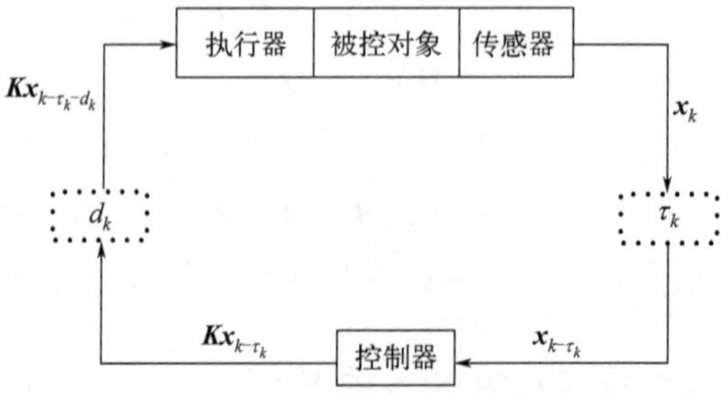

图1.7　具有时延的NCS结构图

其中，$x_k \in \mathbf{R}^n$ 是状态向量；$y_k \in \mathbf{R}^m$ 是系统输出；$\omega_k \in \mathbf{R}^p$ 是外部扰动；$f_k \in \mathbf{R}^q$ 是待检测的故障信号；A_p、B_p、B_d、B_f、C_p 是适当维数的常矩阵；K 为控制器增益矩阵。

在控制器节点构建 FD 滤波器为：

$$\begin{cases} \hat{x}_{k+1} = A_p \hat{x}_k + B_p K x_{k-\tau_k} + L(y_{k-\tau_k} - \hat{y}_{k-\tau_k}) \\ \hat{y}_k = C_p \hat{x}_k \\ r_k = V(y_{k-\tau_k} - \hat{y}_{k-\tau_k}) \end{cases} \tag{1.8}$$

其中，r_k 是残差信号；L 是待估计的观测器增益矩阵；V 是残差增益矩阵。$\hat{x}_k$ 是观测器的状态向量，$\hat{y}_k$ 是观测器的输出向量。

定义状态估计误差和残差误差信号：

$$e_k = x_k - \hat{x}_k, r_{ek} = r_k - f_k \tag{1.9}$$

让 $\tilde{z}_k = [x_k^{\mathrm{T}} \quad e_k^{\mathrm{T}}]^{\mathrm{T}}, \Omega_k = [\omega_k^{\mathrm{T}} \quad f_k^{\mathrm{T}}]^{\mathrm{T}}$，从式(1.7)～式(1.9)，得闭环系统状态方程为：

$$\begin{cases} \tilde{z}_{k+1} = A\tilde{z}_k - (I_1 LC + B_{p1} K I_2)\tilde{z}_{k-\tau_k} + B_{p2} K I_3 \tilde{z}_{k-\tau_k-u_k} + B_2 \Omega_k \\ r_{ek} = VC\tilde{z}_{k-\tau_k} - I_4 \Omega_k \end{cases} \tag{1.10}$$

其中：

$$A = \begin{bmatrix} A_p & 0 \\ 0 & A_p \end{bmatrix}, B_2 = \begin{bmatrix} B_d & B_f \\ B_d & B_f \end{bmatrix}, B_{p_1} = \begin{bmatrix} 0 \\ B_p \end{bmatrix}$$

$$B_{p_2} = \begin{bmatrix} B_p \\ B_p \end{bmatrix}, C = [0 \quad C_p], I_1 = [0 \quad I]^{\mathrm{T}} \in \mathbf{R}^{2n \times n}$$

$$I_2 = [I \quad 0] \in \mathbf{R}^{n \times 2n}, I_3 = [I \quad -I] \in \mathbf{R}^{2n \times n}$$

$$I_4 = [0 \quad I]^{\mathrm{T}} \in \mathbf{R}^{q \times (p+q)}$$

(2) 遭受数据包丢失影响的 NCS 的 FD

在研究 NCS 的 FD 问题时，通常只考虑一个通信通道中的数据包丢失[72-76]。文献［72］分析了数据包丢失的概率和量化误差，并将其转化为系统的随机参数和不确定因素。预期的 FD 性能是通过解决一个优化问题实现的。其中研究了测量缺失的 NCS 的 FD 问题。为了处理缺失测量，传统的残差发生器结构被修改为离散时间 MJLS 模型。为了减少由于测量结果缺失发生的误报，文献［73］提出了一种残差评估方法，解决了量化和数据包丢失的 NCS 的 FD 问题。文献［74］采用具有两种模式的马尔可夫链来描述数据包丢失的动态特征。为了改善 FD 的效果，其中提出了一个依赖于数据包丢失的故障滤波器。文献［75］在假设数据包丢失的概率不随时间变化的情况下，为受 S-C 数据包丢失影响的 NCS 构建了一个故障观测器，用具有两个事件的 ADSs 描述闭环 NCS，解决了受 S-C 数据包丢失影响的某种不确定 NCS 的鲁棒 FD 问题。文献［76］基于观测器的方法，设计了一个鲁棒 FD 滤波器，使闭环 NCS 不仅对外部干扰和模型不确定性具有鲁棒性，而且对系统故障也很敏感。

文献［77,78］研究了受 S-C 数据包丢失和 C-A 数据包丢失影响的 NCS 的 FD 问题。文献［77］使用具有四种模式的 Markvian 链来描述具有 S-C 数据包丢失和 C-A 数据包丢失的 NCS，设计了一个取决于数据包丢失的故障滤波器来改善 NCS 的 FD 性能。获得了一种对外部干扰具有最佳抑制水平的滤波器解决方法。文献 [78] 对于一类 Lipschitz 非线性 NCS，由于 S-C 数据包丢失和 C-A 数据包丢失，设计了一个故障滤波器；通过使用服从 Bernoulli 分布的两个变量来描述 S-C 丢包和 C-A 丢包，给出了一种基于残差均方值的 FD 阈值设置方法。

(3) 受时延和数据包丢失同时影响的 NCS 的 FD

文献 [79] 通过考虑 S-C 时延和 S-C 数据包丢失，将 NCS 的 FD 问题转化为 MJLS 滤波问题。文献 [80,81] 对于受短时延和丢包影响的 NCS，设计了一个残差生产系统，用后置滤波器来优化残差，并给出了只在 NCS 模型中包含的一个通道上有时延和丢包的自适应阈值设计方法。文献 [82] 对于一种受时延和丢包影响的非线性 NCS，基于滑模观测器方法研究了 FD 问题。故障估计也是通过提出的滑模观测器实现的。文献 [83] 考虑到传感器和故障滤波器之间的时延和数据包丢失，得到了一个新的 NCS 模型，基于建立的模型，提出了 FD 滤波器和控制器协调设计方法。文献 [84] 考虑到传感器和故障滤波器之间的数据包丢失和分布式时延，基于 Lyapunov-Krasovskii 方法设计了 FD 滤波器。文献 [85] 使用两个具有有限模式的 Markvian 链来描述 S-C 时延和 C-A 时延，使用两个服从 Bernoulli 概率分布的随机变量来描述 S-C 数据包丢失和 C-A 数据包丢失，通过构建适当的 Lyapunov-Krasovskii 函数来研究 NCS 的 FD 问题。

1.4.2 基于等效空间的 NCS 的 FD

等效空间方法的基本思想是使用系统输入和输出的实际测量值来检查系统模型的等效性，然后检测故障[86-90]。对于受时延影响的 NCS，文献 [86] 提出了时延估计和时延在线采集的方法。通过等效空间法设计了系统的残差发生器。文献 [87] 提出了在周期性通信序列情况下基于等效空间法的 FD 系统的优化设计方法，并证明了 FD 系统中实时检测和 FD 性能之间的折中方法。文献 [88] 在时延不可获得的假设下，采用了一个具有模型不确定性的离散时间系统来描述 NCS 的动态行为。文献 [89] 研究了受 S-C 丢包和 C-A 丢包影响的 NCS 的事件触发的 FD 问题。为了产生残差信号，提出了一种基于事件触发的等效空间方法。为了避免静态阈值的不足，采用了动态自适应阈值。对于受到 S-C 数据包丢失和 C-A 数据包丢失影响的 NCS，文献 [90] 提出了基于等效空间的残差信号、评估方法和相应的误报率以评估系统 FD 性能。

对于 NCS 的 FD，除了基于观测器（滤波器）和基于等效空间的方法外，还有一些其他方法，例如，基于信号处理的方法[91] 和基于矩阵结构的方法[92]。

1.5 NCS 的调度策略

目前，无线传感器技术发展迅速，传统的有线传输网逐渐被无线传感器网络（WSNs）或无线传感器/执行器网络（WSANs）所取代[93]。WSANs 已被广泛应用于智能交通、军事侦察、环境监测等诸多领域，并受到越来越多学者的关注[94,95]。同时，WSANs 是一种资源受限的网络[96]，其应用受到很多条件的限制，如通信带宽、节点能量、计算能力等。数据调度问题一直是 NCS 研究领域的一个热点。

如图 1.8 所示，该系统的主要功能包括感知、估计和控制。在保证系统稳定的基础上，考虑到系统资源有限，如何调度数据包（有选择地放弃数据包）来优化系统的性能是非常重要的。对这类问题的研究主要来自于以下三个方面。

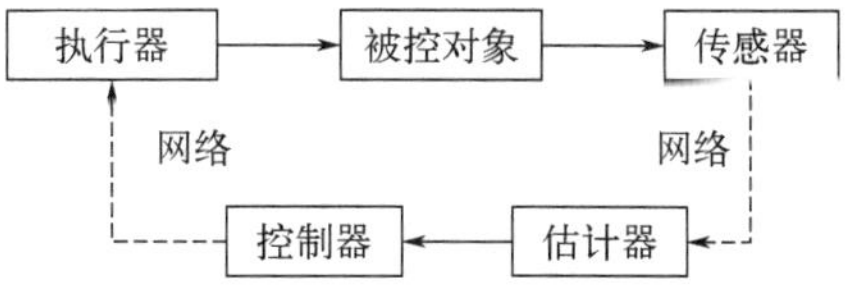

图 1.8　WSANs 结构图

① 由于传感器/控制器的能量有限，只能向估计器或执行器传输有限的信号。

② NCS 利用共享网络连接大量的空间分布式设备，但由于网络带宽有限，只能传输有限的信息，所以不可避免地带来了有限的通信问题。

③ 传感器和控制器通常由多个系统共享，因此，传感器和控制器不能一直工作，也不能专注于某个系统。

在 WSANs 中，发送数据会消耗传感器和控制器的能量，占用网络资源。相反，如果估计器（执行器）长时间没有收到测量信号（控制信号），系统的估计（控制）性能会变差[97]。因此，自然产生一个问题即如何在消耗有限的资源和保证系统的可靠性之间取得平衡。这些问题的解决方法主要有两种：一种是在满足预期性能的前提下，调度传感器和控制器使资源消耗最小；另一种是在有限的资源约束下，调度传感器和控制器使相应性能最大化。

1.5.1　传感器数据调度

解决传感器数据调度的问题一般应考虑如何在传感器能量和带宽的约束下使系统性能的估计达到最优或次优[98]。

传感器数据调度问题的主要困难在于其优化过程的关联性。网络带宽的限制使得选择不同的传感器成为可能，而传感器能量的限制使得不同时间的调度成为可能。在过去的几年里，越来越多的学者关注传感器数据调度的问题。相关的工作可以分为两种：离线调度（时间驱动）和事件触发调度（事件驱动）。离线调度和事件触发调度的侧重点不同：离线调度侧重于调度策略，而事件触发调度则侧重于估计策略。

(1) 离线调度策略

离线调度主要研究的是资源约束下的传感器选择问题，研究重点是如何给出合适的调度策略来优化估计性能。离线调度主要可以分为以下两类。

① 随机调度：传感器的调度策略是根据一定的概率分布随机给出的。随机调度是指传感器根据概率分布随机地将测量值发送给估计器[99,100]。这是一种次优的调度方法，不需要搜索树，具有计算简单的特点[101]。由于真实的误差协方差矩阵取决于特定的调度序列，因此只能通过最小化平均误差协方差矩阵来获得最佳概率分布。文献［99］基于星形拓扑结构得到了一个最优的随机传感器调度算法，并通过使状态估计误差方差矩阵的上界最小化给出了一个随机传感器选择策略，因此每次只允许一个传感器发送数据。在此基础上，文献［100］考虑了一个网络问题，其中 WSN 是一个树状拓扑结构，在每个采样时间，根据确定的概率分布，动态地随机选择某些传感器向远程融合中心发送数据。因此，估计误差协方差的渐近期望值可以被最小化。最佳随机选择的问题被放宽为一个凸优化问题，在此基础上，

文献［101］提出了一个合理的算法，没有引入额外的通信成本。

随机调度采用的是随机调度策略，只关注节点接入网络的概率，不考虑接入的实施过程。

② 确定性调度：与随机调度相对应，它指的是一个确定的传感器调度策略。周期性调度是一种特殊的确定性调度，它只需要在一个周期内给出一个传感器调度策略。它的优点是可以准确地描述最优解，其稳定性容易得到保证。确定性调度是指传感器按照预先确定的传输顺序将测量值发送给估计器。文献［102］研究了单步情况下的传感器选择问题，通过使用凸优化技术和启发式算法，计算复杂度大大降低。文献［103］通过使与估计误差的协方差矩阵相关的目标函数最小，给出了传感器传输到估计器的调度方法。虽然上述凸优化方法不能得到最优解，但可以大大减少计算量，得到比较满意的解。

传感器的调度问题一般可以看作是一个树状搜索问题，其中树的深度和分支分别等于时间长度和可用传感器的数量。获得最优调度序列的直接方法是遍历所有的搜索分支[104]。当时间长度和传感器数量非常大时，计算量将是一个天文数字，这种方法显然是不可取的。为了降低树状搜索的复杂度，很多学者提出了相应的贪婪算法[105,106]。但是，贪婪算法是一种次优算法，不能保证最优调度策略。因此，也有一些学者提出了最优剪枝的思想[107]。通过合理的剪枝，不仅可以减少计算量，而且可以保证得到最优的调度策略。

端点误差的应用场景包括导弹拦截、标准测试和一些离散事件。在过去的几年中，学界已经取得了一些关于端点误差的研究结果，得到了以端点估计误差的协方差为性能指标的测量调度的最优策略。虽然考虑的是单位标量系统，但这项工作引出了一些后续研究[108]。在单传感器和多传感器的情况下，已经得到了明确的最优调度策略[109,110]。文献［111］基于文献［110］的研究，将调度策略的最优性从一类系统扩展到两个不同的一般系统中。

由于调度问题涉及能源、带宽和其他资源约束，而且时间复杂度随时间呈指数增长，所以要得到一个最优解是非常困难的。从前文可以看出，很多工作都集中在凸优化技术上，但其结果通常是一个次优解。为此，一些学者提出了一种特殊的确定性调度策略，名为周期性调度。有很多关于传感器周期性调度问题的结果被发表[97-114]。文献［97］研究了一个单进程的双传感器周期性调度问题。由于带宽的限制，每次只允许一个传感器向估计器发送测量结果，并给出了平均估计误差协方差最小化的传感器周期性调度规律。文献［112］研究了使平均估计误差的协方差最小化的多传感器周期性调度问题。通过使用近似框架获得了平均性能的上界，避免了直接求解周期性 Riccati（里卡蒂）方程的困难。

文献［113］研究了具有有限带宽的多传感器系统的分布式卡尔曼估计问题，提出了一种周期性的分组传输通信策略，其中对应于每组传感器的局部估计系统被建模为一个周期性的子系统，每个子系统在每个时间选择相应的卡尔曼估计器以获得局部最优估计器。最后，通过矩阵加权最优融合得出系统的最优融合估计。文献［114］通过采用最优融合估计算法，设计了有限时域分布式卡尔曼融合估计器，并给出了在某些条件下优化融合估计性能的传输元件选择准则。

上述文献中提到的信号调度策略都是基于时间的调度，既有随机性的，也有确定性的（包括周期），在设计中不需要使用系统的实时测量信息，所以也被称为离线调度。它的优点是可以离线设计，便于分析和实施。然而，由于缺乏系统的实时信息，调度策略总是以固定的采样率运行，特别是当系统误差很小的时候，因此，近年来，很多学者关注基于系统实时测量信息的在线调度策略的研究，其中事件触发调度策略成为研究热点。

(2) 事件触发调度策略

事件驱动法通过设置事件触发条件来减少数据包的传输频率，节点信息的传输根据预先设定的条件决定是否执行，从而减少网络流量和能量消耗。自 Lebesgue 采样理论[115] 发表以来，基于事件的状态估计问题越来越受到关注。文献［116］研究了基于事件的有限时域最优传感器数据传输调度问题，分别针对连续时间和离散时间标量线性系统。通过放宽零均值的初始条件和考虑测量的噪声，上述结果被扩展到矢量线性系统。文献［117］分析了传感器测量数据的平均传输周期与状态估计性能之间的平衡，在保证最小平均采样周期的前提下，提出了一个事件触发的方案。这些早期研究主要集中在事件触发策略的设计上。

近年来，有很多基于事件的状态估计结果被发表[117-123]。基于事件的最大似然估计方法是以测量创新的无限准则是否超过阈值作为事件触发条件而给出的[117]。在文献［118，119］中采用了基于标准化测量创新的事件触发机制，给出了基于事件的卡尔曼滤波方法，并利用高斯近似技术得到了一个近似的最小均方误差估计器，其中考虑了基于组件的事件触发机制[120]，提出了两种随机事件触发机制。这里的随机性是指事件触发条件的阈值是一个随机数，服从［0,1］区间的均匀分布。文献［121］基于卡尔曼滤波方法，分别得到了闭环和开环事件触发机制下准确的最小均方误差估计值。

上述研究成果是在单个传感器的情况下获得的，事件触发机制的引入造成了数学分析的复杂性和相关新理论和方法的缺乏。目前，关于事件触发条件下多传感器信息融合估计的研究结果很少。文献［122］对 NMFSs（网格化多传感器融合系统）设置了每个传感器的独立事件触发条件，利用估计器收到的点值测量信息和集值测量信息的混合测量信息，得到了一个基于序列融合卡尔曼滤波方法的近似 MMSE（最小均方误差）估计器，提高了估计性能。文献［123］中将文献［121］的结论扩展到了多传感器情况。综上所述，与离线调度相比，事件触发调度属于在线调度，它有两个优点：

① 利用当前测量值来设计事件触发条件，可以及时反映估计器对当前测量值的需求；

② 该阈值信息可以用来提高估计性能。

1.5.2　控制器数据调度

控制和估计在大多数情况下是双重概念，如可控性和可观测性。然而，有限的控制和有限的观测有时会产生不同的数学框架。例如，考虑到网络中的线性二次型高斯（LQG）控制问题存在丢包，并假设控制器和传感器不知道控制数据和传感器数据是否已经成功到达接收器，那么限制传感器测量只影响状态估计性能，而限制控制时间则同时影响状态估计误差和控制性能。文献［124］考虑了一阶系统在有限控制数据下的最优 LQG 控制问题，指出最优控制的问题是基于系统状态最优估计的阈值设置策略。文献［125］进一步研究了高阶系统和不依赖网络的情况。文献［126］考虑了开关系统的最优线性二次型调节（LQR）问题，提出了一种分支和约束方法来有效地修剪搜索树，并证明了所提出的切换策略的最优性。文献［127］考虑了有限时域中 LQR 的数据调度问题，对不稳定的一阶系统和一类高阶系统给出了明确的最优控制数据调度策略。在文献［127］的基础上，文献［128］对于单系统的情况，得到了正比较函数的必要和充分条件，将显式调度策略的最优性从一类一阶系统扩展到一般一阶系统。针对多系统的情况，考虑了三种具体的情况，并构建了相应的显式最优调度策略。

1.6 本书主要内容及框架

本书通过对研究背景的介绍及研究现状的分析，根据现有研究成果存在的不足，考虑S-C和C-A时延、系统参数的不确定性、执行器故障、外部干扰等因素，使得在保证控制系统安全性、稳定性、可靠性的前提下减少网络带宽资源的消耗，对控制系统进行故障检测与容错控制分析。主要研究内容如下：

第1章为绪论。阐述了本书的研究背景与意义，并对NCS时延、事件触发机制、鲁棒控制、容错控制、故障检测的国内外研究现状进行了总结，分析了现有研究理论有待改进的地方，并说明了本书主要研究内容与框架。

第2章为基础知识。对本书涉及的基础知识如线性矩阵不等式、NCS的建模、Lyapunov稳定性理论，以及相关引理、符号表达进行了简单介绍。

第3章对于一类具有S-C数据包丢失的NCS，研究了执行器存在故障情况下的反馈控制问题。假设随机输出信号丢失服从马尔可夫（Markov）特性。对于被控对象，设计了状态观测器，在此基础上建立起了闭环控制系统的数学模型。利用Markov跳变系统理论推导出了使闭环系统随机稳定的充分条件，同时也给出了基于矩阵不等式的控制器和观测器的协同设计方法，所设计的控制器和观测器增益矩阵可以由Matlab LMI工具箱直接求出。最后，应用实例仿真说明了本章所用方法是有效的。

第4章研究了一类具有时延的网络控制系统的状态反馈控制问题。把时延建模为有限状态且转移概率部分未知的马尔可夫链，利用状态增广的方法建立了闭环系统的模型，以线性矩阵不等式的形式给出了使闭环系统随机稳定的充分条件及控制器设计方法。应用实例仿真说明了所提方法的有效性。

第5章把传感器由时间驱动、控制器和执行器由事件驱动、具有时延和数据包丢失的网络控制系统建模为含有伯努利随机变量的控制系统，以线性矩阵不等式的方式，给出了使闭环系统稳定的状态反馈控制器和设计方法。给出了相应的实例仿真，说明了所提出设计方法的有效性。并在此基础之上，研究了网络控制系统的H_∞控制及保性能控制，分别给出了闭环系统稳定的条件及相应控制器的设计方法，同样用实例仿真说明了所用方法的有效性。

第6章针对传感器由时间驱动、控制器和执行器由事件驱动、网络时延不超过一个采样周期的网络控制系统，假设网络只存在于传感器节点和控制器节点之间，研究了状态观测器和控制器设计协同设计的问题。利用Lyapunov理论和线性矩阵不等式方法，给出了基于观测器的闭环系统稳定的充分条件和控制器设计方法。用实例仿真说明了所用方法的有效性及与现有方法相比的优越性。

第7章介绍了广义系统的基本知识并基于线性时不变广义被控对象研究了网络控制系统的H_∞控制问题，利用Lyapunov稳定理论及线性矩阵不等式方法，在系统输入、量测输出、期望输出均存在外部扰动的情况下，给出了使闭环系统渐近稳定的动态输出反馈H_∞控制律存在的充分条件及设计方法。

第8章针对传感器由时间驱动、控制器和执行器由事件驱动、网络时延不超过一个采样周期的网络控制系统，假设网络只存在于传感器节点和控制器节点之间，把具有时延和马尔可夫丢包特性的网络控制系统建模为具有两个运行模式的马尔可夫线性跳变系统，给出了闭环系统随机稳定的充分条件及模式依赖的控制器的设计方法。

第 9 章提出了一种具有数据包丢失的网络控制系统 H_∞ 控制方法，首先在控制器端构造了观测器，并把具有 S-C 和 C-A 丢包的网络控制系统建模为具有四个模态的 Markov 跳变系统，其次以矩阵不等式的形式给出了闭环系统随机稳定的充分和必要条件，再次在系统模态转移概率部分未知的条件下给出了观测器增益矩阵、控制器增益矩阵和最小扰动抑制性能指标的求解方法，并得到了转移概率信息量和系统 H_∞ 性能指标之间的关系。

第 10 章针对具有一类时延和丢包的离散网络控制系统，研究了基于观测器的镇定问题。首先，采用两个独立的离散 Markov 链分别描述传感器至控制器及控制器至执行器的网络时延，利用两个服从伯努利分布的随机变量分别描述传感器至控制器及控制器至执行器之间的数据包丢失现象；然后，在此基础上建立了闭环系统模型，以矩阵不等式的形式给出了控制器和观测器增益矩阵存在的充分条件和求解方法；最后，用实例仿真验证了所提方法的有效性。

第 11 章研究了一类具有随机时延的网络化 Markov 系统的状态反馈控制器设计问题。首先，把传感器至控制器的时延及控制器至执行器的时延分别建模为了两个独立的 Markov 链，在此基础上提出了不仅依赖于传感器至控制器时延而且依赖于控制器端系统模态的状态反馈控制器；其次，把闭环系统建模为了一类特殊的离散跳变线性系统，并给出了闭环系统随机稳定的充分条件及控制器增益矩阵的求解方法；最后，用仿真实例说明了所提方法的有效性。

第 12 章讨论了基于观测器的网络化 Markov 跳变系统的控制问题，其中数据包丢失不仅发生在 S-C 之间，而且发生在 C-A 之间。构造了具有双侧数据丢包的闭环系统数学模型。在系统模态和数据包丢失状态的转移概率均部分未知的情况下，给出了控制器的设计方法。仿真结果体现了其有效性。

第 13 章讨论了同时有 Lipschitz 非线性、数据包丢失和周期性 DoS 攻击的网络化 Markov 跳变系统的基于观测器的控制问题。用两个独立的 Bernoulli 分布对数据包丢失和周期性 DoS 攻击进行了建模，从而将所考虑的系统建模为闭环系统，同时得出了闭环系统随机稳定的充分条件，并且给出了状态反馈控制器的设计方法以及最小扰动抑制性能指标。仿真结果体现了其有效性。

第 14 章讨论了 S-C 之间具有丢包的网络化 Markov 跳变系统的故障检测问题。在控制器端构造了观测器，通过对数据包丢失的讨论，构造了闭环系统的数学模型，同时获得了所考虑系统随机稳定的充分条件，并进一步给出了控制器的求解方法及仿真结果。

第 15 章针对具有从传感器到执行器和执行器到控制器两段不确定时延的连续网络化 Markov 跳变系统，研究了其在执行器故障下的观测器与容错控制器的协同设计问题。首先，考虑到系统状态不可测的情况，在控制器端构造了观测器获取状态信息，引入执行器故障指示矩阵把闭环系统建模为时滞系统。其次，利用 Lyapunov 泛函稳定性定理，推导出了闭环系统稳定的充分条件。给出了容错控制器和观测器增益矩阵的求解方法，实现了控制器和观测器的协同设计。最后，通过仿真说明了该设计方法的有效性。

第 16 章针对具有从传感器到执行器和执行器到控制器两段不确定时延的连续网络化 Markov 跳变系统，研究了基于事件触发机制的观测器与控制器的协同设计问题。首先，考虑到系统状态不可测的情况，在控制器端构造了观测器，通过对事件触发机制下信号传输时序的分析，把闭环系统建模为等价的时滞系统。其次，利用李雅普诺夫稳定性理论和线性矩阵不等式，得到了闭环系统稳定的充分条件。最后，给出了控制器和观测器增益矩阵的求解方法，实现了控制器和观测器的协同设计，并通过仿真说明了该设计方法的有效性。

第 17 章针对 S-C 和 C-A 之间均具有时延和不确定性的连续 Lurie NCS，设计了鲁棒容错控制器，使得系统执行器发生故障时，能够对故障有效地容错并使系统保持稳定。通过在控制器节点上构造一个观测器，建立了基于观测器的事件触发机制数学模型，在保证闭环系统稳定的同时还减少了网络中的数据传输量，进而节约了网络带宽资源。根据 Lyapunov 稳定性理论，推导出了闭环系统稳定的充分条件，实现了事件触发机制、容错控制器与观测器的协同设计。

第 18 章同时考虑事件触发机制及 S-C 和 C-A 时延对系统的影响，研究了基于观测器的 NCS 的故障检测问题。利用时滞系统的方法建立了同时具有 S-C 和 C-A 时延的 NCS 模型，并将其转化为了一个等价的时滞系统。通过构造合适的 Lyapunov-Krasovskii 泛函，得到了闭环系统稳定的条件，并给出了故障检测观测器和控制器增益矩阵的求解方法，实现了故障检测观测器和控制器的联合设计。

第 19 章对于具有周期 DoS 攻击和时延的网络化 Lurie 控制系统，设计了基于事件触发机制的控制器。首先，针对系统状态不可测的情况构造了观测器，根据周期 DoS 攻击信号和时延的影响，采用了切换系统的方法把网络化系统建模为由两个子系统构成的切换系统。其次，根据 Lyapunov 理论给出了使闭环系统绝对指数稳定的条件，得到了系统采样周期、时延、攻击（休眠）周期和闭环系统衰减率之间的关系。再次，给出了状态观测器、控制器和事件触发机制的联合设计方法。最后，通过实例仿真验证了所提方法的有效性。

参考文献

[1] Lian F L，Moyne J R，Tilbury D M. Performance evaluation of control networks：Ethernet，ControlNet，and DeviceNet [J]. IEEE Control Systems Magazine，2001，21 (1)：66-83.

[2] Caballero-Aguila R，Hermoso-Carazo A，Linares-Perez J，et al. A new approach to distributed fusion filtering for networked systems with random parameter matrices and correlated noises [J]. Information Fusion，2019，45：324-332.

[3] Ding L，Han Q L，Wang L Y，et al. Distributed cooperative optimal control of DC microgrids with communication delays [J]. IEEE Transactions on Industrial Informatics，2018，14 (9)：3924-3935.

[4] Wang Y F，Wang P L，Li Z X，et al. Observer-based controller design for a class of nonlinear networked control systems with random time-delays modeled by Markov chains [J]. Journal of Control Science and Engineering，2017.

[5] Ding J，Sun S L，Ma J，et al. Fusion estimation for multi-sensor networked systems with packet loss compensation [J]. Information Fusion，2019，45：138-149.

[6] Zhang X M，Han Q L，Yu X H. Survey on recent advances in networked control systems [J]. IEEE Transactions on Industrial Informatics，2016，12 (5)：1740-1752.

[7] Zhang Y，Wang Z D，Alsaadi F E. Detection of intermittent faults for nonuniformly sampled multi-rate systems with dynamic quantisation and missing measurements [J]. International Journal of Control，2020，93 (4)：898-909.

[8] Ma J，Sun S L. A general packet dropout compensation framework for optimal prior filter of networked multi-sensor systems [J]. Information Fusion，2019，45：128-137.

[9] Hu J，Wang Z D，Chen D Y，et al. Estimation，filtering and fusion for networked systems with net-

work-induced phenomena: new progress and prospects [J]. Information Fusion, 2016, 31: 65-75.

[10] Yang F W, Wang Z D, Hung Y S, et al. H_∞ control for networked systems with random communication delays [J]. IEEE Transactions on Automatic Control, 2006, 51 (3): 511-518.

[11] Caballero-Aguila R, Hermoso-Carazo A, Linares-Perez J. Distributed fusion filters from uncertain measured outputs in sensor networks with random packet losses [J]. Information Fusion, 2017, 34: 70-79.

[12] Liang H J, Guo X Y, Pan Y N, et al. Event-triggered fuzzy bipartite tracking control for network systems based on distributed reduced-order observers [J]. IEEE Transactions on Fuzzy Systems, 2021, 29 (6): 1601-1614.

[13] Sun S L, Lin H L, Ma J, et al. Multi-sensor distributed fusion estimation with applications in networked systems: a review paper [J]. Information Fusion, 2017, 38: 122-134.

[14] Zhang X M, Han Q L, Ge X, et al. Networked control systems: a survey of trends and techniques [J]. IEEE/CAA Journal of Automatica Sinica, 2020, 7 (1): 1-17.

[15] 樊卫华. 网络控制系统的建模与控制 [D]. 南京：南京理工大学，2005.

[16] 樊卫华，蔡骅，陈庆伟，等. 时延网络控制系统的稳定性 [J]. 控制理论与应用，2004，21 (6)：880-884.

[17] Zhang W A, Yu L. A robust control approach to stabilization of networked control systems with short time-varying delays [J]. ACTA Automatica Sinica, 2010, 36 (1): 87-91.

[18] Gao S W, Tang G Y. Output feedback stabilization of networked control systems with random delays [C]//IFAC Proceedings Volumes. Elsevier, 2011: 3250-3255.

[19] Zhang L Q, Shi Y, Chen T W. A new method for stabilization of networked control systems with random delays [J]. IEEE Transactions on Automatic Control, 2005, 50 (8): 1177-1181.

[20] Shi Y, Yu B. Output feedback stabilization of networked control systems with random delays modeled by Markov chains [J]. IEEE Transactions on Automatic Control, 2009, 54 (7): 1668-1674.

[21] Qiu L, Xu B G, Li S B. Guaranteed cost control for discrete-time networked control systems with random Markov delays [J]. Journal of Systems Engineering and Electronics, 2011, 22 (4): 661-671.

[22] 于水情，李俊民. 具有非线性扰动的网络控制系统的鲁棒稳定化 [J]. 控制与决策，2012，27 (12)：1917-1920.

[23] Wang Y F, Li Z X, Chen H Y, et al. Design for nonlinear networked control systems with time delay governed by Markov chain with partly unknown transition probabilities [J]. Mathematical Problems in Engineering, 2015. (ID 604246)

[24] Wang Y F, He P, Li H, et al. Two-mode-dependent controller design for networked Markov system with time-delay in both S/C link and C/A link [J]. IEEE Access, 2020, 8: 56181-56190.

[25] Sun H Y, Hou C Z. Stability of networked control systems with data packet dropout and multiple-packet transmission [J]. Control and Decision, 2005, 20 (5): 511-515.

[26] Song C F, Wang X H. Packet-loss intelligent compensation of sewage disposal system monitoring network [J]. Transactions of China Electrotechnical Society, 2011, 26 (7): 188-194.

[27] Yin X H, Fan X L, Zhang H. Consensus in multi-robot systems based on asynchronous dynamics [J]. Journal of Systems Engineering and Electronics, 2014, 36 (12): 2426-2434.

[28] Li J G, Yuan J Q, Lu J G. Observer-based H_∞ control for networked nonlinear systems with random packet losses [J]. ISA Transactions, 2010, 49 (1): 39-46.

[29] Saif A W A. New results on the observer-based H_∞ control for uncertain nonlinear networked control systems with random packet losses [J]. IEEE Access, 2019, 7: 26179-26191.

[30] Cai H B, Li P, Su C L, et al. Robust model predictive control with randomly occurred networked packet loss in industrial cyber physical systems [J]. Journal of Central South University, 2019, 26

(7)：1921-1933.

[31] Shen D，Zhang C，Xu Y. Two updating schemes of iterative learning control for networked control systems with random data dropouts [J]．Information Sciences，2017，381：352-370.

[32] Ghavifekr A A，Ghiasi A R，Badamchizadeh M A. Stability analysis of the linear discrete teleoperation systems with stochastic sampling and data dropout [J]．European Journal of Control，2018，41：63-71.

[33] 邱丽，胥布工，黎善斌．具有数据包丢失及转移概率部分未知的网络控制系统 H_∞ 控制 [J]．控制理论与应用，2011，28 (8)：1105-1112.

[34] Wang Y F，He P，Li H，et al. H_∞ control of networked control system with data packet dropout via observer-based controller [J]．IEEE Access，2020，8：58300-58309.

[35] Yu J M，Kuang C H，Tang X M. Model predictive tracking control for networked control systems subject to Markovian packet dropout [C]//2017 36th Chinese Control Conference. IEEE，2017：301-305.

[36] Wang Y F，Jing Y W，Yu B Q. State feedback for networked control systems with time-delay and data packet dropout [C]//2011 Chinese Control and Decision Conference. IEEE，2011：306-309.

[37] Yu S Q，Li J M，Tang Y D. Dynamic output feedback control for nonlinear networked control systems with random packet dropout and random delay [J]．Mathematical Problems in Engineering，2013. (ID 820280)

[38] Li H B，Sun Z Q，Liu H P，et al. Predictive observer-based control for networked control systems with network-induced delay and packet dropout [J]．Asian Journal of Control，2010，10 (6)：638-650.

[39] Wang Y F，He P，Li H，et al. Stabilization for networked control system with time-delay and packet loss in both S-C side and C-A side [J]．IEEE Access，2020，8：2513-2523.

[40] Chen H F，Gao J F，Shi T，et al. H_∞ control for networked control systems with time delay，data packet dropout and disorder [J]．Neurocomputing，2016，179：211-218.

[41] Jiang S，Fang H J. H_∞ static output feedback control for nonlinear networked control systems with time delays and packet dropouts [J]．ISA Transactions，2013，52 (2)：215-222.

[42] 刘于之，李木国，杜海．具有时延和丢包的 NCS 鲁棒 H_∞ 控制 [J]．控制与决策，2014，29 (3)：517-522.

[43] Li X Y，Sun S L. Observer-based H_∞ control for networked systems with bounded random delays and consecutive packet dropouts [J]．International Journal of Robust and Nonlinear Control，2014，24 (17)：2785-2802.

[44] Wang R，Liu G P，Wang W，et al. Guaranteed cost control for networked control systems based on an improved predictive control method [J]．IEEE Transactions on Control Systems Technology，2010，18 (5)：1226-1232.

[45] Zhang W A，Yu L. Output feedback guaranteed cost control of networked linear systems with random packet losses [J]．International Journal of Systems Science，2010，41 (11)：1313-1323.

[46] Qiu L，Yao F Q，Xu G，et al. Output feedback guaranteed cost control for networked control systems with random packet dropouts and time delays in forward and feedback communication links [J]．IEEE Transactions on Automation Science and Engineering，2016，13 (1)：284-295.

[47] Shi L，Epstein M，Murray R M. Kalman filtering over a packet-dropping network：a probabilistic perspective [J]．IEEE Transaction on Automatic Control，2010，55 (3)：594-604.

[48] Nourian M，Leong A S，Dey S. Optimal energy allocation for Kalman filtering over packet dropping links with imperfect acknowledgments and energy harvesting constraints [C]//IFAC Proceedings Volumes. Elsevier，2013：261-268.

[49] Moayedi M, Foo Y K, Soh Y C. Adaptive Kalman filtering in networked systems with random sensor delays, multiple packet dropouts and missing measurements [J] . IEEE Transactions on Signal Processing, 2010, 58 (3): 1577-1588.

[50] Moayedi M, Foo Y K, Soh Y C. Optimal and suboptimal minimum-variance filtering in networked systems with mixed uncertainties of random sensor delays, packet dropouts and missing measurements [J] . International Journal of Control Automation and Systems, 2010, 8 (6): 1179-1188.

[51] Ling S, Xie L H, Murray R M. Kalman filtering over a packet-delaying network: a probabilistic approach [J] . Automatica, 2009, 45 (9): 2134-2140.

[52] Sinopoli B, Schenato L, Franceschetti M, et al. Kalman filtering with intermittent observations [J] . IEEE Transactions on Automatic Control, 2004, 49 (9): 1453-1464.

[53] Liu Y, He X, Wang Z D, Zhou D H. Optimal filtering for networked systems with stochastic sensor gain degradation [J] . Automatica, 2014, 50 (5): 1521-1525.

[54] Song H B, Yu L, Zhang W A. H_∞ filtering of network-based systems with random delays [J] . Signal Processing, 2009, 89 (4): 615-622.

[55] Sahebsara M, Chen T, Shah S L. Optimal H_∞ filtering in networked control systems with multiple packet dropouts [J] . Systems and Control Letters, 2008, 57 (9): 696-702.

[56] Xu Y, Su H Y, Pan Y J, et al. Robust H_∞ filtering for networked stochastic systems with randomly occurring sensor nonlinearities and packet dropouts [J] . Signal Processing, 2013, 93 (7): 1794-1803.

[57] Wei Y, Ming L, Ping S. H_∞ filtering for nonlinear stochastic systems with sensor saturation, quantization and random packet losses [J] . Signal Processing, 2012, 92 (6): 1387-1396.

[58] Li X Y, Wang J Y, Sun S L. Robust H_∞ filtering for network-based systems with delayed and missing measurements [J] . Control Theory and Application, 2013, 30 (11): 1401-1407.

[59] Li X Y, Wang J Y, Sun S L. H_∞ filter design for networked systems with one-step random delays and multiple packet dropouts [J] . ACTA Automatica Sinica, 2014, 40 (1): 155-160.

[60] Cai Y Z, Pan N, Xu X M. H_∞ filtering for networked control systems with long time-delay and data packet dropout [J] . Control and Decison, 2010, 25 (12): 1826-1830, 1836.

[61] Yang R N, Shi P, Liu G P. Filtering for discrete-time networked nonlinear systems with mixed random delays and packet dropouts [J] . IEEE Transactions on Automatic Control, 2011, 56 (11): 2655-2660.

[62] Wu J L, Karimi H R, Tian S Q. Robust H_∞ filtering for stochastic networked control systems [C]// Proceedings of the 33rd Chinese Control Conference. IEEE, 2014: 4331-4336.

[63] Wang Y, Li Z, Wang P, et al. Robust H_∞ fault detection for networked Markov jump systems with random time-delay [J] . Mathmatical Problems in Engineering, 2017, 2017 (1): 1-9.

[64] Ding S X. Model-based fault diagnosis techniques-design schemes, algorithms and tools [M] . 2nd ed. Berlin, German: Springer, 2013.

[65] Zheng Y, Hu X L, Fang H J. Observer-based fault diagnosis method for networked control system [J] . Journal of Systems Engineering and Electronics, 2005, 27 (6): 1069-1072.

[66] Zhu Z Q, Jiao X C. Fault detection based on H_∞ states observer for networked control systems [J] . Journal of Systems Engineering and Electronics, 2009, 20 (2): 379-387.

[67] Wang Q, Wang Z L, Dong C Y, et al. Fault detection and optimization for networked control systems with uncertain time-varying delay [J] . Journal of Systems Engineering and Electronics, 2015, 26 (3): 544-556.

[68] Zhang Y, Fang H J, Jiang T Y. Fault detection for nonlinear networked control systems with stochas-

tic interval delay characterisation [J]. International Journal of Systems Science, 2012, 43 (5): 952-960.

[69] Jiang W L, Dong C Y, Niu E Z, et al. Observer-based robust fault detection filter design and optimization for networked control systems [J]. Mathematical Problems in Engineering, 2015, 2015. (ID 231749)

[70] 黄鹤，谢德晓，张登峰，等. 具有随机马尔可夫时延的网络控制系统 H_∞ 故障检测 [J]. 信息与控制，2010，39 (1)：6-12.

[71] 王燕锋，王培良，蔡志端. 时延转移概率部分未知的网络控制系统鲁棒 H_∞ 故障检测 [J]. 控制理论与应用，2017，34 (2)：273-279.

[72] Li W, Ding S X. Integrated design of an observer-based fault detection system over unreliable digital channels [C]//2008 47th IEEE Conference on Decision and Control. IEEE, 2008: 2710-2715.

[73] Zhang P, Ding S X, Frank P M, et al. Fault detection of networked control systems with missing measurements [C]//2004 5th Asian Control Conference. IEEE, 2004: 1258-1263.

[74] Li F W, Shi P, Wang X C, et al. Fault detection for networked control systems with quantization and Markovian packet dropouts [J]. Signal Processing, 2015, 111: 106-112.

[75] Lv M, Wu X B, Chen Q W, et al. Fault detection for networked control systems based on asynchronous dynamical systems [C]. Control and Decision, 2008, 23 (3): 325-328, 332.

[76] Qi X M, Gu J, Zhang C J. Robust fault detection for the networked control system with model uncertainty [C]//2013 10th IEEE International Conference on Control and Automation. IEEE, 2013: 324-329.

[77] Huang H, Xie D X, Han X D, et al. Fault detection for networked control system with random packet dropout [J]. Control Theory and Applications, 2011, 28 (1): 79-86.

[78] Luo X Y, Li N, Xu K, et al. Robust fault detection for nonlinear networked control systems with random packets loss [J]. Control and Decision, 2013, 28 (10): 1596-1600.

[79] Wan X B, Fang H J. Fault detection for networked nonlinear systems with time delays and packet dropouts [J]. Circuits Systems and Signal Processing, 2012, 31 (1): 329-345.

[80] Dong C Y, Ma A J, Wang Q, et al. Fault detection and optimal design for networked switched control systems [J]. Control and Decision, 2016, 31 (2): 233-241.

[81] Wang Z L, Wang Q, Dong C Y, et al. Fault detection and optimization for networked control systems with unknown delay and Markov packet dropouts [J]. Control and Decision, 2014, 29 (9): 1537-1544.

[82] Ding W G, Mao Z H, Jiang B, et al. Fault detection for a class of nonlinear networked control systems with Markov transfer delays and stochastic packet drops [J]. Circuits Systems and Signal Processing, 2015, 34 (4): 1211-1231.

[83] Wang Y L, Shi P, Lim C C. Event-triggered fault detection filter design for a continuous time networked control system [J]. IEEE Transactions on Cybernetics, 2016, 46 (12): 3414-3426.

[84] Yan H C, Qian F F, Zhang H. Fault detection for networked mechanical spring-mass systems with incomplete information [J]. IEEE Transactions on Industrial Electronics, 2016, 63 (9): 5622-5631.

[85] Wang Y F. Robust H_∞ fault detection for networked control systems with Markov time-delays and data packet loss in both S/C and C/A channels [J]. Mathematical Problems in Engineering, 2019. (ID 4672862)

[86] Zheng Y, Fang H J, Xie L B. Fault diagnosis based on equivalent space for networked control system with random delay [J]. Information and Control, 2003, 32 (2): 155-159.

[87] Wang Y Q, Ye H, Ding S X. Fault detection of networked control systems with limited communica-

tion [J] . International Journal of Control, 2009, 82 (7): 1344-1356.

[88] Liu Y X, Zhong M Y. Research on fault detection of network control system based on equivalent space [J] . Journal of Systems Engineering and Electronics, 2006, 28 (10): 1553-1555, 1605.

[89] Atitallah M, Davoodi M, Meskin N. Event-triggered fault detection for networked control systems subject to packet dropout [J] . Asian Journal of Control, 2018, 20 (6): 2195-2206.

[90] Wang Y Q, Ye H, Ding, S X. Residual generation and evaluation of networked control systems subject to random packet dropout [J] . Automatica, 2009, 45 (10): 2427-2434.

[91] Ye H, Wang Y Q. Application of parity relation and stationary wavelet transform to fault detection of networked control systems [C] // 2006 1st IEEE Conference on Industrial Electronics and Applications. IEEE, 2006: 1-6.

[92] Hao Y, Ding S X. Fault detection of networked control systems with network-induced delay [C]// ICARCV 2004 8th Control, Automation, Robotics and Vision Conference. IEEE, 2004, 1: 294-297.

[93] Yue Y G, He P A comprehensive survey on the reliability of mobile wireless sensor networks: taxonomy, challenges, and future directions [J] . Information Fusion, 2018, 49: 188-204.

[94] Gungor V C, Hancke G P. Industrial wireless sensor networks: Challenges, design principles, and technical approaches [J] . IEEE Transactions on Industrial Electronics, 2009, 56 (10): 4258-4265.

[95] Xu G B, Shen W M, Wang X B. Applications of wireless sensor networks in marine environment monitoring: a survey [J] . Sensors, 2014, 14 (9): 16932-16954.

[96] Akyildiz I F, Su W L, Sankarasubramaniam Y, et al. Wireless sensor networks: a survey [J] . Computer Networks, 2002, 38 (4): 393-422.

[97] Shi L, Cheng P, Chen J. Optimal periodic sensor scheduling with limited resources [J] . IEEE Transactions on Automatic Control, 2011, 56 (9): 2190-2195.

[98] Shi D, Chen T W. Approximate optimal periodic scheduling of multiple sensors with constraints [J] . Automatica, 2013, 49 (4): 993-1000.

[99] Gupta V, Chung T H, Hassibi B, et al. On a stochastic sensor selection algorithm with applications in sensor scheduling and sensor coverage [J] . Automatica, 2006, 42 (2): 251-260.

[100] Mo Y, Garone E, Casavola A. Stochastic sensor scheduling for energy constrained estimation in multi-hop wireless sensor networks [J] . IEEE Transactions on Automatic Control, 2011, 56 (10): 2489-2495.

[101] Li C, Elia N. Stochastic sensor scheduling via distributed convex optimization [J] . Automatica, 2015, 58 (58): 173-182.

[102] Joshi S, Boyd S. Sensor selection via convex optimization [J] . IEEE Transactions on Signal Processing, 2009, 57 (2): 451-462.

[103] Mo Y, Ambrosino R, Sinopoli B. Sensor selection strategies for state estimation in energy constrained wireless sensor networks [J] . Automatica, 2011, 47 (7): 1330-1338.

[104] Gupta V, Chung T, Hassibi B, et al. Sensor scheduling algorithms requiring limited computation [C] // 2004 IEEE International Conference on Acoustics, Speech, and Signal Processing. IEEE, 2004: iii-825.

[105] Kagami S, Ishikawa M. A sensor selection method considering communication delays [J] . Electronics and Communications in Japan Part Ⅲ: fundamental Electronic Science, 2006, 89 (5): 21-31.

[106] Cabrera J B D. A note on greedy policies for scheduling scalar Gauss-Markov systems [J] . IEEE Transactions on Automatic Control, 2011, 56 (12): 2982-2986.

[107] Huber M F. Optimal pruning for multi-step sensor scheduling [J] . IEEE Transactions on Automatic Control, 2012, 57 (5): 1338-1343.

[108] Savage C O, La Scala B F. Optimal scheduling of scalar Gauss-Markov systems with a terminal cost

function [J] . IEEE Transactions on Automatic Control, 2009, 54 (5): 1100-1105.

[109] Yang C, Shi L. Deterministic sensor data scheduling under limited communication resource [J] . IEEE Transactions on Signal Processing, 2011, 59 (10): 5050-5056.

[110] Jia Q S, Shi L, Mo Y L. On optimal partial broadcasting of wireless sensor networks for Kalman filtering [J] . IEEE Transactions on Automatic Control, 2012, 57 (3): 715-721.

[111] Xu J P, Wen C L, Ge Q B, et al. Optimal multiple-sensor scheduling for general scalar Gauss-Markov systems with the terminal error [J] . Systems and Control Letters, 2017, 108: 1-7.

[112] Shi D W, Chen T W. Approximate optimal periodic scheduling of multiple sensors with constraints [J] . Automatica, 2013, 49 (4): 993-1000.

[113] Xue D G, Chen B, Zhang W A, et al. Kalman fusion estimation for networked multisensor fusion systems with communication constraints [J] . ACTA Automatica Sinica, 2015, 41 (1): 203-208.

[114] Chen B, Zhang W A, Yu L. Distributed fusion estimation with communication bandwidth constraints [J] . IEEE Transactions on Automatic Control, 2015, 60 (5): 1398-1403.

[115] Astrom K J, Bernhardsson B. Comparison of Riemann and Lebesgue sampling for first order stochastic systems [C]//Proceedings of the 41st IEEE Conference on Decision and Control. IEEE, 2002: 2011-2016.

[116] Li L C, Lemmon M, Wang X F. Event-triggered state estimation in vector linear processes [C]// Proceedings of the 2010 American Control Conference. IEEE, 2010: 2138-2143.

[117] Li L C, Lemmon M. Performance and average sampling period of sub-optimal triggering event in event triggered state estimation [C]//2011 50th IEEE Conference on Decision and Control and European Control Conference. IEEE, 2011: 1656-1661.

[118] Shi D W, Chen T W, Shi L. Event-triggered maximum likelihood state estimation [J] . Automatica, 2014, 50 (1): 247-254.

[119] Wu J F, Jia Q S, Johansson K H, et al. Event-based sensor data scheduling: trade-off between communication rate and estimation quality [J] . IEEE Transactions on Automatic Control, 2013, 58 (4): 1041-1046.

[120] You K Y, Xie L H. Kalman filtering with scheduled measurements [J] . IEEE Transactions on Signal Processing, 2013, 61 (6): 1520-1530.

[121] Han D, Mo Y, Wu J, et al. Stochastic event-triggered sensor schedule for remote state estimation [J] . IEEE Transactions on Automatic Control, 2015, 60 (10): 2661-2675.

[122] Shi D W, Chen T W, Shi L. An event-triggered approach to state estimation with multiple point-and set-valued measurements [J] . Automatica, 2014, 50 (6): 1641-1648.

[123] Weerakkody S, Mo Y L, Sinopoli B. Multi-sensor scheduling for state estimation with event-based, stochastic triggers [J] . IEEE Transactions on Automatic Control, 2015, 60 (1): 15-22.

[124] Seiler P, Sengupta R. An H_∞ approach to networked control [J] . IEEE Transactions on Automatic Control, 2005, 50 (3): 356-364.

[125] Bommannavar P, Basar T. Optimal control with limited control actions and lossy transmissions [C]// 2008 47th IEEE Conference on Decision and Control. IEEE, 2008: 2032-2037.

[126] Lincoln B, Bernhardsson B. LQR optimization of linear system switching [J] . IEEE Transacations on Automatic Control, 2002, 47 (10): 1701-1705.

[127] Shi L, Yuan Y, Chen J M. Finite horizon LQR control with limited controller-system communication [J] . IEEE Transactions on Automatic Control, 2013, 58 (7): 1835-1841.

[128] Xu J P, Wen C L, Xu D X. Optimal control data scheduling with limited controller-plant communication [J] . Science China: Information Sciences, 2018, 61 (1): 204-218.

第2章 基础知识

2.1 主要符号说明

主要符号说明见表2.1。

表2.1 主要符号及含义

符号	含义
$\in$	属于
$*$	对称矩阵中的对称部分
$\mathbf{R}^n$	n 维欧几里得(Euclidean)空间
$\mathbf{R}^{n\times m}$	$n\times m$ 阶实矩阵合集
$\boldsymbol{I}$	具有适当维数的单位矩阵
$\boldsymbol{B}^+$	矩阵 $\boldsymbol{B}$ 的 Moore-Penrose 逆
$\boldsymbol{B}>0$	矩阵 $\boldsymbol{B}$ 是正定矩阵
$\boldsymbol{B}^{\mathrm{T}}$	矩阵 $\boldsymbol{B}$ 的转置
$\boldsymbol{B}^{-1}$	矩阵 $\boldsymbol{B}$ 的逆
$\mathrm{diag}(a,b\cdots)$	以 $a,b\cdots$ 为主对角线的对角矩阵
$\sigma(\boldsymbol{X})$	矩阵 $\boldsymbol{X}$ 的奇异值
$\sigma_{\max}(\boldsymbol{X})$	矩阵 $\boldsymbol{X}$ 的最大奇异值
$\lambda_{\min}(\boldsymbol{X})$	矩阵 $\boldsymbol{X}$ 的最小特征值
$\lVert\cdot\rVert$	向量或矩阵的范数
$\triangleq$	定义为
deg(多项式)	该多项式的最大阶数

2.2 Lyapunov 稳定性理论

系统的稳定性既是控制系统的一个重要特性，又是确保系统正常工作所必须具备的硬性指标。受外界环境的不确定因素扰动后，原有的平衡状态发生变化，一旦扰动消失后又能恢复到原有平衡状态或在另一平衡状态下也可正常运行的这类系统称为稳定系统。Lyapunov 稳定性理论适合大部分系统。就稳定性分析而言，大多是用常微分方程进行描述的，这类方法可以应用到多种不同的系统中去，大致有如下两种：

① 李雅普诺夫第一方法：李雅普诺夫采用 Lyapunov 间接法来分析小规模内的稳定情况。采用泰勒展开方法，将具有非线性特性的自治系统扩展为近似线性的系统。该系统可以根据其特征值的分布情况来判断是否能够满足多数情况下的稳定状态。若该系统的特征值集

中在复平面的左边，则可以说明此系统在该邻域内保持稳定。如果不集中在左边，或者系统中有几个特征值分布在复平面的右边，那么这个结论就不会成立。

② 李雅普诺夫第二方法：又称 Lyapunov 直接法，简单地说，可根据系统的结构直接决定系统内部的稳定性，其基本思想是，对于不同类型的具有非线性特性的系统，均可通过选取合适的 Lyapunov-Krasovskii 泛函来实现，对泛函求它的导数，若导数是负的，则说明系统稳定，反之系统不稳定。

判定系统是否渐近稳定的基本定理：设系统的状态方程为：

$$\dot{x}=f(x,t) \tag{2.1}$$

它的平衡状态为 $x_e=0$，假设有标量函数 $V(x,t)$，该标量函数存在连续一阶偏导数，并满足下列条件，则 x_e 是渐近稳定的状态，并且函数 $V(x,t)$ 为该系统的一个李雅普诺夫函数。

① $V(x,t)$ 为正定。

② $\dot{V}(x,t)$ 为负定。

③ 若 $V(x,t)$ 还满足下列条件，那么状态 x_e 为大范围渐近稳定的状态。

$$\lim_{\|x\to\infty\|} V(x,t)=\infty$$

2.3 网络控制系统（NCS）的建模

NCS 的建模是 NCS 研究的首要问题，现有的建模方法主要有连续系统方法和离散系统方法。建立 NCS 模型是对其进行分析与解决的先决条件。随着 NCS 被应用得越来越广泛，越来越多的学者针对连续或是离散的 NCS，通过不同的方式对 NCS 数学模型的建立进行了全面深入的研究。由于 NCS 是一个将控制和信息网络融合在一起的复杂系统，在综合考虑多种因素的情况下，建立一个合理的、精确的 NCS 数学模型显得尤为重要。NCS 的建模是进行系统性能分析、控制算法设计以及进行数值仿真的关键。

假设连续 NCS 的被控系统数学模型如下：

$$\begin{cases}\dot{\boldsymbol{x}}(t)=\boldsymbol{A}\boldsymbol{x}(t)+\boldsymbol{B}\boldsymbol{u}(t)\\ \boldsymbol{y}(t)=\boldsymbol{C}\boldsymbol{x}(t)\end{cases} \tag{2.2}$$

其中，$\boldsymbol{x}(t)\in\mathbf{R}^n,\boldsymbol{u}(t)\in\mathbf{R}^m,\boldsymbol{y}(t)\in\mathbf{R}^q$，分别是系统状态向量、输入向量以及输出向量；$\boldsymbol{A}$、$\boldsymbol{B}$、$\boldsymbol{C}$ 为适当维数的实常矩阵。

假设离散 NCS 被控对象的状态空间模型为：

$$\begin{cases}\boldsymbol{x}(k+1)=\boldsymbol{A}\boldsymbol{x}(k)+\boldsymbol{B}\boldsymbol{u}(k)\\ \boldsymbol{y}(k)=\boldsymbol{C}\boldsymbol{x}(k)\end{cases} \tag{2.3}$$

其中，$\boldsymbol{x}(k)\in\mathbf{R}^n$ 是状态向量，$\boldsymbol{u}(k)\in\mathbf{R}^m$ 是控制输入向量，$\boldsymbol{y}(k)\in\mathbf{R}^g$ 是输出向量；$\boldsymbol{A}$、$\boldsymbol{B}$、$\boldsymbol{C}$ 是适当维数的定常矩阵。

本书针对带有不确定性、外部干扰、时延和故障的 NCS 进行建模，给出了具有线性和非线性特性 NCS 的连续时间模型及离散时间模型的建模方法。

2.4 线性矩阵不等式（LMI）

控制系统中有许多限制或者带有附加条件的问题一般都可转化成线性矩阵不等式（linear matrix inequality，LMI）的形式，Matlab 软件中的 LMI 工具箱求解程序方便简单，广泛应用于控制工程领域。

一个 LMI 通常的表示形式为：

$$\boldsymbol{F}(x)=\boldsymbol{F}_0+\sum_{i=1}^{m}\boldsymbol{x}_i\boldsymbol{F}_i<0 \tag{2.4}$$

其中，$[\boldsymbol{x}_1,\cdots,\boldsymbol{x}_m]^{\mathrm{T}}=x$，为决策向量；矩阵 $\boldsymbol{F}_i=\boldsymbol{F}_i^{\mathrm{T}}\in\mathbf{R}^{n\times n}(i=0,1,\cdots,m)$代表给定的已知对称矩阵，$\boldsymbol{F}_i<0$ 则说明 $\boldsymbol{F}(x)$为负定的，即 $\boldsymbol{F}(x)$的特征值全部小于零。令 $\boldsymbol{F}(x)=\mathrm{diag}[\boldsymbol{F}_1(x),\cdots,\boldsymbol{F}_m(x)]$，多个 LMI 即 $\boldsymbol{F}_1(x)<0,\boldsymbol{F}_2(x)<0,\cdots,\boldsymbol{F}_m(x)<0$ 可表示为 $\boldsymbol{F}(x)<0$。

非严格的 LMI 可描述为：

$$\boldsymbol{F}(x)=\boldsymbol{F}_0+\sum_{i=1}^{m}\boldsymbol{x}_i\boldsymbol{F}_i\leqslant 0 \tag{2.5}$$

LMI 工具箱还针对三种主要的问题分别给出了求解方法，包括：特征值问题、广义特征值问题及可行性问题的求解。

(1) 特征值问题求解

对一个具有 LMI 约束的线性目标函数，其最小化问题可以表述为：

$$\min_{x}\boldsymbol{c}^{\mathrm{T}}\boldsymbol{x}\qquad \text{s. t.}^{❶}\ \boldsymbol{F}(\boldsymbol{x})<0$$

使用 mincx 求解器对此问题进行求解。其中 $\boldsymbol{c}$ 为已知变量。

(2) 广义特征值问题求解

对受 LMI 约束的矩阵函数的特征值最小化情况，可以表述为：

$$\min_{x}\lambda\qquad \text{s. t. } \boldsymbol{G}(x)<\lambda\boldsymbol{I},\ \boldsymbol{H}(x)<0$$

此类问题的常用的求解器是 gevp。其中 λ 为广义特征值，$\boldsymbol{G}(x)$、$\boldsymbol{H}(x)$ 均为矩阵。

(3) 可行性问题求解

对 LMI 约束的 $\boldsymbol{F}(x)$来说，如果有一个 x 可以使 $\boldsymbol{F}(x)<0$ 成立，可以认为这个 LMI 问题是可行的，否则这个 LMI 问题是不可行的。此问题相应的求解器常用 feasp。

2.5　本章小结

为了方便后文定理的推导，本章对下文涉及的相关基础知识进行了整理。首先，对主要符号进行了简要介绍，还对 NCS 的建模进行了简单介绍，最后介绍了 LMI 的基本知识及求解。这些对推导系统的稳定性和设计观测器、控制器具有极为重要的作用。

---

❶ 英文“subject to”的缩写，意为“受限于”“在……的限制下”，表示问题的约束条件。

第3章 具有S-C数据包丢失的基于观测器的控制系统容错控制

随着工业过程日益复杂化，控制系统的规模也越来越大，为了便于实现不同区域间的信息交换，作为控制系统重要环节的通信网络发挥了关键作用[1,2]。由被控对象和通过网络相连接的各部件所组成的闭环采样控制系统称为网络控制系统（NCS）。当数据在网络中传输时，由于带宽限制等原因，数据传输会出现时延和数据包丢失的现象[3,4]。

在实际的工程应用中，NCS不仅结构复杂、规模大而且对可靠性的要求很高。由于传感器或执行器等部件发生故障，常常会使系统失去原来正常工作下所具有的动静态性能。关于NCS的容错控制近年来引起了学术界的关注。

文献［5］针对一类随机时延NCS，考虑到执行器故障等因素的影响，在模型参考自适应方法的基础上提出了基于RBF（径向基函数）神经网络补偿的容错控制策略。文献［6］通过改变采样周期，将网络时延限制在一个采样周期内，给出了容错控制器设计方法。文献［7］对时延分段处理，基于T-S模糊模型给出了执行器失效时系统稳定的充分条件，以LMI的方式给出了控制器设计方法。文献［8］针对一类具有时变时延的NCS，考虑执行器故障，给出了一种主动容错保性能控制器设计方法。现有文献大多数都假定系统状态是可测的，而在系统状态不可测的情况下，构造出系统的观测器，对NCS实现容错控制器和观测器协同设计的研究还不多见。

本章对于一类具有S-C数据包丢失的NCS，研究执行器存在故障时的控制器设计问题。假设系统的状态是不可测的，构造被控对象的观测器。把闭环系统建模成Markov跳变系统，进而借助于Markov跳变系统理论和矩阵不等式方法，实现观测器和控制器的协同设计。

3.1 问题描述

考虑具有S-C数据包丢失的NCS状态方程：

$$\begin{cases} \boldsymbol{x}(k+1)=\boldsymbol{A}\boldsymbol{x}(k)+\boldsymbol{B}\boldsymbol{u}(k) \\ \boldsymbol{y}(k)=\alpha(k)\boldsymbol{C}\boldsymbol{x}(k) \end{cases} \tag{3.1}$$

其中，$\boldsymbol{x}(k)\in\mathbf{R}^n$ 为系统状态向量；$\boldsymbol{u}(k)\in\mathbf{R}^m$ 为控制向量；$\boldsymbol{y}(k)\in\mathbf{R}^r$ 为系统的输出向量；$\boldsymbol{A}$、$\boldsymbol{B}$ 及 $\boldsymbol{C}$ 是适当维数的矩阵。$\alpha(k)$ 为标量，当 $\alpha(k)=0$ 时表示系统的输出信号发生了丢失，而 $\alpha(k)=1$ 时表示系统的输出信号被成功传送。

输出信号的丢失，即 $\alpha(k)$ 的跳变服从Markov特性，可以用具有两个模态的Markov链来描述，如图3.1所示，其中 p_{00}，p_{01}，p_{10}，p_{11} 为Markov链转移概率矩阵对应的元素。

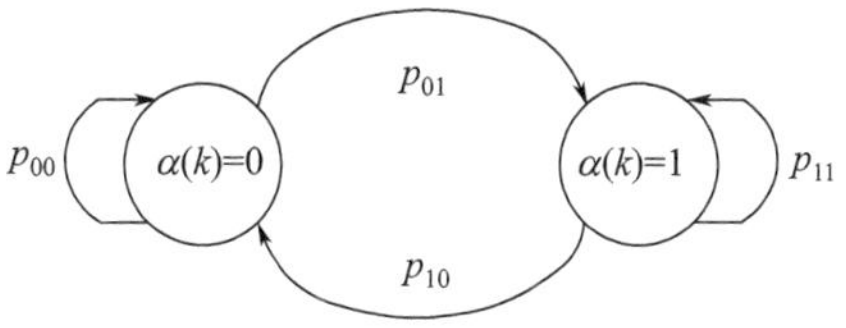

图 3.1　具有两个模态的 Markov 链数据传输模型

针对执行器失效，引入失效阵 $\boldsymbol{H}=\mathrm{diag}(h_1,h_2,\cdots,h_m)$其中 $\boldsymbol{H}\neq 0$ 且 $\boldsymbol{H}\in\varphi$，φ 为所有可能的传感器失效阵的集合。当第 i 执行器正常时 h_i 为 1，否则为 0。

考虑到执行器失效的被控对象状态方程为：

$$\begin{cases}\boldsymbol{x}(k+1)=\boldsymbol{A}\boldsymbol{x}(k)+\boldsymbol{B}\boldsymbol{H}\boldsymbol{u}(k)\\ \boldsymbol{y}(k)=\alpha(k)\boldsymbol{C}\boldsymbol{x}(k)\end{cases}\tag{3.2}$$

由于系统的状态常常是不可测的，为此构造如下形式的观测器以对系统的状态进行估计：

$$\begin{cases}\hat{\boldsymbol{x}}(k+1)=\boldsymbol{A}\hat{\boldsymbol{x}}(k)+\boldsymbol{B}\boldsymbol{H}\boldsymbol{u}(k)+\boldsymbol{L}[\boldsymbol{y}(k)-\alpha(k)\boldsymbol{C}\hat{\boldsymbol{x}}(k)]\\ \boldsymbol{u}(k)=\boldsymbol{K}\hat{\boldsymbol{x}}(k)\end{cases}\tag{3.3}$$

其中，$\hat{\boldsymbol{x}}(k)$ 为观测器的状态向量，$\boldsymbol{K}$ 和 $\boldsymbol{L}$ 分别为控制器和观测器增益矩阵。

定义状态估计误差：

$$\boldsymbol{e}(k)=\boldsymbol{x}(k)-\hat{\boldsymbol{x}}(k)\tag{3.4}$$

将式(3.3) 及式(3.4) 代入到式(3.2)，得到闭环系统的状态方程，即闭环控制系统可以用如下具有两种模式的 Markov 跳变系统来表示：

$$\boldsymbol{\delta}(k+1)=\boldsymbol{A}_{\alpha(k)}\boldsymbol{\delta}(k)\tag{3.5}$$

其中，$\boldsymbol{A}_{\alpha(k)}=\begin{bmatrix}\boldsymbol{A}+\boldsymbol{B}\boldsymbol{H}\boldsymbol{K} & -\boldsymbol{B}\boldsymbol{H}\boldsymbol{K}\\ 0 & \boldsymbol{A}-\alpha(k)\boldsymbol{L}\boldsymbol{C}\end{bmatrix}$，$\boldsymbol{\delta}(k)=[\boldsymbol{x}^{\mathrm{T}}(k)\quad \boldsymbol{e}^{\mathrm{T}}(k)]^{\mathrm{T}}$，$\alpha(k)=i\in\{0,1\}$。

定义 3.1　如果对于每个初始状态 $\boldsymbol{\delta}(0)=[\boldsymbol{x}^{\mathrm{T}}(0)\quad \boldsymbol{e}^{\mathrm{T}}(0)]^{\mathrm{T}}$，均有 $E\left\{\sum_{k=0}^{\infty}\boldsymbol{\delta}^{\mathrm{T}}(k)\boldsymbol{\delta}(k)\right\}<\infty$ 成立，那么闭环控制系统如式(3.5) 是随机稳定的。

引理 3.1[9]　（Schur 补，即舒尔补）对于对称矩阵 $\boldsymbol{\Delta}=\begin{bmatrix}\boldsymbol{\Delta}_{11} & \boldsymbol{\Delta}_{12}\\ \boldsymbol{\Delta}_{21} & \boldsymbol{\Delta}_{22}\end{bmatrix}$，下列三个矩阵不等式或不等式组是等价的：

① $\boldsymbol{\Delta}<0$；

② $\boldsymbol{\Delta}_{11}<0,\boldsymbol{\Delta}_{22}-\boldsymbol{\Delta}_{12}^{\mathrm{T}}\boldsymbol{\Delta}_{11}^{-1}\boldsymbol{\Delta}_{12}<0$；

③ $\boldsymbol{\Delta}_{22}<0,\boldsymbol{\Delta}_{11}-\boldsymbol{\Delta}_{12}\boldsymbol{\Delta}_{22}^{-1}\boldsymbol{\Delta}_{12}^{\mathrm{T}}<0$。

为了便于使用如下引理及利用 Matlab 工具箱进行矩阵不等式的求解，假设 $\boldsymbol{C}^{\mathrm{T}}\in\mathbf{R}^{n\times m}$ 是列满秩的。

引理 3.2[10]　对于列满秩矩阵 $\boldsymbol{C}^{\mathrm{T}}$，其奇异值分解式为 $\boldsymbol{C}^{\mathrm{T}}=\boldsymbol{U}\begin{bmatrix}\boldsymbol{\Sigma}\\ 0\end{bmatrix}\boldsymbol{V}^{\mathrm{T}}$，当且仅当矩阵 $\boldsymbol{M}\in\mathbf{R}^{n\times n}$ 具有如下式所示的结构：

$$\boldsymbol{M}=\boldsymbol{U}\begin{bmatrix}\boldsymbol{M}_{11} & 0\\ 0 & \boldsymbol{M}_{22}\end{bmatrix}\boldsymbol{U}^{\mathrm{T}}\tag{3.6}$$

必存在矩阵 $\boldsymbol{X}\in\mathbf{R}^{m\times m}$ 使 $\boldsymbol{M}\boldsymbol{C}^{\mathrm{T}}=\boldsymbol{C}^{\mathrm{T}}\boldsymbol{X}$。其中 $\boldsymbol{U}\in\mathbf{R}^{n\times n}$，$\boldsymbol{V}\in\mathbf{R}^{m\times m}$，两者是正交矩阵；$\boldsymbol{\Sigma}=\mathrm{diag}(\sigma_1,\sigma_2,\cdots,\sigma_m)$，$\sigma_i(i=1,2,\cdots,m)$是矩阵 $\boldsymbol{C}^{\mathrm{T}}$ 的非零奇异值；$\boldsymbol{M}_{11}\in\mathbf{R}^{m\times m}$，$\boldsymbol{M}_{22}\in\mathbf{R}^{(n-m)\times(n-m)}$。

3.2 控制器设计

定理 3.1 如果存在正定矩阵 $\boldsymbol{P}_0$ 及 $\boldsymbol{P}_1$，使得如下矩阵不等式

$$\boldsymbol{A}_1^{\mathrm{T}}(p_{10}\boldsymbol{P}_0+p_{11}\boldsymbol{P}_1)\boldsymbol{A}_1-\boldsymbol{P}_1<0 \tag{3.7}$$

$$\boldsymbol{A}_0^{\mathrm{T}}(p_{00}\boldsymbol{P}_0+p_{01}\boldsymbol{P}_1)\boldsymbol{A}_0-\boldsymbol{P}_0<0 \tag{3.8}$$

成立，那么闭环控制系统如式(3.5) 是指数均方稳定的。

证明： 构造如下的 Lyapunov 函数：

$$V[\boldsymbol{\delta}(k),\alpha(k)]=\boldsymbol{\delta}_k^{\mathrm{T}}\boldsymbol{P}_{\alpha(k)}\boldsymbol{\delta}_k=\boldsymbol{\delta}_k^{\mathrm{T}}\boldsymbol{P}_i\boldsymbol{\delta}_k$$

其中 $\boldsymbol{P}_i$ 是正定矩阵。

$$\begin{aligned}&E\{V[\boldsymbol{\delta}(k+1),\alpha(k+1)]\,|\,\boldsymbol{\delta}(k),\alpha(k)\}-V[\boldsymbol{\delta}(k),\alpha(k)=i]\\&=\sum_{j=0}^{1}\Pr\{\alpha(k)=j\,|\,\alpha(k)=i\}\boldsymbol{\delta}^{\mathrm{T}}(k)P_j\boldsymbol{\delta}(k)-\boldsymbol{\delta}^{\mathrm{T}}(k)\boldsymbol{P}_i\boldsymbol{\delta}(k)\\&=\boldsymbol{\delta}^{\mathrm{T}}(k)[\boldsymbol{A}_i^{\mathrm{T}}(p_{i0}\boldsymbol{P}_0+p_{i1}\boldsymbol{P}_1)\boldsymbol{A}_i-\boldsymbol{P}_i]\boldsymbol{\delta}(k)\\&=\boldsymbol{\delta}^{\mathrm{T}}(k)\boldsymbol{H}_i\boldsymbol{\delta}(k)\end{aligned}$$

如果式(3.7) 及式(3.8) 成立，那么：

$$\begin{aligned}&E\{V[\boldsymbol{\delta}(k+1),\alpha(k+1)]\,|\,\boldsymbol{\delta}(k),\alpha(k)\}-V[\boldsymbol{\delta}(k),\alpha(k)=i]\\&=\boldsymbol{\delta}^{\mathrm{T}}(k)\boldsymbol{H}_i\boldsymbol{\delta}(k)\leqslant\beta\boldsymbol{\delta}^{\mathrm{T}}(k)\boldsymbol{\delta}(k)\end{aligned}$$

其中，$\beta=\max\limits_{i=0,1}[\lambda(\boldsymbol{H}_i)]<0$，是矩阵 $\boldsymbol{H}_i$ 的最大特征值。对于 $N\geqslant1$，有 $E\{V[\boldsymbol{\delta}(k+1),\alpha(k+1)]\}-V[\boldsymbol{\delta}(0),\alpha(0)]\leqslant\sum\limits_{k=0}^{N}\beta E\{\boldsymbol{\delta}^{\mathrm{T}}(k)\boldsymbol{\delta}(k)\}$成立，即

$$\begin{aligned}&\sum_{k=0}^{N}E\{\boldsymbol{\delta}^{\mathrm{T}}(k)\boldsymbol{\delta}(k)\}\\&\leqslant\beta^{-1}E\{V[\boldsymbol{\delta}(k+1),\alpha(k+1)]\}-\beta^{-1}V[\boldsymbol{\delta}(0),\alpha(0)]\\&<\beta^{-1}V[\boldsymbol{\delta}(0),\alpha(0)]\end{aligned}$$

当 $N\to\infty$时，可以得到：

$$E\left\{\sum_{k=0}^{\infty}\boldsymbol{\delta}^{\mathrm{T}}(k)\boldsymbol{\delta}(k)\right\}<\infty$$

根据定义 3.1，闭环控制系统如式(3.5) 是随机稳定的。

定理 3.2 若存在正定矩阵 $\boldsymbol{M}=\boldsymbol{U}^{\mathrm{T}}\begin{bmatrix}\boldsymbol{M}_{11} & 0\\ 0 & \boldsymbol{M}_{22}\end{bmatrix}\boldsymbol{U}$，矩阵 $\boldsymbol{Y}$、$\overline{\boldsymbol{L}}$ 及标量 $\lambda>0$ 使得如下矩阵不等式成立：

$$\begin{bmatrix}\boldsymbol{\Sigma} & *\\ \boldsymbol{\Pi} & \boldsymbol{\Lambda}\end{bmatrix}<0 \tag{3.9}$$

$$\begin{bmatrix}\lambda\boldsymbol{\Sigma} & *\\ \boldsymbol{\Psi} & \boldsymbol{\Lambda}\end{bmatrix}<0 \tag{3.10}$$

其中：

$$\boldsymbol{\Sigma}=\operatorname{diag}(-\boldsymbol{M},-\boldsymbol{M})$$
$$\boldsymbol{\Lambda}=\operatorname{diag}(-\lambda\boldsymbol{M},-\lambda\boldsymbol{M},-\boldsymbol{M},-\boldsymbol{M})$$
$$\boldsymbol{\Pi}=\begin{bmatrix}\sqrt{p_{10}}(\boldsymbol{AM}+\boldsymbol{BHY}) & -\sqrt{p_{10}}(\boldsymbol{AM}+\boldsymbol{BHY})\\ 0 & \sqrt{p_{10}}(\boldsymbol{AM}-\bar{\boldsymbol{L}}\boldsymbol{CM})\\ \sqrt{p_{11}}(\boldsymbol{AM}+\boldsymbol{BHY}) & -\sqrt{p_{11}}\boldsymbol{BHY}\\ 0 & \sqrt{p_{11}}(\boldsymbol{AM}-\bar{\boldsymbol{L}}\boldsymbol{CM})\end{bmatrix}$$
$$\boldsymbol{\Psi}=\begin{bmatrix}\sqrt{p_{00}}(\boldsymbol{AM}+\boldsymbol{BHY}) & -\sqrt{p_{00}}(\boldsymbol{AM}+\boldsymbol{BHY})\\ 0 & \sqrt{p_{00}}\boldsymbol{AM}\\ \sqrt{p_{01}}(\boldsymbol{AM}+\boldsymbol{BHY}) & -\sqrt{p_{11}}\boldsymbol{BHY}\\ 0 & \sqrt{p_{11}}\boldsymbol{AM}\end{bmatrix}$$

那么系统如式(3.5) 随机稳定，使闭环控制系统随机稳定的控制器增益矩阵为 $\boldsymbol{K}=\boldsymbol{YU}^{\mathrm{T}}\begin{bmatrix}\boldsymbol{M}_{11} & 0\\ 0 & \boldsymbol{M}_{22}\end{bmatrix}^{-1}\boldsymbol{U}$，观测器增益矩阵为 $\boldsymbol{L}=\bar{\boldsymbol{L}}\boldsymbol{V\Sigma}^{-1}\boldsymbol{M}_{11}^{-1}\boldsymbol{\Sigma}\boldsymbol{V}^{\mathrm{T}}$。

证明： 根据引理 3.1，式(3.9) 等价于：

$$\begin{bmatrix}\boldsymbol{\Omega}_{11} & *\\ \boldsymbol{\Omega}_{21} & \boldsymbol{\Omega}_{22}\end{bmatrix}<0 \tag{3.11}$$

其中：

$$\boldsymbol{\Omega}_{11}=\operatorname{diag}(-\boldsymbol{P}_1,-\boldsymbol{P}_1)$$
$$\boldsymbol{\Omega}_{22}=\operatorname{diag}(-\boldsymbol{P}_0,-\boldsymbol{P}_0,-\boldsymbol{P}_1,-\boldsymbol{P}_1)$$
$$\boldsymbol{\Omega}_{21}=\begin{bmatrix}\sqrt{p_{10}}(\boldsymbol{A}+\boldsymbol{BHK}) & -\sqrt{p_{10}}(\boldsymbol{A}+\boldsymbol{BHK})\\ 0 & \sqrt{p_{10}}(\boldsymbol{A}-\boldsymbol{LC})\\ \sqrt{p_{11}}(\boldsymbol{A}+\boldsymbol{BHK}) & -\sqrt{p_{11}}\boldsymbol{BHK}\\ 0 & \sqrt{p_{11}}(\boldsymbol{A}-\boldsymbol{LC})\end{bmatrix}$$

令 $\boldsymbol{P}_1=\lambda\boldsymbol{P}_0,\boldsymbol{P}_1^{-1}=\boldsymbol{M}=\boldsymbol{U}^{\mathrm{T}}\begin{bmatrix}\boldsymbol{M}_{11} & 0\\ 0 & \boldsymbol{M}_{22}\end{bmatrix}\boldsymbol{U},\boldsymbol{Y}=\boldsymbol{KM}$，对式(3.12) 左右两端同乘以 diag $(\boldsymbol{M},\boldsymbol{M},\boldsymbol{I},\boldsymbol{I},\boldsymbol{I},\boldsymbol{I})$ 得：

$$\begin{bmatrix}\boldsymbol{\Sigma} & *\\ \boldsymbol{\Xi} & \boldsymbol{\Lambda}\end{bmatrix}<0$$

其中：

$$\boldsymbol{\Xi}=\begin{bmatrix}\sqrt{p_{10}}(\boldsymbol{AM}+\boldsymbol{BHY}) & -\sqrt{p_{10}}(\boldsymbol{AM}+\boldsymbol{BHY})\\ 0 & \sqrt{p_{10}}(\boldsymbol{AM}-\boldsymbol{LCM})\\ \sqrt{p_{11}}(\boldsymbol{AM}+\boldsymbol{BHY}) & -\sqrt{p_{11}}\boldsymbol{BHY}\\ 0 & \sqrt{p_{11}}(\boldsymbol{AM}-\boldsymbol{LCM})\end{bmatrix}$$

由于 $\boldsymbol{M}=\boldsymbol{U}^{\mathrm{T}}\begin{bmatrix}\boldsymbol{M}_{11} & 0\\ 0 & \boldsymbol{M}_{22}\end{bmatrix}\boldsymbol{U}$，根据引理 3.2，存在矩阵 $\boldsymbol{X}$ 使得 $\boldsymbol{MC}^{\mathrm{T}}=\boldsymbol{C}^{\mathrm{T}}\boldsymbol{X}$，因此可得

$MU^{\mathrm{T}}\begin{bmatrix}\boldsymbol{\Sigma}\\0\end{bmatrix}V^{\mathrm{T}}=U^{\mathrm{T}}\begin{bmatrix}\boldsymbol{\Sigma}\\0\end{bmatrix}V^{\mathrm{T}}X$，进一步 $M_{11}\boldsymbol{\Sigma}V^{\mathrm{T}}=\boldsymbol{\Sigma}V^{\mathrm{T}}X$，即 $X=V\boldsymbol{\Sigma}^{-1}M_{11}\boldsymbol{\Sigma}V^{\mathrm{T}}$。令 $LX=\overline{L}$，由于 $LCM=(MC^{\mathrm{T}}L^{\mathrm{T}})^{\mathrm{T}}=(C^{\mathrm{T}}XL^{\mathrm{T}})^{\mathrm{T}}=(C^{\mathrm{T}}\overline{L}^{\mathrm{T}})^{\mathrm{T}}=\overline{L}C$，可得：

$$L=\overline{L}V\boldsymbol{\Sigma}^{-1}M_{11}^{-1}\boldsymbol{\Sigma}V^{\mathrm{T}}$$

应用引理 3.1，类似地可以得式(3.10)，即定理 3.2 得证。

3.3 实例仿真

考虑如下的被控对象状态方程：

$$\begin{cases}x(k+1)=\begin{bmatrix}0.2 & 0.7\\-0.5 & 0.1\end{bmatrix}x(k)+\begin{bmatrix}0.2 & -0.1\\0.2 & 0.3\end{bmatrix}u(k)\\ y(k)=\alpha(k)\begin{bmatrix}0.3 & 0.6\\-0.2 & 0.3\end{bmatrix}x(k)\end{cases}$$

假设 $\sigma(k)$ 的转移概率矩阵为 $\begin{bmatrix}0.8 & 0.2\\0.9 & 0.1\end{bmatrix}$，取 $\lambda=0.9$，根据定理 3.2 利用 Matlab LMI 工具箱求得以下结果。

当执行器没有故障时，控制器及观测器增益矩阵为：

$$K=\begin{bmatrix}0.2998 & -0.7994\\1.5988 & 1.8986\end{bmatrix},L=\begin{bmatrix}0.5676 & 0.2689\\-0.4054 & 1.0497\end{bmatrix}$$

当执行器 1 发生故障时，控制器及观测器增益矩阵为：

$$K=\begin{bmatrix}0 & 0\\1.7487 & 1.4989\end{bmatrix},L=\begin{bmatrix}0.5787 & 0.2336\\-0.4198 & 1.0576\end{bmatrix}$$

当执行器 2 发生故障时，控制器及观测器增益矩阵为：

$$K=\begin{bmatrix}0.4228 & -0.6534\\0 & 0\end{bmatrix},L=\begin{bmatrix}0.5563 & 0.3047\\-0.4105 & 1.0974\end{bmatrix}$$

在执行器正常及故障情况下的系统状态响应曲线如图 3.2、图 3.3 所示。

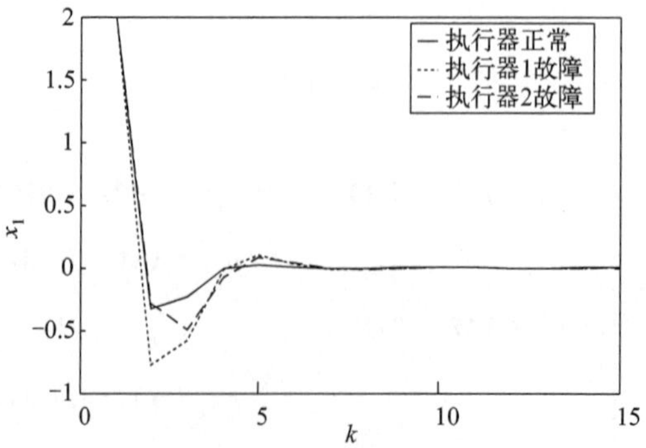

图 3.2　系统状态 x_1 响应曲线

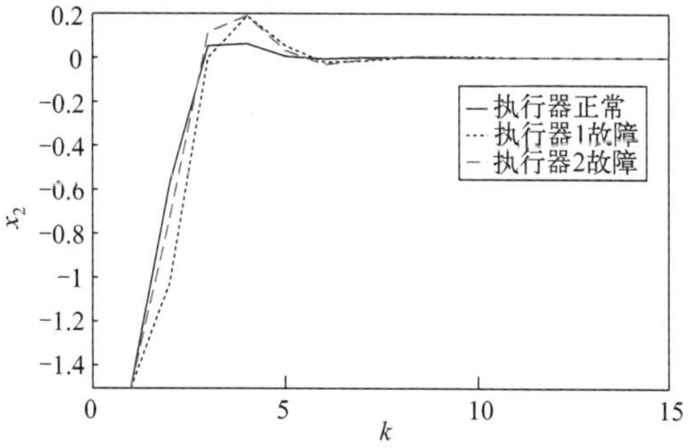

图 3.3　系统状态 x_2 响应曲线

从图 3.3 中可以看出，即使存在输出信号随机丢失和执行器故障的情况，系统在所设计控制器的作用下仍然是稳定的。

3.4　本章小结

本章对于一类具有 S-C 数据包丢失的 NCS，把闭环系统建模为具有两个模态的 Markov 跳变线性系统，给出了保证系统随机稳定的充分条件及设计方法，实现了控制器和观测器的协同控制问题。仿真表明，即使存在执行器故障的情况，系统在所设计的控制器作用下仍可以随机稳定，同时也说明了本章所使用的方法是有效的。

参考文献

[1] Su L L，Chesi G. Robust stability analysis and synthesis for uncertain discrete-time networked control systems over fading channels [J]. IEEE Transactions on Automatic Control，2017，62 (4)：1966-1971.

[2] Yan X，Li J，Mei B Z. Collaborative optimization design for centralized networked control system [J]. IEEE Access，2021，9：19479-19487.

[3] Gu Z，Shi P，Yue D. An adaptive event-triggering scheme for networked interconnected control system with stochastic uncertainty [J]. International Journal of Robust and Nonlinear Control，2017，27 (2)：236-251.

[4] Elahi A，Alfi A. Finite-time H_∞ control of uncertain networked control systems with randomly carrying communication delays [J]. ISA Transactions，2017，69：65-88.

[5] 周川，周小波，吴益飞等. 一类随机时延网络控制系统的神经网络自适应容错控制 [J]. 系统科学与数学，2011，31 (6)：637-649.

[6] 张南宾，刘小平. 时变延时网络控制系统容错控制的研究 [J]. 西南师范大学学报（自然科学版），2014，39 (3)：102-107.

[7] 李炜，罗伟，蒋栋年. 基于动态输出反馈的非线性网络化控制系统容错控制 [J]. 兰州理工大学学报，2012，38 (1)：63-70.

[8] Li S B，Sauter D，Aubrun C，et al. Stability guaranteed active fault tolerant control of networked con-

trol systems [C]//2007 European Control Conferenc. IEEE, 2007: 4344-4350.
[9] Chan H, Ozguner U. Closed-loop control of systems over a communications network with queues [J]. International Journal of Control, 1995, 62 (3): 493-510.
[10] Yang F W, Wang Z D, Huang Y S, et al. H_∞ control for networked systems with random communication delays [J]. IEEE Transactions on Automatic Control, 2006, 51 (3): 511-518.

第 4 章 S-C 时延转移概率部分未知的网络控制系统状态反馈控制

网络控制系统（networked control system，NCS）是一种以网络作为信号传输的载体，通过实时网络构成的闭环反馈控制系统[1]。NCS 在具有资源共享、成本低、易维护等优点的同时，不可避免地存在着传输时延、时序错乱等问题[2]。网络时延可能是恒定的、时变的[3]，大多数情况下是随机的[4]。这给网络控制系统的控制器设计带来了困难，许多学者针对时延的影响开展了研究并取得了很多成果[5-7]。

对于随机时延大致有两种处理方法：一种是用一个服从伯努利分布的随机变量来描述时延，当随机变量取值为 0 时表示产生了时延，取值为 1 时表示没有产生时延[6,8]；另一种是把时延建模为有限状态的马尔可夫链。与第一种方法相比第二种方法的优点是：在实际的通信网络中时延 τ_k 通常受上一时刻时延 τ_{k-1} 的影响，这种建模方法更符合实际情况并且可以把数据包丢失考虑进来[9]。

文献［10］把时延建模为马尔可夫链，从而把闭环系统建模为线性跳变系统，研究了具有马尔可夫时延特性的 NCS 状态反馈控制器设计问题。文献［11,12］分别研究了具有马尔可夫时延特性的 NCS 输出反馈控制及动态输出反馈控制器设计问题。然而上述文献都是假设时延的转移概率矩阵的所有元素都是已知的，对于几乎所有的通信网络，得到转移概率矩阵中的所有元素通常是很难的或者所需成本很高，因此在状态转移概率部分未知的条件下进行 NCS 的控制器设计具有重要的现实意义，然而这方面的成果还很少。

4.1 问题描述

考虑网络存在于传感器和控制器之间的情况，此时具有随机时延的 NCS 结构如图 4.1 所示。

图 4.1 中 $0<\tau_k\leqslant d$ 表示从传感器到控制器的有界随机时延，在有限集 $\Lambda=\{1,2,\cdots,d\}$ 中取值，时延 τ_k 的转移概率矩阵为 $\boldsymbol{\Pi}=[\pi_{ij}]$，$\pi_{ij}$ 定义为：

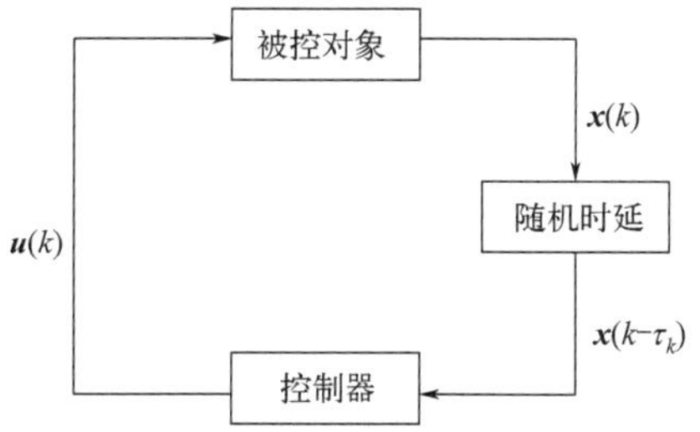

图 4.1　具有随机时延的 NCS 结构

$$\pi_{ij}=\Pr\{\tau_{k+1}=j\mid\tau_k=i\}$$

式中，$\pi_{ij}>0$，$\sum_{j=1}^{d}\pi_{ij}=1,\forall i,j\in\Lambda$。

注 4.1 对于控制器和执行器之间也存在网络的情况，可在执行器前端设置缓冲器，则总时延为传感器到控制器（S-C）的时延 τ_k^{sc} 和控制器到执行器（C-A）的时延 τ_k^{ca} 之和，把总时延 $\tau_k=\tau_k^{sc}+\tau_k^{ca}$ 建模为马尔可夫链，即可进行类似的分析。

假设随机时延的转移概率矩阵中存在未知元素，例如具有 4 个模态的转移概率矩阵 $\boldsymbol{\Pi}$ 可能具有如下形式：

$$\boldsymbol{\Pi}=\begin{bmatrix} ? & \pi_{12} & ? & ? \\ ? & ? & \pi_{23} & ? \\ \pi_{31} & ? & \pi_{33} & ? \\ ? & ? & ? & \pi_{44}\end{bmatrix}$$

其中“?”表示未知元素。对于任意 $i\in\Lambda$，定义 $\Lambda_k^i=\{j:\pi_{ij}\text{ 是未知的}\},\Lambda_{uk}^i=\{j:\pi_{ij}\text{ 是未知的}\}$。如果 $\Lambda_k^i\neq\varnothing$，则 Λ_k^i 和 Λ_{uk}^i 可以进一步表示为 $\Lambda_k^i=\{k_1^i,k_2^i,\cdots,k_\mu^i\},\Lambda_{uk}^i=\{\bar{k}_1^i,\bar{k}_2^i,\cdots,\bar{k}_{d-\mu}^i\}$。$k_\mu^i\in\mathbf{Z}^+$ 表示矩阵 $\boldsymbol{\Pi}$ 第 i 行中第 μ 个已知元素的列下标，$\bar{k}_{d-\mu}^i\in\mathbf{Z}^+$ 表示矩阵 $\boldsymbol{\Pi}$ 第 i 行中第 $d-\mu$ 个未知元素的列下标。

被控对象的状态方程为：

$$\boldsymbol{x}(k+1)=\widetilde{\boldsymbol{A}}\boldsymbol{x}(k)+\widetilde{\boldsymbol{B}}\boldsymbol{u}(k) \tag{4.1}$$

式中，$\boldsymbol{x}(k)\in\mathbf{R}^n$ 是系统状态向量；$\boldsymbol{u}(k)\in\mathbf{R}^m$ 是控制输入向量；$\widetilde{\boldsymbol{A}}\in\mathbf{R}^{n\times n}$ 是系统的状态矩阵；$\widetilde{\boldsymbol{B}}\in\mathbf{R}^{n\times m}$ 是输入矩阵。

采用模态依赖的状态反馈控制律：

$$\boldsymbol{u}(k)=\boldsymbol{K}(\tau_k)\boldsymbol{x}(k-\tau_k) \tag{4.2}$$

$$\boldsymbol{x}(t)=\boldsymbol{\eta}(t),t\in\{-d,\cdots,0\}$$

其中 $\boldsymbol{K}$ 为控制器增益矩阵。则闭环系统可以表示为：

$$\boldsymbol{x}(k+1)=\widetilde{\boldsymbol{A}}\boldsymbol{x}(k)+\widetilde{\boldsymbol{B}}\boldsymbol{K}(\tau_k)\boldsymbol{x}(k-\tau_k) \tag{4.3}$$

定义增广向量：

$$\boldsymbol{X}(k)=[\boldsymbol{x}^{\mathrm{T}}(k)\quad \boldsymbol{x}^{\mathrm{T}}(k-1)\quad\cdots\quad \boldsymbol{x}^{\mathrm{T}}(k-d)]^{\mathrm{T}}$$

则闭环系统［式(4.4)］可以写为：

$$\boldsymbol{X}(k+1)=[\boldsymbol{A}+\boldsymbol{B}\boldsymbol{K}(\tau_k)\boldsymbol{E}(\tau_k)]\boldsymbol{X}(k) \tag{4.4}$$

$$\boldsymbol{X}(0)=[\boldsymbol{\eta}(0)^{\mathrm{T}}\quad \boldsymbol{\eta}(-1)^{\mathrm{T}}\quad\cdots\quad \boldsymbol{\eta}(-d)^{\mathrm{T}}]^{\mathrm{T}}$$

式中：

$$\boldsymbol{A}=\begin{bmatrix}\widetilde{\boldsymbol{A}} & 0 & \cdots & 0 & 0\\ \boldsymbol{I} & 0 & \cdots & 0 & 0\\ 0 & \boldsymbol{I} & \cdots & 0 & 0\\ \vdots & \vdots & & \vdots & \vdots\\ 0 & 0 & \cdots & \boldsymbol{I} & 0\end{bmatrix}\in\mathbf{R}^{n(2+d)\times n(2+d)},\boldsymbol{B}=\begin{bmatrix}\widetilde{\boldsymbol{B}}\\ 0\\ 0\\ \vdots\\ 0\end{bmatrix}\in\mathbf{R}^{n(2+d)\times m}$$

$\boldsymbol{E}(\tau_k)=[0\quad 0\quad I\quad\cdots\quad 0]\in\mathbf{R}^{n\times n(2+d)}$ 在第 $1+\tau_k$ 分块上为单位矩阵 $\boldsymbol{I}$，其余分块为零

矩阵。

引理 4.1[6]　对于行满秩矩阵 $\boldsymbol{E}(i)\in\mathbf{R}^{n\times n(2+d)}$，其转置矩阵 $\boldsymbol{E}^{\mathrm{T}}(i)$ 的奇异值分解式为 $\boldsymbol{E}^{\mathrm{T}}(i)=\boldsymbol{U}_i^{\mathrm{T}}\begin{bmatrix}\boldsymbol{\Sigma}_i\\0\end{bmatrix}\boldsymbol{V}_i^{\mathrm{T}}$，当且仅当矩阵 $\boldsymbol{F}(i)\in\mathbf{R}^{n(2+d)\times n(2+d)}$ 具有结构 $\boldsymbol{F}(i)=\boldsymbol{U}_i^{\mathrm{T}}\begin{bmatrix}\boldsymbol{F}_{i1}&0\\0&\boldsymbol{F}_{i2}\end{bmatrix}\boldsymbol{U}_i$ 时，存在矩阵 $\boldsymbol{X}_i\in\mathbf{R}^{g\times g}$ 使得 $\boldsymbol{F}(i)\boldsymbol{E}^{\mathrm{T}}(i)=\boldsymbol{E}^{\mathrm{T}}(i)\boldsymbol{X}_i$。其中，$\boldsymbol{U}_i\in\mathbf{R}^{n(2+d)\times n(2+d)}$ 和 $\boldsymbol{V}_i\in\mathbf{R}^{g\times g}$ 为正交矩阵；$\boldsymbol{\Sigma}_i=\mathrm{diag}(\sigma_1,\sigma_2,\cdots,\sigma_g)$，$\sigma_i(i=1,2,\cdots,g)$ 为 $\boldsymbol{E}_i^{\mathrm{T}}$ 的非零奇异值；$\boldsymbol{F}_{i1}\in\mathbf{R}^{g\times g},\boldsymbol{F}_{i2}\in\mathbf{R}^{n(2+d-g)\times n(2+d-g)}$。

定义 4.1[13]　如果对于任意初始状态 $\boldsymbol{X}_0=\boldsymbol{X}(0)$ 及初始模态 $\tau_0=i\in\Lambda$，若存在正定矩阵 $\boldsymbol{W}$ 使得不等式 $E\left\{\sum_{k=0}^{\infty}\|\boldsymbol{X}(k)\|^2\mid\boldsymbol{X}_0,\tau_0\right\}<\boldsymbol{X}_0^{\mathrm{T}}\boldsymbol{W}\boldsymbol{X}_0$ 成立，则称系统［式(4.4)］是随机稳定的。

本章的目的是设计控制器［式(4.2)］，使闭环系统［式(4.4)］随机稳定。为了书写的方便，当已知 $\tau_k=i$ 时，把 $\boldsymbol{K}(\tau_k)$ 及 $\boldsymbol{E}(\tau_k)$ 分别记为 $\boldsymbol{K}(i)$、$\boldsymbol{E}(i)$。

4.2　控制器设计

定理 4.1　对时延转移概率矩阵部分未知的 NCS，如果存在正定矩阵 $\boldsymbol{P}>0$，使得如下线性矩阵不等式对于所有的 $i\in\Lambda$ 都成立，那么闭环系统［式(4.4)］是随机稳定的。

$$\boldsymbol{A}^{\mathrm{T}}(i)\sum_{j\in\Lambda_k^i}\pi_{ij}\boldsymbol{P}(j)\boldsymbol{A}(i)-\sum_{j\in\Lambda_k^i}\pi_{ij}\boldsymbol{P}(i)<0 \tag{4.5}$$

$$\boldsymbol{A}^{\mathrm{T}}(i)\boldsymbol{P}(j)\boldsymbol{A}(i)-\boldsymbol{P}(i)<0 \tag{4.6}$$

式中，π_{ij} 为转移概率矩阵 $\boldsymbol{\Pi}$ 的元素；$\boldsymbol{A}(i)=\boldsymbol{A}+\boldsymbol{BK}(i)\boldsymbol{E}(i)$。

证明：构造如下模态依赖的 Lyapunov 函数：

$$\boldsymbol{V}[\boldsymbol{X}(k),k]=\boldsymbol{X}^{\mathrm{T}}(k)\boldsymbol{P}(\tau_k)\boldsymbol{X}(k)$$

则

$$\begin{aligned}\boldsymbol{E}\{\Delta\boldsymbol{V}[\boldsymbol{X}(k),k]\}&=\boldsymbol{E}\{\boldsymbol{X}^{\mathrm{T}}(k+1)\boldsymbol{P}(\tau_{k+1})\boldsymbol{X}(k+1)\mid\boldsymbol{X}(k),\tau_k=i\}\\&\quad-\boldsymbol{X}^{\mathrm{T}}(k)\boldsymbol{P}(\tau_k)\boldsymbol{X}(k)\\&=\boldsymbol{X}(k)^{\mathrm{T}}[\boldsymbol{A}+\boldsymbol{BK}(i)\boldsymbol{E}(i)]^{\mathrm{T}}\sum_{j=1}^{d}\pi_{ij}\boldsymbol{P}(j)[\boldsymbol{A}+\boldsymbol{BK}(i)\boldsymbol{E}(i)]\\&\quad-\boldsymbol{X}^{\mathrm{T}}(k)\boldsymbol{P}(i)\boldsymbol{X}(k)\\&=\boldsymbol{X}^{\mathrm{T}}(k)\boldsymbol{L}(i)\boldsymbol{X}(k)\end{aligned} \tag{4.7}$$

式中：

$$\begin{aligned}\boldsymbol{L}(i)&=\boldsymbol{A}^{\mathrm{T}}(i)\sum_{j=1}^{d}\pi_{ij}\boldsymbol{P}(j)\boldsymbol{A}(i)-\boldsymbol{P}(i)=\boldsymbol{A}^{\mathrm{T}}(i)\sum_{j\in\Lambda_k^i}\pi_{ij}\boldsymbol{P}(j)\boldsymbol{A}(i)-\sum_{j\in\Lambda_k^i}\pi_{ij}\boldsymbol{P}(i)\\&\quad+\boldsymbol{A}^{\mathrm{T}}(i)\sum_{j\in\Lambda_{uk}^i}\pi_{ij}\boldsymbol{P}(j)\boldsymbol{A}(i)-\sum_{j\in\Lambda_{uk}^i}\pi_{ij}\boldsymbol{P}(i)\\&=\boldsymbol{A}^{\mathrm{T}}(i)\sum_{j\in\Lambda_k^i}\pi_{ij}\boldsymbol{P}(j)\boldsymbol{A}(i)-\sum_{j\in\Lambda_k^i}\pi_{ij}\boldsymbol{P}(i)+\sum_{j\in\Lambda_{uk}^i}\pi_{ij}\boldsymbol{A}^{\mathrm{T}}(i)\boldsymbol{P}(j)\boldsymbol{A}(i)-\boldsymbol{P}(i)\end{aligned}$$

因此，若式（4.5）及式（4.6）成立，则 $\boldsymbol{L}(i)<0$，类似于文献［13］，可以证明系统［式(4.4)］是随机稳定的。

定理 4.2 如果存在正定矩阵 $\boldsymbol{F}(i)>0$、矩阵 $\boldsymbol{Y}(i)$，使

$$\begin{bmatrix} -\Phi_k^i \boldsymbol{F}(i) & [\boldsymbol{AF}(i)+\boldsymbol{BY}(i)\boldsymbol{E}(i)]^{\mathrm{T}}\boldsymbol{\Theta}_k^i \\ * & \boldsymbol{\Xi}_k^i \end{bmatrix}<0 \tag{4.8}$$

$$\begin{bmatrix} \boldsymbol{F}(i) & [\boldsymbol{AF}(i)+\boldsymbol{BY}(i)\boldsymbol{E}(i)]^{\mathrm{T}} \\ * & -\boldsymbol{F}(j) \end{bmatrix}<0, \forall j\in\Lambda_{uk}^i \tag{4.9}$$

其中：

$$\Phi_k^i=\sum_{j\in\Lambda_k^i}\pi_{ij}$$

$$\boldsymbol{\Theta}_k^i=\begin{bmatrix}\sqrt{\pi_{ik_1^i}}\boldsymbol{I} & \sqrt{\pi_{ik_2^i}}\boldsymbol{I} & \cdots & \sqrt{\pi_{ik_\mu^i}}\boldsymbol{I}\end{bmatrix}$$

$$\boldsymbol{\Xi}_k^i=-\mathrm{diag}[\boldsymbol{F}(k_1^i),\boldsymbol{F}(k_2^i),\cdots,\boldsymbol{F}(k_\mu^i)]$$

成立，那么使得闭环系统［式(4.4)］随机稳定的模态依赖的状态反馈控制器为：

$$\boldsymbol{K}(i)=\boldsymbol{Y}(i)\boldsymbol{V}_i\boldsymbol{\Sigma}_i^{-1}\boldsymbol{F}_{i1}^{-1}\boldsymbol{\Sigma}_i\boldsymbol{V}_i^{\mathrm{T}} \tag{4.10}$$

证明： 根据 Schur 补引理，式(4.5) 可以写为：

$$\begin{bmatrix} -\Phi_k^i \boldsymbol{P}(i) & [\boldsymbol{A}+\boldsymbol{BK}(i)\boldsymbol{E}(i)]^{\mathrm{T}}\boldsymbol{\Theta}_k^i \\ * & \boldsymbol{\Omega}_k^i \end{bmatrix}<0 \tag{4.11}$$

上式左右两端同乘以 $\mathrm{diag}\{\boldsymbol{P}^{-1}(i),\boldsymbol{I}\}$，并令 $\boldsymbol{F}(i)=\boldsymbol{P}^{-1}(i)$得：

$$\begin{bmatrix} -\Phi_k^i \boldsymbol{F}(i) & [\boldsymbol{AF}(i)+\boldsymbol{BK}(i)\boldsymbol{E}(i)\boldsymbol{F}(i)]^{\mathrm{T}}\boldsymbol{\Theta}_k^i \\ * & \boldsymbol{\Omega}_k^i \end{bmatrix}<0 \tag{4.12}$$

根据 Schur 补引理，式（4.6）可以写为：

$$\begin{bmatrix} \boldsymbol{P}(i) & [\boldsymbol{A}+\boldsymbol{BK}(i)\boldsymbol{E}(i)]^{\mathrm{T}} \\ * & -\boldsymbol{P}^{-1}(j) \end{bmatrix}<0 \tag{4.13}$$

式(4.13) 左右两端同乘以 $\mathrm{diag}[\boldsymbol{P}^{-1}(i),\boldsymbol{I}]$得：

$$\begin{bmatrix} \boldsymbol{F}(i) & [\boldsymbol{AF}^{-1}(i)+\boldsymbol{BK}(i)\boldsymbol{E}(i)\boldsymbol{F}(i)]^{\mathrm{T}} \\ * & -\boldsymbol{F}(j) \end{bmatrix}<0 \tag{4.14}$$

矩阵 $\boldsymbol{E}(i)^{\mathrm{T}}$ 总是列满秩的，因此存在正交矩阵 $\boldsymbol{U}_i\in\mathbf{R}^{n(2+d)\times n(2+d)}$ 及 $\boldsymbol{V}_i\in\mathbf{R}^{g\times g}$ 使得：

$$\boldsymbol{E}_i^{\mathrm{T}}=\boldsymbol{U}_i^{\mathrm{T}}\begin{bmatrix}\boldsymbol{\Sigma}_i\\0\end{bmatrix}\boldsymbol{V}_i^{\mathrm{T}} \tag{4.15}$$

其中，$\boldsymbol{\Sigma}_i=\mathrm{diag}(\sigma_1,\sigma_2,\cdots,\sigma_g)$，是 $\boldsymbol{E}_i^{\mathrm{T}}$ 的非零奇异值。假设矩阵 $\boldsymbol{F}(i)$具有如下的结构：

$$\boldsymbol{F}(i)=\boldsymbol{U}_i^{\mathrm{T}}\begin{bmatrix}\boldsymbol{F}_{i1} & 0\\ 0 & \boldsymbol{F}_{i2}\end{bmatrix}\boldsymbol{U}_i \tag{4.16}$$

根据引理 4.1，存在矩阵 $\boldsymbol{X}_i\in\mathbf{R}^{g\times g}$ 使得 $\boldsymbol{F}(i)\boldsymbol{E}^{\mathrm{T}}(i)=\boldsymbol{E}^{\mathrm{T}}(i)\boldsymbol{X}_i$，令：

$$\boldsymbol{X}_i\boldsymbol{K}^{\mathrm{T}}(i)=\boldsymbol{Y}^{\mathrm{T}}(i) \tag{4.17}$$

由 $\boldsymbol{F}(i)\boldsymbol{E}^{\mathrm{T}}(i)=\boldsymbol{E}^{\mathrm{T}}(i)\boldsymbol{X}_i$，可得：

$$\begin{bmatrix}\boldsymbol{\Sigma}_i \\ 0\end{bmatrix}\boldsymbol{V}_i^{\mathrm{T}}=\boldsymbol{U}_i^{\mathrm{T}}\begin{bmatrix}\boldsymbol{\Sigma}_i \\ 0\end{bmatrix}\boldsymbol{V}_i^{\mathrm{T}}\boldsymbol{X}_i \tag{4.18}$$

即

$$\boldsymbol{X}_i=\boldsymbol{V}_i\boldsymbol{\Sigma}_i^{-1}\boldsymbol{F}_{i1}\boldsymbol{\Sigma}_i\boldsymbol{V}_i^{\mathrm{T}} \tag{4.19}$$

由式(4.17) 及式(4.19) 可得 $\boldsymbol{K}(i)=\boldsymbol{Y}(i)\boldsymbol{V}_i\boldsymbol{\Sigma}_i^{-1}\boldsymbol{F}_{i1}^{-1}\boldsymbol{\Sigma}_i\boldsymbol{V}_i^{\mathrm{T}}$，证毕。

注 4.2 为了把非线性矩阵不等式转化为线性矩阵不等式，假设矩阵 $\boldsymbol{F}(i)$ 具有式(4.14) 所描述的结构以方便使用引理，因此所得结果具有一定的保守性。

4.3 实例仿真

考虑如式 (4.1) 描述的线性被控对象，其参数为 $\widetilde{\boldsymbol{A}}=\begin{bmatrix}0.36 & 0.29 \\ -0.22 & 0.93\end{bmatrix}$，$\widetilde{\boldsymbol{B}}=\begin{bmatrix}-0.17 \\ 0.01\end{bmatrix}$。

假设从传感器到控制器的有界随机时延 $\tau_k\in\{1,2,3,4\}$，时延的转移概率矩阵为：

$$\boldsymbol{\Pi}=\begin{bmatrix}? & ? & 0.6 & ? \\ 0.3 & ? & ? & 0.5 \\ ? & 0.2 & 0.3 & ? \\ 0.1 & ? & 0.7 & ?\end{bmatrix}$$

在转移概率矩阵 $\boldsymbol{\Pi}$ 下的时延 τ_k 的跳变值由图 4.2 所示。

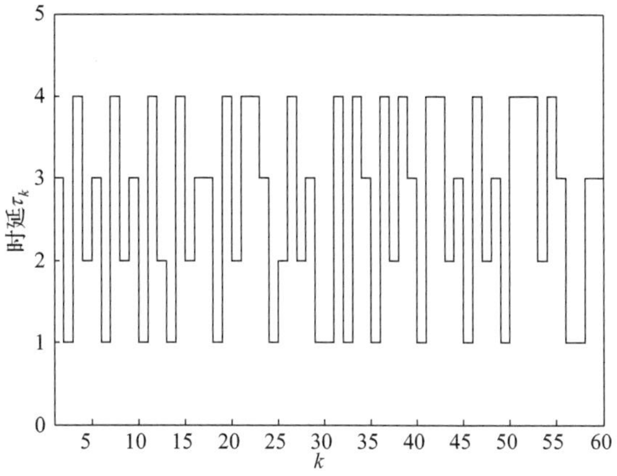

图 4.2 网络时延 τ_k 的跳变值

根据定理 4.2，利用 LMI 工具箱求得 $\boldsymbol{\Pi}$ 下的不同模态的反馈增益矩阵为：

$$\boldsymbol{K}_1=[-0.2001 \quad 0.0638], \boldsymbol{K}_2=[-0.1157 \quad -0.0090]$$

$$\boldsymbol{K}_3=[0.0102 \quad -0.0058], \boldsymbol{K}_4=[0.0006 \quad -0.0001]$$

假设系统的初始状态为 $\boldsymbol{x}(0)=[0.5 \quad -2]^{\mathrm{T}}$，转移概率矩阵 $\boldsymbol{\Pi}$ 下的闭环系统状态响应曲线如图 4.3 所示。

从图 4.3 可以看到，即使时延的转移概率部分未知，闭环系统在本章所设计的控制器作用下仍然是随机稳定的。

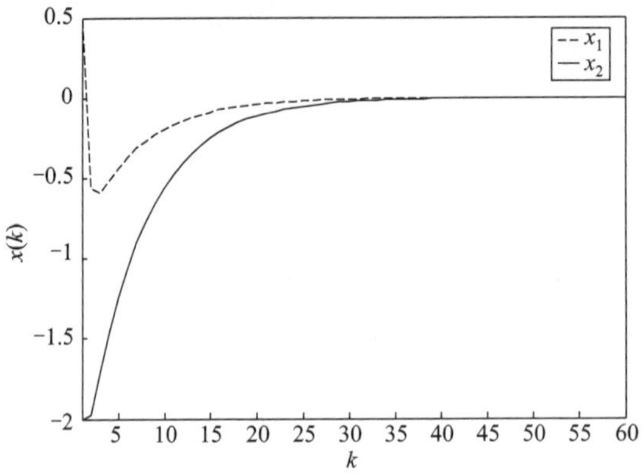

图 4.3　闭环系统状态响应曲线

4.4　本章小结

本章研究了一类具有马尔可夫时延特性的网络控制系统状态反馈控制问题，在时延的转移概率矩阵的部分元素未知的情况下通过状态增广的方法，得到了闭环系统表达式。以 LMI 的形式给出了闭环系统随机稳定的充分条件，并给出了控制器的设计方法。

参考文献

[1]　Yan X, Li J, Mei B Z. Collaborative optimization design for centralized networked control system [J]. IEEE Access, 2021, 9: 19479-19487.

[2]　黄秀惠，高志宏．基于观测器的时延网络控制系统镇定 [J]．控制工程，2018，25 (8)：1490-1496.

[3]　Wang Q, Wang Z L, Dong C Y, et al. Fault detection and optimization for networked control systems with uncertain time-varying delay [J]. Journal of Systems Engineering and Electronics, 2015, 3: 544-556.

[4]　Yang F W, Wang Z D, Hung Y S, et al. H_∞ control for networked systems with random communication delays [J]. IEEE Transactions on Automatic Control, 2006, 51 (3): 511-518.

[5]　李秀英，王金玉，孙书利．具有随机观测滞后和丢失的网络系统鲁棒 H_∞ 滤波 [J]．控制理论与应用，2013，30 (11)：1401-1407.

[6]　Sun S L. Optimal linear estimators for discrete-time systems with one-step random delays and multiple packet dropouts [J]. Acta Automatica Sinica, 2012, 38 (3): 349-354.

[7]　曾丽萍．短时滞的网络控制系统稳定性分析 [J]．自动化技术与应用，2021，40 (01)：15-19.

[8]　Wang Z D, Ho D W C, Liu X H. Robust filtering under randomly varying sensor delay with variance constraints [J]. IEEE Transactions on Circuits and Systems Ⅱ—express briefs, 2004, 51 (6): 320-326.

[9]　Xiao L, Hassibi A, How J P. Control with random communication delays via a discrete-time jump system approach [C]//Proceedings of the 2000 American Control Conference. IEEE, 2000: 2199-2204.

[10]　Guo X L. Controller design based on variable-period sampling approach for networked control systems with random delays [C]//2009 International Conference on Networking, Sensing and control. IEEE, 2009: 147-151.

[11]　Gao S W, Tang G Y. Output feedback stabilization of networked control systems with random delays

[C]// IFAC Proceeding Volumes. IEEE, 2011: 3250-3255.

[12] Zhang Y, Fang H J, Liu Z X. Fault detection for nonlinear networked control systems with Markov data transmission pattern [J] . Circuits Syst Signal Process, 2012, 31: 1343-1358.

[13] Zhang L Q, Shi Y, Chen T W et al. A new method for stabilization of networked control systems with random delays [J] . IEEE Transactions on Automatic Control, 2005, 50 (8): 1177-1181.

第5章 具有S-C时延和数据包丢失的网络控制系统控制器设计方法

在网络控制系统中，由于传感器、控制器及执行器节点通过共享的网络交换信息，节约了系统成本，提高了系统灵活性，因此网络控制系统在很多场合得到了广泛应用。但是网络的引入使得网络诱导时延和数据包丢失等问题不可避免，这给网络控制系统的分析和设计带来了很大的挑战。

很多学者针对时延和数据包丢失的网络控制系统进行了研究[1-4]。文献［4］研究了不确定网络控制系统的扰动抑制问题，通过引入自由加权矩阵和网络诱导时延的下界信息，给出了基于线性矩阵不等式的 H_∞ 性能分析和控制器综合条件。文献［5］研究了一类离散时间网络控制系统的稳定性分析问题，文中假定传感器、控制器及执行器均为时间驱动，网络时延是周期性的，通过增广状态向量法，把被控对象的当初状态及所有滞后的状态以及控制器的输出合并为一个增广状态，进而得到了一个增广的状态方程。

当网络控制系统中网络诱导时延小于一个采样周期时，文献［6］考虑了当被控对象为连续时间对象，并且传感器采用时间驱动、控制器和执行器采用事件驱动的网络控制系统。假定时延是在一个采样周期内随机变化，且知道其概率分布，把滞后的控制输入和被控对象的状态合并，其中增广系统称为一个无时延的随机参数系统。在此基础之上，文献给出了系统的 LQG 随机最优控制律。文献［7］把网络控制系统时延的不确定性转化为系统矩阵的不确定性，把网络控制系统建模为一类含有不确定性的离散控制系统；文献［8］利用文献［7］的有关结论研究了网络控制系统的非脆弱控制问题。然而上述文献局限于仅存在时延的情况。

文献［9］在没有考虑时延的情况下，将丢包过程建模为有限状态的马尔可夫过程，研究了网络控制系统的 H_∞ 控制问题。文献［10］将具有时延和数据包丢失的网络控制系统建模为具有两个运行模式的马尔可夫跳变线性系统。文献［11］将具有时延和数据包丢失的网络控制系统建模为异步动态系统，给出了闭环系统指数稳定的充分条件，但需要解双线性矩阵不等式，或在求解不等式时给一些变量赋值，进行试探求解。

文献［12］研究了传感器由时间驱动、控制器和执行器由事件驱动、不确定时延小于一个采样周期的网络化系统的最优 H_∞ 控制问题。文献［13］提出了一种特殊的不确定切换系统模型，研究了该模型 H_∞ 状态反馈控制问题，其状态反馈控制器在满足系统渐近稳定的条件下，又可使系统满足一定的 H_∞ 性能要求。文献［14］将网络诱导时延的不确定性转化为系统矩阵的不确定性，利用基于线性矩阵不等式的方法通过状态的静态反馈，使得在没有外界未知扰动影响时，闭环系统可以达到对干扰的抑制作用。

保性能控制的概念最初由学者 Chang 和 Peng 于 1972 年提出。最初是当系统的不确定因素在容许的范围内时，设计一个控制器确保系统鲁棒稳定，且系统的二次性能指标不超过一确定的上界。由于保性能控制迎合了工程控制的需要，控制系统具有鲁棒稳定性，鲁棒稳定的性质使得这种方法在工程应用中具有很实际的意义。

近年来，工业以太网或与现场总线相结合的技术，广泛应用于网络控制系统中，采用工业以太网的网络控制系统具有开放性，有高速率和强大的软硬件技术支持等优势，但同时也存在数据传输不确定问题。不确定的网络诱导时延和数据包丢失对系统的稳定性和控制性能有很大的影响。对于网络控制系统，不但要求其能稳定运行，而且要求网络控制系统满足一定的性能指标，因此有必要研究网络控制系统的保性能控制问题。

文献 [15] 研究了在通信约束和变采样速率的条件下网络控制系统的保性能控制问题，提出了一种简单的系统信号调度方法，基于该调度方法和给定的采样周期设计了网络控制系统的输出反馈保性能控制器。文献 [16] 将网络诱导时延转化为系统状态方程系数矩阵的不确定性，把网络控制系统建模为离散不确定系统，给出了网络控制系统的保性能状态反馈控制器。文献 [17] 针对带有不确定性模型结构的网络控制系统建立了一种多时延的系统模型，提出了无记忆状态反馈鲁棒保性能控制器存在的充分条件。文献 [18] 利用广义模型变换方法，研究了具有范数有界不确定性网络控制系统的保性能控制问题，给出了时延依赖保性能控制器存在的充分条件。文献 [19] 利用跳变线性系统法研究了具有随机网络诱导时延网络控制系统的保性能控制问题，给出了保性能控制器存在的充分条件，控制器可以通过锥补化线性算法进行求解。然而，上述文献大多局限于对具有网络诱导时延的网络控制系统进行研究。在实际网络系统中，数据包丢失的现象往往是存在的，因此在分析和设计网络控制系统时应对数据包丢失现象进行考虑。

本章研究了具有时延和数据包随机丢失的网络控制系统的状态反馈控制问题，将系统建模为一类含有服从伯努利分布的随机变量的随机控制系统，给出了使闭环系统指数均方稳定的状态反馈控制器存在的充分条件和设计方法，用实例仿真说明了所用方法的有效性。又研究了具有时延和数据包丢失的网络控制系统的 H_∞ 和保性能控制问题。利用 Lyapunov 稳定性理论进行了稳定性分析，以线性矩阵不等式的方式给出了满足相应控制性能的控制器。最后给出的实例仿真验证了方法的有效性。

5.1　状态反馈控制

5.1.1　问题描述

状态反馈控制下具有时延和数据包丢失的网络控制系统如图 5.1 所示。

图 5.1 中 τ_k 表示网络时延，开关闭合表示数据包传输成功，开关打开表示数据包传输失败。为了便于分析，做以下合理假设：

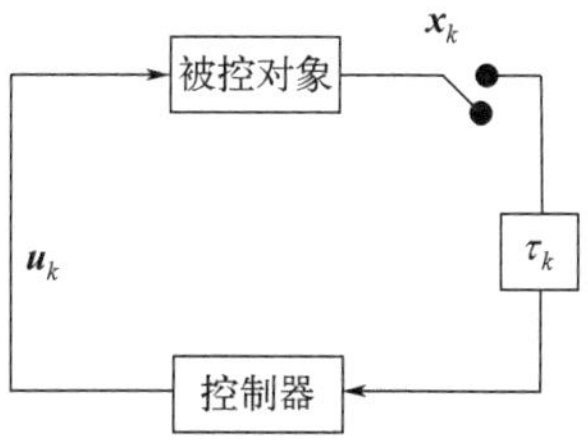

图 5.1　网络控制系统的结构 1

① 传感器采用时间驱动方式，采样周期为 h；控制器和执行器采用事件驱动方式。

② 网络存在于传感器节点和控制器节点之间，控制器和执行器在同一网络节点上。

③ 网络时延不大于一个采样周期，即 $\tau_k \leqslant h$。

假设被控对象状态方程为：

$$\dot{\boldsymbol{x}}(t)=\boldsymbol{A}\boldsymbol{x}(t)+\boldsymbol{B}\boldsymbol{u}(t) \tag{5.1}$$

其中，$\boldsymbol{x}(t)\in\mathbf{R}^n$ 是系统状态向量，$\boldsymbol{u}(t)\in\mathbf{R}^m$ 是控制向量；$\boldsymbol{A}$、$\boldsymbol{B}$ 是适当维数的矩阵。当没有数据包丢失时，考虑网络时延的影响，在一个采样周期 h 内积分可得系统［式(5.1)］的离散状态方程为：

$$\boldsymbol{x}_{k+1}=\boldsymbol{\Phi}\boldsymbol{x}_k+\boldsymbol{\Gamma}_0\boldsymbol{u}_k+\boldsymbol{\Gamma}_1\boldsymbol{u}_{k-1} \tag{5.2}$$

其中：

$$\boldsymbol{\Phi}=\mathrm{e}^{\boldsymbol{A}h}$$

$$\boldsymbol{\Gamma}_0=\left(\int_0^{h-\tau_k}\mathrm{e}^{\boldsymbol{A}s}\,\mathrm{d}s\right)\boldsymbol{B}=\left(\int_0^{h/2}\mathrm{e}^{\boldsymbol{A}s}\,\mathrm{d}s\right)\boldsymbol{B}+\left(\int_{h/2}^{h-\tau_k}\mathrm{e}^{\boldsymbol{A}s}\,\mathrm{d}s\right)\boldsymbol{B}$$

$$\boldsymbol{\Gamma}_1=\left(\int_{h-\tau_k}^{h}\mathrm{e}^{\boldsymbol{A}s}\,\mathrm{d}s\right)\boldsymbol{B}$$

令

$$\boldsymbol{H}_0=\left(\int_0^{h/2}\mathrm{e}^{\boldsymbol{A}s}\,\mathrm{d}s\right)\boldsymbol{B},\ \boldsymbol{E}=\boldsymbol{I},\ \boldsymbol{F}_{\tau_k}=\int_{h/2}^{h-\tau_k}\mathrm{e}^{\boldsymbol{A}s}\,\mathrm{d}s$$

则

$$\boldsymbol{\Gamma}_0=\boldsymbol{H}_0+\boldsymbol{E}\boldsymbol{F}_{\tau_k}\boldsymbol{B}$$

根据文献［20］，不确定矩阵 $\boldsymbol{F}_{\tau_k}$ 满足：

$$\sigma_{\max}(\boldsymbol{F}_{\tau_k})\leqslant\left[\mathrm{e}^{\sigma_{\max}(\boldsymbol{\Phi})h}-\mathrm{e}^{\sigma_{\max}(\boldsymbol{\Phi})h/2}\right]/\sigma_{\max}(\boldsymbol{\Phi})\triangleq\delta$$

当数据包丢失时，执行器使用上一周期的控制量，系统状态方程为：

$$\boldsymbol{x}_{k+1}=\boldsymbol{\Phi}x_k+\boldsymbol{H}\boldsymbol{u}_{k-1} \tag{5.3}$$

其中，$\boldsymbol{H}=\left(\int_0^h\mathrm{e}^{\boldsymbol{A}s}\,\mathrm{d}s\right)\boldsymbol{B}$。

定义 $\alpha_k=\begin{cases}0\\1\end{cases}$，当有数据包丢失时，令 $\alpha_k=0$；没有数据包丢失时，令 $\alpha_k=1$。则 α_k 是服从伯努利分布的随机变量：

$$\Pr\{\alpha_k=1\}=E\{\alpha_k\}\triangleq a$$

$$\Pr\{\alpha_k=0\}=1-E\{\alpha_k\}\triangleq 1-a$$

$$\mathrm{Var}\{\alpha_k\}=E\{(\alpha_k-a)^2\}=a(1-a)\triangleq b^2$$

具有时延和数据包丢失的网络控制系统可以表示为含有随机变量 α_k 的切换控制系统：

$$\boldsymbol{x}_{k+1}=\boldsymbol{\Phi}\boldsymbol{x}_k+\alpha_k\boldsymbol{\Gamma}_0\boldsymbol{u}_k+(1-\alpha_k)\boldsymbol{\Gamma}_0\boldsymbol{u}_{k-1}+\boldsymbol{\Gamma}_1\boldsymbol{u}_{k-1} \tag{5.4}$$

注 5.1 没有数据包丢失时，$\alpha_k=1$，式(5.4)符合式(5.2)；有数据包丢失时，$\alpha_k=0$，式(5.4)符合式(5.3)。

采用状态反馈控制律（$\boldsymbol{K}$ 为控制器增益矩阵）：

$$\boldsymbol{u}_k=\boldsymbol{K}\boldsymbol{x}_k \tag{5.5}$$

则得到闭环状态方程：

$$\boldsymbol{x}_{k+1}=\boldsymbol{\Phi}\boldsymbol{x}_k+\alpha_k\boldsymbol{\Gamma}_0\boldsymbol{K}\boldsymbol{x}_k+(1-\alpha_k)\boldsymbol{\Gamma}_0\boldsymbol{K}\boldsymbol{x}_{k-1}+\boldsymbol{\Gamma}_1\boldsymbol{K}\boldsymbol{x}_{k-1} \tag{5.6}$$

定义增广向量：

$$\boldsymbol{\eta}_k=\begin{bmatrix}\boldsymbol{x}_k\\\boldsymbol{x}_{k-1}\end{bmatrix}$$

系统［式(5.6)］可以写为：

$$\boldsymbol{\eta}_{k+1}=\begin{bmatrix}\boldsymbol{\Phi}+\alpha_k\boldsymbol{\Gamma}_0\boldsymbol{K} & (\boldsymbol{H}-\alpha_k\boldsymbol{\Gamma}_0)\boldsymbol{K}\\ \boldsymbol{I} & 0\end{bmatrix}\boldsymbol{\eta}_k\triangleq\boldsymbol{A}_k\boldsymbol{\eta}_k \tag{5.7}$$

给出以下定义：

定义 5.1[21]　若存在常数 $\beta>0$，$0<\sigma<1$ 使得

$$E\{\|\boldsymbol{\eta}_k\|^2\}<\beta\sigma^k E\{\|\boldsymbol{\eta}_0\|^2\},\forall k>0$$

成立，那么系统［式(5.7)］指数均方稳定。

引理 5.1[22]　对于适当维数的矩阵 $\boldsymbol{G}$、$\boldsymbol{M}$ 和 $\boldsymbol{N}$，其中 $\boldsymbol{G}$ 为对称矩阵，$\boldsymbol{G}+\boldsymbol{M}\boldsymbol{F}_{\tau_k}\boldsymbol{N}+\boldsymbol{N}^{\mathrm{T}}\boldsymbol{F}_{\tau_k}^{\mathrm{T}}\boldsymbol{M}^{\mathrm{T}}<0$ 对于所有满足 $\|\boldsymbol{F}_{\tau_k}\|_2\leqslant\delta$ 的不确定矩阵 $\boldsymbol{F}_{\tau_k}$ 成立，当且仅当存在常数 $\mu>0$，使得：$\boldsymbol{G}+\mu\delta^2\boldsymbol{M}\boldsymbol{M}^{\mathrm{T}}+\boldsymbol{N}^{\mathrm{T}}\boldsymbol{N}/\mu<0$。

引理 5.2[22]　对于给定的列满秩矩阵 $\boldsymbol{C}^{\mathrm{T}}\in\mathbf{R}^{n\times m}$，其奇异值分解式为 $\boldsymbol{C}^{\mathrm{T}}=\boldsymbol{U}\begin{bmatrix}\boldsymbol{\Sigma}\\0\end{bmatrix}\boldsymbol{V}^{\mathrm{T}}$。当且仅当矩阵 $\boldsymbol{R}_1\in\boldsymbol{R}^{n\times n}$ 具有结构 $\boldsymbol{R}_1=\boldsymbol{U}\begin{bmatrix}\boldsymbol{R}_{11} & 0\\0 & \boldsymbol{R}_{12}\end{bmatrix}\boldsymbol{U}^{\mathrm{T}}$ 时，存在矩阵 $\boldsymbol{X}\in\mathbf{R}^{m\times m}$ 使得 $\boldsymbol{R}_1\boldsymbol{C}^{\mathrm{T}}=\boldsymbol{C}^{\mathrm{T}}\boldsymbol{X}$。其中，$\boldsymbol{U}\in\mathbf{R}^{n\times n}$ 和 $\boldsymbol{V}\in\mathbf{R}^{m\times m}$ 为正交矩阵，$\boldsymbol{\Sigma}=\mathrm{diag}(\sigma_1,\sigma_2,\cdots,\sigma_m)$，$\sigma_i(i=1,2,\cdots,m)$为矩阵的非零奇异值，$\boldsymbol{R}_{11}\in\mathbf{R}^{m\times m}$，$\boldsymbol{R}_{12}\in\mathbf{R}^{(n-m)\times(n-m)}$。

5.1.2　稳定性分析

定理 5.1　对于网络时延 $0\leqslant\tau_k\leqslant h$，数据包丢失概率 $0\leqslant 1-a\leqslant 1$，若存在正定矩阵 $\boldsymbol{P}$ 和 $\boldsymbol{Q}$ 使得如下矩阵不等式成立，那么闭环网络控制系统如式(5.7) 指数均方稳定。

$$\begin{bmatrix}\boldsymbol{\Sigma} & \boldsymbol{\Psi}^{\mathrm{T}}\\ \boldsymbol{\Psi} & \boldsymbol{\Lambda}\end{bmatrix}<0 \tag{5.8}$$

其中：

$$\boldsymbol{\Sigma}=(\boldsymbol{\Phi}+a\boldsymbol{\Gamma}_0\boldsymbol{K})^{\mathrm{T}}\boldsymbol{P}(\boldsymbol{\Phi}+a\boldsymbol{\Gamma}_0\boldsymbol{K})+b^2(\boldsymbol{\Gamma}_0\boldsymbol{K})^{\mathrm{T}}\boldsymbol{P}(\boldsymbol{\Gamma}_0\boldsymbol{K})+\boldsymbol{Q}-\boldsymbol{P}$$

$$\boldsymbol{\Psi}=(\boldsymbol{H}\boldsymbol{K}-a\boldsymbol{\Gamma}_0\boldsymbol{K})^{\mathrm{T}}\boldsymbol{P}(\boldsymbol{\Phi}+a\boldsymbol{\Gamma}_0\boldsymbol{K})-b^2(\boldsymbol{\Gamma}_0\boldsymbol{K})^{\mathrm{T}}\boldsymbol{P}\boldsymbol{\Gamma}_0\boldsymbol{K}$$

$$\boldsymbol{\Lambda}=(\boldsymbol{H}\boldsymbol{K}-a\boldsymbol{\Gamma}_0\boldsymbol{K})^{\mathrm{T}}\boldsymbol{P}(\boldsymbol{H}\boldsymbol{K}-a\boldsymbol{\Gamma}_0\boldsymbol{K})+b^2(\boldsymbol{\Gamma}_0\boldsymbol{K})^{\mathrm{T}}\boldsymbol{P}\boldsymbol{\Gamma}_0\boldsymbol{K}-\boldsymbol{Q}$$

证明：选取如下的 Lyapunov 函数：

$$\boldsymbol{V}_k=\boldsymbol{\eta}_k^{\mathrm{T}}\boldsymbol{M}\boldsymbol{\eta}_k=\boldsymbol{\eta}_k^{\mathrm{T}}\begin{bmatrix}\boldsymbol{P} & 0\\0 & \boldsymbol{Q}\end{bmatrix}\boldsymbol{\eta}_k=\boldsymbol{x}_k^{\mathrm{T}}\boldsymbol{P}\boldsymbol{x}_k+\boldsymbol{x}_{k-1}^{\mathrm{T}}\boldsymbol{Q}\boldsymbol{x}_{k-1}$$

其中，$\boldsymbol{M}$ 为正定矩阵。

$$\begin{aligned}
&E\{\boldsymbol{V}_{k+1}\}-E\{\boldsymbol{V}_k\}\\
&=\boldsymbol{\eta}_k^{\mathrm{T}}E\{\boldsymbol{A}_k^{\mathrm{T}}\boldsymbol{M}\boldsymbol{A}_k\}\boldsymbol{\eta}_k-E\{\boldsymbol{\eta}_k^{\mathrm{T}}\boldsymbol{M}\boldsymbol{\eta}_k\}\\
&=E\{[(\boldsymbol{\Phi}+a\boldsymbol{\Gamma}_0\boldsymbol{K})\boldsymbol{x}_k+(\alpha_k-a)\boldsymbol{\Gamma}_0\boldsymbol{K}\boldsymbol{x}_k+(\boldsymbol{H}-a\boldsymbol{\Gamma}_0)\boldsymbol{K}\boldsymbol{x}_{k-1}-(\alpha_k-a)\boldsymbol{\Gamma}_0\boldsymbol{K}\boldsymbol{x}_{k-1}]^{\mathrm{T}}\boldsymbol{P}\\
&\quad[(\boldsymbol{\Phi}+a\boldsymbol{\Gamma}_0\boldsymbol{K})\boldsymbol{x}_k+(\alpha_k-a)\boldsymbol{\Gamma}_0\boldsymbol{K}\boldsymbol{x}_k+(\boldsymbol{H}-a\boldsymbol{\Gamma}_0)\boldsymbol{K}\boldsymbol{x}_{k-1}-(\alpha_k-a)\boldsymbol{\Gamma}_0\boldsymbol{K}\boldsymbol{x}_{k-1}]\}+\\
&\quad\boldsymbol{x}_k^{\mathrm{T}}\boldsymbol{Q}\boldsymbol{x}_k-x_k^{\mathrm{T}}\boldsymbol{P}\boldsymbol{x}_k-\boldsymbol{x}_{k-1}^{\mathrm{T}}\boldsymbol{Q}\boldsymbol{x}_{k-1}\\
&=\boldsymbol{\eta}_k^{\mathrm{T}}\begin{bmatrix}\boldsymbol{\Sigma} & \boldsymbol{\Psi}^{\mathrm{T}}\\ \boldsymbol{\Psi} & \boldsymbol{\Lambda}\end{bmatrix}\boldsymbol{\eta}_k
\end{aligned}$$

因此，若式（5.8）成立，则：

$$E\{\boldsymbol{A}_k^{\mathrm{T}}\boldsymbol{M}\boldsymbol{A}_k\}-\boldsymbol{M}<0$$

由于$\boldsymbol{M}>0$，所以有：

$$\lambda_{\min}(\boldsymbol{M})\boldsymbol{I}\leqslant\boldsymbol{M}\leqslant\lambda_{\max}(\boldsymbol{M})\boldsymbol{I}$$

进而：

$$\begin{aligned}&\lambda_{\min}(\boldsymbol{M})E\{\|\boldsymbol{\eta}_k\|^2\}\\ \leqslant&E\{\boldsymbol{\eta}_k^{\mathrm{T}}\boldsymbol{M}\boldsymbol{\eta}_k\}\\ \leqslant&\lambda_{\max}(\boldsymbol{M})E\{\|\boldsymbol{\eta}_k\|^2\}\end{aligned}$$

由于$E\{\boldsymbol{A}_k^{\mathrm{T}}\boldsymbol{M}\boldsymbol{A}_k\}-\boldsymbol{M}<0$，所以存在$0<\phi<\lambda_{\max}(\boldsymbol{M})$使得：

$$\begin{aligned}&E\{\boldsymbol{\eta}_{k+1}^{\mathrm{T}}\boldsymbol{M}\boldsymbol{\eta}_{k+1}\}\\ \leqslant&-\phi E\{\|\boldsymbol{\eta}_k\|^2\}+E\{\boldsymbol{\eta}_k^{\mathrm{T}}\boldsymbol{M}\boldsymbol{\eta}_k\}\\ \leqslant&-\frac{\phi}{\lambda_{\max}(\boldsymbol{M})}E\{\|\boldsymbol{\eta}_k\|^2\}+E\{\boldsymbol{\eta}_k^{\mathrm{T}}\boldsymbol{M}\boldsymbol{\eta}_k\}\end{aligned}$$

因此可得：

$$\begin{aligned}&\lambda_{\min}(\boldsymbol{M})E\{\|\boldsymbol{\eta}_k\|^2\}\\ \leqslant&E\{\boldsymbol{\eta}_k^{\mathrm{T}}\boldsymbol{M}\boldsymbol{\eta}_k\}\\ \leqslant&\left[1-\frac{\phi}{\lambda_{\max}(\boldsymbol{M})}\right]E\{\boldsymbol{\eta}_{k-1}^{\mathrm{T}}\boldsymbol{M}\boldsymbol{\eta}_{k-1}\}\\ \leqslant&\left[1-\frac{\phi}{\lambda_{\max}(\boldsymbol{M})}\right]^kE\{\boldsymbol{\eta}_0^{\mathrm{T}}\boldsymbol{M}\boldsymbol{\eta}_0\}\\ \leqslant&\lambda_{\max}(\boldsymbol{M})\left[1-\frac{\phi}{\lambda_{\max}(\boldsymbol{M})}\right]^kE\{\|\boldsymbol{\eta}_k\|^2\}\end{aligned}$$

即

$$E\{\|\boldsymbol{\eta}_k\|^2\}<\beta\sigma^kE\{\|\boldsymbol{\eta}_0\|^2\}$$

其中

$$\beta=\frac{\lambda_{\max}(\boldsymbol{M})}{\lambda_{\min}(\boldsymbol{M})},\ \sigma=1-\frac{\phi}{\lambda_{\max}(\boldsymbol{M})}$$

根据定义 5.1，系统［式(5.7)］指数均方稳定。

5.1.3 状态反馈控制器设计

定理 5.2 对于网络时延$0\leqslant\tau_k\leqslant h$，数据包丢失概率$0\leqslant1-a\leqslant1$，若存在正定矩阵$\boldsymbol{N}$、$\boldsymbol{X}$和$\boldsymbol{Y}$，实数$\mu>0$使得如下线性矩阵不等式成立：

$$\begin{bmatrix}\boldsymbol{N}-\boldsymbol{X}&*&*&*&*\\0&-\boldsymbol{N}&*&*&*\\\boldsymbol{\Phi X}+a\boldsymbol{H}_0\boldsymbol{Y}&(\boldsymbol{H}-a\boldsymbol{H}_0)\boldsymbol{Y}&-\boldsymbol{X}+\mu\delta^2a^2\boldsymbol{E}&*&*\\b\boldsymbol{H}_0\boldsymbol{Y}&-b\boldsymbol{H}_0\boldsymbol{Y}&\mu\delta^2ab\boldsymbol{E}&-\boldsymbol{X}+\mu\delta^2b^2\boldsymbol{E}&*\\\boldsymbol{BY}&\boldsymbol{BY}&0&0&-\mu\boldsymbol{I}\end{bmatrix}<0\quad(5.9)$$

那么，使闭环网络控制系统指数均方稳定的状态反馈控制器增益矩阵为$\boldsymbol{K}=\boldsymbol{YX}^{-1}$。

证明：根据 Schur 补引理，式(5.8) 等价于：

$$\begin{bmatrix} \boldsymbol{Q}-\boldsymbol{P} & * & * & * \\ 0 & -\boldsymbol{Q} & * & * \\ \boldsymbol{\Phi}+a\boldsymbol{\Gamma}_0\boldsymbol{K} & (\boldsymbol{H}-a\boldsymbol{\Gamma}_0)\boldsymbol{K} & -\boldsymbol{P}^{-1} & * \\ b\boldsymbol{\Gamma}_0\boldsymbol{K} & -b\boldsymbol{\Gamma}_0\boldsymbol{K} & 0 & -\boldsymbol{P}^{-1} \end{bmatrix}<0 \tag{5.10}$$

式(5.10) 可以写为：

$$\begin{bmatrix} \boldsymbol{Q}-\boldsymbol{P} & * & * & * \\ 0 & -\boldsymbol{Q} & * & * \\ \boldsymbol{\Phi}+a\boldsymbol{H}_0\boldsymbol{K} & (\boldsymbol{H}-a\boldsymbol{H}_0)\boldsymbol{K} & -\boldsymbol{P}^{-1} & * \\ b\boldsymbol{H}_0\boldsymbol{K} & -b\boldsymbol{H}_0\boldsymbol{K} & 0 & -\boldsymbol{P}^{-1} \end{bmatrix}+$$

$$\begin{bmatrix} (\boldsymbol{BK})^{\mathrm{T}} \\ (\boldsymbol{BK})^{\mathrm{T}} \\ 0 \\ 0 \end{bmatrix}\boldsymbol{F}_{\tau_k}^{\mathrm{T}}\begin{bmatrix} 0 \\ 0 \\ a\boldsymbol{E} \\ b\boldsymbol{E} \end{bmatrix}^{\mathrm{T}}+\begin{bmatrix} 0 \\ 0 \\ a\boldsymbol{E} \\ b\boldsymbol{E} \end{bmatrix}\boldsymbol{F}_{\tau_k}\begin{bmatrix} (\boldsymbol{BK})^{\mathrm{T}} \\ (\boldsymbol{BK})^{\mathrm{T}} \\ 0 \\ 0 \end{bmatrix}^{\mathrm{T}}<0$$

由引理 5.1，上式等价于存在实数 $\mu>0$ 使得：

$$\begin{bmatrix} \boldsymbol{Q}-\boldsymbol{P} & * & * & * \\ 0 & -\boldsymbol{Q} & * & * \\ \boldsymbol{\Phi}+a\boldsymbol{H}_0\boldsymbol{K} & (\boldsymbol{H}-a\boldsymbol{H}_0)\boldsymbol{K} & -\boldsymbol{P}^{-1}+\mu\delta^2a^2\boldsymbol{E} & * \\ b\boldsymbol{H}_0\boldsymbol{K} & -b\boldsymbol{H}_0\boldsymbol{K} & \mu\delta^2ab\boldsymbol{E} & -\boldsymbol{P}^{-1}+\mu\delta^2b^2\boldsymbol{E} \end{bmatrix}+\begin{bmatrix} (\boldsymbol{BK})^{\mathrm{T}} \\ (\boldsymbol{BK})^{\mathrm{T}} \\ 0 \\ 0 \end{bmatrix}\begin{bmatrix} (\boldsymbol{BK})^{\mathrm{T}} \\ (\boldsymbol{BK})^{\mathrm{T}} \\ 0 \\ 0 \end{bmatrix}^{\mathrm{T}}\mu^{-1}<0$$

进一步应用 Schur 补引理可得：

$$\begin{bmatrix} \boldsymbol{Q}-\boldsymbol{P} & * & * & * & * \\ 0 & -\boldsymbol{Q} & * & * & * \\ \boldsymbol{\Phi}+a\boldsymbol{H}_0\boldsymbol{K} & (\boldsymbol{H}-a\boldsymbol{H}_0)\boldsymbol{K} & -\boldsymbol{P}^{-1}+\mu\delta^2a^2\boldsymbol{E} & * & * \\ b\boldsymbol{H}_0\boldsymbol{K} & -b\boldsymbol{H}_0\boldsymbol{K} & \mu\delta^2ab\boldsymbol{E} & -\boldsymbol{P}^{-1}+\mu\delta^2b^2\boldsymbol{E} & * \\ \boldsymbol{BK} & \boldsymbol{BK} & 0 & 0 & -\mu\boldsymbol{I} \end{bmatrix}<0$$

上式左右乘以 $\mathrm{diag}(\boldsymbol{P}^{-1},\boldsymbol{P}^{-1},\boldsymbol{I},\boldsymbol{I},\boldsymbol{I})$，并令 $\boldsymbol{X}=\boldsymbol{P}^{-1}$，$\boldsymbol{N}=\boldsymbol{XQX}$，$\boldsymbol{Y}=\boldsymbol{KX}$，得到式(5.9)，即定理 5.2 得证。

5.1.4 实例仿真

考虑如下被控对象：

$$\begin{bmatrix} \dot{x}_1(t) \\ \dot{x}_2(t) \end{bmatrix}=\begin{bmatrix} 0 & 1 \\ -3 & 0.2 \end{bmatrix}\boldsymbol{x}(t)+\begin{bmatrix} 1 \\ -1 \end{bmatrix}\boldsymbol{u}(t)$$

假设系统采样周期为 0.1s，数据包丢失概率 $\Pr\{\alpha_k=0\}=0.1$。

经计算得参数如下：

$$\boldsymbol{\Phi}=\begin{bmatrix} 0.9909 & 0.0861 \\ -0.1722 & 0.7326 \end{bmatrix}$$

$$H_0=\begin{bmatrix}0.0488\\-0.0488\end{bmatrix},H=\begin{bmatrix}0.0952\\-0.0952\end{bmatrix}$$

$$\delta=0.0503$$

根据定理 5.2，利用 Matlab LMI 工具箱求得

$$Y=[-0.0675 \quad 0.0387],\quad X=\begin{bmatrix}10.5436 & -5.1578\\-5.1578 & 12.3040\end{bmatrix}$$

因此可得状态反馈控制器增益矩阵为：

$$K=YX^{-1}=[-0.0675 \quad 0.0387]$$

假设系统初始状态为 $x(0)=[1 \quad -2]^{\mathrm{T}}$，闭环系统的状态响应曲线如图 5.2 所示。

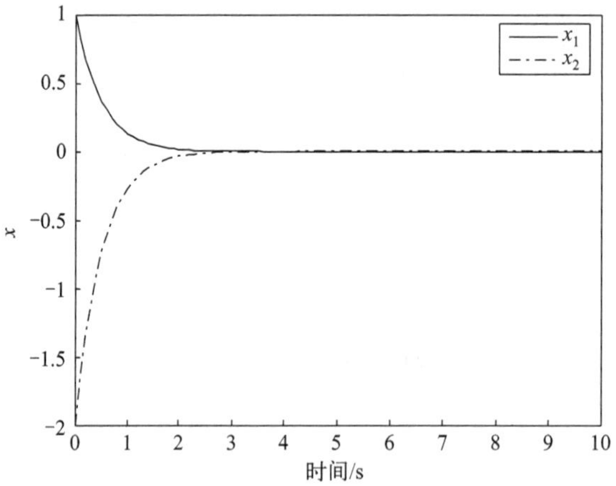

图 5.2 网络控制系统状态响应曲线 1

5.2 输出反馈控制

5.2.1 问题描述

状态反馈控制要求被控对象的所有状态必须全部可测，但是在某些情况下系统的状态很难全部测量到，这种情况下，可以利用被控对象的输出进行反馈控制。本节研究具有时延和数据包丢失的网络化系统的输出反馈控制问题。当系统的状态不可测时，输出反馈控制下具有时延和数据包丢失的网络控制系统如图 5.3 所示。

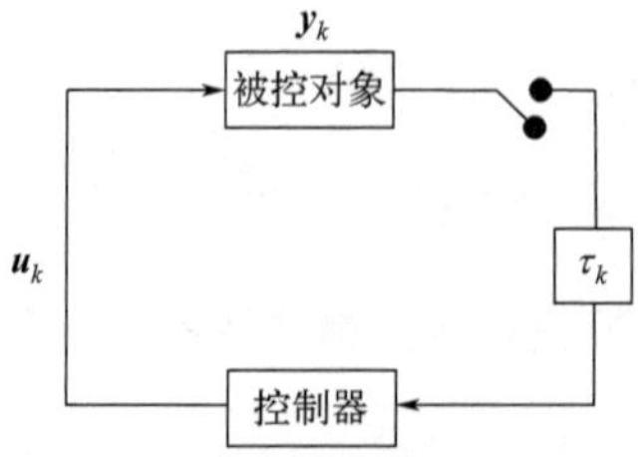

图 5.3 网络控制系统的结构 2

假设被控对象状态方程为：

$$\begin{cases}\dot{\boldsymbol{x}}(t)=\boldsymbol{A}\boldsymbol{x}(t)+\boldsymbol{B}\boldsymbol{u}(t)\\ \boldsymbol{y}(t)=\boldsymbol{C}\boldsymbol{x}(t)\end{cases} \tag{5.11}$$

其中，$\boldsymbol{x}(t)\in\mathbf{R}^n$ 是系统状态向量，$\boldsymbol{u}(t)\in\mathbf{R}^m$ 是控制向量，$\boldsymbol{y}(t)\in\mathbf{R}^l$ 是系统输出向量；$\boldsymbol{A}$、$\boldsymbol{B}$ 及 $\boldsymbol{C}$ 是适当维数的定常矩阵。

考虑数据包丢失及网络时延的影响，式(5.11) 可以表示为：

$$\begin{cases}\boldsymbol{x}_{k+1}=\boldsymbol{\Phi}\boldsymbol{x}_k+\alpha_k\boldsymbol{\Gamma}_0\boldsymbol{u}_k+(1-\alpha_k)\boldsymbol{\Gamma}_0\boldsymbol{u}_{k-1}+\boldsymbol{\Gamma}_1\boldsymbol{u}_{k-1}\\ \boldsymbol{y}_k=\boldsymbol{C}\boldsymbol{x}_k\end{cases} \tag{5.12}$$

其中，$\boldsymbol{\Phi}=\mathrm{e}^{\boldsymbol{A}h}$，$\boldsymbol{\Gamma}_0=\boldsymbol{H}_0+\boldsymbol{E}\boldsymbol{F}_{\tau_k}\boldsymbol{B}$，$\boldsymbol{\Gamma}_1=\left(\int_{h-\tau_k}^{h}\mathrm{e}^{\boldsymbol{A}s}\mathrm{d}s\right)\boldsymbol{B}$。

根据文献［20］，不确定矩阵 $\boldsymbol{F}_{\tau_k}$ 满足：

$$\sigma_{\max}(\boldsymbol{F}_{\tau_k})\leqslant[\mathrm{e}^{\sigma_{\max}(\boldsymbol{\Phi})h}-\mathrm{e}^{\sigma_{\max}(\boldsymbol{\Phi})h/2}]/\sigma_{\max}(\boldsymbol{\Phi})\triangleq\delta$$

采用控制律（$\boldsymbol{K}$ 为控制器增益矩阵）：

$$\boldsymbol{u}_k=\boldsymbol{K}\boldsymbol{C}\boldsymbol{x}_k \tag{5.13}$$

则得到闭环状态方程：

$$\boldsymbol{x}_{k+1}=\boldsymbol{\Phi}\boldsymbol{x}_k+\alpha_k\boldsymbol{\Gamma}_0\boldsymbol{K}\boldsymbol{C}\boldsymbol{x}_k+(1-\alpha_k)\boldsymbol{\Gamma}_0\boldsymbol{K}\boldsymbol{C}\boldsymbol{x}_{k-1}+\boldsymbol{\Gamma}_1\boldsymbol{K}\boldsymbol{C}\boldsymbol{x}_{k-1} \tag{5.14}$$

定义增广向量：

$$\boldsymbol{\eta}_k=\begin{bmatrix}\boldsymbol{x}_k\\ \boldsymbol{x}_{k-1}\end{bmatrix}$$

系统［式(5.14)］可以写为：

$$\boldsymbol{\eta}_{k+1}=\begin{bmatrix}\boldsymbol{\Phi}+\alpha_k\boldsymbol{\Gamma}_0\boldsymbol{K}\boldsymbol{C} & (\boldsymbol{H}-\alpha_k\boldsymbol{\Gamma}_0)\boldsymbol{K}\boldsymbol{C}\\ I & 0\end{bmatrix}\boldsymbol{\eta}_k=\boldsymbol{\Gamma}_k\boldsymbol{\eta}_k \tag{5.15}$$

其不失一般性，假设矩阵 $\boldsymbol{C}$ 行满秩，即存在正交矩阵 $\boldsymbol{U}\in\mathbf{R}^{n\times n}$ 和 $\boldsymbol{V}\in\mathbf{R}^{r\times r}$ 使得：

$$\boldsymbol{U}\boldsymbol{C}^{\mathrm{T}}\boldsymbol{V}=\begin{bmatrix}\boldsymbol{U}_1\\ \boldsymbol{U}_2\end{bmatrix}\boldsymbol{C}^{\mathrm{T}}\boldsymbol{V}=\begin{bmatrix}\boldsymbol{\Sigma}\\ 0\end{bmatrix}$$

其中，$\boldsymbol{U}_1\in\mathbf{R}^{r\times n}$，$\boldsymbol{U}_2\in\mathbf{R}^{(n-r)\times n}$，$\boldsymbol{\Sigma}=\mathrm{diag}(\sigma_1,\sigma_2,\cdots,\sigma_r)$，$\sigma_i(i=1,2,\cdots,r)$为 $\boldsymbol{C}^{\mathrm{T}}$ 的非零奇异值。

5.2.2 稳定性分析

定理 5.3 对于网络时延 $0\leqslant\tau_k\leqslant h$，数据包丢失概率 $0\leqslant 1-a\leqslant 1$，若存在正定矩阵 $\boldsymbol{P}$ 和 $\boldsymbol{Q}$ 使得如下矩阵不等式成立，那么，闭环网络控制系统［式(5.15)］指数均方稳定。

$$\begin{bmatrix}\boldsymbol{\Xi} & \boldsymbol{T}^{\mathrm{T}}\\ \boldsymbol{T} & \boldsymbol{\Theta}\end{bmatrix}<0 \tag{5.16}$$

其中：

$$\boldsymbol{\Xi}=(\boldsymbol{\Phi}+a\boldsymbol{\Gamma}_0\boldsymbol{K}\boldsymbol{C})^{\mathrm{T}}\boldsymbol{P}(\boldsymbol{\Phi}+a\boldsymbol{\Gamma}_0\boldsymbol{K}\boldsymbol{C})+b^2(\boldsymbol{\Gamma}_0\boldsymbol{K}\boldsymbol{C})^{\mathrm{T}}\boldsymbol{P}(\boldsymbol{\Gamma}_0\boldsymbol{K}\boldsymbol{C})+\boldsymbol{Q}-\boldsymbol{P}$$

$$\boldsymbol{T}=(\boldsymbol{H}\boldsymbol{K}\boldsymbol{C}-a\boldsymbol{\Gamma}_0\boldsymbol{K}\boldsymbol{C})^{\mathrm{T}}\boldsymbol{P}(\boldsymbol{\Phi}+a\boldsymbol{\Gamma}_0\boldsymbol{K}\boldsymbol{C})-b^2(\boldsymbol{\Gamma}_0\boldsymbol{K}\boldsymbol{C})^{\mathrm{T}}\boldsymbol{P}\boldsymbol{\Gamma}_0\boldsymbol{K}\boldsymbol{C}$$

$$\boldsymbol{\Theta}=(\boldsymbol{H}\boldsymbol{K}\boldsymbol{C}-a\boldsymbol{\Gamma}_0\boldsymbol{K}\boldsymbol{C})^{\mathrm{T}}\boldsymbol{P}(\boldsymbol{H}\boldsymbol{K}\boldsymbol{C}-a\boldsymbol{\Gamma}_0\boldsymbol{K}\boldsymbol{C})+b^2(\boldsymbol{\Gamma}_0\boldsymbol{K}\boldsymbol{C})^{\mathrm{T}}\boldsymbol{P}\boldsymbol{\Gamma}_0\boldsymbol{K}\boldsymbol{C}-\boldsymbol{Q}$$

证明：选取如下的 Lyapunov 函数：

$$\boldsymbol{V}_k=\boldsymbol{\eta}_k^{\mathrm{T}}\boldsymbol{M}\boldsymbol{\eta}_k=\boldsymbol{\eta}_k^{\mathrm{T}}\begin{bmatrix}\boldsymbol{P} & 0\\ 0 & \boldsymbol{Q}\end{bmatrix}\boldsymbol{\eta}_k=\boldsymbol{x}_k^{\mathrm{T}}\boldsymbol{P}\boldsymbol{x}_k+\boldsymbol{x}_{k-1}^{\mathrm{T}}\boldsymbol{Q}\boldsymbol{x}_{k-1}$$

其中，$\boldsymbol{M}$ 为正定矩阵。有：

$$\begin{aligned}
&E\{\boldsymbol{V}_{k+1}\}-E\{\boldsymbol{V}_k\}\\
&=\boldsymbol{\eta}_k^{\mathrm{T}}E\{\boldsymbol{A}_k^{\mathrm{T}}\boldsymbol{M}\boldsymbol{A}_k\}\boldsymbol{\eta}_k-E\{\boldsymbol{\eta}_k^{\mathrm{T}}\boldsymbol{M}\boldsymbol{\eta}_k\}\\
&=E\{[(\boldsymbol{\Phi}+a\boldsymbol{\Gamma}_0\boldsymbol{KC})\boldsymbol{x}_k+(\alpha_k-a)\boldsymbol{\Gamma}_0\boldsymbol{KC}\boldsymbol{x}_k+(\boldsymbol{H}-a\boldsymbol{\Gamma}_0)\boldsymbol{KC}\boldsymbol{x}_{k-1}\\
&\quad-(\alpha_k-a)\boldsymbol{\Gamma}_0\boldsymbol{KC}\boldsymbol{x}_{k-1}]^{\mathrm{T}}\boldsymbol{P}[(\boldsymbol{\Phi}+a\boldsymbol{\Gamma}_0\boldsymbol{KC})\boldsymbol{x}_k+(\alpha_k-a)\boldsymbol{\Gamma}_0\boldsymbol{KC}\boldsymbol{x}_k\\
&\quad+(\boldsymbol{H}-a\boldsymbol{\Gamma}_0)\boldsymbol{K}\boldsymbol{x}_{k-1}-(\alpha_k-a)\boldsymbol{\Gamma}_0\boldsymbol{K}\boldsymbol{x}_{k-1}]\}+\boldsymbol{x}_k^{\mathrm{T}}\boldsymbol{Q}\boldsymbol{x}_k-\boldsymbol{x}_k^{\mathrm{T}}\boldsymbol{P}\boldsymbol{x}_k-\boldsymbol{x}_{k-1}^{\mathrm{T}}\boldsymbol{Q}\boldsymbol{x}_{k-1}\\
&=\boldsymbol{\eta}_k^{\mathrm{T}}\begin{bmatrix}\boldsymbol{\Xi} & \boldsymbol{\Psi}^{\mathrm{T}}\\ \boldsymbol{\Psi} & \boldsymbol{\Lambda}\end{bmatrix}\boldsymbol{\eta}_k
\end{aligned}$$

因此，若式(5.16) 成立，则：

$$E\{\boldsymbol{A}_k^{\mathrm{T}}\boldsymbol{M}\boldsymbol{A}_k\}-\boldsymbol{M}<0$$

由于 $\boldsymbol{M}>0$，所以 $\lambda_{\min}(\boldsymbol{M})\boldsymbol{I}\leqslant\boldsymbol{M}\leqslant\lambda_{\max}(\boldsymbol{M})\boldsymbol{I}$，进而：

$$\begin{aligned}
&\lambda_{\min}(\boldsymbol{M})E\{\|\boldsymbol{\eta}_k\|^2\}\\
&\leqslant E\{\boldsymbol{\eta}_k^{\mathrm{T}}\boldsymbol{M}\boldsymbol{\eta}_k\}\\
&\leqslant\lambda_{\max}(\boldsymbol{M})E\{\|\boldsymbol{\eta}_k\|^2\}
\end{aligned}$$

由于 $E\{\boldsymbol{A}_k^{\mathrm{T}}\boldsymbol{M}\boldsymbol{A}_k\}-\boldsymbol{M}<0$，所以存在 $0<\phi<\lambda_{\max}(\boldsymbol{M})$ 使得：

$$\begin{aligned}
&E\{\boldsymbol{\eta}_{k+1}^{\mathrm{T}}\boldsymbol{M}\boldsymbol{\eta}_{k+1}\}\\
&\leqslant-\phi E\{\|\boldsymbol{\eta}_k\|^2\}+E\{\boldsymbol{\eta}_k^{\mathrm{T}}\boldsymbol{M}\boldsymbol{\eta}_k\}\\
&\leqslant-\frac{\phi}{\lambda_{\max}(\boldsymbol{M})}E\{\|\boldsymbol{\eta}_k\|^2\}+E\{\boldsymbol{\eta}_k^{\mathrm{T}}\boldsymbol{M}\boldsymbol{\eta}_k\}
\end{aligned}$$

因此可得：

$$\begin{aligned}
&\lambda_{\min}(\boldsymbol{M})E\{\|\boldsymbol{\eta}_k\|^2\}\\
&\leqslant\left[1-\frac{\phi}{\lambda_{\max}(\boldsymbol{M})}\right]E\{\boldsymbol{\eta}_{k-1}^{\mathrm{T}}\boldsymbol{M}\boldsymbol{\eta}_{k-1}\}\\
&\leqslant\lambda_{\max}(\boldsymbol{M})\left[1-\frac{\phi}{\lambda_{\max}(\boldsymbol{M})}\right]^k E\{\|\boldsymbol{\eta}_k\|^2\}
\end{aligned}$$

即

$$E\{\|\boldsymbol{\eta}_k\|^2\}<\beta\sigma^k E\{\|\boldsymbol{\eta}_0\|^2\}$$

其中

$$\beta=\frac{\lambda_{\max}(\boldsymbol{M})}{\lambda_{\min}(\boldsymbol{M})},\ \sigma=1-\frac{\phi}{\lambda_{\max}(\boldsymbol{M})}$$

根据定义 5.1，系统如式(5.15) 指数均方稳定。

5.2.3 输出反馈控制器设计

定理 5.4 对于网络时延 $0\leqslant\tau_k\leqslant h$，数据包丢失概率 $0\leqslant 1-a\leqslant 1$，若存在正定矩阵 $\boldsymbol{N}$、$\boldsymbol{X}$、$\boldsymbol{Z}$ 及实数 $\mu>0$ 使得如下线性矩阵不等式成立，那么系统［式(5.15)］指数均方稳定。

$$\begin{bmatrix} N-X & * & * & * & * \\ 0 & -N & * & * & * \\ \Phi X+aH_0ZC & (H-aH_0)ZC & -X+\mu\delta^2a^2E & * & * \\ bH_0ZC & -bH_0ZC & \mu\delta^2abE & -X+\mu\delta^2b^2E & * \\ BZC & BZC & 0 & 0 & -\mu I \end{bmatrix}<0 \quad (5.17)$$

其中，$X=U_1^{\mathrm{T}}X_{11}U_1+U_2^{\mathrm{T}}X_{22}U_2$。$X_{11}$ 和 X_{22} 为正定矩阵。相应的控制器增益矩阵为 $K=ZV\Sigma^{-1}X_{11}^{-1}\Sigma V^{\mathrm{T}}$。

证明：根据 Schur 补引理，式(5.16) 等价于：

$$\begin{bmatrix} Q-P & * & * & * \\ 0 & -Q & * & * \\ \Phi+a\Gamma_0KC & (H-a\Gamma_0)KC & -P^{-1} & * \\ b\Gamma_0KC & -b\Gamma_0KC & 0 & -P^{-1} \end{bmatrix}<0 \quad (5.18)$$

根据引理 5.1，可以得到：

$$\begin{bmatrix} Q-P & * & * & * \\ 0 & -Q & * & * \\ \Phi+aH_0KC & (H-aH_0)KC & -P^{-1}+\mu\delta^2a^2E & * \\ bH_0KC & -bH_0KC & \mu\delta^2abE & -P^{-1}+\mu\delta^2b^2E \end{bmatrix}+$$

$$\begin{bmatrix} (BK)^{\mathrm{T}} \\ (BK)^{\mathrm{T}} \\ 0 \\ 0 \end{bmatrix}\begin{bmatrix} (BK)^{\mathrm{T}} \\ (BK)^{\mathrm{T}} \\ 0 \\ 0 \end{bmatrix}^{\mathrm{T}}\mu^{-1}<0 \quad (5.19)$$

根据 Schur 补引理，式(5.19) 等价于：

$$\begin{bmatrix} Q-P & * & * & * & * \\ 0 & -Q & * & * & * \\ \Phi+aH_0KC & (H-aH_0)KC & -P^{-1}+\mu\delta^2a^2E & * & * \\ bH_0KC & -bH_0KC & \mu\delta^2abE & -P^{-1}+\mu\delta^2b^2E & * \\ BKC & BKC & 0 & 0 & -\mu I \end{bmatrix}<0 \quad (5.20)$$

上式左右乘以 $\mathrm{diag}(P^{-1},P^{-1},I,I,I)$，并令 $X=P^{-1}$，$N=XQX$，可得：

$$\begin{bmatrix} N-X & * & * & * & * \\ 0 & -N & * & * & * \\ \Phi X+aH_0KCX & (H-aH_0)KCX & -X+\mu\delta^2a^2E & * & * \\ bH_0KCX & -bH_0KCX & \mu\delta^2abE & -X+\mu\delta^2b^2E & * \\ BKCX & BKCX & 0 & 0 & -\mu I \end{bmatrix}<0 \quad (5.21)$$

上式并不是线性矩阵不等式，无法使用 Matlab LMI 工具箱直接进行求解，因此需要将其转化为线性矩阵不等式。

由于 $$X=U^{\mathrm{T}}\begin{bmatrix}X_{11} & 0\\ 0 & X_{22}\end{bmatrix}U=U_1^{\mathrm{T}}X_{11}U_1+U_2^{\mathrm{T}}X_{22}U_2$$

根据引理 5.2，存在矩阵 Y 使得：

$$XC^{\mathrm{T}}=C^{\mathrm{T}}Y$$

由 $$C^{\mathrm{T}}=U^{\mathrm{T}}\begin{bmatrix}\Sigma\\ 0\end{bmatrix}V^{\mathrm{T}}$$

可得 $$XU^{\mathrm{T}}\begin{bmatrix}\Sigma\\ 0\end{bmatrix}V^{\mathrm{T}}=U^{\mathrm{T}}\begin{bmatrix}\Sigma\\ 0\end{bmatrix}V^{\mathrm{T}}Y$$

即 $$U^{\mathrm{T}}\begin{bmatrix}X_{11} & 0\\ 0 & X_{22}\end{bmatrix}UU^{\mathrm{T}}\begin{bmatrix}\Sigma\\ 0\end{bmatrix}V^{\mathrm{T}}=U^{\mathrm{T}}\begin{bmatrix}\Sigma\\ 0\end{bmatrix}V^{\mathrm{T}}Y$$

由上式可得：

$$X_{11}\Sigma V^{\mathrm{T}}=\Sigma V^{\mathrm{T}}Y$$

即 $$Y=V\Sigma^{-1}X_{11}\Sigma V^{\mathrm{T}}$$

令 $$KY=Z$$

由 $$KCX=(XC^{\mathrm{T}}K^{\mathrm{T}})^{\mathrm{T}}=(C^{\mathrm{T}}YK^{\mathrm{T}})^{\mathrm{T}}=(C^{\mathrm{T}}Z^{\mathrm{T}})^{\mathrm{T}}=ZC$$

可得 $$K=ZV\Sigma^{-1}X_{11}^{-1}\Sigma V^{\mathrm{T}}$$

即定理 5.4 得证。

注 5.2 由于方便求解矩阵不等式的需要，对矩阵 X 的结构作出了限制，因此结论具有一定的保守性。

5.2.4 实例仿真

考虑如下被控对象：

$$\begin{cases}\dot{x}(t)=\begin{bmatrix}0 & 1\\ -3 & 0.2\end{bmatrix}x(t)+\begin{bmatrix}1\\ -1\end{bmatrix}u(t)\\ y(t)=\begin{bmatrix}1 & 0\\ 2 & -1\end{bmatrix}x(t)\end{cases}$$

假设传感器采样周期为 0.1s，网络诱导时延小于 0.1s，数据包丢失概率 $\Pr\{\alpha_k=0\}=0.1$。经计算得参数如下：

$$\Phi=\begin{bmatrix}0.9909 & 0.0861\\ -0.1722 & 0.7326\end{bmatrix}$$

$$H_0=\begin{bmatrix}0.0488\\ -0.0488\end{bmatrix},H=\begin{bmatrix}0.0952\\ -0.0952\end{bmatrix}$$

$$\delta=0.0503$$

根据定理 5.4，利用 Matlab LMI 工具箱求得：

$$Z=[0.0027\quad -0.0046],\ X=\begin{bmatrix}6.2392 & -1.7752\\ -1.7752 & 13.0900\end{bmatrix}$$

因此，可得状态反馈控制器增益矩阵为：

$$K=[0.3038\quad -0.1078]$$

假设系统初始状态为 $x(0)=[1\quad 0.8]^{\mathrm{T}}$，闭环系统的状态响应曲线如图 5.4 所示。

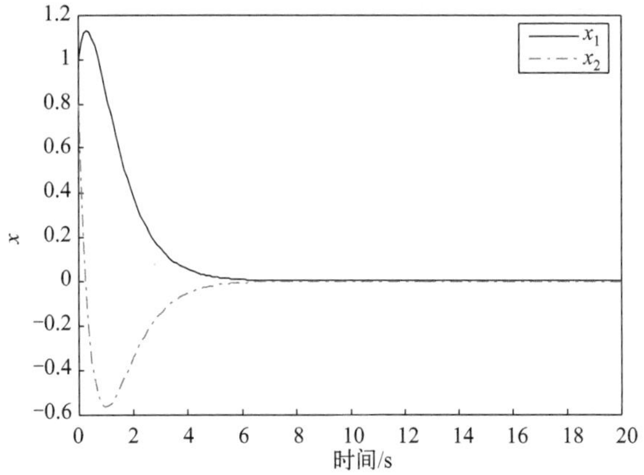

图 5.4　网络控制系统状态响应曲线 2

从图 5.4 中可以看出，即使存在网络诱导时延和数据包丢失，在所设计的控制器作用下系统的状态仍能够达到稳定。

5.3　网络控制系统 H_∞ 控制

5.3.1　问题描述

H_∞ 控制下具有外部扰动的网络控制系统如图 5.5 所示。

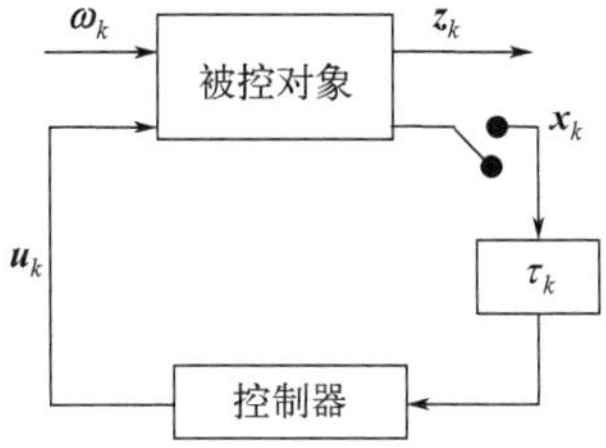

图 5.5　网络控制系统的结构 3

图 5.5 中，$\boldsymbol{x}_k$ 是系统的状态向量，$\boldsymbol{u}_k$ 是控制向量，$\boldsymbol{z}_k$ 是系统输出向量，$\boldsymbol{\omega}_k$ 表示外部扰动，τ_k 表示网络时延；开关闭合时表示数据包传输成功，开关打开时表示数据包传输失败。数据包传输时延和数据包丢失可用图 5.6 表示。

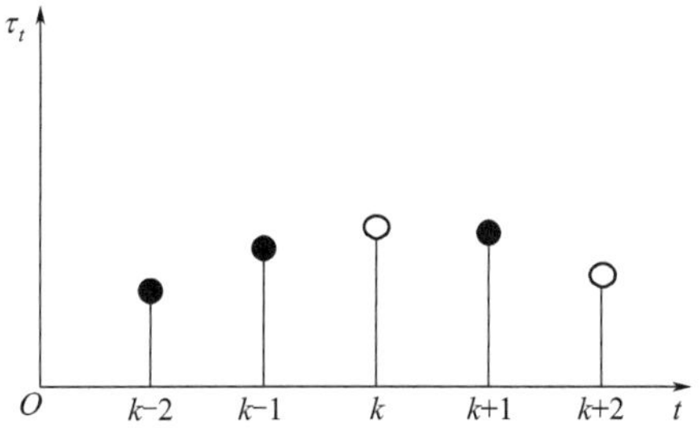

图 5.6　网络时延和数据包丢失的示意图

图 5.6 中，“●”表示数据包传输成功，“○”表示数据包传输失败，竖线的高度表示网络时延的大小。

网络控制系统 H_∞ 控制问题是指设计控制律，对于给定实数 $\gamma>0$ 和所有的 $\boldsymbol{\omega}_k\in L_2[0,\infty)$，闭环系统指数均方稳定，并且在零初始条件下，满足 $\sum\limits_{k=0}^{\infty}E\{\|\boldsymbol{x}_k\|^2\}<\gamma\sum\limits_{k=0}^{\infty}E\{\|\boldsymbol{\omega}_k\|^2\}$；$\gamma$ 称为闭环系统的扰动衰减性能指标。

为了便于分析，作以下合理假设：

① 传感器采用时间驱动方式，采样周期为 h；控制器和执行器采用事件驱动方式。

② 网络存在于传感器节点和控制器节点之间，控制器和执行器在同一网络节点上。

③ 网络时延不大于一个采样周期，即 $\tau_k\leqslant h$。

被控对象状态方程为：

$$\begin{cases}\dot{\boldsymbol{x}}(t)=\boldsymbol{A}\boldsymbol{x}(t)+\boldsymbol{B}\boldsymbol{u}(t)+\boldsymbol{D}_1\boldsymbol{\omega}(t)\\ \boldsymbol{z}(t)=\boldsymbol{C}\boldsymbol{x}(k)+\boldsymbol{D}_2\boldsymbol{\omega}(t)\end{cases} \tag{5.22}$$

其中，$\boldsymbol{x}(t)\in\mathbf{R}^n$ 是系统状态向量，$\boldsymbol{u}(t)\in\mathbf{R}^m$ 是控制向量，$\boldsymbol{z}(t)\in\mathbf{R}^r$ 是系统输出向量，$\boldsymbol{\omega}(t)\in L_2[0,\infty)$为外部扰动，$\boldsymbol{A}$、$\boldsymbol{B}$、$\boldsymbol{C}$、$\boldsymbol{D}_1$、$\boldsymbol{D}_2$ 为适当维数的定常矩阵。

当没有数据包丢失时，考虑网络时延的影响，在一个采样周期 h 内积分可得系统［式(5.22)］的离散状态方程为：

$$\begin{cases}\boldsymbol{x}_{k+1}=\boldsymbol{\Phi}\boldsymbol{x}_k+\boldsymbol{\Gamma}_0\boldsymbol{u}_k+\boldsymbol{\Gamma}_1\boldsymbol{u}_{k-1}+\boldsymbol{D}_1\boldsymbol{\omega}_k\\ \boldsymbol{z}_k=\boldsymbol{C}\boldsymbol{x}_k+\boldsymbol{D}_2\boldsymbol{\omega}_k\end{cases} \tag{5.23}$$

其中 $\boldsymbol{\Phi}=\mathrm{e}^{\boldsymbol{A}h}$，$\boldsymbol{\Gamma}_0=\left(\int_0^{h-\tau_k}\mathrm{e}^{\boldsymbol{A}s}\mathrm{d}s\right)\boldsymbol{B}$，$\boldsymbol{\Gamma}_1=\left(\int_{h-\tau_k}^{h}\mathrm{e}^{\boldsymbol{A}s}\mathrm{d}s\right)\boldsymbol{B}$，$\boldsymbol{D}_1=\left(\int_0^{h}\mathrm{e}^{\boldsymbol{A}s}\mathrm{d}s\right)\boldsymbol{D}$。

注意：

$$\boldsymbol{\Gamma}_0=\left(\int_0^{h-\tau_k}\mathrm{e}^{\boldsymbol{A}s}\mathrm{d}s\right)\boldsymbol{B}=\left(\int_0^{h/2}\mathrm{e}^{\boldsymbol{A}s}\mathrm{d}s\right)\boldsymbol{B}+\left(\int_{h/2}^{h-\tau_k}\mathrm{e}^{\boldsymbol{A}s}\mathrm{d}s\right)\boldsymbol{B}$$

令
$$\boldsymbol{H}_0=\left(\int_0^{h/2}\mathrm{e}^{\boldsymbol{A}s}\mathrm{d}s\right)\boldsymbol{B},\ \boldsymbol{E}=\boldsymbol{I},\ \boldsymbol{F}_{\tau_k}=\int_{h/2}^{h-\tau_k}\mathrm{e}^{\boldsymbol{A}s}\mathrm{d}s$$

则
$$\boldsymbol{\Gamma}_0=\boldsymbol{H}_0+\boldsymbol{E}\boldsymbol{F}_{\tau_k}\boldsymbol{B}$$

根据文献［20］，不确定矩阵 $\boldsymbol{F}_{\tau_k}$ 满足：

$$\sigma_{\max}(\boldsymbol{F}_{\tau_k})\leqslant[\mathrm{e}^{\sigma_{\max}(\boldsymbol{\Phi})h}-\mathrm{e}^{\sigma_{\max}(\boldsymbol{\Phi})h/2}]/\sigma_{\max}(\boldsymbol{\Phi})\triangleq\delta \tag{5.24}$$

当有数据包丢失时，执行器使用上一周期的控制量，系统状态方程为：

$$\begin{cases}\boldsymbol{x}_{k+1}=\boldsymbol{\Phi}\boldsymbol{x}_k+\boldsymbol{H}\boldsymbol{u}_{k-1}+\boldsymbol{D}_1\boldsymbol{\omega}_k\\ \boldsymbol{z}_k=\boldsymbol{C}\boldsymbol{x}_k+\boldsymbol{D}_2\boldsymbol{\omega}_k\end{cases} \tag{5.25}$$

其中，$\boldsymbol{H}=\left(\int_0^{h}\mathrm{e}^{\boldsymbol{A}s}\mathrm{d}s\right)\boldsymbol{B}$。

定义 $\alpha_k=\begin{cases}0\\1\end{cases}$，当有数据包丢失时，令 $\alpha_k=0$；没有数据包丢失时，令 $\alpha_k=1$。则 α_k 是服从伯努利分布的随机变量：

$$\Pr\{\alpha_k=1\}=E\{\alpha_k\}\triangleq a$$
$$\Pr\{\alpha_k=0\}=1-E\{\alpha_k\}\triangleq 1-a$$
$$\mathrm{Var}\{\alpha_k\}=E\{(\alpha_k-a)^2\}=a(1-a)\triangleq b^2$$

具有时延和数据包丢失的网络控制系统可以表示为含有随机变量 α_k 的切换控制系统：

$$\begin{cases}\boldsymbol{x}_{k+1}=\boldsymbol{\Phi x}_k+\alpha_k\boldsymbol{\Gamma}_0\boldsymbol{u}_k+(1-\alpha_k)\boldsymbol{\Gamma}_0\boldsymbol{u}_{k-1}+\boldsymbol{\Gamma}_1\boldsymbol{u}_{k-1}+\boldsymbol{D}_1\boldsymbol{\omega}_k\\ \boldsymbol{z}_k=\boldsymbol{Cx}_k+\boldsymbol{D}_2\boldsymbol{\omega}_k\end{cases}\tag{5.26}$$

采用状态反馈控制律（$\boldsymbol{K}$ 为控制器增益矩阵）：

$$\boldsymbol{u}_k=\boldsymbol{Kx}_k\tag{5.27}$$

则得到闭环状态方程：

$$\begin{cases}\boldsymbol{x}_{k+1}=\boldsymbol{\Phi x}_k+\alpha_k\boldsymbol{\Gamma}_0\boldsymbol{Kx}_k+(1-\alpha_k)\boldsymbol{\Gamma}_0\boldsymbol{Kx}_{k-1}+\boldsymbol{\Gamma}_1\boldsymbol{Kx}_{k-1}+\boldsymbol{D}_1\boldsymbol{\omega}_k\\ \boldsymbol{z}_k=\boldsymbol{Cx}_k+\boldsymbol{D}_2\boldsymbol{\omega}_k\end{cases}\tag{5.28}$$

定义增广向量 $\boldsymbol{\eta}_k=\begin{bmatrix}\boldsymbol{x}_k\\ \boldsymbol{x}_{k-1}\end{bmatrix}$，式(5.28) 可以写为：

$$\begin{cases}\boldsymbol{\eta}_{k+1}=\boldsymbol{A}_k\boldsymbol{\eta}_k+\overline{\boldsymbol{D}_1}\boldsymbol{\omega}_k\\ \boldsymbol{z}_k=\boldsymbol{Cx}_k+\boldsymbol{D}_2\boldsymbol{\omega}_k\end{cases}\tag{5.29}$$

其中，$\boldsymbol{A}_k=\begin{bmatrix}\boldsymbol{\Phi}+\alpha_k\boldsymbol{\Gamma}_0\boldsymbol{K} & (\boldsymbol{H}-\alpha_k\boldsymbol{\Gamma}_0)\boldsymbol{K}\\ \boldsymbol{I} & 0\end{bmatrix}$，$\overline{\boldsymbol{D}_1}=\begin{bmatrix}\boldsymbol{D}_1\\ 0\end{bmatrix}$。

5.3.2 稳定性分析

引理5.3 当 $\boldsymbol{\omega}_k=0$ 时，对于网络时延 $0\leqslant\tau_k\leqslant h$，数据包丢失概率 $0\leqslant 1-a\leqslant 1$，若存在正定矩阵 $\boldsymbol{P}$ 和 $\boldsymbol{Q}$ 使得如下矩阵不等式成立，那么，闭环网络控制系统［式(5.29)］指数均方稳定。

$$\begin{bmatrix}\boldsymbol{\Sigma} & \boldsymbol{\Psi}^{\mathrm{T}}\\ \boldsymbol{\Psi} & \boldsymbol{\Lambda}\end{bmatrix}<0\tag{5.30}$$

其中：

$$\boldsymbol{\Sigma}=(\boldsymbol{\Phi}+a\boldsymbol{\Gamma}_0\boldsymbol{K})^{\mathrm{T}}\boldsymbol{P}(\boldsymbol{\Phi}+a\boldsymbol{\Gamma}_0\boldsymbol{K})+b^2(\boldsymbol{\Gamma}_0\boldsymbol{K})^{\mathrm{T}}\boldsymbol{P}(\boldsymbol{\Gamma}_0\boldsymbol{K})+\boldsymbol{Q}-\boldsymbol{P}$$

$$\boldsymbol{\Psi}=(\boldsymbol{HK}-a\boldsymbol{\Gamma}_0\boldsymbol{K})^{\mathrm{T}}\boldsymbol{P}(\boldsymbol{\Phi}+a\boldsymbol{\Gamma}_0\boldsymbol{K})-b^2(\boldsymbol{\Gamma}_0\boldsymbol{K})^{\mathrm{T}}\boldsymbol{P}\boldsymbol{\Gamma}_0\boldsymbol{K}$$

$$\boldsymbol{\Lambda}=(\boldsymbol{HK}-a\boldsymbol{\Gamma}_0\boldsymbol{K})^{\mathrm{T}}\boldsymbol{P}(\boldsymbol{HK}-a\boldsymbol{\Gamma}_0\boldsymbol{K})+b^2(\boldsymbol{\Gamma}_0\boldsymbol{K})^{\mathrm{T}}\boldsymbol{P}\boldsymbol{\Gamma}_0\boldsymbol{K}-\boldsymbol{Q}$$

证明： 参见定理5.1。

定理5.5 对于网络时延 $0\leqslant\tau_k\leqslant h$，数据包丢失概率 $0\leqslant 1-a\leqslant 1$，若存在正定矩阵 $\boldsymbol{P}$ 和 $\boldsymbol{Q}$ 使得如下矩阵不等式成立，那么，闭环网络控制系统［式(5.29)］指数均方稳定，并对所有 $\boldsymbol{\omega}_k\in L_2[0,\infty)$ 具有扰动衰减性能指标 γ。

$$\begin{bmatrix}\boldsymbol{\Sigma}+\boldsymbol{C}^{\mathrm{T}}\boldsymbol{C} & * & *\\ \boldsymbol{\Psi} & \boldsymbol{\Lambda} & *\\ \boldsymbol{\Omega}_{31} & \boldsymbol{\Omega}_{32} & \boldsymbol{\Omega}_{33}\end{bmatrix}<0\tag{5.31}$$

其中：

$$\boldsymbol{\Omega}_{31}=\boldsymbol{D}_1^{\mathrm{T}}\boldsymbol{P}(\boldsymbol{\Phi}+a\boldsymbol{\Gamma}_0\boldsymbol{K})+\boldsymbol{D}_2^{\mathrm{T}}\boldsymbol{C}$$

$$\boldsymbol{\Omega}_{32}=\boldsymbol{D}_1^{\mathrm{T}}\boldsymbol{P}(\boldsymbol{HK}-a\boldsymbol{\Gamma}_0\boldsymbol{K})$$

$$\boldsymbol{\Omega}_{33}=\boldsymbol{D}_1^{\mathrm{T}}\boldsymbol{PD}_1+\boldsymbol{D}_2^{\mathrm{T}}\boldsymbol{D}_2-\gamma\boldsymbol{I}$$

证明：

$$
\begin{aligned}
&E\{\boldsymbol{V}_{k+1}\}-E\{\boldsymbol{V}_k\}+E\{\boldsymbol{z}_k^{\mathrm{T}}\boldsymbol{z}_k\}-\gamma E\{\boldsymbol{\omega}_k^{\mathrm{T}}\boldsymbol{\omega}_k\}\\
=&E\{[(\boldsymbol{\Phi}+a\boldsymbol{\Gamma}_0\boldsymbol{K})\boldsymbol{x}_k+(\alpha_k-a)\boldsymbol{\Gamma}_0\boldsymbol{K}\boldsymbol{x}_k+(\boldsymbol{H}-a\boldsymbol{\Gamma}_0)\boldsymbol{K}\boldsymbol{x}_{k-1}\\
&-(\alpha_k-a)\boldsymbol{\Gamma}_0\boldsymbol{K}\boldsymbol{x}_{k-1}+\boldsymbol{D}_1\boldsymbol{\omega}_k]^{\mathrm{T}}\boldsymbol{P}[(\boldsymbol{\Phi}+a\boldsymbol{\Gamma}_0\boldsymbol{K})\boldsymbol{x}_k+(\alpha_k-a)\boldsymbol{\Gamma}_0\boldsymbol{K}\boldsymbol{x}_k\\
&+(\boldsymbol{H}-a\boldsymbol{\Gamma}_0)\boldsymbol{K}\boldsymbol{x}_{k-1}-(\alpha_k-a)\boldsymbol{\Gamma}_0\boldsymbol{K}\boldsymbol{x}_{k-1}+\boldsymbol{D}_1\boldsymbol{\omega}_k]\}+(\boldsymbol{H}-a\boldsymbol{\Gamma}_0)\boldsymbol{K}\boldsymbol{x}_{k-1}\\
&-(\alpha_k-a)\boldsymbol{\Gamma}_0\boldsymbol{K}\boldsymbol{x}_{k-1}+\boldsymbol{x}_k^{\mathrm{T}}\boldsymbol{Q}\boldsymbol{x}_k-\boldsymbol{x}_k^{\mathrm{T}}\boldsymbol{P}\boldsymbol{x}_k-\boldsymbol{x}_{k-1}^{\mathrm{T}}\boldsymbol{Q}\boldsymbol{x}_{k-1}\\
&+\boldsymbol{x}_k^{\mathrm{T}}\boldsymbol{C}^{\mathrm{T}}\boldsymbol{C}\boldsymbol{x}_k+\boldsymbol{\omega}_k^{\mathrm{T}}\boldsymbol{D}_2^{\mathrm{T}}\boldsymbol{C}\boldsymbol{x}_k+\boldsymbol{x}_k^{\mathrm{T}}\boldsymbol{C}^{\mathrm{T}}\boldsymbol{D}_2\boldsymbol{\omega}_k+\boldsymbol{\omega}_k^{\mathrm{T}}(\boldsymbol{D}_2^{\mathrm{T}}\boldsymbol{D}_2-\gamma\boldsymbol{I})\boldsymbol{x}_k\\
=&\boldsymbol{\xi}_k^{\mathrm{T}}\begin{bmatrix}\boldsymbol{\Sigma}+\boldsymbol{C}^{\mathrm{T}}\boldsymbol{C} & * & *\\ \boldsymbol{\Psi} & \boldsymbol{\Lambda} & *\\ \boldsymbol{\Omega}_{31} & \boldsymbol{\Omega}_{32} & \boldsymbol{\Omega}_{33}\end{bmatrix}\boldsymbol{\xi}_k
\end{aligned}
$$

其中，$\boldsymbol{\xi}_k=\begin{bmatrix}\boldsymbol{x}_k^{\mathrm{T}} & \boldsymbol{x}_{k-1}^{\mathrm{T}} & \boldsymbol{\omega}_k^{\mathrm{T}}\end{bmatrix}^{\mathrm{T}}$。

显然式(5.31) 的成立保证了式(5.30) 的成立。因此若式(5.31) 成立，系统［式(5.29)］指数均方稳定且有：

$$E\{\boldsymbol{V}_{k+1}\}-\boldsymbol{V}_k+E\{\boldsymbol{z}_k^{\mathrm{T}}\boldsymbol{z}_k\}-\gamma E\{\boldsymbol{\omega}_k^{\mathrm{T}}\boldsymbol{\omega}_k\}<0$$

上式对 k 从 0 到∞求和得：

$$\sum_{k=0}^{\infty}E\{\|\boldsymbol{x}_k\|^2\}<\gamma\sum_{k=0}^{\infty}E\{\|\boldsymbol{\omega}_k\|^2\}+E\{\boldsymbol{V}_0\}-E\{\boldsymbol{V}_{\infty}\}$$

由系统指数均方稳定及系统的零初始条件可得：

$$\sum_{k=0}^{\infty}E\{\|\boldsymbol{x}_k\|^2\}<\gamma\sum_{k=0}^{\infty}E\{\|\boldsymbol{\omega}_k\|^2\}$$

即定理 5.5 得证。

5.3.3 H_{∞}控制器设计

定理 5.6 对于网络时延 $0\leqslant\tau_k\leqslant h$，数据包丢失概率 $0\leqslant 1-a\leqslant 1$ 及给定 $\gamma>0$，若存在正定矩阵 $\boldsymbol{X}$ 与 $\boldsymbol{S}$、矩阵 $\boldsymbol{Y}$、标量 $\mu>0$ 使得如下线性矩阵不等式成立：

$$
\begin{bmatrix}
\boldsymbol{S}-\boldsymbol{X} & * & * & * & * & * & *\\
0 & -\boldsymbol{S} & * & * & * & * & *\\
0 & 0 & -\gamma\boldsymbol{I} & * & * & * & *\\
\boldsymbol{\Phi}+a\boldsymbol{H}_0\boldsymbol{Y} & (\boldsymbol{H}-a\boldsymbol{H}_0)\boldsymbol{Y} & \boldsymbol{D}_1 & -\boldsymbol{X}+\mu\delta^2a^2\boldsymbol{E} & * & * & *\\
b\boldsymbol{H}_0\boldsymbol{Y} & b\boldsymbol{H}_0\boldsymbol{Y} & 0 & \mu\delta^2ab\boldsymbol{E} & -\boldsymbol{X}+\mu\delta^2b^2\boldsymbol{E} & * & *\\
\boldsymbol{B}\boldsymbol{Y} & \boldsymbol{B}\boldsymbol{Y} & 0 & 0 & 0 & -\mu\boldsymbol{I} & *\\
\boldsymbol{C}\boldsymbol{X} & 0 & \boldsymbol{D}_2 & 0 & 0 & 0 & -\boldsymbol{I}
\end{bmatrix}<0
\tag{5.32}
$$

那么，闭环网络控制系统［式(5.29)］指数均方稳定，并对所有 $\boldsymbol{\omega}_k\in L_2[0,\infty)$具有扰动衰减性能指标 γ，相应的状态反控制器增益为 $\boldsymbol{K}=\boldsymbol{Y}\boldsymbol{X}^{-1}$。

证明：根据 Schur 补引理，式(5.31) 等价于：

$$\begin{bmatrix} \boldsymbol{Q}-\boldsymbol{P}+\boldsymbol{C}^{\mathrm{T}}\boldsymbol{C} & * & * & * & * \\ 0 & -\boldsymbol{Q} & * & * & * \\ \boldsymbol{D}_2^{\mathrm{T}}\boldsymbol{C} & 0 & \boldsymbol{D}_2^{\mathrm{T}}\boldsymbol{D}_2-\gamma\boldsymbol{I} & * & * \\ \boldsymbol{\Phi}+a\boldsymbol{\Gamma}_0\boldsymbol{K} & (\boldsymbol{H}-a\boldsymbol{\Gamma}_0)\boldsymbol{K} & \boldsymbol{D}_1 & -\boldsymbol{P}^{-1} & * \\ b\boldsymbol{\Gamma}_0\boldsymbol{K} & b\boldsymbol{\Gamma}_0\boldsymbol{K} & 0 & 0 & -\boldsymbol{P}^{-1} \end{bmatrix}<0 \tag{5.33}$$

式(5.33) 可以写为：

$$\begin{bmatrix} \boldsymbol{Q}-\boldsymbol{P}+\boldsymbol{C}^{\mathrm{T}}\boldsymbol{C} & * & * & * & * \\ 0 & -\boldsymbol{Q} & * & * & * \\ \boldsymbol{D}_2^{\mathrm{T}}\boldsymbol{C} & 0 & \boldsymbol{D}_2^{\mathrm{T}}\boldsymbol{D}_2-\gamma\boldsymbol{I} & * & * \\ \boldsymbol{\Phi}+a\boldsymbol{H}_0\boldsymbol{K} & (\boldsymbol{H}-a\boldsymbol{H}_0)\boldsymbol{K} & \boldsymbol{D}_1 & -\boldsymbol{P}^{-1} & * \\ b\boldsymbol{H}_0\boldsymbol{K} & b\boldsymbol{H}_0\boldsymbol{K} & 0 & 0 & -\boldsymbol{P}^{-1} \end{bmatrix}+$$

$$\begin{bmatrix} (\boldsymbol{BK})^{\mathrm{T}} \\ (\boldsymbol{BK})^{\mathrm{T}} \\ 0 \\ 0 \\ 0 \end{bmatrix}\boldsymbol{F}_{\tau_k}^{\mathrm{T}}\begin{bmatrix} 0 \\ 0 \\ 0 \\ a\boldsymbol{E} \\ b\boldsymbol{E} \end{bmatrix}^{T}+\begin{bmatrix} 0 \\ 0 \\ 0 \\ a\boldsymbol{E} \\ b\boldsymbol{E} \end{bmatrix}\boldsymbol{F}_{\tau_k}\begin{bmatrix} (\boldsymbol{BK})^{\mathrm{T}} \\ (\boldsymbol{BK})^{\mathrm{T}} \\ 0 \\ 0 \\ 0 \end{bmatrix}^{\mathrm{T}}<0$$

由引理 5.1，上式等价于存在实数 $\mu>0$，使得：

$$\begin{bmatrix} \boldsymbol{Q}-\boldsymbol{P}+\boldsymbol{C}^{\mathrm{T}}\boldsymbol{C} & * & * & * & * \\ 0 & -\boldsymbol{Q} & * & * & * \\ \boldsymbol{D}_2^{\mathrm{T}}\boldsymbol{C} & 0 & \boldsymbol{D}_2^{\mathrm{T}}\boldsymbol{D}_2-\gamma\boldsymbol{I} & * & * \\ \boldsymbol{\Phi}+a\boldsymbol{H}_0\boldsymbol{K} & (\boldsymbol{H}-a\boldsymbol{H}_0)\boldsymbol{K} & \boldsymbol{D}_1 & -\boldsymbol{P}^{-1}+\mu\delta^2a^2\boldsymbol{E} & * \\ b\boldsymbol{H}_0\boldsymbol{K} & b\boldsymbol{H}_0\boldsymbol{K} & 0 & \mu\delta^2ab\boldsymbol{E} & -\boldsymbol{P}^{-1}+\mu\delta^2b^2\boldsymbol{E} \end{bmatrix}+$$

$$\begin{bmatrix} (\boldsymbol{BK})^{\mathrm{T}} \\ (\boldsymbol{BK})^{\mathrm{T}} \\ 0 \\ 0 \\ 0 \end{bmatrix}\boldsymbol{\mu}^{-1}\begin{bmatrix} (\boldsymbol{BK})^{\mathrm{T}} \\ (\boldsymbol{BK})^{\mathrm{T}} \\ 0 \\ 0 \\ 0 \end{bmatrix}^{\mathrm{T}}<0 \tag{5.34}$$

根据 Schur 补引理，上式等价于：

$$\begin{bmatrix} \boldsymbol{Q}-\boldsymbol{P} & * & * & * & * & * & * \\ 0 & -\boldsymbol{Q} & * & * & * & * & * \\ 0 & 0 & -\gamma\boldsymbol{I} & * & * & * & * \\ \boldsymbol{\Phi}+a\boldsymbol{H}_0\boldsymbol{K} & (\boldsymbol{H}-a\boldsymbol{H}_0)\boldsymbol{K} & \boldsymbol{D}_1 & -\boldsymbol{P}^{-1}+\mu\delta^2a^2\boldsymbol{E} & * & * & * \\ b\boldsymbol{H}_0\boldsymbol{K} & b\boldsymbol{H}_0\boldsymbol{K} & 0 & \mu\delta^2ab\boldsymbol{E} & -\boldsymbol{P}^{-1}+\mu\delta^2b^2\boldsymbol{E} & * & * \\ \boldsymbol{BK} & \boldsymbol{BK} & 0 & 0 & 0 & -\mu\boldsymbol{I} & * \\ \boldsymbol{C} & 0 & \boldsymbol{D}_2 & 0 & 0 & 0 & -\boldsymbol{I} \end{bmatrix}<0$$

上式左右乘以 $\mathrm{diag}(\boldsymbol{P}^{-1},\boldsymbol{P}^{-1},\boldsymbol{I},\boldsymbol{I},\boldsymbol{I},\boldsymbol{I},\boldsymbol{I})$，并令 $\boldsymbol{X}=\boldsymbol{P}^{-1}$，$\boldsymbol{S}=\boldsymbol{XQX}$，$\boldsymbol{Y}=\boldsymbol{KX}$，得到

式(5.32)，即定理 5.6 得证。

推论 5.1 若如下优化问题：

$$\gamma > \gamma_{\min}$$

$$\min_{X>0, S>0, \mu>0, Y} \gamma \qquad \text{s. t. 式(5.32)}$$

有解，其解记为 $\gamma_{\min}$，则闭环系统 H_∞ 扰动衰减性能指标最小值为 $\gamma_{\min}$。

注 5.3 对于上述线性矩阵不等式约束的凸优化问题，可以使用 Matlab LMI 工具箱中的目标函数最小化问题求解器 mincx 求取最优解。若给定 H_∞ 扰动衰减指标，那么线性矩阵不等式(5.32) 有解。

5.3.4 实例仿真

考虑如下被控对象：

$$\begin{cases} \begin{bmatrix} \dot{x}_1(t) \\ \dot{x}_2(t) \end{bmatrix} = \begin{bmatrix} 0 & 1.1 \\ -3.1 & 0.2 \end{bmatrix} \boldsymbol{x}(t) + \begin{bmatrix} 1 \\ -1 \end{bmatrix} \boldsymbol{u}(t) + \begin{bmatrix} 0.1 \\ -0.1 \end{bmatrix} \boldsymbol{\omega}(t) \\ \boldsymbol{z}(t) = \begin{bmatrix} 0.1 & 2 \end{bmatrix} \boldsymbol{x}(t) + 0.2\boldsymbol{\omega}(t) \end{cases}$$

假设系统初始状态为 $\boldsymbol{x}(0) = [1 \quad -2]^{\mathrm{T}}$，采样周期为 0.1s，数据包丢失概率为：

$$\Pr\{\alpha_k = 0\} = 0.1$$

经计算得参数如下：

$$\boldsymbol{\Phi} = \begin{bmatrix} 0.9909 & 0.0861 \\ -0.1722 & 0.7326 \end{bmatrix}$$

$$\boldsymbol{H}_0 = \begin{bmatrix} 0.0488 \\ -0.0488 \end{bmatrix}, \boldsymbol{H} = \begin{bmatrix} 0.0952 \\ -0.0952 \end{bmatrix}$$

$$\boldsymbol{D}_1 = \begin{bmatrix} 0.0095 \\ -0.0095 \end{bmatrix}, \delta = 0.0503$$

根据定理 5.6，利用 Matlab LMI 工具箱求得：

$$\boldsymbol{Y} = [-0.0064 \quad 0.0028]$$

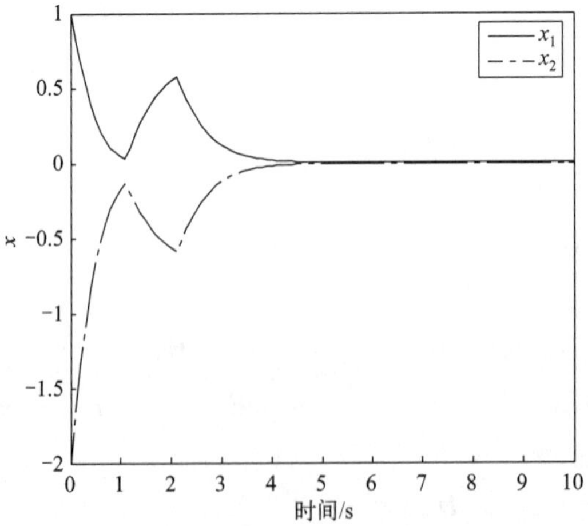

图 5.7 网络控制系统状态响应曲线 3

$$\boldsymbol{X}=\begin{bmatrix}0.0116 & -0.0057\\ -0.0057 & 0.0053\end{bmatrix}$$

因此，可得状态反馈控制器增益矩阵为：

$$\boldsymbol{K}=\boldsymbol{Y}\boldsymbol{X}^{-1}=[-0.6163 \quad -0.1387]$$

利用 Matlab LMI 工具箱的 mincx 函数得到闭环系统 H_{∞} 性能指标最小值 $\gamma_{\min}=1.0210$。

假定受到的外部扰动为 1～2s 的单位阶跃信号，得到的闭环系统状态响应曲线如图 5.7。

由仿真可见，系统在所设计的控制律作用下具有良好的鲁棒性能和较快的收敛速度。

5.4 网络控制系统保性能控制

5.4.1 问题描述

假设被控对象状态方程为：

$$\dot{\boldsymbol{x}}(t)=\boldsymbol{A}\boldsymbol{x}(t)+\boldsymbol{B}\boldsymbol{u}(t) \tag{5.35}$$

其中，$\boldsymbol{x}(t)\in\mathbf{R}^{n}$ 是系统状态向量，$\boldsymbol{u}(t)\in\mathbf{R}^{m}$ 是控制向量；$\boldsymbol{A}$ 和 $\boldsymbol{B}$ 是适当维数的定常矩阵。

考虑数据包丢失及网络时延的影响，将式(5.35) 离散化为：

$$\boldsymbol{x}_{k+1}=\boldsymbol{\Phi}\boldsymbol{x}_{k}+\alpha_{k}\boldsymbol{\Gamma}_{0}\boldsymbol{u}_{k}+(1-\alpha_{k})\boldsymbol{\Gamma}_{0}\boldsymbol{u}_{k-1}+\boldsymbol{\Gamma}_{1}\boldsymbol{u}_{k-1} \tag{5.36}$$

采用状态反馈控制律（$\boldsymbol{K}$ 为控制器增益矩阵）：

$$\boldsymbol{u}_{k}=\boldsymbol{K}\boldsymbol{x}_{k} \tag{5.37}$$

则得到闭环状态方程：

$$\boldsymbol{x}_{k+1}=\boldsymbol{\Phi}\boldsymbol{x}_{k}+\alpha_{k}\boldsymbol{\Gamma}_{0}\boldsymbol{K}\boldsymbol{C}\boldsymbol{x}_{k}+(1-\alpha_{k})\boldsymbol{\Gamma}_{0}\boldsymbol{K}\boldsymbol{C}\boldsymbol{x}_{k-1}+\boldsymbol{\Gamma}_{1}\boldsymbol{K}\boldsymbol{C}\boldsymbol{x}_{k-1} \tag{5.38}$$

其中，$\boldsymbol{\Phi}=\mathrm{e}^{\boldsymbol{A}h}$，$\boldsymbol{\Gamma}_{0}=\boldsymbol{H}_{1}+\boldsymbol{E}\boldsymbol{F}_{\tau_{k}}\boldsymbol{B}$，$\boldsymbol{\Gamma}_{1}=\left(\int_{h-\tau_{k}}^{h}\mathrm{e}^{\boldsymbol{A}s}\mathrm{d}s\right)\boldsymbol{B}$。

根据文献 [18]，不确定矩阵 $\boldsymbol{F}_{\tau_{k}}$ 满足：

$$\sigma_{\max}(\boldsymbol{F}_{\tau_{k}})\leqslant[\mathrm{e}^{\sigma_{\max}(\boldsymbol{\Phi})h}-\mathrm{e}^{\sigma_{\max}(\boldsymbol{\Phi})h/2}]/\sigma_{\max}(\boldsymbol{\Phi})\triangleq\delta \tag{5.39}$$

定义增广向量：

$$\boldsymbol{\eta}_{k}=\begin{bmatrix}\boldsymbol{x}_{k}\\ \boldsymbol{x}_{k-1}\end{bmatrix}$$

式(5.38) 可以写为：

$$\boldsymbol{\eta}_{k+1}=\begin{bmatrix}\boldsymbol{\Phi}+\alpha_{k}\boldsymbol{\Gamma}_{0}\boldsymbol{K} & (\boldsymbol{H}-\alpha_{k}\boldsymbol{\Gamma}_{0})\boldsymbol{K}\\ \boldsymbol{I} & 0\end{bmatrix}\boldsymbol{\eta}_{k} \tag{5.40}$$

定义性能指标：

$$J_{\infty}=\sum_{k=0}^{\infty}\boldsymbol{x}_{k}^{\mathrm{T}}\boldsymbol{S}\boldsymbol{x}_{k}+\boldsymbol{u}_{k}^{\mathrm{T}}\boldsymbol{R}\boldsymbol{u}_{k} \tag{5.41}$$

其中，$\boldsymbol{S}$ 和 $\boldsymbol{R}$ 为给定的正定加权矩阵。

定义 5.2 对于网络控制系统 [式(5.36)]，指定设计控制律 [式(5.37)]，使得对于满足式(5.39) 的所有不确定矩阵 $\boldsymbol{F}_{\tau_{k}}$，闭环系统 [式(5.40)] 指数均方稳定，并且满足性

能指标 J_∞ 不超过某个常数 J^*，则称控制律是系统的一个保性能控制律。

5.4.2 稳定性分析

引理 5.4 对于网络时延 $0\leqslant\tau_k\leqslant h$，数据包丢失概率 $0\leqslant 1-a\leqslant 1$，若存在正定矩阵 $\boldsymbol{P}$ 和 $\boldsymbol{Q}$ 使得如下矩阵不等式成立，那么，闭环网络控制系统（5.40）指数均方稳定。

$$\begin{bmatrix}\boldsymbol{\Sigma} & \boldsymbol{\Psi}^{\mathrm{T}}\\ \boldsymbol{\Psi} & \boldsymbol{\Lambda}\end{bmatrix}<0 \tag{5.42}$$

其中：

$$\boldsymbol{\Sigma}=(\boldsymbol{\Phi}+a\boldsymbol{\Gamma}_0\boldsymbol{K})^{\mathrm{T}}\boldsymbol{P}(\boldsymbol{\Phi}+a\boldsymbol{\Gamma}_0\boldsymbol{K})+b^2(\boldsymbol{\Gamma}_0\boldsymbol{K})^{\mathrm{T}}\boldsymbol{P}(\boldsymbol{\Gamma}_0\boldsymbol{K})+\boldsymbol{Q}-\boldsymbol{P}$$

$$\boldsymbol{\Psi}=(\boldsymbol{HK}-a\boldsymbol{\Gamma}_0\boldsymbol{K})^{\mathrm{T}}\boldsymbol{P}(\boldsymbol{\Phi}+a\boldsymbol{\Gamma}_0\boldsymbol{K})-b^2(\boldsymbol{\Gamma}_0\boldsymbol{K})^{\mathrm{T}}\boldsymbol{P}\boldsymbol{\Gamma}_0\boldsymbol{K}$$

$$\boldsymbol{\Lambda}=(\boldsymbol{HK}-a\boldsymbol{\Gamma}_0\boldsymbol{K})^{\mathrm{T}}-\boldsymbol{P}(\boldsymbol{HK}-a\boldsymbol{\Gamma}_0\boldsymbol{K})+b^2(\boldsymbol{\Gamma}_0\boldsymbol{K})^{\mathrm{T}}\boldsymbol{P}\boldsymbol{\Gamma}_0\boldsymbol{K}-\boldsymbol{Q}$$

证明： 参见定理 5.7。

定理 5.7 对于网络时延 $0\leqslant\tau_k\leqslant h$，数据包丢失概率 $0\leqslant 1-a\leqslant 1$，若存在正定矩阵 $\boldsymbol{P}$ 和 $\boldsymbol{Q}$ 使得如下矩阵不等式成立，那么，$\boldsymbol{u}_k=\boldsymbol{K}\boldsymbol{x}_k$ 是系统［式(5.36)］的一个保性能控制律。

$$\begin{bmatrix}\boldsymbol{\Sigma}+\boldsymbol{S}+\boldsymbol{K}^{\mathrm{T}}\boldsymbol{RK} & \boldsymbol{\Psi}^{\mathrm{T}}\\ \boldsymbol{\Psi} & \boldsymbol{\Lambda}\end{bmatrix}<0 \tag{5.43}$$

证明： 若式(5.42) 成立，则：

$$\begin{aligned}E\{\boldsymbol{V}_{k+1}\}-E\{\boldsymbol{V}_k\}&<-\boldsymbol{x}_k^{\mathrm{T}}(\boldsymbol{S}+\boldsymbol{K}^{\mathrm{T}}\boldsymbol{RK})\boldsymbol{x}_k\\&\leqslant-\lambda_{\min}(\boldsymbol{S}+\boldsymbol{K}^{\mathrm{T}}\boldsymbol{RK})\|\boldsymbol{x}_k\|^2\end{aligned}$$

因此，系统指数均方稳定。

上式对 k 从 0 到 ∞ 求和得：

$$\sum_{k=0}^{\infty}\boldsymbol{x}_k^{\mathrm{T}}(\boldsymbol{S}+\boldsymbol{K}^{\mathrm{T}}\boldsymbol{RK})\boldsymbol{x}_k<-\sum_{k=0}^{\infty}E\{\boldsymbol{V}_{k+1}\}+\sum_{k=0}^{\infty}E\{\boldsymbol{V}_k\}$$

即

$$\begin{aligned}J_\infty&<-\sum_{k=0}^{\infty}E\{\boldsymbol{V}_{k+1}\}+\sum_{k=0}^{\infty}E\{\boldsymbol{V}_k\}\\&=E\{\boldsymbol{V}_0\}-\lim_{k\to\infty}E\{\boldsymbol{V}_k\}\end{aligned}$$

由于系统指数均方稳定，故：

$$\lim_{k\to\infty}E\{\boldsymbol{x}_k\}=0\Rightarrow\lim_{k\to\infty}E\{\boldsymbol{V}_k\}=0$$

所以：

$$J_\infty<\boldsymbol{V}_0=\boldsymbol{x}_k^{\mathrm{T}}\boldsymbol{P}\boldsymbol{x}_k+\boldsymbol{x}_{k-1}^{\mathrm{T}}\boldsymbol{Q}\boldsymbol{x}_{k-1} \tag{5.44}$$

根据定义 5.2，$\boldsymbol{u}_k=\boldsymbol{K}\boldsymbol{x}_k$ 是系统［式(5.36)］的保性能控制律，即定理 5.7 得证。

5.4.3 保性能控制器设计

定理 5.8 对于网络时延 $0\leqslant\tau_k\leqslant h$，数据包丢失概率 $0\leqslant 1-a\leqslant 1$，若存在正定矩阵 $\boldsymbol{N}$、$\boldsymbol{U}$、$\boldsymbol{X}$ 和矩阵 $\boldsymbol{Y}$，实数 $\mu>0$ 使得如下线性矩阵不等式成立：

$$\begin{bmatrix} \boldsymbol{N}+\boldsymbol{U}-\boldsymbol{X} & * & * & * & * & * \\ 0 & -\boldsymbol{N} & * & * & * & * \\ \boldsymbol{\Phi X}+a\boldsymbol{H}_0\boldsymbol{Y} & \boldsymbol{HY}-a\boldsymbol{H}_0\boldsymbol{Y} & -\boldsymbol{X}+\mu\delta^2a^2\boldsymbol{E} & * & * & * \\ b\boldsymbol{H}_0\boldsymbol{Y} & b\boldsymbol{H}_0\boldsymbol{Y} & \mu\delta^2ab\boldsymbol{E} & -\boldsymbol{X}+\mu\delta^2b^2\boldsymbol{E} & * & * \\ \boldsymbol{BY} & \boldsymbol{BY} & 0 & 0 & -\mu\boldsymbol{I} & * \\ \boldsymbol{Y} & 0 & 0 & 0 & 0 & -\boldsymbol{R}^{-1} \end{bmatrix}<0 \quad (5.45)$$

那么，使闭环网络控制系统指数均方稳定且满足性能指标［式(5.20)］的状态反馈控制器增益矩阵为 $\boldsymbol{K}=\boldsymbol{YX}^{-1}$。

证明： 根据 Schur 补引理，式(5.43) 等价于：

$$\begin{bmatrix} \boldsymbol{S}+\boldsymbol{K}^{\mathrm{T}}\boldsymbol{RK}+\boldsymbol{Q}-\boldsymbol{P} & * & * & * \\ 0 & -\boldsymbol{Q} & * & * \\ \boldsymbol{\Phi}+a\boldsymbol{\Gamma}_0\boldsymbol{K} & (\boldsymbol{H}-a\boldsymbol{\Gamma}_0)\boldsymbol{K} & -\boldsymbol{P}^{-1} & * \\ b\boldsymbol{\Gamma}_0\boldsymbol{K} & -b\boldsymbol{\Gamma}_0\boldsymbol{K} & 0 & -\boldsymbol{P}^{-1} \end{bmatrix}<0 \quad (5.46)$$

式(5.46) 可以写为：

$$\begin{bmatrix} \boldsymbol{S}+\boldsymbol{K}^{\mathrm{T}}\boldsymbol{RK}+\boldsymbol{Q}-\boldsymbol{P} & * & * & * \\ 0 & -\boldsymbol{Q} & * & * \\ \boldsymbol{\Phi}+a\boldsymbol{H}_0\boldsymbol{K} & (\boldsymbol{H}-a\boldsymbol{H}_0)\boldsymbol{K} & -\boldsymbol{P}^{-1} & * \\ b\boldsymbol{H}_0\boldsymbol{K} & -b\boldsymbol{H}_0\boldsymbol{K} & 0 & -\boldsymbol{P}^{-1} \end{bmatrix}+$$

$$\begin{bmatrix} (\boldsymbol{BK})^{\mathrm{T}} \\ (\boldsymbol{BK})^{\mathrm{T}} \\ 0 \\ 0 \end{bmatrix}\boldsymbol{F}_{\tau_k}^{\mathrm{T}}\begin{bmatrix} 0 \\ 0 \\ a\boldsymbol{E} \\ b\boldsymbol{E} \end{bmatrix}^{\mathrm{T}}+\begin{bmatrix} 0 \\ 0 \\ a\boldsymbol{E} \\ b\boldsymbol{E} \end{bmatrix}\boldsymbol{F}_{\tau_k}\begin{bmatrix} (\boldsymbol{BK})^{\mathrm{T}} \\ (\boldsymbol{BK})^{\mathrm{T}} \\ 0 \\ 0 \end{bmatrix}^{\mathrm{T}}<0$$

由引理 5.1，上式等价于存在实数 $\mu>0$ 使得：

$$\begin{bmatrix} \boldsymbol{S}+\boldsymbol{K}^{\mathrm{T}}\boldsymbol{RK}+\boldsymbol{Q}-\boldsymbol{P} & * & * & * \\ 0 & -\boldsymbol{Q} & * & * \\ \boldsymbol{\Phi}+a\boldsymbol{H}_0\boldsymbol{K} & (\boldsymbol{H}-a\boldsymbol{H}_0)\boldsymbol{K} & -\boldsymbol{P}^{-1}+\mu\delta^2a^2\boldsymbol{E} & * \\ b\boldsymbol{H}_0\boldsymbol{K} & -b\boldsymbol{H}_0\boldsymbol{K} & \mu\delta^2ab\boldsymbol{E} & -\boldsymbol{P}^{-1}+\mu\delta^2b^2\boldsymbol{E} \end{bmatrix}+$$

$$\begin{bmatrix} (\boldsymbol{BK})^{\mathrm{T}} \\ (\boldsymbol{BK})^{\mathrm{T}} \\ 0 \\ 0 \end{bmatrix}\begin{bmatrix} (\boldsymbol{BK})^{\mathrm{T}} \\ (\boldsymbol{BK})^{\mathrm{T}} \\ 0 \\ 0 \end{bmatrix}^{\mathrm{T}}\boldsymbol{\mu}^{-1}<0$$

进一步应用 Schur 补引理，可得：

$$\begin{bmatrix} \boldsymbol{S}+\boldsymbol{Q}-\boldsymbol{P} & * & * & * & * & * \\ 0 & -\boldsymbol{Q} & * & * & * & * \\ \boldsymbol{\Phi}+a\boldsymbol{H}_0\boldsymbol{K} & (\boldsymbol{H}-a\boldsymbol{H}_0)\boldsymbol{K} & -\boldsymbol{P}^{-1}+\mu\delta^2a^2\boldsymbol{E} & * & * & * \\ b\boldsymbol{H}_0\boldsymbol{K} & -b\boldsymbol{H}_0\boldsymbol{K} & \mu\delta^2ab\boldsymbol{E} & -\boldsymbol{P}^{-1}+\mu\delta^2b^2\boldsymbol{E} & * & * \\ \boldsymbol{BK} & \boldsymbol{BK} & 0 & 0 & -\mu\boldsymbol{I} & * \\ \boldsymbol{K} & 0 & 0 & 0 & 0 & -\boldsymbol{R}^{-1} \end{bmatrix}<0$$

上式左右乘以 $\mathrm{diag}(\boldsymbol{P}^{-1},\boldsymbol{P}^{-1},\boldsymbol{I},\boldsymbol{I},\boldsymbol{I},\boldsymbol{I})$，并令 $\boldsymbol{X}=\boldsymbol{P}^{-1}$，$\boldsymbol{N}=\boldsymbol{XQX}$，$\boldsymbol{U}=\boldsymbol{XSX}$，$\boldsymbol{Y}=\boldsymbol{KX}$，得到式(5.45)，即定理 5.8 得证。

5.4.4 实例仿真

考虑如下被控对象：

$$\begin{bmatrix}\dot{x}_1(t)\\ \dot{x}_2(t)\end{bmatrix}=\begin{bmatrix}0.1 & 0.9\\ -2.9 & 0.2\end{bmatrix}\boldsymbol{x}(t)+\begin{bmatrix}1\\ -1\end{bmatrix}\boldsymbol{u}(t)$$

系统性能指标见式(5.41)，其中 $\boldsymbol{S}=\begin{bmatrix}1 & 0\\ 0 & 1\end{bmatrix}$，$\boldsymbol{R}=1$，假设系统采样周期为 0.1s，数据包丢失概率 $\Pr\{\alpha_k=0\}=0.1$，经计算得参数如下：

$$\boldsymbol{\Phi}=\begin{bmatrix}0.9909 & 0.0861\\ -0.1722 & 0.7326\end{bmatrix},\ \boldsymbol{H}_0=\begin{bmatrix}0.0488\\ -0.0488\end{bmatrix},\ \boldsymbol{H}=\begin{bmatrix}0.0952\\ -0.0952\end{bmatrix},\ \delta=0.0503$$

根据定理 5.8，利用 Matlab LMI 工具箱求得：

$$\boldsymbol{Y}=[0.3629\quad -2.0046],\ \boldsymbol{X}=\begin{bmatrix}305.6334 & -177.8009\\ -177.8009 & 402.0107\end{bmatrix}$$

因此，可得状态反馈控制器增益矩阵为：

$$\boldsymbol{K}=\boldsymbol{YX}^{-1}=[-0.0023\quad -0.0060]$$

假设系统初始状态 $\boldsymbol{x}(0)=[1\quad -2]^{\mathrm{T}}$，由式(5.20) 可得系统性能指标上限为 $J^*=0.0635$。闭环系统的状态响应曲线如图 5.8 所示。

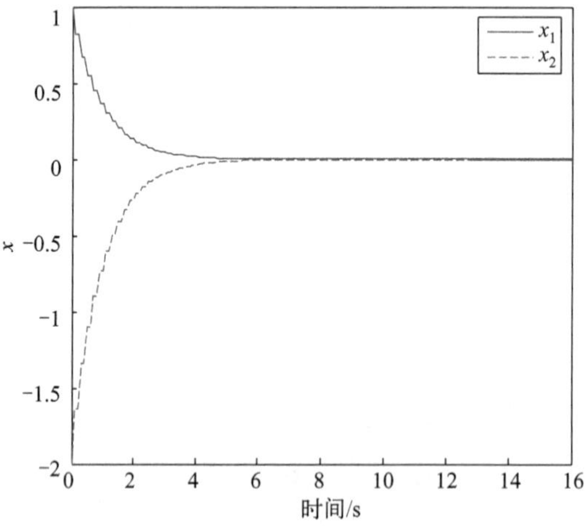

图 5.8 网络控制系统状态响应曲线 4

5.5 本章小结

本章研究了传感器节点由时间驱动、控制器和执行器节点由事件驱动的网络控制系统的反馈控制问题。把具有网络诱导时延和数据包丢失的网络控制系统建模为一类具有随机变量的切换系统，并以线性矩阵不等式的方式，给出了网络控制系统的状态反馈控制器和输出反馈控制器及设计方法。在 5.2 节和 5.3 节的基础上，研究了传感器节点由时间驱动、控制器和执行器节点由事件驱动的具有时延和数据包丢失的网络控制系统的 H_{∞} 控制和保性能控制问题，利用 Lyapunov 理论，给出了基于线性矩阵不等式的控制器的设计方法。控制器增益矩阵可以很方便地由 Matlab LMI 工具箱求出，仿真结果说明了所提出设计方法的有效性。

参考文献

［1］ Xue B Q，Yu H S，Wang M L. Robust H_{∞} output feedback control of networked control systems with discrete distributed delays subject to packet dropout and quantization［J］. IEEE Access，2019，7：30313-30320.

［2］ Yang F W，Han Q L. H_{∞} control for networked systems with multiple packet dropouts［J］. Information Sciences，2013，252：106-117.

［3］ Gu Z，Shi P，Yue D. An adaptive event-triggering scheme for networked interconnected control system with stochastic uncertainty［J］. International Journal of Robust and Nonlinear Control，2017，27（2）：236-251.

［4］ Yue D，Han Q L，Lam J. Network-based robust H_{∞} control of systems with uncertainty［J］. Automatica，2005，41（6）：999-1007.

［5］ Lion L W，Ray A. A stochastic regulator for integrated communication and control systems：Part Ⅰ—Formulation of control law［J］. Journal of Dynamic Systems，Measurement and Control，1991，113（4）：604-611.

［6］ Nilsson J，Bernhardsson B，Wittenmark B. Stochastic analysis and control of real-time systems with random time delays［J］. Automatica，1998，34（1）：57-64.

［7］ 樊卫华，蔡骅，陈庆伟，等．时延网络控制系统的稳定性［J］．控制理论与应用，2004，21（6）：880-884.

［8］ Zhang Y，Tang G Y，Hu N P. Non-fragile control for nonlinear networked control systems with long time-delay［J］. Computers and Mathematics with applications，2009，57（10）：1630-1637.

［9］ 谢德晓，韩笑冬，黄鹤，等．有数据包丢失的网络控制系统 H_{∞} 状态反馈控制［J］．系统工程与电子技术，2009，31（3）：629-633.

［10］ 马卫国，邵诚．网络控制系统随机稳定性研究［J］．自动化学报，2007，33（8）：878-882.

［11］ Ge Y，Chen Q G，Jiang M，et al. Stability analysis of networked control systems with data dropout and transmission delays［C］//2008 7th World Congress on Intelligent Control and Automation. IEEE，2008，7986-7991.

［12］ 邱占芝，张庆灵．一类不确定时延网络控制系统最优 H_{∞} 控制［J］．信息与控制，2006，35（1）：64-72.

［13］ 黄剑，关治洪，王仲东．不确定网络控制系统具有 H_{∞} 性能界的鲁棒控制［J］．控制与决策，2005，20（9）：1002-1005.

［14］ 姜培刚，姜偕富，李春文，等．基于 LMI 方法的网络化控制系统的 H_{∞} 鲁棒控制［J］．控制与决策，2004，19（1）：17-26.

［15］ Xie L B，Fang H J，Zheng Y. Guaranteed cost control for networked control systems［J］. Journal of Control Theory and Applications，2004，2（2）：143-148.

［16］ 崔桂梅，穆志纯，李晓理，等．网络控制系统保性能控制［J］．工程科学学报，2006，28（6）：595-599.

［17］ 李璋，方华京，潘永才，等．多时延网络化系统中保性能控制器设计［J］．华中科技大学学报，2006，34（3）：29-31.

[18] Li S B，Wang Z，Sun Y X. Guaranteed cost control of networked control systems：an LMI approach [C]//2004 1st International Conference on Embedded Software and Systems. Berlin，German：Springer-Verlag，2005：130-136.

[19] Wang Y F，Wang C H，Xu H. Guaranteed cost control with random communication delays via jump linear system approach [C]// ICARCV 2004 8th Control，Automation，Robotics and Vision Conference. IEEE，2004：298-303.

[20] Xie G M，Wang L. Stabilization of networked control systems with time-varying network-induced delay [C] // 2004 43rd IEEE Conference On Decision and Control. IEEE，2004：3551-3556.

[21] Sahebsara M，Chen T W，Shah S L. Optimal H_∞ filtering in networked control systems with multiple packet dropouts [J] . Systems and Control Letters，2008，57 (9)：696-702.

[22] 樊卫华．网络控制系统的建模与控制 [D]．南京：南京理工大学，2005.

第6章 具有S-C时延基于观测器的网络控制系统输出反馈控制

由于技术或者经济条件的限制，常常很难测量到被控对象的全部状态，这种情况下，需要通过观测器重构被控对象的状态，并利用这个重构的状态代替被控系统的真实状态来实现所要求的状态反馈。由于网络的引入，网络控制系统中具有不可忽略的网络时延，因此传统的观测器设计方法不适用于网络控制系统。网络控制系统的观测器设计一直备受关注，并已经取得了一些研究成果（见文献［1］、文献［2］）。

文献［3］针对具有白噪声的网络控制系统，利用鲁棒控制理论提出了系统的H_2/H_∞状态观测器设计方法，证明了所设计的状态观测器估计输出对时延所引起的不确定项的H_∞鲁棒性，并给出了估计输出对白噪声干扰的鲁棒H_∞性能指标的求解方法和观测器增益矩阵的确定方法。文献［4］把网络控制系统建模为一个具有输出时延的采样系统，构造了故障观测器以产生系统故障的残差，并介绍了故障检测和分离的方法，给出了故障检测和分离观测器的设计算法。文献［5］针对具有时延的网络控制系统，设计了具有时延补偿功能的状态观测器，根据网络负载情况变化的快慢，利用该观测器提出了两种控制策略。文献［6］针对含有白噪声干扰的线性离散部分能观系统，利用具有不规则传输时延的信道传输部分状态信息，解决了被控对象状态的估计问题，并证明了所给出的状态估计器是指数稳定的。

文献［7］研究了通信信道具有比特率约束的连续不确定网络控制系统的状态估计问题，给出了递归编码器-解码器状态估计方法。文献［8］研究了基于状态观测器的网络控制系统鲁棒稳定性和鲁棒控制器设计问题，建立了基于状态观测器的网络控制系统增广模型，利用线性矩阵不等式方法推导出了系统鲁棒稳定的条件，给出了基于观测器的反馈控制器设计方法，但要求系统矩阵$\boldsymbol{A}$非奇异；文献［9］利用线性矩阵不等式方法和锥补线性化方法，设计了基于观测器的输出反馈控制律，使闭环系统鲁棒渐近稳定且满足给定的H_∞干扰抑制率。文献［10］对长时延网络控制系统，设计了具有时延补偿功能的状态观测器，把闭环系统建模为一类具有多个子系统的离散切换系统，并给出了状态观测器与控制器协同设计的方法。文献［11］通过在数据接收端设置一定长度的缓冲区，将时变时延转化为固定时延后，设计了基于观测器的控制器。文献［12］针对一类具有时延的连续域网络控制系统设计了观测器，并给出了使闭环系统指数均方稳定的基于观测器的控制器设计方法。文献［13］提出了一种增广对象模型，利用系统当前的状态以及延时输出、延时控制信息构成了一个新的状态向量，把延时信息包含在新增广对象之中，然后通过对该增广对象的分析来进行控制器的分析和设计，但是由于每一步的延时信息是时变的，因此上述增广对象为一时变对象，目前还没有有效的方法对该类对象进行确定性的设计，只能对其进行一些定性分析。

本章针对具有时延的网络控制系统，设计了系统的观测器并给出了基于观测器的状态反馈控制器设计方法。

6.1 问题描述

基于观测器的网络控制系统结构如图 6.1 所示。

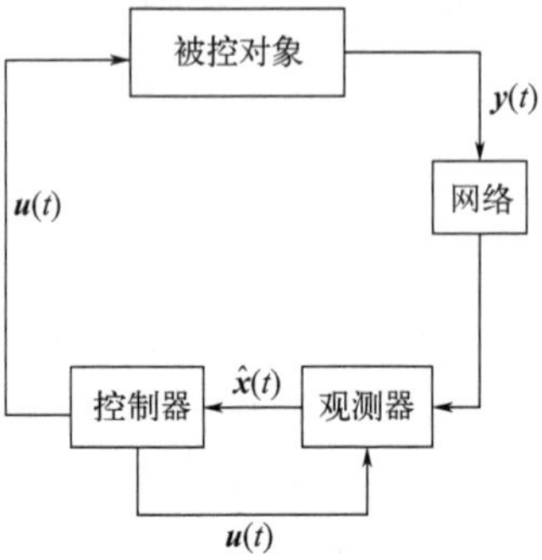

图 6.1 基于观测器的网络控制系统结构

假设被控对象状态方程为：

$$\begin{cases}\dot{\boldsymbol{x}}(t)=\boldsymbol{A}\boldsymbol{x}(t)+\boldsymbol{B}\boldsymbol{u}(t)\\ \boldsymbol{y}(t)=\boldsymbol{C}\boldsymbol{x}(t)\end{cases} \tag{6.1}$$

其中，$\boldsymbol{x}(t)\in\mathbf{R}^n$ 是系统状态向量，$\boldsymbol{u}(t)\in\mathbf{R}^m$ 是控制向量，$\boldsymbol{y}(t)\in\mathbf{R}^r$ 是系统输出；$\boldsymbol{A}$、$\boldsymbol{B}$ 及 $\boldsymbol{C}$ 是适当维数的定常矩阵。

为了便于分析，作以下合理假设：

① 传感器采用时间驱动方式，采样周期为 h；控制器和执行器采用事件驱动方式。

② 网络只存在于传感器节点和控制器节点之间，控制器和执行器在同一网络节点上。

③ 网络时延不大于一个采样周期，即 $\tau_k\leqslant h$，并且在传输的过程中没有数据包丢失的现象。

④ 矩阵 $\boldsymbol{C}$ 行满秩 $\mathrm{rank}(\boldsymbol{C}^{\mathrm{T}})=r$，即存在正交矩阵 $\boldsymbol{U}\in\mathbf{R}^{n\times n}$ 和 $\boldsymbol{V}\in\mathbf{R}^{r\times r}$ 使得：

$$\boldsymbol{U}\boldsymbol{C}^{\mathrm{T}}\boldsymbol{V}=\begin{bmatrix}\boldsymbol{U}_1\\ \boldsymbol{U}_2\end{bmatrix}\boldsymbol{C}^{\mathrm{T}}\boldsymbol{V}=\begin{bmatrix}\boldsymbol{\Sigma}\\ 0\end{bmatrix}$$

其中，$\boldsymbol{U}_1\in\mathbf{R}^{r\times n}$，$\boldsymbol{U}_2\in\mathbf{R}^{(n-r)\times n}$，$\boldsymbol{\Sigma}=\mathrm{diag}(\sigma_1,\sigma_2,\cdots,\sigma_r)$，$\sigma_i(i=1,2,\cdots,r)$为 $\boldsymbol{C}^{\mathrm{T}}$ 的非零奇异值。

考虑网络时延的影响，在一个采样周期 h 内积分可得系统［式(6.1)］的离散状态方程为：

$$\begin{cases}\boldsymbol{x}_{k+1}=\boldsymbol{\Phi}\boldsymbol{x}_k+\boldsymbol{\Gamma}_0\boldsymbol{u}_k+\boldsymbol{\Gamma}_1\boldsymbol{u}_{k-1}\\ \boldsymbol{y}_k=\boldsymbol{C}\boldsymbol{x}_k\end{cases} \tag{6.2}$$

其中，$\boldsymbol{\Phi}=\mathrm{e}^{\boldsymbol{A}h}$，$\boldsymbol{\Gamma}_0=\left(\int_0^{h-\tau_k}\mathrm{e}^{\boldsymbol{A}s}\mathrm{d}s\right)\boldsymbol{B}=\left(\int_0^{h/2}\mathrm{e}^{\boldsymbol{A}s}\mathrm{d}s\right)\boldsymbol{B}+\left(\int_{h/2}^{h-\tau_k}\mathrm{e}^{\boldsymbol{A}s}\mathrm{d}s\right)\boldsymbol{B}$，$\boldsymbol{\Gamma}_1=\left(\int_{h-\tau_k}^{h}\mathrm{e}^{\boldsymbol{A}s}\mathrm{d}s\right)\boldsymbol{B}$。

令
$$\boldsymbol{H}_0=\left(\int_0^{h/2}\mathrm{e}^{\boldsymbol{A}s}\mathrm{d}s\right)\boldsymbol{B},\boldsymbol{E}=\boldsymbol{I},\boldsymbol{F}_{\tau_k}=\int_{h/2}^{h-\tau_k}\mathrm{e}^{\boldsymbol{A}s}\mathrm{d}s$$

则
$$\boldsymbol{\Gamma}_0=\boldsymbol{H}_0+\boldsymbol{E}\boldsymbol{F}_{\tau_k}\boldsymbol{B}$$

类似地，有：

$$\boldsymbol{\Gamma}_1=\boldsymbol{H}_1-\boldsymbol{E}\boldsymbol{F}_{\tau_k}\boldsymbol{B}$$

其中，$\boldsymbol{H}_1=\left(\int_{h/2}^{h}\mathrm{e}^{\boldsymbol{A}s}\,\mathrm{d}s\right)\boldsymbol{B}$。

根据文献［14］，不确定矩阵 $\boldsymbol{F}_{\tau_k}$ 满足：

$$\sigma_{\max}(\boldsymbol{F}_{\tau_k})\leqslant[\mathrm{e}^{\sigma_{\max}(\boldsymbol{\Phi})h}-\mathrm{e}^{\sigma_{\max}(\boldsymbol{\Phi})h/2}]/\sigma_{\max}(\boldsymbol{\Phi})\triangleq\delta$$

式(6.2) 可以表示为：

$$\begin{cases}\boldsymbol{x}_{k+1}=\boldsymbol{\Phi}\boldsymbol{x}_k+(\boldsymbol{H}_0+\Delta\boldsymbol{H})\boldsymbol{u}_k+(\boldsymbol{H}_1-\Delta\boldsymbol{H})\boldsymbol{u}_{k-1}\\ \boldsymbol{y}_k=\boldsymbol{C}\boldsymbol{x}_k\end{cases}\tag{6.3}$$

其中，$\Delta\boldsymbol{H}=\boldsymbol{E}\boldsymbol{F}_{\tau_k}\boldsymbol{B}$。

受文献［15］启发，构造如下形式的观测器：

$$\hat{\boldsymbol{x}}_{k+1}=\boldsymbol{\Phi}\hat{\boldsymbol{x}}_k+\boldsymbol{H}_0\boldsymbol{u}_k+\boldsymbol{H}_1\boldsymbol{u}_{k-1}+\boldsymbol{L}(\boldsymbol{y}_k-\boldsymbol{C}\hat{\boldsymbol{x}}_k)\tag{6.4}$$

其中 $\hat{\boldsymbol{x}}_k$ 为观测器状态向量，$\boldsymbol{L}$ 为观测器增益矩阵。

取控制律为：

$$\boldsymbol{u}(t)=\boldsymbol{K}\hat{\boldsymbol{x}}(t)\tag{6.5}$$

其中 $\boldsymbol{K}$ 为控制器增益矩阵。

定义估计误差：

$$\boldsymbol{e}(t)=\boldsymbol{x}(t)-\hat{\boldsymbol{x}}(t)\tag{6.6}$$

将式(6.3) 及式(6.4) 代入到式(6.5)，可得闭环系统表达式为：

$$\boldsymbol{\eta}_{k+1}=\boldsymbol{\Xi}\boldsymbol{\eta}_k\tag{6.7}$$

其中，有：

$$\boldsymbol{\eta}_k=\begin{bmatrix}\boldsymbol{x}_k^{\mathrm{T}} & \boldsymbol{e}_k^{\mathrm{T}} & \boldsymbol{x}_{k-1}^{\mathrm{T}} & \boldsymbol{e}_{k-1}^{\mathrm{T}}\end{bmatrix}^{\mathrm{T}}$$

$$\boldsymbol{\Xi}=\begin{bmatrix}\boldsymbol{\Phi}+(\boldsymbol{H}_0+\Delta\boldsymbol{H})\boldsymbol{K} & -(\boldsymbol{H}_0+\Delta\boldsymbol{H})\boldsymbol{K} & (\boldsymbol{H}_1-\Delta\boldsymbol{H})\boldsymbol{K} & -(\boldsymbol{H}_1-\Delta\boldsymbol{H})\boldsymbol{K}\\ \Delta\boldsymbol{H}\boldsymbol{K} & \boldsymbol{\Phi}-\Delta\boldsymbol{H}\boldsymbol{K}-\boldsymbol{L}\boldsymbol{C} & -\Delta\boldsymbol{H}\boldsymbol{K} & \Delta\boldsymbol{H}\boldsymbol{K}\\ \boldsymbol{I} & 0 & 0 & 0\\ 0 & \boldsymbol{I} & 0 & 0\end{bmatrix}$$

引理 6.1[16]　对于适当维数的矩阵 $\boldsymbol{G}$、$\boldsymbol{M}$ 和 $\boldsymbol{N}$，其中 $\boldsymbol{G}$ 为对称矩阵。$\boldsymbol{G}+\boldsymbol{M}\boldsymbol{F}_{\tau_k}\boldsymbol{N}+\boldsymbol{N}^{\mathrm{T}}\boldsymbol{F}_{\tau_k}^{\mathrm{T}}\boldsymbol{M}^{\mathrm{T}}<0$

对于所有满足 $\|\boldsymbol{F}_{\tau_k}\|_2\leqslant\delta$ 的不确定矩阵 $\boldsymbol{F}_{\tau_k}$ 成立。当且仅当存在常数 $\mu>0$ 时，使得 $\boldsymbol{G}+\mu\delta^2\boldsymbol{M}\boldsymbol{M}^{\mathrm{T}}+\boldsymbol{N}^{\mathrm{T}}\boldsymbol{N}/\mu<0$。

引理 6.2[16]　对于给定的列满秩矩阵 $\boldsymbol{C}^{\mathrm{T}}\in\mathbf{R}^{n\times m}$，其奇异值分解式为 $\boldsymbol{C}^{\mathrm{T}}=\boldsymbol{U}\begin{bmatrix}\boldsymbol{\Sigma}\\0\end{bmatrix}\boldsymbol{V}^{\mathrm{T}}$。当且仅当矩阵 $\boldsymbol{R}_1\in\mathbf{R}^{n\times n}$ 具有结构 $\boldsymbol{R}_1=\boldsymbol{U}\begin{bmatrix}\boldsymbol{R}_{11} & 0\\0 & \boldsymbol{R}_{12}\end{bmatrix}\boldsymbol{U}^{\mathrm{T}}$ 时，存在矩阵 $\boldsymbol{X}\in\mathbf{R}^{m\times m}$ 使得 $\boldsymbol{R}_1\boldsymbol{C}^{\mathrm{T}}=\boldsymbol{C}^{\mathrm{T}}\boldsymbol{X}$。其中，$\boldsymbol{U}\in\mathbf{R}^{n\times n}$ 和 $\boldsymbol{V}\in\mathbf{R}^{m\times m}$ 为正交矩阵，$\boldsymbol{\Sigma}=\mathrm{diag}(\sigma_1,\sigma_2,\cdots,\sigma_m)$，$\sigma_i(i=1,2,\cdots,m)$为矩阵的非零奇异值，$\boldsymbol{R}_{11}\in\mathbf{R}^{m\times m}$，$\boldsymbol{R}_{12}\in\mathbf{R}^{(n-m)\times(n-m)}$。

6.2 控制器设计

定理 6.1 如果存在正定矩阵 $\boldsymbol{M}_{11}$、$\boldsymbol{M}_{22}$、$\boldsymbol{M}_1$、$\boldsymbol{M}_2$、$\boldsymbol{M}_3$，矩阵 $\overline{\boldsymbol{K}}$、$\overline{\boldsymbol{L}}$ 及实数 $\varepsilon>0$，使如下线性矩阵不等式成立：

$$\begin{bmatrix}\boldsymbol{\Sigma}_{11} & * \\ \boldsymbol{\Sigma}_{21} & \boldsymbol{\Sigma}_{22}\end{bmatrix}<0 \tag{6.8}$$

其中：

$$\boldsymbol{\Sigma}_{11}=\begin{bmatrix}\boldsymbol{M}_2-\boldsymbol{M}_1 & * & * & * \\ 0 & \boldsymbol{M}_3-\boldsymbol{M}_1 & * & * \\ 0 & 0 & -\boldsymbol{M}_2 & * \\ 0 & 0 & 0 & -\boldsymbol{M}_3\end{bmatrix}$$

$$\boldsymbol{\Sigma}_{21}=\begin{bmatrix}\boldsymbol{\Phi}\boldsymbol{M}_1+\boldsymbol{H}_0\boldsymbol{M}_1 & -\boldsymbol{H}_0\overline{\boldsymbol{K}} & \boldsymbol{H}_0\overline{\boldsymbol{K}} & -\boldsymbol{H}_0\overline{\boldsymbol{K}} \\ 0 & \boldsymbol{\Phi}\boldsymbol{M}_1-\overline{\boldsymbol{L}}\boldsymbol{C} & 0 & 0 \\ \boldsymbol{B}\overline{\boldsymbol{K}} & -\boldsymbol{B}\overline{\boldsymbol{K}} & -\boldsymbol{B}\overline{\boldsymbol{K}} & \boldsymbol{B}\overline{\boldsymbol{K}}\end{bmatrix}$$

$$\boldsymbol{\Sigma}_{22}=\begin{bmatrix}-\boldsymbol{M}_1+\delta^2\varepsilon\boldsymbol{E}\boldsymbol{E}^{\mathrm{T}} & * & * \\ \delta^2\varepsilon\boldsymbol{E}\boldsymbol{E}^{\mathrm{T}} & -\boldsymbol{M}_1+\delta^2\varepsilon\boldsymbol{E}\boldsymbol{E}^{\mathrm{T}} & * \\ 0 & 0 & -\varepsilon\boldsymbol{I}\end{bmatrix}$$

$$\boldsymbol{M}_1=\boldsymbol{U}_1^{\mathrm{T}}\boldsymbol{M}_{11}\boldsymbol{U}_1+\boldsymbol{U}_2^{\mathrm{T}}\boldsymbol{M}_{22}\boldsymbol{U}_2$$

那么，闭环系统［式(6.7)］渐近稳定，并且相应的控制器及观测器增益矩阵为：

$$\boldsymbol{K}=\overline{\boldsymbol{K}}(\boldsymbol{U}_1^{\mathrm{T}}\boldsymbol{M}_{11}\boldsymbol{U}_1+\boldsymbol{U}_2^{\mathrm{T}}\boldsymbol{M}_{22}\boldsymbol{U}_2),\ \boldsymbol{L}=\overline{\boldsymbol{L}}\boldsymbol{V}\boldsymbol{\Sigma}^{-1}\boldsymbol{M}_{11}^{-1}\boldsymbol{\Sigma}\boldsymbol{V}^{\mathrm{T}}$$

证明： 选取 Lyapunov 函数如下：

$$\boldsymbol{V}_k=\boldsymbol{x}_k^{\mathrm{T}}\boldsymbol{P}_1\boldsymbol{x}_{\mathrm{k}}+\boldsymbol{x}_{k-1}^{\mathrm{T}}\boldsymbol{P}_2\boldsymbol{x}_{k-1}+\boldsymbol{e}_{\mathrm{k}}^{\mathrm{T}}\boldsymbol{P}_3\boldsymbol{x}_k+\boldsymbol{e}_{k-1}^{\mathrm{T}}\boldsymbol{P}_4\boldsymbol{e}_{k-1}$$

其中，$\boldsymbol{P}_1$、$\boldsymbol{P}_2$、$\boldsymbol{P}_3$ 及 $\boldsymbol{P}_4$ 为正定矩阵。

$$\begin{aligned}\Delta\boldsymbol{V}_k&=\boldsymbol{V}_{k+1}-\boldsymbol{V}_k\\&=\boldsymbol{\eta}_k^{\mathrm{T}}\boldsymbol{\Omega}\boldsymbol{\eta}_k\end{aligned}$$

其中：

$$\boldsymbol{\Omega}=\begin{bmatrix}\boldsymbol{\Omega}_{11} & * & * & * \\ \boldsymbol{\Omega}_{21} & \boldsymbol{\Omega}_{22} & * & * \\ \boldsymbol{\Omega}_{31} & \boldsymbol{\Omega}_{32} & \boldsymbol{\Omega}_{33} & * \\ \boldsymbol{\Omega}_{41} & \boldsymbol{\Omega}_{42} & \boldsymbol{\Omega}_{43} & \boldsymbol{\Omega}_{44}\end{bmatrix}$$

$$\boldsymbol{\Omega}_{11}=[\boldsymbol{\Phi}+(\boldsymbol{H}_0+\Delta\boldsymbol{H})\boldsymbol{K}]^{\mathrm{T}}\boldsymbol{P}_1[\boldsymbol{G}+(\boldsymbol{H}_0+\Delta\boldsymbol{H})\boldsymbol{K}]+(\Delta\boldsymbol{H}\boldsymbol{K})^{\mathrm{T}}\boldsymbol{P}_3\Delta\boldsymbol{H}\boldsymbol{K}+\boldsymbol{P}_2-\boldsymbol{P}_1$$

$$\boldsymbol{\Omega}_{21}=-[(\boldsymbol{H}_0+\Delta\boldsymbol{H})\boldsymbol{K}]^{\mathrm{T}}\boldsymbol{P}_1[\boldsymbol{G}+(\boldsymbol{H}_0+\Delta\boldsymbol{H})\boldsymbol{K}]+(\boldsymbol{G}-\Delta\boldsymbol{H}\boldsymbol{K}-\boldsymbol{L}\boldsymbol{C})^{\mathrm{T}}\boldsymbol{P}_3\Delta\boldsymbol{H}\boldsymbol{K}$$

$$\boldsymbol{\Omega}_{31}=[(\boldsymbol{H}_1-\Delta\boldsymbol{H})\boldsymbol{K}]^{\mathrm{T}}\boldsymbol{P}_1[\boldsymbol{G}+(\boldsymbol{H}_0+\Delta\boldsymbol{H})\boldsymbol{K}]-(\Delta\boldsymbol{H}\boldsymbol{K})^{\mathrm{T}}\boldsymbol{P}_3\Delta\boldsymbol{H}\boldsymbol{K}$$

$$\boldsymbol{\Omega}_{41}=-[(\boldsymbol{H}_1-\Delta\boldsymbol{H})\boldsymbol{K}]^{\mathrm{T}}\boldsymbol{P}_1[\boldsymbol{G}+(\boldsymbol{H}_0+\Delta\boldsymbol{H})\boldsymbol{K}]+(\Delta\boldsymbol{H}\boldsymbol{K})^{\mathrm{T}}\boldsymbol{P}_3\Delta\boldsymbol{H}\boldsymbol{K}$$

$$\boldsymbol{\Omega}_{22}=[(\boldsymbol{H}_0+\Delta\boldsymbol{H})\boldsymbol{K}]^{\mathrm{T}}\boldsymbol{P}_1[(\boldsymbol{H}_0+\Delta\boldsymbol{H})\boldsymbol{K}]+(\boldsymbol{G}-\Delta\boldsymbol{HK}-\boldsymbol{LC})^{\mathrm{T}}\boldsymbol{P}_3(\boldsymbol{G}-\Delta\boldsymbol{HK}-\boldsymbol{LC})+\boldsymbol{P}_4-\boldsymbol{P}_3$$

$$\boldsymbol{\Omega}_{32}=-[(\boldsymbol{H}_1-\Delta\boldsymbol{H})\boldsymbol{K}]^{\mathrm{T}}\boldsymbol{P}_1[(\boldsymbol{H}_0+\Delta\boldsymbol{H})\boldsymbol{K}]-(\Delta\boldsymbol{HK})^{\mathrm{T}}\boldsymbol{P}_3(\boldsymbol{G}-\Delta\boldsymbol{HK}-\boldsymbol{LC})$$

$$\boldsymbol{\Omega}_{42}=[(\boldsymbol{H}_1-\Delta\boldsymbol{H})\boldsymbol{K}]^{\mathrm{T}}\boldsymbol{P}_1[(\boldsymbol{H}_0+\Delta\boldsymbol{H})\boldsymbol{K}]+(\Delta\boldsymbol{HK})^{\mathrm{T}}\boldsymbol{P}_3(\boldsymbol{G}-\Delta\boldsymbol{HK}-\boldsymbol{LC})$$

$$\boldsymbol{\Omega}_{33}=[(\boldsymbol{H}_1-\Delta\boldsymbol{H})\boldsymbol{K}]^{\mathrm{T}}\boldsymbol{P}_1[(\boldsymbol{H}_1-\Delta\boldsymbol{H})\boldsymbol{K}]+(\Delta\boldsymbol{HK})^{\mathrm{T}}\boldsymbol{P}_3\Delta\boldsymbol{HK}-\boldsymbol{P}_2$$

$$\boldsymbol{\Omega}_{43}=-[(\boldsymbol{H}_1-\Delta\boldsymbol{H})\boldsymbol{K}]^{\mathrm{T}}\boldsymbol{P}_1[(\boldsymbol{H}_1-\Delta\boldsymbol{H})\boldsymbol{K}]-(\Delta\boldsymbol{HK})^{\mathrm{T}}\boldsymbol{P}_3\Delta\boldsymbol{HK}$$

$$\boldsymbol{\Omega}_{44}=[(\boldsymbol{H}_1-\Delta\boldsymbol{H})\boldsymbol{K}]^{\mathrm{T}}\boldsymbol{P}_1[(\boldsymbol{H}_1-\Delta\boldsymbol{H})\boldsymbol{K}]+(\Delta\boldsymbol{HK})^{\mathrm{T}}\boldsymbol{P}_3\Delta\boldsymbol{HK}-\boldsymbol{P}_4$$

根据 Schur 补引理，$\boldsymbol{\Omega}<0$ 等价于：

$$\begin{bmatrix} \boldsymbol{P}_2-\boldsymbol{P}_1 & * & * & * & * & * \\ 0 & \boldsymbol{P}_4-\boldsymbol{P}_3 & * & * & * & * \\ 0 & 0 & -\boldsymbol{P}_2 & * & * & * \\ 0 & 0 & 0 & -\boldsymbol{P}_4 & * & * \\ \boldsymbol{\Phi}+\boldsymbol{H}_0+\Delta\boldsymbol{H} & -(\boldsymbol{H}_0+\Delta\boldsymbol{H})\boldsymbol{K} & (\boldsymbol{H}_0-\Delta\boldsymbol{H})\boldsymbol{K} & -(\boldsymbol{H}_0-\Delta\boldsymbol{H})\boldsymbol{K} & -\boldsymbol{P}_1^{-1} & * \\ \Delta\boldsymbol{HK} & \boldsymbol{G}-\Delta\boldsymbol{HK}-\boldsymbol{LC} & -\Delta\boldsymbol{HK} & -\Delta\boldsymbol{HK} & 0 & -\boldsymbol{P}_3^{-1} \end{bmatrix}<0 \tag{6.9}$$

式(6.9) 可以表示为：

$$\begin{gathered}\begin{bmatrix} \boldsymbol{P}_2-\boldsymbol{P}_1 & * & * & * & * & * \\ 0 & \boldsymbol{P}_4-\boldsymbol{P}_3 & * & * & * & * \\ 0 & 0 & -\boldsymbol{P}_2 & * & * & * \\ 0 & 0 & 0 & -\boldsymbol{P}_4 & * & * \\ \boldsymbol{\Phi}+\boldsymbol{H}_0 & -\boldsymbol{H}_0\boldsymbol{K} & \boldsymbol{H}_0\boldsymbol{K} & -\boldsymbol{H}_0\boldsymbol{K} & -\boldsymbol{P}_1^{-1} & * \\ 0 & \boldsymbol{\Phi}-\boldsymbol{LC} & 0 & 0 & 0 & -\boldsymbol{P}_3^{-1} \end{bmatrix} \\ +\begin{bmatrix}0\\0\\0\\0\\\boldsymbol{E}\\\boldsymbol{E}\end{bmatrix}\boldsymbol{F}_{\tau_k}\begin{bmatrix}(\boldsymbol{BK})^{\mathrm{T}}\\-(\boldsymbol{BK})^{\mathrm{T}}\\-(\boldsymbol{BK})^{\mathrm{T}}\\(\boldsymbol{BK})^{\mathrm{T}}\\0\\0\end{bmatrix}^{\mathrm{T}}+\begin{bmatrix}(\boldsymbol{BK})^{\mathrm{T}}\\-(\boldsymbol{BK})^{\mathrm{T}}\\-(\boldsymbol{BK})^{\mathrm{T}}\\(\boldsymbol{BK})^{\mathrm{T}}\\0\\0\end{bmatrix}\boldsymbol{F}_{\tau_k}^{\mathrm{T}}\begin{bmatrix}0\\0\\0\\0\\\boldsymbol{E}\\\boldsymbol{E}\end{bmatrix}^{\mathrm{T}}<0\end{gathered} \tag{6.10}$$

根据引理 6.1，式(6.10) 等价于：

$$\begin{bmatrix} \boldsymbol{P}_2-\boldsymbol{P}_1 & * & * & * & * & * \\ 0 & \boldsymbol{P}_4-\boldsymbol{P}_3 & * & * & * & * \\ 0 & 0 & -\boldsymbol{P}_2 & * & * & * \\ 0 & 0 & 0 & -\boldsymbol{P}_4 & * & * \\ \boldsymbol{\Phi}+\boldsymbol{H}_0 & -\boldsymbol{H}_0\boldsymbol{K} & \boldsymbol{H}_0\boldsymbol{K} & -\boldsymbol{H}_0\boldsymbol{K} & -\boldsymbol{P}_1^{-1} & * \\ 0 & \boldsymbol{\Phi}-\boldsymbol{LC} & 0 & 0 & 0 & -\boldsymbol{P}_3^{-1} \end{bmatrix}$$

$$+\delta^2\varepsilon\begin{bmatrix}0\\0\\0\\0\\\boldsymbol{E}\\\boldsymbol{E}\end{bmatrix}\begin{bmatrix}0\\0\\0\\0\\\boldsymbol{E}\\\boldsymbol{E}\end{bmatrix}^{\mathrm{T}}+1/\varepsilon\begin{bmatrix}(\boldsymbol{BK})^{\mathrm{T}}\\-(\boldsymbol{BK})^{\mathrm{T}}\\-(\boldsymbol{BK})^{\mathrm{T}}\\(\boldsymbol{BK})^{\mathrm{T}}\\0\\0\end{bmatrix}\begin{bmatrix}(\boldsymbol{BK})^{\mathrm{T}}\\-(\boldsymbol{BK})^{\mathrm{T}}\\-(\boldsymbol{BK})^{\mathrm{T}}\\(\boldsymbol{BK})^{\mathrm{T}}\\0\\0\end{bmatrix}^{\mathrm{T}}<0$$

根据 Schur 补引理，上式等价于：

$$\begin{bmatrix}\boldsymbol{P}_2-\boldsymbol{P}_1 & * & * & * & * & * & *\\ 0 & \boldsymbol{P}_4-\boldsymbol{P}_3 & * & * & * & * & *\\ 0 & 0 & -\boldsymbol{P}_2 & * & * & * & *\\ 0 & 0 & 0 & -\boldsymbol{P}_4 & * & * & *\\ \boldsymbol{\Phi}+\boldsymbol{H}_0 & -\boldsymbol{H}_0\boldsymbol{K} & \boldsymbol{H}_0\boldsymbol{K} & -\boldsymbol{H}_0\boldsymbol{K} & -\boldsymbol{P}_1^{-1}+\delta^2\varepsilon\boldsymbol{E}\boldsymbol{E}^{\mathrm{T}} & * & *\\ 0 & \boldsymbol{\Phi}-\boldsymbol{LC} & 0 & 0 & \delta^2\varepsilon\boldsymbol{E}\boldsymbol{E}^{\mathrm{T}} & -\boldsymbol{P}_3^{-1}+\delta^2\varepsilon\boldsymbol{E}\boldsymbol{E}^{\mathrm{T}} & *\\ \boldsymbol{BK} & -\boldsymbol{BK} & -\boldsymbol{BK} & \boldsymbol{BK} & 0 & 0 & -\varepsilon\boldsymbol{I}\end{bmatrix}<0 \tag{6.11}$$

令 $\boldsymbol{P}_3=\boldsymbol{P}_1$，式(6.11) 左右两边乘以 $\mathrm{diag}(\boldsymbol{P}_1^{-1},\boldsymbol{P}_1^{-1},\boldsymbol{P}_1^{-1},\boldsymbol{P}_1^{-1},\boldsymbol{I},\boldsymbol{I},\boldsymbol{I})$，并令 $\overline{\boldsymbol{K}}=\boldsymbol{K}\boldsymbol{M}_1$，$\boldsymbol{P}_1^{-1}\boldsymbol{P}_4\boldsymbol{P}_1^{-1}=\boldsymbol{M}_3$，可以得到：

$$\begin{bmatrix}\boldsymbol{M}_2-\boldsymbol{M}_1 & * & * & * & * & * & *\\ 0 & \boldsymbol{M}_3-\boldsymbol{M}_1 & * & * & * & * & *\\ 0 & 0 & -\boldsymbol{M}_2 & * & * & * & *\\ 0 & 0 & 0 & -\boldsymbol{M}_3 & * & * & *\\ \boldsymbol{\Phi}\boldsymbol{M}_1+\boldsymbol{H}_0\boldsymbol{M}_1 & -\boldsymbol{H}_0\overline{\boldsymbol{K}} & \boldsymbol{H}_0\overline{\boldsymbol{K}} & -\boldsymbol{H}_0\overline{\boldsymbol{K}} & -\boldsymbol{M}_1+\delta^2\boldsymbol{E}\boldsymbol{E}^{\mathrm{T}} & * & *\\ 0 & \boldsymbol{\Phi}\boldsymbol{M}_1-\boldsymbol{LC}\boldsymbol{M}_1 & 0 & 0 & \delta^2\boldsymbol{E}\boldsymbol{E}^{\mathrm{T}} & -\boldsymbol{M}_1+\delta^2\boldsymbol{E}\boldsymbol{E}^{\mathrm{T}} & *\\ \boldsymbol{B}\overline{\boldsymbol{K}} & -\boldsymbol{B}\overline{\boldsymbol{K}} & -\boldsymbol{B}\overline{\boldsymbol{K}} & \boldsymbol{B}\overline{\boldsymbol{K}} & 0 & 0 & -\varepsilon\boldsymbol{I}\end{bmatrix}<0$$

已有：

$$\boldsymbol{M}_1=\boldsymbol{U}^{\mathrm{T}}\begin{bmatrix}\boldsymbol{M}_{11} & 0\\ 0 & \boldsymbol{M}_{22}\end{bmatrix}\boldsymbol{U}$$

根据引理 6.2，存在矩阵 $\boldsymbol{X}$ 使得：

$$\boldsymbol{M}_1\boldsymbol{C}^{\mathrm{T}}=\boldsymbol{C}^{\mathrm{T}}\boldsymbol{X}$$

由
$$\boldsymbol{M}_1\boldsymbol{C}^{\mathrm{T}}=\boldsymbol{C}^{\mathrm{T}}\boldsymbol{X},\ \boldsymbol{C}^{\mathrm{T}}=\boldsymbol{U}^{\mathrm{T}}\begin{bmatrix}\boldsymbol{\Sigma}\\0\end{bmatrix}\boldsymbol{V}^{\mathrm{T}}$$

可得：
$$\boldsymbol{M}_1\boldsymbol{U}^{\mathrm{T}}\begin{bmatrix}\boldsymbol{\Sigma}\\0\end{bmatrix}\boldsymbol{V}^{\mathrm{T}}=\boldsymbol{U}^{\mathrm{T}}\begin{bmatrix}\boldsymbol{\Sigma}\\0\end{bmatrix}\boldsymbol{V}^{\mathrm{T}}\boldsymbol{X}$$

即
$$\boldsymbol{U}^{\mathrm{T}}\begin{bmatrix}\boldsymbol{M}_{11} & 0\\ 0 & \boldsymbol{M}_{22}\end{bmatrix}\boldsymbol{U}\boldsymbol{U}^{\mathrm{T}}\begin{bmatrix}\boldsymbol{\Sigma}\\0\end{bmatrix}\boldsymbol{V}^{\mathrm{T}}=\boldsymbol{U}^{\mathrm{T}}\begin{bmatrix}\boldsymbol{\Sigma}\\0\end{bmatrix}\boldsymbol{V}^{\mathrm{T}}\boldsymbol{X}$$

因此，有
$$\boldsymbol{M}_{11}\boldsymbol{\Sigma}\boldsymbol{V}^{\mathrm{T}}=\boldsymbol{\Sigma}\boldsymbol{V}^{\mathrm{T}}\boldsymbol{X}$$
即
$$\boldsymbol{X}=\boldsymbol{V}\boldsymbol{\Sigma}^{-1}\boldsymbol{M}_{11}\boldsymbol{\Sigma}\boldsymbol{V}^{\mathrm{T}}$$
令 $\boldsymbol{LX}=\overline{\boldsymbol{L}}$，由于 $\boldsymbol{LCM}_1=(\boldsymbol{M}_1\boldsymbol{C}^{\mathrm{T}}\boldsymbol{L}^{\mathrm{T}})^T=(\boldsymbol{C}^{\mathrm{T}}\boldsymbol{XL}^{\mathrm{T}})^{\mathrm{T}}=(\boldsymbol{C}^{\mathrm{T}}\overline{\boldsymbol{L}}^{\mathrm{T}})^{\mathrm{T}}=\overline{\boldsymbol{L}}\boldsymbol{C}$，可得：
$$\boldsymbol{L}=\overline{\boldsymbol{L}}\boldsymbol{V}\boldsymbol{\Sigma}^{-1}\boldsymbol{M}_{11}^{-1}\boldsymbol{\Sigma}\boldsymbol{V}^{\mathrm{T}}$$
即定理6.1得证。

6.3 实例仿真

考虑如下的被控对象：
$$\begin{cases}\dot{\boldsymbol{x}}(t)=\begin{bmatrix}0.1 & 0.8\\ -3 & 0.2\end{bmatrix}\boldsymbol{x}(t)+\begin{bmatrix}1\\ -1\end{bmatrix}\boldsymbol{u}(t)\\ \boldsymbol{y}(t)=\begin{bmatrix}1 & 2\end{bmatrix}\boldsymbol{x}(t)\end{cases}$$
假设系统采样周期 $h=0.1\mathrm{s}$，通过计算得到如下参数：
$$\boldsymbol{\Phi}=\begin{bmatrix}0.9909 & 0.0861\\ -0.1722 & 0.7326\end{bmatrix},\boldsymbol{H}_0=\begin{bmatrix}0.0488\\ -0.0488\end{bmatrix},\boldsymbol{H}_1=\begin{bmatrix}0.0952\\ -0.0952\end{bmatrix},\delta=0.0503$$
根据定理6.1，使用Matlab LMI工具箱得到：
$$\boldsymbol{K}=\begin{bmatrix}-0.0074 & -0.0047\end{bmatrix},\ \boldsymbol{L}=\begin{bmatrix}0.2327\\ 0.2585\end{bmatrix}$$
假设系统初始状态 $\boldsymbol{x}(0)=\begin{bmatrix}1 & -0.5\end{bmatrix}^{\mathrm{T}}$，闭环系统的状态响应曲线如图6.2所示。

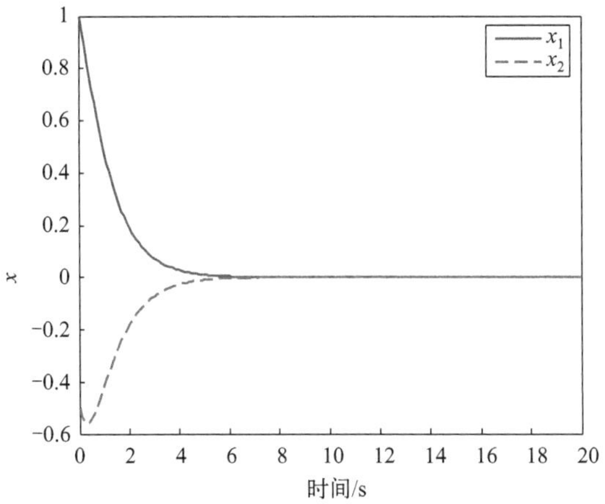

图6.2 闭环网络控制系统状态响应曲线

由仿真可见，被控对象在设计的基于观测器的控制器的作用下渐近稳定。

6.4 本章小结

本章针对传感器由时间驱动、控制器和执行器由事件驱动、网络时延不超过一个采样周期的网络控制系统，研究了状态观测器设计、基于状态观测器的稳定性分析与控制器设计等问题。利用Lyapunov理论和线性矩阵不等式方法，给出了基于观测器的闭环系统稳定的条件和控制器设计方法。

参考文献

[1] Fu X J，Pang X R. Robust fault estimation and fault-tolerant control for nonlinear Markov jump systems with time-delays [J]. Automatica，2021，62 (1)：21-31.

[2] Wang X D，Fei Z Y，Wang Z H，et al. Event-triggered fault estimation and fault-tolerant control for networked control systems [J]. Journal of the Franklin Institute，2019，356 (8)：4420-4441.

[3] 朱张青，周川，胡维礼．短时延网络控制系统的鲁棒 H_2/H_∞ 状态观测器设计 [J]．控制与决策，2005，20 (3)：280-284.

[4] Zheng Y，Fang H J，Wang H，et al. Observer-based FDI design of networked control system with output transfer delay [J]. Control Theory and Application，2003，20 (5)：653-656.

[5] 于之训，蒋平，陈辉堂，等．具有传输延迟的网络控制系统中状态观测器的设计 [J]．信息与控制，2000，29 (2)：125-130.

[6] Matveev A S，Savkin A V. The problem of state estimation via asynchronous communication channels with irregular transmission times [J]. IEEE Transactions on Automatic Control，2003，48 (4)：670-676.

[7] Matveev A S，Savkin A V. The problem of optimal robust Kalman state estimation via limited capacity digital communication channels [J]. Systems and Control Letters，2005，54 (3)：283-292.

[8] 邱占芝，张庆灵．一类基于观测器的网络控制系统鲁棒控制器设计 [J]．控制与决策，2007，22 (10)：1165-1169.

[9] 姚秀明，李清华，王常虹，等．基于状态观测器的网络化控制系统的 H_∞ 控制分析 [J]．兵工学报，2008，29 (7)：870-876.

[10] 王艳，周川，胡维礼．基于观测器的长时延网络控制系统设计 [J]．南京理工大学学报，2006，30 (2)：167-172.

[11] Luck R，Ray A. An observer-based compensator for distributed delays [J]. Automatica，1990，26：903-908.

[12] Lin C，Wang Z D，Yang F W. Observer-based networked control for continuous-time systems with random sensor delays [J]. Automatica，2009，45：578-584.

[13] Halevi Y，Ray A. Integrated communication and control systems：part Ⅰ—analysis [J]. Journal of Dynamic Systems，Measurement and Control，1988，110 (4)：367-373.

[14] Xie G M，Wang L. Stabilization of networked control systems with time-varying network-induced delay [C] //2004 43rd IEEE Conference on Decision and Control. IEEE，2004：3551-3556.

[15] 吕明，吴晓蓓，陈庆伟，等．基于异步动态系统的网络控制系统故障检测 [J]．控制与决策，2008，23 (3)：325-332.

[16] 樊卫华．网络控制系统的建模与控制 [D]．南京：南京理工大学，2004.

第7章 一类广义网络控制系统的鲁棒控制

广义系统，又称为奇异系统、微分代数系统、隐式系统等，是一类涵盖正常系统的更具有普遍性的动力系统[1]。随着现代控制理论在工程中应用的深入和向其他学科，诸如航空航天、电力系统、电子通信、能源、经济和社会管理等的渗透，人们在许多领域发现了广义系统的实例[2-6]。

1977年，Luenberger和Arbel发现著名的动态投入产出模型是由微分方程描述的慢变动态层子系统及代数方程描述的快变静态层子系统组成的广义复合系统，它是一个广义系统。在经济领域，列昂惕夫和冯·诺依曼模型也是广义系统。另外，不少实际系统如受限机器人、核反应堆等，只能用广义系统描述而不能用正常系统描述。

近年来，广义系统已经成为一个具有重要理论和应用价值的研究方向[7-14]。由于广义被控对象涵盖正常被控对象，其具有许多正常系统没有的特性，因此基于广义被控对象的网络控制系统的研究更具有意义。但基于广义被控对象的网络控制系统的文献还不多见。文献［15］对一类具有短时延、异步采样的广义网络控制系统进行了建模。文献［16］利用状态反馈研究了一类广义网络控制系统的保性能控制问题；文献［17］利用输出反馈分析了一类没有扰动的广义网络控制系统的稳定性问题，但没有给出相应的动态输出反馈控制器。文献［18］将一类正则、无脉冲的广义网络控制系统建模为异步动态系统，给出了指数稳定的充分条件，给出了使系统稳定的状态反馈控制律。

本章基于线性时不变广义被控对象研究了网络控制系统的 H_∞ 控制问题，利用 Lyapunov 理论和线性矩阵不等式方法，在系统输入、量测输出、期望输出均存在外部扰动的情况下，给出了使闭环系统稳定的动态输出反馈 H_∞ 控制律存在的充分条件及设计方法。

7.1 典型广义系统模型

线性时不变连续广义系统的一般形式为：

$$\begin{cases}\boldsymbol{E}\dot{\boldsymbol{x}}(t)=\boldsymbol{A}\boldsymbol{x}(t)+\boldsymbol{B}\boldsymbol{u}(t)\\ \boldsymbol{y}(t)=\boldsymbol{C}\boldsymbol{x}(t)+\boldsymbol{D}\boldsymbol{u}(t)\end{cases} \tag{7.1}$$

其中，$\boldsymbol{x}(t)\in\mathbf{R}^n$ 是系统的状态向量，$\boldsymbol{u}(t)\in\mathbf{R}^m$ 是控制输入向量，$\boldsymbol{y}(t)\in\mathbf{R}^l$ 是输出向量；矩阵 $\boldsymbol{A}\in\mathbf{R}^{n\times n}$，$\boldsymbol{B}\in\mathbf{R}^{n\times m}$，$\boldsymbol{C}\in\mathbf{R}^{l\times n}$，$\boldsymbol{D}\in\mathbf{R}^{l\times m}$；$\boldsymbol{E}$ 是定常奇异矩阵，满足 $\mathrm{rank}(\boldsymbol{E})=q<n$。

当 $\mathrm{rank}(\boldsymbol{E})=q=n$ 时，系统［满足式(7.1)］即为正常系统。

线性时不变离散广义系统的一般形式为：

$$\begin{cases}\boldsymbol{E}x(k+1)=\boldsymbol{A}\boldsymbol{x}(k)+\boldsymbol{B}\boldsymbol{u}(k)\\ \boldsymbol{y}(k)=\boldsymbol{C}\boldsymbol{x}(k)+\boldsymbol{D}\boldsymbol{u}(k)\end{cases}\tag{7.2}$$

其中，$\boldsymbol{x}(k)\in\mathbf{R}^n$ 为系统的状态向量，$\boldsymbol{u}(k)\in\mathbf{R}^m$ 为控制输入向量，$\boldsymbol{y}(k)\in\mathbf{R}^l$ 输出向量，$k=0,1,\cdots,\boldsymbol{N}$，$\boldsymbol{E}$、$\boldsymbol{A}$、$\boldsymbol{B}$、$\boldsymbol{C}$、$\boldsymbol{D}$ 的含义同式(7.1)。

几个典型的广义系统介绍如下：

① 单机多产品批量调度中的时间平衡方程为：

$$\begin{bmatrix}0&0&0&\cdots&0\\1&0&0&\cdots&0\\1&1&0&\cdots&0\\\vdots&\vdots&\vdots&\ddots&\vdots\\1&1&1&\cdots&0\end{bmatrix}\boldsymbol{x}(t+1)=\begin{bmatrix}d_{1t}-1&-1&-1&\cdots&-1\\0&d_{2t}-1&-1&\cdots&-1\\0&0&d_{3t}-1&\cdots&-1\\\vdots&\vdots&\vdots&\ddots&\vdots\\0&0&0&\cdots&d_{nt}-1\end{bmatrix}\boldsymbol{x}(t)-\tau_0\begin{bmatrix}1\\1\\1\\\vdots\\1\end{bmatrix}\tag{7.3}$$

其中，d_{nt} 表示单位的 n 种产品在一个循环生产周期中平均满足市场生产需要的时间；$\boldsymbol{x}(t)$表示产量和生产时间；τ_0 表示生产准备时间总和。

显然，这是一个离散广义系统。

② 一类电子网络模型可以表示为：

$$\begin{bmatrix}\boldsymbol{L}_1&0&0&0\\0&\boldsymbol{L}_2&0&0\\0&0&\boldsymbol{L}_3&0\\0&0&0&0\end{bmatrix}\boldsymbol{x}(t)=\begin{bmatrix}0&0&0&0\\0&0&0&-1\\0&0&0&1\\0&-r&r&1\end{bmatrix}\dot{\boldsymbol{x}}(\mathrm{t})+\begin{bmatrix}N_1/N\\N_2/N\\0\\0\end{bmatrix}\boldsymbol{u}(t)\tag{7.4}$$

其中，$\boldsymbol{x}=\begin{bmatrix}\boldsymbol{x}_1^{\mathrm{T}}(t)&\boldsymbol{x}_2^{\mathrm{T}}(t)&\boldsymbol{x}_3^{\mathrm{T}}(t)&\boldsymbol{x}_4^{\mathrm{T}}(t)\end{bmatrix}^{\mathrm{T}},\boldsymbol{x}_i(t)(i=1,2,3)$ 表示通过第 i 个电感的电流，$\boldsymbol{L}_i(t)(i=1,2,3)$ 表示第 i 个电感的电感值，$\boldsymbol{u}(t)$ 表示流经电阻为 r 的电阻的电压降，N_1,N_2 和 N 表示互感系数。

此外，典型的广义系统模型还有多个机器人协同作业模型及非线性负载的电力系统模型等。

7.2 预备知识

下面介绍一些广义系统的基本知识。

(1) 系统正则性

如果系统满足 $\det(s\boldsymbol{E}-\boldsymbol{A})$不恒等于零，则称该系统是正则的。系统正则是广义控制系统设计的最基本的要求。任何一个正常系统都是正则的，但广义系统有正则的，也有非正则的。

(2) 广义系统的等价形式

如果广义系统正则，即 $\deg[\det(s\boldsymbol{E}-\boldsymbol{A})]=r$，则存在非奇异实矩阵 $\boldsymbol{P}$ 和$\boldsymbol{Q}$，使得：

$$\boldsymbol{PEQ}=\begin{pmatrix}\boldsymbol{I}_r&0\\0&0\end{pmatrix},\ \boldsymbol{PAQ}=\begin{pmatrix}\boldsymbol{A}_1&0\\0&\boldsymbol{I}_{n-r}\end{pmatrix}$$

$$\boldsymbol{PB}=\begin{bmatrix}\boldsymbol{B}_1\\\boldsymbol{B}_2\end{bmatrix},\ \boldsymbol{CQ}=\begin{bmatrix}\boldsymbol{C}_1&\boldsymbol{C}_2\end{bmatrix}$$

其中，$\boldsymbol{A}_1 \in \mathbf{R}^{r\times r}$。

令 $\boldsymbol{Q}^{-1}\boldsymbol{x}=\begin{bmatrix}\boldsymbol{x}_1\\ \boldsymbol{x}_2\end{bmatrix}$，$\boldsymbol{x}_1\in\mathbf{R}^r$，$\boldsymbol{x}_2\in\mathbf{R}^{n-r}$，则连续系统［式(7.1)］的受限等价形式如下：

$$\begin{cases}\dot{\boldsymbol{x}}_1=\boldsymbol{A}_1\boldsymbol{x}_1(t)+\boldsymbol{B}_1\boldsymbol{u}(t)\\ \boldsymbol{N}\dot{\boldsymbol{x}}_2=\boldsymbol{x}_2(t)+\boldsymbol{B}_2\boldsymbol{u}(t)\\ \boldsymbol{y}(t)=\boldsymbol{C}_1\boldsymbol{x}_1(t)+\boldsymbol{C}_2\boldsymbol{x}_2(t)\end{cases} \tag{7.5}$$

其中，$\boldsymbol{N}$ 是幂零矩阵，第一个式子称为慢子系统，第二个式子称为快子系统。

离散系统［式(7.2)］的受限等价形式为：

$$\begin{cases}\boldsymbol{x}_1(k+1)=\boldsymbol{A}_1\boldsymbol{x}_1(k)+\boldsymbol{B}_1\boldsymbol{u}(k)\\ \boldsymbol{N}\boldsymbol{x}_2(k+1)=\boldsymbol{x}_2(k)+\boldsymbol{B}_2\boldsymbol{u}(k)\\ \boldsymbol{y}(k)=\boldsymbol{C}_1\boldsymbol{x}_1(k)+\boldsymbol{C}_2\boldsymbol{x}_2(k)\end{cases} \tag{7.6}$$

其中，第一个式子称为向前子系统，第二个式子称为向后子系统。

引理 7.1 下面几个命题是等价的：

① 广义系统无脉冲。

② $\deg[\det(s\boldsymbol{E}-\boldsymbol{A})]=\mathrm{rank}(\boldsymbol{E})$，其中 $\deg[\det(\cdot)]$表示行列式的最高次数。

③ 受限等价变换式(7.5) 中，$\boldsymbol{N}=0$。

④ $\mathrm{rank}\begin{bmatrix}\boldsymbol{E} & 0\\ \boldsymbol{A} & \boldsymbol{E}\end{bmatrix}=n+\mathrm{rank}(\boldsymbol{E})$。

(3) 广义系统的能控性

当 $\deg[\det(s\boldsymbol{E}-\boldsymbol{A})]=r$ 时，如果存在任意的 $\boldsymbol{\omega}\in\mathbf{R}^n$，$\boldsymbol{x}(0)\in\mathbf{R}^n$ 及时间 $\tau>0$，存在容许输入 $\boldsymbol{u}(t)$，使得 $\boldsymbol{x}(\tau)=\begin{bmatrix}\boldsymbol{x}_1(\tau)\\ \boldsymbol{x}_2(\tau)\end{bmatrix}=\boldsymbol{\omega}$，则称该广义系统能控。

引理 7.2 下面几个命题是等价的：

① 广义系统是能控的。

② 慢子系统和快子系统都是能控的。

③ $\mathrm{rank}\begin{bmatrix}\boldsymbol{B}_1 & \boldsymbol{A}_1\boldsymbol{B}_1 & \cdots & \boldsymbol{A}_1^{r-1}\boldsymbol{B}_1\end{bmatrix}=r$ 和 $\mathrm{rank}\begin{bmatrix}\boldsymbol{B}_2 & \boldsymbol{N}\boldsymbol{B}_2 & \cdots & \boldsymbol{N}^{r-1}\boldsymbol{B}_2\end{bmatrix}=n-r$ 同时成立。

④ $\mathrm{rank}[\mathrm{s}\boldsymbol{E}-\boldsymbol{A} \quad \boldsymbol{B}]=n$ 和 $\mathrm{rank}[\boldsymbol{E} \quad \boldsymbol{B}]=n$ 同时成立。

引理 7.3[19] 对于适当维数的矩阵 $\boldsymbol{G}$、$\boldsymbol{M}$ 和 $\boldsymbol{N}$，其中 $\boldsymbol{G}$ 为对称矩阵，$\boldsymbol{G}+\boldsymbol{M}\boldsymbol{F}_{\tau_k}\boldsymbol{N}+\boldsymbol{N}^{\mathrm{T}}\boldsymbol{F}_{\tau_k}^{\mathrm{T}}\boldsymbol{M}^{\mathrm{T}}<0$ 对于所有满足 $\|\boldsymbol{F}_{\tau_k}\|_2\leqslant\delta$ 的不确定矩阵 $\boldsymbol{F}_{\tau_k}$ 成立，当且仅当存在常数 $\mu>0$ 时，使得：$\boldsymbol{G}+\mu\delta^2\boldsymbol{M}\boldsymbol{M}^{\mathrm{T}}+\boldsymbol{N}^{\mathrm{T}}\boldsymbol{N}/\mu<0$。

7.3 问题描述

考虑如下广义被控对象：

$$\begin{cases}\boldsymbol{E}\dot{\boldsymbol{x}}(t)=\boldsymbol{A}\boldsymbol{x}(t)+\boldsymbol{B}\boldsymbol{u}(t)+\boldsymbol{H}_0\boldsymbol{\omega}(t)\\ \boldsymbol{y}(t)=\boldsymbol{C}_1\boldsymbol{x}(t)+\boldsymbol{H}_1\boldsymbol{\omega}(t)\\ \boldsymbol{z}(t)=\boldsymbol{C}_2\boldsymbol{x}(t)+\boldsymbol{H}_2\boldsymbol{\omega}(t)\end{cases} \tag{7.7}$$

其中，$\boldsymbol{x}(t)\in\mathbf{R}^n$ 是系统状态，$\boldsymbol{u}(t)\in\mathbf{R}^m$ 是控制输入向量，$\boldsymbol{y}(t)\in\mathbf{R}^p$ 是量测输出，$\boldsymbol{z}(t)$是期望输出，$\boldsymbol{\omega}(t)$是有限能量的外部扰动，$\boldsymbol{E}\in\mathbf{R}^{n\times n}$ 是奇异矩阵，$\boldsymbol{A}$、$\boldsymbol{B}$、$\boldsymbol{H}_0$、$\boldsymbol{H}_1$、$\boldsymbol{H}_2$、$\boldsymbol{C}_1$ 和 $\boldsymbol{C}_2$ 是定常矩阵。

为了便于分析，作以下假设：

① 被控对象正则，无脉冲。

② 网络总时延 $\tau=\tau_{sc}+\tau_{ca}$ 是时变的，且 $0\leqslant\tau\leqslant T$。

③ 传感器和执行器节点由时间驱动，以相同的周期 T 同步采样；控制器节点由事件驱动。

④ 不考虑数据包丢失。

由于被控对象正则、无脉冲，因此存在可逆矩阵 $\boldsymbol{P}$、$\boldsymbol{Q}$ 使得：

$$\boldsymbol{PEQ}=\begin{bmatrix}\boldsymbol{I}_r & 0\\ 0 & 0\end{bmatrix},\ \boldsymbol{PAQ}=\begin{bmatrix}\boldsymbol{A}_1 & 0\\ 0 & \boldsymbol{I}_{n-r}\end{bmatrix}$$

$$\boldsymbol{PH}_0=\begin{bmatrix}\boldsymbol{W}_1\\ \boldsymbol{W}_2\end{bmatrix},\ \boldsymbol{PB}=\begin{bmatrix}\boldsymbol{B}_1\\ \boldsymbol{B}_2\end{bmatrix}$$

$$\boldsymbol{C}_1\boldsymbol{Q}=[\boldsymbol{C}_{11}\quad \boldsymbol{C}_{12}],\ \boldsymbol{C}_2\boldsymbol{Q}=[\boldsymbol{C}_{21}\quad \boldsymbol{C}_{22}]$$

即系统受限等价于：

$$\begin{cases}\dot{\boldsymbol{x}}_1=\boldsymbol{A}_1\boldsymbol{x}_1(t)+\boldsymbol{B}_1\boldsymbol{u}(t)+\boldsymbol{W}_1\boldsymbol{\omega}(t)\\ 0=\boldsymbol{x}_2(t)+\boldsymbol{B}_2\boldsymbol{u}(t)+\boldsymbol{W}_2\boldsymbol{\omega}(t)\\ \boldsymbol{y}(t)=\boldsymbol{C}_{11}\boldsymbol{x}_1(t)+\boldsymbol{C}_{12}\boldsymbol{x}_2(t)+\boldsymbol{H}_1\boldsymbol{\omega}(t)\\ \boldsymbol{z}(t)=\boldsymbol{C}_{21}\boldsymbol{x}_1(t)+\boldsymbol{C}_{22}\boldsymbol{x}_2(t)+\boldsymbol{H}_2\boldsymbol{\omega}(t)\end{cases}\tag{7.8}$$

根据假设②、假设③，对系统［式(7.8)］进行离散化得：

$$\begin{cases}\boldsymbol{x}_1(k+1)=\boldsymbol{A}_d\boldsymbol{x}_1(k)+\boldsymbol{B}_d\boldsymbol{u}(k-1)+\boldsymbol{R}_1\boldsymbol{\omega}(k)\\ \boldsymbol{x}_2(k)=-\boldsymbol{B}_2\boldsymbol{u}(k-1)+\boldsymbol{W}_2\boldsymbol{\omega}(k)\\ \boldsymbol{y}(k)=\boldsymbol{C}_{11}\boldsymbol{x}_1(k)+\boldsymbol{C}_{12}\boldsymbol{x}_2(k)+\boldsymbol{H}_1\boldsymbol{\omega}(k)\\ \boldsymbol{z}(k)=\boldsymbol{C}_{21}\boldsymbol{x}_1(k)+\boldsymbol{C}_{22}\boldsymbol{x}_2(k)+\boldsymbol{H}_2\boldsymbol{\omega}(k)\end{cases}\tag{7.9}$$

其中：

$$\boldsymbol{A}_d=e^{\boldsymbol{A}_1T},\boldsymbol{B}_d=\left(\int_0^T e^{\boldsymbol{A}_1t}dt\right)\boldsymbol{B}_1,\boldsymbol{R}_1=\left(\int_0^T e^{\boldsymbol{A}_1t}dt\right)\boldsymbol{W}_1$$

定义 7.1 对于给定常数 $\gamma>0$，如果系统［式(7.9)］在控制律

$$\begin{cases}\boldsymbol{x}_c(k+1)=\boldsymbol{A}_c\boldsymbol{x}_c(k)+\boldsymbol{B}_c\boldsymbol{y}(k)\\ \boldsymbol{u}(k)=\boldsymbol{C}_c\boldsymbol{x}_c(k)\end{cases}\tag{7.10}$$

作用下的闭环系统稳定，且在零初始条件下，$\boldsymbol{\omega}(k)$和$\boldsymbol{z}(k)$满足约束 $\|\boldsymbol{z}(k)\|_2<\gamma\|\boldsymbol{\omega}(k)\|_2$，则称系统［式(7.9)］$H_\infty$扰动衰减度为 γ，相应的控制律称为动态输出反馈 H_∞控制律。

联合式(7.9)、式(7.10) 得到闭环系统如下：

$$\begin{bmatrix}\boldsymbol{x}_1(k+1)\\ \boldsymbol{x}_c(k+1)\end{bmatrix}=\begin{bmatrix}\boldsymbol{A}_d & 0\\ \boldsymbol{B}_c\boldsymbol{C}_{11} & \boldsymbol{A}_c\end{bmatrix}\begin{bmatrix}\boldsymbol{x}_1(k)\\ \boldsymbol{x}_c(k)\end{bmatrix}+\begin{bmatrix}\boldsymbol{B}_d\boldsymbol{C}_c\\ \boldsymbol{L}_1\end{bmatrix}\boldsymbol{x}_c(k-1)+\begin{bmatrix}\boldsymbol{H}_1\\ \boldsymbol{L}_2\end{bmatrix}\boldsymbol{\omega}(k)\tag{7.11}$$

其中，$\boldsymbol{L}_1=-\boldsymbol{B}_c\boldsymbol{C}_{12}\boldsymbol{B}_2\boldsymbol{C}_c$，$\boldsymbol{L}_2=\boldsymbol{B}_c(\boldsymbol{H}_1-\boldsymbol{C}_{12}\boldsymbol{W}_2)$。

7.4 广义网络控制系统 H_∞ 控制

定理 7.1 当外部扰动 $\boldsymbol{\omega}(k)=0$ 时，如果存在正定矩阵 $\boldsymbol{S}_1$，$\boldsymbol{S}_2$，$\boldsymbol{S}_3$ 满足如下条件，则闭环广义网络控制系统［式(7.11)］渐近稳定。

$$\begin{bmatrix} \boldsymbol{\Psi}_{11} & * & * \\ \boldsymbol{\Psi}_{21} & \boldsymbol{\Psi}_{22} & * \\ \boldsymbol{\Psi}_{31} & \boldsymbol{\Psi}_{32} & \boldsymbol{\Psi}_{33} \end{bmatrix}<0 \tag{7.12}$$

其中：

$$\boldsymbol{\Psi}_{11}=\boldsymbol{A}_{\mathrm{d}}^{\mathrm{T}}\boldsymbol{S}_1\boldsymbol{A}_{\mathrm{d}}+(\boldsymbol{B}_{\mathrm{c}}\boldsymbol{C}_{11})^{\mathrm{T}}\boldsymbol{S}_2\boldsymbol{B}_{\mathrm{c}}\boldsymbol{C}_{11}-\boldsymbol{S}_1$$

$$\boldsymbol{\Psi}_{21}=\boldsymbol{A}_{\mathrm{c}}^{\mathrm{T}}\boldsymbol{S}_2\boldsymbol{B}_{\mathrm{c}}\boldsymbol{C}_{11}$$

$$\boldsymbol{\Psi}_{31}=(\boldsymbol{B}_{\mathrm{d}}\boldsymbol{C}_{\mathrm{c}})^{\mathrm{T}}\boldsymbol{S}_1\boldsymbol{A}_{\mathrm{d}}-(\boldsymbol{B}_{\mathrm{c}}\boldsymbol{C}_{12}\boldsymbol{B}_2\boldsymbol{C}_{\mathrm{c}})^{\mathrm{T}}\boldsymbol{S}_2\boldsymbol{B}_{\mathrm{c}}\boldsymbol{C}_{11}$$

$$\boldsymbol{\Psi}_{22}=\boldsymbol{A}_{\mathrm{c}}^{\mathrm{T}}\boldsymbol{S}_2\boldsymbol{A}_{\mathrm{c}}+\boldsymbol{S}_3-\boldsymbol{S}_2$$

$$\boldsymbol{\Psi}_{32}=-(\boldsymbol{B}_{\mathrm{c}}\boldsymbol{C}_{12}\boldsymbol{B}_2\boldsymbol{C}_{\mathrm{c}})^{\mathrm{T}}\boldsymbol{S}_2\boldsymbol{A}_{\mathrm{c}}$$

$$\boldsymbol{\Psi}_{33}=(\boldsymbol{B}_{\mathrm{d}}\boldsymbol{C}_{\mathrm{c}})^{\mathrm{T}}\boldsymbol{S}_1\boldsymbol{B}_{\mathrm{d}}\boldsymbol{C}_{\mathrm{c}}+(\boldsymbol{B}_{\mathrm{c}}\boldsymbol{C}_{12}\boldsymbol{B}_2\boldsymbol{C}_{\mathrm{c}})^{\mathrm{T}}\boldsymbol{S}_2\boldsymbol{B}_{\mathrm{c}}\boldsymbol{C}_{12}\boldsymbol{B}_2\boldsymbol{C}_{\mathrm{c}}-\boldsymbol{S}_3$$

证明： 选取如下 Lyapunov 函数：

$$V(k)=\boldsymbol{x}_1^{\mathrm{T}}(k)\boldsymbol{S}_1\boldsymbol{x}_1(k)+\boldsymbol{x}_{\mathrm{c}}^{\mathrm{T}}(k)\boldsymbol{S}_2\boldsymbol{x}_{\mathrm{c}}(k)+\boldsymbol{x}_{\mathrm{c}}^{\mathrm{T}}(k-1)\boldsymbol{S}_3\boldsymbol{x}_{\mathrm{c}}(k-1)$$

其中，$\boldsymbol{S}_1$、$\boldsymbol{S}_2$、$\boldsymbol{S}_3$ 为正定矩阵。

$V(k)$沿着闭环系统［式(7.11)］的差分如下：

$$\Delta V(k)=V(k+1)-V(k)=\begin{bmatrix}\boldsymbol{x}_1^{\mathrm{T}}(k) & \boldsymbol{x}_{\mathrm{c}}^{\mathrm{T}}(k) & \boldsymbol{x}_{\mathrm{c}}^{\mathrm{T}}(k-1)\end{bmatrix}\begin{bmatrix} \boldsymbol{\Psi}_{11} & * & * \\ \boldsymbol{\Psi}_{21} & \boldsymbol{\Psi}_{22} & * \\ \boldsymbol{\Psi}_{31} & \boldsymbol{\Psi}_{32} & \boldsymbol{\Psi}_{33} \end{bmatrix}\begin{bmatrix}\boldsymbol{x}_1(k) \\ \boldsymbol{x}_{\mathrm{c}}(k) \\ \boldsymbol{x}_{\mathrm{c}}(k-1)\end{bmatrix}$$

根据 Lyapunov 理论，若式(7.12) 成立，则闭环广义网络控制系统［式(7.11)］渐近稳定，即定理 7.1 得证。

定理 7.2 对于给定的衰减度 $\gamma>0$，如果存在正定矩阵 $\boldsymbol{S}_1$、$\boldsymbol{S}_2$、$\boldsymbol{S}_3$ 使得如下矩阵不等式成立：

$$\begin{bmatrix} \boldsymbol{\Psi}_{11}+\boldsymbol{C}_{21}^{\mathrm{T}}\boldsymbol{C}_{21} & * & * & * \\ \boldsymbol{\Psi}_{21} & \boldsymbol{\Psi}_{22} & * & * \\ \boldsymbol{\Psi}_{31}-(\boldsymbol{C}_{22}\boldsymbol{B}_2\boldsymbol{C}_{\mathrm{c}})^{\mathrm{T}}\boldsymbol{C}_{21} & \boldsymbol{\Psi}_{32} & \boldsymbol{\Psi}_{33}+(\boldsymbol{C}_{22}\boldsymbol{B}_2\boldsymbol{C}_{\mathrm{c}})^{\mathrm{T}}\boldsymbol{C}_{22}\boldsymbol{B}_2\boldsymbol{C}_{\mathrm{c}} & * \\ \boldsymbol{\Psi}_{41} & \boldsymbol{\Psi}_{42} & \boldsymbol{\Psi}_{43} & \boldsymbol{\Psi}_{44} \end{bmatrix}<0 \tag{7.13}$$

其中：

$$\boldsymbol{\Psi}_{41}=\boldsymbol{R}_1^{\mathrm{T}}\boldsymbol{S}_1\boldsymbol{A}_{\mathrm{d}}+[\boldsymbol{B}_{\mathrm{c}}(\boldsymbol{H}_1-\boldsymbol{C}_{12}\boldsymbol{W}_2)]^{\mathrm{T}}\boldsymbol{S}_2\boldsymbol{B}_{\mathrm{c}}\boldsymbol{C}_{11}+\boldsymbol{M}^{\mathrm{T}}\boldsymbol{C}_{21}$$

$$\boldsymbol{\Psi}_{42}=[\boldsymbol{B}_{\mathrm{c}}(\boldsymbol{H}_1-\boldsymbol{C}_{12}\boldsymbol{W}_2)]^{\mathrm{T}}\boldsymbol{S}_2\boldsymbol{A}_{\mathrm{c}}$$

$$\boldsymbol{\Psi}_{43}=\boldsymbol{R}_1^{\mathrm{T}}\boldsymbol{S}_1\boldsymbol{B}_{\mathrm{d}}\boldsymbol{C}_{\mathrm{c}}-[\boldsymbol{B}_{\mathrm{c}}(\boldsymbol{H}_1-\boldsymbol{C}_{12}\boldsymbol{W}_2)]^{\mathrm{T}}\boldsymbol{S}_2\boldsymbol{B}_{\mathrm{c}}\boldsymbol{C}_{12}\boldsymbol{B}_2\boldsymbol{C}_{\mathrm{c}}-\boldsymbol{M}^{\mathrm{T}}\boldsymbol{C}_{22}\boldsymbol{B}_2\boldsymbol{C}_{\mathrm{c}}$$

$$\boldsymbol{\Psi}_{44}=\boldsymbol{R}_1^{\mathrm{T}}\boldsymbol{S}_1\boldsymbol{R}_1-[\boldsymbol{B}_{\mathrm{c}}(\boldsymbol{H}_1-\boldsymbol{C}_{12}\boldsymbol{W}_2)]^{\mathrm{T}}\boldsymbol{S}_2\boldsymbol{B}_{\mathrm{c}}(\boldsymbol{H}_1-\boldsymbol{C}_{12}\boldsymbol{W}_2)-\gamma^2\boldsymbol{I}+\boldsymbol{M}^{\mathrm{T}}\boldsymbol{H}_2-\boldsymbol{C}_{22}\boldsymbol{W}_2$$

$$\boldsymbol{M}=\boldsymbol{H}_2-\boldsymbol{C}_{22}\boldsymbol{W}_2$$

则广义网络控制系统［式(7.9)］存在动态输出反馈控制律。

证明：

$$\boldsymbol{z}^{\mathrm{T}}(k)\boldsymbol{z}(k)-\gamma^2\boldsymbol{\omega}^{\mathrm{T}}(k)\boldsymbol{\omega}(k)+\Delta V(k)$$

$$=\boldsymbol{\xi}^{\mathrm{T}}(k)\begin{bmatrix}\boldsymbol{\Psi}_{11}+\boldsymbol{C}_{21}^{\mathrm{T}}\boldsymbol{C}_{21} & * & * & * \\ \boldsymbol{\Psi}_{21} & \boldsymbol{\Psi}_{22} & * & * \\ \boldsymbol{\Psi}_{31}-(\boldsymbol{C}_{22}\boldsymbol{B}_2\boldsymbol{C}_c)^{\mathrm{T}}\boldsymbol{C}_{21} & \boldsymbol{\Psi}_{32} & \boldsymbol{\Psi}_{33}+(\boldsymbol{C}_{22}\boldsymbol{B}_2\boldsymbol{C}_c)^{\mathrm{T}}\boldsymbol{C}_{22}\boldsymbol{B}_2\boldsymbol{C}_c & * \\ \boldsymbol{\Psi}_{41} & \boldsymbol{\Psi}_{42} & \boldsymbol{\Psi}_{43} & \boldsymbol{\Psi}_{44}\end{bmatrix}\boldsymbol{\xi}(k)$$

其中，$\boldsymbol{\xi}^{\mathrm{T}}(k)=\begin{bmatrix}\boldsymbol{x}_1(k) & \boldsymbol{x}_{\mathrm{c}}(k) & \boldsymbol{x}_{\mathrm{c}}(k-1) & \boldsymbol{\omega}(k)\end{bmatrix}^{\mathrm{T}}$。

若式(7.13) 成立，则：

$$\boldsymbol{z}^{\mathrm{T}}(k)\boldsymbol{z}(k)-\gamma^2\boldsymbol{\omega}^{\mathrm{T}}(k)\boldsymbol{\omega}(k)+\Delta V(k)<0$$

由系统的零初始条件，对上式两边求和得：

$$\sum_{k=0}^{\infty}\boldsymbol{z}^{\mathrm{T}}(k)\boldsymbol{z}(k)-\gamma^2\sum_{k=0}^{\infty}\boldsymbol{\omega}^{\mathrm{T}}(k)\boldsymbol{\omega}(k)<0 \tag{7.14}$$

因此，$\|\boldsymbol{z}(k)\|_2<\gamma\|\boldsymbol{\omega}(k)\|_2$ 成立，即定理 7.2 得证。

定理 7.3 对于广义网络控制系统［式(7.9)］，若存在正定矩阵 $\boldsymbol{N}_1$、$\boldsymbol{N}_2$、$\boldsymbol{N}_3$，矩阵 $\boldsymbol{X}_1$、$\boldsymbol{X}_2$、$\boldsymbol{X}_3$ 及标量 $\varepsilon_1>0$，$\varepsilon_2>0$，$\mu>0$，使得如下线性矩阵不等式成立：

$$\begin{bmatrix}\boldsymbol{\Sigma}_{11} & \boldsymbol{\Sigma}_{21}^{\mathrm{T}} \\ \boldsymbol{\Sigma}_{21} & \boldsymbol{\Sigma}_{22}\end{bmatrix}<0 \tag{7.15}$$

其中：

$$\boldsymbol{\Sigma}_{11}=\begin{bmatrix}-\boldsymbol{N}_1 & * & * & * & * & * \\ 0 & \boldsymbol{N}_3-\boldsymbol{N}_2 & * & * & * & * \\ 0 & 0 & -\boldsymbol{N}_3 & * & * & * \\ \boldsymbol{M}^{\mathrm{T}}\boldsymbol{C}_{21}\boldsymbol{N}_1 & 0 & 0 & -\mu I+\boldsymbol{M}^{\mathrm{T}}\boldsymbol{M} & * & * \\ \boldsymbol{A}_{\mathrm{d}}\boldsymbol{N}_1 & 0 & 0 & \boldsymbol{R}_1 & -\boldsymbol{N}_1 & * \\ 0 & \boldsymbol{X}_1 & 0 & 0 & 0 & -\boldsymbol{N}_2\end{bmatrix}$$

$$\boldsymbol{\Sigma}_{21}=\begin{bmatrix}\boldsymbol{C}_{21}\boldsymbol{N}_1 & 0 & 0 & 0 & 0 & 0 \\ 0 & 0 & 0 & 0 & 0 & 0 \\ -\boldsymbol{B}_2^{\mathrm{T}}\boldsymbol{C}_{22}^{\mathrm{T}}\boldsymbol{C}_{21}\boldsymbol{N}_1 & 0 & 0 & -\boldsymbol{B}_2^{\mathrm{T}}\boldsymbol{C}_{22}^{\mathrm{T}}\boldsymbol{M} & \boldsymbol{B}_{\mathrm{d}}^{\mathrm{T}} & 0 \\ 0 & 0 & \boldsymbol{X}_3 & 0 & 0 & 0 \\ \boldsymbol{C}_{11}\boldsymbol{N}_1 & 0 & 0 & \boldsymbol{H}_1-\boldsymbol{C}_{12}\boldsymbol{W}_2 & 0 & 0 \\ 0 & 0 & 0 & 0 & 0 & \boldsymbol{X}_2^{\mathrm{T}}\end{bmatrix}$$

$$\boldsymbol{\Sigma}_{22}=\begin{bmatrix}-\boldsymbol{I} & * & * & * & * & * \\ 0 & -\boldsymbol{I} & * & * & * & * \\ 0 & \boldsymbol{B}_2^{\mathrm{T}}\boldsymbol{C}_{22}^{\mathrm{T}} & -\varepsilon_1\boldsymbol{I} & * & * & * \\ 0 & 0 & 0 & -\varepsilon_1\boldsymbol{I} & * & * \\ 0 & 0 & -\boldsymbol{C}_{12}\boldsymbol{B}_2 & 0 & -\varepsilon_2\boldsymbol{I} & * \\ 0 & 0 & 0 & 0 & 0 & -\varepsilon_2\boldsymbol{I}\end{bmatrix},$$

则动态输出反馈 H_∞ 控制律为：

$$\begin{cases} \boldsymbol{x}_c(k+1)=\boldsymbol{X}_1\boldsymbol{N}_2^{-1}\boldsymbol{x}_c(k)+\dfrac{\boldsymbol{X}_2}{\varepsilon_2}\boldsymbol{y}(k) \\ \boldsymbol{u}(k)=\dfrac{\boldsymbol{X}_3\boldsymbol{N}_2^{-1}}{\varepsilon_1}\boldsymbol{x}_c(k) \end{cases} \tag{7.16}$$

系统相应的 H_∞ 扰动衰减度 $\gamma=\sqrt{\mu}$。

证明： 对于广义网络控制系统［式(7.9)］，当式(7.15) 成立时，动态输出反馈 H_∞ 控制律存在。根据 Schur 补引理，式(7.15) 等价于：

$$\begin{bmatrix} -\boldsymbol{S}_1 & * & * & * & * & * & * & * \\ 0 & \boldsymbol{S}_3-\boldsymbol{S}_2 & * & * & * & * & * & * \\ -(\boldsymbol{C}_{22}\boldsymbol{B}_2\boldsymbol{C}_c)^{\mathrm{T}}\boldsymbol{C}_{21} & 0 & -\boldsymbol{S}_3 & * & * & * & * & * \\ \boldsymbol{M}^{\mathrm{T}}\boldsymbol{C}_{21} & 0 & -\boldsymbol{M}^{\mathrm{T}}\boldsymbol{C}_{22}\boldsymbol{B}_2\boldsymbol{C}_c & \gamma^2\boldsymbol{I}+\boldsymbol{M}^{\mathrm{T}}\boldsymbol{M} & * & * & * & * \\ \boldsymbol{A}_d & 0 & \boldsymbol{B}_d\boldsymbol{C}_c & \boldsymbol{R}_1 & -\boldsymbol{S}_1^{-1} & * & * & * \\ \boldsymbol{B}_c\boldsymbol{C}_{11} & \boldsymbol{A}_c & -\boldsymbol{L}_1 & \boldsymbol{L}_2 & 0 & -\boldsymbol{S}_2^{-1} & * & * \\ \boldsymbol{C}_{21} & 0 & 0 & 0 & 0 & 0 & -\boldsymbol{I} & * \\ 0 & 0 & \boldsymbol{C}_{22}\boldsymbol{B}_2\boldsymbol{C}_c & 0 & 0 & 0 & 0 & -\boldsymbol{I} \end{bmatrix}<0 \tag{7.17}$$

记

$$\boldsymbol{\Phi}_1=\begin{bmatrix} -\boldsymbol{S}_1 & * & * & * & * & * & * & * \\ 0 & \boldsymbol{S}_3-\boldsymbol{S}_2 & * & * & * & * & * & * \\ 0 & 0 & -\boldsymbol{S}_3 & * & * & * & * & * \\ \boldsymbol{M}^{\mathrm{T}}\boldsymbol{C}_{21} & 0 & 0 & \gamma^2\boldsymbol{I}+\boldsymbol{M}^{\mathrm{T}}\boldsymbol{M} & * & * & * & * \\ \boldsymbol{A}_d & 0 & 0 & \boldsymbol{R}_1 & -\boldsymbol{S}_1^{-1} & * & * & * \\ \boldsymbol{B}_c\boldsymbol{C}_{11} & \boldsymbol{A}_c & 0 & \boldsymbol{L}_2 & 0 & -\boldsymbol{S}_2^{-1} & * & * \\ \boldsymbol{C}_{21} & 0 & 0 & 0 & 0 & 0 & -\boldsymbol{I} & * \\ 0 & 0 & 0 & 0 & 0 & 0 & 0 & -\boldsymbol{I} \end{bmatrix}$$

则式(7.17) 可以写为：

$$\boldsymbol{\Phi}_1+\begin{bmatrix} 0 \\ 0 \\ \boldsymbol{C}_c^{\mathrm{T}} \\ 0 \\ 0 \\ 0 \\ 0 \\ 0 \end{bmatrix}\boldsymbol{I}\begin{bmatrix} -\boldsymbol{C}_{21}^{\mathrm{T}}\boldsymbol{C}_{22}\boldsymbol{B}_2 \\ 0 \\ 0 \\ -\boldsymbol{M}^{\mathrm{T}}\boldsymbol{C}_{22}\boldsymbol{B}_2 \\ \boldsymbol{B}_d \\ -\boldsymbol{B}_c\boldsymbol{C}_{12}\boldsymbol{B}_2 \\ 0 \\ \boldsymbol{C}_{22}\boldsymbol{B}_2 \end{bmatrix}^{\mathrm{T}}+\begin{bmatrix} -\boldsymbol{C}_{21}^{\mathrm{T}}\boldsymbol{C}_{22}\boldsymbol{B}_2 \\ 0 \\ 0 \\ -\boldsymbol{M}^{\mathrm{T}}\boldsymbol{C}_{22}\boldsymbol{B}_2 \\ \boldsymbol{B}_d \\ -\boldsymbol{B}_c\boldsymbol{C}_{12}\boldsymbol{B}_2 \\ 0 \\ \boldsymbol{C}_{22}\boldsymbol{B}_2 \end{bmatrix}\boldsymbol{I}\begin{bmatrix} 0 \\ 0 \\ \boldsymbol{C}_c^{\mathrm{T}} \\ 0 \\ 0 \\ 0 \\ 0 \\ 0 \end{bmatrix}^{\mathrm{T}}<0$$

由引理 7.3 及 Schur 补引理，上式等价于：

$$\begin{bmatrix} -\boldsymbol{S}_1 & * & * & * & * & * & * & * & * & * \\ 0 & \boldsymbol{S}_3-\boldsymbol{S}_2 & * & * & * & * & * & * & * & * \\ 0 & 0 & -\boldsymbol{S}_3 & * & * & * & * & * & * & * \\ \boldsymbol{M}^{\mathrm{T}}\boldsymbol{C}_{21} & 0 & 0 & \gamma^2\boldsymbol{I}+\boldsymbol{M}^{\mathrm{T}}\boldsymbol{M} & * & * & * & * & * & * \\ \boldsymbol{A}_{\mathrm{d}} & 0 & 0 & \boldsymbol{R}_1 & -\boldsymbol{S}_1^{-1} & * & * & * & * & * \\ \boldsymbol{B}_{\mathrm{c}}\boldsymbol{C}_{11} & \boldsymbol{A}_{\mathrm{c}} & 0 & \boldsymbol{L}_2 & 0 & -\boldsymbol{S}_2^{-1} & * & * & * & * \\ \boldsymbol{C}_{21} & 0 & 0 & 0 & 0 & 0 & -\boldsymbol{I} & * & * & * \\ 0 & 0 & 0 & 0 & 0 & 0 & 0 & -\boldsymbol{I} & * & * \\ -\boldsymbol{B}_2^{\mathrm{T}}\boldsymbol{C}_{22}^{\mathrm{T}}\boldsymbol{C}_{21} & 0 & 0 & -\boldsymbol{B}_2^{\mathrm{T}}\boldsymbol{C}_{22}^{\mathrm{T}}\boldsymbol{M} & \boldsymbol{B}_{\mathrm{d}}^{\mathrm{T}} & -\boldsymbol{B}_2^{\mathrm{T}}\boldsymbol{C}_{12}^{\mathrm{T}}\boldsymbol{B}_{\mathrm{c}}^{\mathrm{T}} & 0 & \boldsymbol{B}_2^{\mathrm{T}}\boldsymbol{C}_{22}^{\mathrm{T}} & -\varepsilon_1\boldsymbol{I} & * \\ 0 & 0 & \varepsilon_1\boldsymbol{C}_{\mathrm{c}} & 0 & 0 & 0 & 0 & 0 & 0 & -\varepsilon_1\boldsymbol{I} \end{bmatrix} < 0$$

类似地，继续应用引理 7.3 及 Schur 补引理可得：

$$\begin{bmatrix} \boldsymbol{\Xi}_{11} & \boldsymbol{\Xi}_{21}^{\mathrm{T}} \\ \boldsymbol{\Xi}_{21} & \boldsymbol{\Xi}_{22} \end{bmatrix} < 0 \tag{7.18}$$

其中：

$$\boldsymbol{\Xi}_{11}=\begin{bmatrix} -\boldsymbol{S}_1 & * & * & * & * & * \\ 0 & \boldsymbol{S}_3-\boldsymbol{S}_2 & * & * & * & * \\ 0 & 0 & -\boldsymbol{S}_3 & * & * & * \\ \boldsymbol{M}^{\mathrm{T}}\boldsymbol{C}_{21} & 0 & 0 & -\mu\boldsymbol{I}+\boldsymbol{M}^{\mathrm{T}}\boldsymbol{M} & * & * \\ \boldsymbol{A}_{\mathrm{d}} & 0 & 0 & \boldsymbol{R}_1 & -\boldsymbol{S}_1^{-1} & * \\ 0 & \boldsymbol{A}_{\mathrm{c}} & 0 & 0 & 0 & -\boldsymbol{S}_2^{-1} \end{bmatrix}$$

$$\boldsymbol{\Xi}_{21}=\begin{bmatrix} \boldsymbol{C}_{21} & 0 & 0 & 0 & 0 & 0 \\ 0 & 0 & 0 & 0 & 0 & 0 \\ -\boldsymbol{B}_2^{\mathrm{T}}\boldsymbol{C}_{22}^{\mathrm{T}}\boldsymbol{C}_{21} & 0 & 0 & -\boldsymbol{B}_2^{\mathrm{T}}\boldsymbol{C}_{22}^{\mathrm{T}}\boldsymbol{M} & \boldsymbol{B}_{\mathrm{d}}^{\mathrm{T}} & -\boldsymbol{B}_2^{\mathrm{T}}\boldsymbol{C}_{22}^{\mathrm{T}}\boldsymbol{B}_{\mathrm{c}}^{\mathrm{T}} \\ 0 & 0 & \varepsilon_1\boldsymbol{C}_{\mathrm{c}} & 0 & 0 & 0 \\ \boldsymbol{C}_{11} & 0 & 0 & \boldsymbol{H}_1-\boldsymbol{C}_{12}\boldsymbol{W}_2 & 0 & 0 \\ 0 & 0 & 0 & 0 & 0 & \varepsilon_2\boldsymbol{B}_2^{\mathrm{T}} \end{bmatrix}$$

$$\boldsymbol{\Xi}_{22}=\begin{bmatrix} -\boldsymbol{I} & * & * & * & * & * \\ 0 & -\boldsymbol{I} & * & * & * & * \\ 0 & \boldsymbol{B}_2^{\mathrm{T}}\boldsymbol{C}_{22}^{\mathrm{T}} & -\varepsilon_1\boldsymbol{I} & * & * & * \\ 0 & 0 & 0 & -\varepsilon_1\boldsymbol{I} & * & * \\ 0 & 0 & -\boldsymbol{C}_{12}\boldsymbol{B}_2 & 0 & -\varepsilon_2\boldsymbol{I} & * \\ 0 & 0 & 0 & 0 & 0 & -\varepsilon_2\boldsymbol{I} \end{bmatrix}$$

式(7.18) 左右乘以 $\mathrm{diag}(\boldsymbol{S}_1^{-1},\boldsymbol{S}_2^{-1},\boldsymbol{S}_2^{-1},\boldsymbol{I},\boldsymbol{I},\boldsymbol{I},\boldsymbol{I},\boldsymbol{I},\boldsymbol{I},\boldsymbol{I},\boldsymbol{I})$，并令 $\boldsymbol{N}_1=\boldsymbol{S}_1^{-1}$，$\boldsymbol{N}_2=\boldsymbol{S}_2^{-1}$，$\boldsymbol{X}_1=\boldsymbol{A}_c\boldsymbol{N}_2$，$\boldsymbol{X}_2=\varepsilon_2\boldsymbol{B}_c$，$\boldsymbol{X}_3=\varepsilon_1\boldsymbol{C}_c\boldsymbol{N}_2$，$\boldsymbol{N}_3=\boldsymbol{N}_2\boldsymbol{S}_3\boldsymbol{N}_2$，$\mu=\gamma^2$，即得式(7.15)。将式(7.15) 的可行解代入式(7.10) 可得到式(7.16)，即定理 7.3 得证。

推论 7.1　对于广义网络控制系统 [式(7.9)]，若优化问题

$$\min\mu \tag{7.19}$$
$$\text{s. t. } \boldsymbol{N}_1>0,\boldsymbol{N}_2>0,\boldsymbol{N}_3>0,\varepsilon_1>0,\varepsilon_2>0,\mu>0$$

有解，其解记为 $\gamma_{\min}$，则闭环系统 H_∞ 扰动衰减性能指标最小值为 $\gamma_{\min}$。

注 7.1　对于上述线性矩阵不等式约束的凸优化问题，可以使用 Matlab LMI 工具箱中的目标函数最小化问题求解器 mincx 求取最优解。若给定 H_∞ 扰动衰减指标 $\gamma>\gamma_{\min}$，那么线性矩阵不等式(7.19) 有解。

7.5　实例仿真

考虑如下广义被控对象状态方程：

$$\begin{cases}\begin{bmatrix}1&0\\0&0\end{bmatrix}\dot{\boldsymbol{x}}(t)=\begin{bmatrix}-1&0\\0&1\end{bmatrix}\boldsymbol{x}(t)+\begin{bmatrix}1\\0.6\end{bmatrix}\boldsymbol{u}(t)+\begin{bmatrix}0.1\\0.2\end{bmatrix}\boldsymbol{\omega}(t)\\ \boldsymbol{y}(t)=[0.5\quad 0.6]\boldsymbol{x}(t)+0.3\boldsymbol{\omega}(t)\\ \boldsymbol{z}(t)=[0.4\quad 0.3]\boldsymbol{x}(t)+0.2\boldsymbol{\omega}(t)\end{cases}$$

易验证系统正则、无脉冲，受限等价于：

$$\begin{cases}\dot{\boldsymbol{x}}_1(t)=-\boldsymbol{x}_1(t)+\boldsymbol{u}(t)+0.1\boldsymbol{\omega}(t)\\ \boldsymbol{x}_2(t)=-0.6\boldsymbol{u}(t)+0.2\boldsymbol{\omega}(t)\\ \boldsymbol{y}(t)=0.5\boldsymbol{x}_1(t)+0.6\boldsymbol{x}_2(t)+0.3\boldsymbol{\omega}(t)\\ \boldsymbol{z}(t)=0.3\boldsymbol{x}_1(t)+0.4\boldsymbol{x}_2(t)+0.2\boldsymbol{\omega}(t)\end{cases}$$

假设采样周期为 0.1s，将上式离散化：

$$\begin{cases}\boldsymbol{x}_1(k+1)=0.905\boldsymbol{x}_1(k)+0.095\boldsymbol{u}(k-1)+0.01\boldsymbol{\omega}(k)\\ \boldsymbol{x}_2(k+1)=-0.6\boldsymbol{u}(k-1)-0.2\boldsymbol{\omega}(k)\\ \boldsymbol{y}(k)=0.5\boldsymbol{x}_1(k)+0.6\boldsymbol{x}_2(k)+0.3\boldsymbol{\omega}(k)\\ \boldsymbol{z}(k)=0.3\boldsymbol{x}_1(k)+0.4\boldsymbol{x}_2(k)+0.2\boldsymbol{\omega}(k)\end{cases}$$

根据定理 7.3，利用 Matlab 的 LMI 工具箱求出不等式(7.15) 的一组可行解：

$X_1=1.250$，$X_2=-1.494$，$X_3=1.172$，$N_2=4.345$，$\varepsilon_2=3.258$，$\mu=2.778$

因而得到动态输出反馈 H_∞ 控制律为：

$$\begin{cases}\boldsymbol{x}_c(k+1)=0.288\boldsymbol{x}_c(k)-0.458\boldsymbol{y}(k)\\ \boldsymbol{u}(k)=0.146\boldsymbol{x}_c(k)\end{cases}$$

系统相应的 H_∞ 扰动衰减度 $\gamma=1.389$。

7.6 本章小结

本章针对一类传感器和执行器节点采用时间驱动方式，控制器节点采用事件驱动方式的广义网络控制系统，不计数据包的丢失，考虑不确定但不大于一个采样周期的时延和包括过程噪声和测量噪声在内的所有有限能量的外部扰动，利用 Lyapunov 理论和线性矩阵不等式给出了使闭环系统稳定的动态输出反馈 H_∞ 控制律存在的充分条件及设计方法。用仿真实例说明了所用方法的有效性和可行性。本章研究了被控对象为广义系统模型的网络控制系统，对扩展网络控制系统的研究范围有一定的促进作用。

参考文献

[1] Wei C，Qiao J J. Robust iterative learning control for random switched singular systems in time domain [J]. Measurement and Control，2023，56（5/6）：1114-1125.

[2] 史洪岩，付国城，潘多涛. 基于近端策略优化和广义状态相关探索算法的双连续搅拌反应釜系统跟踪控制 [J]. 信息与控制，2023，52（3）：343-351.

[3] 郭雷，黄琳，金以慧. 自动控制在中国的某些近期发展 [J]. 控制理论与应用，1999，16（S1）：105-117.

[4] 朱蕾. 基于广义系统的无线传感器网络融合估计算法研究 [D]. 杭州：浙江工业大学，2015.

[5] Bernhard P. On singular implicit linear dynamical systems [J]. SLAM Journal on Control and Optimization，1982，20（5）：612-633.

[6] Lewis F L. A survey of linear singular systems [J]. Circuits，Systems and Signal Processing，1986，5（1）：3-36.

[7] 杨冬梅，张庆灵，姚波，等. 广义系统 [M]. 北京：科学出版社，2004.

[8] 张庆灵，杨冬梅. 不确定广义系统的分析与综合 [M]. 沈阳：东北大学出版社，2003.

[9] Zhang Q L，Liu W Q，Hill D. A Lyapunov approach to analysis of discrete singular systems [J]. Systems and Control Letters，2002，45（3）：237-247.

[10] 吴健荣. 广义系统族的二次稳定与二次镇定 [J]. 物理学报，2004，53（2）：325-330.

[11] 董心壮，张庆灵. 滞后广义系统的状态反馈 H_∞ 控制 [J]. 控制理论与应用，2004，21（6）：941-944.

[12] 张庆灵，戴冠中，徐心和，等. 离散广义系统稳定性分析与控制的 Lyapunov 方法 [J]. 自动化学报，1998，24（5）：622-629.

[13] 梁家荣. 滞后广义系统的渐近稳定与镇定 [J]. 系统工程与电子技术，2001（2）：62-64.

[14] 张先明，吴敏，何勇. 线性时滞广义系统的时滞相关稳定性 [J]. 电路与系统学报，2003，8（4）：3-7.

[15] 邱占芝，张庆灵，杨春雨. 基于广义系统的网络控制系统的分析与建模 [J]. 东北大学学报，2005，26（5）：409-412.

[16] Liu L L，Zhang Q L. Guaranteed cost control of singular networked control systems with time-delay [C] //Proceedings of the 2008 Chinese Control and Decision Conference. IEEE，2008：415-418.

[17] Qiu Z Z，Zhang Q L. Output feedback control networked control systems based on singular controlled

plant [C] //Proceedings of the 7th World Congress on Intelligent Control and Automation. IEEE，2008：5463-5466.

[18] 杜昭平，张庆灵，刘丽丽．具有时延及数据包丢失的广义网络控制系统稳定性分析 [J]．东北大学学报（自然科学版），2009，30（1）：17-20.

[19] 樊卫华．网络控制系统的建模与控制 [D]．南京：南京理工大学，2005.

第 8 章 具有时延和 Markov 丢包特性的网络控制系统反馈控制

当数据通过无线网络进行传输时，数据包丢失的现象尤其突出，这种情况下，必须考虑数据包丢失的问题。数据通过无线网络传输时，随机数据包丢失过程可以用具有两个状态的马尔可夫（Markov）链来描述[1-4]。文献［5］把具有时延和马尔可夫丢包特性的网络控制系统建模为具有两个运行模式的马尔可夫跳变线性系统，得到了闭环系统稳定的充分条件，给出了控制器的设计方法。但是其得到的增广闭环系统改变了控制系统的结构，并且所得到的控制器也不是模式依赖的。

本章在不改变控制系统结构的前提下，设计具有时延和马尔可夫丢包特性的网络控制系统的模式依赖的控制器。

8.1 问题描述

具有时延和数据包丢失的网络控制系统结构如图 8.1 所示。

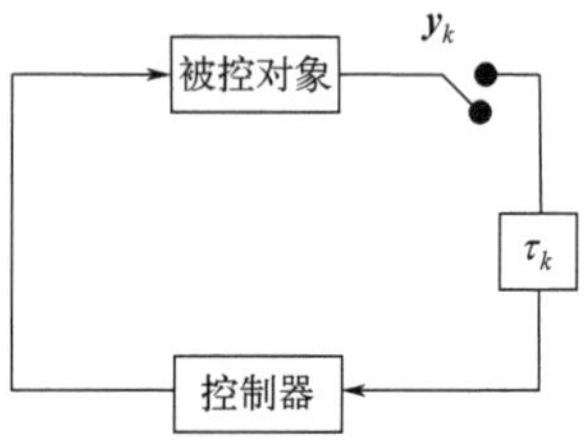

图 8.1 具有时延和数据包丢失的网络控制系统结构

数据通过无线网络传输时，随机数据包丢失过程可以用具有两个状态的马尔可夫链来描述，如图 8.2 所示。

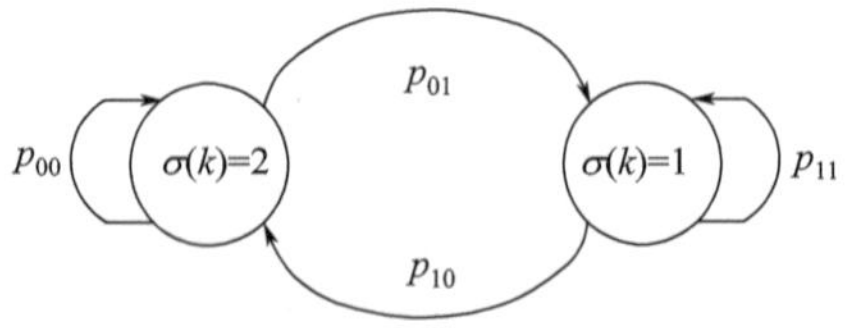

图 8.2 具有两个状态的马尔可夫链丢包传输模型

图 8.2 中，$\sigma(k)=1$ 表示数据包传输成功，$\sigma(k)=2$ 表示数据包丢失。

为了便于分析，作以下合理假设：

① 传感器采用时间驱动方式，采样周期为 h；控制器和执行器采用事件驱动方式。

② 网络存在于传感器节点和控制器节点之间，控制器和执行器在同一网络节点上。

③ 网络时延不大于一个采样周期，即 $\tau_k \leqslant h$。

考虑如下被控对象：

$$\dot{x}(t)=\boldsymbol{A}\boldsymbol{x}(t)+\boldsymbol{B}\boldsymbol{u}(t) \tag{8.1}$$

其中，$\boldsymbol{x}(t)\in\mathbf{R}^n$ 是系统状态向量，$\boldsymbol{u}(t)\in\mathbf{R}^m$ 是控制向量；$\boldsymbol{A}$、$\boldsymbol{B}$ 为适当维数的定常矩阵。

考虑网络时延的影响，在一个采样周期 h 内积分可得系统的离散状态方程为：

$$\boldsymbol{x}_{k+1}=\boldsymbol{\Phi}\boldsymbol{x}_k+\boldsymbol{\Gamma}_0\boldsymbol{u}_k+\boldsymbol{\Gamma}_1\boldsymbol{u}_{k-1} \tag{8.2}$$

其中：

$$\boldsymbol{\Phi}=\mathrm{e}^{\boldsymbol{A}h},\boldsymbol{\Gamma}_0=\left(\int_0^{h-\tau_k}\mathrm{e}^{\boldsymbol{A}s}\mathrm{d}s\right)\boldsymbol{B},\boldsymbol{\Gamma}_1=\left(\int_{h-\tau_k}^{h}\mathrm{e}^{\boldsymbol{A}s}\mathrm{d}s\right)\boldsymbol{B}$$

根据文献［6］：

$$\boldsymbol{\Gamma}_0=\boldsymbol{H}_0+\boldsymbol{D}\boldsymbol{F}_k\boldsymbol{E},\boldsymbol{\Gamma}_1=\boldsymbol{H}_1-\boldsymbol{D}\boldsymbol{F}_k\boldsymbol{E}$$

其中 $\boldsymbol{H}_0,\boldsymbol{H}_1,\boldsymbol{D}$ 及 $\boldsymbol{E}$ 为常数矩阵，矩阵 $\boldsymbol{F}_k$ 满足 $\|\boldsymbol{F}_{\tau_k}\|_2\leqslant\delta$，$\delta$ 为大于零的实数。

取状态反馈控制律：

$$\boldsymbol{u}_k=\boldsymbol{K}_i\boldsymbol{u}_k,(i=1,2)$$

其中 $\boldsymbol{K}_i$ 为控制器增益矩阵，当没有数据包丢失时 $i=1$，当有数据包丢失时 $i=2$。

定义增广向量：

$$\boldsymbol{\eta}_k=\begin{bmatrix}\boldsymbol{x}_k\\ \boldsymbol{x}_{k-1}\end{bmatrix}$$

式(8.2) 可以写为：

$$\boldsymbol{\eta}_{k+1}=[\overline{\boldsymbol{A}}+(\overline{\boldsymbol{B}}_1+\overline{\boldsymbol{D}}\boldsymbol{F}_k\overline{\boldsymbol{E}})\overline{\boldsymbol{K}}_1]\boldsymbol{\eta}_k\triangleq\boldsymbol{\Omega}_1\boldsymbol{\eta}_k \tag{8.3}$$

其中：

$$\overline{\boldsymbol{A}}=\begin{bmatrix}\boldsymbol{\Phi} & 0\\ \boldsymbol{I} & 0\end{bmatrix},\overline{\boldsymbol{B}}_1=\begin{bmatrix}\boldsymbol{H}_0 & \boldsymbol{H}_1\\ 0 & 0\end{bmatrix},\overline{\boldsymbol{D}}=\begin{bmatrix}\boldsymbol{D}\\ 0\end{bmatrix}$$

$$\overline{\boldsymbol{E}}=[\boldsymbol{E}\quad -\boldsymbol{E}],\overline{\boldsymbol{K}}_1=\begin{bmatrix}\boldsymbol{K}_1 & 0\\ 0 & \boldsymbol{K}_1\end{bmatrix}$$

当数据包发生丢失时，执行器保持前一时刻的控制量，则网络控制系统的状态方程为：

$$\boldsymbol{x}_{k+1}=\boldsymbol{\Phi}\boldsymbol{x}_k+\boldsymbol{H}\boldsymbol{u}_{k-1} \tag{8.4}$$

式(8.4) 可以写为：

$$\boldsymbol{\eta}_{k+1}=(\overline{\boldsymbol{A}}+\overline{\boldsymbol{B}}_2\overline{\boldsymbol{K}}_2)\boldsymbol{\eta}_k\triangleq\boldsymbol{\Omega}_2\boldsymbol{\eta}_k \tag{8.5}$$

其中：

$$\boldsymbol{H}=\left(\int_0^h\mathrm{e}^{\boldsymbol{A}s}\mathrm{d}s\right)\boldsymbol{B},\overline{\boldsymbol{B}}_2=\begin{bmatrix}0 & \boldsymbol{H}\\ 0 & 0\end{bmatrix},\overline{\boldsymbol{K}}_2=\begin{bmatrix}0 & 0\\ 0 & \boldsymbol{K}_2\end{bmatrix}$$

因此，闭环网络控制系统可以用如下具有两种模式的离散马尔可夫线性跳变系统来描述：

$$\boldsymbol{X}(k+1)=\boldsymbol{\Omega}_{\sigma(k)}\boldsymbol{X}(k),\sigma(k)=i\in S=\{1,2\} \tag{8.6}$$

定义 8.1 如果对于每个初始状态，$\boldsymbol{E}\left\{\sum_{k=0}^{\infty}\boldsymbol{X}^{\mathrm{T}}(k)\boldsymbol{X}(k)\right\}<\infty$ 成立，那么闭环网络控制系统［式(8.6)］是随机稳定的。

引理 8.1[7] 对于适当维数的矩阵 $\boldsymbol{G}$、$\boldsymbol{M}$ 和 $\boldsymbol{N}$，其中 $\boldsymbol{G}$ 为对称矩阵，$\boldsymbol{G}+\boldsymbol{M}\boldsymbol{F}_{\tau_k}\boldsymbol{N}+$

$\boldsymbol{N}^{\mathrm{T}}\boldsymbol{F}_{\tau_k}^{\mathrm{T}}\boldsymbol{M}^{\mathrm{T}}<0$ 对于所有满足 $\|\boldsymbol{F}_{\tau_k}\|_2\leqslant\delta$ 的不确定矩阵 $\boldsymbol{F}_{\tau_k}$ 成立，当且仅当存在常数 $\mu>0$ 时，使得：$\boldsymbol{G}+\mu\delta^2\boldsymbol{M}\boldsymbol{M}^{\mathrm{T}}+\boldsymbol{N}^{\mathrm{T}}\boldsymbol{N}/\mu<0$。

8.2 控制器设计

定理 8.1 如果存在正定矩阵 $\boldsymbol{S}_1$、$\boldsymbol{S}_2$，使如下矩阵不等式成立：

$$\boldsymbol{\Omega}_1^{\mathrm{T}}(p_{11}\boldsymbol{S}_1+p_{12}\boldsymbol{S}_2)\boldsymbol{\Omega}_1-\boldsymbol{S}_1<0 \tag{8.7}$$

$$\boldsymbol{\Omega}_2^{\mathrm{T}}(p_{21}\boldsymbol{S}_1+p_{22}\boldsymbol{S}_2)\boldsymbol{\Omega}_2-\boldsymbol{S}_2<0 \tag{8.8}$$

那么闭环网络控制系统［式(8.6)］是随机稳定的。

证明：选取如下 Lyapunov 函数：

$$V(\boldsymbol{\eta}_k,\sigma_k)=\boldsymbol{\eta}_k^{\mathrm{T}}\boldsymbol{S}_{\sigma_k}\boldsymbol{\eta}_k=\boldsymbol{\eta}_k^{\mathrm{T}}\boldsymbol{S}_i\boldsymbol{\eta}_k$$

其中，$\boldsymbol{S}_i(i=1,2)$是正定矩阵。

与文献［1］类似，可以得到：

$$\begin{aligned}&E\{V(\boldsymbol{\eta}_{k+1},\sigma_{k+1})\mid\boldsymbol{\eta}_k,\sigma_k\}-V(\boldsymbol{\eta}_k,\sigma_k=i)\\&=\sum_{j=0}^{1}\Pr\{\sigma_{k+1}=j\mid\sigma_k=i\}\boldsymbol{\eta}_{k+1}^{\mathrm{T}}\boldsymbol{S}_j\boldsymbol{\eta}_{k+1}-\boldsymbol{\eta}_k^{\mathrm{T}}\boldsymbol{S}_i\boldsymbol{\eta}_k\\&=\sum_{j=0}^{1}p_{ij}\boldsymbol{\eta}_{k+1}^{\mathrm{T}}\boldsymbol{S}_j\boldsymbol{\eta}_k-\boldsymbol{\eta}_k^{\mathrm{T}}\boldsymbol{S}_i\boldsymbol{\eta}_k\\&=\boldsymbol{\eta}_k^{\mathrm{T}}[\boldsymbol{\Omega}_i^{\mathrm{T}}(p_{i0}\boldsymbol{S}_0+p_{i1}\boldsymbol{S}_1)\boldsymbol{\Omega}_i-\boldsymbol{S}_i]\boldsymbol{\eta}_k\\&=\boldsymbol{\eta}_k^{\mathrm{T}}\boldsymbol{M}_i\boldsymbol{\eta}_k\end{aligned}$$

如果式(8.7)、式(8.8) 成立，则：

$$\begin{aligned}&E\{V(\boldsymbol{\eta}_{k+1},\sigma_{k+1})\mid\boldsymbol{\eta}_k,\sigma_k\}-V(\boldsymbol{\eta}_k,\sigma_k=i)\\&=\boldsymbol{\eta}_k^{\mathrm{T}}\boldsymbol{M}_i\boldsymbol{\eta}_k\leqslant\beta\boldsymbol{\eta}_k^{\mathrm{T}}\boldsymbol{\eta}_k\end{aligned}$$

其中 $\beta=\max\limits_{i\in S}[\lambda(\boldsymbol{M}_i)]<0$ 是矩阵 $\boldsymbol{M}_i$ 的最大特征值。

对于 $N\geqslant1$，有如下不等式成立：

$$E\{V(\boldsymbol{\eta}_{k+1},\sigma_{k+1})\}-V(\boldsymbol{\eta}_0,\sigma_0)\leqslant\sum_{k=0}^{N}\beta E\{\boldsymbol{\eta}_k^{\mathrm{T}}\eta_k\}$$

即

$$\begin{aligned}&\sum_{k=0}^{N}E\{\boldsymbol{\eta}_k^{\mathrm{T}}\boldsymbol{\eta}_k\}\\&\leqslant\beta^{-1}E\{V(\boldsymbol{\eta}_{k+1},\sigma_{k+1})\}-\beta^{-1}V(\boldsymbol{\eta}_0,\sigma_0)\\&<-\beta^{-1}V(\boldsymbol{\eta}_0,\sigma_0)\end{aligned}$$

当 $N\rightarrow\infty$时，可以得到：

$$\sum_{k=0}^{N}E\{\boldsymbol{\eta}_k^{\mathrm{T}}\boldsymbol{\eta}_k\}<-\beta^{-1}V(\boldsymbol{\eta}_0,\sigma_0)<\infty$$

根据定义 8.1，闭环网络控制系统［式(8.6)］是随机稳定的。

定理 8.2 如果存在正定矩阵 $\boldsymbol{P}$、$\boldsymbol{M}$，矩阵 $\boldsymbol{Y}$ 及常量 $\varepsilon>0$，使如下矩阵不等式成立：

$$\begin{bmatrix} -\boldsymbol{X}_1 & * & * & * \\ \sqrt{p_{11}}(\overline{\boldsymbol{A}}\boldsymbol{X}_1+\overline{\boldsymbol{H}}\overline{\boldsymbol{Y}}_1) & \boldsymbol{X}_1+\varepsilon\overline{\boldsymbol{D}}\overline{\boldsymbol{D}}^{\mathrm{T}} & * & * \\ \sqrt{p_{12}}(\overline{\boldsymbol{A}}\boldsymbol{X}_1+\overline{\boldsymbol{H}}\overline{\boldsymbol{Y}}_1) & \varepsilon\overline{\boldsymbol{D}}\overline{\boldsymbol{D}}^{\mathrm{T}} & -\boldsymbol{X}_2+\varepsilon\overline{\boldsymbol{D}}\overline{\boldsymbol{D}}^{\mathrm{T}} & * \\ \overline{\boldsymbol{E}}\overline{\boldsymbol{Y}} & 0 & 0 & -\varepsilon\boldsymbol{I} \end{bmatrix}<0 \tag{8.9}$$

$$\begin{bmatrix} -\boldsymbol{X}_2 & * & * \\ \sqrt{p_{11}}(\overline{\boldsymbol{A}}\boldsymbol{X}_2+\overline{\boldsymbol{B}}_2\overline{\boldsymbol{Y}}_2) & -\boldsymbol{X}_1 & * \\ \sqrt{p_{12}}(\overline{\boldsymbol{A}}\boldsymbol{X}_2+\overline{\boldsymbol{B}}_2\overline{\boldsymbol{Y}}_2) & 0 & -\boldsymbol{X}_2 \end{bmatrix}<0 \tag{8.10}$$

其中：

$$\boldsymbol{X}_1=\begin{bmatrix} \boldsymbol{P} & 0 \\ 0 & \boldsymbol{P} \end{bmatrix},\boldsymbol{X}_2=\begin{bmatrix} \boldsymbol{M} & 0 \\ 0 & \boldsymbol{P} \end{bmatrix},\overline{\boldsymbol{Y}}_1=\begin{bmatrix} \boldsymbol{Y}_1 & 0 \\ 0 & \boldsymbol{Y}_1 \end{bmatrix},\overline{\boldsymbol{Y}}_2=\begin{bmatrix} 0 & 0 \\ 0 & \boldsymbol{Y}_2 \end{bmatrix},\ \overline{\boldsymbol{H}}=\overline{\boldsymbol{B}}_1+\overline{\boldsymbol{D}}\boldsymbol{F}_k\overline{\boldsymbol{E}}$$

那么，闭环网络控制系统［式(8.6)］是随机稳定的，并且模式依赖的控制器增益矩阵分别为 $\boldsymbol{K}_1=\boldsymbol{Y}_1\boldsymbol{P}^{-1}$，$\boldsymbol{K}_2=\boldsymbol{Y}_2\boldsymbol{P}^{-1}$。

证明： 使用 Schur 补引理，式(8.7) 可以写为：

$$\begin{bmatrix} -\boldsymbol{S}_1 & * & * \\ \sqrt{p_{11}}\boldsymbol{\Omega}_1 & -\boldsymbol{S}_1^{-1} & * \\ \sqrt{p_{12}}\boldsymbol{\Omega}_1 & 0 & -\boldsymbol{S}_2^{-1} \end{bmatrix}<0$$

上式可以写为：

$$\begin{bmatrix} -\boldsymbol{S}_1 & * & * \\ \sqrt{p_{11}}(\overline{\boldsymbol{A}}+\overline{\boldsymbol{H}}\overline{\boldsymbol{K}}_1) & -\boldsymbol{S}_1^{-1} & * \\ \sqrt{p_{12}}(\overline{\boldsymbol{A}}+\overline{\boldsymbol{H}}\overline{\boldsymbol{K}}_1) & 0 & -\boldsymbol{S}_2^{-1} \end{bmatrix} + \begin{bmatrix} (\overline{\boldsymbol{E}}\overline{\boldsymbol{K}}_1)^{\mathrm{T}} \\ 0 \\ 0 \end{bmatrix}\boldsymbol{F}_k^{\mathrm{T}}\begin{bmatrix} 0 & \overline{\boldsymbol{D}}^{\mathrm{T}} & \overline{\boldsymbol{D}}^{\mathrm{T}} \end{bmatrix} + \begin{bmatrix} 0 \\ \overline{\boldsymbol{D}} \\ \overline{\boldsymbol{D}} \end{bmatrix}\boldsymbol{F}_k\begin{bmatrix} \overline{\boldsymbol{E}}\overline{\boldsymbol{K}}_1 & 0 & 0 \end{bmatrix}<0$$

根据引理 8.1，可以得到：

$$\begin{bmatrix} -\boldsymbol{S}_1 & * & * \\ \sqrt{p_{11}}(\overline{\boldsymbol{A}}+\overline{\boldsymbol{H}}\overline{\boldsymbol{K}}_1) & -\boldsymbol{S}_1^{-1} & * \\ \sqrt{p_{12}}(\overline{\boldsymbol{A}}+\overline{\boldsymbol{H}}\overline{\boldsymbol{K}}_1) & 0 & -\boldsymbol{S}_2^{-1} \end{bmatrix} + \begin{bmatrix} (\overline{\boldsymbol{E}}\overline{\boldsymbol{K}}_1)^{\mathrm{T}} \\ 0 \\ 0 \end{bmatrix}\varepsilon\boldsymbol{I}\begin{bmatrix} \overline{\boldsymbol{E}}\overline{\boldsymbol{K}}_1 & 0 & 0 \end{bmatrix}$$

$$+\begin{bmatrix}0\\ \overline{\boldsymbol{D}}\\ \overline{\boldsymbol{D}}\end{bmatrix}\varepsilon^{-1}\boldsymbol{I}\begin{bmatrix}0 & \overline{\boldsymbol{D}}^{\mathrm{T}} & \overline{\boldsymbol{D}}^{\mathrm{T}}\end{bmatrix}<0$$

再次使用 Schur 补引理，可得：

$$\begin{bmatrix}-\boldsymbol{S}_1 & * & * & *\\ \sqrt{p_{11}}(\overline{\boldsymbol{A}}+\overline{\boldsymbol{H}}\overline{\boldsymbol{K}}_1) & -\boldsymbol{S}_1^{-1}+\varepsilon\overline{\boldsymbol{D}}\overline{\boldsymbol{D}}^{\mathrm{T}} & * & *\\ \sqrt{p_{12}}(\overline{\boldsymbol{A}}+\overline{\boldsymbol{H}}\overline{\boldsymbol{K}}_1) & \varepsilon\overline{\boldsymbol{D}}\overline{\boldsymbol{D}}^{\mathrm{T}} & -\boldsymbol{S}_2^{-1}+\varepsilon\overline{\boldsymbol{D}}\overline{\boldsymbol{D}}^{\mathrm{T}} & *\\ \overline{\boldsymbol{E}\boldsymbol{K}}_1 & 0 & 0 & -\varepsilon\boldsymbol{I}\end{bmatrix}<0 \tag{8.11}$$

式(8.11) 不是线性矩阵不等式，不方便求解，为了得到严格的线性矩阵不等式，假设矩阵 $\boldsymbol{S}_1^{-1}$、$\boldsymbol{S}_2^{-1}$ 具有如下结构：

$$\boldsymbol{S}_1^{-1}=\begin{bmatrix}\boldsymbol{P} & 0\\ 0 & \boldsymbol{P}\end{bmatrix},\boldsymbol{S}_2^{-1}=\begin{bmatrix}\boldsymbol{M} & 0\\ 0 & \boldsymbol{P}\end{bmatrix} \tag{8.12}$$

对式(8.11) 左右乘以 $\mathrm{diag}(\boldsymbol{S}_1^{-1},\boldsymbol{I},\boldsymbol{I},\boldsymbol{I})$，并令 $\boldsymbol{S}_1^{-1}=\boldsymbol{X}_1,\overline{\boldsymbol{K}}_1\boldsymbol{X}_1=\overline{\boldsymbol{Y}}_1$，即得式(8.9)。

使用 Schur 补引理，式(8.7) 可以写为：

$$\begin{bmatrix}-\boldsymbol{S}_2 & * & *\\ \sqrt{p_{11}}(\overline{\boldsymbol{A}}+\overline{\boldsymbol{B}}_2\overline{\boldsymbol{K}}_2) & -\boldsymbol{S}_1^{-1} & *\\ \sqrt{p_{12}}(\overline{\boldsymbol{A}}+\overline{\boldsymbol{B}}_2\overline{\boldsymbol{K}}_2) & 0 & -\boldsymbol{S}_2^{-1}\end{bmatrix}<0$$

上式左右乘以 $\mathrm{diag}(\boldsymbol{S}_2^{-1},\boldsymbol{I},\boldsymbol{I})$，并令 $\boldsymbol{S}_2^{-1}=\boldsymbol{X}_2$，即得式(8.10)，因此定理 8.2 得证。

注 8.1 为了得到严格的线性矩阵不等式，对矩阵 $\boldsymbol{S}_1^{-1}$、$\boldsymbol{S}_2^{-1}$ 的结构作出了限制，因此所得结论具有一定的保守性。

8.3 实例仿真

考虑如下的被控对象：

$$\begin{bmatrix}\dot{x}_1(t)\\ \dot{x}_2(t)\end{bmatrix}=\begin{bmatrix}0 & 1\\ -2 & -3\end{bmatrix}\boldsymbol{x}(t)+\begin{bmatrix}0\\ 1\end{bmatrix}\boldsymbol{u}(t)$$

假设系统采样周期 $h=0.1\mathrm{s}$，马尔可夫链的传输概率矩阵 $\boldsymbol{P}=\begin{bmatrix}0.9 & 0.1\\ 0.8 & 0.2\end{bmatrix}$，经过计算得如下参数：

$$\boldsymbol{\Phi}=\begin{bmatrix}0.6004 & 0.2325\\ -0.4651 & -0.0972\end{bmatrix}$$

$$\boldsymbol{H}_0=\begin{bmatrix}0.5\\ 0\end{bmatrix},\boldsymbol{H}=\begin{bmatrix}-0.3002\\ 0.2325\end{bmatrix},\boldsymbol{E}=\begin{bmatrix}1\\ -1\end{bmatrix}$$

选取 $a_1=a_2=0$，得到 $\boldsymbol{D}=\begin{bmatrix}-1 & -0.5\\ 1 & 1\end{bmatrix}$。根据定理 8.2，使用 Matlab LMI 工具箱得到：

$$\boldsymbol{Y}_1=[-0.1203 \quad 0.0280], \boldsymbol{Y}_2=[0 \quad 0]$$

$$\boldsymbol{P}=\begin{bmatrix} 12.9183 & -12.1420 \\ -12.1420 & 21.6450 \end{bmatrix}$$

因此模式依赖的控制器增益矩阵为：

$$\boldsymbol{K}_1=[-0.0171 \quad -0.0083], \boldsymbol{K}_2=[0 \quad 0]$$

假设系统初始状态 $\boldsymbol{x}(0)=[0.8 \quad -0.5]^{\mathrm{T}}$，闭环系统的状态响应曲线如图 8.3 所示。

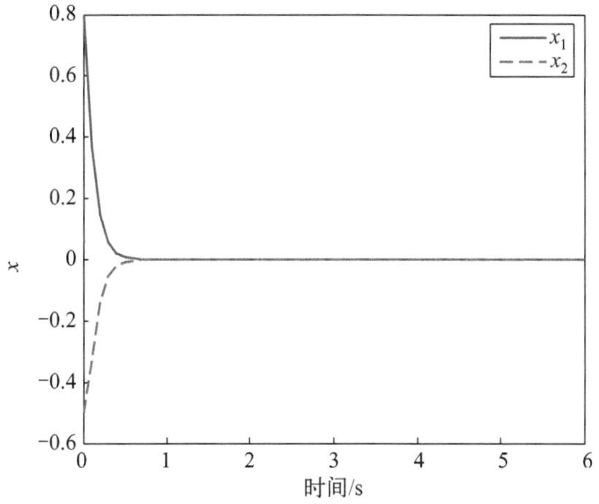

图 8.3　闭环系统状态响应曲线

8.4　本章小结

本章把具有时延和马尔可夫丢包特性的网络控制系统建模为具体有两个运行模式的马尔可夫线性跳变系统，在不改变系统结构的前提下，给出了闭环系统随机稳定的充分条件及模式依赖的控制器的设计方法。

参考文献

[1] Wang Y F，Jing Y W，Yu B Q. State feedback for networked control systems with time-delay and data packet dropout. [C] //Proceeding of the 2011 Chinese Control and Decision Conference. IEEE，2011：306-309.

[2] Ghavifekr A A，Ghiasi A R，Badamchizadeh M A，et al. Stability analysis of the linear discrete teleoperation systems with stochastic sampling and data dropout [J] . European Journal of Control，2018，41：63-71.

[3] Yu J M，Kuang C H，Tang X M. Model predictive tracking control for networked control systems subject to Markovian packet dropout. in Proc [C] //2017 36th Chinese Control Conference. IEEE，2017：301-305.

[4] 邱丽，胥布工，黎善斌 . 具有数据包丢失及转移概率部分未知的网络控制系统 H_{∞} 控制 [J] . 控制理论与应用，2011，28 (8)：1105-1112.

[5] 马卫国．具有时延和丢包的鲁棒网络控制系统研究［D］．大连：大连理工大学，2008.
[6] 樊卫华，蔡骅，陈庆伟，等．时延网络控制系统的稳定性［J］．控制理论与应用，2004，21（6）：880-884.
[7] 樊卫华．网络控制系统的建模与控制［D］．南京：南京理工大学，2005.

第9章 具有S-C及C-A数据包丢失的网络控制系统H_∞控制方法

丢包和时延是导致NCS性能下降甚至不稳定的两个主要原因[1-5]。在过去的几十年中，具有丢包和时延的NCS控制问题引起了广泛的关注[4-9]。本章重点关注丢包对NCS控制器设计的影响。在现有的文献中，处理丢包的方法大致有三种。

第一种是将丢包当作一个事件，把NCS建模为异步动态系统[10-12]。文献［10］对于具有短时延和丢包的NCS研究了H_∞滤波问题，将闭环系统建模为具有两个事件率的异步动态系统，通过异步动态系统理论建立了闭环系统指数稳定的充分条件。文献［11］研究了具有丢包的NCS的迭代学习控制问题，通过异步动态系统理论以线性矩阵不等式的形式建立了系统稳定的条件。文献［12］针对一类具有不确定时延和丢包的NCS提出了控制器设计方法。当发生丢包时，预估状态被用来替换当前目标状态，在执行器节点采用缓冲器技术将变化的C-A时延转变为固定时延，结合状态预估器，将具有长时延的丢包的NCS建模为具有事件率约束的异步动态系统。

第二种方法是将丢包现象建模为服从伯努利概率分布的取值为0或1的二进制变量[13-17]，针对一类随机丢包的NCS，提出了一种具有主动补偿机制的鲁棒模型预测控制方法。文献［13］丢包被描述为服从伯努利分布的随机变量，分别在丢包率不确定和未知的条件下推导出了控制器的充分存在条件。文献［14］针对一类具有量化和丢包的模糊NCS研究了故障检测问题。丢包的概率服从伯努利分布，在所设计的故障滤波器下，残差系统对于所有丢包条件及测量量化随机稳定并具有一定的H_∞性能。文献［15］分别用两个独立的服从伯努利分布的随机变量描述S-C及C-A链路的丢包，针对存在多丢包现象的系统研究了鲁棒积分滑模控制问题。文献［16］针对存在丢包的随机线性系统研究了迭代学习控制问题，获得了间歇更新和连续更新两种方案。文献［17］研究了S-C链路和C-A链路中具有时延和丢包的NCS稳定性问题，分别用服从伯努利分布的两个随机变量描述S-C链路和C-A链路中的数据包丢失现象，通过构造适当的Lyapunov-Krasovskii泛函，建立了控制器存在的充分条件。

在实际通信网络中，当前时刻的丢包与前一时刻的丢包有关。但是，第一种和第二种方法不能描述这种关系。第三种方法是将丢包建模为一个有限马尔可夫链，可以用来描述当前时刻的丢包与前一时刻的丢包之间的依赖关系[18-20]。对于具有时延和传感器到控制器（S-C）的链路中的数据包丢失的NCS，文献［18］将闭环系统建模为具有两种运行模式的马尔可夫跳变线性系统（MJLS），得到了不考虑控制器到执行器链路时延和丢包的状态反馈控制器的设计方法。文献［19］研究了具有离散时间控制器的采样数据双边传输系统的稳定性条件，将丢包建模为有限状态马尔可夫链，应用基于Lyapunov-Krasovskii的方法建立了闭环采样数据双边传输系统随机稳定性的充分条件。文献［20］研究了具有马尔可夫丢包的 NCS 鲁棒模型预测跟踪控制问题，通过引入丢包补偿策略，考虑了丢包对系统性能的影响，证明了所提算法的递归可行性和闭环系统的均方稳定性。

大多数现有文献仅考虑 S-C 链路或 C-A 链路中的马尔可夫数据包丢失，未考虑在 S-C 链路和 C-A 链路中都存在数据包丢失的情况下基于观测器的 H_∞ 控制问题。

本章的主要内容如下：

① 在 S-C 链路和 C-A 链路中为存在数据包丢失的 NCS 构建了观测器，通过分析系统运行模式随数据丢包的变化，得到闭环系统模型。

① 建立闭环系统随机稳定性的充分必要条件，分别在转移概率矩阵完全已知和部分未知的条件下推导了控制器设计方法。

9.1 问题描述

具有数据包丢失的 NCS 结构如图 9.1 所示。采用取值为 0 或 1 的随机变量 α_k 来描述开关 S_1 的状态：当 $\alpha_k=1$，表示开关 S_1 闭合。采用取值为 0 或 1 的随机变量 β_k 来描述开关 S_2 的状态：当 $\beta_k=1$，表示开关 S_2 闭合。

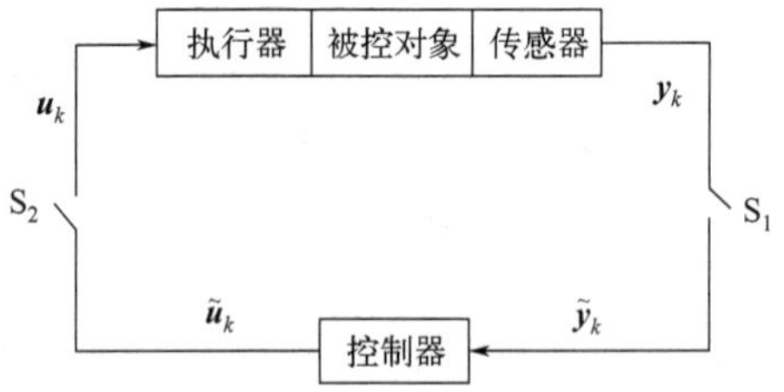

图 9.1　具有数据包丢失的 NCS 结构

被控对象为线性系统，状态空间表达为：

$$\begin{cases}\boldsymbol{x}_{k+1}=\boldsymbol{A}\boldsymbol{x}_k+\boldsymbol{B}\boldsymbol{u}_k+\boldsymbol{B}_\omega\boldsymbol{\omega}_k\\ \boldsymbol{y}_k=\boldsymbol{C}\boldsymbol{x}_k+\boldsymbol{D}_\omega\boldsymbol{\omega}_k\end{cases}\tag{9.1}$$

其中，$\boldsymbol{x}_k$ 是系统状态向量，$\boldsymbol{u}_k$ 是系统控制输入向量，$\boldsymbol{\omega}_k$ 是系统外部输入向量，$\boldsymbol{y}_k$ 是系统输出向量；$\boldsymbol{A}$、$\boldsymbol{B}$、$\boldsymbol{B}_\omega$、$\boldsymbol{C}$、$\boldsymbol{D}_\omega$ 是已知的实矩阵。

在控制器侧构造观测器：

$$\begin{cases}\hat{\boldsymbol{x}}_{k+1}=\boldsymbol{A}\hat{\boldsymbol{x}}_k+\boldsymbol{B}\tilde{\boldsymbol{u}}_k+\boldsymbol{L}(\tilde{\boldsymbol{y}}_k-\alpha_k\hat{\boldsymbol{y}}_k)\\ \hat{\boldsymbol{y}}_k=\boldsymbol{C}\hat{\boldsymbol{x}}_k\end{cases}\tag{9.2}$$

其中，$\hat{\boldsymbol{x}}_k$ 是观测器状态，$\hat{\boldsymbol{y}}_k$ 是观测器输出，$\tilde{\boldsymbol{y}}_k$ 是观测器接收到的系统输出，$\tilde{\boldsymbol{u}}_k$ 是观测器的控制输入，$\boldsymbol{L}$ 是待定的观测器增益矩阵。

采用基于观测器的状态反馈控制律（$\boldsymbol{K}$ 是控制器增益矩阵）：

$$\tilde{\boldsymbol{u}}_k=\boldsymbol{K}\hat{\boldsymbol{x}}_k\tag{9.3}$$

由于 S-C 丢包，在时刻 k 控制器得到的系统输出为：

$$\tilde{\boldsymbol{y}}_k=\alpha_k\boldsymbol{y}_k\tag{9.4}$$

由于 C-A 丢包，在时刻 k 作用在被控对象上的控制量为：

$$\boldsymbol{u}_k=\beta_k\tilde{\boldsymbol{u}}_k\tag{9.5}$$

定义状态估计误差 $\boldsymbol{e}_k$ 和增广向量 $\boldsymbol{\zeta}_k$：

$$\boldsymbol{e}_k=\boldsymbol{x}_k-\hat{\boldsymbol{x}}_k,\boldsymbol{\zeta}_k=\begin{bmatrix}\boldsymbol{x}_k^{\mathrm{T}} & \boldsymbol{e}_k^{\mathrm{T}}\end{bmatrix}^{\mathrm{T}} \tag{9.6}$$

由式(9.1)～式(9.6) 得到闭环系统表达式：

$$\begin{cases}\boldsymbol{\zeta}_{k+1}=\widetilde{\boldsymbol{A}}_{\alpha_k,\beta_k}\boldsymbol{\zeta}_k+\widetilde{\boldsymbol{B}}_{\alpha_k,\beta_k}\boldsymbol{\omega}_k\\ \boldsymbol{y}_k=\widetilde{\boldsymbol{C}}_{\alpha_k,\beta_k}\boldsymbol{\zeta}_k+\boldsymbol{D}_\omega\boldsymbol{\omega}_k\end{cases} \tag{9.7}$$

其中：

$$\widetilde{\boldsymbol{A}}_{\alpha_k,\beta_k}=\begin{bmatrix}\boldsymbol{A}+\beta_k\boldsymbol{BK} & -\beta_k\boldsymbol{BK}\\(1-\beta_k)\boldsymbol{BK} & \boldsymbol{A}+(1-\beta_k)\boldsymbol{BK}-\alpha_k\boldsymbol{LC}\end{bmatrix},\widetilde{\boldsymbol{B}}_{\alpha_k,\beta_k}=\begin{bmatrix}\boldsymbol{B}_\omega\\ \boldsymbol{B}_\omega-\alpha_k\boldsymbol{LD}_\omega\end{bmatrix},\widetilde{\boldsymbol{C}}_{\alpha_k,\beta_k}=\begin{bmatrix}\boldsymbol{I} & 0\end{bmatrix}$$

$\boldsymbol{I}$ 为单位矩阵。

闭环系统［式(9.7)］由以下 4 个子系统组成。

① 当 $\alpha_k=\beta_k=0$，即同时发生了 S-C 丢包和 C-A 丢包时，闭环系统可以表示为：

$$\begin{cases}\boldsymbol{\zeta}_{k+1}=\widetilde{\boldsymbol{A}}_{0,0}\boldsymbol{\zeta}_k+\widetilde{\boldsymbol{B}}_{0,0}\boldsymbol{\omega}_k\\ \boldsymbol{y}_k=\widetilde{\boldsymbol{C}}_{0,0}\boldsymbol{\zeta}_k+\boldsymbol{D}_\omega\boldsymbol{\omega}_k\end{cases} \tag{9.8}$$

其中：

$$\widetilde{\boldsymbol{A}}_{0,0}=\overline{\boldsymbol{A}}+\boldsymbol{M}_1\boldsymbol{KN}_1,\widetilde{\boldsymbol{B}}_{0,0}=\begin{bmatrix}\boldsymbol{B}_\omega^{\mathrm{T}} & \boldsymbol{B}_\omega^{\mathrm{T}}\end{bmatrix},\widetilde{\boldsymbol{C}}_{0,0}=\begin{bmatrix}\boldsymbol{I} & 0\end{bmatrix}$$

$$\overline{\boldsymbol{A}}=\begin{bmatrix}\boldsymbol{A} & 0\\0 & \boldsymbol{A}\end{bmatrix},\boldsymbol{M}_1=\begin{bmatrix}0\\ \boldsymbol{B}\end{bmatrix},\boldsymbol{N}_1=\begin{bmatrix}-\boldsymbol{I} & \boldsymbol{I}\end{bmatrix}$$

② 当 $\alpha_k=0,\beta_k=1$，即发生了 S-C 丢包时，闭环系统可以表示为：

$$\begin{cases}\boldsymbol{\zeta}_{k+1}=\widetilde{\boldsymbol{A}}_{0,1}\boldsymbol{\zeta}_k+\widetilde{\boldsymbol{B}}_{0,1}\boldsymbol{\omega}_k\\ \boldsymbol{y}_k=\widetilde{\boldsymbol{C}}_{0,1}\boldsymbol{\zeta}_k+\boldsymbol{D}_\omega\boldsymbol{\omega}_k\end{cases} \tag{9.9}$$

其中：

$$\widetilde{\boldsymbol{A}}_{0,1}=\overline{\boldsymbol{A}}+\boldsymbol{M}_2\boldsymbol{KN}_2,\widetilde{\boldsymbol{B}}_{0,1}=\begin{bmatrix}\boldsymbol{B}_\omega^{\mathrm{T}} & \boldsymbol{B}_\omega^{\mathrm{T}}\end{bmatrix},\widetilde{\boldsymbol{C}}_{0,1}=\begin{bmatrix}\boldsymbol{I} & 0\end{bmatrix}$$

$$\overline{\boldsymbol{A}}=\begin{bmatrix}\boldsymbol{A} & 0\\0 & \boldsymbol{A}\end{bmatrix},\boldsymbol{M}_2=\begin{bmatrix}\boldsymbol{B}\\ 0\end{bmatrix},\boldsymbol{N}_2=\begin{bmatrix}\boldsymbol{I} & -\boldsymbol{I}\end{bmatrix}$$

③ 当 $\alpha_k=1,\beta_k=0$，即发生了 C-A 丢包时，闭环系统可以表示为：

$$\begin{cases}\boldsymbol{\zeta}_{k+1}=\widetilde{\boldsymbol{A}}_{1,0}\boldsymbol{\zeta}_k+\widetilde{\boldsymbol{B}}_{1,0}\boldsymbol{\omega}_k\\ \boldsymbol{y}_k=\widetilde{\boldsymbol{C}}_{1,0}\boldsymbol{\zeta}_k+\boldsymbol{D}_\omega\boldsymbol{\omega}_k\end{cases} \tag{9.10}$$

其中：

$$\widetilde{\boldsymbol{A}}_{1,0}=\overline{\boldsymbol{A}}+\boldsymbol{M}_3\boldsymbol{KN}_3+\boldsymbol{E}_3\boldsymbol{LF}_3,\widetilde{\boldsymbol{B}}_{1,0}=\widetilde{\boldsymbol{B}}_{0,0}-\boldsymbol{E}_3\boldsymbol{LD}_\omega,\widetilde{\boldsymbol{C}}_{1,0}=\begin{bmatrix}\boldsymbol{I} & 0\end{bmatrix},\boldsymbol{N}_3=\begin{bmatrix}-\boldsymbol{I} & \boldsymbol{I}\end{bmatrix}$$

$$\boldsymbol{F}_3=\begin{bmatrix}0 & -\boldsymbol{C}\end{bmatrix},\overline{\boldsymbol{A}}=\begin{bmatrix}\boldsymbol{A} & 0\\0 & \boldsymbol{A}\end{bmatrix},\boldsymbol{M}_3=\begin{bmatrix}0\\ \boldsymbol{B}\end{bmatrix},\boldsymbol{E}_3=\begin{bmatrix}0\\ \boldsymbol{I}\end{bmatrix}$$

④ 当 $\alpha_k=1,\beta_k=1$，即没有发生丢包时，闭环系统可以表示为：

$$\begin{cases}\boldsymbol{\zeta}_{k+1}=\widetilde{\boldsymbol{A}}_{1,1}\boldsymbol{\zeta}_k+\widetilde{\boldsymbol{B}}_{1,1}\boldsymbol{\omega}_k\\ \boldsymbol{y}_k=\widetilde{\boldsymbol{C}}_{1,1}\boldsymbol{\zeta}_k+\boldsymbol{D}_\omega\boldsymbol{\omega}_k\end{cases} \tag{9.11}$$

其中：

$$\widetilde{\boldsymbol{A}}_{1,1}=\overline{\boldsymbol{A}}+\boldsymbol{M}_4\boldsymbol{K}\boldsymbol{N}_4+\boldsymbol{E}_4\boldsymbol{L}\boldsymbol{F}_4,\widetilde{\boldsymbol{B}}_{1,1}=\widetilde{\boldsymbol{B}}_{0,0}-\boldsymbol{E}_4\boldsymbol{L}\boldsymbol{D}_\omega,\widetilde{\boldsymbol{C}}_{1,1}=[\boldsymbol{I}\quad 0],\boldsymbol{N}_4=[-\boldsymbol{I}\quad \boldsymbol{I}]$$

$$\boldsymbol{F}_4=[0\quad -\boldsymbol{C}],\overline{\boldsymbol{A}}=\begin{bmatrix}\boldsymbol{A} & 0\\ 0 & \boldsymbol{A}\end{bmatrix},\boldsymbol{M}_4=\begin{bmatrix}\boldsymbol{B}\\ 0\end{bmatrix},\boldsymbol{E}_4=\begin{bmatrix}0\\ \boldsymbol{I}\end{bmatrix}$$

随着丢包的发生与否，闭环系统在 4 个子系统［式(9.8)～式(9.11)］之间跳变。由于当前时刻的丢包与上一时刻的丢包是密切相关的，因此可以将闭环系统［式(9.7)］建模为含有 4 个子系统的 Markov 跳变系统：

$$\begin{cases}\boldsymbol{\zeta}_{k+1}=\widetilde{\boldsymbol{A}}_{r_k}\boldsymbol{\zeta}_k+\widetilde{\boldsymbol{B}}_{r_k}\boldsymbol{\omega}_k\\ \boldsymbol{y}_k=\widetilde{\boldsymbol{C}}_{r_k}\boldsymbol{\zeta}_k+\boldsymbol{D}_\omega\boldsymbol{\omega}_k\end{cases}\tag{9.12}$$

其中，$\{r_k,k\in\mathbf{Z}\}$是离散 Markov 链，从集合 $M=\{1,2,3,4\}$中取值，且 $\widetilde{\boldsymbol{A}}_1\triangleq\widetilde{\boldsymbol{A}}_{0,0}$，$\widetilde{\boldsymbol{A}}_2\triangleq\widetilde{\boldsymbol{A}}_{0,1},\widetilde{\boldsymbol{A}}_3\triangleq\widetilde{\boldsymbol{A}}_{1,0},\widetilde{\boldsymbol{A}}_4\triangleq\widetilde{\boldsymbol{A}}_{1,1}$。$r_k$ 的转移概率矩阵为 $\boldsymbol{\Pi}=[\pi_{pq}],\pi_{pq}=\Pr\{r_{k+1}=q\mid r_k=p\}$，$\pi_{pq}\geqslant 0$，$\sum_{q=1}^{4}\pi_{pq}=1,p,q\in M$。

定义 9.1 当 $\boldsymbol{\omega}_k=0$ 时，如果对于任意初始模态 $r_0\in M$ 和系统初始状态 $\boldsymbol{\zeta}_0$ 存在正定矩阵 $\boldsymbol{W}>0$ 使得 $E\left\{\sum_{k=0}^{\infty}\|\boldsymbol{\zeta}_k\|^2\mid r_0,\boldsymbol{\zeta}_0\right\}<\boldsymbol{\zeta}_0^{\mathrm{T}}\boldsymbol{W}\boldsymbol{\zeta}_0$，那么闭环系统［式(9.12)］是随机稳定的。

注 9.1 有别于传统的点对点控制系统，式(9.2) 中观测器的控制输入向量 $\widetilde{\boldsymbol{u}}_k$ 与式(9.1) 中被控对象的控制输入向量 $\boldsymbol{u}_k$。

本章的目标是设计观测器［式(9.2)］和基于观测器的控制器［式(9.3)］，使得同时具有 S-C 丢包和 C-A 丢包的闭环系统［式(9.12)］随机稳定并且满足 H_∞ 性能指标。即，应满足：

(a) 闭环系统［式(9.12)］随机稳定；

(b) 在零初始条件下，对所有的 $\boldsymbol{\omega}_k\neq 0$，系统输出 $\boldsymbol{y}_k$ 应满足：

$$E\left\{\sum_{k=0}^{\infty}\|\boldsymbol{y}_k\|^2\right\}<\gamma^2 E\left\{\sum_{k=0}^{\infty}\|\boldsymbol{\omega}_k\|^2\right\}\tag{9.13}$$

其中 γ 是扰动抑制性能指标。

9.2 主要结论

在这一部分中，将给出闭环系统［式(9.12)］随机稳定的充分必要条件，并在系统模态 r_k 的转移概率矩阵 $\boldsymbol{\Pi}$ 存在部分未知元素的条件下给出观测器［式(9.2)］和控制器［式(9.3)］的设计方法。

定理 9.1 闭环系统是随机稳定的，当且仅当存在正定矩阵 $\boldsymbol{P}_p>0,\boldsymbol{P}_q>0$ 时式(9.14) 对于所有的 $p,q\in M$ 均成立：

$$\boldsymbol{\Theta}=\widetilde{\boldsymbol{A}}_p^{\mathrm{T}}\sum_{q\in M}\pi_{pq}\boldsymbol{P}_q\widetilde{\boldsymbol{A}}_p-\boldsymbol{P}_p<0\tag{9.14}$$

证明：

充分性： 定义 Lyapunov 函数 $\boldsymbol{V}_k=\boldsymbol{\zeta}_k^{\mathrm{T}}\boldsymbol{P}_{r_k}\boldsymbol{\zeta}_k$，其中 $\boldsymbol{P}_{r_k}>0$。

当 $\omega_k=0$ 时，由式(9.12) 可得：

$$E\{\Delta \boldsymbol{V}_k\}=E\{\boldsymbol{\zeta}_k^{\mathrm{T}}\boldsymbol{P}_{r_k}\boldsymbol{\zeta}_k \mid r_k=p\}-\boldsymbol{\zeta}_k^{\mathrm{T}}\boldsymbol{P}_{r_k}\boldsymbol{\zeta}_k=\boldsymbol{\zeta}_k^{\mathrm{T}}(\widetilde{\boldsymbol{A}}_{r_k}^{\mathrm{T}}\sum_{q\in M}\pi_{pq}\boldsymbol{P}_{r_{k+1}}\widetilde{\boldsymbol{A}}_{r_k}-\boldsymbol{P}_{r_k})\boldsymbol{\zeta}_k$$

因此，若式(9.14) 成立，可得：

$$E\{\Delta \boldsymbol{V}_k\}\leqslant -\lambda_{\min}(-\boldsymbol{\Theta})\boldsymbol{\zeta}_k^{\mathrm{T}}\boldsymbol{\zeta}_k=-\lambda_{\min}(-\boldsymbol{\Theta})\|\boldsymbol{\zeta}_k\|^2$$

其中 $\lambda_{\min}(-\boldsymbol{\Theta})$为矩阵$-\boldsymbol{\Theta}$ 的最小特征值。

对于任意正整数 $N\geqslant 0$，可得：

$$E\left\{\sum_{k=0}^{N}\|\boldsymbol{\zeta}_k\|^2\right\}\leqslant \frac{1}{\lambda_{\min}(-\boldsymbol{\Theta})}(E\{\boldsymbol{V}_0\}-E\{\boldsymbol{V}_{N+1}\})\leqslant \frac{1}{\lambda_{\min}(-\boldsymbol{\Theta})}E\{\boldsymbol{V}_0\}=\frac{1}{\lambda_{\min}(-\boldsymbol{\Theta})}\boldsymbol{\zeta}_k^{\mathrm{T}}\boldsymbol{P}_{r_0}\boldsymbol{\zeta}_k$$

根据定义 9.1，可知［式(9.12)］是随机稳定的。

必要性：假设闭环系统［式(9.12)］是随机稳定的，可得：

$$E\left\{\sum_{k=0}^{\infty}\|\boldsymbol{\zeta}_k\|^2 \mid r_0,\boldsymbol{\zeta}_0\right\}<\boldsymbol{\zeta}_0^{\mathrm{T}}\boldsymbol{W}\boldsymbol{\zeta}_0 \tag{9.15}$$

考虑式(9.16)：

$$\boldsymbol{\zeta}_k^{\mathrm{T}}\widetilde{\boldsymbol{P}}_{r_k}\boldsymbol{\zeta}_k\triangleq E\left\{\sum_{t=k}^{T}\boldsymbol{\zeta}_t^{\mathrm{T}}\boldsymbol{P}_{r_k}\boldsymbol{\zeta}_k \mid r_k,\boldsymbol{\zeta}_k\right\} \tag{9.16}$$

其中 $\boldsymbol{Z}_{r_t}>0$，$\boldsymbol{\zeta}_k\neq 0$。由式(9.14) 可知 $\boldsymbol{\zeta}_k^{\mathrm{T}}\widetilde{\boldsymbol{P}}_{r_k}\boldsymbol{\zeta}_k$ 是有界的，且：

$$\boldsymbol{\zeta}_k^{\mathrm{T}}\boldsymbol{P}_{r_k}\boldsymbol{\zeta}_k\triangleq\lim_{T\to\infty}\boldsymbol{\zeta}_k^{\mathrm{T}}\widetilde{\boldsymbol{P}}_{r_k}\boldsymbol{\zeta}_k=\lim_{T\to\infty}E\left\{\sum_{t=k}^{T}\boldsymbol{\zeta}_t^{\mathrm{T}}\boldsymbol{Z}_{r_k}\boldsymbol{\zeta}_k \mid r_k,\boldsymbol{\zeta}_k\right\} \tag{9.17}$$

由于式(9.17) 对于任意非零 $\boldsymbol{\zeta}_k$ 成立，因此可得 $\boldsymbol{P}_{r_k}\triangleq\lim_{T\to\infty}\widetilde{\boldsymbol{P}}_{r_k}$。

由于 $\boldsymbol{Z}_{r_t}>0$，由式(9.17) 可得 $\boldsymbol{P}_{r_k}>0$，且：

$$\begin{aligned}&E\{\boldsymbol{\zeta}_k^{\mathrm{T}}\widetilde{\boldsymbol{P}}_{r_k}\boldsymbol{\zeta}_k-\boldsymbol{\zeta}_{k+1}^{\mathrm{T}}\widetilde{\boldsymbol{P}}_{r_{k+1}}\boldsymbol{\zeta}_{k+1} \mid r_k,\boldsymbol{\zeta}_k\}\\&=\boldsymbol{\zeta}_k^{\mathrm{T}}(\widetilde{\boldsymbol{P}}_p-\widetilde{\boldsymbol{A}}_p^{\mathrm{T}}\sum_{q\in M}\pi_{pq}\widetilde{\boldsymbol{P}}_q\widetilde{\boldsymbol{A}}_p)\boldsymbol{\zeta}_k\\&=\boldsymbol{\zeta}_k^{\mathrm{T}}\boldsymbol{Z}_p\boldsymbol{\zeta}_k>0\end{aligned}$$

令 $T\to\infty$，可得 $\boldsymbol{\Theta}<0$，证毕。

定理 9.1 给出了观测器［式(9.2)］和控制器［式(9.3)］存在的充分必要条件，定理 9.2 将给出闭环系统［式(9.12)］随机稳定且具有 H_∞ 性能的充分条件。

定理 9.2　如果存在正定矩阵 $\boldsymbol{P}_p>0,\boldsymbol{Y}_p>0$ 使得：

$$\begin{bmatrix}-\boldsymbol{Y}_p & * & * & * \\ 0 & -\gamma^2\boldsymbol{I} & * & * \\ \boldsymbol{C}_p & \boldsymbol{D}_\omega & -\boldsymbol{I} & * \\ \widetilde{\boldsymbol{A}}_p & \widetilde{\boldsymbol{B}}_p & 0 & -\widetilde{\boldsymbol{P}}_q\end{bmatrix}<0 \tag{9.18}$$

$$\boldsymbol{Y}_p\boldsymbol{P}_p=\boldsymbol{I} \tag{9.19}$$

其中：

$$\widetilde{\boldsymbol{A}}_p^{\mathrm{T}}=[\sqrt{\pi_{p1}}\boldsymbol{A}_p,\cdots,\sqrt{\pi_{p4}}\boldsymbol{A}_p],\widetilde{\boldsymbol{B}}_p^{\mathrm{T}}=[\sqrt{\pi_{p1}}\boldsymbol{B}_p,\cdots,\sqrt{\pi_{p4}}\boldsymbol{B}_p],\widetilde{\boldsymbol{P}}_q=\mathrm{diag}(\boldsymbol{P}_1,\cdots,\boldsymbol{P}_4)$$

对于所有的 $p,q\in M$ 均成立，那么闭环系统［式(9.12)］随机稳定且具有 H_∞ 性能［式(9.13)］。

证明： 当 $\omega_k \neq 0$ 时，由式(9.12) 可得：

$$
\begin{aligned}
&E\{\Delta \boldsymbol{V}_k\} + \boldsymbol{y}_k^{\mathrm{T}} \boldsymbol{y}_k - \gamma^2 \boldsymbol{\omega}_k \\
&= \boldsymbol{x}_k^{\mathrm{T}} (\widetilde{\boldsymbol{A}}_p^{\mathrm{T}} \sum_{q \in M} \pi_{pq} \boldsymbol{P}_q \widetilde{\boldsymbol{A}}_p + \widetilde{\boldsymbol{C}}_p^{\mathrm{T}} \widetilde{\boldsymbol{C}}_p - \boldsymbol{P}_p) \boldsymbol{x}_k + \boldsymbol{x}_k^{\mathrm{T}} (\widetilde{\boldsymbol{A}}_p^{\mathrm{T}} \sum_{q \in M} \pi_{pq} \boldsymbol{P}_q \widetilde{\boldsymbol{B}}_p + \widetilde{\boldsymbol{C}}_p^{\mathrm{T}} \boldsymbol{D}_\omega) \boldsymbol{\omega}_k \\
&\quad + \boldsymbol{\omega}_k^{\mathrm{T}} (\widetilde{\boldsymbol{B}}_p^{\mathrm{T}} \sum_{q \in M} \pi_{pq} \boldsymbol{P}_q \widetilde{\boldsymbol{A}}_p + \boldsymbol{D}_\omega^{\mathrm{T}} \widetilde{\boldsymbol{C}}_p) \boldsymbol{x}_k + \boldsymbol{\omega}_k^{\mathrm{T}} (\widetilde{\boldsymbol{B}}_p^{\mathrm{T}} \sum_{q \in M} \pi_{pq} \widetilde{\boldsymbol{B}}_p + \boldsymbol{D}_\omega^{\mathrm{T}} \boldsymbol{D}_\omega - \gamma^2 \boldsymbol{I}) \boldsymbol{\omega}_k \\
&= \boldsymbol{\zeta}_k^{\mathrm{T}} \boldsymbol{\Omega}_p \boldsymbol{\zeta}_k
\end{aligned}
\tag{9.20}
$$

其中：

$$
\boldsymbol{\Omega}_p = \begin{bmatrix} \boldsymbol{\Omega}_{11} & * \\ \boldsymbol{\Omega}_{21} & \boldsymbol{\Omega}_{22} \end{bmatrix}
$$

$$
\boldsymbol{\Omega}_{11} = \widetilde{\boldsymbol{A}}_p^{\mathrm{T}} \sum_{q \in M} \pi_{pq} \boldsymbol{P}_q \widetilde{\boldsymbol{A}}_p + \widetilde{\boldsymbol{C}}_p^{\mathrm{T}} \widetilde{\boldsymbol{C}}_p - \boldsymbol{P}_p
$$

$$
\boldsymbol{\Omega}_{21} = \widetilde{\boldsymbol{B}}_p^{\mathrm{T}} \sum_{q \in M} \pi_{pq} \boldsymbol{P}_q \widetilde{\boldsymbol{A}}_p + \boldsymbol{D}_\omega^{\mathrm{T}} \widetilde{\boldsymbol{C}}_p
$$

$$
\boldsymbol{\Omega}_{21} = \widetilde{\boldsymbol{B}}_p^{\mathrm{T}} \sum_{q \in M} \pi_{pq} \widetilde{\boldsymbol{B}}_p + \boldsymbol{D}_\omega^{\mathrm{T}} \boldsymbol{D}_\omega - \gamma^2 \boldsymbol{I}
$$

令 $\boldsymbol{Y}_p = \boldsymbol{P}_p^{-1}, p \in M$，由 Schur 补引理可得，$\boldsymbol{\Omega}_p < 0$ 等价于式(9.18)。

因此，由式(9.18) 及式(9.20) 可得：

$$
E\{\Delta \boldsymbol{V}_k\} + \boldsymbol{y}_k^{\mathrm{T}} \boldsymbol{y}_k - \gamma^2 \boldsymbol{\omega}_k < 0 \tag{9.21}
$$

由式(9.21)，对 k 从 0 到∞求和可得：

$$
E\left\{\sum_{k=0}^{\infty} \| \boldsymbol{y}_k \|^2\right\} < \gamma^2 E\left\{\sum_{k=0}^{\infty} \| \boldsymbol{\omega}_k \|^2\right\} - E\{\boldsymbol{V}_0\} - E\{\boldsymbol{V}_\infty\}
$$

由闭环系统的随机稳定性及零初始条件可得式(9.13)，证毕。

定理 9.2 假设系统模态 r_k 的转移概率全部是已知的。然而，通常很难得到全部的转移概率。定理 9.3 考虑了系统模态的转移概率部分未知的情况，即矩阵中有部分未知的元素，例如 $\boldsymbol{\Pi}$ 可能具有如式(9.22) 所示的结构：

$$
\boldsymbol{\Pi} = \begin{bmatrix} ? & \pi_{12} & \pi_{13} & ? \\ \pi_{21} & \pi_{22} & ? & ? \\ ? & ? & ? & \pi_{34} \\ \pi_{41} & \pi_{42} & \pi_{43} & \pi_{44} \end{bmatrix} \tag{9.22}
$$

其中“?”表示未知的元素。集合 M 可以记为 $M = M_k^p + M_{uk}^p$，其中 $M_k^p = \{q : \pi_{pq}$ 是已知的$\}$，$M_{uk}^p = \{q : \pi_{pq}$ 是未知的$\}$。如果 $M_k^p \neq \varnothing$，那么 $M_k^p = \{k_1^p, k_2^p, \cdots, k_d^p\}$，$1 \leqslant d \leqslant 4$，其中 k_d^p 是矩阵 $\boldsymbol{\Pi}$ 第 p 行第 d 个已知元素的列下标。M_{uk}^p 记为 $M_{uk}^p = \{\bar{k}_1^p, \bar{k}_2^p, \cdots, \bar{k}_{4-d}^p\}$，其中 $\bar{k}_{4-d}^p$ 是矩阵 $\boldsymbol{\Pi}$ 第 p 行第 $4-d$ 个未知元素的列下标。

定理 9.3 闭环系统［式(9.12)］是随机稳定的且具有 H_∞ 性能［式(9.13)］，如果存在正定矩阵 $\boldsymbol{P}_p > 0, \boldsymbol{Y}_p > 0$ 和矩阵 $\boldsymbol{K}$、$\boldsymbol{L}$ 使得：

$$\begin{bmatrix} -\tilde{\pi}\boldsymbol{Y}_p & * & * & * \\ 0 & -\tilde{\pi}\gamma^2\boldsymbol{I} & * & * \\ \tilde{\pi}\boldsymbol{C}_p & \tilde{\pi}\boldsymbol{D}_\omega & -\tilde{\pi}\boldsymbol{I} & * \\ \hat{\boldsymbol{A}}_p & \hat{\boldsymbol{B}}_p & 0 & -\hat{\boldsymbol{P}}_q \end{bmatrix} < 0 \tag{9.23}$$

$$\begin{bmatrix} -\boldsymbol{Y}_p & * & * & * \\ 0 & -\gamma^2\boldsymbol{I} & * & * \\ \boldsymbol{C}_p & \boldsymbol{D}_\omega & -\boldsymbol{I} & * \\ \boldsymbol{A}_p & \boldsymbol{B}_p & 0 & -\boldsymbol{P}_q \end{bmatrix} < 0, q \in M_{uk}^p \tag{9.24}$$

$$\boldsymbol{Y}_p\boldsymbol{P}_p = \boldsymbol{I} \tag{9.25}$$

其中：

$$\hat{\boldsymbol{A}}_p^{\mathrm{T}} = \left[\sqrt{\pi_{p1}}\boldsymbol{A}_p, \quad \cdots, \quad \sqrt{\pi_{pd}}\boldsymbol{A}_p\right]$$

$$\hat{\boldsymbol{B}}_p^{\mathrm{T}} = \left[\sqrt{\pi_{p1}}\boldsymbol{B}_p, \quad \cdots, \quad \sqrt{\pi_{pd}}\boldsymbol{B}_p\right]$$

$$\hat{\boldsymbol{P}}_q = \mathrm{diag}\{\boldsymbol{P}_1, \quad \cdots, \quad \boldsymbol{P}_d\}$$

$$\tilde{\pi} = \sum_{q \in M_k^p} \pi_{pq}$$

满足 $p, q \in M$。

证明： 由于 $\sum_{q \in M} \pi_{pq} = 1$，根据 Schur 补引理，$\boldsymbol{\Omega}_p < 0$ 等价于：

$$\begin{bmatrix} -\boldsymbol{Y}_p & * & * \\ 0 & -\gamma^2\boldsymbol{I} & * \\ \boldsymbol{C}_p & \boldsymbol{D}_\omega & -\boldsymbol{I} \end{bmatrix} + [\boldsymbol{A}_p \quad \boldsymbol{B}_p \quad 0]^{\mathrm{T}} \sum_{q \in M} \pi_{pq}\boldsymbol{P}_{r_{k+1}} [\boldsymbol{A}_p \quad \boldsymbol{B}_p \quad 0]$$

$$= \sum_{q \in M_k^p} \pi_{pq} \begin{bmatrix} -\boldsymbol{Y}_p & * & * \\ 0 & -\gamma^2\boldsymbol{I} & * \\ \boldsymbol{C}_p & \boldsymbol{D}_\omega & -\boldsymbol{I} \end{bmatrix} + [\boldsymbol{A}_p \quad \boldsymbol{B}_p \quad 0]^{\mathrm{T}} \sum_{q \in M_k^p} \pi_{pq}\boldsymbol{P}_{r_{k+1}} [\boldsymbol{A}_p \quad \boldsymbol{B}_p \quad 0]$$

$$+ \sum_{q \in M_{uk}^p} \pi_{pq} \begin{bmatrix} -\boldsymbol{Y}_p & * & * \\ 0 & -\gamma^2\boldsymbol{I} & * \\ \boldsymbol{C}_p & \boldsymbol{D}_\omega & -\boldsymbol{I} \end{bmatrix} + [\boldsymbol{A}_p \quad \boldsymbol{B}_p \quad 0]^{\mathrm{T}} \sum_{q \in M_{uk}^p} \pi_{pq}\boldsymbol{P}_{r_{k+1}} [\boldsymbol{A}_p \quad \boldsymbol{B}_p \quad 0]$$

$$= \begin{bmatrix} -\tilde{\pi}\boldsymbol{Y}_p & * & * \\ 0 & -\tilde{\pi}\gamma^2\boldsymbol{I} & * \\ \tilde{\pi}\boldsymbol{C}_p & \tilde{\pi}\boldsymbol{D}_\omega & -\tilde{\pi}\boldsymbol{I} \end{bmatrix} + [\boldsymbol{A}_p \quad \boldsymbol{B}_p \quad 0]^{\mathrm{T}} \sum_{q \in M_k^p} \pi_{pq}\boldsymbol{P}_{r_{k+1}} [\boldsymbol{A}_p \quad \boldsymbol{B}_p \quad 0]$$

$$+ \sum_{q \in M_{uk}^p} \pi_{pq} \left(\begin{bmatrix} -\boldsymbol{Y}_p & * & * \\ 0 & -\gamma^2\boldsymbol{I} & * \\ \boldsymbol{C}_p & \boldsymbol{D}_\omega & -\boldsymbol{I} \end{bmatrix} + [\boldsymbol{A}_p \quad \boldsymbol{B}_p \quad 0]^{\mathrm{T}} \boldsymbol{P}_{r_{k+1}} [\boldsymbol{A}_p \quad \boldsymbol{B}_p \quad 0] \right) < 0$$

再次使用 Schur 补引理可得，若式(9.23)～式(9.25) 成立，那么 $\boldsymbol{\Omega}_{r_k} < 0$，证毕。

注 9.2 关于未知转移概率矩阵，本章所采用的方法是将未知概率和已知概率进行分离，然后舍弃未知概率。另一种方法是将概率和相关矩阵进行分离，如 $\sum_{q\in M}\pi_{pq}\boldsymbol{P}_q \leqslant \sum_{q\in M}\pi_{pq}\sum_{q\in M}\boldsymbol{P}_q$，这将大大增加结论的保守性。

注 9.3 关于将未知概率和已知概率进行分离的方法，随着未知概率数量的增加，需要求解的矩阵不等式的数量也将增加。在定理 9.3 中，如果所有的转移概率矩阵都成立，那么需要求解的矩阵不等式的数量为 4；如果所有的转移概率均未知，那么需要求解的矩阵不等式的数量为 16。

定理 9.3 中的约束条件式(9.18) 及式(9.19) 是具有逆矩阵约束的矩阵不等式，可以利用锥补线性化（cone complementary linearization，CCL）进行求解。控制器增益矩阵 $\boldsymbol{K}$ 和观测器增益矩阵 $\boldsymbol{L}$ 的求解问题可以转化为具有线性矩阵不等式约束的非线性约束问题：

$$\min \operatorname{tr}\Big(\sum_{p=1}^{4}\boldsymbol{P}_p\boldsymbol{Y}_p\Big)$$

$$\text{s. t. 式(9.18) 和式(9.22)}$$

$$\begin{bmatrix}\boldsymbol{P}_p & \boldsymbol{I}\\ \boldsymbol{I} & \boldsymbol{Y}_p\end{bmatrix}>0,p\in M \tag{9.26}$$

控制器增益矩阵 $\boldsymbol{K}$ 和观测器增益矩阵 $\boldsymbol{L}$ 的求解步骤如下。

步骤 1 给定 $\gamma=\gamma_0$。

步骤 2 求解式(9.18) 及式(9.22)，得到一组可行解（$\boldsymbol{P}_p^0,\boldsymbol{Y}_p^0,\boldsymbol{K}^0,\boldsymbol{L}^0$），令 $k=0$。

步骤 3 求解如下非线性最小化问题：

$$\min \operatorname{tr}\Big[\sum_{p=1}^{4}(\boldsymbol{P}_p^k\boldsymbol{Y}_p+\boldsymbol{Y}_p^k\boldsymbol{P}_p)\Big]$$

$$\text{s. t. 式(9.18)}$$

令 $\boldsymbol{P}_p^k=\boldsymbol{P}_p,\boldsymbol{Y}_p^k=\boldsymbol{Y}_p,\boldsymbol{K}^k=\boldsymbol{K},\boldsymbol{L}^k=\boldsymbol{L}$。

步骤 4 检查式(9.18) 及式(9.19) 是否满足，若满足则适当减小 γ，即令 $\gamma=\gamma-\tau,\tau$ 为一正实数，令 $k=k+1$，转到步骤 3；若迭代次数超过最大迭代次数则终止迭代。

步骤 5 迭代终止后检查 γ：若 $\gamma=\gamma_0$，则此优化问题在给定的迭代次数内无解；若 $\gamma<\gamma_0$，则 $\gamma_{\min}=\gamma+\tau$。

9.3 实例仿真

为了说明所提方法的有效性，这一部分将提供两个例子。

例 9.1 考虑如图 9.2 所示有旋转天线及电机组成的角度定位系统[21]，其中 φ 为天线的角度位置，φ_r 为移动物体的角度位置。该系统的作用是通过调整电机的输入电压使天线旋转，以指向目标对象的方向。

系统状态变量取为 $[\varphi\ \dot{\varphi}]^{\mathrm{T}}$，那么角度定位系统的参数如下：

$$\boldsymbol{A}=\begin{bmatrix}1 & 0.0995\\ 0 & 0.99\end{bmatrix},\boldsymbol{B}=\begin{bmatrix}0.0039\\ 0.0783\end{bmatrix},\boldsymbol{B}_\omega=\begin{bmatrix}0.005\\ 0.003\end{bmatrix},\boldsymbol{C}=\begin{bmatrix}1.4 & 0.8\\ -0.2 & 0.4\end{bmatrix},\boldsymbol{D}_\omega=\begin{bmatrix}0.007\\ 0.009\end{bmatrix}$$

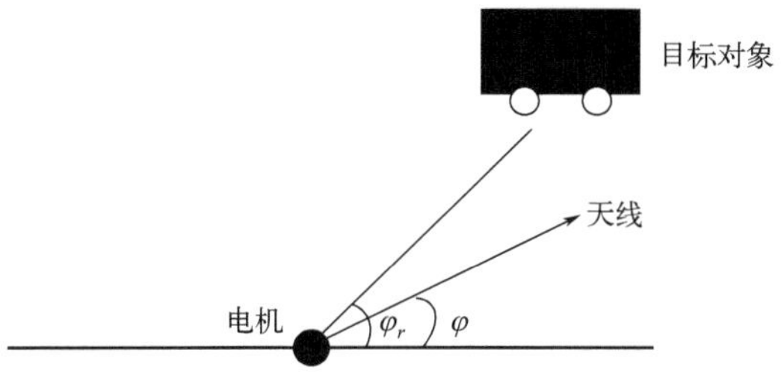

图 9.2　角度位置

所得闭环系统［式(9.9)］的相关参数可计算如下：

$$\boldsymbol{M}_1^{\mathrm{T}}=\boldsymbol{M}_3^{\mathrm{T}}=[0 \quad 0 \quad 0.0039 \quad 0.0783], \boldsymbol{M}_2^{\mathrm{T}}=\boldsymbol{M}_4^{\mathrm{T}}=[0.0039 \quad 0.0783 \quad 0 \quad 0]$$

$$\boldsymbol{N}_1=\boldsymbol{N}_3=\begin{bmatrix}1 & 0 & -1 & 0\\ 0 & 1 & 0 & -1\end{bmatrix}, \boldsymbol{N}_2=\boldsymbol{N}_4=\begin{bmatrix}-1 & 0 & 1 & 0\\ 0 & -1 & 0 & 1\end{bmatrix}$$

$$\boldsymbol{E}_3^{\mathrm{T}}=\boldsymbol{E}_4^{\mathrm{T}}=\begin{bmatrix}0 & 0 & 1 & 0\\ 0 & 0 & 0 & 1\end{bmatrix}, \boldsymbol{F}_3^{\mathrm{T}}=\boldsymbol{F}_4^{\mathrm{T}}=\begin{bmatrix}0 & 0 & -1.5 & 0.7\\ 0 & 0 & -0.2 & 0.4\end{bmatrix}$$

系统模态 $\sigma_k \in \{1,2,3,4\}$，其转移概率矩阵如下：

$$\boldsymbol{\Pi}=\begin{bmatrix}0.3 & 0.4 & 0.1 & 0.2\\ 0.1 & 0.3 & 0.5 & 0.2\\ 0.5 & 0.1 & 0.2 & 0.2\\ 0.4 & 0.3 & 0.2 & 0.1\end{bmatrix}$$

通过定理 9.2，得到控制器增益矩阵 $\boldsymbol{K}$、观测器增益矩阵 $\boldsymbol{L}$ 和最小扰动抑制性能指标 $\gamma_{\min}$ 如下：

$$\boldsymbol{K}=[-4.0078 \quad -5.2012], \boldsymbol{L}=\begin{bmatrix}0.5670 & 0.4922\\ 0.4005 & 1.6271\end{bmatrix}, \gamma_{\min}=0.1703$$

假设系统初始状态为 $\boldsymbol{x}_0^{\mathrm{T}}=[2 \quad -1], \hat{\boldsymbol{x}}_0^{\mathrm{T}}=[2.1 \quad -1.1]$，外部扰动为 $\omega_k=1/k$。图 9.3～图 9.5 为系统模态及闭环系统状态曲线。

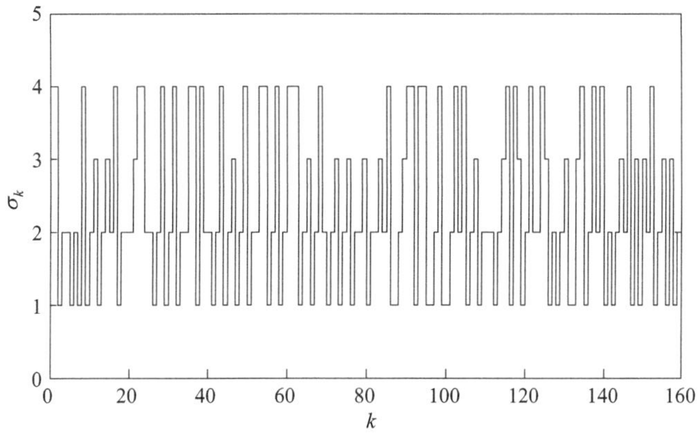

图 9.3　系统模态 σ_k

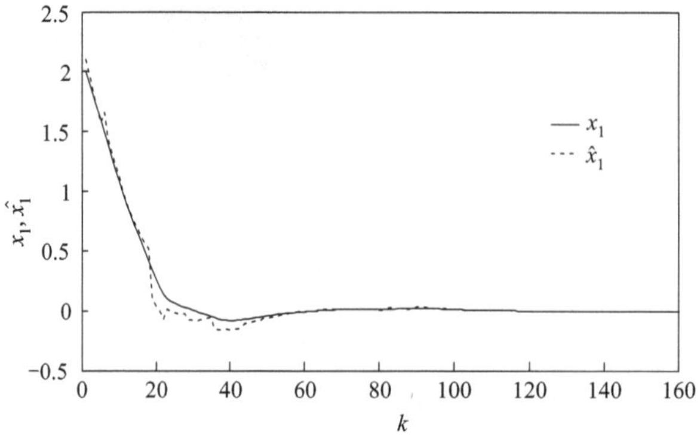

图 9.4　闭环系统状态曲线 x_1 与 $\hat{x}_1$

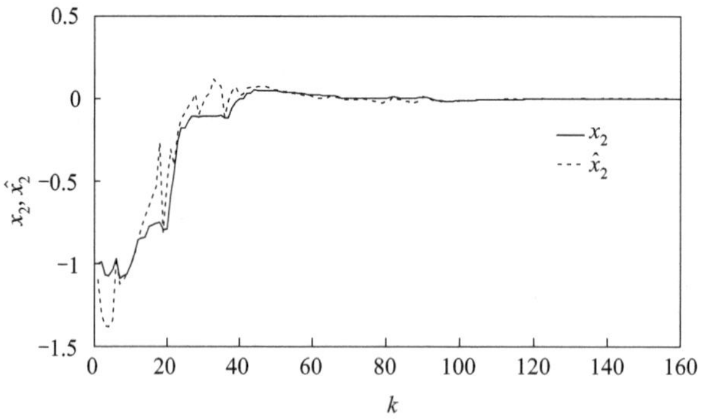

图 9.5　闭环系统状态曲线 x_2 与 $\hat{x}_2$

例 9.2　被控对象的参数为：

$$\boldsymbol{A}=\begin{bmatrix}0.52 & -0.69\\ 0 & 0.19\end{bmatrix},\boldsymbol{B}_u=\begin{bmatrix}0.3\\0.2\end{bmatrix},\boldsymbol{B}_\omega=\begin{bmatrix}0.01\\0.23\end{bmatrix},\boldsymbol{C}=\begin{bmatrix}1.5 & 0.7\\0.2 & 0.4\end{bmatrix},\boldsymbol{D}_\omega=\begin{bmatrix}0.03\\0.05\end{bmatrix}$$

随着丢包的变化，系统的模态 $\sigma_k \in \{1,2,3,4\}$，σ_k 的转移概率矩阵为：

$$\boldsymbol{\Lambda}=\begin{bmatrix}0.3 & ? & ? & 0.2\\0.1 & ? & 0.5 & ?\\0.5 & 0.1 & ? & ?\\0.4 & 0.3 & 0.2 & 0.1\end{bmatrix}$$

根据定理 9.3，得到控制器增益矩阵 $\boldsymbol{K}$、观测器增益矩阵 $\boldsymbol{L}$ 和扰动抑制性能指标 $\gamma_{\min}$：

$$\boldsymbol{K}=[-0.1866\quad -0.5995],\boldsymbol{L}=\begin{bmatrix}0.694 & -2.6930\\-0.0559 & 0.2138\end{bmatrix},\gamma_{\min}=0.0837$$

系统的初始状态 $\boldsymbol{x}_0^{\mathrm{T}}=[2\quad -2]$，$\hat{\boldsymbol{x}}_0^{\mathrm{T}}=[2.2\quad -2.2]$，外部扰动为：

$$\omega_k=\begin{cases}1, k\in[15\quad 20]\\0,\text{其他}\end{cases}$$

图 9.6 为系统模态的跳变值，图 9.7 与图 9.8 为闭环系统的状态及其估计值曲线。

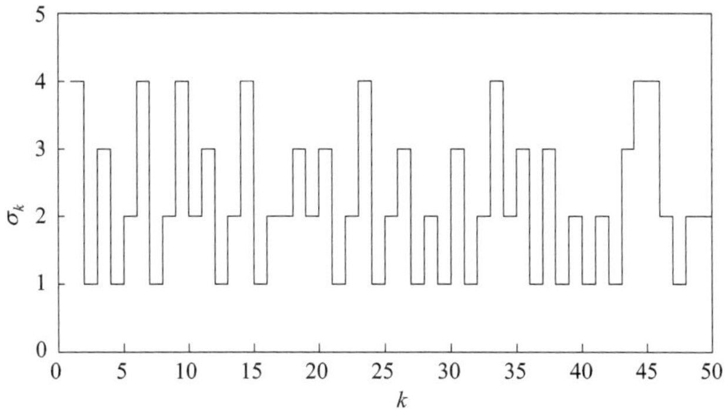

图 9.6　系统模态 σ_k 跳变值

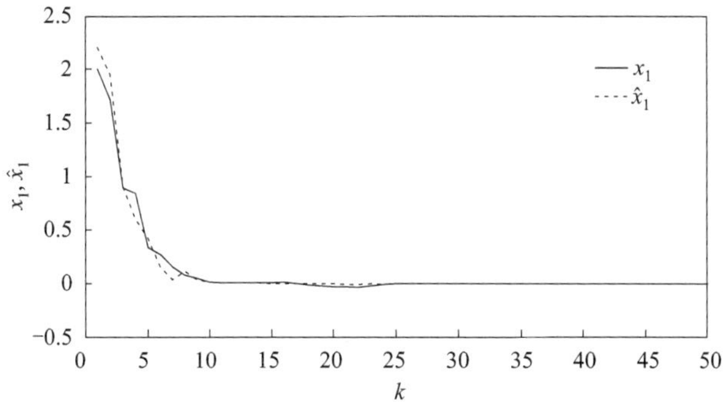

图 9.7　闭环系统状态曲线 x_1 及其估计值曲线 $\hat{x}_1$

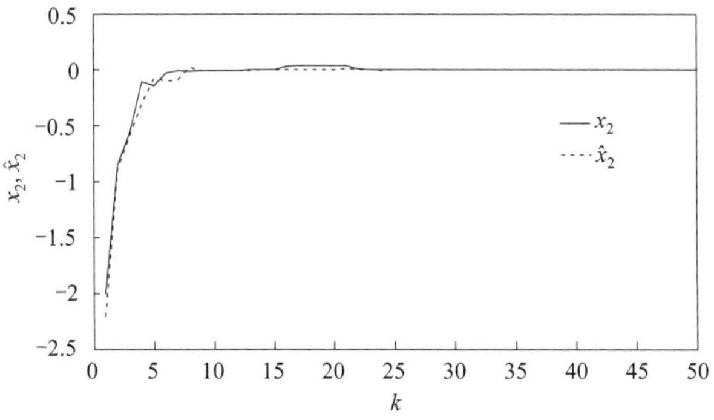

图 9.8　闭环系统状态曲线 x_2 及其估计值曲线 $\hat{x}_2$

9.4　本章小结

本章研究了具有随机数据包丢失的 NCS 的基于观测器的 H_∞ 控制问题。S-C 链路中的数据包丢失和 C-A 链路中的数据包丢失都被考虑在内。推导了基于观测器的控制器存在的充分必要条件，使得闭环系统随机稳定并达到一定的 H_∞ 抗扰水平。应用仿真证明了所提方法的可行性。

参考文献

[1] Peng C, Zhang J. Event-triggered output-feedback H_{∞} control for networked control systems with time-varying sampling [J]. IET Control Theory and Applications, 2015, 9 (9): 1384-1391.

[2] Zhang X M, Han Q L. Event-triggered dynamic output feedback control for networked control systems [J]. IET Control Theory and Applications, 2014, 8 (4): 226-234.

[3] Yang F W, Han Q L. H_{∞} control for networked systems with multiple packet dropouts [J]. Information Sciences, 2013, 252: 106-117.

[4] Chen H F, Gao J F, Shi T, et al. H_{∞} control for networked control systems with time delay, data packet dropout and disorder [J]. Neurocomputing, 2016, 179: 211-218.

[5] Yang F W, Wang W, Niu Y G, et al. Observer-based H_{∞} control for networked systems with consecutive packet delays and losses [J]. International Journal of Control, Automation and Systems, 2010, 8 (4): 769-775.

[6] Qiu L, Li S B, Xu B G, et al. H_{∞} control of networked control systems based on Markov jump unified model [J]. International Journal of Robust and Nonlinear Control, 2014, 25 (15): 2770-2786.

[7] Tian E G, Yue D. A new state feedback H_{∞} control of networked control systems with time-varying network conditions [J]. Journal of the Franklin Institute, 2012, 349 (3): 891-914.

[8] Zhang W A, Yu L. Modelling and control of networked control systems with both network-induced delay and packet-dropout [J]. Automatica, 2008, 44 (12): 3206-3210.

[9] Zhang J H, Lin Y J, Shi P. Output tracking control of networked control systems via delay compensation controllers [J]. Automatica, 2015, 57: 85-92.

[10] 蔡云泽，潘宁，许晓鸣．具有长时延及丢包的网络控制系统 H_{∞} 鲁棒滤波 [J]．控制与决策，2010，25 (12)：1826-1830.

[11] Bu X H, Hou Z S. Stability of iterative learning control with data dropouts via asynchronous dynamical system [J]. International Journal of Automation and Computing, 2011, 8 (1): 29-36.

[12] 谢成祥．有数据包丢失网络控制系统的建模和控制 [J]．科学技术与工程，2014，14 (18)：76-80.

[13] Cai H B, Li P, Su C L, et al. Robust model predictive control with randomly occurred networked packet loss in industrial cyber physical systems [J]. Journal of Central South University, 2019, 26 (7): 1921-1933.

[14] Wang S Q, Jiang Y L, Li Y C, et al. Fault detection and control codesign for discrete-time delayed fuzzy networked control systems subject to quantization and multiple packet dropouts [J]. Fuzzy Sets and Systems, 2017, 306: 1-25.

[15] Mnasri C, Chor D, Gasmi M. Robust integral sliding mode control of uncertain networked control systems with multiple data packet losses [J]. International Journal of Control Automation and Systems, 2018, 16 (5): 2093-2102.

[16] Shen D, Zhang C, Xu Y. Two updating schemes of iterative learning control for networked control systems with random data dropouts [J]. Information Sciences, 2017, 381: 352-370.

[17] Wang Y F, He P, Li H, et al. Stabilization for networked control system with time-delay and packet loss in both S-C side and C-A side [J]. IEEE Access, 2020, 8: 2513-2523.

[18] Wang Y F，Jing Y W，Yu B Q. State feedback for networked control systems with time-delay and data packet dropout. [C] //Proceeding of the 2011 Chinese Control and Decision Conference. IEEE，2011：306-309.

[19] Ghavifekr A A，Ghiasi A R，Badamchizadeh M A，et al. Stability analysis of the linear discrete teleoperation systems with stochastic sampling and data dropout [J] . European Journal of Control，2018，41：63-71.

[20] Yu J M，Kuang C H，Tang X M. Model predictive tracking control for networked control systems subject to Markovian packet dropout. [C] //2017 36th Chinese Control Conference. IEEE，2017：301-305.

[21] Liu A D，Yu L，Zhang W A. One-step receding horizon control for networked control systems with random delay and packet disordering [J] . ISA Transactions，2011，50 (1)：44-52.

第 10 章 具有 S-C 及 C-A 时延和数据包丢失的网络控制系统控制器设计方法

网络控制系统（networked control system，NCS）具有易扩展、易诊断及成本低等优点，被广泛应用于工业控制、环境监测、军事等领域[1-3]。然而，网络的引入不可避免地会产生时延、丢包等现象[4-6]，使得控制系统性能降低甚至可能导致系统不稳定。如何对存在时延和丢包的 NCS 设计控制器受到了众多学者的关注并出现了大量的研究成果[7-10]。

NCS 网络不但存在于传感器和控制器之间，也存在于控制器至执行器之间，并且这两段网络都会出现时延和丢包的现象。然而，现有关于 NCS 镇定控制器的文献，有的只考虑了两段网络的时延，有的只考虑了两段网络的丢包，有的仅考虑了一段网络的时延和丢包。可以将现有关于 NCS 控制器设计的文献分成如下三类：

第一类文献仅考虑网络时延。文献［11］把 S-C 时延 σ_k 建模为有限状态的离散 Markov 链，把闭环 NCS 建模为 Markov 跳变线性系统，利用 V-K 迭代算法进行了控制器设计；文献［12］分别用两个独立的离散 Markov 链分别描述描述 S-C 时延 σ_k 和 C-A 时延 ϕ_k，通过状态增广的方法建立了闭环系统数学模型，得到了闭环系统随机稳定的充分必要条件，给出了依赖于 σ_k 及 ϕ_{k-1} 的状态反馈控制器求解方法；文献［13］同时考虑 S-C 时延 σ_k 和 C-A 时延 ϕ_k，通过构造随机 Lyapunov-Krasovskii 泛函，基于自由权重矩阵方法，得到了 H_∞ 指标约束下闭环系统随机稳定的充分条件，给出了模态依赖的 H_∞ 状态反馈控制器设计方法。文献［14］用两个独立的 Markov 链分别描述 S-C 时延 σ_k 和 C-A 时延 ϕ_k，研究了一类非线性 NCS 的镇定问题，以矩阵不等式的形式给出了闭环系统随机稳定的充分条件，并利用 CCL 的思想给出了控制器增益矩阵的求解方法。

第二类文献仅考虑丢包。文献［15］考虑 S-C 丢包及 C-A 丢包，对一类非线性 NCS 研究了基于观测器的镇定控制器设计问题。用两个服从 Bernoulli 分布的随机变量分别描述 S-C 丢包及 C-A 丢包，设计了使得闭环系统随机均方稳定且满足一定 H_∞ 性能的控制器。文献［16］考虑 S-C 丢包及 C-A 丢包，将 NCS 建模为含有 4 个子系统的 Markov 跳变系统，4 个子系统之间跳变遵行 Markov 跳变规律，并且具有部分未知的跳变概率，得到了闭环系统随机稳定的充分条件，并给出了状态反馈控制器设计方法。文献［17］用两个 Markov 链分别描述考虑 S-C 丢包及 C-A 丢包的情况，给出了闭环系统状态反馈保性能控制的设计方法。

第三类只考虑 S-C 的时延和丢包或 C-A 的时延和丢包。文献［18］通过把 S-C 时延和 S-C 丢包建模为满足 Bernoulli 分布的等价时延，建立了闭环系统模型，基于随机系统稳定性理论，以线性矩阵不等式(linear matrix inequality，LMI) 的形式给出了系统均方指数稳定条件和输出反馈控制器设计方法。文献 [19] 针对 S-C 时延和 S-C 丢包，将故障检测问题转化为具有时延的 Markov 跳变系统的滤波器设计问题，利用 Lyapunov-Krasovskii 泛函的方法给出了滤波器存在的充分条件和设计方法。

目前关于同时具有 S-C 时延和丢包及 C-A 时延和丢包的 NCS 的镇定控制问题还需要进一步研究。后文同时考虑 S-C 时延和丢包及 C-A 时延和丢包，研究 NCS 基于观测器的镇定反馈控制问题，给出闭环系统随机稳定条件和相应的控制器求解方法。

10.1 问题描述

本章所考虑的 NCS 的结构如图 10.1 所示。

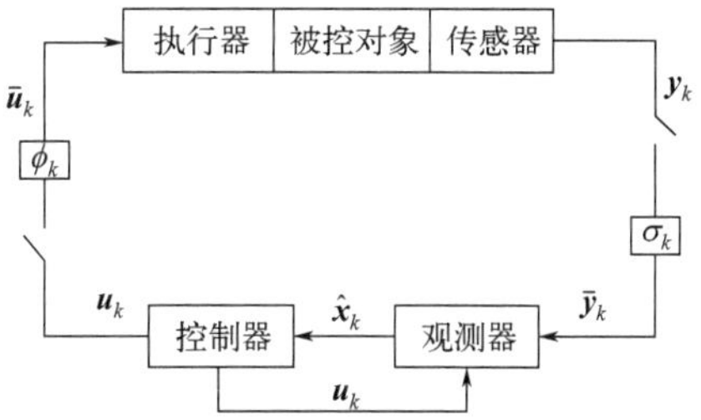

图 10.1 具有随机时延及数据包丢失的 NCS 结构

图 10.1 中开关闭合表示数据包传输成功，打开表示发生了丢包。σ_k 和 ϕ_k 分别表示 S-C 时延和 C-A 时延，分别在有限集合 $\Omega=\{0,\cdots,\sigma_{\mathrm{M}}\}$，$\Xi=\{0,\cdots,\phi_{\mathrm{M}}\}$ 中取值，其转移概率矩阵分别为 $\boldsymbol{\Pi}=[\mu_{ab}]$，$\boldsymbol{\Theta}=[\nu_{mn}]$。时延 σ_k 和 ϕ_k 的转移概率 μ_{ab} 和 ν_{mn} 定义如下：

$$\mu_{ab}=\Pr\{\mu_{k+1}=b\mid\mu_k=a\}$$

$$\nu_{mn}=\Pr\{\nu_{k+1}=n\mid\nu_k=m\}$$

式中，$\mu_{ab}\geqslant 0$；$\nu_{mn}\geqslant 0$；$\sum_{b=0}^{\sigma_{\mathrm{M}}}\mu_{ab}=1$；$\sum_{n=0}^{\phi_{\mathrm{M}}}\nu_{mn}=1$。

通常很难获取时延全部的转移概率，因此本章假设时延 σ_k 和 ϕ_k 的转移概率矩阵均存在部分未知元素。

用 $\Omega_{k_p^a}$ 代表矩阵 $\boldsymbol{\Pi}$ 中第 a 行第 p 个已知元素的列下标，$\Omega_{\bar{k}^a_{\sigma_{\mathrm{M}}-p}}$ 代表矩阵 $\boldsymbol{\Pi}$ 中第 a 行第 $\sigma_{\mathrm{M}}-p$ 个未知元素的列下标。对于 $\sigma_{\mathrm{M}}-p$，$\forall a\in\Omega$，令 $\Omega=\Omega_k^a+\Omega_{uk}^a$，式中，$\Omega_k^a=\{b:\mu_{ab}$ 已知$\}$，$\Omega_{uk}^a=\{b:\mu_{ab}$ 未知$\}$。若 Ω_k^a 不是空集，则 Ω_k^a 和 Ω_{uk}^a 可以表示为 $\Omega_k^a=\{\Omega_{k_1^a},\Omega_{k_2^a},\cdots,\Omega_{k_p^a}\}$，$\Omega_{uk}^i=\{\Omega_{\bar{k}_1^a},\Omega_{\bar{k}_2^a},\cdots,\Omega_{\bar{k}^a_{\sigma_{\mathrm{M}}-p}}\}$，$1\leqslant p\leqslant\sigma_{\mathrm{M}}$。

用 $\Xi_{k_p^m}$ 表示矩阵 $\boldsymbol{\Theta}$ 中第 m 行第 q 个已知元素的列下标，$\Xi_{\bar{k}^m_{\phi_{\mathrm{M}}-q}}$ 表示第 m 行第 $\phi_{\mathrm{M}}-q$ 个未知元素的列下标。对于 $\forall m\in\Xi$，令 $\Xi=\Xi_k^m+\Xi_{uk}^m$，式中 $\Xi_k^m=\{n:\nu_{mn}$ 已知$\}$，$\Xi_{uk}^m=\{n:\nu_{mn}$ 未知$\}$。若 Ξ_k^m 不是空集，则 Ξ_k^m 和 Ξ_{uk}^m 可以分别表示为 $\Xi_k^m=\{\Xi_{k_1^m},\Xi_{k_2^m},\cdots,\Xi_{k_q^m}\}$，$\Xi_{uk}^m=\{\Xi_{\bar{k}_1^m},\Xi_{\bar{k}_2^m},\cdots,\Xi_{\bar{k}^m_{\phi_{\mathrm{M}}-q}}\}$，$1\leqslant q\leqslant\phi_{\mathrm{M}}$。

采用服从 Bernoulli 分布的随机变量 α_k、β_k 分别描述 S-C 丢包和 C-A 丢包：当随机变量取值为 1，表示数据包被成功传输；反之则表示数据包传输失败。随机变量 α_k、β_k 满足如下的特性：

$$\Pr\{\alpha_k=1\}=E\{\alpha_k\}\triangleq\bar{\alpha}=0.9$$

$$\Pr\{\alpha_k=0\}\triangleq 1-\bar{\alpha}$$

$$\mathrm{Var}\{\alpha_k\}=E\{(\alpha_k-\bar{\alpha})^2\}=(1-\bar{\alpha})\bar{\alpha}\triangleq\alpha_1^2$$

$$\Pr\{\beta_k=1\}=E\{\beta_k\}\triangleq\bar{\beta}$$

$$\Pr\{\beta_k=0\}\triangleq 1-\bar{\beta}$$

$$\mathrm{Var}\{\beta_k\}=E\{(\beta_k-\bar{\beta})^2\}=(1-\bar{\beta})\bar{\beta}\triangleq\beta_1^2$$

考虑到时延及丢包，观测器接收到的系统输出 $\bar{y}_k$ 和执行器接收到的控制量 $\bar{u}_k$ 可以分别表示为：

$$\bar{\boldsymbol{y}}_k=\alpha_k\boldsymbol{y}_{k-\sigma_k} \tag{10.1}$$

$$\bar{\boldsymbol{u}}_k=\beta_k\boldsymbol{u}_{k-\phi_k} \tag{10.2}$$

NCS 的状态方程如下：

$$\begin{cases}\boldsymbol{x}_{k+1}=\boldsymbol{A}\boldsymbol{x}_k+\boldsymbol{B}\bar{\boldsymbol{u}}_k\\ \boldsymbol{y}_k=\boldsymbol{C}\boldsymbol{x}_k\end{cases} \tag{10.3}$$

式中，$\boldsymbol{x}_k$ 是系统状态向量，$\bar{\boldsymbol{u}}_k$ 是控制输入向量，$\boldsymbol{y}_k$ 是系统输出向量；$\boldsymbol{A}$、$\boldsymbol{B}$、$\boldsymbol{C}$ 是适当维数的定常矩阵。

观测器的状态方程如下：

$$\begin{cases}\hat{\boldsymbol{x}}_{k+1}=\boldsymbol{A}\hat{\boldsymbol{x}}_k+\boldsymbol{B}\boldsymbol{u}_k+\boldsymbol{L}(\bar{\boldsymbol{y}}_k-\alpha_k\hat{\boldsymbol{y}}_{k-\sigma_k})\\ \hat{\boldsymbol{y}}_k=\boldsymbol{C}\hat{\boldsymbol{x}}_k\end{cases} \tag{10.4}$$

式中，$\hat{\boldsymbol{x}}_k$ 是观测器状态向量，$\hat{\boldsymbol{y}}_k$ 是观测器输出向量；$\boldsymbol{u}_k$ 是观测器输入向量；$\boldsymbol{L}$ 是待定的增益矩阵。

采用如下基于观测器的反馈控制律（$\boldsymbol{K}$ 为控制器增益矩阵）：

$$\boldsymbol{u}_k=\boldsymbol{K}\hat{\boldsymbol{x}}_k \tag{10.5}$$

定义如下状态估计误差及增广向量：

$$\boldsymbol{e}_k=\boldsymbol{x}_k-\hat{\boldsymbol{x}}_k,\boldsymbol{\zeta}_k=\begin{bmatrix}\boldsymbol{x}_k^{\mathrm{T}} & \boldsymbol{e}_k^{\mathrm{T}}\end{bmatrix}^{\mathrm{T}} \tag{10.6}$$

由式(10.1)～式(10.6) 可得闭环系统状态方程为：

$$\boldsymbol{\zeta}_{k+1}=(\bar{\boldsymbol{A}}+\bar{\boldsymbol{B}}\boldsymbol{K}\boldsymbol{E}_1)\boldsymbol{\zeta}_k+\alpha_k\boldsymbol{E}_2\boldsymbol{L}\bar{\boldsymbol{C}}\boldsymbol{\zeta}_{k-\sigma_k}+\beta_k\tilde{\boldsymbol{B}}\boldsymbol{K}\boldsymbol{E}_1\boldsymbol{\zeta}_{k-\phi_k} \tag{10.7}$$

式中：

$$\bar{\boldsymbol{A}}=\begin{bmatrix}\boldsymbol{A} & 0\\ 0 & \boldsymbol{A}\end{bmatrix},\bar{\boldsymbol{B}}=\begin{bmatrix}0\\ -\boldsymbol{B}\end{bmatrix},\tilde{\boldsymbol{B}}=\begin{bmatrix}\boldsymbol{B}\\ \boldsymbol{B}\end{bmatrix},\bar{\boldsymbol{C}}=\begin{bmatrix}0 & -\boldsymbol{C}\end{bmatrix},\boldsymbol{E}_1=\begin{bmatrix}\boldsymbol{E} & -\boldsymbol{E}\end{bmatrix},\boldsymbol{E}_2=\begin{bmatrix}0\\ \boldsymbol{E}\end{bmatrix}$$

注 10.1 闭环系统状态方程式(10.7) 在 S-C 通道和 C-A 通道中包含时延和丢包，可以认为是 NCS 的一种综合模型。

定义 10.1[12] 对于任意初始状态 $\boldsymbol{\zeta}_0$ 及时延初始模态 $\sigma_0\in\Omega$，$\phi_0\in\Xi$，若存在正定矩阵 $\boldsymbol{W}$ 使得

$$\boldsymbol{E}\left\{\sum_{k=0}^{\infty}\|\boldsymbol{\zeta}_k\|^2\mid\boldsymbol{\zeta}_0,\sigma_0,\phi_0\right\}<\boldsymbol{\zeta}_0^{\mathrm{T}}\boldsymbol{W}\boldsymbol{\zeta}_0 \tag{10.8}$$

成立，那么闭环系统［式(10.7)］是随机稳定的。

引理 10.1[20] 对于任意正定矩阵 $\boldsymbol{H}$，向量 $\boldsymbol{v}$ 及满足 $\theta \geqslant \theta_0 \geqslant 1$ 的两个标量 θ、θ_0，下式总是成立的：

$$\left(\sum_{\rho=\theta_0}^{\theta}\boldsymbol{v}_\rho\right)^{\mathrm{T}}\boldsymbol{H}\sum_{\rho=\theta_0}^{\theta}\boldsymbol{v}_\rho \leqslant (\theta-\theta_0+1)\sum_{\rho=\theta_0}^{\theta}\boldsymbol{v}_\rho^{\mathrm{T}}\boldsymbol{H}\boldsymbol{v}_\rho$$

注 10.2 由于 C-A 信道中存在时延和丢包现象，式(10.4) 中观测器的控制输入与式(10.3) 中受控系统的控制输入不同。S-C 通道和 C-A 通道同时具有时延和丢包的 NCS 的稳定性分析和控制器综合在理论和应用上都非常重要，也是一个具有挑战性的问题。

10.2 主要结论

定理 10.1 若存在矩阵 $\boldsymbol{K}$、$\boldsymbol{L}$ 及正定矩阵 $\boldsymbol{S}_{am}$、$\boldsymbol{S}_{bn}$、$\boldsymbol{P}_1$、$\boldsymbol{P}_2$、$\boldsymbol{P}_3$、$\boldsymbol{P}_4$、$\boldsymbol{Y}_1$、$\boldsymbol{Y}_2$，使得如下不等式对于所有的 $a,b\in\Omega,m,n\in\Xi$ 均成立，则系统［式(10.7)］是随机稳定的。

$$\boldsymbol{\Upsilon} \triangleq \begin{bmatrix} \boldsymbol{\Upsilon}_{11} & * & * & * & * \\ \boldsymbol{\Upsilon}_{21} & \boldsymbol{\Upsilon}_{22} & * & * & * \\ \boldsymbol{\Upsilon}_{31} & \boldsymbol{\Upsilon}_{32} & \boldsymbol{\Upsilon}_{33} & * & * \\ 0 & \boldsymbol{Y}_1 & 0 & -\boldsymbol{P}_1-\boldsymbol{Y}_1 & * \\ 0 & 0 & \boldsymbol{Y}_2 & 0 & -\boldsymbol{P}_2-\boldsymbol{Y}_2 \end{bmatrix} < 0 \tag{10.9}$$

式中：

$$\begin{aligned}\boldsymbol{\Upsilon}_{11}=&(\overline{\boldsymbol{A}}+\overline{\boldsymbol{B}}\boldsymbol{K}\boldsymbol{E}_1)^{\mathrm{T}}\overline{\boldsymbol{S}}_{bn}(\overline{\boldsymbol{A}}+\overline{\boldsymbol{B}}\boldsymbol{K}\boldsymbol{E}_1)+\sigma_{\mathrm{M}}^2(\overline{\boldsymbol{A}}+\overline{\boldsymbol{B}}\boldsymbol{K}\boldsymbol{E}_1-\boldsymbol{E})^{\mathrm{T}}\boldsymbol{Y}_1(\overline{\boldsymbol{A}}+\overline{\boldsymbol{B}}\boldsymbol{K}\boldsymbol{E}_1-\boldsymbol{E})\\&+\phi_{\mathrm{M}}^2(\overline{\boldsymbol{A}}+\overline{\boldsymbol{B}}\boldsymbol{K}\boldsymbol{E}_1-\boldsymbol{E})^{\mathrm{T}}\boldsymbol{Y}_2(\overline{\boldsymbol{A}}+\overline{\boldsymbol{B}}\boldsymbol{K}\boldsymbol{E}_1-\boldsymbol{E})+\boldsymbol{P}_1+\boldsymbol{P}_2+(\sigma_{\mathrm{M}}+1)\boldsymbol{P}_3\\&+(\phi_{\mathrm{M}}+1)\boldsymbol{P}_4-\boldsymbol{Y}_1-\boldsymbol{Y}_2-\boldsymbol{S}_{am}\end{aligned}$$

$$\begin{aligned}\boldsymbol{\Upsilon}_{21}=&(\overline{\alpha}\boldsymbol{E}_2\boldsymbol{L}\overline{\boldsymbol{C}})^{\mathrm{T}}\overline{\boldsymbol{S}}_{bn}(\overline{\boldsymbol{A}}+\overline{\boldsymbol{B}}\boldsymbol{K}\boldsymbol{E}_1)+\sigma_{\mathrm{M}}^2(\overline{\alpha}\boldsymbol{E}_2\boldsymbol{L}\overline{\boldsymbol{C}})^{\mathrm{T}}\boldsymbol{Y}_1(\overline{\boldsymbol{A}}+\overline{\boldsymbol{B}}\boldsymbol{K}\boldsymbol{E}_1-\boldsymbol{E})\\&+\phi_{\mathrm{M}}^2(\overline{\alpha}\boldsymbol{E}_2\boldsymbol{L}\overline{\boldsymbol{C}})^{\mathrm{T}}\boldsymbol{Y}_2(\overline{\boldsymbol{A}}+\overline{\boldsymbol{B}}\boldsymbol{K}\boldsymbol{E}_1-\boldsymbol{E})+\boldsymbol{Y}_1\end{aligned}$$

$$\begin{aligned}\boldsymbol{\Upsilon}_{22}=&(\overline{\alpha}^2+\alpha_1^2)(\boldsymbol{E}_2\boldsymbol{L}\overline{\boldsymbol{C}})^{\mathrm{T}}\overline{\boldsymbol{S}}_{bn}\boldsymbol{E}_2\boldsymbol{L}\overline{\boldsymbol{C}}+\sigma_{\mathrm{M}}^2(\overline{\alpha}^2+\alpha_1^2)(\boldsymbol{E}_2\boldsymbol{L}\overline{\boldsymbol{C}})^{\mathrm{T}}\boldsymbol{Y}_1\boldsymbol{E}_2\boldsymbol{L}\overline{\boldsymbol{C}}\\&+\phi_{\mathrm{M}}^2(\overline{\alpha}^2+\alpha_1^2)(\boldsymbol{E}_2\boldsymbol{L}\overline{\boldsymbol{C}})^{\mathrm{T}}\boldsymbol{Y}_2\boldsymbol{E}_2\boldsymbol{L}\overline{\boldsymbol{C}}-\boldsymbol{P}_3-2\boldsymbol{Y}_1\end{aligned}$$

$$\begin{aligned}\boldsymbol{\Upsilon}_{31}=&(\overline{\beta}\widetilde{\boldsymbol{B}}\boldsymbol{K}\boldsymbol{E}_1)^{\mathrm{T}}\overline{\boldsymbol{S}}_{bn}(\overline{\boldsymbol{A}}+\overline{\boldsymbol{B}}\boldsymbol{K}\boldsymbol{E}_1)+\sigma_{\mathrm{M}}^2(\overline{\beta}\widetilde{\boldsymbol{B}}\boldsymbol{K}\boldsymbol{E}_1)^{\mathrm{T}}\boldsymbol{Y}_1(\overline{\boldsymbol{A}}+\overline{\boldsymbol{B}}\boldsymbol{K}\boldsymbol{E}_1-\boldsymbol{E})\\&+\phi_{\mathrm{M}}^2(\overline{\beta}\widetilde{\boldsymbol{B}}\boldsymbol{K}\boldsymbol{E}_1)^{\mathrm{T}}Z_2(\overline{\boldsymbol{A}}+\overline{\boldsymbol{B}}\boldsymbol{K}\boldsymbol{E}_1-\boldsymbol{E})+\boldsymbol{Y}_2\end{aligned}$$

$$\boldsymbol{\Upsilon}_{32}=(\overline{\beta}\widetilde{\boldsymbol{B}}\boldsymbol{K}\boldsymbol{E}_1)^{\mathrm{T}}\overline{\boldsymbol{S}}_{bn}(\overline{\alpha}\boldsymbol{E}_2\boldsymbol{L}\overline{\boldsymbol{C}})+\sigma_{\mathrm{M}}^2(\overline{\beta}\widetilde{\boldsymbol{B}}\boldsymbol{K}\boldsymbol{E}_1)^{\mathrm{T}}\boldsymbol{Y}_1(\overline{\alpha}\boldsymbol{E}_2\boldsymbol{L}\overline{\boldsymbol{C}})+\phi_{\mathrm{M}}^2(\overline{\beta}\widetilde{\boldsymbol{B}}\boldsymbol{K}\boldsymbol{E}_1)^{\mathrm{T}}\boldsymbol{Y}_2(\overline{\alpha}\boldsymbol{E}_2\boldsymbol{L}\overline{\boldsymbol{C}})$$

$$\begin{aligned}\boldsymbol{\Upsilon}_{33}=&(\overline{\beta}^2+\beta_1^2)(\widetilde{\boldsymbol{B}}\boldsymbol{K}\boldsymbol{E}_1)^{\mathrm{T}}\overline{\boldsymbol{S}}_{bn}\widetilde{\boldsymbol{B}}\boldsymbol{K}\boldsymbol{E}_1+\sigma_{\mathrm{M}}^2(\overline{\beta}^2+\beta_1^2)(\widetilde{\boldsymbol{B}}\boldsymbol{K}\boldsymbol{E}_1)^{\mathrm{T}}\boldsymbol{Y}_1\widetilde{\boldsymbol{B}}\boldsymbol{K}\boldsymbol{E}_1\\&+\phi_{\mathrm{M}}^2(\overline{\beta}^2+\beta_1^2)(\boldsymbol{B}_2\boldsymbol{K}\boldsymbol{E}_1)^{\mathrm{T}}\boldsymbol{Y}_2\boldsymbol{B}_2\boldsymbol{K}\boldsymbol{E}_1-2\boldsymbol{Y}_3-\boldsymbol{P}_4\end{aligned}$$

$$\overline{\boldsymbol{S}}_{bn}=\sum_{b=0}^{\sigma_{\mathrm{M}}}\sum_{n=0}^{\phi_{\mathrm{M}}}\mu_{ab}\nu_{mn}\boldsymbol{S}_{bn}$$

证明： 令 $\boldsymbol{\xi}_k=\boldsymbol{\zeta}_{k+1}-\boldsymbol{\zeta}_k$，构造如下的 Lyapunov-Krasovskii 泛函：

$$\boldsymbol{V}_k=\sum_{l=1}^{4}V_l(\boldsymbol{\zeta}_k,\sigma_k,\phi_k)\triangleq\zeta_k^{\mathrm{T}}\boldsymbol{\Gamma}_{\sigma_k,\phi_k}\boldsymbol{\zeta}_k$$

式中：

$$\boldsymbol{V}_1(\boldsymbol{\zeta}_k,\sigma_k,\phi_k)=\boldsymbol{\zeta}_k^{\mathrm{T}}\boldsymbol{S}_{\sigma_k,\phi_k}\boldsymbol{\zeta}_k$$

$$\boldsymbol{V}_2(\boldsymbol{\zeta}_k,\sigma_k,\phi_k)=\sum_{\rho=k-\sigma_{\mathrm{M}}}^{k-1}\boldsymbol{\zeta}_l^{\mathrm{T}}\boldsymbol{P}_1\boldsymbol{\zeta}_l+\sum_{\rho=k-\phi_{\mathrm{M}}}^{k-1}\boldsymbol{\zeta}_l^{\mathrm{T}}\boldsymbol{P}_2\boldsymbol{\zeta}_l$$

$$\boldsymbol{V}_3(\boldsymbol{\zeta}_k,\sigma_k,\phi_k)=\sum_{j=-\sigma_{\mathrm{M}}+1}^{0}\sum_{i=k+j}^{k-1}\boldsymbol{\zeta}_i^{\mathrm{T}}\boldsymbol{P}_3\boldsymbol{\zeta}_i+\sum_{\rho=k-\sigma_k}^{k-1}\boldsymbol{\zeta}_i^{\mathrm{T}}\boldsymbol{P}_3\boldsymbol{\zeta}_i+\sum_{j=-\phi_{\mathrm{M}}+1}^{0}\sum_{i=k+j}^{k-1}\boldsymbol{\zeta}_i^{\mathrm{T}}\boldsymbol{P}_4\boldsymbol{\zeta}_i+\sum_{\rho=k-\phi_k}^{k-1}\boldsymbol{\zeta}_i^{\mathrm{T}}\boldsymbol{P}_4\boldsymbol{\zeta}_i$$

$$\boldsymbol{V}_4(\boldsymbol{\zeta}_k,\sigma_k,\phi_k)=\sum_{j=-\sigma_{\mathrm{M}}+1}^{0}\sum_{i=k+j}^{k-1}\sigma_{\mathrm{M}}\boldsymbol{\xi}_i^{\mathrm{T}}\boldsymbol{Y}_1\boldsymbol{\xi}_i+\sum_{j=-\phi_{\mathrm{M}}+1}^{0}\sum_{i=k+j}^{k-1}\phi_{\mathrm{M}}\boldsymbol{\xi}_i^{\mathrm{T}}\boldsymbol{Y}_2\boldsymbol{\xi}_i$$

很显然：

$$\boldsymbol{\Gamma}_{\sigma_k,\phi_k}>0 \tag{10.10}$$

$$\begin{aligned}
&E\{\Delta\boldsymbol{V}_1(\boldsymbol{\zeta}_k,\sigma_k,\phi_k)\}\\
&=E\{\boldsymbol{\zeta}_{k+1}^{\mathrm{T}}\boldsymbol{S}_{\sigma_{k+1},\phi_{k+1}}\boldsymbol{\zeta}_{k+1}\mid\sigma_k=a,\phi_k=m-\boldsymbol{\zeta}_k^{\mathrm{T}}\boldsymbol{S}_{\sigma_k,\phi_k}\boldsymbol{\zeta}_k\\
&=E\{[(\overline{\boldsymbol{A}}+\overline{\boldsymbol{B}}\boldsymbol{K}\boldsymbol{E}_1)\boldsymbol{\zeta}_k+\overline{\alpha}\boldsymbol{E}_2\boldsymbol{L}\overline{\boldsymbol{C}}\boldsymbol{\zeta}_{k-\sigma_k}+(\alpha_k-\overline{\alpha})\boldsymbol{E}_2\boldsymbol{L}\overline{\boldsymbol{C}}\boldsymbol{\zeta}_{k-\sigma_k}+\overline{\beta}\widetilde{\boldsymbol{B}}\boldsymbol{K}\boldsymbol{E}_1\boldsymbol{\zeta}_{k-\phi_k}\\
&\quad+(\beta_k-\overline{\beta})\widetilde{\boldsymbol{B}}\boldsymbol{K}\boldsymbol{E}_1\boldsymbol{\zeta}_{k-\phi_k}]^{\mathrm{T}}\sum_{b=0}^{\sigma_{\mathrm{M}}}\sum_{n=0}^{\phi_{\mathrm{M}}}\mu_{ab}\nu_{mn}\boldsymbol{S}_{bn}[(\overline{\boldsymbol{A}}+\overline{\boldsymbol{B}}\boldsymbol{K}\boldsymbol{E}_1)\boldsymbol{\zeta}_k+\overline{\alpha}\boldsymbol{E}_2\boldsymbol{L}\overline{\boldsymbol{C}}\boldsymbol{\zeta}_{k-\sigma_k}\\
&\quad+(\alpha_k-\overline{\alpha})\boldsymbol{E}_2\boldsymbol{L}\overline{\boldsymbol{C}}\boldsymbol{\zeta}_{k-\sigma_k}+\overline{\beta}\widetilde{\boldsymbol{B}}\boldsymbol{K}\boldsymbol{E}_1\boldsymbol{\zeta}_{k-\phi_k}+(\beta_k-\overline{\beta})\widetilde{\boldsymbol{B}}\boldsymbol{K}\boldsymbol{E}_1\boldsymbol{\zeta}_{k-\phi_k}]\}-\boldsymbol{\zeta}_k^{\mathrm{T}}\boldsymbol{S}_{am}\boldsymbol{\zeta}_k\\
&=\boldsymbol{\zeta}_k^{\mathrm{T}}(\overline{\boldsymbol{A}}+\overline{\boldsymbol{B}}\boldsymbol{K}\boldsymbol{E}_1)^{\mathrm{T}}\overline{\boldsymbol{S}}_{bn}(\overline{\boldsymbol{A}}+\overline{\boldsymbol{B}}\boldsymbol{K}\boldsymbol{E}_1)\boldsymbol{\zeta}_k+\boldsymbol{\zeta}_k^{\mathrm{T}}(\overline{\boldsymbol{A}}+\overline{\boldsymbol{B}}\boldsymbol{K}\boldsymbol{E}_1)^{\mathrm{T}}\overline{\boldsymbol{P}}_{bn}(\overline{\alpha}\boldsymbol{E}_2\boldsymbol{L}\overline{\boldsymbol{C}})\boldsymbol{\zeta}_{k-\sigma_k}\\
&\quad+\boldsymbol{\zeta}_k^{\mathrm{T}}(\overline{\boldsymbol{A}}+\overline{\boldsymbol{B}}\boldsymbol{K}\boldsymbol{E}_1)^{\mathrm{T}}\overline{\boldsymbol{P}}_{bn}(\overline{\beta}\widetilde{\boldsymbol{B}}\boldsymbol{K}\boldsymbol{E}_1)\boldsymbol{\zeta}_{k-\phi_k}+\boldsymbol{\zeta}_{k-\sigma_k}^{\mathrm{T}}(\overline{\alpha}\boldsymbol{E}_2\boldsymbol{L}\overline{\boldsymbol{C}})^{\mathrm{T}}\overline{\boldsymbol{P}}_{bn}(\overline{\boldsymbol{A}}+\overline{\boldsymbol{B}}\boldsymbol{K}\boldsymbol{E}_1)\boldsymbol{\zeta}_k\\
&\quad+\boldsymbol{\zeta}_{k-\sigma_k}^{\mathrm{T}}(\overline{\alpha}\boldsymbol{E}_2\boldsymbol{L}\overline{\boldsymbol{C}})^{\mathrm{T}}\overline{\boldsymbol{P}}_{bn}(\overline{\alpha}\boldsymbol{E}_2\boldsymbol{L}\overline{\boldsymbol{C}})\boldsymbol{\zeta}_{k-\sigma_k}+\alpha_1^2\boldsymbol{\zeta}_{k-\sigma_k}^{\mathrm{T}}(\boldsymbol{E}_2\boldsymbol{L}\overline{\boldsymbol{C}})^{\mathrm{T}}\overline{\boldsymbol{P}}_{bn}(\boldsymbol{E}_2\boldsymbol{L}\overline{\boldsymbol{C}})\boldsymbol{\zeta}_{k-\sigma_k}\\
&\quad+\boldsymbol{\zeta}_{k-\sigma_k}^{\mathrm{T}}(\overline{\alpha}\boldsymbol{E}_2\boldsymbol{L}\overline{\boldsymbol{C}})^{\mathrm{T}}\overline{\boldsymbol{P}}_{bn}(\overline{\beta}\widetilde{\boldsymbol{B}}\boldsymbol{K}\boldsymbol{E}_1)\boldsymbol{\zeta}_{k-\phi_k}+\boldsymbol{\zeta}_{k-\phi_k}^{\mathrm{T}}(\overline{\beta}\widetilde{\boldsymbol{B}}\boldsymbol{K}\boldsymbol{E}_1)^{\mathrm{T}}\overline{\boldsymbol{P}}_{bn}(\overline{\boldsymbol{A}}+\overline{\boldsymbol{B}}\boldsymbol{K}\boldsymbol{E}_1)\boldsymbol{\zeta}_k\\
&\quad+\boldsymbol{\zeta}_{k-\phi_k}^{\mathrm{T}}(\overline{\beta}\widetilde{\boldsymbol{B}}\boldsymbol{K}\boldsymbol{E}_1)^{\mathrm{T}}\overline{\boldsymbol{P}}_{bn}(\overline{\alpha}\boldsymbol{E}_2\boldsymbol{L}\overline{\boldsymbol{C}})\boldsymbol{\zeta}_{k-\sigma_k}+\boldsymbol{\zeta}_{k-\phi_k}^{\mathrm{T}}(\overline{\beta}\widetilde{\boldsymbol{B}}\boldsymbol{K}\boldsymbol{E}_1)^{\mathrm{T}}\overline{\boldsymbol{P}}_{bn}(\overline{\beta}\widetilde{\boldsymbol{B}}\boldsymbol{K}\boldsymbol{E}_1)\boldsymbol{\zeta}_{k-\phi_k}\\
&\quad+\boldsymbol{\zeta}_{k-\phi_k}^{\mathrm{T}}\beta_1^2(\widetilde{\boldsymbol{B}}\boldsymbol{K}\boldsymbol{E}_1)^{\mathrm{T}}\overline{\boldsymbol{P}}_{bn}\widetilde{\boldsymbol{B}}\boldsymbol{K}\boldsymbol{E}_1\boldsymbol{\zeta}_{k-\phi_k}-\boldsymbol{\zeta}_k^{\mathrm{T}}\boldsymbol{S}_{am}\boldsymbol{\zeta}_k
\end{aligned}$$

$$\begin{aligned}
&E\{\Delta\boldsymbol{V}_2(\boldsymbol{\zeta}_k,\sigma_k,\phi_k)\}\\
&=\boldsymbol{\zeta}_k^{\mathrm{T}}\boldsymbol{P}_1\boldsymbol{\zeta}_k-\boldsymbol{\zeta}_{k-\sigma_{\mathrm{M}}}^{\mathrm{T}}\boldsymbol{P}_1\boldsymbol{\zeta}_{k-\sigma_{\mathrm{M}}}+\boldsymbol{\zeta}_k^{\mathrm{T}}\boldsymbol{P}_2\boldsymbol{\zeta}_k-\boldsymbol{\zeta}_{k-\phi_{\mathrm{M}}}^{\mathrm{T}}\boldsymbol{P}_2\boldsymbol{\zeta}_{k-\phi_{\mathrm{M}}}
\end{aligned} \tag{10.11}$$

$$\begin{aligned}
&E\{\Delta\boldsymbol{V}_3(\boldsymbol{\zeta}_k,\sigma_k,\phi_k)\}\\
&=\sigma_{\mathrm{M}}\boldsymbol{\zeta}_k^{\mathrm{T}}\boldsymbol{P}_3\boldsymbol{\zeta}_k-\sum_{\rho=k+1-\sigma_{\mathrm{M}}}^{k}\boldsymbol{\zeta}_\rho^{\mathrm{T}}\boldsymbol{P}_3\boldsymbol{\zeta}_\rho+\boldsymbol{\zeta}_k^{\mathrm{T}}\boldsymbol{P}_3\boldsymbol{\zeta}_k-\boldsymbol{\zeta}_{k-\sigma_k}^{\mathrm{T}}\boldsymbol{P}_3\boldsymbol{\zeta}_{k-\sigma_k}+\sum_{\rho=k+1-\sigma_{k+1}}^{k-1}\boldsymbol{\zeta}_\rho^{\mathrm{T}}\boldsymbol{P}_3\boldsymbol{\zeta}_\rho\\
&\quad-\sum_{\rho=k+1-\sigma_k}^{k-1}\boldsymbol{\zeta}_\rho^{\mathrm{T}}\boldsymbol{P}_3\boldsymbol{\zeta}_\rho+\phi_{\mathrm{M}}\boldsymbol{\zeta}_k^{\mathrm{T}}\boldsymbol{P}_4\boldsymbol{\zeta}_k-\sum_{\rho=k+1-\phi_{\mathrm{M}}}^{k}\boldsymbol{\zeta}_k^{\mathrm{T}}\boldsymbol{P}_4\boldsymbol{\zeta}_k+\boldsymbol{\zeta}_k^{\mathrm{T}}\boldsymbol{P}_4\boldsymbol{\zeta}_k-\boldsymbol{\zeta}_{k-\phi_k}^{\mathrm{T}}\boldsymbol{P}_4\boldsymbol{\zeta}_{k-\phi_k}\\
&\quad+\sum_{\rho=k+1-\phi_{k+1}}^{k-1}\boldsymbol{\zeta}_\rho^{\mathrm{T}}\boldsymbol{P}_4\boldsymbol{\zeta}_\rho-\sum_{\rho=k+1-\phi_k}^{k-1}\boldsymbol{\zeta}_\rho^{\mathrm{T}}\boldsymbol{P}_4\boldsymbol{\zeta}_\rho\\
&\leqslant\sigma_{\mathrm{M}}\boldsymbol{\zeta}_k^{\mathrm{T}}\boldsymbol{P}_3\boldsymbol{\zeta}_k-\sum_{\rho=k+1-\sigma_{\mathrm{M}}}^{k}\boldsymbol{\zeta}_\rho^{\mathrm{T}}\boldsymbol{P}_3\boldsymbol{\zeta}_\rho+\boldsymbol{\zeta}_k^{\mathrm{T}}\boldsymbol{P}_3\boldsymbol{\zeta}_k-\boldsymbol{\zeta}_{k-\sigma_k}^{\mathrm{T}}\boldsymbol{P}_3\boldsymbol{\zeta}_{k-\sigma_k}+\sum_{\rho=k+1-\sigma_k}^{k-1}\boldsymbol{\zeta}_\rho^{\mathrm{T}}\boldsymbol{P}_3\boldsymbol{\zeta}_\rho
\end{aligned}$$

$$
\begin{aligned}
&+\sum_{\rho=k+1-\sigma_{\mathrm{M}}}^{k}\boldsymbol{\zeta}_{\rho}^{\mathrm{T}}\boldsymbol{P}_{3}\boldsymbol{\zeta}_{\rho}-\sum_{\rho=k+1-\sigma_{k}}^{k-1}\boldsymbol{\zeta}_{\rho}^{\mathrm{T}}\boldsymbol{P}_{3}\boldsymbol{\zeta}_{\rho}\\
=&\ \sigma_{\mathrm{M}}\boldsymbol{\zeta}_{k}^{\mathrm{T}}\boldsymbol{P}_{3}\boldsymbol{\zeta}_{k}-\sum_{\rho=k+1-\sigma_{\mathrm{M}}}^{k}\boldsymbol{\zeta}_{\rho}^{\mathrm{T}}\boldsymbol{P}_{3}\boldsymbol{\zeta}_{\rho}+\boldsymbol{\zeta}_{k}^{\mathrm{T}}\boldsymbol{P}_{3}\boldsymbol{\zeta}_{k}-\boldsymbol{\zeta}_{k-\sigma_{k}}^{\mathrm{T}}\boldsymbol{P}_{3}\boldsymbol{\zeta}_{k-\sigma_{k}}+\sum_{\rho=k+1}^{k-1}\boldsymbol{\zeta}_{\rho}^{\mathrm{T}}\boldsymbol{P}_{3}\boldsymbol{\zeta}_{\rho}\\
&+\sum_{\rho=k+1-\sigma_{k+1}}^{k}\boldsymbol{\zeta}_{\rho}^{\mathrm{T}}\boldsymbol{P}_{3}\boldsymbol{\zeta}_{\rho}-\sum_{\rho=k+1-\sigma_{k}}^{k-1}\boldsymbol{\zeta}_{\rho}^{\mathrm{T}}\boldsymbol{P}_{3}\boldsymbol{\zeta}_{\rho}+\phi_{\mathrm{M}}\boldsymbol{\zeta}_{k}^{\mathrm{T}}\boldsymbol{P}_{4}\boldsymbol{\zeta}_{k}-\sum_{\rho=k+1-\phi_{\mathrm{M}}}^{k}\boldsymbol{\zeta}_{k}^{\mathrm{T}}\boldsymbol{P}_{4}\boldsymbol{\zeta}_{k}+\boldsymbol{\zeta}_{k}^{\mathrm{T}}\boldsymbol{P}_{4}\boldsymbol{\zeta}_{k}\\
&\quad-\boldsymbol{\zeta}_{k-\phi_{k}}^{\mathrm{T}}\boldsymbol{P}_{4}\boldsymbol{\zeta}_{k-\phi_{k}}+\sum_{\rho=k+1}^{k-1}\boldsymbol{\zeta}_{\rho}^{\mathrm{T}}\boldsymbol{P}_{4}\boldsymbol{\zeta}_{\rho}+\sum_{\rho=k+1-\phi_{k+1}}^{k}\boldsymbol{\zeta}_{\rho}^{\mathrm{T}}\boldsymbol{P}_{4}\boldsymbol{\zeta}_{\rho}-\sum_{\rho=k+1-\phi_{k}}^{k-1}\boldsymbol{\zeta}_{\rho}^{\mathrm{T}}\boldsymbol{P}_{4}\boldsymbol{\zeta}_{\rho}\\
&+\phi_{\mathrm{M}}\boldsymbol{\zeta}_{k}^{\mathrm{T}}\boldsymbol{P}_{4}\boldsymbol{\zeta}_{k}-\sum_{\rho=k+1-\phi_{\mathrm{M}}}^{k}\boldsymbol{\zeta}_{k}^{\mathrm{T}}\boldsymbol{P}_{4}\boldsymbol{\zeta}_{k}+\boldsymbol{\zeta}_{k}^{\mathrm{T}}\boldsymbol{P}_{4}\boldsymbol{\zeta}_{k}-\boldsymbol{\zeta}_{k-\phi_{k}}^{\mathrm{T}}\boldsymbol{P}_{4}\boldsymbol{\zeta}_{k-\phi_{k}}+\sum_{\rho=k+1-\phi_{k}}^{k-1}\boldsymbol{\zeta}_{\rho}^{\mathrm{T}}\boldsymbol{P}_{4}\boldsymbol{\zeta}_{\rho}\\
&+\sum_{\rho=k+1-\phi_{\mathrm{M}}}^{k}\boldsymbol{\zeta}_{\rho}^{\mathrm{T}}\boldsymbol{P}_{4}\boldsymbol{\zeta}_{\rho}-\sum_{\rho=k+1-\phi_{k}}^{k-1}\boldsymbol{\zeta}_{\rho}^{\mathrm{T}}\boldsymbol{P}_{4}\boldsymbol{\zeta}_{\rho}\\
=&\ (\sigma_{\mathrm{M}}+1)\boldsymbol{\zeta}_{k}^{\mathrm{T}}\boldsymbol{P}_{3}\boldsymbol{\zeta}_{k}-\boldsymbol{\zeta}_{k-\sigma_{k}}^{\mathrm{T}}\boldsymbol{P}_{3}\boldsymbol{\zeta}_{k-\sigma_{k}}+(\phi_{\mathrm{M}}+1)\boldsymbol{\zeta}_{k}^{\mathrm{T}}\boldsymbol{P}_{4}\boldsymbol{\zeta}_{k}-\boldsymbol{\zeta}_{k-\phi_{k}}^{\mathrm{T}}\boldsymbol{P}_{4}\boldsymbol{\zeta}_{k-\phi_{k}}
\end{aligned}
\tag{10.12}
$$

$$
\begin{aligned}
&\boldsymbol{E}\{\Delta\boldsymbol{V}_{4}(\boldsymbol{\zeta}_{k},\sigma_{k},\phi_{k})\}\\
=&\ \boldsymbol{E}\{\sigma_{\mathrm{M}}^{2}\boldsymbol{\zeta}_{k}^{\mathrm{T}}\boldsymbol{Y}_{1}\boldsymbol{\zeta}_{k}\}-\sum_{\rho=k-\sigma_{\mathrm{M}}}^{k-1}\sigma_{\mathrm{M}}\boldsymbol{\zeta}_{\rho}^{\mathrm{T}}\boldsymbol{Y}_{1}\boldsymbol{\zeta}_{\rho}+\boldsymbol{E}\{\phi_{\mathrm{M}}^{2}\boldsymbol{\zeta}_{k}^{\mathrm{T}}\boldsymbol{Y}_{2}\boldsymbol{\zeta}_{k}\}-\sum_{\rho=k-\phi_{\mathrm{M}}}^{k-1}\phi_{\mathrm{M}}\boldsymbol{\zeta}_{\rho}^{\mathrm{T}}\boldsymbol{Y}_{2}\boldsymbol{\zeta}_{\rho}\\
=&\ \boldsymbol{E}\{\sigma_{\mathrm{M}}^{2}[(\bar{\boldsymbol{A}}+\bar{\boldsymbol{B}}\boldsymbol{K}\boldsymbol{E}_{1}-\boldsymbol{E})\boldsymbol{\zeta}_{k}+\bar{\alpha}\boldsymbol{E}_{2}\boldsymbol{L}\bar{\boldsymbol{C}}\boldsymbol{\zeta}_{k-\sigma_{k}}+(\alpha_{k}-\bar{\alpha})\boldsymbol{E}_{2}\boldsymbol{L}\bar{\boldsymbol{C}}\boldsymbol{\zeta}_{k-\sigma_{k}}+\bar{\beta}\tilde{\boldsymbol{B}}\boldsymbol{K}\boldsymbol{E}_{1}\boldsymbol{\zeta}_{k-\phi_{k}}\\
&+(\beta_{k}-\bar{\beta})\tilde{\boldsymbol{B}}\boldsymbol{K}\boldsymbol{E}_{1}\boldsymbol{\zeta}_{k-\phi_{k}}]^{\mathrm{T}}\boldsymbol{Y}_{1}[(\bar{\boldsymbol{A}}+\bar{\boldsymbol{B}}\boldsymbol{K}\boldsymbol{E}_{1}-\boldsymbol{E})\boldsymbol{\zeta}_{k}+\bar{\alpha}\boldsymbol{E}_{2}\boldsymbol{L}\bar{\boldsymbol{C}}\boldsymbol{\zeta}_{k-\sigma_{k}}+(\alpha_{k}-\bar{\alpha})\boldsymbol{E}_{2}\boldsymbol{L}\bar{\boldsymbol{C}}\boldsymbol{\zeta}_{k-\sigma_{k}}\\
&+\bar{\beta}\tilde{\boldsymbol{B}}\boldsymbol{K}\boldsymbol{E}_{1}\boldsymbol{\zeta}_{k-\phi_{k}}+(\beta_{k}-\bar{\beta})\tilde{\boldsymbol{B}}\boldsymbol{K}\boldsymbol{E}_{1}\boldsymbol{\zeta}_{k-\phi_{k}}]\}-\sum_{\rho=k-\sigma_{\mathrm{M}}}^{k-1}\sigma_{\mathrm{M}}\boldsymbol{\zeta}_{\rho}^{\mathrm{T}}\boldsymbol{Y}_{1}\boldsymbol{\zeta}_{\rho}+\boldsymbol{E}\{\phi_{\mathrm{M}}^{2}[(\bar{\boldsymbol{A}}+\bar{\boldsymbol{B}}\boldsymbol{K}\boldsymbol{E}_{1}-\boldsymbol{E})\boldsymbol{\zeta}_{k}\\
&+\bar{\alpha}\boldsymbol{E}_{2}\boldsymbol{L}\bar{\boldsymbol{C}}\boldsymbol{\zeta}_{k-\sigma_{k}}+(\alpha_{k}-\bar{\alpha})\boldsymbol{E}_{2}\boldsymbol{L}\bar{\boldsymbol{C}}\boldsymbol{\zeta}_{k-\sigma_{k}}+\bar{\beta}\tilde{\boldsymbol{B}}\boldsymbol{K}\boldsymbol{E}_{1}\boldsymbol{\zeta}_{k-\phi_{k}}+(\beta_{k}-\bar{\beta})\tilde{\boldsymbol{B}}\boldsymbol{K}\boldsymbol{E}_{1}\boldsymbol{\zeta}_{k-\phi_{k}}]^{\mathrm{T}}\boldsymbol{Y}_{2}[(\bar{\boldsymbol{A}}+\bar{\boldsymbol{B}}\boldsymbol{K}\boldsymbol{E}_{1}-\boldsymbol{E})\boldsymbol{\zeta}_{k}\\
&+\bar{\alpha}\boldsymbol{E}_{2}\boldsymbol{L}\bar{\boldsymbol{C}}\boldsymbol{\zeta}_{k-\sigma_{k}}+(\alpha_{k}-\bar{\alpha})\boldsymbol{E}_{2}\boldsymbol{L}\bar{\boldsymbol{C}}\boldsymbol{\zeta}_{k-\sigma_{k}}+\bar{\beta}\tilde{\boldsymbol{B}}\boldsymbol{K}\boldsymbol{E}_{1}\boldsymbol{\zeta}_{k-\phi_{k}}+(\beta_{k}-\bar{\beta})\tilde{\boldsymbol{B}}\boldsymbol{K}\boldsymbol{E}_{1}\boldsymbol{\zeta}_{k-\phi_{k}}]\}-\sum_{\rho=k-\sigma_{\mathrm{M}}}^{k-1}\sigma_{\mathrm{M}}\boldsymbol{\zeta}_{\rho}^{\mathrm{T}}\boldsymbol{Y}_{2}\boldsymbol{\zeta}_{\rho}\\
=&\ \sigma_{\mathrm{M}}^{2}[\boldsymbol{\zeta}_{k}^{\mathrm{T}}(\bar{\boldsymbol{A}}+\bar{\boldsymbol{B}}\boldsymbol{K}\boldsymbol{E}_{1}-\boldsymbol{E})^{\mathrm{T}}\boldsymbol{Y}_{1}(\bar{\boldsymbol{A}}+\bar{\boldsymbol{B}}\boldsymbol{K}\boldsymbol{E}_{1}-\boldsymbol{E})\boldsymbol{\zeta}_{k}+\boldsymbol{\zeta}_{k}^{\mathrm{T}}(\bar{\boldsymbol{A}}+\bar{\boldsymbol{B}}\boldsymbol{K}\boldsymbol{E}_{1}-\boldsymbol{E})^{\mathrm{T}}\boldsymbol{Y}_{1}(\bar{\alpha}\boldsymbol{E}_{2}\boldsymbol{L}\bar{\boldsymbol{C}})\boldsymbol{\zeta}_{k-\sigma_{k}}\\
&+\boldsymbol{\zeta}_{k}^{\mathrm{T}}(\bar{\boldsymbol{A}}+\bar{\boldsymbol{B}}\boldsymbol{K}\boldsymbol{E}_{1}-\boldsymbol{E})^{\mathrm{T}}\boldsymbol{Y}_{1}(\bar{\beta}\tilde{\boldsymbol{B}}\boldsymbol{K}\boldsymbol{E}_{1})\boldsymbol{\zeta}_{k-\phi_{k}}+\boldsymbol{\zeta}_{k-\sigma_{k}}^{\mathrm{T}}(\bar{\alpha}\boldsymbol{E}_{2}\boldsymbol{L}\bar{\boldsymbol{C}})^{\mathrm{T}}\boldsymbol{Y}_{1}(\bar{\boldsymbol{A}}+\bar{\boldsymbol{B}}\boldsymbol{K}\boldsymbol{E}_{1}-\boldsymbol{E})\boldsymbol{\zeta}_{k}\\
&+\boldsymbol{\zeta}_{k-\sigma_{k}}^{\mathrm{T}}(\bar{\alpha}\boldsymbol{E}_{2}\boldsymbol{L}\bar{\boldsymbol{C}})^{\mathrm{T}}\boldsymbol{Y}_{1}(\bar{\alpha}\boldsymbol{E}_{2}\boldsymbol{L}\bar{\boldsymbol{C}})\boldsymbol{\zeta}_{k-\sigma_{k}}+\alpha_{1}^{2}\boldsymbol{\zeta}_{k-\sigma_{k}}^{\mathrm{T}}(\boldsymbol{E}_{2}\boldsymbol{L}\bar{\boldsymbol{C}})^{\mathrm{T}}\boldsymbol{Y}_{1}(\boldsymbol{E}_{2}\boldsymbol{L}\bar{\boldsymbol{C}})\boldsymbol{\zeta}_{k-\sigma_{k}}\\
&+\boldsymbol{\zeta}_{k-\sigma_{k}}^{\mathrm{T}}(\bar{\alpha}\boldsymbol{E}_{2}\boldsymbol{L}\bar{\boldsymbol{C}})^{\mathrm{T}}\boldsymbol{Y}_{1}(\bar{\beta}\tilde{\boldsymbol{B}}\boldsymbol{K}\boldsymbol{E}_{1})\boldsymbol{\zeta}_{k-\phi_{k}}+\boldsymbol{\zeta}_{k-\phi_{k}}^{\mathrm{T}}(\bar{\beta}\tilde{\boldsymbol{B}}\boldsymbol{K}\boldsymbol{E}_{1})^{\mathrm{T}}\boldsymbol{Y}_{1}(\bar{\boldsymbol{A}}+\bar{\boldsymbol{B}}\boldsymbol{K}\boldsymbol{E}_{1})\boldsymbol{\zeta}_{k}\\
&+\boldsymbol{\zeta}_{k-\phi_{k}}^{\mathrm{T}}(\bar{\beta}\tilde{\boldsymbol{B}}\boldsymbol{K}\boldsymbol{E}_{1})^{\mathrm{T}}\boldsymbol{Y}_{1}(\bar{\alpha}\boldsymbol{E}_{2}\boldsymbol{L}\bar{\boldsymbol{C}})\boldsymbol{\zeta}_{k-\sigma_{k}}+\boldsymbol{\zeta}_{k-\phi_{k}}^{\mathrm{T}}(\bar{\beta}\tilde{\boldsymbol{B}}\boldsymbol{K}\boldsymbol{E}_{1})^{\mathrm{T}}\boldsymbol{Y}_{1}(\bar{\beta}\tilde{\boldsymbol{B}}\boldsymbol{K}\boldsymbol{E}_{1})\boldsymbol{\zeta}_{k-\phi_{k}}+\boldsymbol{\zeta}_{k-\phi_{k}}^{\mathrm{T}}\beta_{1}^{2}(\tilde{\boldsymbol{B}}\boldsymbol{K}\boldsymbol{E}_{1})^{\mathrm{T}}\boldsymbol{Y}_{1}\tilde{\boldsymbol{B}}\boldsymbol{K}\boldsymbol{E}_{1}\boldsymbol{\zeta}_{k-\phi_{k}}]\\
&-\sum_{\rho=k-\sigma_{\mathrm{M}}}^{k-1}\sigma_{\mathrm{M}}\boldsymbol{\zeta}_{\rho}^{\mathrm{T}}\boldsymbol{Y}_{1}\boldsymbol{\zeta}_{\rho}+\phi_{\mathrm{M}}^{2}[\boldsymbol{\zeta}_{k}^{\mathrm{T}}(\bar{\boldsymbol{A}}+\bar{\boldsymbol{B}}\boldsymbol{K}\boldsymbol{E}_{1}-\boldsymbol{E})^{\mathrm{T}}\boldsymbol{Y}_{2}(\bar{\boldsymbol{A}}+\bar{\boldsymbol{B}}\boldsymbol{K}\boldsymbol{E}_{1}-\boldsymbol{E})\boldsymbol{\zeta}_{k}+\boldsymbol{\zeta}_{k}^{\mathrm{T}}(\bar{\boldsymbol{A}}+\bar{\boldsymbol{B}}\boldsymbol{K}\boldsymbol{E}_{1}-\boldsymbol{E})^{\mathrm{T}}\boldsymbol{Y}_{2}(\bar{\alpha}\boldsymbol{E}_{2}\boldsymbol{L}\bar{\boldsymbol{C}})\boldsymbol{\zeta}_{k-\sigma_{k}}\\
&+\boldsymbol{\zeta}_{k}^{\mathrm{T}}(\bar{\boldsymbol{A}}+\bar{\boldsymbol{B}}\boldsymbol{K}\boldsymbol{E}_{1}-\boldsymbol{E})^{\mathrm{T}}\boldsymbol{Y}_{2}(\bar{\beta}\tilde{\boldsymbol{B}}\boldsymbol{K}\boldsymbol{E}_{1})\boldsymbol{\zeta}_{k-\phi_{k}}+\boldsymbol{\zeta}_{k-\sigma_{k}}^{\mathrm{T}}(\bar{\alpha}\boldsymbol{E}_{2}\boldsymbol{L}\bar{\boldsymbol{C}})^{\mathrm{T}}\boldsymbol{Y}_{2}(\bar{\boldsymbol{A}}+\bar{\boldsymbol{B}}\boldsymbol{K}\boldsymbol{E}_{1}-\boldsymbol{E})\boldsymbol{\zeta}_{k}\\
&+\boldsymbol{\zeta}_{k-\sigma_{k}}^{\mathrm{T}}(\bar{\alpha}\boldsymbol{E}_{2}\boldsymbol{L}\bar{\boldsymbol{C}})^{\mathrm{T}}\boldsymbol{Y}_{2}(\bar{\alpha}\boldsymbol{E}_{2}\boldsymbol{L}\bar{\boldsymbol{C}})\boldsymbol{\zeta}_{k-\sigma_{k}}+\alpha_{1}^{2}\boldsymbol{\zeta}_{k-\sigma_{k}}^{\mathrm{T}}(\boldsymbol{E}_{2}\boldsymbol{L}\bar{\boldsymbol{C}})^{\mathrm{T}}\boldsymbol{Y}_{2}(\boldsymbol{E}_{2}\boldsymbol{L}\bar{\boldsymbol{C}})\boldsymbol{\zeta}_{k-\sigma_{k}}+\boldsymbol{\zeta}_{k-\sigma_{k}}^{\mathrm{T}}(\bar{\alpha}\boldsymbol{E}_{2}\boldsymbol{L}\bar{\boldsymbol{C}})^{\mathrm{T}}\boldsymbol{Y}_{2}(\bar{\beta}\tilde{\boldsymbol{B}}\boldsymbol{K}\boldsymbol{E}_{1})\boldsymbol{\zeta}_{k-\phi_{k}}\\
&+\boldsymbol{\zeta}_{k-\phi_{k}}^{\mathrm{T}}(\bar{\beta}\tilde{\boldsymbol{B}}\boldsymbol{K}\boldsymbol{E}_{1})^{\mathrm{T}}\boldsymbol{Y}_{2}(\bar{\boldsymbol{A}}+\bar{\boldsymbol{B}}\boldsymbol{K}\boldsymbol{E}_{1})\boldsymbol{\zeta}_{k}+\boldsymbol{\zeta}_{k-\phi_{k}}^{\mathrm{T}}(\bar{\beta}\tilde{\boldsymbol{B}}\boldsymbol{K}\boldsymbol{E}_{1})^{\mathrm{T}}\boldsymbol{Y}_{2}(\bar{\alpha}\boldsymbol{E}_{2}\boldsymbol{L}\bar{\boldsymbol{C}})\boldsymbol{\zeta}_{k-\sigma_{k}}+\boldsymbol{\zeta}_{k-\phi_{k}}^{\mathrm{T}}(\bar{\beta}\tilde{\boldsymbol{B}}\boldsymbol{K}\boldsymbol{E}_{1})^{\mathrm{T}}\boldsymbol{Y}_{2}(\bar{\beta}\tilde{\boldsymbol{B}}\boldsymbol{K}\boldsymbol{E}_{1})\boldsymbol{\zeta}_{k-\phi_{k}}\\
&+\boldsymbol{\zeta}_{k-\phi_{k}}^{\mathrm{T}}\beta_{1}^{2}(\tilde{\boldsymbol{B}}\boldsymbol{K}\boldsymbol{E}_{1})^{\mathrm{T}}\boldsymbol{Y}_{2}\tilde{\boldsymbol{B}}\boldsymbol{K}\boldsymbol{E}_{1}\boldsymbol{\zeta}_{k-\phi_{k}}]-\sum_{\rho=k-\phi_{\mathrm{M}}}^{k-1}\phi_{\mathrm{M}}\boldsymbol{\zeta}_{\rho}^{\mathrm{T}}\boldsymbol{Y}_{2}\boldsymbol{\zeta}_{\rho}
\end{aligned}
\tag{10.13}
$$

由于：

$$-\sum_{\rho=k-\sigma_M}^{k-1}\sigma_M\boldsymbol{\zeta}_\rho^T\boldsymbol{Y}_1\zeta_\rho-\sum_{\rho=k-\phi_M}^{k-1}\phi_M\boldsymbol{\zeta}_\rho^T\boldsymbol{Y}_2\boldsymbol{\zeta}_\rho$$

$$\leqslant-\sum_{\rho=k-a}^{k-1}a\boldsymbol{\zeta}_\rho^T\boldsymbol{Y}_1\boldsymbol{\zeta}_\rho-\sum_{\rho=k-\sigma_M}^{k-a-1}(\sigma_M-a)\boldsymbol{\zeta}_\rho^T\boldsymbol{Y}_1\boldsymbol{\zeta}_\rho-\sum_{\rho=k-m}^{k-1}m\boldsymbol{\zeta}_\rho^T\boldsymbol{Y}_2\boldsymbol{\zeta}_\rho-\sum_{\rho=k-\phi_M}^{k-m-1}(\phi_M-m)\boldsymbol{\zeta}_\rho^T\boldsymbol{Y}_2\boldsymbol{\zeta}_\rho$$

由引理 10.1 可得：

$$-\sum_{\rho=k-a}^{k-1}a\boldsymbol{\zeta}_\rho^T\boldsymbol{Y}_1\boldsymbol{\zeta}_\rho-\sum_{\rho=k-\sigma_M}^{k-a-1}(\sigma_M-a)\boldsymbol{\zeta}_\rho^T\boldsymbol{Y}_1\boldsymbol{\zeta}_\rho-\sum_{\rho=k-m}^{k-1}m\boldsymbol{\zeta}_\rho^T\boldsymbol{Y}_2\boldsymbol{\zeta}_\rho-\sum_{\rho=k-\phi_M}^{k-m-1}(\phi_M-m)\boldsymbol{\zeta}_\rho^T\boldsymbol{Y}_2\boldsymbol{\zeta}_\rho$$

$$\begin{aligned}&\leqslant-(\boldsymbol{\zeta}_k-\boldsymbol{\zeta}_{k-a})^T\boldsymbol{Y}_1(\boldsymbol{\zeta}_k-\boldsymbol{\zeta}_{k-a})-(\boldsymbol{\zeta}_{k-a}-\boldsymbol{\zeta}_{k-\tau_M})^T\boldsymbol{Y}_1(\boldsymbol{\zeta}_{k-a}-\boldsymbol{\zeta}_{k-\tau_M})\\&-(\boldsymbol{\zeta}_k-\boldsymbol{\zeta}_{k-m})^T\boldsymbol{Y}_2(\boldsymbol{\zeta}_k-\boldsymbol{\zeta}_{k-m})-(\boldsymbol{\zeta}_{k-m}-\boldsymbol{\zeta}_{k-\phi_M})^T\boldsymbol{Y}_2(\boldsymbol{\zeta}_{k-m}-\boldsymbol{\zeta}_{k-\phi_M})\end{aligned}\tag{10.14}$$

由式(10.10)～式(10.14)，可得：

$$\begin{aligned}&E\{\Delta\boldsymbol{V}_k\}\\&\leqslant\boldsymbol{\chi}_k^T\boldsymbol{\Upsilon}\boldsymbol{\chi}_k\\&\leqslant-\lambda_{\min}(-\boldsymbol{\Upsilon})\chi_k^T\chi_k\\&\leqslant-\varepsilon\|\boldsymbol{\chi}_k\|^2\\&\leqslant-\varepsilon\|\boldsymbol{\zeta}_k\|^2\end{aligned}\tag{10.15}$$

式中：

$$\boldsymbol{\chi}_k=\begin{bmatrix}\boldsymbol{\zeta}_k^T & \boldsymbol{\zeta}_{k-a}^T & \boldsymbol{\zeta}_{k-m}^T & \boldsymbol{\zeta}_{k-\sigma_M}^T & \boldsymbol{\zeta}_{k-\phi_M}^T\end{bmatrix}^T,\varepsilon=\inf\{-\lambda_{\min}(-\boldsymbol{\Theta})\}>0$$

由式(10.15) 可得，对于任意正整数 $N\geqslant1$：

$$\begin{aligned}&E\{\sum_{k=0}^{\infty}\|\boldsymbol{\zeta}_k\|^2\}\\&\leqslant\frac{1}{\varepsilon}E\{\boldsymbol{V}_0\}-\frac{1}{\varepsilon}E\{\boldsymbol{V}_{N+1}\}\\&\leqslant\frac{1}{\varepsilon}E\{\boldsymbol{V}_0\}\\&=\frac{1}{\varepsilon}\boldsymbol{\zeta}_k^T\boldsymbol{\Gamma}_{\sigma_k,\phi_k}\boldsymbol{\zeta}_k\end{aligned}$$

由定义 10.1 可知闭环系统［式(10.7)］随机稳定。

定理 10.2 若存在矩阵 $\boldsymbol{K}$、$\boldsymbol{L}$ 及正定矩阵 $\boldsymbol{S}_{am}$、$\boldsymbol{S}_{bn}$、$\boldsymbol{P}_1$、$\boldsymbol{P}_2$、$\boldsymbol{P}_3$、$\boldsymbol{P}_4$、$\boldsymbol{M}_1$、$\boldsymbol{M}_2$、$\boldsymbol{M}_3$、$\boldsymbol{M}_4$、$\boldsymbol{Y}_1$、$\boldsymbol{Y}_2$、$\boldsymbol{Z}_1$、$\boldsymbol{Z}_2$，使得：

$$\begin{bmatrix}\sum_{b\in\boldsymbol{\Pi}_k^a}\sum_{n\in\boldsymbol{\Theta}_k^m}\mu_{ab}\nu_{mn}\boldsymbol{\Psi}_{11} & * & * & *\\ \sum_{b\in\boldsymbol{\Pi}_k^a}\sum_{n\in\boldsymbol{\Theta}_k^m}\mu_{ab}\nu_{mn}\boldsymbol{\Psi}_{21} & \sum_{b\in\boldsymbol{\Pi}_k^a}\sum_{n\in\boldsymbol{\Theta}_k^m}\mu_{ab}\nu_{mn}\boldsymbol{\Psi}_{22} & * & *\\ \sum_{b\in\boldsymbol{\Pi}_k^a}\sum_{n\in\boldsymbol{\Theta}_k^m}\mu_{ab}\nu_{mn}\boldsymbol{\Psi}_{31} & 0 & \sum_{b\in\boldsymbol{\Pi}_k^a}\sum_{n\in\boldsymbol{\Theta}_k^m}\mu_{ab}\nu_{mn}\boldsymbol{\Psi}_{33} & *\\ \boldsymbol{\Psi}_{\boldsymbol{\Pi}_k^a\boldsymbol{\Theta}_k^m} & 0 & 0 & \boldsymbol{\Lambda}_{\boldsymbol{\Pi}_k^a\boldsymbol{\Theta}_k^m}\end{bmatrix}<0\tag{10.16}$$

$$\begin{bmatrix} \sum\limits_{n\in\boldsymbol{\Theta}_k^m} \nu_{mn}\boldsymbol{\Psi}_{11} & * & * & * \\ \sum\limits_{n\in\boldsymbol{\Theta}_k^m} \nu_{mn}\boldsymbol{\Psi}_{21} & \sum\limits_{n\in\boldsymbol{\Theta}_k^m} \nu_{mn}\boldsymbol{\Psi}_{22} & * & * \\ \sum\limits_{n\in\boldsymbol{\Theta}_k^m} \nu_{mn}\boldsymbol{\Psi}_{31} & 0 & \sum\limits_{n\in\boldsymbol{\Theta}_k^m} \nu_{mn}\boldsymbol{\Psi}_{33} & * \\ \boldsymbol{\Psi}_{\boldsymbol{\Pi}_{uk}^a\boldsymbol{\Theta}_k^m} & 0 & 0 & \boldsymbol{\Lambda}_{\boldsymbol{\Pi}_{uk}^a\boldsymbol{\Theta}_k^m} \end{bmatrix} < 0, \forall b \in \boldsymbol{\Pi}_{ub}^a \tag{10.17}$$

$$\begin{bmatrix} \sum\limits_{b\in\boldsymbol{\Pi}_k^a} \mu_{ab}\boldsymbol{\Psi}_{11} & * & * & * \\ \sum\limits_{b\in\boldsymbol{\Pi}_k^a} \mu_{ab}\boldsymbol{\Psi}_{21} & \sum\limits_{b\in\boldsymbol{\Pi}_k^a} \mu_{ab}\boldsymbol{\Psi}_{22} & * & * \\ \sum\limits_{b\in\boldsymbol{\Pi}_k^a} \mu_{ab}\boldsymbol{\Psi}_{31} & 0 & \sum\limits_{b\in\boldsymbol{\Pi}_k^a} \mu_{ab}\boldsymbol{\Psi}_{33} & * \\ \boldsymbol{\Psi}_{\boldsymbol{\Pi}_k^a\boldsymbol{\Theta}_{uk}^m} & 0 & 0 & \boldsymbol{\Lambda}_{\boldsymbol{\Pi}_k^a\boldsymbol{\Theta}_{uk}^m} \end{bmatrix} < 0, \forall n \in \boldsymbol{\Theta}_{uk}^m \tag{10.18}$$

$$\begin{bmatrix} \boldsymbol{\Psi}_{11} & * & * & * \\ \boldsymbol{\Psi}_{21} & \boldsymbol{\Psi}_{22} & * & * \\ \boldsymbol{\Psi}_{31} & 0 & \boldsymbol{\Psi}_{33} & * \\ \boldsymbol{\Psi}_{\boldsymbol{\Pi}_{uk}^a\boldsymbol{\Theta}_{uk}^m} & 0 & 0 & \boldsymbol{\Lambda}_{\boldsymbol{\Pi}_{uk}^a\boldsymbol{\Theta}_{uk}^m} \end{bmatrix} < 0, \forall b \in \boldsymbol{\Pi}_{uk}^a, \forall n \in \boldsymbol{\Theta}_{uk}^m \tag{10.19}$$

$$\boldsymbol{S}_{bn}\boldsymbol{M}_{bn} = \boldsymbol{E},\ \boldsymbol{S}_{bn}\boldsymbol{M}_{bn} = \boldsymbol{E},\ \boldsymbol{Y}_\rho\boldsymbol{Z}_\rho = \boldsymbol{E},\ \rho\in\{1,2\} \tag{10.20}$$

式中：

$$\boldsymbol{\Psi}_{11} = \begin{bmatrix} \overline{\boldsymbol{\Psi}}_{11} & * & * & * & * \\ \boldsymbol{Y}_1 & -\boldsymbol{P}_3-2\boldsymbol{Y}_1 & * & * & * \\ \boldsymbol{Z}_2 & 0 & -\boldsymbol{P}_4-2\boldsymbol{Y}_2 & * & * \\ 0 & \boldsymbol{Y}_1 & 0 & -\boldsymbol{P}_1-\boldsymbol{Y}_1 & * \\ 0 & 0 & \boldsymbol{Y}_2 & 0 & -\boldsymbol{P}_2-\boldsymbol{Y}_2 \end{bmatrix}$$

$$\boldsymbol{\Psi}_{21} = \sigma_{\mathrm{M}} \begin{bmatrix} \overline{\boldsymbol{A}}+\overline{\boldsymbol{B}}\boldsymbol{K}\boldsymbol{E}_1-\boldsymbol{E} & \overline{\alpha}\boldsymbol{E}_2\boldsymbol{L}\overline{\boldsymbol{C}} & \overline{\beta}\widetilde{\boldsymbol{B}}\boldsymbol{K}\boldsymbol{E}_1 & 0 & 0 \\ 0 & \alpha_1\boldsymbol{E}_2\boldsymbol{L}\overline{\boldsymbol{C}} & 0 & 0 & 0 \\ 0 & 0 & \beta_1\widetilde{\boldsymbol{B}}\boldsymbol{K}\boldsymbol{E}_1 & 0 & 0 \end{bmatrix}$$

$$\boldsymbol{\Psi}_{22} = \mathrm{diag}(-\boldsymbol{Z}_1, -\boldsymbol{Z}_1, -\boldsymbol{Z}_1)$$

$$\boldsymbol{\Psi}_{31} = \phi_{\mathrm{M}} \begin{bmatrix} \overline{\boldsymbol{A}}+\overline{\boldsymbol{B}}\boldsymbol{K}\boldsymbol{E}_1-\boldsymbol{E} & \overline{\alpha}\boldsymbol{E}_2\boldsymbol{L}\overline{\boldsymbol{C}} & \overline{\beta}\widetilde{\boldsymbol{B}}\boldsymbol{K}\boldsymbol{E}_1 & 0 & 0 \\ 0 & \alpha_1\boldsymbol{E}_2\boldsymbol{L}\overline{\boldsymbol{C}} & 0 & 0 & 0 \\ 0 & 0 & \beta_1\widetilde{\boldsymbol{B}}\boldsymbol{K}\boldsymbol{E}_1 & 0 & 0 \end{bmatrix}$$

$$\boldsymbol{\Psi}_{33} = \mathrm{diag}(-\boldsymbol{Z}_2, -\boldsymbol{Z}_2, -\boldsymbol{Z}_2)$$

$$\overline{\boldsymbol{\Psi}}_{11} = \boldsymbol{P}_1+\boldsymbol{P}_2+(\sigma_{\mathrm{M}}+1)\boldsymbol{P}_3+(\phi_{\mathrm{M}}+1)\boldsymbol{P}_3-\boldsymbol{Y}_1-\boldsymbol{Y}_2-\boldsymbol{S}_{am}$$

$$\boldsymbol{\Lambda}_{\boldsymbol{\Pi}_k^a\boldsymbol{\Theta}_k^m}=\mathrm{diag}(\widetilde{\boldsymbol{\Lambda}}_{\boldsymbol{\Pi}_k^a\boldsymbol{\Theta}_k^m},\widetilde{\boldsymbol{\Lambda}}_{\boldsymbol{\Pi}_k^a\boldsymbol{\Theta}_k^m},\widetilde{\boldsymbol{\Lambda}}_{\boldsymbol{\Pi}_k^a\boldsymbol{\Theta}_k^m})$$

$$\widetilde{\boldsymbol{\Lambda}}_{\boldsymbol{\Pi}_k^a\boldsymbol{\Theta}_k^m}=\mathrm{diag}(-\boldsymbol{S}_{\boldsymbol{\Pi}_{k_1^a}\boldsymbol{\Theta}_{k_1^m}}^{-1},\cdots,-\boldsymbol{S}_{\boldsymbol{\Pi}_{k_p^a}\boldsymbol{\Theta}_{k_q^m}}^{-1})$$

$$\boldsymbol{\Psi}_{\boldsymbol{\Pi}_k^a\boldsymbol{\Theta}_k^m}^{\mathrm{T}}=\begin{bmatrix}\widetilde{\boldsymbol{\Psi}}_{\boldsymbol{\Pi}_k^a\boldsymbol{\Theta}_k^m}^{\mathrm{T}} & \overline{\boldsymbol{\Psi}}_{\boldsymbol{\Pi}_k^a\boldsymbol{\Theta}_k^m}^{\mathrm{T}} & \widehat{\boldsymbol{\Psi}}_{\boldsymbol{\Pi}_k^a\boldsymbol{\Theta}_k^m}^{\mathrm{T}}\end{bmatrix}$$

$$\widetilde{\boldsymbol{\Psi}}_{\boldsymbol{\Pi}_k^a\boldsymbol{\Theta}_k^m}^{\mathrm{T}}=\begin{bmatrix}\sqrt{\mu_{a\boldsymbol{\Pi}_{k_1^a}}\nu_{m\boldsymbol{\Theta}_{k_1^m}}}\,\overline{\boldsymbol{\eta}}_1 & ,\cdots, & \sqrt{\mu_{a\boldsymbol{\Pi}_{k_p^a}}\nu_{m\boldsymbol{\Theta}_{k_q^m}}}\,\overline{\boldsymbol{\eta}}_1\end{bmatrix}$$

$$\overline{\boldsymbol{\Psi}}_{\boldsymbol{\Pi}_k^a\boldsymbol{\Theta}_k^m}=\begin{bmatrix}\sqrt{\mu_{a\boldsymbol{\Pi}_{k_1^a}}\nu_{m\boldsymbol{\Theta}_{k_1^m}}}\,\overline{\boldsymbol{\eta}}_2 & ,\cdots, & \sqrt{\mu_{a\boldsymbol{\Pi}_{k_p^a}}\nu_{m\boldsymbol{\Theta}_{k_q^m}}}\,\overline{\boldsymbol{\eta}}_2\end{bmatrix}$$

$$\widehat{\boldsymbol{\Psi}}_{\boldsymbol{\Pi}_k^a\boldsymbol{\Theta}_k^m}=\begin{bmatrix}\sqrt{\mu_{a\boldsymbol{\Pi}_{k_1^a}}\nu_{m\boldsymbol{\Theta}_{k_1^m}}}\,\overline{\boldsymbol{\eta}}_3 & ,\cdots, & \sqrt{\mu_{a\boldsymbol{\Pi}_{k_p^a}}\nu_{m\boldsymbol{\Theta}_{k_q^m}}}\,\overline{\boldsymbol{\eta}}_3\end{bmatrix}$$

$$\boldsymbol{\Lambda}_{\boldsymbol{\Pi}_{uk}^a\boldsymbol{\Theta}_k^m}=\mathrm{diag}(\widetilde{\boldsymbol{\Lambda}}_{\boldsymbol{\Pi}_{uk}^a\boldsymbol{\Theta}_k^m},\widetilde{\boldsymbol{\Lambda}}_{\boldsymbol{\Pi}_{uk}^a\boldsymbol{\Theta}_k^m},\widetilde{\boldsymbol{\Lambda}}_{\boldsymbol{\Pi}_{uk}^a\boldsymbol{\Theta}_k^m})$$

$$\widetilde{\boldsymbol{\Lambda}}_{\boldsymbol{\Pi}_{uk}^a\boldsymbol{\Theta}_k^m}=\mathrm{diag}(-\boldsymbol{S}_{b\boldsymbol{\Theta}_{k_1^m}}^{-1},\cdots,-\boldsymbol{S}_{b\boldsymbol{\Theta}_{k_q^m}}^{-1})$$

$$\boldsymbol{\Psi}_{\boldsymbol{\Pi}_{uk}^a\boldsymbol{\Theta}_k^m}^{\mathrm{T}}=\begin{bmatrix}\widetilde{\boldsymbol{\Psi}}_{\boldsymbol{\Pi}_{uk}^a\boldsymbol{\Theta}_k^m}^{\mathrm{T}} & \overline{\boldsymbol{\Psi}}_{\boldsymbol{\Pi}_{uk}^a\boldsymbol{\Theta}_k^m}^{\mathrm{T}} & \widehat{\boldsymbol{\Psi}}_{\boldsymbol{\Pi}_{uk}^a\boldsymbol{\Theta}_k^m}^{\mathrm{T}}\end{bmatrix}$$

$$\widetilde{\boldsymbol{\Psi}}_{\boldsymbol{\Pi}_{uk}^a\boldsymbol{\Theta}_k^m}^{\mathrm{T}}=\begin{bmatrix}\sqrt{\nu_{m\boldsymbol{\Theta}_{k_1^m}}}\,\overline{\boldsymbol{\eta}}_1^{\mathrm{T}} & ,\cdots, & \sqrt{\nu_{m\boldsymbol{\Theta}_{k_q^m}}}\,\overline{\boldsymbol{\eta}}_1^{\mathrm{T}}\end{bmatrix}$$

$$\overline{\boldsymbol{\Psi}}_{\boldsymbol{\Pi}_{uk}^a\boldsymbol{\Theta}_k^m}^{\mathrm{T}}=\begin{bmatrix}\sqrt{\nu_{m\boldsymbol{\Theta}_{k_1^m}}}\,\overline{\boldsymbol{\eta}}_2^{\mathrm{T}} & ,\cdots, & \sqrt{\nu_{m\boldsymbol{\Theta}_{k_q^m}}}\,\overline{\boldsymbol{\eta}}_2^{\mathrm{T}}\end{bmatrix}$$

$$\widehat{\boldsymbol{\Psi}}_{\boldsymbol{\Pi}_{uk}^a\boldsymbol{\Theta}_k^m}^{\mathrm{T}}=\begin{bmatrix}\sqrt{\nu_{m\boldsymbol{\Theta}_{k_1^m}}}\,\overline{\boldsymbol{\eta}}_3^{\mathrm{T}} & ,\cdots, & \sqrt{\nu_{m\boldsymbol{\Theta}_{k_q^m}}}\,\overline{\boldsymbol{\eta}}_3^{\mathrm{T}}\end{bmatrix}$$

$$\boldsymbol{\Lambda}_{\boldsymbol{\Pi}_k^a\boldsymbol{\Theta}_{uk}^m}=\mathrm{diag}(\widetilde{\boldsymbol{\Lambda}}_{\boldsymbol{\Pi}_k^a\boldsymbol{\Theta}_{uk}^m},\widetilde{\boldsymbol{\Lambda}}_{\boldsymbol{\Pi}_k^a\boldsymbol{\Theta}_{uk}^m},\widetilde{\boldsymbol{\Lambda}}_{\boldsymbol{\Pi}_k^a\boldsymbol{\Theta}_{uk}^m})$$

$$\widetilde{\boldsymbol{\Lambda}}_{\boldsymbol{\Pi}_k^a\boldsymbol{\Theta}_{uk}^m}=\mathrm{diag}(-\boldsymbol{S}_{\boldsymbol{\Pi}_{k_1^a}n}^{-1},\cdots,-\boldsymbol{S}_{\boldsymbol{\Pi}_{k_p^a}n}^{-1})$$

$$\boldsymbol{\Psi}_{\boldsymbol{\Pi}_k^a\boldsymbol{\Theta}_{uk}^m}^{\mathrm{T}}=\begin{bmatrix}\widetilde{\boldsymbol{\Psi}}_{\boldsymbol{\Pi}_k^a\boldsymbol{\Theta}_{uk}^m}^{\mathrm{T}} & \overline{\boldsymbol{\Psi}}_{\boldsymbol{\Pi}_k^a\boldsymbol{\Theta}_{uk}^m}^{\mathrm{T}} & \widehat{\boldsymbol{\Psi}}_{\boldsymbol{\Pi}_k^a\boldsymbol{\Theta}_{uk}^m}^{\mathrm{T}}\end{bmatrix}$$

$$\widetilde{\boldsymbol{\Psi}}_{\boldsymbol{\Pi}_k^a\boldsymbol{\Theta}_{uk}^m}^{\mathrm{T}}=\begin{bmatrix}\sqrt{\mu_{a\boldsymbol{\Pi}_{k_1^a}}}\,\overline{\boldsymbol{\eta}}_1^{\mathrm{T}} & ,\cdots, & \sqrt{\mu_{a\boldsymbol{\Pi}_{k_p^a}}}\,\overline{\boldsymbol{\eta}}_1^{\mathrm{T}}\end{bmatrix}$$

$$\overline{\boldsymbol{\Psi}}_{\boldsymbol{\Pi}_k^a\boldsymbol{\Theta}_{uk}^m}^{\mathrm{T}}=\begin{bmatrix}\sqrt{\mu_{a\boldsymbol{\Pi}_{k_1^a}}}\,\overline{\boldsymbol{\eta}}_2^{\mathrm{T}} & ,\cdots, & \sqrt{\mu_{a\boldsymbol{\Pi}_{k_p^a}}}\,\overline{\boldsymbol{\eta}}_2^{\mathrm{T}}\end{bmatrix}$$

$$\widehat{\boldsymbol{\Psi}}_{\boldsymbol{\Pi}_k^a\boldsymbol{\Theta}_{uk}^m}^{\mathrm{T}}=\begin{bmatrix}\sqrt{\mu_{a\boldsymbol{\Pi}_{k_1^a}}}\,\overline{\boldsymbol{\eta}}_3^{\mathrm{T}} & ,\cdots, & \sqrt{\mu_{a\boldsymbol{\Pi}_{k_p^a}}}\,\overline{\boldsymbol{\eta}}_3^{\mathrm{T}}\end{bmatrix}$$

$$\boldsymbol{\Lambda}_{\boldsymbol{\Pi}_{uk}^a\boldsymbol{\Theta}_{uk}^m}=\mathrm{diag}(\widetilde{\boldsymbol{\Lambda}}_{\boldsymbol{\Pi}_{uk}^a\boldsymbol{\Theta}_{uk}^m},\widetilde{\boldsymbol{\Lambda}}_{\boldsymbol{\Pi}_{uk}^a\boldsymbol{\Theta}_{uk}^m},\widetilde{\boldsymbol{\Lambda}}_{\boldsymbol{\Pi}_{uk}^a\boldsymbol{\Theta}_{uk}^m})$$

$$\widetilde{\boldsymbol{\Lambda}}_{\boldsymbol{\Pi}_{uk}^a\boldsymbol{\Theta}_{uk}^m}=\mathrm{diag}(-\boldsymbol{S}_{bn}^{-1},\cdots,-\boldsymbol{S}_{bn}^{-1})$$

$$\boldsymbol{\Psi}_{\boldsymbol{\Pi}_{uk}^a\boldsymbol{\Theta}_{uk}^m}^{\mathrm{T}}=\begin{bmatrix}\widetilde{\boldsymbol{\Psi}}_{\boldsymbol{\Pi}_{uk}^a\boldsymbol{\Theta}_{uk}^m}^{\mathrm{T}} & \overline{\boldsymbol{\Psi}}_{\boldsymbol{\Pi}_{uk}^a\boldsymbol{\Theta}_{uk}^m}^{\mathrm{T}} & \widehat{\boldsymbol{\Psi}}_{\boldsymbol{\Pi}_{uk}^a\boldsymbol{\Theta}_{uk}^m}^{\mathrm{T}}\end{bmatrix}$$

$$\widetilde{\boldsymbol{\Psi}}_{\boldsymbol{\Pi}_{uk}^{a}\boldsymbol{\Theta}_{uk}^{m}}=\begin{bmatrix}\overline{\boldsymbol{\eta}}_1^{\mathrm{T}} & ,\cdots, & \overline{\boldsymbol{\eta}}_1^{\mathrm{T}}\end{bmatrix}$$

$$\overline{\boldsymbol{\Psi}}_{\boldsymbol{\Pi}_{uk}^{a}\boldsymbol{\Theta}_{uk}^{m}}=\begin{bmatrix}\overline{\boldsymbol{\eta}}_2^{\mathrm{T}} & ,\cdots, & \overline{\boldsymbol{\eta}}_2^{\mathrm{T}}\end{bmatrix}$$

$$\widehat{\boldsymbol{\Psi}}_{\boldsymbol{\Pi}_{uk}^{a}\boldsymbol{\Theta}_{uk}^{m}}=\begin{bmatrix}\overline{\boldsymbol{\eta}}_3^{\mathrm{T}} & ,\cdots, & \overline{\boldsymbol{\eta}}_3^{\mathrm{T}}\end{bmatrix}$$

$$\boldsymbol{\eta}_1=\begin{bmatrix}\overline{\boldsymbol{A}}+\overline{\boldsymbol{B}}\boldsymbol{K}\boldsymbol{E}_1 & \overline{\alpha}\boldsymbol{E}_2\boldsymbol{L}\overline{\boldsymbol{C}} & \overline{\beta}\widetilde{\boldsymbol{B}}\boldsymbol{K}\boldsymbol{E} & 0 & 0\end{bmatrix}$$

$$\boldsymbol{\eta}_2=\begin{bmatrix}0 & \overline{\alpha}\boldsymbol{E}_2\boldsymbol{L}\overline{\boldsymbol{C}} & 0 & 0 & 0\end{bmatrix}$$

$$\boldsymbol{\eta}_3=\begin{bmatrix}0 & 0 & \overline{\beta}\widetilde{\boldsymbol{B}}\boldsymbol{K}\boldsymbol{E} & 0 & 0\end{bmatrix},\overline{\boldsymbol{\eta}}_1=\begin{bmatrix}\boldsymbol{\eta}_1 & 0 & 0\end{bmatrix}$$

$$\overline{\boldsymbol{\eta}}_2=\begin{bmatrix}0 & \boldsymbol{\eta}_2 & 0\end{bmatrix},\overline{\boldsymbol{\eta}}_3=\begin{bmatrix}0 & 0 & \boldsymbol{\eta}_3\end{bmatrix}$$

对于所有的 $a,b\in\Omega,m,n\in\Xi$ 均成立，闭环系统［式(10.7)］随机稳定。

证明：依据 Schur 补引理，并令 $\boldsymbol{Y}_{\rho}^{-1}=\boldsymbol{Z}_{\rho},\rho\in\{1,2\}$，式(10.9) 中的$\boldsymbol{\Upsilon}$ 可以写为：

$$\begin{bmatrix}\boldsymbol{\Psi}_{11} & * & * \\ \boldsymbol{\Psi}_{21} & \boldsymbol{\Psi}_{22} & * \\ \boldsymbol{\Psi}_{31} & 0 & \boldsymbol{\Psi}_{33}\end{bmatrix}+\begin{bmatrix}\boldsymbol{\eta}_1 \\ 0 \\ 0\end{bmatrix}^{\mathrm{T}}\overline{\boldsymbol{S}}_{bn}\begin{bmatrix}\boldsymbol{\eta}_1 & 0 & 0\end{bmatrix}+\begin{bmatrix}0 \\ \boldsymbol{\eta}_2 \\ 0\end{bmatrix}^{\mathrm{T}}\overline{\boldsymbol{S}}_{bn}\begin{bmatrix}0 & \boldsymbol{\eta}_2 & 0\end{bmatrix}+\begin{bmatrix}0 \\ 0 \\ \boldsymbol{\eta}_3\end{bmatrix}^{\mathrm{T}}\overline{\boldsymbol{S}}_{bn}\begin{bmatrix}0 & 0 & \boldsymbol{\eta}_3\end{bmatrix}$$

$$=(\sum_{b\in\boldsymbol{\Pi}_k^a}\sum_{n\in\boldsymbol{\Theta}_k^m}\mu_{ab}\nu_{mn}+\sum_{b\in\boldsymbol{\Pi}_{uk}^a}\sum_{n\in\boldsymbol{\Theta}_k^m}\mu_{ab}\nu_{mn}+\sum_{b\in\boldsymbol{\Pi}_k^a}\sum_{n\in\boldsymbol{\Theta}_{uk}^m}\mu_{ab}\nu_{mn}+\sum_{b\in\boldsymbol{\Pi}_{uk}^a}\sum_{n\in\boldsymbol{\Theta}_{uk}^m}\mu_{ab}\nu_{mn})(\begin{bmatrix}\boldsymbol{\Psi}_{11} & * & * \\ \boldsymbol{\Psi}_{21} & \boldsymbol{\Psi}_{22} & * \\ \boldsymbol{\Psi}_{31} & 0 & \boldsymbol{\Psi}_{33}\end{bmatrix}$$

$$+\overline{\boldsymbol{\eta}}_1^{\mathrm{T}}\boldsymbol{S}_{bn}\overline{\boldsymbol{\eta}}_1+\overline{\boldsymbol{\eta}}_2^{\mathrm{T}}\boldsymbol{S}_{bn}\overline{\boldsymbol{\eta}}_2+\overline{\boldsymbol{\eta}}_3^{\mathrm{T}}\boldsymbol{S}_{bn}\overline{\boldsymbol{\eta}}_3)$$

$$=\sum_{b\in\boldsymbol{\Pi}_k^a}\sum_{n\in\boldsymbol{\Theta}_k^m}\mu_{ab}\nu_{mn}(\begin{bmatrix}\boldsymbol{\Psi}_{11} & * & * \\ \boldsymbol{\Psi}_{21} & \boldsymbol{\Psi}_{22} & * \\ \boldsymbol{\Psi}_{31} & 0 & \boldsymbol{\Psi}_{33}\end{bmatrix}+\overline{\boldsymbol{\eta}}_1^{\mathrm{T}}\boldsymbol{S}_{bn}\overline{\boldsymbol{\eta}}_1+\overline{\boldsymbol{\eta}}_2^{\mathrm{T}}\boldsymbol{S}_{bn}\overline{\boldsymbol{\eta}}_2+\overline{\boldsymbol{\eta}}_3^{\mathrm{T}}\boldsymbol{S}_{bn}\overline{\boldsymbol{\eta}}_3)$$

$$+\sum_{b\in\boldsymbol{\Pi}_{uk}^a}\mu_{ab}\sum_{n\in\boldsymbol{\Theta}_k^m}\nu_{mn}(\begin{bmatrix}\boldsymbol{\Psi}_{11} & * & * \\ \boldsymbol{\Psi}_{21} & \boldsymbol{\Psi}_{22} & * \\ \boldsymbol{\Psi}_{31} & 0 & \boldsymbol{\Psi}_{33}\end{bmatrix}+\overline{\boldsymbol{\eta}}_1^{\mathrm{T}}\boldsymbol{S}_{bn}\overline{\boldsymbol{\eta}}_1+\overline{\boldsymbol{\eta}}_2^{\mathrm{T}}\boldsymbol{S}_{bn}\overline{\boldsymbol{\eta}}_2+\overline{\boldsymbol{\eta}}_3^{\mathrm{T}}\boldsymbol{S}_{bn}\overline{\boldsymbol{\eta}}_3)$$

$$+\sum_{n\in\boldsymbol{\Theta}_{uk}^m}\nu_{mn}\sum_{b\in\boldsymbol{\Pi}_k^a}\mu_{ab}(\begin{bmatrix}\boldsymbol{\Psi}_{11} & * & * \\ \boldsymbol{\Psi}_{21} & \boldsymbol{\Psi}_{22} & * \\ \boldsymbol{\Psi}_{31} & 0 & \boldsymbol{\Psi}_{33}\end{bmatrix}+\overline{\boldsymbol{\eta}}_1^{\mathrm{T}}\boldsymbol{S}_{bn}\overline{\boldsymbol{\eta}}_1+\overline{\boldsymbol{\eta}}_2^{\mathrm{T}}\boldsymbol{S}_{bn}\overline{\boldsymbol{\eta}}_2+\overline{\boldsymbol{\eta}}_3^{\mathrm{T}}\boldsymbol{S}_{bn}\overline{\boldsymbol{\eta}}_3)$$

$$+\sum_{b\in\boldsymbol{\Pi}_{uk}^a}\sum_{n\in\boldsymbol{\Theta}_{uk}^m}\mu_{ab}\nu_{mn}(\begin{bmatrix}\boldsymbol{\Psi}_{11} & * & * \\ \boldsymbol{\Psi}_{21} & \boldsymbol{\Psi}_{22} & * \\ \boldsymbol{\Psi}_{31} & 0 & \boldsymbol{\Psi}_{33}\end{bmatrix}+\overline{\boldsymbol{\eta}}_1^{\mathrm{T}}\boldsymbol{S}_{bn}\overline{\boldsymbol{\eta}}_1+\overline{\boldsymbol{\eta}}_2^{\mathrm{T}}\boldsymbol{S}_{bn}\overline{\boldsymbol{\eta}}_2+\overline{\boldsymbol{\eta}}_3^{\mathrm{T}}\boldsymbol{S}_{bn}\overline{\boldsymbol{\eta}}_3)$$

由 Schur 补引理，得：

$$\sum_{b\in\boldsymbol{\Pi}_k^a}\sum_{n\in\boldsymbol{\Theta}_k^m}\mu_{ab}\nu_{mn}\begin{bmatrix}\boldsymbol{\Psi}_{11} & * & * \\ \boldsymbol{\Psi}_{21} & \boldsymbol{\Psi}_{22} & * \\ \boldsymbol{\Psi}_{31} & 0 & \boldsymbol{\Psi}_{33}\end{bmatrix}+\sum_{b\in\boldsymbol{\Pi}_k^a}\sum_{n\in\boldsymbol{\Theta}_k^m}\mu_{ab}\nu_{mn}(\overline{\boldsymbol{\eta}}_1^{\mathrm{T}}\boldsymbol{S}_{bn}\overline{\boldsymbol{\eta}}_1+\overline{\boldsymbol{\eta}}_2^{\mathrm{T}}\boldsymbol{S}_{bn}\overline{\boldsymbol{\eta}}_2+\overline{\boldsymbol{\eta}}_3^{\mathrm{T}}\boldsymbol{S}_{bn}\overline{\boldsymbol{\eta}}_3)<0 \tag{10.21}$$

上式等价于：

$$\begin{bmatrix} \sum_{b\in\boldsymbol{\Pi}_k^a}\sum_{n\in\boldsymbol{\Theta}_k^m}\mu_{ab}\nu_{mn}\boldsymbol{\Psi}_{11} & * & * & * \\ \sum_{b\in\boldsymbol{\Pi}_k^a}\sum_{n\in\boldsymbol{\Theta}_k^m}\mu_{ab}\nu_{mn}\boldsymbol{\Psi}_{21} & \sum_{b\in\boldsymbol{\Pi}_k^a}\sum_{n\in\boldsymbol{\Theta}_k^m}\mu_{ab}\nu_{mn}\boldsymbol{\Psi}_{22} & * & * \\ \sum_{b\in\boldsymbol{\Pi}_k^a}\sum_{n\in\boldsymbol{\Theta}_k^m}\mu_{ab}\nu_{mn}\boldsymbol{\Psi}_{31} & 0 & \sum_{b\in\boldsymbol{\Pi}_k^a}\sum_{n\in\boldsymbol{\Theta}_k^m}\mu_{ab}\nu_{mn}\boldsymbol{\Psi}_{33} & * \\ \boldsymbol{\Psi}_{\boldsymbol{\Pi}_k^a\boldsymbol{\Theta}_k^m} & 0 & 0 & \overline{\boldsymbol{\Lambda}}_{\boldsymbol{\Pi}_k^a\boldsymbol{\Theta}_k^m} \end{bmatrix}<0$$

式中，$\overline{\boldsymbol{\Lambda}}_{\boldsymbol{\Pi}_k^a\boldsymbol{\Theta}_k^m}=\mathrm{diag}(-\boldsymbol{S}_{\boldsymbol{\Pi}_{k_1^a}\boldsymbol{\Theta}_{k_1^m}}^{-1},\cdots,-\boldsymbol{S}_{\boldsymbol{\Pi}_{k_p^a}\boldsymbol{\Theta}_{k_q^m}}^{-1})$，令 $\boldsymbol{S}_{bn}^{-1}=\boldsymbol{M}_{bn},b\in\boldsymbol{\Pi}_k^a,n\in\boldsymbol{\Theta}_k^m$，可得式(10.16)。因此，若式(10.16)成立，那么式(10.21)成立。由于 $\mu_{ab}\geqslant 0$，$\nu_{mn}\geqslant 0$，因此若式(10.16)～式(10.20)成立，那么式(10.9)成立，即闭环系统［式(10.7)］随机稳定。

定理10.2中的约束条件式(10.16)～式(10.20)不是线性的，无法直接使用Matlab LMI工具箱进行求解，但可以利用锥补线性化方法将其转化成如下具有LMI约束的非线性最小化问题，再进行求解[21]。

$$\begin{bmatrix} \boldsymbol{S}_{bn} & * \\ \boldsymbol{E} & \boldsymbol{M}_{bn} \end{bmatrix}>0,b\in\boldsymbol{\Pi},n\in\boldsymbol{\Theta} \tag{10.22}$$

$$\begin{bmatrix} \boldsymbol{Y}_\rho & * \\ \boldsymbol{E} & \boldsymbol{Z}_\rho \end{bmatrix}\geqslant 0,\rho\in\{1,2\} \tag{10.23}$$

$$\min\ \mathrm{tr}\Big(\sum_{b=0}^{\sigma_{\mathrm{M}}}\sum_{n=0}^{\phi_{\mathrm{M}}}\boldsymbol{S}_{bn}\boldsymbol{M}_{bn}+\sum_{\rho=1}^{2}\boldsymbol{Y}_\rho\boldsymbol{Z}_\rho\Big)$$

s. t. 式(10.16)～式(10.19)，式(10.22)及式(10.23)

给出如下控制器和观测器增益矩阵的求解算法。

步骤1 设置最大迭代次数 $\boldsymbol{N}$，并用feasp函数和dec2mat函数求解式(10.16)～式(10.19)，式(10.22)及式(10.23)，得到一组可行解$(\boldsymbol{S}_{bn}^0,\boldsymbol{M}_{bn}^0,\boldsymbol{Y}_1^0,\boldsymbol{Y}_2^0,\boldsymbol{Z}_1^0,\boldsymbol{Z}_2^0,\boldsymbol{K}^0,\boldsymbol{L}^0)$，令 $k=0$。

步骤2 利用defcx函数和mincx函数针对变量$(\boldsymbol{S}_{bn},\boldsymbol{M}_{bn},\boldsymbol{Y}_1,\boldsymbol{Y}_1,\boldsymbol{Z}_1,\boldsymbol{Z}_1,\boldsymbol{K},\boldsymbol{L})$求解如下非线性最小化问题：

$$\min\ \mathrm{tr}\Big\{\sum_{b=0}^{\sigma_{\mathrm{M}}}\sum_{n=0}^{\phi_{\mathrm{M}}}(\boldsymbol{S}_{bn}^k\boldsymbol{M}_{bn}+\boldsymbol{S}_{bn}\boldsymbol{M}_{bn}^k)+\sum_{\rho=1}^{2}(\boldsymbol{Y}_\rho^k\boldsymbol{Z}_\rho+\boldsymbol{Y}_\rho\boldsymbol{Z}_\rho^k)\Big\}$$

s. t. 式(10.16)～式(10.19)，式(10.22)及式(10.23)

令 $\boldsymbol{S}_{bn}^{k+1}=\boldsymbol{S}_{bn},\boldsymbol{M}_{bn}^{k+1}=\boldsymbol{S}_{bn},\boldsymbol{Y}_1^{k+1}=\boldsymbol{Y}_1,\boldsymbol{Z}_1^{k+1}=\boldsymbol{Z}_1,\boldsymbol{Y}_2^{k+1}=\boldsymbol{Y}_2,\boldsymbol{Z}_2^{k+1}=\boldsymbol{Z}_2,\boldsymbol{K}^{k+1}=\boldsymbol{K}$，$\boldsymbol{L}^{k+1}=\boldsymbol{L}$。

步骤3 检查式(10.9)是否满足。如果满足，结束迭代；如果式(10.9)不满足且未达到最大迭代次数 $\boldsymbol{N}$，则令 $k=k+1$，转到步骤2；如果式(10.9)不满足且达到了最大迭代次数 $\boldsymbol{N}$，则优化问题在最大迭代次数 $\boldsymbol{N}$ 内无解。

注10.3 本章提出的方法也可以应用于 H_∞ 控制保性能控制，可以进一步研究系统性能、丢包概率和时延传输概率信息之间的联系。

10.3　实例仿真

为了说明所提方法是有效的，将本章的结果用于如图 10.2 所示的角度位置跟踪系统[22]。图中，φ_r 是移动物体的角度位置，φ 是天线的角度位置。此系统的功能是通过对电机施加电压，使得天线能够随着目标对象的移动而转动，并满足 $\varphi \cong \varphi_r$。此系统的状态空间表达式参数如下：

$$\boldsymbol{A}=\begin{bmatrix}1 & 0.0995\\0 & 0.99\end{bmatrix},\boldsymbol{B}=\begin{bmatrix}0.0039\\0.0783\end{bmatrix},\boldsymbol{C}=\begin{bmatrix}1.4 & 0.8\\-0.2 & 0.4\end{bmatrix}$$

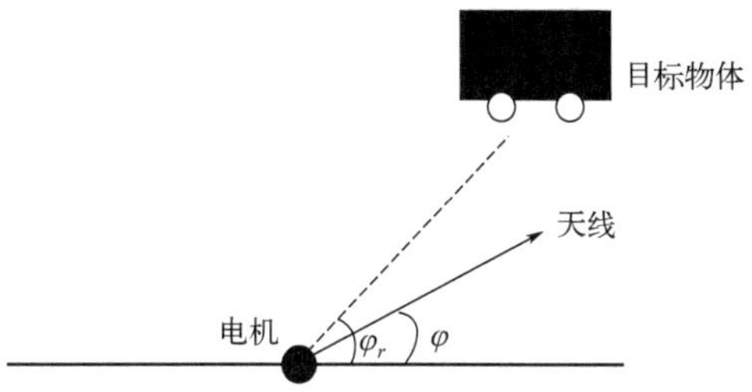

图 10.2　角度位置跟踪系统

显然此系统不稳定。假设 S-C 时延 $\sigma_k \in \Omega=\{0,1\}$，C-A 时延 $\phi_k \in \Xi=\{0,1\}$，其转移概率矩阵分别为：

$$\boldsymbol{\Pi}=\begin{bmatrix}0.7 & 0.3\\? & ?\end{bmatrix},\boldsymbol{\Theta}=\begin{bmatrix}? & ?\\0.9 & 0.1\end{bmatrix}$$

S-C 丢包概率及 C-A 丢包概率分别为 $1-E\{\alpha_k\}=1-\overline{\alpha}=0.1$，$1-E\{\beta_k\}=1-\overline{\beta}=0.2$。根据定理 10.2，得到控制器及观测器增益矩阵分别为：

$$\boldsymbol{K}=[-0.3648 \quad -0.5975],\boldsymbol{L}=\begin{bmatrix}-0.0721 & -0.2065\\-0.0642 & -0.1445\end{bmatrix}$$

假设系统的初始状态为 $\boldsymbol{x}_0=[2 \quad -1]^{\mathrm{T}}$，$\hat{\boldsymbol{x}}_0=[1.8 \quad -1.2]^{\mathrm{T}}$。网络时延 σ_k 和 ϕ_k 分别如图 10.3、图 10.4 所示。在本章所设计的控制器作用下的闭环系统状态及其估计值曲线如图 10.5 和图 10.6 所示，传统的控制器作用下的曲线如图 10.7 和图 10.8 所示。如果不考虑网络时延和数据包丢失，利用传统的 Lyapunov 方法得到的控制器与观测器的增益矩阵如下：

$$\boldsymbol{K}=[-0.9697 \quad -6.3923],\boldsymbol{L}=\begin{bmatrix}-0.5832 & 0.9176\\-0.2752 & -1.9257\end{bmatrix}$$

将传统方法得到的增益矩阵代入到闭环系统［式(10.7)］，闭环系统状态响应曲线如图 10.7 及图 10.8 所示。比较图 10.6 及图 10.8，可以看到在本章所设计的控制器作用下系统状态 x_2 大约在 150 步左右收敛到 0，而在传统控制器作用下状态 x_2 大约在 350 步才收敛到 0。因此，在本章所设计的控制器作用下，闭环系统不但稳定而且具有比传统方法更快的响应速度。

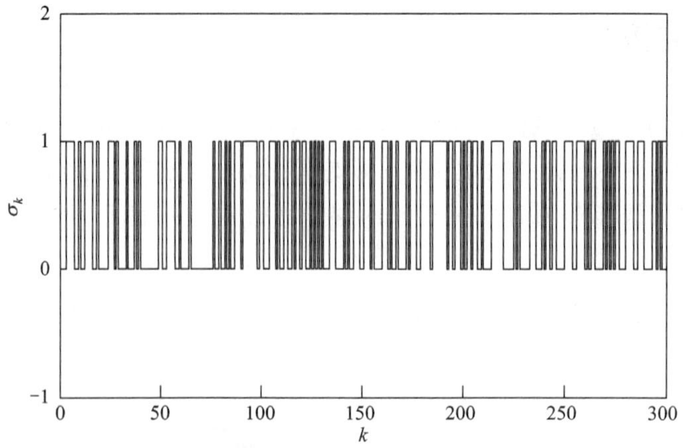

图 10.3　S-C 时延 σ_k

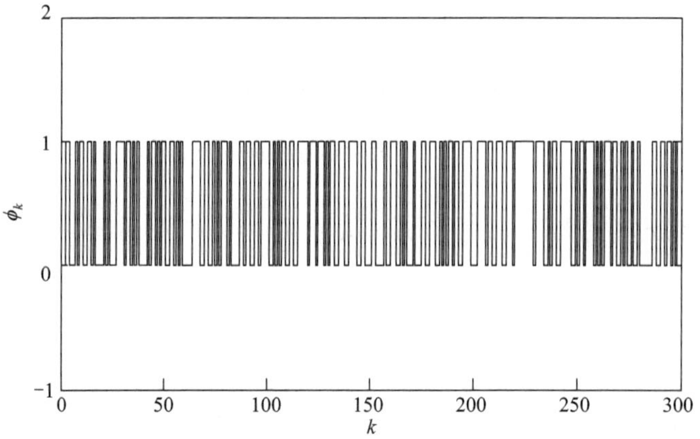

图 10.4　C-A 时延 ϕ_k

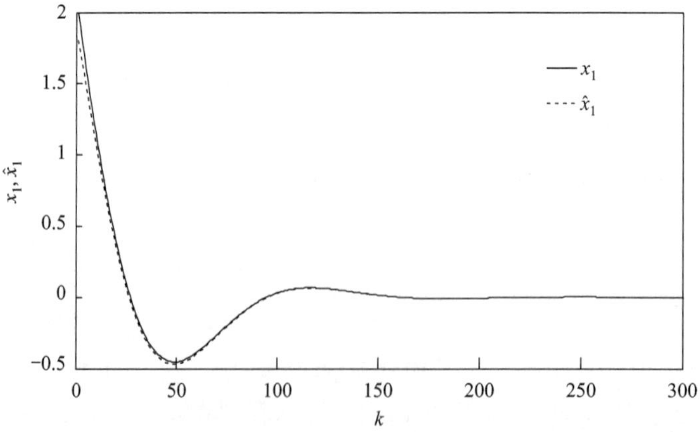

图 10.5　本章控制器作用下的系统状态 x_1 及估计值 $\hat{x}_1$ 曲线

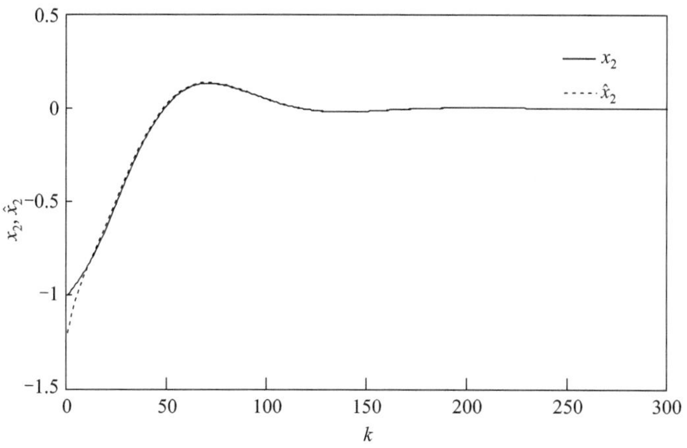

图 10.6　本章控制器作用下的系统状态 x_2 及估计值 $\hat{x}_2$ 曲线

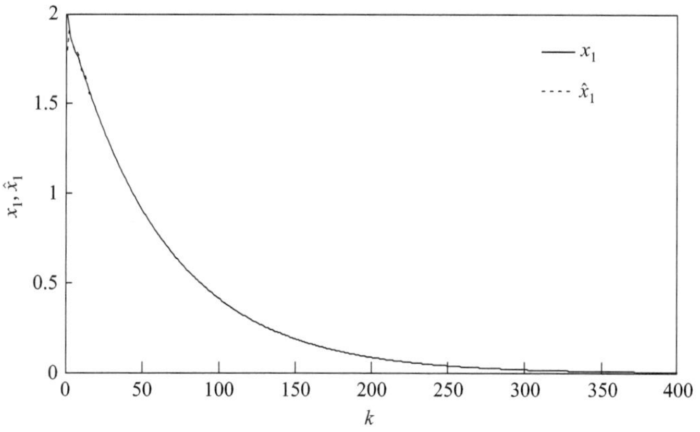

图 10.7　传统控制器作用下的系统状态 x_1 及估计值 $\hat{x}_1$ 曲线

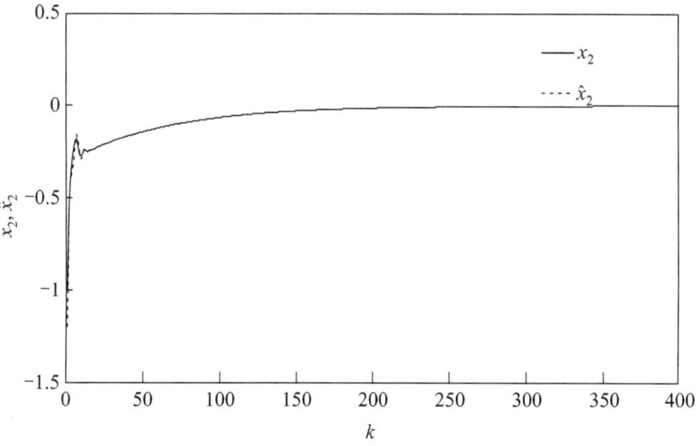

图 10.8　传统控制器作用下的系统状态 x_2 及估计值 $\hat{x}_2$ 曲线

10.4 本章小结

本章对同时具有 S-C 时延和丢包及 C-A 时延和丢包的 NCS，介绍了基于观测器的镇定问题。在 S-C 及 C-A 时延转移概率均部分未知的条件下得到了闭环系统稳定的充分条件，给出了 NCS 控制器及观测器增益矩阵的求解方法。

参考文献

[1] Yao H J. Exponential stability control for nonlinear uncertain networked systems with time delay [J]. Journal of Discrete Mathematical Sciences and Cryptography，2018，21（2）：563-569.

[2] Oliveiva T，Palhares R. Improved Takagi-Sugeno fuzzy output tracking control for nonlinear networked control systems [J]. Journal of the Franklin Institute，2017，354（16）：7280-7305.

[3] Zhao L，Xu H，Yuan Y，et al. Stabilization for networked control systems subject to actuator saturation and network-induced delays [J]. Neurocomputing，2017，287（6）：354-361.

[4] Liu K，Fridman E，Johansson K. Dynamic quantization of uncertain linear networked control systems [J]. Automatica，2015，59：248-255.

[5] Gu Z，Shi P，Yue D. An adaptive event-triggering scheme for networked interconnected control system with stochastic uncertainty [J]. International Journal of Robust and Nonlinear Control，2017，27（2）：236-251.

[6] Elahi A，Alfi A. Finite-time H_∞ control of uncertain networked control systems with randomly carrying communication delays [J]. ISA Transactions，2017，69：65-88.

[7] Peters E G W，Marelli D，Quevedo D E，et al. Predictive control for networked systems affected by correlated packet loss [J]. International Journal of Robust and Nonlinear Control，2019，29（15）：5078-5094.

[8] Mamduhi M H，Hirche S. Try-once-discard scheduling for stochastic networked control systems [J]. International Journal of Control，2019，92（11）：2532-2546.

[9] Zhang J H，Lam J，Xia Y Q. Output feedback delay compensation control for networked control systems with random delays [J]. Information Sciences，2014，264（1）：154-166.

[10] Lin H，Su H Y，Shu Z，et al. Optimal estimation in UDP-like networked control systems with intermittent inputs：stability analysis and suboptimal filter design [J]. IEEE Transactions on Automatic Control，2016，61（7）：1794-1809.

[11] Xiao L，Hassibi A，How J P. Control with random communication delays via a discrete-time jump systems approach [C] //Proceedings of the 2000 American Control Conference. IEEE，2000：2199-2204.

[12] Shi Y，Yu B. Output feedback stabilization of networked control systems with random delays modeled by Markov chains [J]. IEEE Transactions on Automatic Control，2009，54（7）：1668-1674.

[13] 邱丽，胥布工，黎善斌．具有模态依赖时延的网络控制系统的 H_∞ 控制 [J]．控制与决策，2011，26（4）：571-605.

[14] Wang Y F，Wang P L，Li Z X，et al. Observer-based controller design for a class of nonlinear networked control systems with random time-delays modeled by Markov chains [J]. Journal of Control Science and Engineering，2017，2017：1-13.

[15] Li J G, Yuan J Q, Lu J G, Observer-based H_∞ control for networked nonlinear systems with random packet losses [J]. ISA transactions, 2010, 49 (1): 39-46.

[16] 邱丽，胥布工，黎善斌. 具有数据包丢失及转移概率部分未知的网络控制系统 H_∞ 控制 [J]. 控制理论与应用，2011，28 (8)：1105-1112.

[17] 宋洪波，俞立，张文安. 具有数据包丢失的网络控制系统保性能控制 [J]. 控制理论与应用，2008，25 (5)：913-916.

[18] 姚合军，严谦泰，杨恒. 基于均方指数稳定的随机时延网络系统的输出反馈控制 [J]. 应用泛函分析学报，2019，21 (2)：154-161.

[19] Ding W G, Mao Z H, Jiang B, et al. Fault detection for a class of nonlinear networked control systems with Markov transfer delays and stochastic packet drops [J]. Circuits, Systems, and Signal Processing, 2015, 34: 1211-1231.

[20] Jiang X F, Han Q L, Yu X H. Stability criteria for linear discrete-time systems with interval-like time-varying delay [C] //Proceedings of the 2005 American Control Conference. IEEE, 2005: 2817-2822.

[21] Ghaoui L E, Oustru F, Aitrami M. A cone complementarity linearization algorithm for static output-feedback and related problems [J]. IEEE Transactions on Automatic Control, 1997, 42 (8): 1171-1176.

[22] Liu A, Yu L, Zhang W A. One-step receding horizon control for networked control systems with random delay and packet disordering [J]. ISA Transactions, 2011, 50 (1): 44-52.

第 11 章
具有 S-C 及 C-A 时延的网络化 Markov 系统模态依赖控制器设计方法

在过去的几十年里，网络化控制系统（NCS）备受关注，它被广泛应用于实时工业控制、环境监测、军事、远程医疗和其他领域[1-4]。基于对现代控制理论的重要影响，具有时延和数据丢失的 NCS 稳定性分析和控制器设计丢包已成为一个研究热点，已出现了很多研究成果[5-7]。

NCS 的研究重点之一是时延，这可能会降低系统的性能甚至导致不稳定[8,9]。将时延建模为随机伯努利分布序列是常见的研究方法。不过这种方法只能处理一步时延[10,11]。文献［10］将时延建模为伯努利分布的随机序列，对具有时延和丢包的 NCS 的鲁棒 H_∞ 滤波问题进行了研究，给出了使滤波误差系统指数稳定的充分条件。文献［11］研究了具有时延和丢包的 NCS 的最优线性估计问题。两个满足伯努利分布的随机变量被用来描述一步时延和丢包，提出了最优线性状态滤波器和预测器设计方法。

处理时延的另外一种方法是将时延建模为 Markov 链。Markov 链不但可以用来描述当前时延和上一时延之间的依赖关系，并且可以把丢包包括进来，因此是一种描述时延的有效方法[12-16]。文献［12］将时延建模为 Markov 链，把闭环 NCS 建模为 Markov 跳变线性系统（Markov jump linear system，MJLS），给出了系统稳定的充要条件，提出了时延补偿控制算法。文献［13］用两个 Markov 链分别描述传感器至控制器（S-C）时延 τ_k 及控制器至执行器（S-C）时延 γ_k，提出了补偿时延的渐近均方稳定性准则。对于一类具有 S-C 时延的非线性系统，文献［14］利用状态增广的方法，建立了闭环系统数学模型，研究了状态反馈问题，给出了系统随机稳定的充分条件。文献［15］同时考虑 S-C 时延 τ_k 及 S-C 时延 γ_k，基于自由权矩阵，建立了闭环系统随机稳定的充分条件，给出了模态依赖的 H_∞ 状态反馈控制器设计方法。文献［16］将 S-C 时延及 S-C 时延建模为 Markov 链，将闭环系统建模为 MJLS，给出了使闭环系统随机稳定的状态反馈控制器求解方法。

在上述文献中，被控对象为线性系统或者是某种特定的非线性系统。然而，因为系统所处环境的不确定性及系统结构和参数的变化，例如系统组件的随机故障和维修，内部互连系统的变化，突然环境的变化，使得确定模型很难用来描述实际系统。对此，Markov 被控对象广泛存在于通信系统、电力系统和飞机控制系统[17-19]。所以，基于 Markov 被控对象的 NCS 控制器的设计与研究具有重要的理论和实践意义。

基于 Markov 被控对象的 NCS 出现了一些研究成果。文献［20］通过在传感器和控制器之间设置事件发生器，针对网络化 Markov 系统研究了事件触发 H_∞ 控制问题。文献［21］对具有时延的 Markov 系统研究了镇定问题。通过状态增广的方法，建立了闭环系统模型，给出了系统随机稳定的充要条件。然而，文献［20,21］中的控制器是模态独立的，甚至是时延独立的。与系统模态及时延相关的控制器的研究还未见发表，本章的主要内容如下：

① 通过时延和系统模态的分析，对于网络化 Markov 系统，提出了同时依赖于 S-C 时延 τ_k 及系统模态 $\delta_{k-\tau_k}$ 的控制器。

② 通过构造合适的 Lyapunov-Krasovskii 泛函，分别在转移概率已知和部分未知的条件下，给出了控制器增益矩阵的求解方法。

11.1　问题描述

具有随机时延的 NCS 的结构如图 11.1 所示。

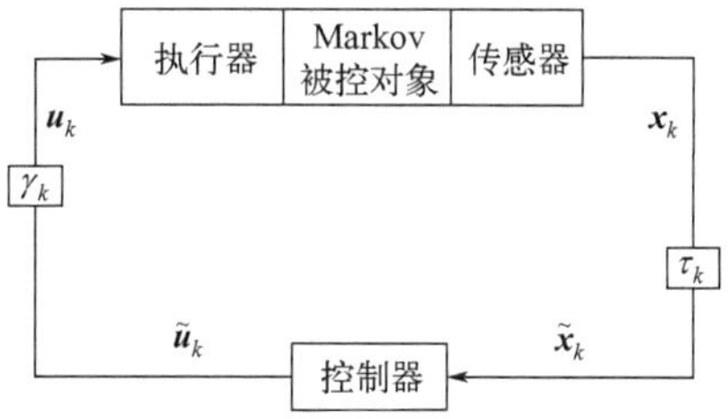

图 11.1　具有随机时延的 NCS 结构

图 11.1 中被控对象为 Markov 跳变系统，其状态方程为：

$$\boldsymbol{x}_{k+1}=\boldsymbol{A}_{\delta_k}\boldsymbol{x}_k+\boldsymbol{B}_{\delta_k}\boldsymbol{u}_k \tag{11.1}$$

其中，$\boldsymbol{x}_k$ 为系统状态向量；$\boldsymbol{u}_k$ 为控制输入向量；$\boldsymbol{A}_{\delta_k},\boldsymbol{B}_{\delta_k}$ 是适当维数的实矩阵。δ_k 在有限集合 $W=\{1,\cdots,D\}$ 中取值，其转移概率矩阵为 $\boldsymbol{\Theta}=[\boldsymbol{\rho}_{pq}]$，$\rho_{pq}$ 定义为 $\rho_{pq}=\Pr\{\delta_{k+1}=q\mid\delta_k=p\}$，$\rho_{pq}\geqslant 0,\sum_{q=1}^{D}\rho_{pq}=1,p,q\in W$。

τ_k 及 γ_k 分别表示 S-C 时延及 C-A 时延，分别在有限集合 $M=\{0,\cdots,\tau\},N=\{0,\cdots,\gamma\}$ 中取值，其转移概率矩阵分别为 $\boldsymbol{\Xi}=[\omega_{ij}],\boldsymbol{\Pi}=[\pi_{rs}]$。$\omega_{ij}$ 和 π_{rs} 分别定义为 $\omega_{ij}=\Pr\{\tau_{k+1}=j\mid\tau_k=i\},\pi_{rs}=\Pr\{\gamma_{k+1}=s\mid\gamma_k=r\}$，其中 $\omega_{ij}\geqslant 0$，$\pi_{rs}\geqslant 0$，

$$\sum_{j=0}^{\tau}\omega_{ij}=1,\quad \sum_{s=0}^{\gamma}\pi_{rs}=1,i,j\in M,r,s\in N\text{。}$$

由于时延 τ_k 的存在，控制器在时刻 k 得到的系统状态向量 $\tilde{\boldsymbol{x}}_k$ 为：

$$\tilde{\boldsymbol{x}}_k=\boldsymbol{x}_{k-\tau_k} \tag{11.2}$$

在时刻 k，控制器可以得到 S-C 时延 τ_k 的信息及系统模态 $\delta_{k-\tau_k}$ 信息，因此可以设计同时依赖于 τ_k 和 $\delta_{k-\tau_k}$ 的控制器：

$$\tilde{\boldsymbol{u}}_k=\boldsymbol{K}_{\tau_k,\delta_{k-\tau_k}}\boldsymbol{x}_{k-\tau_k} \tag{11.3}$$

其中，$K_{\tau_k,\delta_{k-\tau_k}}$ 为控制器增益矩阵。由于时延 γ_k 的存在，在时刻 k 作用在被控对象上的控制量为：

$$u_k=\widetilde{u}_{k-\gamma_k} \tag{11.4}$$

由式(11.1)～式(11.4) 可得闭环系统状态方程为：

$$x_{k+1}=A_{\delta_k}x_k+B_{\delta_k}K_{\tau_k,\delta_{k-\tau_k}}x_{k-\tau_k-\gamma_k} \tag{11.5}$$

对于 $\tau_k\in M,\gamma_{k-\tau_k}\in N$，当 $\tau_k=i,\gamma_{k-\tau_k}=p$ 时，为了书写的简洁，将 τ_k 和 $\delta_{k-\tau_k}$ 分别记为 i 和 p。对于闭环系统［满足式(11.5)］给出随机稳定的定义如下。

定义 11.1[22]　如果对于任意初始状态 x_0 及初始模态 $\tau_0\in M,\delta_{-\tau_0}\in W$，存在正定矩阵 R 使得不等式 $E\left\{\sum_{k=0}^{\infty}\|x_k\|^2\mid x_0,\tau_0,\delta_{-\tau_0}\right\}<x_0^{\mathrm{T}}Rx_0$ 成立，那么闭环系统随机稳定。

引理 11.1[23]　如果 δ_k 到 δ_{k+1} 的转移概率矩阵为 Θ，那么 $\delta_{k-\tau_k}$ 到 $\delta_{k+1-\tau_{k+1}}$ 的转移概率矩阵为 $\Theta^{1+\tau_k-\tau_{k+1}}$。

引理 11.2[24]　$(\theta-\theta_0+1)\sum_{\rho=\theta_0}^{\theta}\upsilon_\rho^{\mathrm{T}}X\upsilon_\rho\geqslant\sum_{\rho=\theta_0}^{\theta}\upsilon_\rho^{\mathrm{T}}X\sum_{\rho=\theta_0}^{\theta}\upsilon_\rho$ 对于任意正定矩阵 $X>0$ 及任意向量 υ 总是成立的，其中 θ 和 θ_0 为满足 $\theta\geqslant\theta_0\geqslant 1$ 的标量。

11.2　主要结论

定理 11.1　如果存在正定矩阵 $P_{i,r}>0,P_{j,q}>0,S_1>0,S_2>0,Z>0$ 及矩阵 $K_{i,r}$ 使得：

$$\Lambda=\begin{bmatrix}\Lambda_{11} & * & * \\ \Lambda_{21} & \Lambda_{22} & * \\ 0 & Z & -S_2-Z\end{bmatrix}<0 \tag{11.6}$$

其中：

$$\Lambda_{11}=A_{\delta_k}^{\mathrm{T}}\widetilde{P}_{j,q}A_{\delta_k}+(\tau+\gamma)^2(A_{\delta_k}-I)^{\mathrm{T}}Z(A_{\delta_k}-I)+(\tau+\gamma+1)$$

$$\Lambda_{21}=A_{\delta_k}^{\mathrm{T}}\widetilde{P}_{j,q}B_{\delta_k}K_{i,p}+(\tau+\gamma)^2(A_{\delta_k}-I)^{\mathrm{T}}ZB_{\delta_k}K_{i,p}+ZS_1+S_2-Z-P_{i,p}$$

$$\Lambda_{22}=(B_{\delta_k}K_{i,p})^{\mathrm{T}}\widetilde{P}_{j,q}B_{\delta_k}K_{i,p}+(\tau+\gamma)^2(B_{\delta_k}K_{i,p})^{\mathrm{T}}ZB_{\delta_k}K_{i,p}-2Z-S_1$$

$$\widetilde{P}_{j,q}=\sum_{j=0}^{\tau}\sum_{q=1}^{D}\omega_{ij}\Theta_{pq}^{i-j+1}P_{j,q}$$

对于所有的 $i,j\in M,p,q\in W$ 均成立，那么闭环系统［满足式(11.5)］是随机稳定的。

证明：构造如下的 Lyapunov-Krasovskii 泛函：

$$V(x_k,\tau_k,\delta_{k-\tau_k})=\sum_{l=1}^{5}V_l(x_k,\tau_k,\delta_{k-\tau_k})\triangleq x_k^{\mathrm{T}}\Omega_{\tau_k,\delta_{k-\tau_k}}x_k$$

其中：

$$V_1(\boldsymbol{x}_k,\tau_k,\delta_{k-\tau_k})=\boldsymbol{x}_k^{\mathrm{T}}\boldsymbol{P}_{\tau_k,\delta_{k-\tau_k}}\boldsymbol{x}_k$$

$$V_2(\boldsymbol{x}_k,\tau_k,\delta_{k-\tau_k})=\sum_{l=k-\tau_k-\gamma_k}^{k-1}\boldsymbol{x}_l^{\mathrm{T}}\boldsymbol{S}_1\boldsymbol{x}_l$$

$$V_3(\boldsymbol{x}_k,\tau_k,\delta_{k-\tau_k})=\sum_{l=k-\tau-\gamma}^{k-1}\boldsymbol{x}_l^{\mathrm{T}}\boldsymbol{S}_2\boldsymbol{x}_l$$

$$V_4(\boldsymbol{x}_k,\tau_k,\delta_{k-\tau_k})=\sum_{n=-\tau-\gamma+1}^{0}\sum_{m=k+n}^{k-1}\boldsymbol{x}_m^{\mathrm{T}}\boldsymbol{S}_1\boldsymbol{x}_m$$

$$V_5(\boldsymbol{\chi}_k,\tau_k,\delta_{k-\tau_k})=\sum_{n=-\tau-\gamma+1}^{0}\sum_{m=k+n}^{k-1}(\tau+\gamma)\boldsymbol{\chi}_m^{\mathrm{T}}\boldsymbol{Z}\boldsymbol{\chi}_m$$

$$\boldsymbol{\chi}_m=\boldsymbol{x}_{m+1}-\boldsymbol{x}_m$$

沿着闭环系统［式(11.5)］求解，可得：

$$E\{\Delta V_1\}=E\{\boldsymbol{x}_{k+1}^{\mathrm{T}}\boldsymbol{P}_{\tau_{k+1},\delta_{k+1-\tau_{k+1}}}\boldsymbol{x}_{k+1}\mid_{\tau_k=i,\delta_{k-\tau_k}=p}\}-\boldsymbol{x}_k^{\mathrm{T}}\boldsymbol{P}_{\tau_k,\delta_{k-\tau_k}}\boldsymbol{x}_k$$

由引理 11.1 可知，$\delta_{k-\tau_k}$ 至 $\delta_{k+1-\tau_{k+1}}$ 的转移概率矩阵为 $\boldsymbol{\Theta}_{pq}^{i-j+1}$，因此：

$$E\{\boldsymbol{x}_{k+1}^{\mathrm{T}}\boldsymbol{P}_{\tau_{k+1},\delta_{k+1-\tau_{k+1}}}\boldsymbol{x}_{k+1}\mid\tau_k=i,\delta_{k-\tau_k}=p\}-x_k^{\mathrm{T}}\boldsymbol{P}_{\tau_k,\delta_{k-\tau_k}}\boldsymbol{x}_k \tag{11.7}$$

$$=E\{(\boldsymbol{A}_{\delta_k}\boldsymbol{x}_k+\boldsymbol{B}_{\delta_k}\boldsymbol{K}_{i,p}\boldsymbol{x}_{k-\tau_k-\gamma_k})^{\mathrm{T}}\}\sum_{j=0}^{\tau}\sum_{q=1}^{D}\omega_{ij}\boldsymbol{\Theta}_{pq}^{i-j+1}\boldsymbol{P}_{j,q}(\boldsymbol{A}_{\delta_k}\boldsymbol{x}_k+\boldsymbol{B}_{\delta_k}\boldsymbol{K}_{i,p}\boldsymbol{x}_{k-\tau_k-\gamma_k})-x_k^{\mathrm{T}}\boldsymbol{P}_{i,p}\boldsymbol{x}_k$$

$$=\boldsymbol{x}_k^{\mathrm{T}}\boldsymbol{A}_{\delta_k}^{\mathrm{T}}\widetilde{\boldsymbol{P}}_{j,q}\boldsymbol{A}_{\delta_k}\boldsymbol{x}_k+\boldsymbol{x}_k^{\mathrm{T}}\boldsymbol{A}_{\delta_k}^{\mathrm{T}}\widetilde{\boldsymbol{P}}_{j,q}\boldsymbol{B}_{\delta_k}\boldsymbol{K}_{i,p}\boldsymbol{x}_{k-\tau_k-\gamma_k}+\boldsymbol{x}_{k-\tau_k-\sigma_k}^{\mathrm{T}}(\boldsymbol{B}_{\delta_k}\boldsymbol{K}_{i,p})^{\mathrm{T}}\widetilde{\boldsymbol{P}}_{j,q}\boldsymbol{A}_{\delta_k}\boldsymbol{x}_k$$
$$+\boldsymbol{x}_{k-\tau_k-\gamma_k}^{\mathrm{T}}(\boldsymbol{B}_{\delta_k}\boldsymbol{K}_{i,p})^{\mathrm{T}}\widetilde{\boldsymbol{P}}_{j,q}\boldsymbol{B}_{\delta_k}\boldsymbol{K}_{i,p}\boldsymbol{x}_{k-\tau_k-\gamma_k}-\boldsymbol{x}_k^{\mathrm{T}}\boldsymbol{P}_{i,p}\boldsymbol{x}_k$$

$$E\{\Delta V_2\}=\boldsymbol{x}_k^{\mathrm{T}}\boldsymbol{S}_1\boldsymbol{x}_k-\boldsymbol{x}_{k-\tau_k-\gamma_k}^{\mathrm{T}}\boldsymbol{S}_1\boldsymbol{x}_{k-\tau_k-\gamma_k}+\sum_{l=k+1-\tau_{k+1}-\gamma_{k+1}}^{k-1}\boldsymbol{x}_l^{\mathrm{T}}\boldsymbol{S}_1\boldsymbol{x}_l-\sum_{l=k+1-\tau_k-\gamma_k}^{k-1}\boldsymbol{x}_l^{\mathrm{T}}\boldsymbol{S}_1\boldsymbol{x}_l \tag{11.8}$$

$$=\boldsymbol{x}_k^{\mathrm{T}}\boldsymbol{S}_1\boldsymbol{x}_k-\boldsymbol{x}_{k-\tau_k-\gamma_k}^{\mathrm{T}}\boldsymbol{S}_1\boldsymbol{x}_{k-\tau_k-\gamma_k}+\sum_{l=k+1-\tau_k-\gamma_k}^{k-1}\boldsymbol{x}_l^{\mathrm{T}}\boldsymbol{S}_1\boldsymbol{x}_l+\sum_{l=k+1-\tau_{k+1}-\gamma_{k+1}}^{k-\tau_k-\gamma_k}\boldsymbol{x}_l^{\mathrm{T}}\boldsymbol{S}_1\boldsymbol{x}_l-\sum_{l=k+1-\tau_k-\gamma_k}^{k-1}\boldsymbol{x}_l^{\mathrm{T}}\boldsymbol{S}_1\boldsymbol{x}_l$$

$$\leqslant\boldsymbol{x}_k^{\mathrm{T}}\boldsymbol{S}_1\boldsymbol{x}_k-\boldsymbol{x}_{k-\tau_k-\gamma_k}^{\mathrm{T}}\boldsymbol{S}_1\boldsymbol{x}_{k-\tau_k-\gamma_k}+\sum_{l=k+1-\tau-\gamma}^{k}\boldsymbol{x}_l^{\mathrm{T}}\boldsymbol{S}_1\boldsymbol{x}_l$$

$$E\{\Delta V_3\}=\boldsymbol{x}_k^{\mathrm{T}}\boldsymbol{S}_2\boldsymbol{x}_k-\boldsymbol{x}_{k-\tau-\gamma}^{\mathrm{T}}\boldsymbol{S}_2\boldsymbol{x}_{k-\tau-\gamma} \tag{11.9}$$

$$E\{\Delta V_4\}=(\tau+\gamma)\boldsymbol{x}_k^{\mathrm{T}}\boldsymbol{S}_1\boldsymbol{x}_k-\sum_{l=k+1-\tau-\gamma}^{k}\boldsymbol{x}_l^{\mathrm{T}}\boldsymbol{S}_1\boldsymbol{x}_l \tag{11.10}$$

$$E\{\Delta V_5\}=E\{(\tau+\gamma)^2\boldsymbol{\chi}_k^{\mathrm{T}}\boldsymbol{Z}\boldsymbol{\chi}_k\}-\sum_{l=k-\tau-\gamma}^{k-1}(\tau+\gamma)\boldsymbol{\chi}_l^{\mathrm{T}}\boldsymbol{Z}\boldsymbol{\chi}_l$$

$$=E\{(\tau+\gamma)^2[(\boldsymbol{A}_{\delta_k}-I)\boldsymbol{x}_k+\boldsymbol{B}_{\delta_k}\boldsymbol{K}_{i,p}\boldsymbol{x}_{k-\tau_k-\gamma_k}]^{\mathrm{T}}\boldsymbol{Z}[(\boldsymbol{A}_{\delta_k}-I)\boldsymbol{x}_k+\boldsymbol{B}_{\delta_k}\boldsymbol{K}_{i,p}\boldsymbol{x}_{k-\tau_k-\gamma_k}]\}$$
$$-\sum_{l=k-\tau-\gamma}^{k-1}(\tau+\gamma)\boldsymbol{\chi}_l^{\mathrm{T}}\boldsymbol{Z}\boldsymbol{\chi}_l$$

$$=(\tau+\gamma)^2\boldsymbol{x}_k^{\mathrm{T}}(\boldsymbol{A}_{\delta_k}-\boldsymbol{I})^{\mathrm{T}}\boldsymbol{Z}(\boldsymbol{A}_{\delta_k}-\boldsymbol{I})\boldsymbol{x}_k+(\tau+\gamma)^2\boldsymbol{x}_k^{\mathrm{T}}(\boldsymbol{A}_{\delta_k}-\boldsymbol{I})^{\mathrm{T}}\boldsymbol{Z}\boldsymbol{B}_{\delta_k}\boldsymbol{K}_{i,p}\boldsymbol{x}_{k-\tau_k-\gamma_k}$$
$$+(\tau+\gamma)^2\boldsymbol{x}_{k-\tau_k-\gamma_k}^{\mathrm{T}}(\boldsymbol{B}_{\delta_k}\boldsymbol{K}_{i,p})^{\mathrm{T}}\boldsymbol{Z}(\boldsymbol{A}_{\delta_k}-I)\boldsymbol{x}_k+(\tau+\gamma)^2\boldsymbol{x}_{k-\tau_k-\gamma_k}^{\mathrm{T}}(\boldsymbol{B}_{\delta_k}\boldsymbol{K}_{i,p})^{\mathrm{T}}\boldsymbol{Z}\boldsymbol{B}_{\delta_k}\boldsymbol{K}_{i,p}\boldsymbol{x}_{k-\tau_k-\gamma_k}$$
$$-\sum_{l=k-\tau-\gamma}^{k-1}(\tau+\gamma)\boldsymbol{\chi}_l^{\mathrm{T}}\boldsymbol{Z}\boldsymbol{\chi}_l$$

$$
\begin{aligned}
&\leqslant(\tau+\gamma)^2\boldsymbol{x}_k^{\mathrm T}(\boldsymbol{A}_{\delta_k}-\boldsymbol{I})^{\mathrm T}\boldsymbol{Z}(\boldsymbol{A}_{\delta_k}-\boldsymbol{I})\boldsymbol{x}_k+(\tau+\gamma)^2\boldsymbol{x}_k^{\mathrm T}(\boldsymbol{A}_{\delta_k}-\boldsymbol{I})^{\mathrm T}\boldsymbol{Z}\boldsymbol{B}_{\delta_k}\boldsymbol{K}_{i,p}\boldsymbol{x}_{k-\tau_k-\gamma_k}\\
&\quad+(\tau+\gamma)^2\boldsymbol{x}_{k-\tau_k-\gamma_k}^{\mathrm T}(\boldsymbol{B}_{\delta_k}\boldsymbol{K}_{i,p})^{\mathrm T}\boldsymbol{Z}(\boldsymbol{A}_{\delta_k}-\boldsymbol{I})\boldsymbol{x}_k+(\tau+\gamma)^2\boldsymbol{x}_{k-\tau_k-\gamma_k}^{\mathrm T}(\boldsymbol{B}_{\delta_k}\boldsymbol{K}_{i,p})^{\mathrm T}\boldsymbol{Z}\boldsymbol{B}_{\delta_k}\boldsymbol{K}_{i,p}\boldsymbol{x}_{k-\tau_k-\gamma_k}\\
&\quad-\sum_{l=k-\tau_k-\gamma_k}^{k-1}(\tau_k+\gamma_k)\boldsymbol{\chi}_l^{\mathrm T}\boldsymbol{Z}\boldsymbol{\chi}_l-\sum_{l=k-\tau-\gamma}^{k-\tau_k-\gamma_k-1}(\tau+\gamma-\tau_k-\gamma_k)\boldsymbol{\chi}_l^{\mathrm T}\boldsymbol{Z}\boldsymbol{\chi}_l
\end{aligned}
$$

由引理 11.2，得：

$$
\begin{aligned}
E\{\Delta V_5\}&\leqslant(\tau+\gamma)^2\boldsymbol{x}_k^{\mathrm T}(\boldsymbol{A}_{\delta_k}-\boldsymbol{I})^{\mathrm T}\boldsymbol{Z}(\boldsymbol{A}_{\delta_k}-\boldsymbol{I})\boldsymbol{x}_k+(\tau+\gamma)^2\boldsymbol{x}_k^{\mathrm T}(\boldsymbol{A}_{\delta_k}-\boldsymbol{I})^{\mathrm T}\boldsymbol{Z}\boldsymbol{B}_{\delta_k}\boldsymbol{K}_{i,p}\boldsymbol{x}_{k-\tau_k-\gamma_k}\\
&+(\tau+\gamma)^2\boldsymbol{x}_{k-\tau_k-\gamma_k}^{\mathrm T}(\boldsymbol{B}_{\delta_k}\boldsymbol{K}_{i,p})^{\mathrm T}\boldsymbol{Z}(\boldsymbol{A}_{\delta_k}-\boldsymbol{I})\boldsymbol{x}_k+(\tau+\gamma)^2\boldsymbol{x}_{k-\tau_k-\gamma_k}^{\mathrm T}(\boldsymbol{B}_{\delta_k}\boldsymbol{K}_{i,p})^{\mathrm T}\boldsymbol{Z}\boldsymbol{B}_{\delta_k}\boldsymbol{K}_{i,p}\boldsymbol{x}_{k-\tau_k-\gamma_k}\\
&-\begin{bmatrix}\boldsymbol{x}_k & -\boldsymbol{x}_{k-\tau_k-\gamma_k}\end{bmatrix}^{\mathrm T}\boldsymbol{Z}\begin{bmatrix}\boldsymbol{x}_k & -\boldsymbol{x}_{k-\tau_k-\gamma_k}\end{bmatrix}-\begin{bmatrix}\boldsymbol{x}_{k-\tau_k-\gamma_k} & -\boldsymbol{x}_{k-\tau-\gamma}\end{bmatrix}^{\mathrm T}\boldsymbol{Z}\begin{bmatrix}\boldsymbol{x}_{k-\tau_k-\gamma_k} & -\boldsymbol{x}_{k-\tau-\gamma}\end{bmatrix}
\end{aligned}
\tag{11.11}
$$

由式(11.7)～式(11.11) 可得：

$$
E\{\Delta V(\boldsymbol{x}_k,\tau_k,\delta_{k-\tau_k})\}\leqslant\boldsymbol{\xi}_k^{\mathrm T}\boldsymbol{\Lambda}\boldsymbol{\xi}_k \tag{11.12}
$$

其中，$\boldsymbol{\xi}_k^{\mathrm T}=\begin{bmatrix}\boldsymbol{x}_k^{\mathrm T} & \boldsymbol{x}_{k-\tau_k-\gamma_k}^{\mathrm T} & \boldsymbol{x}_{\boldsymbol{x}_{k-\tau-\gamma}}^{\mathrm T}\end{bmatrix}$。

因此，若 $\boldsymbol{\Lambda}<0$，则：

$$
E\{\Delta V(\boldsymbol{x}_k,\tau_k,\delta_{k-\tau_k})\}\leqslant-\lambda_{\min}(-\boldsymbol{\Lambda})\boldsymbol{\xi}_k^{\mathrm T}\boldsymbol{\xi}_k\leqslant-\lambda_{\min}(-\boldsymbol{\Lambda})\boldsymbol{x}_k^{\mathrm T}\boldsymbol{x}_k=-\lambda_{\min}(-\boldsymbol{\Lambda})\|\boldsymbol{x}_k\|^2 \tag{11.13}
$$

对于任意 $T\geqslant1$，由式(11.13) 可得：

$$
\begin{aligned}
&E\left\{\sum_{k=0}^{\mathrm T}\|\boldsymbol{x}_k\|^2\right\}\\
&\leqslant\frac{1}{\lambda_{\min}(-\boldsymbol{\Lambda})}(E\{V(\boldsymbol{x}_0,\tau_0,\delta_{-\tau_0})\}-E\{V(\boldsymbol{x}_{T+1},\tau_{T+1},\delta_{T+1-\tau_{T+1}})\})\\
&\leqslant\frac{1}{\lambda_{\min}(-\boldsymbol{\Lambda})}E\{V(\boldsymbol{x}_0,\tau_0,\delta_{-\tau_0})\}\\
&=\frac{1}{\lambda_{\min}(-\boldsymbol{\Lambda})}\boldsymbol{x}_k^{\mathrm T}\boldsymbol{\Omega}_{\tau_0,\delta_{-\tau_0}}\boldsymbol{x}_k
\end{aligned}
$$

由定义 11.1，得闭环系统是随机稳定的。

对转移概率矩阵 $\boldsymbol{\Xi}$ 和 $\boldsymbol{\Theta}_{pq}^{i-j+1}$ 中存在部分未知元素的情况进行描述：

对于 $\forall j\in M$，令 $M=M_k^i+M_{uk}^i$，其中 $M_k^i=\{j:\omega_{ij}$ 是已知的$\}$，$M_{uk}^i=\{j:\omega_{ij}$ 是未知的$\}$。如果 M_k^i 不是空集，其可进一步记为 $M_k^i=\{M_{k_1^i},M_{k_2^i},\cdots,M_{k_a^i}\}$，其中 $M_{k_a^i}$ 表示矩阵 $\boldsymbol{\Xi}$ 中第 i 行第 a 个已知元素的列下标；M_{uk}^i 记为 $M_{uk}^i=\{M_{\bar k_1^i},M_{\bar k_2^i},\cdots,M_{\bar k_{\tau-a}^i}\}$，其中 $M_{\bar k_{\tau-a}^i}$ 表示矩阵 $\boldsymbol{\Xi}$ 中第 i 行第 $\tau-a$ 个未知元素的列下标。

类似地，对于 $\forall q\in W$，令 $W=W_k^p+W_{uk}^p$，其中 $W_k^p=\{q:\omega_{pq}$ 是已知的$\}$，$W_{uk}^p=\{q:\omega_{pq}$ 是未知的$\}$。如果 W_k^p 不是空集，其可进一步记为 $W_k^p=\{W_{k_1^p},W_{k_2^p},\cdots,W_{k_b^p}\}$，其中 $W_{k_b^p}$ 表示矩阵 $\boldsymbol{\Theta}_{pq}^{i-j+1}$ 中第 p 行第 b 个已知元素的列下标；W_{uk}^p 记为 $W_{uk}^p=\{W_{\bar k_1^p},W_{\bar k_2^p},\cdots,W_{\bar k_{D-b}^p}\}$，其中 $W_{\bar k_{D-b}^p}$ 表示矩阵 $\boldsymbol{\Theta}_{pq}^{i-j+1}$ 中第 p 行第 $D-b$ 个未知元素的列下标。

考虑到转移概率矩阵 $\boldsymbol{\Xi}$ 和 $\boldsymbol{\Theta}_{pq}^{i-j+1}$ 中存在部分未知元素的情况，给出定理 11.2。

定理 11.2　如果存在正定矩阵 $\boldsymbol{P}_{i,p}>0,\boldsymbol{L}_{j,q}>0,\boldsymbol{S}_1>0,\boldsymbol{S}_2>0,\boldsymbol{Z}>0,\boldsymbol{Y}>0$ 和矩阵 $\boldsymbol{K}_{i,r}$ 满足：

$$\begin{bmatrix} \sum\limits_{j\in M_k^i}\sum\limits_{q\in W_k^p}\omega_{ij}\boldsymbol{\Theta}_{pq}^{i-j+1}\boldsymbol{\Sigma}_{11} & * & * \\ \sum\limits_{j\in M_k^i}\sum\limits_{q\in W_k^p}\omega_{ij}\boldsymbol{\Theta}_{pq}^{i-j+1}\boldsymbol{\Sigma}_{21} & -\sum\limits_{j\in M_k^i}\sum\limits_{q\in W_k^p}\omega_{ij}\boldsymbol{\Theta}_{pq}^{i-j+1}\boldsymbol{Y} & * \\ \boldsymbol{\Upsilon}_{M_k^i,W_k^p} & 0 & \boldsymbol{\Sigma}_{M_k^i,W_k^p} \end{bmatrix}<0 \tag{11.14}$$

$$\begin{bmatrix} \sum\limits_{q\in W_k^p}\boldsymbol{\Theta}_{pq}^{i-j+1}\boldsymbol{\Sigma}_{11} & * & * \\ \sum\limits_{q\in W_k^p}\boldsymbol{\Theta}_{pq}^{i-j+1}\boldsymbol{\Sigma}_{21} & -\sum\limits_{q\in W_k^p}\boldsymbol{\Theta}_{pq}^{i-j+1}\boldsymbol{Y} & * \\ \boldsymbol{\Upsilon}_{M_{uk}^i,W_k^p} & 0 & \boldsymbol{\Sigma}_{M_{uk}^i,W_k^p} \end{bmatrix}<0,j\in M_{uk}^i \tag{11.15}$$

$$\begin{bmatrix} \sum\limits_{j\in M_k^i}\omega_{ij}\boldsymbol{\Sigma}_{11} & * & * \\ \sum\limits_{j\in M_k^i}\omega_{ij}\boldsymbol{\Sigma}_{21} & -\sum\limits_{j\in M_k^i}\omega_{ij}\boldsymbol{Y} & * \\ \boldsymbol{\Upsilon}_{M_k^i,W_{uk}^p} & 0 & \boldsymbol{\Sigma}_{M_k^i,W_{uk}^p} \end{bmatrix}<0,q\in W_{uk}^p \tag{11.16}$$

$$\begin{bmatrix} \boldsymbol{\Sigma}_{11} & * & * \\ \boldsymbol{\Sigma}_{21} & -\boldsymbol{Y} & * \\ \boldsymbol{\Upsilon}_{M_{uk}^i,W_{uk}^p} & 0 & \boldsymbol{\Sigma}_{M_{uk}^i,W_{uk}^p} \end{bmatrix}<0,j\in M_{uk}^i,q\in W_{uk}^p \tag{11.17}$$

$$\boldsymbol{P}_{j,q}\boldsymbol{L}_{j,q}=\boldsymbol{I},\boldsymbol{Z}\boldsymbol{Y}=I \tag{11.18}$$

其中：

$$\boldsymbol{\Sigma}_{11}=\begin{bmatrix} \widetilde{\boldsymbol{\Sigma}}_{11} & * & * \\ \boldsymbol{Z} & \boldsymbol{S}_1-2\boldsymbol{Z} & * \\ 0 & \boldsymbol{Z} & \boldsymbol{S}_2-\boldsymbol{Z} \end{bmatrix}$$

$\widetilde{\boldsymbol{\Sigma}}_{11}=(\tau+\gamma+1)\boldsymbol{S}_1+\boldsymbol{S}_2-\boldsymbol{Z}-\boldsymbol{P}_{i,p}$

$\boldsymbol{\Sigma}_{21}=(\tau+\gamma)\begin{bmatrix}\boldsymbol{A}_{\delta_k}-\boldsymbol{I} & \boldsymbol{B}_{\delta_k}\boldsymbol{K}_{i,p} & 0\end{bmatrix},\boldsymbol{\Upsilon}_{M_k^i,W_k^p}^{\mathrm{T}}=\begin{bmatrix}\sqrt{\lambda_{i1}\boldsymbol{\Theta}_{p1}^{i-j+1}}\boldsymbol{\vartheta}^{\mathrm{T}} & \cdots & \sqrt{\lambda_{ia}\boldsymbol{\Theta}_{pb}^{i-j+1}}\boldsymbol{\vartheta}^{\mathrm{T}}\end{bmatrix}$

$\boldsymbol{\Sigma}_{M_k^i,W_k^p}=\mathbf{diag}\{-\boldsymbol{L}_{M_{k_1^i},W_{k_1^p}},\cdots,-\boldsymbol{L}_{M_{k_a^i},W_{k_b^p}}\},\boldsymbol{\Upsilon}_{M_{uk}^i,W_k^p}^{\mathrm{T}}=\begin{bmatrix}\sqrt{\boldsymbol{\Theta}_{p1}^{i-j+1}}\boldsymbol{\vartheta}^{\mathrm{T}} & \cdots & \sqrt{\boldsymbol{\Theta}_{pb}^{i-j+1}}\boldsymbol{\vartheta}^{\mathrm{T}}\end{bmatrix}$

$\boldsymbol{\Sigma}_{M_{uk}^i,W_k^p}=\mathbf{diag}\{-\boldsymbol{L}_{j,W_{k_1^p}},\cdots,-\boldsymbol{L}_{j,W_{k_b^p}}\},\boldsymbol{\Upsilon}_{M_k^i,W_{uk}^p}^{\mathrm{T}}=\begin{bmatrix}\sqrt{\lambda_{i1}}\boldsymbol{\vartheta}^{\mathrm{T}} & \cdots & \sqrt{\lambda_{ia}}\boldsymbol{\vartheta}^{\mathrm{T}}\end{bmatrix}$

$\boldsymbol{\Sigma}_{M_k^i,W_{uk}^p}=\mathbf{diag}\{-\boldsymbol{L}_{M_{k_1^i},q},\cdots,-\boldsymbol{L}_{M_{k_a^i},q}\},\boldsymbol{\Upsilon}_{M_{uk}^i,W_{uk}^p}^{\mathrm{T}}=\begin{bmatrix}\boldsymbol{\vartheta}^{\mathrm{T}} & \cdots & \boldsymbol{\vartheta}^{\mathrm{T}}\end{bmatrix}$

$\boldsymbol{\Sigma}_{M_{uk}^i,W_{uk}^p}=\mathbf{diag}\{-\boldsymbol{L}_{j,q},\cdots,-\boldsymbol{L}_{j,q}\},\boldsymbol{\vartheta}=\begin{bmatrix}A_{\delta k} & B_{\delta k}K_{i,p} & 0\end{bmatrix}$

对于所有 $i,j\in M,p,q\in W$ 都成立，那么闭环系统[满足式(11.5)] 是随机稳定的。

证明：根据 Schur 补引理，$\boldsymbol{\Lambda}<0$ 等价于：

$$\begin{bmatrix}\boldsymbol{\Sigma}_{11} & * \\ \boldsymbol{\Sigma}_{21} & \boldsymbol{\Sigma}_{22}\end{bmatrix}+\begin{bmatrix}\boldsymbol{\vartheta} \\ 0\end{bmatrix}^{\mathrm{T}}\widetilde{\boldsymbol{P}}_{j,q}\begin{bmatrix}\boldsymbol{\vartheta} & 0\end{bmatrix}<0 \tag{11.19}$$

式(11.19) 可以写为：

$$\begin{aligned}
&\Big(\sum_{j\in M_k^i}\sum_{q\in W_k^p}\omega_{ij}\boldsymbol{\Theta}_{pq}^{i-j+1}+\sum_{j\in M_{uk}^i}\sum_{q\in W_k^p}\omega_{ij}\boldsymbol{\Theta}_{pq}^{i-j+1}+\sum_{j\in M_k^i}\sum_{q\in W_{uk}^p}\omega_{ij}\boldsymbol{\Theta}_{pq}^{i-j+1}\\
&+\sum_{j\in M_{uk}^i}\sum_{q\in W_{uk}^p}\omega_{ij}\boldsymbol{\Theta}_{pq}^{i-j+1}\Big)\left(\begin{bmatrix}\boldsymbol{\Sigma}_{11} & * \\ \boldsymbol{\Sigma}_{21} & -\boldsymbol{Y}\end{bmatrix}+\begin{bmatrix}\boldsymbol{\vartheta} \\ 0\end{bmatrix}^{\mathrm{T}}\widetilde{\boldsymbol{P}}_{j,q}\begin{bmatrix}\boldsymbol{\vartheta} & 0\end{bmatrix}\right)\\
=&\sum_{j\in M_k^i}\sum_{q\in W_k^p}\omega_{ij}\boldsymbol{\Theta}_{pq}^{i-j+1}\left(\begin{bmatrix}\boldsymbol{\Sigma}_{11} & * \\ \boldsymbol{\Sigma}_{21} & -\boldsymbol{Y}\end{bmatrix}+\begin{bmatrix}\boldsymbol{\vartheta} \\ 0\end{bmatrix}^{\mathrm{T}}\widetilde{\boldsymbol{P}}_{j,q}\begin{bmatrix}\boldsymbol{\vartheta} & 0\end{bmatrix}\right)\\
&+\sum_{j\in M_{uk}^i}\omega_{ij}\Big[\sum_{q\in W_k^p}\boldsymbol{\Theta}_{pq}^{i-j+1}\left(\begin{bmatrix}\boldsymbol{\Sigma}_{11} & * \\ \boldsymbol{\Sigma}_{21} & -\boldsymbol{Y}\end{bmatrix}+\begin{bmatrix}\boldsymbol{\vartheta} \\ 0\end{bmatrix}^{\mathrm{T}}\widetilde{\boldsymbol{P}}_{j,q}\begin{bmatrix}\boldsymbol{\vartheta} & 0\end{bmatrix}\right)\Big]\\
&+\sum_{q\in W_{uk}^p}\boldsymbol{\Theta}_{pq}^{i-j+1}\Big[\sum_{j\in M_k^i}\omega_{ij}\left(\begin{bmatrix}\boldsymbol{\Sigma}_{11} & * \\ \boldsymbol{\Sigma}_{21} & -\boldsymbol{Y}\end{bmatrix}+\begin{bmatrix}\boldsymbol{\vartheta} \\ 0\end{bmatrix}^{\mathrm{T}}\widetilde{\boldsymbol{P}}_{j,q}\begin{bmatrix}\boldsymbol{\vartheta} & 0\end{bmatrix}\right)\Big]\\
&+\sum_{j\in M_{uk}^i}\sum_{q\in W_{uk}^p}\omega_{ij}\boldsymbol{\Theta}_{pq}^{i-j+1}\left(\begin{bmatrix}\boldsymbol{\Sigma}_{11} & * \\ \boldsymbol{\Sigma}_{21} & -\boldsymbol{Y}\end{bmatrix}+\begin{bmatrix}\boldsymbol{\vartheta} \\ 0\end{bmatrix}^{\mathrm{T}}\widetilde{\boldsymbol{P}}_{j,q}\begin{bmatrix}\boldsymbol{\vartheta} & 0\end{bmatrix}\right)
\end{aligned}$$

再次使用 Schur 补引理，可得式(11.20) 等价于式(11.14)：

$$\sum_{j\in M_k^i}\sum_{q\in W_k^p}\omega_{ij}\boldsymbol{\Theta}_{pq}^{i-j+1}\left(\begin{bmatrix}\boldsymbol{\Sigma}_{11} & * \\ \boldsymbol{\Sigma}_{21} & -\boldsymbol{Y}\end{bmatrix}+\begin{bmatrix}\boldsymbol{\vartheta} \\ 0\end{bmatrix}^{\mathrm{T}}\widetilde{\boldsymbol{P}}_{j,q}\begin{bmatrix}\boldsymbol{\vartheta} & 0\end{bmatrix}\right)<0 \tag{11.20}$$

因此，若式(11.14) 成立，那么式(11.20) 成立。因 $\omega_{ij}\geqslant 0,\pi_{rs}\geqslant 0$，若式(11.14)～式(11.18) 成立，那么 $\boldsymbol{\Lambda}<0$ 成立，即闭环系统随机稳定。

定理 11.2 中的约束条件不是线性矩阵不等式，但可以用锥补线性化方法将其转化为具有线性矩阵不等式约束的非线性最小化问题：

$$\min \operatorname{tr}\Big(\sum_{j=0}^{\tau}\sum_{q=1}^{D}\boldsymbol{P}_{j,q}\boldsymbol{L}_{j,q}+\boldsymbol{ZY}\Big)$$

s. t. 式(11.14)～式(11.17)、式(11.21) 及式(11.22)

$$\begin{bmatrix}\boldsymbol{P}_{j,q} & \boldsymbol{I} \\ \boldsymbol{I} & \boldsymbol{L}_{j,q}\end{bmatrix}>0, j\in M, q\in W \tag{11.21}$$

$$\begin{bmatrix}\boldsymbol{Z} & \boldsymbol{I} \\ \boldsymbol{I} & \boldsymbol{Y}\end{bmatrix}>0 \tag{11.22}$$

进一步，给出模态依赖的控制器增益矩阵 $\boldsymbol{K}_{i,r}$ 的求解算法：

步骤 1　设置最大迭代次数 $R_{\max}$；

步骤 2　求解式(11.14)～式(11.17)、式(11.21)、式(11.22)，得到一组可行解 $\boldsymbol{P}_{j,q}^{0}$，$\boldsymbol{L}_{j,q}^{0},\boldsymbol{S}_1^{0},\boldsymbol{S}_2^{0},\boldsymbol{Z}^{0},\boldsymbol{Y}^{0},\boldsymbol{K}_{i,p}^{0}$，令 $k=0$；

步骤 3　求解如下非线性最小化问题：

$$\min \operatorname{tr}\left(\sum_{j=0}^{\tau}\sum_{q=1}^{D}\boldsymbol{P}_{j,q}\boldsymbol{L}_{j,q}+\boldsymbol{ZY}\right)$$

s.t. 式(11.14)～式(11.17)，式(11.21)、式(11.22)

令 $\boldsymbol{P}_{j,q}^{k}=\boldsymbol{P}_{j,q},\boldsymbol{L}_{j,q}^{k}=\boldsymbol{L}_{j,q},\boldsymbol{S}_{1}^{k}=\boldsymbol{S}_{1},\boldsymbol{S}_{2}^{k}=\boldsymbol{S}_{2},\boldsymbol{Z}^{k}=\boldsymbol{Z},\boldsymbol{Y}^{k}=\boldsymbol{Y},\boldsymbol{K}_{i,p}^{k}=\boldsymbol{K}_{i,p}$；

步骤 4　检查式(11.14)～式(11.18) 是否满足，若满足则算法结束；若不满足则转到步骤 2，令 $k=k+1$；

步骤 5　如果 k 超过最大迭代次数 $R_{\max}$，则算法结束。

11.3　实例仿真

为说明所提方法的有效性，将发明的结果应用于如图 11.2 所示的 PWM 升压变换器[25]中。在图 11.2 中，$e_s(t)$为电源，$\boldsymbol{L}$ 为电感，$\boldsymbol{R}$ 为电阻，$\boldsymbol{C}$ 为电容，$s(t)$为变换器的控制信号。

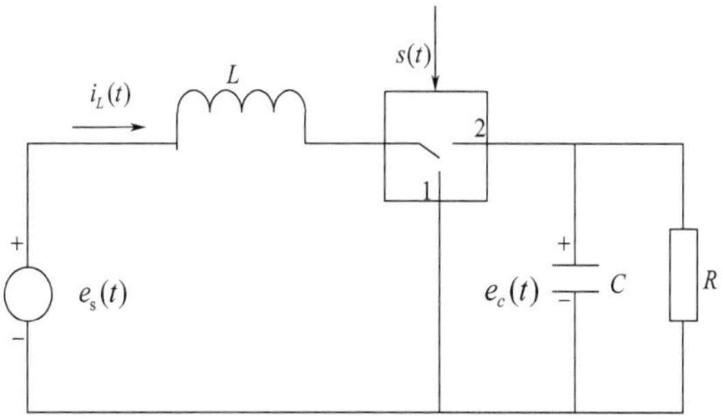

图 11.2　Boost 变换器

随着开关在位置 1 和位置 2 之间的切换，变换器为一个 Markov 跳变系统，其状态空间表达式参数为：

$$\boldsymbol{A}_1=\begin{bmatrix}0.94 & 0.1 & 0.06\\ -0.3 & 0.95 & -0.3\\ -0.16 & -0.06 & 0.63\end{bmatrix},\boldsymbol{B}_1=\begin{bmatrix}-0.3\\ 0.2\\ 0.1\end{bmatrix}$$

$$\boldsymbol{A}_2=\begin{bmatrix}0.93 & 0.08 & 0.07\\ -0.14 & 0.66 & -0.2\\ -0.16 & -0.4 & 0.66\end{bmatrix},\boldsymbol{B}_2=\begin{bmatrix}-1.4\\ 0.3\\ 0.2\end{bmatrix}$$

两个独立的 Markov 链 S-C 网络时延 $\tau_k\in M=\{0,1\}$，C-A 网络时延 $\gamma_k\in N=\{0,1\}$。子系统和 τ_k 的转移概率矩阵分别为：

$$\boldsymbol{\Theta}=\begin{bmatrix}0.8 & 0.2\\ ? & ?\end{bmatrix},\boldsymbol{\Xi}=\begin{bmatrix}0.7 & 0.3\\ ? & ?\end{bmatrix}$$

根据定理 11.2，求得模态依赖的控制器增益矩阵为：

$$\boldsymbol{K}_{01}=[0.2461\quad -0.1355\quad -0.0162],\boldsymbol{K}_{02}=[0.1301\quad -0.0415\quad -0.0152]$$

$$\boldsymbol{K}_{11}=[0.2464\quad -0.1455\quad -0.0132],\boldsymbol{K}_{12}=[0.1304\quad -0.0345\quad -0.0456]$$

利用传统的 Lyapunov 方法得到非模态依赖的控制器增益矩阵 $\boldsymbol{K}=[0.1301 \quad -0.0215 \quad -0.0365]$。系统初始状态为 $\boldsymbol{x}_0^{\mathrm{T}}=[3 \quad -2 \quad -1]$，系统模态 δ_k、时延 τ_k 及时延 γ_k 的跳变值分别如图 11.3、图 11.4 及图 11.5 所示，闭环系统的状态 x_1、状态 x_2、状态 x_3 的状态曲线分别如图 11.6、图 11.7 及图 11.8 所示。

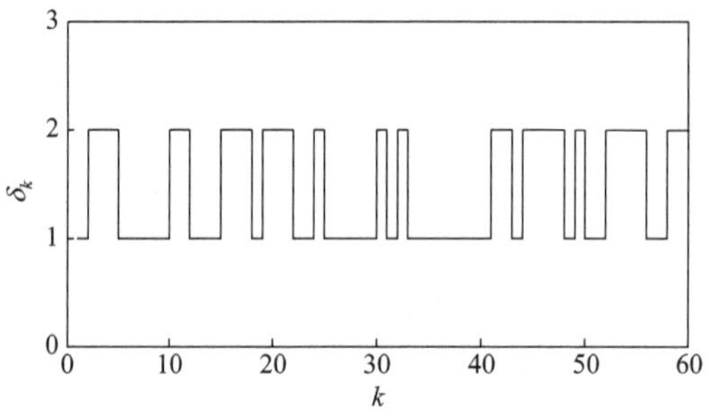

图 11.3　系统模态 δ_k

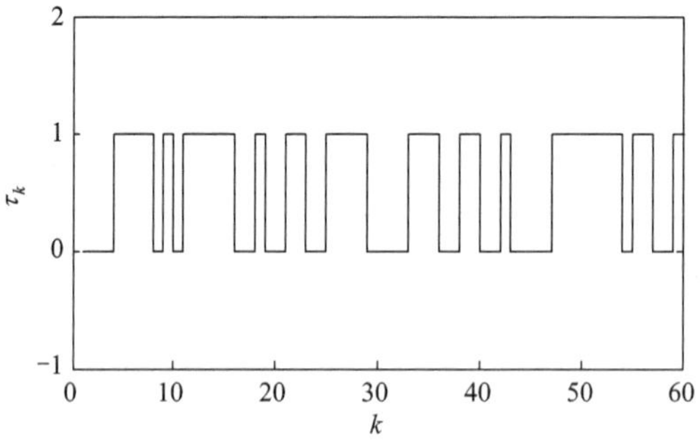

图 11.4　S-C 时延 τ_k

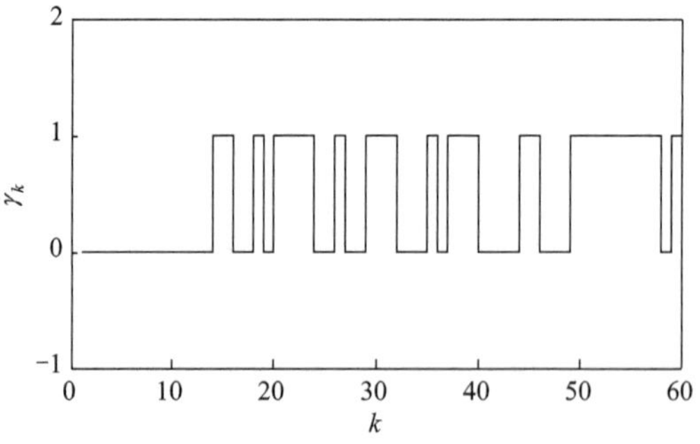

图 11.5　C-A 时延 γ_k

在图 11.6～图 11.8 中，将使用本章设计的控制器得到的实线曲线与现有的非模态依赖的控制器得到的虚线曲线进行比较可见，本章所设计的控制器作用下的闭环系统比传统方法所得到的非模态依赖的控制器作用下的闭环系统具有更小的超调量和更短的收敛时间。

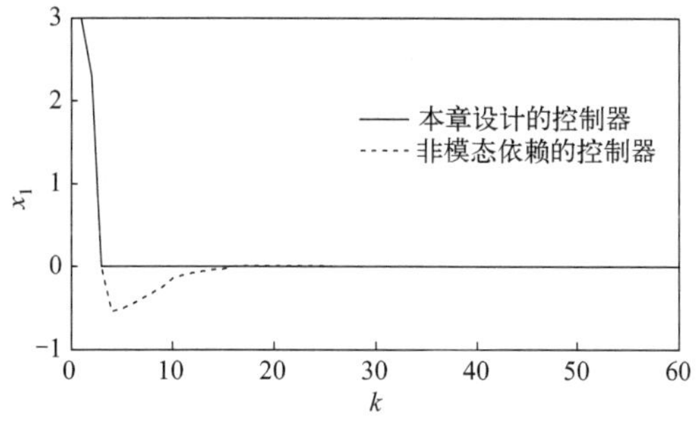

图 11.6　闭环系统状态 x_1 曲线

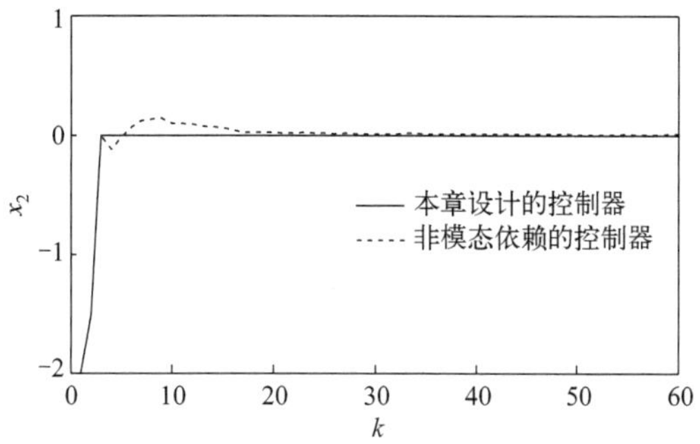

图 11.7　闭环系统状态 x_2 曲线

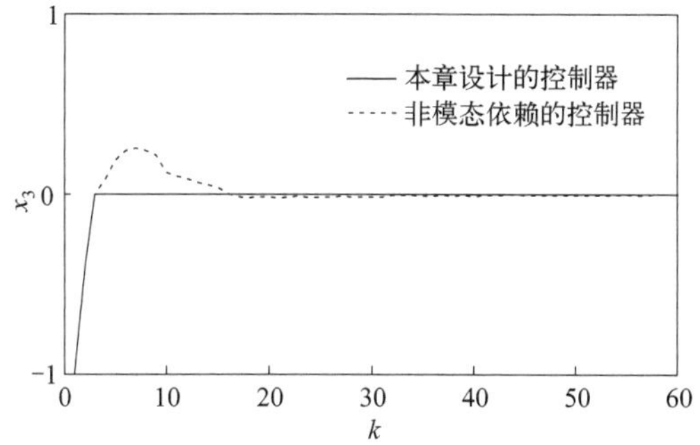

图 11.8　闭环系统状态 x_3 曲线

11.4　本章小结

本章对于具有随机时延的网络化 Markov 系统介绍了一种模态依赖的状态反馈控制器设计方法，同时考虑了传感器至控制器的时延及控制器至执行器的时延，介绍了闭环系统随机稳定的充分条件和控制器增益矩阵的求解方法。应用数值仿真说明了本章所设计的控制器优于非模态依赖的控制器。

参考文献

[1] Li T, Tang X L, Ge J F, et al. Event-based fault-tolerant control for networked control systems applied to aircraft engine system [J]. Information Sciences, 2020, 512: 1063-1077.

[2] Ding W G, Mao Z H, Jiang B, et al. Fault detection for a class of nonlinear networked control systems with Markov transfer delays and stochastic packet drops [J]. Circuits, Systems, and Signal Processing, 2015, 34 (4): 1211-1231.

[3] Wang J, Chen M S, Shen H, et al. A Markov jump model approach to reliable event-triggered retarded dynamic output feedback H_∞ control for networked systems [J]. Nonlinear Analysis: Hybrid Systems, 2017, 26: 137-150.

[4] He W, Dong Y T. Adaptive fuzzy neural network control for a constrained robot using impedance learning [J]. IEEE Transactions on Neural Networks and Learning Systems, 2018, 29 (4): 1174-1186.

[5] Yao H J. Exponential stability control for nonlinear uncertain networked systems with time delay [J]. Journal of Discrete Mathematical Sciences and Cryptography, 2018, 21 (2): 563-569.

[6] Zhao L, Xu H, Yuan Y, et al. Stabilization for networked control systems subject to actuator saturation and network-induced delays [J]. Neurocomputing, 2017, 267: 354-361.

[7] Oliveira T G, Palhares R M, Campos V C S, et al. Improved Takagi-Sugeno fuzzy output tracking control for nonlinear networked control systems [J]. Journal of the Franklin Institute, 2017, 354 (16): 7280-7305.

[8] Li P F, Kang Y, Zhao Y B, et al. Packet-based model predictive control for networked control systems with random packet losses [C] // 2018 IEEE Conference on Decision and Control. IEEE, 2018: 3457-3462.

[9] Zhang Y L, Yang F W, Zhu Y F, et al. H_∞ filtering for networked control systems with randomly occurring consecutive packet losses [C] //2017 Australian and New Zealand Control Conference. IEEE, 2017: 6-10.

[10] 李秀英，王金玉，孙书利．具有随机观测滞后和丢失的网络系统鲁棒 H_∞ 滤波 [J]．控制理论与应用，2013，30 (11)：1401-1407.

[11] Sun S L. Optimal linear estimators for discrete-time systems with one-step random delays and multiple packet dropouts [J]. Acta Automatica Sinica, 2012, 38 (3): 349-354.

[12] Zhang J, Lam J, Xia Y. Output feedback delay compensation control for networked control systems with random delays [J]. Information Sciences, 2014, 265: 154-166.

[13] Dong J W, Kim W J. Markov-chain-based output feedback control for stabilization of networked control systems with random time delays and packet losses [J]. International Journal of Control Automation and Systems, 2012, 10 (5): 1013-1022.

[14] Wang Y F, Li Z X, Chen H Y, et al. Design for nonlinear networked control systems with time delay governed by Markov chain with partly unknown transition probabilities [J]. Mathematical Problems in Engineering, 2015, 2015.

[15] 邱丽，胥布工，黎善斌．具有模态依赖时延的网络控制系统的 H_∞ 控制 [J]．控制与决策，2011，26 (4)：571-576.

[16] Sun Y G, Gao Q Z. Stability and stabilization of networked control system with forward and backward random time delays [J]. Mathematical Problems in Engineering, 2012, 2012 (834643).

[17] Wang Z D, Liu Y R, Liu X H. Exponential stabilization of a class of stochastic system with Markovian jump parameters and mode-dependent mixed time-delays [J]. IEEE Transactions on Automatic. Control, 2010, 55 (7): 1656-1662.

[18] Zhang L X, Leng Y S, Colaneri P. Stability and stabilization of discrete-time semi-Markov jump linear systems via semi-Markov kernel approach [J]. IEEE Transactions and Automatic. Control, 2016, 61 (2): 503-508.

[19] Zhang L X, Ning Z P, Shi P. Input-output approach to control for fuzzy Markov jump systems with time-varying delays and uncertain packet dropout rate [J]. IEEE Transactions on Cybernetics, 2015, 45 (11): 2449-2460.

[20] Song X N, Men Y Z, Zhou J P, et al. Event-triggered H_∞ control for networked discrete-time Markov jump systems with repeated scalar nonlinearities [J]. Applied Mathematics and Computation, 2017, 298: 123-132.

[21] 蒉秀惠，王燕锋．转移概率部分未知的网络化马尔科夫跳变系统镇定 [J]．控制工程，2018，25 (12)：6.

[22] Zhang L Q, Shi Y, Chen T W, et al. A new method for stabilization of networked control systems with random delays [J]. IEEE Transactions on Automatic. Control, 2005, 50 (8): 1177-1181.

[23] Shi Y, Yu B. Output feedback stabilization of networked control systems with random delays modeled by Markov chains [J]. IEEE Transactions on Automatic Control, 2009, 54 (7): 1668-1674.

[24] Jiang X F, Han Q L, Yu X H. Stability criteria for linear discrete-time systems with interval-like time-varying delay [C] //Proceeding of the 2005 American Control Conference. IEEE, 2005: 2817-2822.

[25] Liu M, Yang W. Network-based filtering for stochastic Markovian jump systems with application to PWM-driven boost converter [J]. Circuits, Systems and Signal Processing, 2017, 36 (8): 3071-3097.

第 12 章 具有 S-C 及 C-A 数据包丢失的网络化 Markov 跳变系统 H_∞ 控制

由于 NCS 具有安装维护方便、扩展简单等突出优势，其应用领域越来越宽泛，囊括工业系统、航空航天、机器人制造、遥感等领域。再加上信息技术的日益发展，未来 NCS 将会在更多领域得到应用。然而，网络引起的数据包丢失和时延会引发系统性能变差等问题，因此这是 NCS 的两个基本问题[1]。

如今对数据包丢失的探讨是 NCS 研究领域的前沿目标。NCS 中关于数据包丢失的讨论正在逐步地成熟起来，在目前的文献中，对于数据包丢失主要有三种解决方法。第一种方法是将数据包丢失建模成遵守 Bernoulli 概率分布的随机变量，并从 {0，1} 中取值。文献［2］讨论了通信信道受数据包丢失影响的 NCS 的稳定性，并使用 Bernoulli 变量对数据包丢失进行建模。文献［3］考虑了基于观测器的带有量化的 NCS 的滑模控制，其中在测量输出传输时会发生数据包丢失，文献提出了一种补偿方案来应对数据包丢失的影响，将其视为 Bernoulli 过程。文献［4］研究了一种针对具有多个数据包丢失的 NCS 的新 H_∞ 控制方法，并应用包含两个 Bernoulli 变量的控制系统对 NCS 进行建模，该系统不仅包含测量数据包丢失，还包含控制数据包丢失。文献［5］讨论了具有数据包丢失的 NCS 的线性二次高斯控制问题，其中假设数据包丢失不仅发生在 S-C 的通道中，而且发生在 C-A 的通道中，两个通道中的数据包丢失均可利用 Bernoulli 随机过程来进行建模。

第二种方法是将数据包丢失视为事件，将 NCS 建模为异步动态系统（asynchronous dynamical systems，ADSs)。文献［6］对于迭代学习控制系统的稳定条件进行了分析。利用超向量公式可以将具有数据包丢失的迭代学习控制系统建模为对迭代域中的事件具有速率限制的 ADSs。利用 ADSs 所具有的稳定性，可以通过 LMI 的形式提供系统的稳定性条件。文献［7］将一种具有丢包的 NCS 建模为 ADSs，在考虑容错控制理论的基础上，通过混合系统技术对一类存在执行器故障的 NCS 进行了讨论，与此同时也将系统的完整性设计纳入了考量范围。文献［8］讨论了存在数据丢包以及多包传递的 NCS 的系统稳定性分析的问题，建立了多包传输 NCS 的数学模型，同时也充分讨论了系统的指数稳定问题。

第三种方法是将存在数据包丢失的 NCS 建模成 Markov 跳变线性系统，系统的模态随着数据包的丢失状态发生改变。文献［9］研究了具有数据包丢失的 NCS 的最小数据速率，并用 Markov 过程处理数据包丢失的过程。文献［10］讨论了 NCS 基于事件触发的数据包丢失故障检测问题，并应用有限 Markov 链对数据包丢失进行了建模。文献［11］对一类具有信号量化和数据包丢失的 NCS 在有限频域中的随机故障检测问题进行了分析，考虑了数量化器和 Markov 数据丢包，成功将 NCS 建模为具有量化误差的 Markov 跳变线性系统。文献［12］讨论了存在数据丢包及状态转移概率不是全部都知道的 NCS 的随机稳定性及 H_∞ 控制问题，首先将 NCS 建模为包含四个子系统的跳变系统，其次讨论了如何设计相应的状态反馈控制器的问题。

参考文献［2-12］中考虑的被控对象是线性时不变控制系统。但在实际中，部件故障或连接方式改变会使得许多系统无法使用明确的模型来描述系统的行为。Markov 跳变系统可用于描述许多结构和参数发生突变的系统，对这些控制系统而言其可以被顺利地使用[13-15]。文献［16］针对一类 Markov 跳变系统的滤波器设计问题展开了讨论，着重研究了如何在事件触发和滤波同时存在的状况下进行设计的问题。文献［17］讨论了网络化 Markov 跳变系统的故障检测问题，将 S-C 之间的时延视为 Markov 链，将所考虑的系统转换为包含两个 Markov 链的系统。虽然已经有了相关的网络化 Markov 跳变系统的一些结果，但是对于具有数据包丢失的网络化 Markov 跳变系统的研究却很少。目前，在 S-C 通信信道和 C-A 通信信道中均具有数据包丢失的网络化 Markov 跳变系统的 H_∞ 控制问题尚未得到充分研究。本章的内容主要包括：

① 分析了网络化 Markov 跳变系统的运行状态，它随着数据包丢失的状态变化而变化。将网络化 Markov 跳变系统建模为一种包含两条 Markov 链的闭环系统。

② 得到了所考虑系统随机稳定的充要条件。在系统模态和数据包丢失的转移概率均为全部已知或部分未知的情况下，进一步描述控制器及观测器的计算方法。

12.1　系统建模

在 S-C 之间及 C-A 之间均有着数据丢包的状况下，Markov 跳变系统的结构如图 12.1 所示。

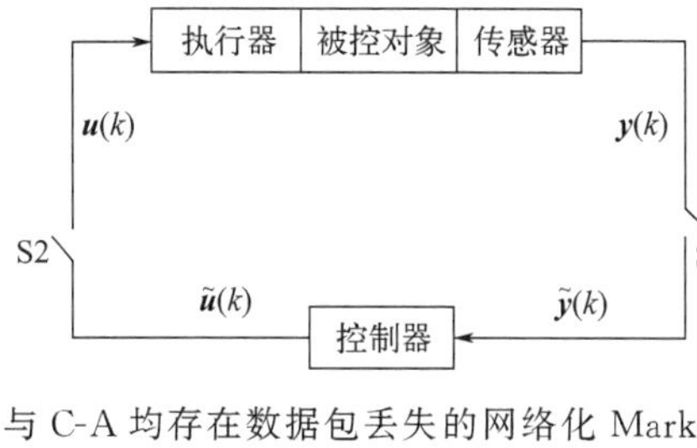

图 12.1　S-C 与 C-A 均存在数据包丢失的网络化 Markov 跳变系统结构

随机变量 $\alpha(k)$、$\beta(k)$ 分别代表开关 S1、S2 的状态，并且从集合 $\{0,1\}$ 中取值，当 $\alpha(k)=1[\beta(k)=1]$时，开关 S1(S2) 紧闭，数据包在通信信道内传输。当 $\alpha(k)=0[\beta(k)=0]$ 时，开关 S1(S2) 断开，数据包在通信信道发生了丢失。

本章的被控对象为 Markov 跳变系统，其状态方程如下所示：

$$\begin{cases}\boldsymbol{x}(k+1)=\boldsymbol{A}_{\delta(k)}\boldsymbol{x}(k)+\boldsymbol{B}_{\delta(k)}\boldsymbol{u}(k)+\boldsymbol{B}_{\omega\delta(k)}\boldsymbol{\omega}(k)\\ \boldsymbol{y}(k)=\boldsymbol{C}_{\delta(k)}\boldsymbol{x}(k)+\boldsymbol{D}_{\omega\delta(k)}\boldsymbol{\omega}(k)\end{cases} \tag{12.1}$$

在这个公式中，$\boldsymbol{x}(k)\in\mathbf{R}^n$ 代表了系统的状态，$\boldsymbol{u}(k)\in\mathbf{R}^m$ 描述的是控制输入，$\boldsymbol{\omega}(k)\in\mathbf{R}^l$ 表示了外部扰动，$\boldsymbol{y}(k)\in\mathbf{R}^p$ 则表示了系统的输出；$\boldsymbol{A}_{\delta(k)}$，$\boldsymbol{B}_{\delta(k)}$，$\boldsymbol{B}_{\omega\delta(k)}$，$\boldsymbol{C}_{\delta(k)}$，$\boldsymbol{D}_{\omega\delta(k)}$ 代表着有着合适维数的实常数矩阵。$\delta(k)$ 通过集合 $\phi=\{1,2,\cdots,g\}$选取数值，其转

移概率矩阵可以描述为 $\boldsymbol{Q}=[q_{mn}]$，$q_{mn}=\Pr\{\delta(k+1)=n \mid \delta(k)=m\}$，$\sum_{n=1}^{g} q_{mn}=1$，$q_{mn} \geqslant 0$，$m, n \in \phi$。

在控制器节点处构造观测器描述如下：

$$\begin{cases}\hat{\boldsymbol{x}}(k+1)=\boldsymbol{A}_{\delta(k)}\hat{\boldsymbol{x}}(k)+\boldsymbol{B}_{\delta(k)}\tilde{\boldsymbol{u}}(k)+\boldsymbol{L}[\tilde{\boldsymbol{y}}(k)-\hat{\boldsymbol{y}}(k)] \\ \hat{\boldsymbol{y}}(k)=\boldsymbol{C}_{\delta(k)}\hat{\boldsymbol{x}}(k)\end{cases} \tag{12.2}$$

在这个公式中，$\hat{\boldsymbol{x}}(k)\in\mathbf{R}^{n}$ 代表观测器的状态，$\hat{\boldsymbol{y}}(k)\in\mathbf{R}^{p}$ 描述了观测器的输出，$\boldsymbol{L}$ 为待确定的观测器增益矩阵，$\tilde{\boldsymbol{y}}(k)\in\mathbf{R}^{p}$ 则代表观测器端获取的系统输出，$\tilde{\boldsymbol{u}}(k)\in\mathbf{R}^{m}$ 表示观测器的控制输入，如下所示：

$$\tilde{\boldsymbol{u}}(k)=\boldsymbol{K}\hat{\boldsymbol{x}}(k) \tag{12.3}$$

其中，$\boldsymbol{K}$ 为控制器增益矩阵。

由于在 S-C 之间存在数据包的丢失，所以 k 时刻在控制器端的系统输出可描述为：

$$\tilde{\boldsymbol{y}}(k)=\alpha(k)\boldsymbol{y}(k) \tag{12.4}$$

由于在 C-A 之间存在数据包的丢失，所以 k 时刻的控制输入可以表示为：

$$\boldsymbol{u}(k)=\beta(k)\tilde{\boldsymbol{u}}(k) \tag{12.5}$$

定义状态估计误差矩阵和增广矩阵如下所示：

$$\boldsymbol{e}(k)=\boldsymbol{x}(k)-\hat{\boldsymbol{x}}(k), \boldsymbol{\zeta}(k)=[\boldsymbol{x}^{\mathrm{T}}(k) \quad \boldsymbol{e}^{\mathrm{T}}(k)]^{\mathrm{T}} \tag{12.6}$$

结合式(12.1)～式(12.6) 进行分析，可以将闭环系统的数学模型描述如下：

$$\begin{cases}\boldsymbol{\zeta}(k+1)=\overline{\boldsymbol{A}}_{\delta(k)}\boldsymbol{\zeta}(k)+\overline{\boldsymbol{B}}_{\delta(k)}\boldsymbol{\omega}(k) \\ \boldsymbol{y}(k)=\overline{\boldsymbol{C}}_{\delta(k)}\boldsymbol{\zeta}(k)+\boldsymbol{D}_{\omega\delta(k)}\boldsymbol{\omega}(k)\end{cases} \tag{12.7}$$

其中：

$$\overline{\boldsymbol{A}}_{\delta(k)}=\begin{bmatrix}\boldsymbol{A}_{\delta(k)}+\beta(k)\boldsymbol{B}_{\delta(k)}\boldsymbol{K} & -\beta(k)\boldsymbol{B}_{\delta(k)}\boldsymbol{K} \\ [\beta(k)-1]\boldsymbol{B}_{\delta(k)}\boldsymbol{K}+[1-\alpha(k)]\boldsymbol{L}\boldsymbol{C}_{\delta(k)} & \boldsymbol{A}_{\delta(k)}+[1-\beta(k)]\boldsymbol{B}_{\delta(k)}\boldsymbol{K}-\boldsymbol{L}\boldsymbol{C}_{\delta(k)}\end{bmatrix}$$

$$\overline{\boldsymbol{B}}_{\delta(k)}=\begin{bmatrix}\boldsymbol{B}_{\omega\delta(k)} \\ \boldsymbol{B}_{\omega\delta(k)}-\alpha(k)\boldsymbol{L}\boldsymbol{D}_{\omega\delta(k)}\end{bmatrix}$$

$$\overline{\boldsymbol{C}}_{\delta(k)}=[\boldsymbol{C}_{\delta(k)} \quad 0]$$

① 当 $\alpha(k)=\beta(k)=0$ 时，S-C 之间及 C-A 之间均存在数据包的丢失，闭环系统如式(12.7) 可以表示为：

$$\begin{cases}\boldsymbol{\zeta}(k+1)=\overline{\boldsymbol{A}}_{\delta(k),1}\boldsymbol{\zeta}(k)+\overline{\boldsymbol{B}}_{\delta(k),1}\boldsymbol{\omega}(k) \\ \boldsymbol{y}(k)=\overline{\boldsymbol{C}}_{\delta(k),1}\boldsymbol{\zeta}(k)+\boldsymbol{D}_{\omega\delta(k)}\boldsymbol{\omega}(k)\end{cases} \tag{12.8}$$

其中：

$$\overline{\boldsymbol{A}}_{\delta(k),1}=\boldsymbol{A}_{\delta(k),1}+\boldsymbol{E}_{\delta(k),1}\boldsymbol{K}\boldsymbol{F}_{\delta(k),1}+\boldsymbol{G}_{\delta(k),1}\boldsymbol{L}\boldsymbol{H}_{\delta(k),1}=\begin{bmatrix}\boldsymbol{A}_{\delta(k)} & 0 \\ -\boldsymbol{B}_{\delta(k)}\boldsymbol{K}+\boldsymbol{L}\boldsymbol{C}_{\delta(k)} & \boldsymbol{A}_{\delta(k)}+\boldsymbol{B}_{\delta(k)}\boldsymbol{K}-\boldsymbol{L}\boldsymbol{C}_{\delta(k)}\end{bmatrix}$$

$$\boldsymbol{A}_{\delta(k),1}=\begin{bmatrix}\boldsymbol{A}_{\delta(k)} & 0 \\ 0 & \boldsymbol{A}_{\delta(k)}\end{bmatrix}, \boldsymbol{E}_{\delta(k),1}=\begin{bmatrix}0 \\ \boldsymbol{B}_{\delta(k)}\end{bmatrix}, \boldsymbol{F}_{\delta(k),1}=[-\boldsymbol{I} \quad \boldsymbol{I}], \boldsymbol{G}_{\delta(k),1}=\begin{bmatrix}0 \\ \boldsymbol{I}\end{bmatrix}$$

$$\boldsymbol{H}_{\delta(k),1}=[\boldsymbol{C}_{\delta(k)} \quad -\boldsymbol{C}_{\delta(k)}], \overline{\boldsymbol{B}}_{\delta(k),1}=\begin{bmatrix}\boldsymbol{B}_{\omega\delta(k)} \\ \boldsymbol{B}_{\omega\delta(k)}\end{bmatrix}, \overline{\boldsymbol{C}}_{\delta(k),1}=[\boldsymbol{C}_{\delta(k)} \quad 0]$$

② 当 $\alpha(k)=0$，$\beta(k)=1$ 时，S-C 之间存在数据包的丢失，而 C-A 之间不存在数据包的

丢失，则闭环系统［式(12.7)］可以表示为：

$$\begin{cases}\boldsymbol{\zeta}(k+1)=\overline{\boldsymbol{A}}_{\delta(k),2}\boldsymbol{\zeta}(k)+\overline{\boldsymbol{B}}_{\delta(k),2}\boldsymbol{\omega}(k)\\ \boldsymbol{y}(k)=\overline{\boldsymbol{C}}_{\delta(k),2}\boldsymbol{\zeta}(k)+\boldsymbol{D}_{\omega\delta(k)}\boldsymbol{\omega}(k)\end{cases}\tag{12.9}$$

其中：

$$\overline{\boldsymbol{A}}_{\delta(k),2}=\boldsymbol{A}_{\delta(k),2}+\boldsymbol{E}_{\delta(k),2}\boldsymbol{K}\boldsymbol{F}_{\delta(k),2}+\boldsymbol{G}_{\delta(k),2}\boldsymbol{L}\boldsymbol{H}_{\delta(k),2}=\begin{bmatrix}\boldsymbol{A}_{\delta(k)}+\boldsymbol{B}_{\delta(k)}\boldsymbol{K} & -\boldsymbol{B}_{\delta(k)}\boldsymbol{K}\\ \boldsymbol{L}\boldsymbol{C}_{\delta(k)} & \boldsymbol{A}_{\delta(k)}-\boldsymbol{L}\boldsymbol{C}_{\delta(k)}\end{bmatrix}$$

$$\boldsymbol{A}_{\delta(k),2}=\boldsymbol{A}_{\delta(k),1},\overline{\boldsymbol{B}}_{\delta(k),2}=\overline{\boldsymbol{B}}_{\delta(k),1},\overline{\boldsymbol{C}}_{\delta(k),2}=\overline{\boldsymbol{C}}_{\delta(k),1}$$

$$\boldsymbol{E}_{\delta(k),2}=\begin{bmatrix}\boldsymbol{B}_{\delta(k)}\\ 0\end{bmatrix},\boldsymbol{F}_{\delta(k),2}=[\boldsymbol{I}\quad -\boldsymbol{I}],\boldsymbol{G}_{\delta(k),2}=\boldsymbol{G}_{\delta(k),1},\boldsymbol{H}_{\delta(k),2}=\boldsymbol{H}_{\delta(k),1}$$

③ 当 $\alpha(k)=1$，$\beta(k)=0$ 时，S-C 之间不存在数据包的丢失，而 C-A 之间存在数据包的丢失，则闭环系统［式(12.7)］可以表示为：

$$\begin{cases}\boldsymbol{\zeta}(k+1)=\overline{\boldsymbol{A}}_{\delta(k),3}\boldsymbol{\zeta}(k)+\overline{\boldsymbol{B}}_{\delta(k),3}\boldsymbol{\omega}(k)\\ \boldsymbol{y}(k)=\overline{\boldsymbol{C}}_{\delta(k),3}\boldsymbol{\zeta}(k)+\boldsymbol{D}_{\omega\delta(k)}\boldsymbol{\omega}(k)\end{cases}\tag{12.10}$$

其中：

$$\overline{\boldsymbol{A}}_{\delta(k),3}=\boldsymbol{A}_{\delta(k),3}+\boldsymbol{E}_{\delta(k),3}\boldsymbol{K}\boldsymbol{F}_{\delta(k),3}+\boldsymbol{G}_{\delta(k),3}\boldsymbol{L}\boldsymbol{H}_{\delta(k),3}=\begin{bmatrix}\boldsymbol{A}_{\delta(k)} & 0\\ -\boldsymbol{B}_{\delta(k)}\boldsymbol{K} & \boldsymbol{A}_{\delta(k)}+\boldsymbol{B}_{\delta(k)}\boldsymbol{K}-\boldsymbol{L}\boldsymbol{C}_{\delta(k)}\end{bmatrix}$$

$$\boldsymbol{A}_{\delta(k),3}=\boldsymbol{A}_{\delta(k),1},\overline{\boldsymbol{B}}_{\delta(k),3}=\overline{\boldsymbol{B}}_{\delta(k),1}-\boldsymbol{G}_{\delta(k),3}\boldsymbol{L}\boldsymbol{D}_{\omega\delta(k)}=\begin{bmatrix}\boldsymbol{B}_{\omega\delta(k)}\\ \boldsymbol{B}_{\omega\delta(k)}-\boldsymbol{L}\boldsymbol{D}_{\omega\delta(k)}\end{bmatrix},\overline{\boldsymbol{C}}_{\delta(k),3}=\overline{\boldsymbol{C}}_{\delta(k),1}$$

$$\boldsymbol{E}_{\delta(k),3}=\boldsymbol{E}_{\delta(k),1},\boldsymbol{F}_{\delta(k),3}=\boldsymbol{F}_{\delta(k),1},\boldsymbol{G}_{\delta(k),3}=\boldsymbol{G}_{\delta(k),1},\boldsymbol{H}_{\delta(k),3}=[0\quad -\boldsymbol{C}_{\delta(k)}]$$

④ 当 $\alpha(k)=\beta(k)=1$ 时，S-C 之间及 C-A 之间均不存在数据包的丢失，闭环系统［式(12.7)］可以表示为：

$$\begin{cases}\boldsymbol{\zeta}(k+1)=\overline{\boldsymbol{A}}_{\delta(k),4}\boldsymbol{\zeta}(k)+\overline{\boldsymbol{B}}_{\delta(k),4}\boldsymbol{\omega}(k)\\ \boldsymbol{y}(k)=\overline{\boldsymbol{C}}_{\delta(k),4}\boldsymbol{\zeta}(k)+\boldsymbol{D}_{\omega\delta(k)}\boldsymbol{\omega}(k)\end{cases}\tag{12.11}$$

其中：

$$\overline{\boldsymbol{A}}_{\delta(k),4}=\boldsymbol{A}_{\delta(k),4}+\boldsymbol{E}_{\delta(k),4}\boldsymbol{K}\boldsymbol{F}_{\delta(k),4}+\boldsymbol{G}_{\delta(k),4}\boldsymbol{L}\boldsymbol{H}_{\delta(k),4}=\begin{bmatrix}\boldsymbol{A}_{\delta(k)}+\boldsymbol{B}_{\delta(k)}\boldsymbol{K} & -\boldsymbol{B}_{\delta(k)}\boldsymbol{K}\\ 0 & \boldsymbol{A}_{\delta(k)}-\boldsymbol{L}\boldsymbol{C}_{\delta(k)}\end{bmatrix}$$

$$\boldsymbol{A}_{\delta(k),4}=\boldsymbol{A}_{\delta(k),1},\overline{\boldsymbol{B}}_{\delta(k),4}=\overline{\boldsymbol{B}}_{\delta(k),1}-\boldsymbol{G}_{\delta(k),4}\boldsymbol{L}\boldsymbol{D}_{\omega\delta(k)}=\begin{bmatrix}\boldsymbol{B}_{\omega\delta(k)}\\ \boldsymbol{B}_{\omega\delta(k)}-\boldsymbol{L}\boldsymbol{D}_{\omega\delta(k)}\end{bmatrix},\overline{\boldsymbol{C}}_{\delta(k),4}=\overline{\boldsymbol{C}}_{\delta(k),1}$$

$$\boldsymbol{E}_{\delta(k),4}=\boldsymbol{E}_{\delta(k),2},\boldsymbol{F}_{\delta(k),4}=\boldsymbol{F}_{\delta(k),2},\boldsymbol{G}_{\delta(k),4}=\boldsymbol{G}_{\delta(k),1},\boldsymbol{H}_{\delta(k),4}=\boldsymbol{H}_{\delta(k),3}$$

当数据包发生丢失时，式(12.7) 在式(12.8)～式(12.11) 范围内进行跳变，因为丢失的前一瞬间的数据丢包与瞬间数据丢包有关，所以可以把闭环系统表示如下：

$$\begin{cases}\boldsymbol{\zeta}(k+1)=\overline{\boldsymbol{A}}_{\delta(k),\theta(k)}\boldsymbol{\zeta}(k)+\overline{\boldsymbol{B}}_{\delta(k),\theta(k)}\boldsymbol{\omega}(k)\\ \boldsymbol{y}(k)=\overline{\boldsymbol{C}}_{\delta(k),\theta(k)}\boldsymbol{\zeta}(k)+\boldsymbol{D}_{\omega\delta(k)}\boldsymbol{\omega}(k)\end{cases}\tag{12.12}$$

在式(12.12) 中，可以得到 $\{\theta(k),k\in\mathbf{Z}\}$ 是离散时间 Markov 链，集中在集合 $l=\{1,2,3,4\}$ 中选取数值，$\theta(k)$ 的转移概率矩阵可以描述为 $\boldsymbol{\Pi}=[\pi_{ij}]$，$\pi_{ij}=\Pr\{\theta(k+1)=j\mid\theta(k)=i\}$，

$\pi_{ij} \geqslant 0$，$\sum_{j=1}^{4} \pi_{ij} = 1, i, j \in l$。

定义 12.1 当 $\omega(k)=0$ 时，如果对于任意初始模态 $\delta(0) \in \phi$，$\theta(0) \in l$，以及任意初始状态 $\boldsymbol{\zeta}(0)$，存在一个正定矩阵 $\boldsymbol{R}>0$，使得 $E\left\{\sum_{k=0}^{\infty} \|\boldsymbol{\zeta}(k)\|^2 \mid \delta(0), \theta(0), \boldsymbol{\zeta}(0)\right\} < \boldsymbol{\zeta}^{\mathrm{T}}(0)\boldsymbol{R}\boldsymbol{\zeta}(0)$ 成立，则闭环系统［式(12.12)］是随机稳定的。

本章的目的是为 Markov 跳变系统设计观测器［式(12.2)］和控制器［式(12.3)］，从而使所考虑的系统［式(12.12)］能够在 S-C 之间及 C-A 之间均存在数据丢包的条件下随机稳定，与此同时达到指定的扰动衰减性能要求。简单来说，就是闭环系统［式(12.12)］需要达到如下的 2 个要求：

(a) 当 $\boldsymbol{\omega}(k)=0$ 时，闭环系统［式(12.12)］被证明是随机稳定的；

(b) 处于零初始状态下时，对任意的 $\boldsymbol{\omega}(k) \neq 0$，$\boldsymbol{y}(k)$ 可以描述为如下的式子：

$$E\left\{\sum_{k=0}^{\infty} \|\boldsymbol{y}(k)\|^2\right\} < \mu^2 E\left\{\sum_{k=0}^{\infty} \|\boldsymbol{\omega}(k)\|^2\right\} \tag{12.13}$$

在这个式子中，$\mu>0$ 代表着扰动抑制性能的要求。

引理 12.1[18] 对于给定的标量 $q_m \geqslant 0 (m=1,\cdots,N_1)$，$\pi_i \geqslant 0 (i=1,\cdots,N_2)$ 以及矩阵 $\boldsymbol{P}_{m,i} \geqslant 0$，如下的不等式始终成立：

$$\sum_{m=1}^{N_1}\sum_{i=1}^{N_2} q_m \pi_i \boldsymbol{P}_{m,i} \leqslant \sum_{m=1}^{N_1}\sum_{i=1}^{N_2} q_m \pi_i \sum_{m=1}^{N_1}\sum_{i=1}^{N_2} \boldsymbol{P}_{m,i}$$

12.2 主要结论

12.2.1 闭环系统随机稳定的充分和必要条件

定理 12.1 当且仅当正定矩阵 $\boldsymbol{P}_{m,i}>0$，$\boldsymbol{P}_{n,j}>0$ 以及矩阵 $\boldsymbol{K}$，$\boldsymbol{L}$ 满足如下的不等式时闭环系统［满足式(12.12)］是随机稳定的，不等式对于所有的 $m, n \in \phi, i, j \in l$ 都成立。

$$\boldsymbol{\Phi} \triangleq \overline{\boldsymbol{A}}_{m,i}^{\mathrm{T}} \sum_{n \in \phi} \sum_{j \in l} q_{mn} \pi_{ij} \boldsymbol{P}_{n,j} \overline{\boldsymbol{A}}_{m,i} - \boldsymbol{P}_{m,i} < 0 \tag{12.14}$$

证明：

充分性： 定义一个 Lyapunov 函数 $V(k)=\boldsymbol{\zeta}^{\mathrm{T}}(k)\boldsymbol{P}_{\delta(k),\theta(k)}\boldsymbol{\zeta}(k)$，其中 $\boldsymbol{P}_{\delta(k),\theta(k)}>0$。假设式(12.12) 中的 $\boldsymbol{\omega}(k)=0$，那么以下式子成立：

$$E\{\Delta V(k)\} = E\{\boldsymbol{\zeta}^{\mathrm{T}}(k+1)\boldsymbol{P}_{\delta(k+1),\theta(k+1)}\boldsymbol{\zeta}(k+1) \mid \delta(k)=m, \theta(k)=i\} - \boldsymbol{\zeta}^{\mathrm{T}}(k)\boldsymbol{P}_{\delta(k),\theta(k)}\boldsymbol{\zeta}(k)$$

$$= \boldsymbol{\zeta}^{\mathrm{T}}(k)\left(\overline{\boldsymbol{A}}_{m,i}^{\mathrm{T}} \sum_{n \in \phi}\sum_{j \in l} q_{mn}\pi_{ij}\boldsymbol{P}_{n,j}\overline{\boldsymbol{A}}_{m,i} - \boldsymbol{P}_{m,i}\right)\boldsymbol{\zeta}(k)$$

因此，假如式(12.14) 成立，那么有如下式子成立：

$$\begin{aligned} E\{\Delta V(k)\} &\leqslant -\lambda_{\min}(-\boldsymbol{\Phi})\boldsymbol{\zeta}^{\mathrm{T}}(k)\boldsymbol{\zeta}(k) \\ &= -\lambda_{\min}(-\boldsymbol{\Phi})\|\boldsymbol{\zeta}(k)\|^2 \end{aligned}$$

在存在任何的正整数 $N \geqslant 0$ 的条件下，均可以得出：

$$E\left\{\sum_{k=0}^{N} \|\boldsymbol{\zeta}(k)\|^2\right\} \leqslant \frac{1}{\lambda_{\min}(-\boldsymbol{\Phi})}(E\{V(0)\} - E\{V(N+1)\})$$

$$\leqslant \frac{1}{\lambda_{\min}(-\boldsymbol{\Phi})} E\{V(0)\}$$
$$=\frac{1}{\lambda_{\min}(-\boldsymbol{\Phi})} \boldsymbol{\zeta}^{\mathrm{T}}(0) \boldsymbol{P}_{\delta(0), \theta(0)} \boldsymbol{\zeta}(0)$$

利用定义 12.1 可以得出结论：所考虑的系统［式(12.12)］是随机稳定的。

必要性： 提出一个假设，令所考虑的系统［式(12.12)］是随机稳定的，那么下列式子成立：

$$E\left\{\sum_{k=0}^{\infty}\|\boldsymbol{\zeta}(k)\|^{2} \mid \delta(0), \theta(0), \boldsymbol{\zeta}(0)\right\}<\boldsymbol{\zeta}^{\mathrm{T}}(0) \boldsymbol{R} \boldsymbol{\zeta}(0) \tag{12.15}$$

令 $\boldsymbol{\zeta}(k) \neq 0$，同时思考下面的函数：

$$\boldsymbol{\zeta}^{\mathrm{T}}(k) \overline{\boldsymbol{P}}_{\delta(k), \theta(k)} \boldsymbol{\zeta}(k) \triangleq E\left\{\sum_{t=k}^{T} \boldsymbol{\zeta}^{\mathrm{T}}(t) \boldsymbol{Z}_{\delta(t), \theta(t)} \boldsymbol{\zeta}(k) \mid \delta(k), \theta(k), \boldsymbol{\zeta}(k)\right\} \tag{12.16}$$

其中 $\boldsymbol{Z}_{\delta(t), \theta(t)}>0$。依据式(12.15) 可知 $\boldsymbol{\zeta}^{\mathrm{T}}(k) \overline{\boldsymbol{P}}_{\delta(k), \theta(k)} \boldsymbol{\zeta}(k)$是有界的，由此可以得出：

$$\begin{aligned}
\boldsymbol{\zeta}^{\mathrm{T}}(k) \boldsymbol{P}_{\delta(k), \theta(k)} \boldsymbol{\zeta}(k) & \triangleq \lim_{T \rightarrow \infty} \boldsymbol{\zeta}^{\mathrm{T}}(k) \overline{\boldsymbol{P}}_{\delta(k), \theta(k)} \boldsymbol{\zeta}(k) \\
& =\lim_{T \rightarrow \infty} E\left\{\sum_{t=k}^{T} \boldsymbol{\zeta}^{\mathrm{T}}(t) \boldsymbol{Z}_{\delta(t), \theta(t)} \boldsymbol{\zeta}(k) \mid \delta(k), \theta(k), \boldsymbol{\zeta}(k)\right\}
\end{aligned} \tag{12.17}$$

通过对任意的 $\boldsymbol{\zeta}(k)$，式(12.17) 都成立的结论，就会得出 $\boldsymbol{P}_{\delta(k), \theta(k)} \triangleq \lim\limits_{T \rightarrow \infty} \overline{\boldsymbol{P}}_{\delta(k), \theta(k)}$。由于 $\boldsymbol{Z}_{\delta(t), \theta(t)}>0$，因此从式(12.17) 进一步能够讨论出 $\boldsymbol{P}_{\delta(k), \theta(k)}>0$。从而：

$$\begin{aligned}
& E\{\boldsymbol{\zeta}^{\mathrm{T}}(k) \overline{\boldsymbol{P}}_{\delta(k), \theta(k)} \boldsymbol{\zeta}(k)-\boldsymbol{\zeta}^{\mathrm{T}}(k+1) \overline{\boldsymbol{P}}_{\delta(k+1), \theta(k+1)} \boldsymbol{\zeta}(k+1) \mid \delta(k), \theta(k), \boldsymbol{\zeta}(k)\} \\
& =\boldsymbol{\zeta}^{\mathrm{T}}(k)\left(\overline{\boldsymbol{P}}_{m, i}-\overline{\boldsymbol{A}}_{m, i}^{\mathrm{T}} \sum_{n \in \phi} \sum_{j \in \iota} q_{m n} \pi_{i j} \overline{\boldsymbol{P}}_{n, j} \overline{\boldsymbol{A}}_{m, i}\right) \boldsymbol{\zeta}(k) \\
& =\boldsymbol{\zeta}^{\mathrm{T}}(k) \boldsymbol{Z}_{m, i} \boldsymbol{\zeta}(k)>0
\end{aligned}$$

令 $T \rightarrow \infty$，则有 $\boldsymbol{\Phi}<0$，证明结束。

12.2.2 在转移概率全部已知条件下的控制器设计方法

定理 12.2 如果存在正定矩阵 $\boldsymbol{P}_{m, i}>0$，$\boldsymbol{Y}_{m, i}>0$ 以及矩阵 $\boldsymbol{K}$、$\boldsymbol{L}$ 使得：

$$\left[\begin{array}{cccc}
-\boldsymbol{P}_{m, i} & * & * & * \\
0 & -\mu^{2} \boldsymbol{I} & * & * \\
\overline{\boldsymbol{C}}_{m, i} & \boldsymbol{D}_{\omega m} & -\boldsymbol{I} & * \\
\widetilde{\boldsymbol{A}}_{m, i} & \widetilde{\boldsymbol{B}}_{m, i} & 0 & -\widetilde{\boldsymbol{Y}}_{n, j}
\end{array}\right]<0 \tag{12.18}$$

$$\boldsymbol{Y}_{m, i} \boldsymbol{P}_{m, i}=\boldsymbol{I} \tag{12.19}$$

其中：

$$\widetilde{\boldsymbol{A}}_{m, i}=\left[\sqrt{q_{m 1} \pi_{i 1}} \overline{\boldsymbol{A}}_{m, i}^{\mathrm{T}}, \cdots, \sqrt{q_{m g} \pi_{i 4}} \overline{\boldsymbol{A}}_{m, i}^{\mathrm{T}}\right]^{\mathrm{T}}$$

$$\widetilde{\boldsymbol{B}}_{m, i}=\left[\sqrt{q_{m 1} \pi_{i 1}} \overline{\boldsymbol{B}}_{m, i}^{\mathrm{T}}, \cdots, \sqrt{q_{m g} \pi_{i 4}} \overline{\boldsymbol{B}}_{m, i}^{\mathrm{T}}\right]^{\mathrm{T}}$$

$$\widetilde{\boldsymbol{Y}}_{n, j}=\operatorname{diag}\left(\boldsymbol{Y}_{1,1}, \cdots, \boldsymbol{Y}_{g, 4}\right)$$

对所有的 $m, n \in \phi, i, j \in \iota$ 都成立，那么所考虑系统［式(12.12)］是随机稳定的，同时满足式(12.13)中的扰动抑制性能指标。

证明： 对任意的 $\boldsymbol{\omega}(k)\neq 0$，由式(12.12)可以得到：

$$
\begin{aligned}
&E\{\Delta V(k)\}+\boldsymbol{y}^{\mathrm{T}}(k)\boldsymbol{y}(k)-\mu^{2}\boldsymbol{\omega}^{\mathrm{T}}(k)\boldsymbol{\omega}(k)\\
=&\boldsymbol{\zeta}^{\mathrm{T}}(k)\Big(\overline{\boldsymbol{A}}_{m,i}^{\mathrm{T}}\sum_{n\in\phi}\sum_{j\in\ell}q_{mn}\pi_{ij}\boldsymbol{P}_{n,j}\overline{\boldsymbol{A}}_{m,i}+\overline{\boldsymbol{C}}_{m,i}^{\mathrm{T}}\overline{\boldsymbol{C}}_{m,i}-\boldsymbol{P}_{m,i}\Big)\boldsymbol{\zeta}(k)\\
&+\boldsymbol{\zeta}^{\mathrm{T}}(k)\Big(\overline{\boldsymbol{A}}_{m,i}^{\mathrm{T}}\sum_{n\in\phi}\sum_{j\in\ell}q_{mn}\pi_{ij}\boldsymbol{P}_{n,j}\overline{\boldsymbol{B}}_{m,i}+\overline{\boldsymbol{C}}_{m,i}^{\mathrm{T}}\boldsymbol{D}_{\omega m}\Big)\boldsymbol{\omega}(k)\\
&+\boldsymbol{\omega}^{\mathrm{T}}(k)\Big(\overline{\boldsymbol{B}}_{m,i}^{\mathrm{T}}\sum_{n\in\phi}\sum_{j\in\ell}q_{mn}\pi_{ij}\boldsymbol{P}_{n,j}\overline{\boldsymbol{A}}_{m,i}+\boldsymbol{D}_{\omega m}^{\mathrm{T}}\overline{\boldsymbol{C}}_{m,i}\Big)\boldsymbol{\zeta}(k)\\
&+\boldsymbol{\omega}^{\mathrm{T}}(k)\Big(\overline{\boldsymbol{B}}_{m,i}^{\mathrm{T}}\sum_{n\in\phi}\sum_{j\in\ell}q_{mn}\pi_{ij}\boldsymbol{P}_{n,j}\overline{\boldsymbol{B}}_{m,i}+\boldsymbol{D}_{\omega m}^{\mathrm{T}}\boldsymbol{D}_{\omega m}-\mu^{2}\boldsymbol{E}\Big)\boldsymbol{\omega}(k)\\
=&\boldsymbol{\xi}^{\mathrm{T}}(k)\boldsymbol{\Psi}_{m,i}\boldsymbol{\xi}(k)
\end{aligned}
\tag{12.20}
$$

其中：

$$
\boldsymbol{\xi}(k)=\begin{bmatrix}\boldsymbol{\zeta}(k)\\ \boldsymbol{\omega}(k)\end{bmatrix},\boldsymbol{\Psi}_{m,i}=\begin{bmatrix}\boldsymbol{\Psi}_{11} & *\\ \boldsymbol{\Psi}_{21} & \boldsymbol{\Psi}_{22}\end{bmatrix}
$$

$$
\boldsymbol{\Psi}_{11}=\overline{\boldsymbol{A}}_{m,i}^{\mathrm{T}}\sum_{n\in\phi}\sum_{j\in\ell}q_{mn}\pi_{ij}\boldsymbol{P}_{n,j}\overline{\boldsymbol{A}}_{m,i}+\overline{\boldsymbol{C}}_{m,i}^{\mathrm{T}}\overline{\boldsymbol{C}}_{m,i}-\boldsymbol{P}_{m,i}
$$

$$
\boldsymbol{\Psi}_{21}=\overline{\boldsymbol{B}}_{m,i}^{\mathrm{T}}\sum_{n\in\phi}\sum_{j\in\ell}q_{mn}\pi_{ij}\boldsymbol{P}_{n,j}\overline{\boldsymbol{A}}_{m,i}+\boldsymbol{D}_{\omega m}^{\mathrm{T}}\overline{\boldsymbol{C}}_{m,i}
$$

$$
\boldsymbol{\Psi}_{22}=\overline{\boldsymbol{B}}_{m,i}^{\mathrm{T}}\sum_{n\in\phi}\sum_{j\in\ell}q_{mn}\pi_{ij}\boldsymbol{P}_{n,j}\overline{\boldsymbol{B}}_{m,i}+\boldsymbol{D}_{\omega m}^{\mathrm{T}}\boldsymbol{D}_{\omega m}-\mu^{2}\boldsymbol{E}
$$

令 $\boldsymbol{Y}_{m,i}=\boldsymbol{P}_{m,i}^{-1},m\in\phi,i\in\ell$，运用 Schur 补引理，$\boldsymbol{\Psi}_{m,i}<0$ 等价于式(12.18)，因此由式(12.18)～式(12.20)可得：

$$
E\{\Delta V(k)\}+\boldsymbol{y}^{\mathrm{T}}(k)\boldsymbol{y}(k)-\mu^{2}\boldsymbol{\omega}^{\mathrm{T}}(k)\boldsymbol{\omega}(k)<0 \tag{12.21}
$$

将式(12.21)从 $k=0$ 到 $k=\infty$ 求和可以得到：

$$
E\left\{\sum_{k=0}^{\infty}\|\boldsymbol{y}(k)\|^{2}\right\}<\mu^{2}E\left\{\sum_{k=0}^{\infty}\|\boldsymbol{\omega}(k)\|^{2}\right\}+E\{V(0)\}-E\{V(\infty)\}
$$

所以闭环系统［式(12.12)］是随机稳定的，且满足式(12.13)，证明结束。

定理 12.2 中的条件是一系列具有矩阵逆约束的 LMI，可以使用锥补线性化方法（cone complementarity linearization，CCL）来解决。控制器增益矩阵 $\boldsymbol{K}$ 和观测器增益矩阵 $\boldsymbol{L}$ 的求解可以转变为如下的非线性最小化问题：

$$
\min\ \operatorname{tr}\Big(\sum_{m=1}^{g}\sum_{i=1}^{4}\boldsymbol{P}_{m,i}\boldsymbol{Y}_{m,i}\Big)
$$

s. t. 式(12.18)和式(12.22)

$$
\begin{bmatrix}\boldsymbol{P}_{m,i} & \boldsymbol{I}\\ \boldsymbol{I} & \boldsymbol{Y}_{m,i}\end{bmatrix}>0,m\in\phi,i\in\ell \tag{12.22}
$$

算法 12.1 给出了求解的过程。

算法 12.1 $\boldsymbol{K}$，$\boldsymbol{L}$，$\mu_{\min}$ 的求解步骤：

步骤 1 采用 feasp 求解器首先寻找使式(12.18)和式(12.22)成立的一组可行解 $\boldsymbol{P}_{m,i}^{0}$，$\boldsymbol{Y}_{m,i}^{0}$，$\boldsymbol{K}^{0}$，$\boldsymbol{L}^{0}$，与此同时，设置 $k=0$。

步骤 2　采用 mincx 求解器对 $\boldsymbol{P}_{m,i}$，$\boldsymbol{Y}_{m,i}$，$\boldsymbol{K}$，$\boldsymbol{L}$ 的优化问题进行求解：

$$\min \operatorname{tr}\left[\sum_{m=1}^{g}\sum_{i=1}^{4}\left(\boldsymbol{P}_{m,i}^{k}\boldsymbol{Y}_{m,i}+\boldsymbol{Y}_{m,i}^{k}\boldsymbol{P}_{m,i}\right)\right]$$

$$\text{s.t.}\quad 式(12.18)和式(12.22)$$

步骤 3　令 $\boldsymbol{P}_{m,i}^{k}=\boldsymbol{P}_{m,i}$，$\boldsymbol{Y}_{m,i}^{k}=\boldsymbol{Y}_{m,i}$，$\boldsymbol{K}^{k}=\boldsymbol{K}$，$\boldsymbol{L}^{k}=\boldsymbol{L}$。

步骤 4　如果满足式(12.18) 和式(12.19)，则退出循环，反之，令 $k=k+1$，跳转到步骤 2。

12.2.3　在转移概率部分未知条件下的控制器设计方法

定理 12.2 中的控制器求解方法是在转移概率全部已知的条件下给出的。但是，在实际操作中是很难得到所有转移概率的，因此设计转移概率部分未知条件下的控制器是很有必要的。转移概率矩阵 $\boldsymbol{\Pi}$ 可被描述为：

$$\boldsymbol{\Pi}=\begin{bmatrix} ? & \pi_{12} & \pi_{13} & ? \\ \pi_{21} & \pi_{22} & ? & ? \\ ? & ? & \pi_{33} & \pi_{34} \\ \pi_{41} & \pi_{42} & \pi_{43} & \pi_{44} \end{bmatrix}$$

式中“?”代表着系统中未知的转移概率。

为了达到表达便捷的目的，集合 ϕ 描述形式变为 $\phi=\phi_k^m+\phi_{uk}^m$，其中 $\phi_k^m=\{n:q_{mn}$ 已知$\}$，$\phi_{uk}^m=\{n:q_{mn}$ 未知$\}$。如果 $\phi_k^m\neq\varnothing$，那么 ϕ_k^m 描述形式变为 $\phi_k^m=\{k_1^m,\cdots,k_s^m\},1\leqslant s\leqslant g$，式中的 k_s^m 描述为矩阵 $\boldsymbol{Q}$ 第 m 行第 s 个已知元素的列下标；ϕ_{uk}^m 描述为 $\phi_{uk}^m=\{\overline{k}_1^m,\cdots,\overline{k}_{g-s}^m\}$，式中的 $\overline{k}_{g-s}^m$ 描述为矩阵 $\boldsymbol{Q}$ 第 m 行第 $g-s$ 个未知元素的列下标。集合 ℓ 描述形式变为 $\ell=\ell_k^i+\ell_{uk}^i$，其中 $\ell_k^i=\{j:\pi_{ij}$ 已知$\}$，$\ell_{uk}^i=\{j:\pi_{ij}$ 未知$\}$。如果 $\ell_k^i\neq\varnothing$，那么 ℓ_k^i 可被表示为 $\ell_k^i=\{k_1^i,\cdots,k_r^i\},1\leqslant r\leqslant 4$，在这之中 k_r^i 代表矩阵 $\boldsymbol{\Pi}$ 第 i 行第 r 个已知元素的列下标；ℓ_{uk}^i 可被表示为 $\ell_{uk}^i=\{\overline{k}_1^i,\cdots,\overline{k}_{4-r}^i\}$，在这之中 $\overline{k}_{4-r}^i$ 代表矩阵 $\boldsymbol{\Pi}$ 第 i 行第 $4-r$ 个未知元素的列下标。

定理 12.3　如果存在正定矩阵 $\boldsymbol{P}_{m,i}>0$，$\boldsymbol{Y}_{m,i}>0$，以及矩阵 $\boldsymbol{K}$、$\boldsymbol{L}$ 使得：

$$\begin{bmatrix} -\boldsymbol{P}_{m,i} & * & * & * \\ 0 & -\mu^2\boldsymbol{I} & * & * \\ \overline{\boldsymbol{C}}_{m,i} & \boldsymbol{D}_{\omega m} & -\boldsymbol{I} & * \\ \breve{\boldsymbol{A}}_{m,i} & \breve{\boldsymbol{B}}_{m,i} & 0 & -\breve{\boldsymbol{Y}}_{n,j} \end{bmatrix}<0 \tag{12.23}$$

$$\boldsymbol{Y}_{m,i}\boldsymbol{P}_{m,i}=\boldsymbol{I} \tag{12.24}$$

其中：

$$\breve{\boldsymbol{A}}_{m,i}=\left[\sqrt{q_{mk_1^m}\pi_{ik_1^i}}\,\overline{\boldsymbol{A}}_{m,i}^{\mathrm{T}},\cdots,\sqrt{\left(1-\sum_{l\in\phi_k^m}q_{ml}\right)\left(1-\sum_{l\in\ell_k^i}\pi_{il}\right)}\,\overline{\boldsymbol{A}}_{m,i}^{\mathrm{T}}\right]^{\mathrm{T}}$$

$$\breve{\boldsymbol{B}}_{m,i}=\left[\sqrt{q_{mk_1^m}\pi_{ik_1^i}}\,\overline{\boldsymbol{B}}_{m,i}^{\mathrm{T}},\cdots,\sqrt{\left(1-\sum_{l\in\phi_k^m}q_{ml}\right)\left(1-\sum_{l\in\ell_k^i}\pi_{il}\right)}\,\overline{\boldsymbol{B}}_{m,i}^{\mathrm{T}}\right]^{\mathrm{T}}$$

$$\breve{\boldsymbol{Y}}_{n,j}=\mathbf{diag}\left(\boldsymbol{Y}_{k_1^m,k_1^i},\cdots,\boldsymbol{Y}_{\overline{k}_{g-s}^m,\overline{k}_{4-r}^i}\right)$$

对所有的 $m,n\in\phi,i,j\in\ell$ 都成立，那么在这种情况下所考虑的系统［式(12.12)］是随机稳定的，与此同时也达到了式(12.13) 中的扰动衰减性能要求。

证明： 使用引理 12.1 进行处理可以得出下述的结果：

$$\sum_{n\in\phi_k^m}\sum_{j\in\ell_{uk}^i} q_{mn}\pi_{ij}\boldsymbol{P}_{n,j}\leqslant\left(1-\sum_{l\in\ell_k^i}\pi_{il}\right)\sum_{n\in\phi_k^m} q_{mn}\sum_{n\in\phi_k^m}\sum_{j\in\ell_{uk}^i}\boldsymbol{P}_{n,j}$$

$$\sum_{n\in\phi_{uk}^m}\sum_{j\in\ell_k^i} q_{mn}\pi_{ij}\boldsymbol{P}_{n,j}\leqslant\left(1-\sum_{l\in\phi_k^m}q_{ml}\right)\sum_{j\in\ell_k^i}\pi_{ij}\sum_{n\in\phi_{uk}^m}\sum_{j\in\ell_k^i}\boldsymbol{P}_{n,j}$$

$$\sum_{n\in\phi_{uk}^m}\sum_{j\in\ell_{uk}^i} q_{mn}\pi_{ij}\boldsymbol{P}_{n,j}\leqslant\left(1-\sum_{l\in\phi_k^m}q_{ml}\right)\left(1-\sum_{l\in\ell_k^i}\pi_{il}\right)\sum_{n\in\phi_{uk}^m}\sum_{j\in\ell_{uk}^i}\boldsymbol{P}_{n,j}$$

依据 Schur 补引理，则下式成立：

$$\begin{bmatrix}-\boldsymbol{P}_{m,i} & * & * \\ 0 & -\mu^2\boldsymbol{I} & * \\ \overline{\boldsymbol{C}}_{m,i} & \boldsymbol{D}_{\omega m} & -\boldsymbol{I}\end{bmatrix}+[\overline{\boldsymbol{A}}_{m,i}\quad\overline{\boldsymbol{B}}_{m,i}\quad 0]^{\mathrm{T}}\sum_{n\in\phi}\sum_{j\in\ell}q_{mn}\pi_{ij}\boldsymbol{P}_{n,j}[\overline{\boldsymbol{A}}_{m,i}\quad\overline{\boldsymbol{B}}_{m,i}\quad 0]$$

$$=\begin{bmatrix}-\boldsymbol{P}_{m,i} & * & * \\ 0 & -\mu^2\boldsymbol{I} & * \\ \overline{\boldsymbol{C}}_{m,i} & \boldsymbol{D}_{\omega m} & -\boldsymbol{I}\end{bmatrix}+[\overline{\boldsymbol{A}}_{m,i}\quad\overline{\boldsymbol{B}}_{m,i}\quad 0]^{\mathrm{T}}\left(\sum_{n\in\phi_k^m}\sum_{j\in\ell_k^i}q_{mn}\pi_{ij}\boldsymbol{P}_{n,j}+\sum_{n\in\phi_k^m}\sum_{j\in\ell_{uk}^i}q_{mn}\pi_{ij}\boldsymbol{P}_{n,j}\right.$$

$$\left.+\sum_{n\in\phi_{uk}^m}\sum_{j\in\ell_k^i}q_{mn}\pi_{ij}\boldsymbol{P}_{n,j}+\sum_{n\in\phi_{uk}^m}\sum_{j\in\ell_{uk}^i}q_{mn}\pi_{ij}\boldsymbol{P}_{n,j}\right)[\overline{\boldsymbol{A}}_{m,i}\quad\overline{\boldsymbol{B}}_{m,i}\quad 0]$$

$$\leqslant\begin{bmatrix}-\boldsymbol{P}_{m,i} & * & * \\ 0 & -\mu^2\boldsymbol{I} & * \\ \overline{\boldsymbol{C}}_{m,i} & \boldsymbol{D}_{\omega m} & -\boldsymbol{I}\end{bmatrix}+[\overline{\boldsymbol{A}}_{m,i}\quad\overline{\boldsymbol{B}}_{m,i}\quad 0]^{\mathrm{T}}\left[\sum_{n\in\phi_k^m}\sum_{j\in\ell_k^i}q_{mn}\pi_{ij}\boldsymbol{P}_{n,j}\right.$$

$$+\left(1-\sum_{l\in\ell_k^i}\pi_{il}\right)\sum_{n\in\phi_k^m}q_{mn}\sum_{n\in\phi_k^m}\sum_{j\in\ell_{uk}^i}\boldsymbol{P}_{n,j}+\left(1-\sum_{l\in\phi_k^m}q_{ml}\right)\sum_{j\in\ell_k^i}\pi_{ij}\sum_{n\in\phi_{uk}^m}\sum_{j\in\ell_k^i}\boldsymbol{P}_{n,j}$$

$$\left.+\left(1-\sum_{l\in\phi_k^m}q_{ml}\right)\left(1-\sum_{l\in\ell_k^i}\pi_{il}\right)\sum_{n\in\phi_{uk}^m}\sum_{j\in\ell_{uk}^i}\boldsymbol{P}_{n,j}\right][\overline{\boldsymbol{A}}_{m,i}\quad\overline{\boldsymbol{B}}_{m,i}\quad 0]$$

$$<0$$

再次应用 Schur 补引理，若式(12.23) 和式(12.24) 成立，可得到 $\boldsymbol{\Psi}_{m,i}<0$ 的结论，证明结束。

在定理 12.3 中，使用引理 12.1 将 $q_{mn}\pi_{ij}$ 从 $q_{mn}\pi_{ij}\boldsymbol{P}_{n,j}$ 中分离出来，目的是获得闭环系统［式(12.12)］的控制器增益矩阵。但是，这在一定程度上导致了保守性，而定理 12.4 所使用的方法则降低了保守性。

定理 12.4 如果存在正定矩阵 $\boldsymbol{P}_{m,i}>0,\boldsymbol{Y}_{m,i}>0$ 以及矩阵 $\boldsymbol{K}$、$\boldsymbol{L}$ 使得：

$$\begin{bmatrix}-\overline{q}\,\overline{\pi}\boldsymbol{P}_{m,i} & * & * & * \\ 0 & -\mu^2\overline{q}\,\overline{\pi}\boldsymbol{I} & * & * \\ \overline{q}\,\overline{\pi}\overline{\boldsymbol{C}}_{m,i} & \overline{q}\,\overline{\pi}\boldsymbol{D}_{\omega m} & -\overline{q}\,\overline{\pi}\boldsymbol{I} & * \\ \widehat{\boldsymbol{A}}_{\phi_k^m,\ell_k^i} & \widehat{\boldsymbol{B}}_{\phi_k^m,\ell_k^i} & 0 & -\widehat{\boldsymbol{Y}}_{\phi_k^m,\ell_k^i}\end{bmatrix}<0 \tag{12.25}$$

$$\begin{bmatrix} -\overline{q}\boldsymbol{P}_{m,i} & * & * & * \\ 0 & -\mu^2\overline{q}\boldsymbol{I} & * & * \\ \overline{q}\overline{\boldsymbol{C}}_{m,i} & \overline{q}\boldsymbol{D}_{\omega m} & -\overline{q}\boldsymbol{I} & * \\ \widehat{\boldsymbol{A}}_{\phi_k^m,\ell_{uk}^i} & \widehat{\boldsymbol{B}}_{\phi_k^m,\ell_{uk}^i} & 0 & -\widehat{\boldsymbol{Y}}_{\phi_k^m,\ell_{uk}^i} \end{bmatrix} < 0, j \in \ell_{uk}^i \tag{12.26}$$

$$\begin{bmatrix} -\overline{\pi}\boldsymbol{P}_{m,i} & * & * & * \\ 0 & -\mu^2\overline{\pi}\boldsymbol{I} & * & * \\ \overline{\pi}\overline{\boldsymbol{C}}_{m,i} & \overline{\pi}\boldsymbol{D}_{\omega m} & -\overline{\pi}\boldsymbol{I} & * \\ \widehat{\boldsymbol{A}}_{\phi_{uk}^m,\ell_k^i} & \widehat{\boldsymbol{B}}_{\phi_{uk}^m,\ell_k^i} & 0 & -\widehat{\boldsymbol{Y}}_{\phi_{uk}^m,\ell_k^i} \end{bmatrix} < 0, n \in \phi_{uk}^m \tag{12.27}$$

$$\begin{bmatrix} -\boldsymbol{P}_{m,i} & * & * & * \\ 0 & -\mu^2\boldsymbol{I} & * & * \\ \overline{\boldsymbol{C}}_{m,i} & \boldsymbol{D}_{\omega m} & -\boldsymbol{I} & * \\ \overline{\boldsymbol{A}}_{m,i} & \overline{\boldsymbol{B}}_{m,i} & 0 & -\boldsymbol{Y}_{n,j} \end{bmatrix} < 0, n \in \phi_{uk}^m, j \in \ell_{uk}^i \tag{12.28}$$

$$\boldsymbol{Y}_{m,i}\boldsymbol{P}_{m,i} = \boldsymbol{I} \tag{12.29}$$

其中：

$$\widehat{\boldsymbol{A}}_{\phi_k^m,\ell_k^i} = \left[\sqrt{q_{mk_1^m}\pi_{ik_1^i}}\overline{\boldsymbol{A}}_{m,i}^{\mathrm{T}}, \cdots, \sqrt{q_{mk_s^m}\pi_{ik_r^i}}\overline{\boldsymbol{A}}_{m,i}^{\mathrm{T}}\right]^{\mathrm{T}}$$

$$\widehat{\boldsymbol{B}}_{\phi_k^m,\ell_k^i} = \left[\sqrt{q_{mk_1^m}\pi_{ik_1^i}}\overline{\boldsymbol{B}}_{m,i}^{\mathrm{T}}, \cdots, \sqrt{q_{mk_s^m}\pi_{ik_r^i}}\overline{\boldsymbol{B}}_{m,i}^{\mathrm{T}}\right]^{\mathrm{T}}$$

$$\widehat{\boldsymbol{Y}}_{\phi_k^m,\ell_k^i} = \mathrm{diag}\left(\boldsymbol{Y}_{k_1^m,k_1^i}, \cdots, \boldsymbol{Y}_{k_s^m,k_r^i}\right)$$

$$\widehat{\boldsymbol{A}}_{\phi_k^m,\ell_{uk}^i} = \left[\sqrt{q_{mk_1^m}}\overline{\boldsymbol{A}}_{m,i}^{\mathrm{T}}, \cdots, \sqrt{q_{mk_s^m}}\overline{\boldsymbol{A}}_{m,i}^{\mathrm{T}}\right]^{\mathrm{T}}$$

$$\widehat{\boldsymbol{B}}_{\phi_k^m,\ell_{uk}^i} = \left[\sqrt{q_{mk_1^m}}\overline{\boldsymbol{B}}_{m,i}^{\mathrm{T}}, \cdots, \sqrt{q_{mk_s^m}}\overline{\boldsymbol{B}}_{m,i}^{\mathrm{T}}\right]^{\mathrm{T}}$$

$$\widehat{\boldsymbol{Y}}_{\phi_k^m,\ell_{uk}^i} = \mathrm{diag}\left(\boldsymbol{Y}_{k_1^m,\overline{k}_1^i}, \cdots, \boldsymbol{Y}_{k_s^m,\overline{k}_{4-r}^i}\right)$$

$$\widehat{\boldsymbol{A}}_{\phi_{uk}^m,\ell_k^i} = \left[\sqrt{\pi_{ik_1^i}}\overline{\boldsymbol{A}}_{m,i}^{\mathrm{T}}, \cdots, \sqrt{\pi_{ik_r^i}}\overline{\boldsymbol{A}}_{m,i}^{\mathrm{T}}\right]^{\mathrm{T}}$$

$$\widehat{\boldsymbol{B}}_{\phi_{uk}^m,\ell_k^i} = \left[\sqrt{\pi_{ik_1^i}}\overline{\boldsymbol{B}}_{m,i}^{\mathrm{T}}, \cdots, \sqrt{\pi_{ik_r^i}}\overline{\boldsymbol{B}}_{m,i}^{\mathrm{T}}\right]^{\mathrm{T}}$$

$$\widehat{\boldsymbol{Y}}_{\phi_{uk}^m,\ell_k^i} = \mathrm{diag}\left(\boldsymbol{Y}_{\overline{k}_1^m,k_1^i}, \cdots, \boldsymbol{Y}_{\overline{k}_{2-s}^m,k_r^i}\right)$$

$$\overline{q} = \sum_{n\in\phi_k^m} q_{mn}, \overline{\pi} = \sum_{j\in\ell_k^i} \pi_{ij}$$

对所有的 $m, n \in \phi, i, j \in \ell$ 都成立，则在这种情况下所考虑的系统［式(12.12)］是随机稳定的，与此同时也达到了式(12.13) 中的扰动抑制性能要求。

证明： 易知 $\sum\limits_{n\in\phi}\sum\limits_{j\in\ell} q_{mn}\pi_{ij} = 1$，运用 Schur 补引理，则 $\boldsymbol{\Psi}_{m,i} < 0$ 等价于：

$$\begin{bmatrix} -\boldsymbol{P}_{m,i} & * & * \\ 0 & -\mu^2\boldsymbol{I} & * \\ \overline{\boldsymbol{C}}_{m,i} & \boldsymbol{D}_{\omega m} & -\boldsymbol{I} \end{bmatrix} + [\overline{\boldsymbol{A}}_{m,i} \quad \overline{\boldsymbol{B}}_{m,i} \quad 0]^{\mathrm{T}} \sum_{n\in\phi}\sum_{j\in\ell} q_{mn}\pi_{ij}\boldsymbol{P}_{n,j} [\overline{\boldsymbol{A}}_{m,i} \quad \overline{\boldsymbol{B}}_{m,i} \quad 0]$$

$$
\begin{aligned}
&=\sum_{n\in\phi_k^m}\sum_{j\in\ell_k^i}q_{mn}\pi_{ij}\begin{bmatrix}-\boldsymbol{P}_{m,i} & * & * \\ 0 & -\mu^2\boldsymbol{I} & * \\ \overline{\boldsymbol{C}}_{m,i} & \boldsymbol{D}_{\omega m} & -\boldsymbol{I}\end{bmatrix}+\begin{bmatrix}\overline{\boldsymbol{A}}_{m,i} & \overline{\boldsymbol{B}}_{m,i} & 0\end{bmatrix}^{\mathrm{T}}\sum_{n\in\phi_k^m}\sum_{j\in\ell_k^i}q_{mn}\pi_{ij}\boldsymbol{P}_{n,j}\begin{bmatrix}\overline{\boldsymbol{A}}_{m,i} & \overline{\boldsymbol{B}}_{m,i} & 0\end{bmatrix} \\
&\quad+\sum_{n\in\phi_k^m}\sum_{j\in\ell_{uk}^i}q_{mn}\pi_{ij}\begin{bmatrix}-\boldsymbol{P}_{m,i} & * & * \\ 0 & -\mu^2\boldsymbol{I} & * \\ \overline{\boldsymbol{C}}_{m,i} & \boldsymbol{D}_{\omega m} & -\boldsymbol{I}\end{bmatrix}+\begin{bmatrix}\overline{\boldsymbol{A}}_{m,i} & \overline{\boldsymbol{B}}_{m,i} & 0\end{bmatrix}^{\mathrm{T}}\sum_{n\in\phi_k^m}\sum_{j\in\ell_{uk}^i}q_{mn}\pi_{ij}\boldsymbol{P}_{n,j}\begin{bmatrix}\overline{\boldsymbol{A}}_{m,i} & \overline{\boldsymbol{B}}_{m,i} & 0\end{bmatrix} \\
&\quad+\sum_{n\in\phi_{uk}^m}\sum_{j\in\ell_k^i}q_{mn}\pi_{ij}\begin{bmatrix}-\boldsymbol{P}_{m,i} & * & * \\ 0 & -\mu^2\boldsymbol{I} & * \\ \overline{\boldsymbol{C}}_{m,i} & \boldsymbol{D}_{\omega m} & -\boldsymbol{I}\end{bmatrix}+\begin{bmatrix}\overline{\boldsymbol{A}}_{m,i} & \overline{\boldsymbol{B}}_{m,i} & 0\end{bmatrix}^{\mathrm{T}}\sum_{n\in\phi_{uk}^m}\sum_{j\in\ell_k^i}q_{mn}\pi_{ij}\boldsymbol{P}_{n,j}\begin{bmatrix}\overline{\boldsymbol{A}}_{m,i} & \overline{\boldsymbol{B}}_{m,i} & 0\end{bmatrix} \\
&\quad+\sum_{n\in\phi_{uk}^m}\sum_{j\in\ell_{uk}^i}q_{mn}\pi_{ij}\begin{bmatrix}-\boldsymbol{P}_{m,i} & * & * \\ 0 & -\mu^2\boldsymbol{I} & * \\ \overline{\boldsymbol{C}}_{m,i} & \boldsymbol{D}_{\omega m} & -\boldsymbol{I}\end{bmatrix}+\begin{bmatrix}\overline{\boldsymbol{A}}_{m,i} & \overline{\boldsymbol{B}}_{m,i} & 0\end{bmatrix}^{\mathrm{T}}\sum_{n\in\phi_{uk}^m}\sum_{j\in\ell_{uk}^i}q_{mn}\pi_{ij}\boldsymbol{P}_{n,j}\begin{bmatrix}\overline{\boldsymbol{A}}_{m,i} & \overline{\boldsymbol{B}}_{m,i} & 0\end{bmatrix} \\
&=\begin{bmatrix}-\overline{q}\,\overline{\pi}\boldsymbol{P}_{m,i} & * & * \\ 0 & -\mu^2\overline{q}\,\overline{\pi}\boldsymbol{I} & * \\ \overline{q}\,\overline{\pi}\overline{\boldsymbol{C}}_{m,i} & \overline{q}\,\overline{\pi}\boldsymbol{D}_{\omega m} & -\overline{q}\,\overline{\pi}\boldsymbol{I}\end{bmatrix}+\begin{bmatrix}\overline{\boldsymbol{A}}_{m,i} & \overline{\boldsymbol{B}}_{m,i} & 0\end{bmatrix}^{\mathrm{T}}\sum_{n\in\phi_k^m}\sum_{j\in\ell_k^i}q_{mn}\pi_{ij}\boldsymbol{P}_{n,j}\begin{bmatrix}\overline{\boldsymbol{A}}_{m,i} & \overline{\boldsymbol{B}}_{m,i} & 0\end{bmatrix} \\
&\quad+\sum_{j\in\ell_{uk}^i}\pi_{ij}\left(\begin{bmatrix}-\overline{q}\boldsymbol{P}_{m,i} & * & * \\ 0 & -\mu^2\overline{q}\boldsymbol{I} & * \\ \overline{q}\overline{\boldsymbol{C}}_{m,i} & \overline{q}\boldsymbol{D}_{\omega m} & -\overline{q}\boldsymbol{I}\end{bmatrix}+\begin{bmatrix}\overline{\boldsymbol{A}}_{m,i} & \overline{\boldsymbol{B}}_{m,i} & 0\end{bmatrix}^{\mathrm{T}}\sum_{n\in\phi_k^m}q_{mn}\boldsymbol{P}_{n,j}\begin{bmatrix}\overline{\boldsymbol{A}}_{m,i} & \overline{\boldsymbol{B}}_{m,i} & 0\end{bmatrix}\right) \\
&\quad+\sum_{n\in\phi_{uk}^m}q_{mn}\left(\begin{bmatrix}-\overline{\pi}\boldsymbol{P}_{m,i} & * & * \\ 0 & -\mu^2\overline{\pi}\boldsymbol{I} & * \\ \overline{\pi}\overline{\boldsymbol{C}}_{m,i} & \overline{\pi}\boldsymbol{D}_{\omega m} & -\overline{\pi}\boldsymbol{I}\end{bmatrix}+\begin{bmatrix}\overline{\boldsymbol{A}}_{m,i} & \overline{\boldsymbol{B}}_{m,i} & 0\end{bmatrix}^{\mathrm{T}}\sum_{j\in\ell_k^i}\pi_{ij}\boldsymbol{P}_{n,j}\begin{bmatrix}\overline{\boldsymbol{A}}_{m,i} & \overline{\boldsymbol{B}}_{m,i} & 0\end{bmatrix}\right) \\
&\quad+\sum_{n\in\phi_{uk}^m}\sum_{j\in\ell_{uk}^i}q_{mn}\pi_{ij}\left(\begin{bmatrix}-\boldsymbol{P}_{m,i} & * & * \\ 0 & -\mu^2\boldsymbol{I} & * \\ \overline{\boldsymbol{C}}_{m,i} & \boldsymbol{D}_{\omega m} & -\boldsymbol{I}\end{bmatrix}+\begin{bmatrix}\overline{\boldsymbol{A}}_{m,i} & \overline{\boldsymbol{B}}_{m,i} & 0\end{bmatrix}^{\mathrm{T}}\boldsymbol{P}_{n,j}\begin{bmatrix}\overline{\boldsymbol{A}}_{m,i} & \overline{\boldsymbol{B}}_{m,i} & 0\end{bmatrix}\right) \\
&<0
\end{aligned}
$$

再一次运用 Schur 补引理，如果式(12.25)～式(12.29) 成立，则可以得到 $\boldsymbol{\Psi}_{m,i}<0$，证明结束。

定理 12.4 对未知转移概率采取的手段是丢弃，即先将已知和未知的转移概率区分开，然后进行丢弃。与定理 12.3 相比，优点是可以降低结论的保守性，但缺点是每个未知模式都必须满足特定的不等式，并且需要解决的不等式的数量将随着未知转移概率数量的增加而增加。

12.3 实例仿真

本节通过两个实例来证明所用方法的优势。

例 12.1 考虑如下所示的 Markov 跳变系统：

$$
\begin{cases}\boldsymbol{x}(k+1)=\boldsymbol{A}_{\delta(k)}\boldsymbol{x}(k)+\boldsymbol{B}_{\delta(k)}\boldsymbol{u}(k)+\boldsymbol{B}_{\omega\delta(k)}\boldsymbol{\omega}(k) \\ \boldsymbol{y}(k)=\boldsymbol{C}_{\delta(k)}\boldsymbol{x}(k)+\boldsymbol{D}_{\omega\delta(k)}\boldsymbol{\omega}(k)\end{cases}
$$

在这之中：

$$\boldsymbol{A}_1=\begin{bmatrix}0.001 & 0.2\\ -0.02 & 0.005\end{bmatrix},\boldsymbol{B}_1=\begin{bmatrix}-0.3\\ 0.2\end{bmatrix},\boldsymbol{B}_{\omega 1}=\begin{bmatrix}0.05\\ 0.03\end{bmatrix},\boldsymbol{C}_1=\begin{bmatrix}1.4 & 0.8\\ -0.2 & 0.4\end{bmatrix},\boldsymbol{D}_{\omega 1}=\begin{bmatrix}0.08\\ 0.09\end{bmatrix}$$

$$\boldsymbol{A}_2=\begin{bmatrix}0.0002 & 0.001\\ 0.02 & 0.0001\end{bmatrix},\boldsymbol{B}_2=\begin{bmatrix}-1.4\\ -0.3\end{bmatrix},\boldsymbol{B}_{\omega 2}=\begin{bmatrix}0.04\\ 0.03\end{bmatrix},\boldsymbol{C}_2=\begin{bmatrix}1.5 & 0.8\\ -0.3 & 0.5\end{bmatrix},\boldsymbol{D}_{\omega 2}=\begin{bmatrix}0.07\\ 0.08\end{bmatrix}$$

$$\delta(k)\in\{1,2\}$$

$\delta(k)$和$\theta(k)$的转移概率矩阵可以描述为：

$$\boldsymbol{Q}=\begin{bmatrix}0.3 & 0.7\\ ? & ?\end{bmatrix},\boldsymbol{\Pi}=\begin{bmatrix}? & 0.3 & 0.4 & ?\\ 0.5 & 0.1 & 0.1 & 0.3\\ ? & ? & 0.3 & 0.4\\ 0.3 & 0.1 & 0.1 & 0.5\end{bmatrix}$$

根据定理 12.3，可以得到控制器的增益矩阵 $\boldsymbol{K}$、观测器的增益矩阵 $\boldsymbol{L}$，以及最小扰动衰减性能指标 $\mu_{\min}$ 如下所示：

$$\boldsymbol{K}=\begin{bmatrix}0.1341 & -0.0207\end{bmatrix},\boldsymbol{L}=\begin{bmatrix}-0.1797 & 0.6195\\ -0.0675 & 0.2243\end{bmatrix},\mu_{\min}=0.219$$

闭环系统的初始状态假设为 $\boldsymbol{x}(0)=[2.0\quad -1.0]^{\mathrm{T}}$，$\hat{\boldsymbol{x}}(0)=[2.1\quad -1.1]^{\mathrm{T}}$，相应地外部扰动则描述为 $\omega(k)=\dfrac{1}{k}$。被控对象模态、数据包丢失状态和所考虑系统的状态响应曲线在图 12.2～图 12.5 中分别进行了详细的描述。

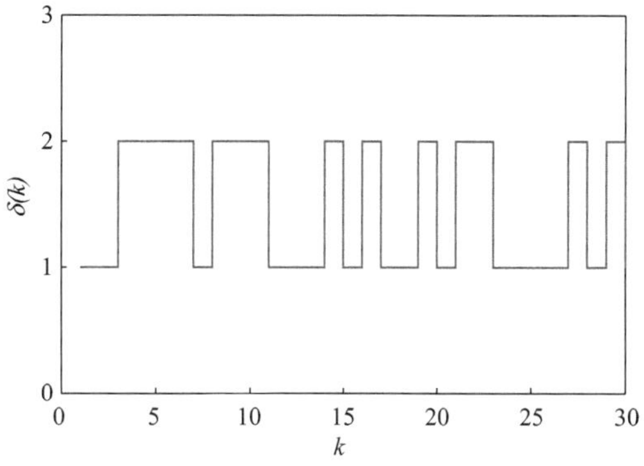

图 12.2　闭环系统模态 $\delta(k)$

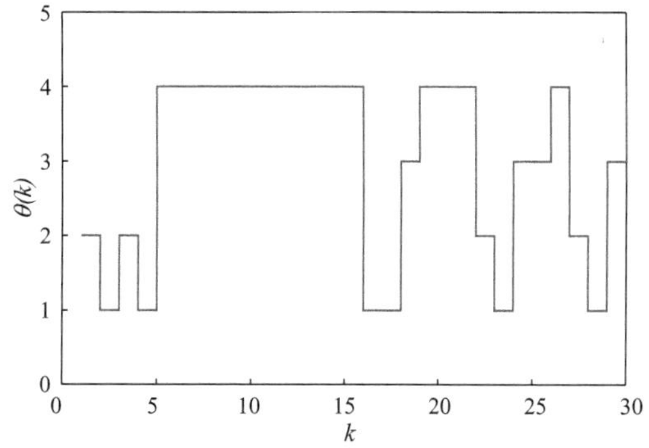

图 12.3　数据包丢失状态 $\theta(k)$

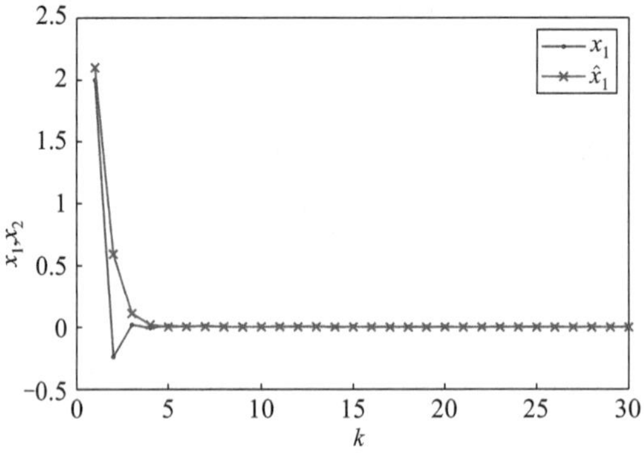

图 12.4 闭环系统 x_1 及观测值 $\hat{x}_1$ 曲线

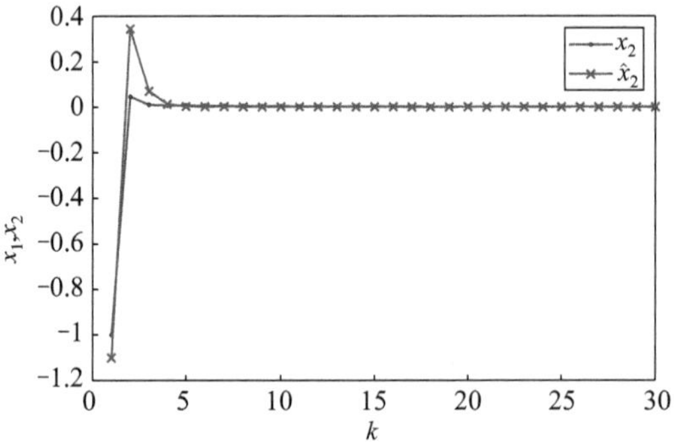

图 12.5 闭环系统 x_2 及观测值 $\hat{x}_2$ 曲线

根据定理 12.4，可以得到控制器的增益矩阵 $\boldsymbol{K}$、观测器的增益矩阵 $\boldsymbol{L}$，以及最小扰动抑制性能指标 $\mu_{\min}$ 如下所示：

$$\boldsymbol{K}=\begin{bmatrix}0.2072 & 0.0922\end{bmatrix},\boldsymbol{L}=\begin{bmatrix}-0.0675 & 0.1937\\ 0.0202 & -0.0049\end{bmatrix},\mu_{\min}=0.1943$$

为了获得转移概率和系统性能之间的关系，并说明本章中提出的方法优于参考文献［18］中的方法，考虑以下四种不同的转移概率矩阵情况：

$$\boldsymbol{Q}_1=\begin{bmatrix}? & ?\\ ? & ?\end{bmatrix},\boldsymbol{\Pi}_1=\begin{bmatrix}? & ? & ? & ?\\ ? & ? & ? & ?\\ ? & ? & ? & ?\\ ? & ? & ? & ?\end{bmatrix},\boldsymbol{Q}_2=\begin{bmatrix}0.3 & 0.7\\ ? & ?\end{bmatrix},\boldsymbol{\Pi}_2=\begin{bmatrix}0.1 & ? & ? & 0.2\\ ? & ? & 0.1 & 0.3\\ 0.2 & 0.1 & ? & ?\\ ? & ? & ? & ?\end{bmatrix}$$

$$\boldsymbol{Q}_3=\begin{bmatrix}0.3 & 0.7\\ ? & ?\end{bmatrix},\boldsymbol{\Pi}_3=\begin{bmatrix}? & 0.3 & 0.4 & ?\\ 0.5 & 0.1 & 0.1 & 0.3\\ ? & ? & 0.3 & 0.4\\ 0.3 & 0.1 & 0.1 & 0.5\end{bmatrix},\boldsymbol{Q}_4=\begin{bmatrix}0.3 & 0.7\\ 0.6 & 0.4\end{bmatrix},\boldsymbol{\Pi}_4=\begin{bmatrix}0.1 & 0.3 & 0.4 & 0.2\\ 0.5 & 0.1 & 0.1 & 0.3\\ 0.2 & 0.1 & 0.3 & 0.4\\ 0.3 & 0.1 & 0.1 & 0.5\end{bmatrix}$$

根据定理 12.3 和定理 12.4，可以得到在不同转移概率下的外部扰动抑制性能指标 $\mu_{\min}$ 如表 12.1 所示。

表 12.1　不同转移概率矩阵下的 μ_{min}

转移概率矩阵	$Q_1\Pi_1$	$Q_2\Pi_2$	$Q_3\Pi_3$	$Q_4\Pi_4$
文献[18]中的 μ_{min}	0.392	0.285	0.219	0.192
本章中的 μ_{min}	0.2027	0.1944	0.1943	0.1924

从表 12.1 可以看出，已知的转移概率越多，扰动抑制性能指标 μ_{min} 越小。此外，在相同的转移概率矩阵下，使用本章方法所得到的扰动抑制性能指标 μ_{min} 小于应用参考文献［18］中的方法得到的，因此本章所采用的方法具有一定优势。

例 12.2　将本章的结果应用于如图 12.6 所示的脉宽调制（pulse width modulation，PWM）驱动的升压转换器[19] 中，其中开关 $s(t)$ 由 PWM 器件控制，R 为电阻，L 是电感，C 是电容，$e_s(t)$ 是电源。转换器的作用体现在把源电压升高变成比之前还要高的电压。在 $s(t)$ 的关闭位置不同的情况下，转换器的状态空间方程也不同，可以将其建模为典型的 Markov 跳变系统。

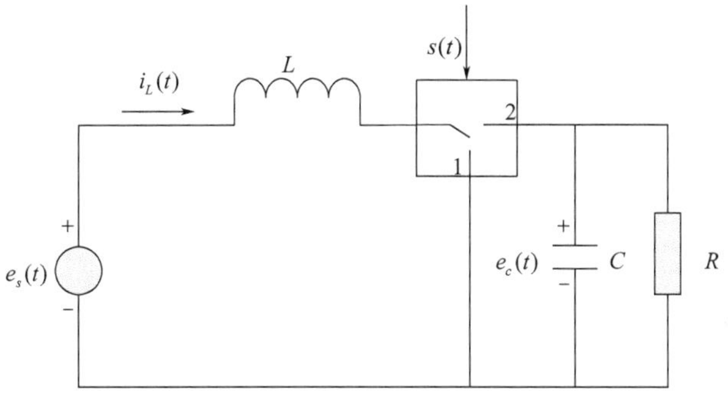

图 12.6　升压转换器

转换器的状态方程描述如下：

$$\begin{cases}\boldsymbol{x}(k+1)=\boldsymbol{A}_{\delta(k)}\boldsymbol{x}(k)+\boldsymbol{B}_{\delta(k)}\boldsymbol{u}(k)+\boldsymbol{B}_{\omega\delta(k)}\boldsymbol{\omega}(k)\\ \boldsymbol{y}(k)=\boldsymbol{C}_{\delta(k)}\boldsymbol{x}(k)+\boldsymbol{D}_{\omega\delta(k)}\boldsymbol{\omega}(k)\end{cases}$$

其中：

$$\delta(k)\in\{1,2\}$$

$$\boldsymbol{A}_1=\begin{bmatrix}0.94 & 0.1 & 0.06\\ -0.3 & 0.95 & -0.3\\ -0.25 & -0.06 & 0.63\end{bmatrix},\boldsymbol{B}_1=\begin{bmatrix}-0.3\\ 0.2\\ 0.1\end{bmatrix},\boldsymbol{B}_{\omega1}=\begin{bmatrix}0.05\\ 0.03\\ 0.01\end{bmatrix},\boldsymbol{C}_1=\begin{bmatrix}1.4 & 0.8 & 0.3\\ -0.2 & 0.4 & 0.5\\ 1.2 & 0.5 & 0.8\end{bmatrix},\boldsymbol{D}_{\omega1}=\begin{bmatrix}0.08\\ 0.09\\ 0.05\end{bmatrix}$$

$$\boldsymbol{A}_2=\begin{bmatrix}0.93 & 0.08 & 0.07\\ -0.14 & 0.66 & -0.2\\ -0.16 & -0.4 & 0.66\end{bmatrix},\boldsymbol{B}_2=\begin{bmatrix}-1.4\\ -0.3\\ 0.2\end{bmatrix},\boldsymbol{B}_{\omega2}=\begin{bmatrix}0.04\\ 0.03\\ 0.05\end{bmatrix},\boldsymbol{C}_2=\begin{bmatrix}1.5 & 0.8 & 0.5\\ -0.3 & 0.5 & 0.5\\ 0.8 & 1.2 & 0.4\end{bmatrix},\boldsymbol{D}_{\omega2}=\begin{bmatrix}0.07\\ 0.08\\ 0.05\end{bmatrix}$$

$\delta(k)$ 和 $\theta(k)$ 的转移概率矩阵分别描述为 $\boldsymbol{Q}_2$、$\boldsymbol{\Pi}_2$。根据定理 12.4，控制器的增益矩阵 $\boldsymbol{K}$、观测器的增益矩阵 $\boldsymbol{L}$，以及最小扰动抑制性能指标 μ_{min} 如下所示：

$$\boldsymbol{K}=[0.2256\quad 0.0749\quad 0.0303],\boldsymbol{L}=\begin{bmatrix}0.2341 & -0.1627 & 0.0389\\ 0.1240 & 0.2314 & -0.1722\\ 0.0784 & 0.2508 & -0.2397\end{bmatrix},\mu_{min}=0.894$$

闭环系统的初始状态可以假设为 $\boldsymbol{x}(0)=[2.0\quad -1.0\quad 1.0]^{\mathrm{T}}$，$\hat{\boldsymbol{x}}(0)=[2.1\quad -1.1\quad 1.1]^{\mathrm{T}}$，相应地，外部扰动输入描述为 $\omega(k)=\dfrac{1}{k}$。闭环系统模态、数据丢包状态和所考虑的系统的状态响应曲线在图 12.7～图 12.11 中进行了详细的描述。对于这个被控对象，由于其保守性，无法通过参考文献［18］中的方法得到控制器和观测器增益矩阵。

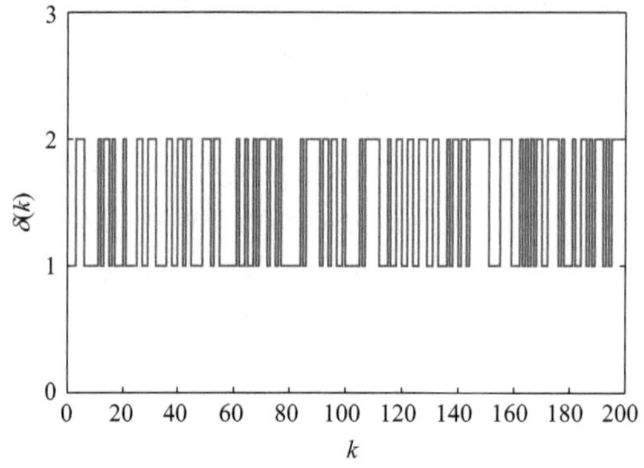

图 12.7　系统模态 $\delta(k)$

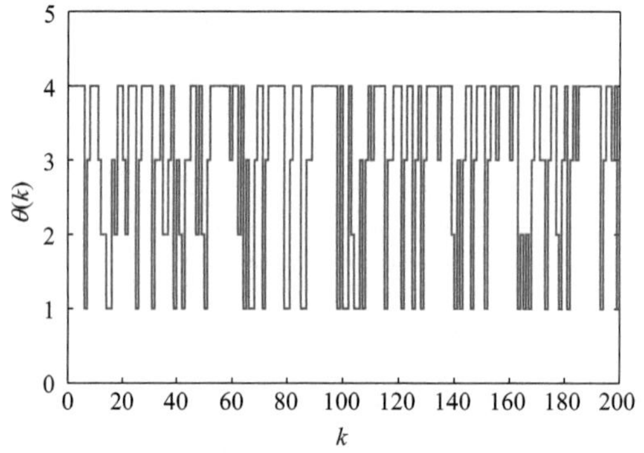

图 12.8　数据包丢失模态 $\theta(k)$

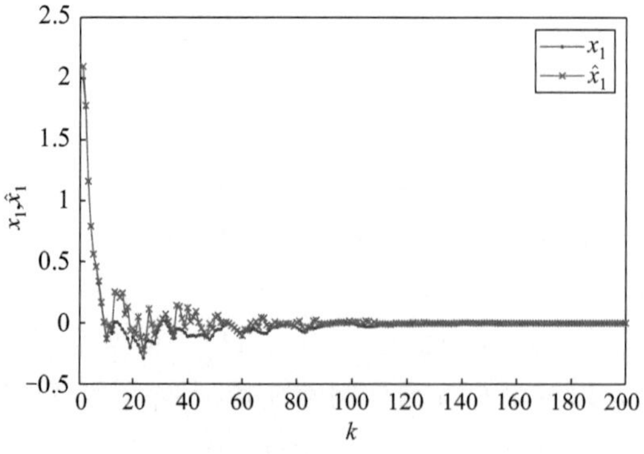

图 12.9　闭环系统 x_1 及观测值 $\hat{x}_1$ 曲线

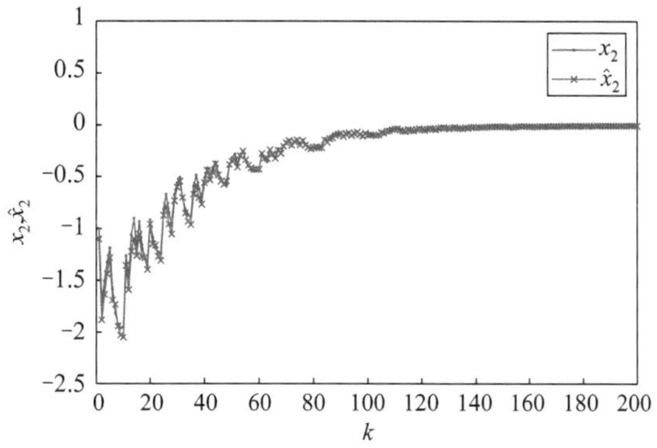

图 12.10　闭环系统 x_2 及观测值 $\hat{x}_2$ 曲线

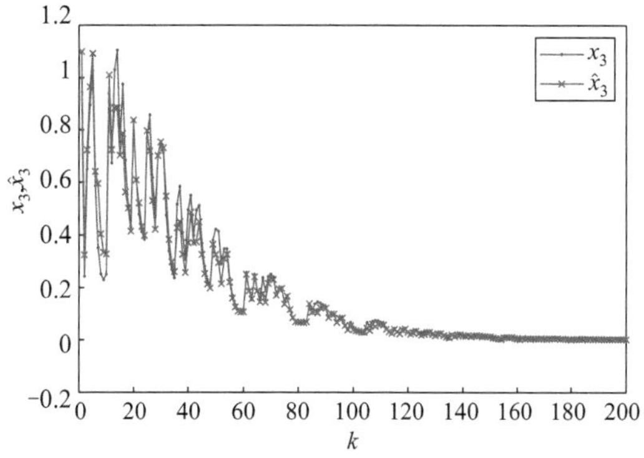

图 12.11　闭环系统 x_3 及观测值 $\hat{x}_3$ 曲线

12.4　本章小结

本章研究了具有随机数据包丢失的基于观测器的网络化 Markov 跳变系统的 H_∞ 控制问题，考虑了 S-C 之间及 C-A 之间均存在数据包丢失的情况，介绍了闭环系统随机稳定的充分和必要条件，并在转移概率部分未知条件下介绍了控制器的设计方法和最小扰动抑制性能指标。

参考文献

[1] Xue B Q，Yu H S，Wang M L. Robust H_∞ output feedback control of networked control systems with discrete distributed delays subject to packet dropout and quantization [J]. IEEE Access，2019，7：30313-30320.

[2] Hu S，Yan W Y. Stability robustness of networked control systems with respect to packet loss [J]. Automatica，2007，43 (7)：1243-1248.

[3] Li J R，Niu Y G. Output-feedback-based sliding mode control for networked control systems subject to packet loss and quantization [J]. Asian Journal of Control，2019，23 (1)：289-297.

[4] Yang F W，Han Q L. H_∞ control for networked systems with multiple packet dropouts [J]. Information Sciences，2013，252：106-117.

[5] Gao J F, Wu H, Fu M Y. Two schemes of data dropout compensation for LQG control of networked control systems [J]. Asian Journal of Control, 2015, 17 (1): 55-63.

[6] Bu X H, Hou Z S. Stability of iterative learning control with data dropouts via asynchronous dynamical system [J]. International Journal of Automation and Computing, 2011, 8 (1): 29-36.

[7] Huo Z H, Zhang Z X. Research on fault-tolerant control for NCS with data packet dropout [C]//2008 2nd International Symposium on Systems and Control in Aerospace and Astronautics. IEEE, 2008: 1-4.

[8] 孙海燕，侯朝桢. 具有数据包丢失及多包传输的网络控制系统稳定性 [J]. 控制与决策，2005 (5): 511-515.

[9] You K Y, Xie L H. Minimum data rate for mean square stabilizability of linear systems with Markovian packet losses [J]. IEEE Transactions on Automatic Control, 2011, 56 (4): 772-785.

[10] Atitallah M, Davoodi M, Meskin N. Event-triggered fault detection for networked control systems subject to packet dropout [J]. Asian Journal of Control, 2018, 20 (6): 2195-2206.

[11] Long Y, Yang G H. Fault detection for networked control systems subject to quantization and packet dropout [J]. International Journal of Systems Science, 2013, 44 (6): 1150-1159.

[12] 邱丽，胥布工，黎善斌. 具有数据包丢失及转移概率部分未知的网络控制系统 H_∞ 控制 [J]. 控制理论与应用，2011，28 (8): 1105-1112.

[13] Udom A U. Almost surely exponential stability of impulsive stochastic delay dynamical system with semi-Markov jump structure [J]. Journal of Information and Optimization Sciences, 2018, 39 (5): 1029-1045.

[14] Hong Y Y, Wu M Y. Markov model-based energy storage system planning in power systems [J]. IEEE Systems Journal, 2019, 13 (4): 4313-4323.

[15] Chen B, Niu Y G, Zou Y Y. Security control for Markov jump system with adversarial attacks and unknown transition rates via adaptive sliding mode technique [J]. Journal of the Franklin Institute, 2019, 356 (6): 3333-3352.

[16] Guo P, Wu D L, An W Q, et al. Co-design of event-triggered and passive-based filter for networked Markov jump systems [C]//2017 36th Chinese Control Conference. IEEE, 2017: 2460-2464.

[17] Wang Y F, Li Z X, Wang P L, et al. Robust H_∞ fault detection for networked Markov jump systems with random time-delay [J]. Mathematical Problems in Engineering, 2017, 2017 (1): 1-9.

[18] 王燕锋，王培良，蔡志端. 时延转移概率部分未知的网络控制系统鲁棒 H_∞ 故障检测 [J]. 控制理论与应用，2017，34 (2): 273-279.

[19] Liu M, Yang W. Network-based filtering for stochastic Markovian jump systems with application to PWM-driven boost converter [J]. Circuits, Systems and Signal Processing, 2017, 36 (8): 3071-3097.

第 13 章
具有数据包丢失和受到 DoS 攻击的网络化 Markov 跳变系统 H_∞ 控制

随着网络技术的不断发展，系统的组织构成正在发生着转变。传统的点对点控制方式随着系统结构的复杂化，以及地域的分散，慢慢地不再是控制舞台的中心，而网络控制则慢慢地成为了控制舞台的中心。与此同时 NCS 逐渐遍布了几乎各个前沿发展领域，在生活的各处基本都有它的身影出现，这巨大的发展前景使得网络控制成为了各类专家们关注的重点之一。

互联网通过无形的通信紧紧地联结了分散在各地的 NCS 基础部件，由此人机交互的研究更上了一个台阶，但与此同时，也使得系统不再像从前一样封闭，使得网络攻击有机可乘。

一般来说，典型的网络攻击主要分为 DoS（拒绝服务）攻击、欺骗攻击和重放攻击。DoS 攻击的目的是阻止各种物理组件之间的通信，从而降低系统性能甚至破坏系统稳定性。DoS 攻击是最容易实现的攻击，相应地，它们已被广泛研究[1-3]。本章主要讨论 DoS 攻击下 Markov 跳变系统的稳定运行问题。文献［4］针对具有随机干扰和 DoS 攻击的 NCS 设计了分布式随机模型预测控制器。每个子系统都受到执行器饱和度的约束，并且所有子系统都通过概率约束进行耦合，利用系统存在的干扰数据来讨论由于 DoS 攻击所造成的数据包丢失，它设计了一个观测器来重建状态，并将耦合概率约束转化为耦合确定性约束。文献［5］针对 DoS 攻击下的一类 NCS 设计了弹性状态反馈控制器。其中传感器定期对系统状态进行采样，而 DoS 攻击则对这些采样信号的传递造成阻碍；控制器中嵌入的逻辑处理器不仅可以接收采样信号，还可以捕获到在 DoS 攻击发生的情况下所能维持攻击状态的时间。文献［6］研究了基于事件的在弹性事件触发通信方案（resilient event-triggering communication scheme，RETCS）和周期性 DoS 干扰攻击下的 NCS 综合分析问题，其在具有部分可识别的功率受限脉宽调制干扰器发出 DoS 攻击的设想下，设计出了一种新的周期性 RETCS。

目前对数据包丢失的讨论是 NCS 研究的突出热点，如文献［7］研究了离散时间 NCS 的线性二次型调控（linear quadratic regulation，LQR）问题。在连接控制器和执行器的通信通道中，输入延迟和数据包丢失同时发生。此外，数据包丢失被建模为时间齐次的 Markov 过程。文献［8］研究了具有通信缺陷的离散时间系统的网络控制，包括数据传输时变延迟、连续数据包丢失和数据包混乱。采用时滞无关的 Lyapunov 泛函，同时获得了时滞相关稳定的充分条件。文献［9］考虑了在 S-C 和 C-A 通道中存在随机数据丢包的 NCS 的量化动态输出反馈控制。

数据包丢失和 DoS 攻击考虑的对象是线性时不变系统[4-9]，而本章考虑的研究对象是具有全局 Lipschitz 非线性的 Markov 跳变系统。也有一些文献研究了具有非线性的 Markov 跳变系统：文献［10］研究了受重复标量非线性影响的网络化离散时间 Markov 跳变系统的事件触发 H_∞ 控制问题。文献［11］对一类扩展的 Markov 跳变非线性系统研究了一种基于神经网络的有限时间 H_∞ 控制设计技术。文献［12］讨论了具有传感器非线性的离散时间随机 Markov 跳变系统的异步 $l_2 \sim l_\infty$ 滤波问题。本章为针对具有全局 Lipschitz 非线性、存在数据包丢失和受到周期性 DoS 攻击的网络化 Markov 跳变系统的研究，主要内容包括：

① 考虑到在休眠期间也存在数据包丢失的情况，采用了两个独立的 Bernoulli 分布来表示随机数据包丢失和周期性 DoS 攻击，并构造了闭环模型。

② 构造了基于观测器的输出状态反馈控制器，在这个条件下令闭环系统仍然随机稳定，同时达到相应的 H_∞ 性能要求，同时分析了干扰抑制性能与 DoS 攻击之间的关系。

13.1 系统建模

存在数据包丢失及受到 DoS 攻击的 NCS 的结构由图 13.1 所描述：

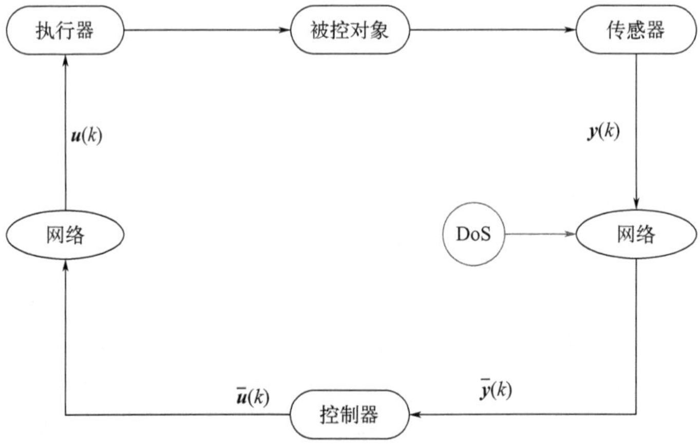

图 13.1 存在数据包丢失及受到 DoS 攻击的 NCS 的结构

被控对象的状态方程如下所示：

$$\begin{cases}\boldsymbol{x}(k+1)=\boldsymbol{A}_{\delta(k)}\boldsymbol{x}(k)+\boldsymbol{B}_{\delta(k)}\boldsymbol{u}(k)+\boldsymbol{D}_{\delta(k)}\boldsymbol{\omega}(k)+\boldsymbol{f}_{\delta(k)}[k,\boldsymbol{x}(k)]\\ \boldsymbol{y}(k)=\boldsymbol{C}_{\delta(k)}\boldsymbol{x}(k)\end{cases} \tag{13.1}$$

在这个式子中，$\boldsymbol{x}(k)\in\mathbf{R}^n$ 代表系统状态向量，$\boldsymbol{u}(k)\in\mathbf{R}^m$ 代表控制输入向量，$\boldsymbol{\omega}(k)\in\mathbf{R}^s$ 则为扰动输入，$\boldsymbol{y}(k)\in\mathbf{R}^r$ 被认为是输出向量；$\boldsymbol{A}_{\delta(k)}, \boldsymbol{B}_{\delta(k)}, \boldsymbol{C}_{\delta(k)}, \boldsymbol{D}_{\delta(k)}$ 被看作是有着合适维数的实常矩阵，$\delta(k)$从集合 $\iota=\{1,2,\cdots,g\}$中取值；转移概率矩阵为 $\boldsymbol{\Pi}=[\pi_{ij}]$，$\pi_{ij}=\Pr\{\delta(k+1)=j\,|\,\delta(k)=i\}$，$\sum_{j=1}^{g}\pi_{ij}=1, \pi_{ij}\geqslant 0, i,j\in\iota$。$\boldsymbol{f}_{\delta(k)}[k,\boldsymbol{x}(k)]$是非线性向量，满

足如下的全局性利普希茨条件：

$$\|\boldsymbol{f}_{\delta(k)}[k,\boldsymbol{x}(k)]\|\leqslant\|\boldsymbol{G}_{\delta(k)}\boldsymbol{x}(k)\| \tag{13.2}$$

$$\|\boldsymbol{f}_{\delta(k)}[k,\boldsymbol{x}(k)]-\boldsymbol{f}_{\delta(k)}[k,\boldsymbol{y}(k)]\|\leqslant\|\boldsymbol{G}_{\delta(k)}[\boldsymbol{x}(k)-\boldsymbol{y}(k)]\| \tag{13.3}$$

而 $\boldsymbol{G}_{\delta(k)}$ 则代表已知的实常数矩阵。

NCS 各组件之间的通信通常会受到恶意的攻击。在这里，假设在 S-C 之间存在着 DoS 攻击。为了更方便地描述 DoS 攻击，考虑了如下所示的一种功率约束周期性干扰信号：

$$\lambda=\begin{cases}1,k\in[(n-1)T,(n-1)T+T_{\text{off}})\\2,k\in[(n-1)T+T_{\text{off}},nT)\end{cases} \tag{13.4}$$

其中，n 是周期数，T 表示干扰器的周期，$T_{\text{off}}(0<T_{\text{off}}<T)$表示干扰器的休眠期，$\lambda=1$ 表示处于第 n 个周期中的休眠期，$\lambda=2$ 表示处于第 n 个周期中的活跃期。

由于网络本身的带宽限制和网络拥塞等特性，数据包在传输过程中会出现随机丢失的现象。假设丢包现象在休眠期也存在。定义随机变量 $\alpha(k)\in\{0,1\}$来描述 S-C 之间的数据包传输情况。当 $\alpha(k)=0$ 时，认为 S-C 之间的数据传输出现了缺失的情况；而在 $\alpha(k)=1$ 的情况下，数据则被认为是顺利地转移到了下一个节点处，实现了网络信道的功能。

随机变量 $\alpha(k)$遵循 Bernoulli 分布。在处于休眠期的情况下时，假定数据包在信道顺利传输的概率是 $\Pr\{\alpha(k)=1\}=\alpha_1$，数据包在信道无法传输可表示为 $\Pr\{\alpha(k)=0\}=1-\alpha_1$。对于动作期，数据包顺利传输概率是 $\Pr\{\alpha(k)=1\}=\alpha_2$，数据包无法传输描述为 $\Pr\{\alpha(k)=0\}=1-\alpha_2$。

可将以上结论描述为：

$$\begin{cases}\Pr\{\alpha(k)=1\}=\alpha_\lambda\\\Pr\{\alpha(k)=0\}=1-\alpha_\lambda\end{cases} \tag{13.5}$$

其中：

$$\lambda=\begin{cases}1,k\in[(n-1)T,(n-1)T+T_{\text{off}})\\2,k\in[(n-1)T+T_{\text{off}},nT)\end{cases}$$

并且 $\text{var}\{\alpha(k)\}=E\{(\alpha_\lambda(k)-\alpha_\lambda)^2\}=(1-\alpha_\lambda)\alpha_\lambda=\bar{\alpha}^2$。

定义随机变量 $\beta(k)\in\{0,1\}$来描述 C-A 之间的数据包传输情况。当 $\beta(k)=0$ 时，C-A 节点之间并未存在数据的传输现象，网络信道并未发挥应有的作用；当 $\beta(k)=1$ 时，数据被顺利地转移到了后一个的节点，节点信息进行了完美的传递，并且随机变量 $\beta(k)$的 Bernoulli 分布白色序列如下所示：

$$\Pr\{\beta(k)=1\}=\beta \tag{13.6}$$

$$\Pr\{\beta(k)=0\}=1-\beta \tag{13.7}$$

$$\text{var}\{\beta(k)\}=E\{(\beta(k)-\beta)^2\}=(1-\beta)\beta=\bar{\beta}^2 \tag{13.8}$$

观测器的状态方程表示如下：

$$\begin{cases}\hat{\boldsymbol{x}}(k+1)=\boldsymbol{A}_{\delta(k)}\hat{\boldsymbol{x}}(k)+\boldsymbol{B}_{\delta(k)}\bar{\boldsymbol{u}}(k)+\boldsymbol{f}_{\delta(k)}[k,\hat{\boldsymbol{x}}(k)]+\boldsymbol{L}[\bar{\boldsymbol{y}}(k)-\alpha_\lambda\boldsymbol{C}_{\delta(k)}\hat{\boldsymbol{x}}(k)]\\\bar{\boldsymbol{y}}(k)=\alpha_\lambda(k)\boldsymbol{y}(k)\\\boldsymbol{u}(k)=\beta(k)\bar{\boldsymbol{u}}(k)\\\bar{\boldsymbol{u}}(k)=\boldsymbol{K}\hat{\boldsymbol{x}}(k)\end{cases} \tag{13.9}$$

在上面所展示的式子中，$\hat{\boldsymbol{x}}(k)\in\mathbf{R}^n$ 代表估计状态，$\overline{\boldsymbol{u}}(k)\in\mathbf{R}^m$ 则代表了观测器的控制输入，$\overline{\boldsymbol{y}}(k)\in\mathbf{R}^r$ 表示观测器端接收到的输出向量，$\boldsymbol{L}$ 和 $\boldsymbol{K}$ 分别描述了观测器和控制器的增益矩阵。

可以进一步将状态估计误差描述如下：

$$\boldsymbol{e}(k)=\boldsymbol{x}(k)-\hat{\boldsymbol{x}}(k) \tag{13.10}$$

通过将式(13.9) 代入式(13.1) 和式(13.10) 的计算，可以将闭环系统描述如下：

$$\begin{cases}\boldsymbol{x}(k+1)=(\boldsymbol{A}_{\delta(k)}+\beta\boldsymbol{B}_{\delta(k)}\boldsymbol{K})\boldsymbol{x}(k)-\beta\boldsymbol{B}_{\delta(k)}\boldsymbol{K}\boldsymbol{e}(k)+[\beta(k)-\beta]\boldsymbol{B}_{\delta(k)}\boldsymbol{K}\boldsymbol{x}(k)\\ \qquad -[\beta(k)-\beta]\boldsymbol{B}_{\delta(k)}\boldsymbol{K}\boldsymbol{e}(k)+\boldsymbol{D}_{\delta(k)}\boldsymbol{\omega}(k)+\boldsymbol{f}_{\delta(k)}[k,\boldsymbol{x}(k)]\\ \boldsymbol{e}(k+1)=(\beta-1)\boldsymbol{B}_{\delta(k)}\boldsymbol{K}\boldsymbol{x}(k)+[\boldsymbol{A}_{\delta(k)}-(\beta-1)\boldsymbol{B}_{\delta(k)}\boldsymbol{K}-\alpha_\lambda\boldsymbol{L}\boldsymbol{C}_{\delta(k)}]\boldsymbol{e}(k)\\ \qquad +[\beta(k)-\beta]\boldsymbol{B}_{\delta(k)}\boldsymbol{K}\boldsymbol{x}(k)-[\beta(k)-\beta]\boldsymbol{B}_{\delta(k)}\boldsymbol{K}\boldsymbol{e}(k)+\boldsymbol{F}_{\delta(k)}(k)\\ \qquad -[\alpha_\lambda(k)-\alpha_\lambda]\boldsymbol{L}\boldsymbol{C}_{\delta(k)}\boldsymbol{e}(k)+\boldsymbol{D}_{\delta(k)}\boldsymbol{\omega}(k)\end{cases} \tag{13.11}$$

其中，$\boldsymbol{F}_{\delta(k)}(k)=\boldsymbol{f}_{\delta(k)}[k,\boldsymbol{x}(k)]-\boldsymbol{f}_{\delta(k)}[k,\hat{\boldsymbol{x}}(k)]$。

定义 $\boldsymbol{\eta}(k)=\begin{bmatrix}\boldsymbol{x}(k)\\ \boldsymbol{e}(k)\end{bmatrix}$，则闭环系统［式(13.11)］可以表示为：

$$\boldsymbol{\eta}(k+1)=\overline{\boldsymbol{A}}\boldsymbol{\eta}(k)+[\beta(k)-\beta]\overline{\boldsymbol{B}}\boldsymbol{\eta}(k)+[\alpha_\lambda(k)-\alpha_\lambda]\overline{\boldsymbol{C}}\boldsymbol{\eta}(k)+\overline{\boldsymbol{D}}\boldsymbol{\omega}(k)+\overline{\boldsymbol{F}}(k) \tag{13.12}$$

其中：

$$\overline{\boldsymbol{A}}=\begin{bmatrix}\boldsymbol{A}_{\delta(k)}+\beta\boldsymbol{B}_{\delta(k)}\boldsymbol{K} & -\beta\boldsymbol{B}_{\delta(k)}\boldsymbol{K}\\ (\beta-1)\boldsymbol{B}_{\delta(k)}\boldsymbol{K} & \boldsymbol{A}_{\delta(k)}-(\beta-1)\boldsymbol{B}_{\delta(k)}\boldsymbol{K}-\alpha_\lambda\boldsymbol{L}\boldsymbol{C}_{\delta(k)}\end{bmatrix},\overline{\boldsymbol{B}}=\begin{bmatrix}\boldsymbol{B}_{\delta(k)}\boldsymbol{K} & -\boldsymbol{B}_{\delta(k)}\boldsymbol{K}\\ \boldsymbol{B}_{\delta(k)}\boldsymbol{K} & -\boldsymbol{B}_{\delta(k)}\boldsymbol{K}\end{bmatrix}$$

$$\overline{\boldsymbol{C}}=\begin{bmatrix}0 & 0\\ 0 & -\boldsymbol{L}\boldsymbol{C}_{\delta(k)}\end{bmatrix},\overline{\boldsymbol{D}}=\begin{bmatrix}\boldsymbol{D}_{\delta(k)}\\ \boldsymbol{D}_{\delta(k)}\end{bmatrix},\overline{\boldsymbol{F}}(k)=\begin{bmatrix}\boldsymbol{f}_{\delta(k)}[k,\boldsymbol{x}(k)]\\ \boldsymbol{F}_{\delta(k)}(k)\end{bmatrix}$$

注 13.1　数据丢包这种情况在 DoS 攻击的攻击期间可以被认为是不存在的，可不将其纳入考虑的范围中去，并且攻击期的丢包程度在可预见的范围内高出了休眠期，即 $\alpha_2<\alpha_1$。

定义 13.1　当 $\boldsymbol{\omega}(k)=0$ 时，如果对任何初始模态 $\delta(0)$ 以及初始状态 $\boldsymbol{\eta}(0)$，使得如下的不等式可以成立：

$$E\left\{\sum_{k=0}^{\infty}\|\boldsymbol{\eta}(k)\|^2\mid\boldsymbol{\eta}(0),\delta(0)\right\}<\infty \tag{13.13}$$

那么所考虑的系统［式(13.12)］被证明是随机稳定的。

定义 13.2　如果以下的条件同时满足，则在随机发生数据包丢失和周期性 DoS 攻击下所考虑的系统［式(13.12)］是随机稳定的，同时也可以达到系统的 H_∞ 性能指标 γ。

① 所考虑的系统［式(13.12)］是随机稳定的；

② 对于零初始情况，存在一个标量 $\gamma>0$，使得对任意的 $\boldsymbol{\omega}(k)\neq0$，以下不等式均成立：

$$E\left\{\sum_{k=0}^{\infty}\boldsymbol{y}^{\mathrm{T}}(k)\boldsymbol{y}(k)\right\}<\gamma^2E\left\{\sum_{k=0}^{\infty}\boldsymbol{\omega}^{\mathrm{T}}(k)\boldsymbol{\omega}(k)\right\} \tag{13.14}$$

引理 13.1[13]　(S-procedure 方法) $\boldsymbol{T}_i\in\mathbf{R}^{n\times n}(i=0,1,\cdots,p)$是对称矩阵。假设存在 $\tau_i\geqslant$

$0(i=1,2,\cdots,p)$使得 $\boldsymbol{T}_0-\sum_{i=1}^{p}\tau_i\boldsymbol{T}_i>0$，则 $\boldsymbol{T}_i(i=0,1,\cdots,p)$的条件 $\boldsymbol{\zeta}^{\mathrm{T}}\boldsymbol{T}_0\boldsymbol{\zeta}>0$，对 $\forall\boldsymbol{\zeta}\neq0$ s. t. $\boldsymbol{\zeta}^{\mathrm{T}}\boldsymbol{T}_i\boldsymbol{\zeta}\geqslant0(i=0,1,\cdots,p)$成立。

注 13.2　本章只考虑 S-C 之间的周期性 DoS 攻击。若要考虑 S-C 之间及 C-A 之间的 DoS 攻击，只需要像考虑 S-C 一侧的 DoS 攻击一样，可以分别从攻击期和休眠期考虑数据包丢失的概率。

13.2　主要结论

13.2.1　闭环系统稳定性分析

定理 13.1　假设通信信道参数 $0\leqslant\alpha_\lambda\leqslant1$，$0\leqslant\beta\leqslant1$，如果存在正定矩阵 $\boldsymbol{P}_i>0,\boldsymbol{Y}_i>0$，以及控制器增益矩阵 $\boldsymbol{K}$、观测器增益矩阵 $\boldsymbol{L}$ 和非负实数标量 $\tau_1\geqslant0,\tau_2\geqslant0$，满足下式：

$$\begin{bmatrix}\boldsymbol{\Gamma}_{11} & * \\ \boldsymbol{\Gamma}_{21} & \boldsymbol{\Gamma}_{22}\end{bmatrix}<0 \tag{13.15}$$

$$\boldsymbol{P}_i\boldsymbol{Y}_i=\boldsymbol{I} \tag{13.16}$$

其中：

$$\boldsymbol{\Gamma}_{11}=\begin{bmatrix}-\boldsymbol{P}_i+\tau_1\boldsymbol{G}^{\mathrm{T}}\boldsymbol{G} & * & * & * \\ 0 & -\boldsymbol{P}_i+\tau_2\boldsymbol{G}^{\mathrm{T}}\boldsymbol{G} & * & * \\ 0 & 0 & -\tau_1\boldsymbol{I} & * \\ 0 & 0 & 0 & -\tau_2\boldsymbol{I}\end{bmatrix}$$

$$\boldsymbol{\Gamma}_{21}=\begin{bmatrix}\boldsymbol{\Xi}_{11} & \boldsymbol{\Xi}_{12} & \boldsymbol{\Xi}_{13} & 0 \\ \boldsymbol{\Xi}_{21} & \boldsymbol{\Xi}_{22} & 0 & \boldsymbol{\Xi}_{24} \\ \boldsymbol{\Xi}_{31} & \boldsymbol{\Xi}_{32} & 0 & 0 \\ \boldsymbol{\Xi}_{31} & \boldsymbol{\Xi}_{32} & 0 & 0 \\ \boldsymbol{\Xi}_{41} & 0 & 0 & 0\end{bmatrix},\boldsymbol{\Gamma}_{22}=\begin{bmatrix}\boldsymbol{\Xi} & * & * & * & * \\ 0 & \boldsymbol{\Xi} & * & * & * \\ 0 & 0 & \boldsymbol{\Xi} & * & * \\ 0 & 0 & 0 & \boldsymbol{\Xi} & * \\ 0 & 0 & 0 & 0 & \boldsymbol{\Xi}\end{bmatrix}$$

$\boldsymbol{\Xi}_{11}=\left[\sqrt{\pi_{i1}}(\boldsymbol{A}_i+\beta\boldsymbol{B}_i\boldsymbol{K})^{\mathrm{T}},\cdots,\sqrt{\pi_{ig}}(\boldsymbol{A}_i+\beta\boldsymbol{B}_i\boldsymbol{K})^{\mathrm{T}}\right]^{\mathrm{T}}$

$\boldsymbol{\Xi}_{12}=\left[\sqrt{\pi_{i1}}(-\beta\boldsymbol{B}_i\boldsymbol{K})^{\mathrm{T}},\cdots,\sqrt{\pi_{ig}}(-\beta\boldsymbol{B}_i\boldsymbol{K})^{\mathrm{T}}\right]^{\mathrm{T}}$

$\boldsymbol{\Xi}_{13}=\left[\sqrt{\pi_{i1}}\boldsymbol{I},\cdots,\sqrt{\pi_{ig}}\boldsymbol{I}\right]^{\mathrm{T}},\boldsymbol{\Xi}_{21}=\left[\sqrt{\pi_{i1}}[(\beta-1)\boldsymbol{B}_i\boldsymbol{K}]^{\mathrm{T}},\cdots,\sqrt{\pi_{ig}}[(\beta-1)\boldsymbol{B}_i\boldsymbol{K}]^{\mathrm{T}}\right]^{\mathrm{T}}$

$\boldsymbol{\Xi}_{22}=\left[\sqrt{\pi_{i1}}[\boldsymbol{A}_i-(\beta-1)\boldsymbol{B}_i\boldsymbol{K}-\alpha_\lambda\boldsymbol{L}\boldsymbol{C}_i)]^{\mathrm{T}},\cdots,\sqrt{\pi_{ig}}[\boldsymbol{A}_i-(\beta-1)\boldsymbol{B}_i\boldsymbol{K}-\alpha_\lambda\boldsymbol{L}\boldsymbol{C}_i]^{\mathrm{T}}\right]^{\mathrm{T}}$

$\boldsymbol{\Xi}_{24}=\left[\sqrt{\pi_{i1}}\boldsymbol{I},\cdots,\sqrt{\pi_{ig}}\boldsymbol{I}\right]^{\mathrm{T}},\boldsymbol{\Xi}_{31}=\left[\sqrt{\pi_{i1}}(\bar{\beta}\boldsymbol{B}_i\boldsymbol{K})^{\mathrm{T}},\cdots,\sqrt{\pi_{ig}}(\bar{\beta}\boldsymbol{B}_i\boldsymbol{K})^{\mathrm{T}}\right]^{\mathrm{T}}$

$\boldsymbol{\Xi}_{32}=\left[\sqrt{\pi_{i1}}(-\bar{\beta}\boldsymbol{B}_i\boldsymbol{K})^{\mathrm{T}},\cdots,\sqrt{\pi_{ig}}(-\bar{\beta}\boldsymbol{B}_i\boldsymbol{K})^{\mathrm{T}}\right]^{\mathrm{T}},\boldsymbol{\Xi}_{41}=\left[\sqrt{\pi_{i1}}(\bar{\alpha}\boldsymbol{L}\boldsymbol{C}_i)^{\mathrm{T}},\cdots,\sqrt{\pi_{ig}}(\bar{\alpha}\boldsymbol{L}\boldsymbol{C}_i)^{\mathrm{T}}\right]^{\mathrm{T}}$

$\boldsymbol{\Xi}=\mathrm{diag}(-\boldsymbol{Y}_1,\cdots,-\boldsymbol{Y}_g),\bar{\alpha}=[(1-\alpha_\lambda)\alpha_\lambda]^{1/2},\bar{\beta}=[(1-\beta)\beta]^{1/2}$

那么所考虑的系统［式(13.12)］是随机稳定的。

证明：第一步先定义 Lyapunov 函数：

$$V(k)=\boldsymbol{x}^{\mathrm{T}}(k)\boldsymbol{P}_{\delta(k)}\boldsymbol{x}(k)+\boldsymbol{e}^{\mathrm{T}}(k)\boldsymbol{P}_{\delta(k)}\boldsymbol{e}(k)$$

其中，$\boldsymbol{P}_{\delta(k)}>0$。令 $\boldsymbol{\omega}(k)=0$，由式(13.11) 可以得到：

$$\begin{aligned}
&\Delta V(k)\\
&=E\{V(k+1)\,|\,\boldsymbol{x}(k),\cdots,\boldsymbol{x}(0),\boldsymbol{e}(k),\cdots,\boldsymbol{e}(0),\delta(k)=i\}-V(k)\\
&=E\{\boldsymbol{x}^{\mathrm{T}}(k+1)\sum_{j\in\ell}\pi_{ij}\boldsymbol{P}_j\boldsymbol{x}(k+1)+\boldsymbol{e}^{\mathrm{T}}(k+1)\sum_{j\in\ell}\pi_{ij}\boldsymbol{P}_j\boldsymbol{e}(k+1)\}-\boldsymbol{x}^{\mathrm{T}}(k)\boldsymbol{P}_i\boldsymbol{x}(k)-\boldsymbol{e}^{\mathrm{T}}(k)\boldsymbol{P}_i\boldsymbol{e}(k)\\
&=E\{[(\boldsymbol{A}_i+\beta\boldsymbol{B}_i\boldsymbol{K})\boldsymbol{x}(k)-\beta\boldsymbol{B}_i\boldsymbol{K}\boldsymbol{e}(k)-(\beta(k)-\beta)\boldsymbol{B}_i\boldsymbol{K}\boldsymbol{e}(k)\\
&\quad+f_i(k,\boldsymbol{x}(k))+(\beta(k)-\beta)\boldsymbol{B}_i\boldsymbol{K}\boldsymbol{x}(k)]^{\mathrm{T}}\sum_{j\in\ell}\pi_{ij}\boldsymbol{P}_j\,[(\boldsymbol{A}_i+\beta\boldsymbol{B}_i\boldsymbol{K})\boldsymbol{x}(k)\\
&\quad-\beta\boldsymbol{B}_i\boldsymbol{K}\boldsymbol{e}(k)+f_i(k,\boldsymbol{x}(k))+(\beta(k)-\beta)\boldsymbol{B}_i\boldsymbol{K}\boldsymbol{x}(k)-(\beta(k)-\beta)\boldsymbol{B}_i\boldsymbol{K}\boldsymbol{e}(k)]\\
&\quad+[(\beta-1)\boldsymbol{B}_i\boldsymbol{K}\boldsymbol{x}(k)+F_i(k)+(\boldsymbol{A}_i-(\beta-1)\boldsymbol{B}_i\boldsymbol{K}-\alpha_\lambda\boldsymbol{L}\boldsymbol{C})\boldsymbol{e}(k)\\
&\quad+(\beta(k)-\beta)\boldsymbol{B}_i\boldsymbol{K}\boldsymbol{x}(k)-(\beta(k)-\beta)\boldsymbol{B}_i\boldsymbol{K}\boldsymbol{e}(k)-(\alpha_\lambda(k)-\alpha_\lambda)\boldsymbol{L}\boldsymbol{C}_i\boldsymbol{x}(k)]^{\mathrm{T}}\\
&\quad\sum_{j\in\ell}\pi_{ij}\boldsymbol{P}_j\,[(\beta-1)\boldsymbol{B}_i\boldsymbol{K}\boldsymbol{x}(k)+F_i(k)+(\boldsymbol{A}_i-(\beta-1)\boldsymbol{B}_i\boldsymbol{K}-\alpha_\lambda\boldsymbol{L}\boldsymbol{C})\boldsymbol{e}(k)\\
&\quad+(\beta(k)-\beta)\boldsymbol{B}_i\boldsymbol{K}\boldsymbol{x}(k)-(\beta(k)-\beta)\boldsymbol{B}_i\boldsymbol{K}\boldsymbol{e}(k)-(\alpha_\lambda(k)-\alpha_\lambda)\boldsymbol{L}\boldsymbol{C}_i\boldsymbol{x}(k)]\}\\
&\quad-\boldsymbol{x}^{\mathrm{T}}(k)\boldsymbol{P}_i\boldsymbol{x}(k)-\boldsymbol{e}^{\mathrm{T}}(k)\boldsymbol{P}_i\boldsymbol{e}(k)
\end{aligned}$$

由于 $E\{(\beta(k)-\beta)^2\}=\bar{\beta}^2$，$E\{(\alpha_\lambda(k)-\alpha_\lambda)^2\}=\bar{\alpha}^2$，可以得到：

$$\begin{aligned}
&\Delta V(k)\\
&=[(\boldsymbol{A}_i+\beta\boldsymbol{B}_i\boldsymbol{K})\boldsymbol{x}(k)-\beta\boldsymbol{B}_i\boldsymbol{K}\boldsymbol{e}(k)+f_i(k,\boldsymbol{x}(k))]^{\mathrm{T}}\sum_{j\in\ell}\pi_{ij}\boldsymbol{P}_j\,[(\boldsymbol{A}_i+\beta\boldsymbol{B}_i\boldsymbol{K})\boldsymbol{x}(k)\\
&\quad-\beta\boldsymbol{B}_i\boldsymbol{K}\boldsymbol{e}(k)+f_i(k,\boldsymbol{x}(k))]+[(\beta-1)\boldsymbol{B}_i\boldsymbol{K}\boldsymbol{x}(k)+F_i(k)+(\boldsymbol{A}_i-(\beta-1)\boldsymbol{B}_i\boldsymbol{K}-\alpha_\lambda\boldsymbol{L}\boldsymbol{C})\boldsymbol{e}(k)]^{\mathrm{T}}\\
&\quad\sum_{j\in\ell}\pi_{ij}\boldsymbol{P}_j\,[(\beta-1)\boldsymbol{B}_i\boldsymbol{K}\boldsymbol{x}(k)+F_i(k)+(\boldsymbol{A}_i-(\beta-1)\boldsymbol{B}_i\boldsymbol{K}-\alpha_\lambda\boldsymbol{L}\boldsymbol{C})\boldsymbol{e}(k)]\\
&\quad+\bar{\beta}^2\,[\boldsymbol{B}_i\boldsymbol{K}\boldsymbol{x}(k)-\boldsymbol{B}_i\boldsymbol{K}\boldsymbol{e}(k)]^{\mathrm{T}}\sum_{j\in\ell}\pi_{ij}\boldsymbol{P}_j\,[\boldsymbol{B}_i\boldsymbol{K}\boldsymbol{x}(k)-\boldsymbol{B}_i\boldsymbol{K}\boldsymbol{e}(k)]\\
&\quad+\bar{\beta}^2\,[\boldsymbol{B}_i\boldsymbol{K}\boldsymbol{x}(k)-\boldsymbol{B}_i\boldsymbol{K}\boldsymbol{e}(k)]^{\mathrm{T}}\sum_{j\in\ell}\pi_{ij}\boldsymbol{P}_j\,[\boldsymbol{B}_i\boldsymbol{K}\boldsymbol{x}(k)-\boldsymbol{B}_i\boldsymbol{K}\boldsymbol{e}(k)]\\
&\quad+\bar{\alpha}^2\boldsymbol{x}^{\mathrm{T}}(k)\boldsymbol{C}_i^{\mathrm{T}}\boldsymbol{L}^{\mathrm{T}}\sum_{j\in\ell}\pi_{ij}\boldsymbol{P}_j\boldsymbol{L}\boldsymbol{C}_i\boldsymbol{x}(k)-\boldsymbol{x}^{\mathrm{T}}(k)\boldsymbol{P}_i\boldsymbol{x}(k)-\boldsymbol{e}^{\mathrm{T}}(k)\boldsymbol{P}_i\boldsymbol{e}(k)\\
&=\begin{bmatrix}\boldsymbol{x}(k)\\ \boldsymbol{e}(k)\\ \boldsymbol{f}_i[k,\boldsymbol{x}(k)]\\ \boldsymbol{F}_i(k)\end{bmatrix}^{\mathrm{T}}\boldsymbol{\Lambda}\begin{bmatrix}\boldsymbol{x}(k)\\ \boldsymbol{e}(k)\\ \boldsymbol{f}_i[k,\boldsymbol{x}(k)]\\ \boldsymbol{F}_i(k)\end{bmatrix}\triangleq\boldsymbol{\xi}^{\mathrm{T}}(k)\boldsymbol{\Lambda}\boldsymbol{\xi}(k)
\end{aligned}\tag{13.17}$$

其中：

$$\boldsymbol{\Lambda}=\begin{bmatrix}\boldsymbol{\Lambda}_{11} & * & * & *\\ \boldsymbol{\Lambda}_{21} & \boldsymbol{\Lambda}_{22} & * & *\\ \sum_{j\in\ell}\pi_{ij}\boldsymbol{P}_j(\boldsymbol{A}_i+\beta\boldsymbol{B}_i\boldsymbol{K}) & \sum_{j\in\ell}\pi_{ij}\boldsymbol{P}_j(-\beta\boldsymbol{B}_i\boldsymbol{K}) & \sum_{j\in\ell}\pi_{ij}\boldsymbol{P}_j & *\\ (\beta-1)\sum_{j\in\ell}\pi_{ij}\boldsymbol{P}_j\boldsymbol{B}_i\boldsymbol{K} & \sum_{j\in\ell}\pi_{ij}\boldsymbol{P}_j[\boldsymbol{A}_i-(\beta-1)\boldsymbol{B}_i\boldsymbol{K}-\alpha_\lambda\boldsymbol{L}\boldsymbol{C}_i] & 0 & \sum_{j\in\ell}\pi_{ij}\boldsymbol{P}_j\end{bmatrix}$$

$$\boldsymbol{\Lambda}_{11}=(\boldsymbol{A}_i+\beta\boldsymbol{B}_i\boldsymbol{K})^{\mathrm{T}}\sum_{j\in\ell}\pi_{ij}\boldsymbol{P}_j(\boldsymbol{A}_i+\beta\boldsymbol{B}_i\boldsymbol{K})+\bar{\beta}^2\boldsymbol{K}^{\mathrm{T}}\boldsymbol{B}_i^{\mathrm{T}}\sum_{j\in\ell}\pi_{ij}\boldsymbol{P}_j\boldsymbol{B}_i\boldsymbol{K}+\bar{\beta}^2\boldsymbol{K}^{\mathrm{T}}\boldsymbol{B}_i^{\mathrm{T}}\sum_{j\in\ell}\pi_{ij}\boldsymbol{P}_j\boldsymbol{B}_i\boldsymbol{K}$$
$$+\bar{\alpha}^2\boldsymbol{C}_i^{\mathrm{T}}\boldsymbol{L}^{\mathrm{T}}\sum_{j\in\ell}\pi_{ij}\boldsymbol{P}_j\boldsymbol{L}\boldsymbol{C}_i-\boldsymbol{P}_i+[(\beta-1)\boldsymbol{B}_i\boldsymbol{K}]^{\mathrm{T}}\sum_{j\in\ell}\pi_{ij}\boldsymbol{P}_j[(\beta-1)\boldsymbol{B}_i\boldsymbol{K}]$$
$$\boldsymbol{\Lambda}_{21}=-\beta\boldsymbol{K}^{\mathrm{T}}\boldsymbol{B}_i^{\mathrm{T}}\sum_{j\in\ell}\pi_{ij}\boldsymbol{P}_j(\boldsymbol{A}_i+\beta\boldsymbol{B}_i\boldsymbol{K})-\bar{\beta}^2\boldsymbol{K}^{\mathrm{T}}\boldsymbol{B}_i^{\mathrm{T}}\sum_{j\in\ell}\pi_{ij}\boldsymbol{P}_j\boldsymbol{B}_i\boldsymbol{K}-\bar{\beta}^2\boldsymbol{K}^{\mathrm{T}}\boldsymbol{B}_i^{\mathrm{T}}\sum_{j\in\ell}\pi_{ij}\boldsymbol{P}_j\boldsymbol{B}_i\boldsymbol{K}$$
$$+[\boldsymbol{A}_i-(\beta-1)\boldsymbol{B}_i\boldsymbol{K}-\alpha_\lambda\boldsymbol{L}\boldsymbol{C}_i]^{\mathrm{T}}\sum_{j\in\ell}\pi_{ij}\boldsymbol{P}_j(\beta-1)\boldsymbol{B}_i\boldsymbol{K}$$
$$\boldsymbol{\Lambda}_{22}=\beta^2\boldsymbol{K}^{\mathrm{T}}\boldsymbol{B}_i^{\mathrm{T}}\sum_{j\in\ell}\pi_{ij}\boldsymbol{P}_j\boldsymbol{B}_i\boldsymbol{K}+\bar{\beta}^2\boldsymbol{K}^{\mathrm{T}}\boldsymbol{B}_i^{\mathrm{T}}\sum_{j\in\ell}\pi_{ij}\boldsymbol{P}_j\boldsymbol{B}_i\boldsymbol{K}+\bar{\beta}^2\boldsymbol{K}^{\mathrm{T}}\boldsymbol{B}_i^{\mathrm{T}}\sum_{j\in\ell}\pi_{ij}\boldsymbol{P}_j\boldsymbol{B}_i\boldsymbol{K}-\boldsymbol{P}_i$$
$$+[\boldsymbol{A}_i-(\beta-1)\boldsymbol{B}_i\boldsymbol{K}-\alpha_\lambda\boldsymbol{L}\boldsymbol{C}_i]^{\mathrm{T}}\sum_{j\in\ell}\pi_{ij}\boldsymbol{P}_j[\boldsymbol{A}_i-(\beta-1)\boldsymbol{B}_i\boldsymbol{K}-\alpha_\lambda\boldsymbol{L}\boldsymbol{C}_i]$$

根据式(13.2)、式(13.3) 可以得出：

$$\boldsymbol{f}_i^{\mathrm{T}}[k,\boldsymbol{x}(k)]\boldsymbol{f}_i[k,\boldsymbol{x}(k)]=\|\boldsymbol{f}_i[k,\boldsymbol{x}(k)]\|^2\leqslant\|\boldsymbol{G}_i\boldsymbol{x}(k)\|^2=\boldsymbol{x}^{\mathrm{T}}(k)\boldsymbol{G}_i^{\mathrm{T}}\boldsymbol{G}_i\boldsymbol{x}(k) \tag{13.18}$$

$$\boldsymbol{F}_i^{\mathrm{T}}(k)\boldsymbol{F}_i(k)=\|\boldsymbol{F}_i(k)\|^2\leqslant\|\boldsymbol{G}_i\boldsymbol{e}(k)\|^2=\boldsymbol{e}^{\mathrm{T}}(k)\boldsymbol{G}_i^{\mathrm{T}}\boldsymbol{G}_i\boldsymbol{e}(k) \tag{13.19}$$

进一步可以得到：

$$\begin{aligned}&\boldsymbol{f}_i^{\mathrm{T}}[k,\boldsymbol{x}(k)]\boldsymbol{f}_i[k,\boldsymbol{x}(k)]-\boldsymbol{x}^{\mathrm{T}}(k)\boldsymbol{G}_i^{\mathrm{T}}\boldsymbol{G}_i\boldsymbol{x}(k)\\&=\boldsymbol{\xi}^{\mathrm{T}}(k)\begin{bmatrix}-\boldsymbol{G}_i^{\mathrm{T}}\boldsymbol{G}_i&0&0&0\\0&0&0&0\\0&0&\boldsymbol{I}&0\\0&0&0&0\end{bmatrix}\boldsymbol{\xi}(k)\\&\triangleq\boldsymbol{\xi}^{\mathrm{T}}(k)\boldsymbol{\Lambda}_1\boldsymbol{\xi}(k)\leqslant 0\end{aligned} \tag{13.20}$$

$$\begin{aligned}&\boldsymbol{F}_i^{\mathrm{T}}(k)\boldsymbol{F}_i(k)-\boldsymbol{e}^{\mathrm{T}}(k)\boldsymbol{G}_i^{\mathrm{T}}\boldsymbol{G}_i\boldsymbol{e}(k)\\&=\boldsymbol{\xi}^{\mathrm{T}}(k)\begin{bmatrix}0&0&0&0\\0&-\boldsymbol{G}_i^{\mathrm{T}}\boldsymbol{G}_i&0&0\\0&0&0&0\\0&0&0&\boldsymbol{I}\end{bmatrix}\boldsymbol{\xi}(k)\\&\triangleq\boldsymbol{\xi}^{\mathrm{T}}(k)\boldsymbol{\Lambda}_2\boldsymbol{\xi}(k)\leqslant 0\end{aligned} \tag{13.21}$$

要是在具有正定矩阵 $\boldsymbol{P}_i>0$，$\boldsymbol{Y}_i>0$，同时也具有非负实数标量 $\tau_1\geqslant 0,\tau_2\geqslant 0$ 的情况下，使得：

$$\boldsymbol{\Lambda}-\tau_1\boldsymbol{\Lambda}_1-\tau_2\boldsymbol{\Lambda}_2<0 \tag{13.22}$$

那么由引理 13.1 可知，在式(13.20)、式(13.21) 的约束下，$\Delta V(k)=\boldsymbol{\xi}^{\mathrm{T}}(k)\boldsymbol{\Lambda}\boldsymbol{\xi}(k)<0$。

由 Schur 补引理可得式(13.22) 等价于式(13.15)，如果式(13.15) 成立，则可以得到

$$\begin{aligned}\Delta V(k)&=\boldsymbol{\xi}^{\mathrm{T}}(k)\boldsymbol{\Lambda}\boldsymbol{\xi}(k)\\&\leqslant-\lambda_{\min}(-\boldsymbol{\Lambda})\boldsymbol{\xi}^{\mathrm{T}}(k)\boldsymbol{\xi}(k)\\&=-\lambda_{\min}(-\boldsymbol{\Lambda})\{\boldsymbol{\eta}^{\mathrm{T}}(k)\boldsymbol{\eta}(k)+\boldsymbol{f}_i^{\mathrm{T}}[k,\boldsymbol{x}(k)]\boldsymbol{f}_i[k,\boldsymbol{x}(k)]+\boldsymbol{F}_i^{\mathrm{T}}(k)\boldsymbol{F}_i(k)\}\\&=-\lambda_{\min}(-\boldsymbol{\Lambda})\{\|\boldsymbol{\eta}(k)\|^2+\|\boldsymbol{f}_i[k,\boldsymbol{x}(k)]\|^2+\|\boldsymbol{F}_i(k)\|^2\}\\&\leqslant-\lambda_{\min}(-\boldsymbol{\Lambda})\|\boldsymbol{\eta}(k)\|^2\end{aligned} \tag{13.23}$$

通过式(13.23)，如下的式子可在任何一个 $N \geqslant 0$ 成立的状况下实现：

$$E\left\{\sum_{k=0}^{N}\|\boldsymbol{\eta}(k)\|^2\right\} \leqslant \frac{E\{V(0)\}-E\{V(N+1)\}}{\lambda_{\min}(-\boldsymbol{\Lambda})} \leqslant \frac{E\{V(0)\}}{\lambda_{\min}(-\boldsymbol{\Lambda})} \leqslant \infty$$

根据对定义 13.1 的理解，可以得到所考虑的系统［式(13.12)］是随机稳定的这一结论，证明结束。

13.2.2 控制器和观测器的设计方法

定理 13.2 当 $\boldsymbol{\omega}(k) \neq 0$ 时，假设通信信道参数 $0 \leqslant \alpha_\lambda \leqslant 1, 0 \leqslant \beta \leqslant 1$ 以及标量 $\lambda > 0$，如果存在正定矩阵 $\boldsymbol{P}_i > 0$、$\boldsymbol{Y}_i > 0$，以及控制器增益矩阵 $\boldsymbol{K}$、观测器增益矩阵 $\boldsymbol{L}$、非负实数标量 $\tau_1 \geqslant 0$、$\tau_2 \geqslant 0$，满足下式：

$$\begin{bmatrix} \boldsymbol{\Upsilon}_{11} & 0 \\ \boldsymbol{\Upsilon}_{21} & \boldsymbol{\Upsilon}_{22} \end{bmatrix} < 0 \tag{13.24}$$

$$\boldsymbol{P}_i \boldsymbol{Y}_i = \boldsymbol{I} \tag{13.25}$$

其中：

$$\boldsymbol{\Upsilon}_{11} = \begin{bmatrix} -\boldsymbol{P}_i + \tau_1 \boldsymbol{G}^{\mathrm{T}}\boldsymbol{G} & * & * & * & * \\ 0 & -\boldsymbol{P}_i + \tau_2 \boldsymbol{G}^{\mathrm{T}}\boldsymbol{G} & * & * & * \\ 0 & 0 & -\gamma^2 \boldsymbol{I} & * & * \\ 0 & 0 & 0 & -\tau_1 \boldsymbol{I} & * \\ 0 & 0 & 0 & 0 & -\tau_2 \boldsymbol{I} \end{bmatrix}$$

$$\boldsymbol{\Upsilon}_{21} = \begin{bmatrix} \boldsymbol{\Theta}_{11} & \boldsymbol{\Theta}_{12} & \boldsymbol{\Theta}_{13} & \boldsymbol{\Theta}_{14} & 0 \\ \boldsymbol{\Theta}_{21} & \boldsymbol{\Theta}_{22} & \boldsymbol{\Theta}_{13} & 0 & \boldsymbol{\Theta}_{14} \\ \boldsymbol{C}_i & 0 & 0 & 0 & 0 \\ \boldsymbol{\Theta}_{31} & \boldsymbol{\Theta}_{32} & 0 & 0 & 0 \\ \boldsymbol{\Theta}_{31} & \boldsymbol{\Theta}_{32} & 0 & 0 & 0 \\ \boldsymbol{\Theta}_{41} & 0 & 0 & 0 & 0 \end{bmatrix}, \boldsymbol{\Upsilon}_{22} = \begin{bmatrix} \boldsymbol{\Theta} & * & * & * & * & * \\ 0 & \boldsymbol{\Theta} & * & * & * & * \\ 0 & 0 & -\boldsymbol{I} & * & * & * \\ 0 & 0 & 0 & \boldsymbol{\Theta} & * & * \\ 0 & 0 & 0 & 0 & \boldsymbol{\Theta} & * \\ 0 & 0 & 0 & 0 & 0 & \boldsymbol{\Theta} \end{bmatrix}$$

$$\boldsymbol{\Theta}_{11} = \left[\sqrt{\pi_{i1}}(\boldsymbol{A}_i + \beta \boldsymbol{B}_i \boldsymbol{K})^{\mathrm{T}}, \cdots, \sqrt{\pi_{ig}}(\boldsymbol{A}_i + \beta \boldsymbol{B}_i \boldsymbol{K})^{\mathrm{T}}\right]^{\mathrm{T}}$$

$$\boldsymbol{\Theta}_{12} = \left[\sqrt{\pi_{i1}}(-\beta \boldsymbol{B}_i \boldsymbol{K})^{\mathrm{T}}, \cdots, \sqrt{\pi_{ig}}(-\beta \boldsymbol{B}_i \boldsymbol{K})^{\mathrm{T}}\right]^{\mathrm{T}}$$

$$\boldsymbol{\Theta}_{13} = \left[\sqrt{\pi_{i1}}\boldsymbol{D}_i^{\mathrm{T}}, \cdots, \sqrt{\pi_{ig}}\boldsymbol{D}_i^{\mathrm{T}}\right]^{\mathrm{T}}$$

$$\boldsymbol{\Theta}_{14} = \left[\sqrt{\pi_{i1}}\boldsymbol{I}, \cdots, \sqrt{\pi_{ig}}\boldsymbol{I}\right]^{\mathrm{T}}$$

$$\boldsymbol{\Theta}_{21} = \left[\sqrt{\pi_{i1}}[(\beta-1)\boldsymbol{B}_i \boldsymbol{K}]^{\mathrm{T}}, \cdots, \sqrt{\pi_{ig}}[(\beta-1)\boldsymbol{B}_i \boldsymbol{K}]^{\mathrm{T}}\right]^{\mathrm{T}}$$

$$\boldsymbol{\Theta}_{22} = \left[\sqrt{\pi_{i1}}[\boldsymbol{A}_i - (\beta-1)\boldsymbol{B}_i \boldsymbol{K} - \alpha_\lambda \boldsymbol{L}\boldsymbol{C}_i]^{\mathrm{T}}, \cdots, \sqrt{\pi_{ig}}[\boldsymbol{A}_i - (\beta-1)\boldsymbol{B}_i \boldsymbol{K} - \alpha_\lambda \boldsymbol{L}\boldsymbol{C}_i]^{\mathrm{T}}\right]^{\mathrm{T}}$$

$$\boldsymbol{\Theta}_{31} = \left[\sqrt{\pi_{i1}}(\bar{\beta}\boldsymbol{B}_i \boldsymbol{K})^{\mathrm{T}}, \cdots, \sqrt{\pi_{ig}}(\bar{\beta}\boldsymbol{B}_i \boldsymbol{K})^{\mathrm{T}}\right]^{\mathrm{T}}$$

$\boldsymbol{\Theta}_{32}=[\sqrt{\pi_{i1}}(-\bar{\beta}\boldsymbol{B}_i\boldsymbol{K})^{\mathrm{T}},\cdots,\sqrt{\pi_{ig}}(-\bar{\beta}\boldsymbol{B}_i\boldsymbol{K})^{\mathrm{T}}]^{\mathrm{T}}$

$\boldsymbol{\Theta}_{41}=[\sqrt{\pi_{i1}}(\bar{\alpha}\boldsymbol{LC}_i)^{\mathrm{T}},\cdots,\sqrt{\pi_{ig}}(\bar{\alpha}\boldsymbol{LC}_i)^{\mathrm{T}}]^{\mathrm{T}}$

$\boldsymbol{\Theta}=\mathrm{diag}(-\boldsymbol{Y}_1,\cdots,-\boldsymbol{Y}_g)$

$\bar{\alpha}=[(1-\alpha_\lambda)\alpha_\lambda]^{1/2},\bar{\beta}=[(1-\beta)\beta]^{1/2}$

因此所考虑的系统［式(13.12)］是随机稳定的，同时达到了给定的 H_∞ 性能指标［式(13.14)］要求。

证明： 当 $\boldsymbol{\omega}(k)\neq 0$ 时，由式(13.11) 可以得出：

$$
\begin{aligned}
&E\{\Delta V(k)+\boldsymbol{y}^{\mathrm{T}}(k)\boldsymbol{y}(k)-\gamma^2\boldsymbol{\omega}^{\mathrm{T}}(k)\boldsymbol{\omega}(k)\}\\
=&E\{[(\boldsymbol{A}_i+\beta\boldsymbol{B}_i\boldsymbol{K})\boldsymbol{x}(k)-\beta\boldsymbol{B}_i\boldsymbol{Ke}(k)+\boldsymbol{D}_i\boldsymbol{\omega}(k)+\boldsymbol{f}_i(k,\boldsymbol{x}(k))+(\beta(k)-\beta)\boldsymbol{B}_i\boldsymbol{Kx}(k)\\
&-(\beta(k)-\beta)\boldsymbol{B}_i\boldsymbol{Ke}(k)]^{\mathrm{T}}\sum_{j\in\ell}\pi_{ij}\boldsymbol{P}_j[(\boldsymbol{A}_i+\beta\boldsymbol{B}_i\boldsymbol{K})\boldsymbol{x}(k)-\beta\boldsymbol{B}_i\boldsymbol{Ke}(k)+\boldsymbol{D}_i\boldsymbol{\omega}(k)\\
&+\boldsymbol{f}_i(k,\boldsymbol{x}(k))+(\beta(k)-\beta)\boldsymbol{B}_i\boldsymbol{Kx}(k)-(\beta(k)-\beta)\boldsymbol{B}_i\boldsymbol{Ke}(k)]+[(\beta-1)\boldsymbol{B}_i\boldsymbol{Kx}(k)\\
&+\boldsymbol{D}_i\boldsymbol{\omega}(k)+\boldsymbol{F}_i(k)+(\boldsymbol{A}_i-(\beta-1)\boldsymbol{B}_i\boldsymbol{K}-\alpha_\lambda\boldsymbol{LC})\boldsymbol{e}(k)+(\beta(k)-\beta)\boldsymbol{B}_i\boldsymbol{Kx}(k)\\
&-(\beta(k)-\beta)\boldsymbol{B}_i\boldsymbol{Ke}(k)-(\alpha_\lambda(k)-\alpha_\lambda)\boldsymbol{LC}_i\boldsymbol{x}(k)]^{\mathrm{T}}\sum_{j\in\ell}\pi_{ij}\boldsymbol{P}_j[(\beta-1)\boldsymbol{B}_i\boldsymbol{Kx}(k)+\boldsymbol{D}_i\boldsymbol{\omega}(k)\\
&+\boldsymbol{F}_i(k)+(\boldsymbol{A}_i-(\beta-1)\boldsymbol{B}_i\boldsymbol{K}-\alpha_\lambda\boldsymbol{LC})\boldsymbol{e}(k)+(\beta(k)-\beta)\boldsymbol{B}_i\boldsymbol{Kx}(k)-(\beta(k)-\beta)\boldsymbol{B}_i\boldsymbol{Ke}(k)\\
&-(\alpha_\lambda(k)-\alpha_\lambda)\boldsymbol{LC}_i\boldsymbol{x}(k)]\}-\boldsymbol{x}^{\mathrm{T}}(k)\boldsymbol{P}_i\boldsymbol{x}(k)-\boldsymbol{e}^{\mathrm{T}}(k)\boldsymbol{P}_i\boldsymbol{e}(k)+\boldsymbol{x}^{\mathrm{T}}(k)\boldsymbol{C}_i^{\mathrm{T}}\boldsymbol{C}_i\boldsymbol{x}(k)-\gamma^2\boldsymbol{\omega}^{\mathrm{T}}(k)\boldsymbol{\omega}(k)\\
=&\boldsymbol{\zeta}^{\mathrm{T}}(k)\boldsymbol{\Omega\zeta}(k)
\end{aligned}
\tag{13.26}
$$

其中：

$$\boldsymbol{\zeta}^{\mathrm{T}}=[\boldsymbol{x}^{\mathrm{T}}(k)\quad \boldsymbol{e}^{\mathrm{T}}(k)\quad \boldsymbol{\omega}^{\mathrm{T}}(k)\quad \boldsymbol{f}_i^{\mathrm{T}}(k,\boldsymbol{x}(k))\quad \boldsymbol{F}_i^{\mathrm{T}}(k)]$$

$$
\boldsymbol{\Omega}=\begin{bmatrix}
\varphi_{11} & * & * & * & *\\
\varphi_{21} & \varphi_{22} & * & * & *\\
\varphi_{31} & \varphi_{32} & \varphi_{33} & * & *\\
\boldsymbol{P}_i\boldsymbol{A}_i+\beta\boldsymbol{P}_i\boldsymbol{B}_i\boldsymbol{K} & -\beta\boldsymbol{P}_i\boldsymbol{B}_i\boldsymbol{K} & \boldsymbol{PD}_i & \boldsymbol{P}_i & *\\
(\beta-1)\boldsymbol{P}_i\boldsymbol{B}_i\boldsymbol{K} & \boldsymbol{P}_i[\boldsymbol{A}_i-(\beta-1)\boldsymbol{B}_i\boldsymbol{K}-\alpha_\lambda\boldsymbol{LC}_i] & \boldsymbol{PD}_i & 0 & \boldsymbol{P}_i
\end{bmatrix}
$$

$$
\begin{aligned}
\varphi_{11}=&(\boldsymbol{A}_i+\beta\boldsymbol{B}_i\boldsymbol{K})^{\mathrm{T}}\sum_{j\in\ell}\pi_{ij}\boldsymbol{P}_j(\boldsymbol{A}_i+\beta\boldsymbol{B}_i\boldsymbol{K})+\bar{\beta}^2\boldsymbol{K}^{\mathrm{T}}\boldsymbol{B}_i^{\mathrm{T}}\sum_{j\in\ell}\pi_{ij}\boldsymbol{P}_j\boldsymbol{B}_i\boldsymbol{K}+\bar{\beta}^2\boldsymbol{K}^{\mathrm{T}}\boldsymbol{B}_i^{\mathrm{T}}\sum_{j\in\ell}\pi_{ij}\boldsymbol{P}_j\boldsymbol{B}_i\boldsymbol{K}\\
&+\bar{\alpha}^2\boldsymbol{C}_i^{\mathrm{T}}\boldsymbol{L}^{\mathrm{T}}\sum_{j\in\ell}\pi_{ij}\boldsymbol{P}_j\boldsymbol{LC}_i-\boldsymbol{P}_i+[(\beta-1)\boldsymbol{B}_i\boldsymbol{K}]^{\mathrm{T}}\sum_{j\in\ell}\pi_{ij}\boldsymbol{P}_j(\beta-1)\boldsymbol{B}_i\boldsymbol{K}+\boldsymbol{C}^{\mathrm{T}}\boldsymbol{C}
\end{aligned}
$$

$$
\begin{aligned}
\varphi_{21}=&-\beta\boldsymbol{K}^{\mathrm{T}}\boldsymbol{B}_i^{\mathrm{T}}\sum_{j\in\ell}\pi_{ij}\boldsymbol{P}_j(\boldsymbol{A}_i+\beta\boldsymbol{B}_i\boldsymbol{K})-\bar{\beta}^2\boldsymbol{K}^{\mathrm{T}}\boldsymbol{B}_i^{\mathrm{T}}\sum_{j\in\ell}\pi_{ij}\boldsymbol{P}_j\boldsymbol{B}_i\boldsymbol{K}-\bar{\beta}^2\boldsymbol{K}^{\mathrm{T}}\boldsymbol{B}_i^{\mathrm{T}}\sum_{j\in\ell}\pi_{ij}\boldsymbol{P}_j\boldsymbol{B}_i\boldsymbol{K}\\
&+[\boldsymbol{A}_i-(\beta-1)\boldsymbol{B}_i\boldsymbol{K}-\alpha_\lambda\boldsymbol{LC}_i]^{\mathrm{T}}\sum_{j\in\ell}\pi_{ij}\boldsymbol{P}_j(\beta-1)\boldsymbol{B}_i\boldsymbol{K}
\end{aligned}
$$

$$
\begin{aligned}
\varphi_{22}=&\beta^2\boldsymbol{K}^{\mathrm{T}}\boldsymbol{B}_i^{\mathrm{T}}\sum_{j\in\ell}\pi_{ij}\boldsymbol{P}_j\boldsymbol{B}_i\boldsymbol{K}+\bar{\beta}^2\boldsymbol{K}^{\mathrm{T}}\boldsymbol{B}_i^{\mathrm{T}}\sum_{j\in\ell}\pi_{ij}\boldsymbol{P}_j\boldsymbol{B}_i\boldsymbol{K}+\bar{\beta}^2\boldsymbol{K}^{\mathrm{T}}\boldsymbol{B}_i^{\mathrm{T}}\sum_{j\in\ell}\pi_{ij}Q_j\boldsymbol{B}_i\boldsymbol{K}-\boldsymbol{P}_i\\
&+[\boldsymbol{A}_i-(\beta-1)\boldsymbol{B}_i\boldsymbol{K}-\alpha_\lambda\boldsymbol{LC}_i]^{\mathrm{T}}\sum_{j\in\ell}\pi_{ij}\boldsymbol{P}_j[\boldsymbol{A}_i-(\beta-1)\boldsymbol{B}_i\boldsymbol{K}-\alpha_\lambda\boldsymbol{LC}_i]
\end{aligned}
$$

$$\varphi_{31}=\boldsymbol{D}_i^{\mathrm{T}}\sum_{j\in\ell}\pi_{ij}\boldsymbol{P}_j(\boldsymbol{A}_i+\beta\boldsymbol{B}_i\boldsymbol{K})+\boldsymbol{D}_i^{\mathrm{T}}\sum_{j\in\ell}\pi_{ij}\boldsymbol{P}_j(\beta-1)\boldsymbol{B}_i\boldsymbol{K}$$

$$\varphi_{32}=-\beta\boldsymbol{D}_i^{\mathrm{T}}\sum_{j\in\ell}\pi_{ij}\boldsymbol{P}_j\boldsymbol{B}_i\boldsymbol{K}+\boldsymbol{D}_i^{\mathrm{T}}\sum_{j\in\ell}\pi_{ij}\boldsymbol{P}_j[\boldsymbol{A}_i-(\beta-1)\boldsymbol{B}_i\boldsymbol{K}-\alpha_\lambda\boldsymbol{LC}_i]$$

$$\varphi_{33}=\boldsymbol{D}_i^{\mathrm{T}}\sum_{j\in\ell}\pi_{ij}\boldsymbol{P}_j\boldsymbol{D}_i+\boldsymbol{D}_i^{\mathrm{T}}\sum_{j\in\ell}\pi_{ij}\boldsymbol{P}_j\boldsymbol{D}_i-\gamma^2\boldsymbol{I}$$

根据式(13.18)～式(13.19) 可知：

$$
\begin{aligned}
& \boldsymbol{f}_i^{\mathrm{T}}[k,\boldsymbol{x}(k)]\boldsymbol{f}_i[k,\boldsymbol{x}(k)]-\boldsymbol{x}^{\mathrm{T}}(k)\boldsymbol{G}_i^{\mathrm{T}}\boldsymbol{G}_i\boldsymbol{x}(k) \\
&=\boldsymbol{\zeta}^{\mathrm{T}}(k)\begin{bmatrix} -\boldsymbol{G}_i^{\mathrm{T}}\boldsymbol{G}_i & 0 & 0 & 0 & 0 \\ 0 & 0 & 0 & 0 & 0 \\ 0 & 0 & 0 & 0 & 0 \\ 0 & 0 & 0 & \boldsymbol{I} & 0 \\ 0 & 0 & 0 & 0 & 0 \end{bmatrix}\boldsymbol{\zeta}(k) \\
&\triangleq\boldsymbol{\zeta}^{\mathrm{T}}(k)\boldsymbol{\Omega}_1\boldsymbol{\zeta}(k)\leqslant 0
\end{aligned}
\tag{13.27}
$$

$$
\begin{aligned}
& \boldsymbol{F}_i^{\mathrm{T}}(k)\boldsymbol{F}_i(k)-\boldsymbol{e}^{\mathrm{T}}(k)\boldsymbol{G}_i^{\mathrm{T}}\boldsymbol{G}_i\boldsymbol{e}(k) \\
&=\boldsymbol{\zeta}^{\mathrm{T}}(k)\begin{bmatrix} 0 & 0 & 0 & 0 & 0 \\ 0 & -\boldsymbol{G}_i^{\mathrm{T}}\boldsymbol{G}_i & 0 & 0 & 0 \\ 0 & 0 & 0 & 0 & 0 \\ 0 & 0 & 0 & 0 & 0 \\ 0 & 0 & 0 & 0 & \boldsymbol{I} \end{bmatrix}\boldsymbol{\zeta}(k) \\
&\triangleq\boldsymbol{\zeta}^{\mathrm{T}}(k)\boldsymbol{\Omega}_2\boldsymbol{\zeta}(k)\leqslant 0
\end{aligned}
\tag{13.28}
$$

要是在具有正定矩阵 $\boldsymbol{P}_i>0$，$\boldsymbol{Y}_i>0$，同时也具有非负实数标量 $\tau_1\geqslant 0,\tau_2\geqslant 0$ 的情况下，使得：

$$
\boldsymbol{\Omega}-\tau_1\boldsymbol{\Omega}_1-\tau_2\boldsymbol{\Omega}_2<0 \tag{13.29}
$$

那么由引理 13.1 可知，在式(13.27)、式(13.28) 的约束下，有：

$$
\boldsymbol{\zeta}^{\mathrm{T}}(k)\boldsymbol{\Omega}\zeta(k)<0 \tag{13.30}
$$

由 Schur 补引理可知，式(13.30) 等价于式(13.24)。又根据式(13.26)、式(13.30) 得到：

$$
E\{\Delta V(k)+\boldsymbol{y}^{\mathrm{T}}(k)\boldsymbol{y}(k)-\gamma^2\boldsymbol{\omega}^{\mathrm{T}}(k)\boldsymbol{\omega}(k)\}<0 \tag{13.31}
$$

将式(13.31) 从 $k=0$ 加到 $k=\infty$ 得到：

$$
\sum_{k=0}^{\infty}E\{\boldsymbol{y}^{\mathrm{T}}(k)\boldsymbol{y}(k)\}<\gamma^2\sum_{k=0}^{\infty}E\{\boldsymbol{\omega}^{\mathrm{T}}(k)\boldsymbol{\omega}(k)\}+E\{V(0)\}-E\{V(\infty)\}
$$

由于所考虑的系统［式(13.12)］是随机稳定的，所以：

$$
\sum_{k=0}^{\infty}E\{\boldsymbol{y}^{\mathrm{T}}(k)\boldsymbol{y}(k)\}<\gamma^2\sum_{k=0}^{\infty}E\{\boldsymbol{\omega}^{\mathrm{T}}(k)\boldsymbol{\omega}(k)\}
$$

满足 H_∞ 性能指标［式(13.14)］，证明结束。

由于定理 13.2 中的条件是一系列具有矩阵逆约束的 LMI，所以可通过 CCL 的方法来进行解决，可以转化为如下的非线性最小化问题：

$$
\min\ \mathrm{tr}\left(\sum_{i=1}^{g}\boldsymbol{P}_i\boldsymbol{Y}_i\right)\ \text{s. t. 式(13.24)和式(13.32)}
$$

$$
\begin{bmatrix} \boldsymbol{P}_i & \boldsymbol{I} \\ \boldsymbol{I} & \boldsymbol{Y}_i \end{bmatrix}>0,i\in\iota \tag{13.32}
$$

与算法 12.1 类似，可以根据上章的算法 12.1 来推导定理 13.2 的非线性最小化问题的求解过程，此处不再进行详细的描述。

13.3　实例仿真

本节给出实例仿真以体现所得结果的有效性。

考虑如下存在全局 Lipschitz 非线性、随机数据包丢失和周期性 DoS 攻击的 NCS：

$$\begin{cases}\boldsymbol{x}(k+1)=\boldsymbol{A}_{\delta(k)}\boldsymbol{x}(k)+\boldsymbol{B}_{\delta(k)}\boldsymbol{u}(k)+\boldsymbol{D}_{\delta(k)}\boldsymbol{\omega}(k)+\boldsymbol{f}_{\delta(k)}[k,\boldsymbol{x}(k)]\\ \boldsymbol{y}(k)=\boldsymbol{C}_{\delta(k)}\boldsymbol{x}(k)\end{cases}$$

其中：

$$\boldsymbol{A}_1=\begin{bmatrix}0.8266 & -0.6330 & 0\\ 0.5 & 0 & 0\\ 0 & 1.0 & 0\end{bmatrix},\boldsymbol{B}_1=\begin{bmatrix}1\\0\\0\end{bmatrix},\boldsymbol{D}_1=\begin{bmatrix}0.5\\0\\0.2\end{bmatrix},\boldsymbol{C}_1=[0.1\quad 0\quad 0]$$

$$\boldsymbol{A}_2=\begin{bmatrix}0.9226 & -0.6330 & 0\\ 1.0 & 0 & 0\\ 0 & 1.0 & 0\end{bmatrix},\boldsymbol{B}_2=\begin{bmatrix}0.5\\0\\0.2\end{bmatrix},\boldsymbol{D}_2=\begin{bmatrix}1\\0\\0\end{bmatrix},\boldsymbol{C}_2=[0.1\quad 0\quad 0]$$

$$\boldsymbol{f}_1[k,\boldsymbol{x}(k)]=\begin{bmatrix}0.01\sin\boldsymbol{x}_1(k)\\ 0.01\sin\boldsymbol{x}_2(k)\\ 0.01\sin\boldsymbol{x}_3(k)\end{bmatrix},\boldsymbol{x}(k)=\begin{bmatrix}\boldsymbol{x}_1(k)\\ \boldsymbol{x}_2(k)\\ \boldsymbol{x}_3(k)\end{bmatrix},\tau_1=0.5,\tau_2=0.3,\delta(k)\in\{1,2\}$$

$$\boldsymbol{f}_2[k,\boldsymbol{x}(k)]=\begin{bmatrix}0.02\sin\boldsymbol{x}_1(k)\\ 0.02\sin\boldsymbol{x}_2(k)\\ 0.02\sin\boldsymbol{x}_3(k)\end{bmatrix},\boldsymbol{G}_1=\begin{bmatrix}0.01 & 0 & 0\\ 0 & 0.01 & 0\\ 0 & 0 & 0.01\end{bmatrix},\boldsymbol{G}_2=\begin{bmatrix}0.02 & 0 & 0\\ 0 & 0.02 & 0\\ 0 & 0 & 0.02\end{bmatrix}$$

假设干扰器的周期为 $T=10$，休眠期为 $T_{\text{off}}=6$，即 $n=\{1,2,\cdots,6\}$。假设 $\delta(k)$的转移概率矩阵为 $\boldsymbol{Q}=\begin{bmatrix}0.8 & 0.2\\ 0.3 & 0.7\end{bmatrix}$。根据定理 13.2，分析 DoS 攻击造成的影响。在休眠期和 C-A 通信信道之间传输数据包的成功概率是固定的，即 $\alpha_1=0.9$，$\beta=0.8$。表 13.1 列出了 λ 的允许最小值，可以清楚地看出，当 α_2 变大时，$\lambda_{\min}$ 变小。可以看出，DoS 攻击带来的影响是显而易见的，由此可以推出对互联网通信安全采取研究是值得的，是有数据作为支撑的。

表 13.1　不同 α_2 下 λ 的最小值

α_2	0.3	0.4	0.5	0.6	0.7	0.8	0.9
$\lambda_{\min}$	0.4164	0.4157	0.4150	0.4141	0.4133	0.4124	0.4111

当 $\alpha_1=0.9$，$\alpha_2=0.3$，$\beta=0.8$ 时，控制器增益矩阵 $\boldsymbol{K}$、观测器增益矩阵 $\boldsymbol{L}$ 以及最小扰动衰减性能指标 $\lambda_{\min}$ 如下所示：

$$\boldsymbol{K}=[-0.1339\quad -0.0274\quad -0.0026],\boldsymbol{L}=\begin{bmatrix}1.0868\\ 0.1465\\ -0.7119\end{bmatrix},\gamma_{\min}=0.417$$

考虑闭环系统的初始状态为 $\boldsymbol{x}_0=[0.2\quad 0.3\quad 0.1]^{\mathrm{T}}$，$\hat{\boldsymbol{x}}_0=[0\quad 0\quad 0]^{\mathrm{T}}$，相应地外部扰动描述为 $\omega(k)=1/k^2$。闭环系统的模态如图 13.2 所示。在 S-C 通道中随机发生数据包丢失和周期性 DoS 攻击时的 $\alpha(k)$ 如图 13.3 所示，在 C-A 通道中随机发生数据包丢失时的 $\beta(k)$ 如图 13.4 所示。闭环系统的状态响应曲线由图 13.5 所描述。根据图 13.5 能够看出闭环系统是随机稳定的，这意味着本章使用的方法是有效的。

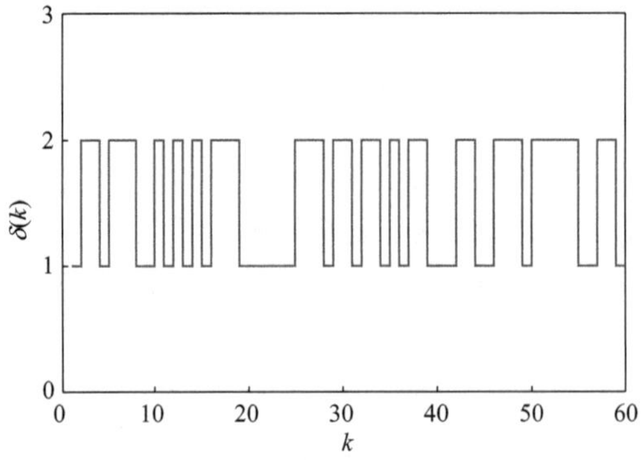

图 13.2　闭环系统的模态 $\delta(k)$

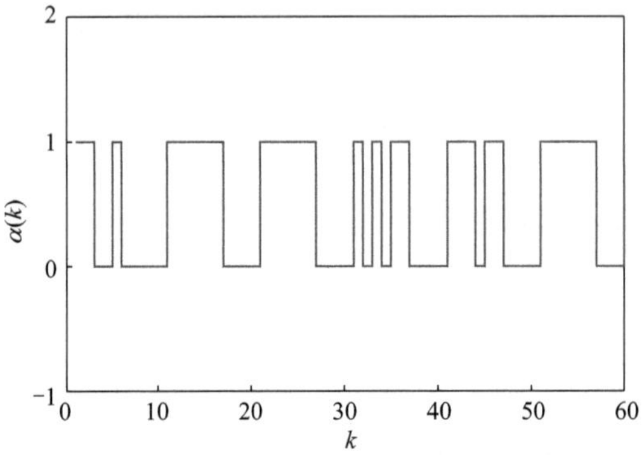

图 13.3　在 S-C 通道中随机发生数据包丢失和周期性 DoS 攻击时 $\alpha(k)$

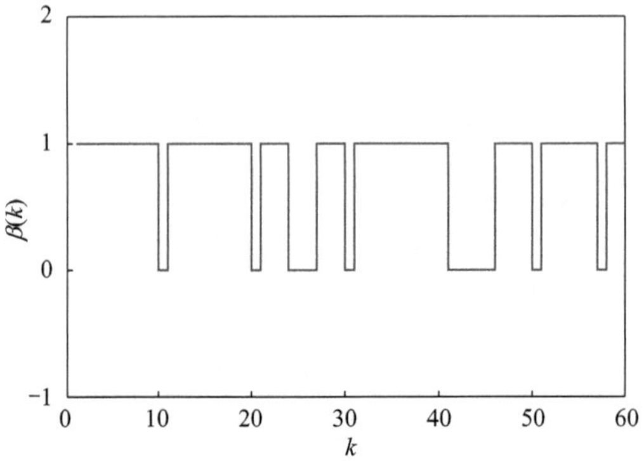

图 13.4　在 C-A 通道中随机发生数据包丢失时 $\beta(k)$

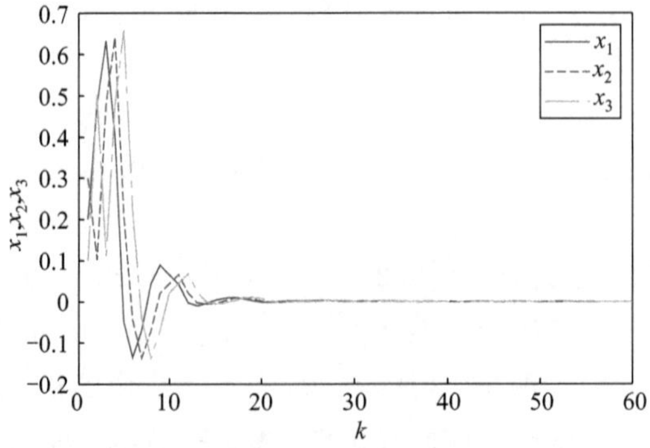

图 13.5　闭环系统的状态响应曲线

13.4 本章小结

本章对基于观测器的存在 Lipschitz 非线性、随机数据包丢失和周期性 DoS 攻击的 Markov 跳变系统的 H_∞ 控制问题进行了讨论。同时考虑了 S-C 及 C-A 的数据包丢失，对所考虑系统的随机稳定的充分条件进行了讨论，同时得到了控制器设计方法和最小扰动抑制性能指标。

参考文献

[1] Zhang H, Cheng P, Ling S, et al. Optimal DoS attack scheduling in wireless networked control system [J]. IEEE Transactions on Control Systems Technology, 2016, 24 (3): 843-852.

[2] Peng C, Sun H T. Switching-like event-triggered control for networked control systems under malicious denial of service attacks [J]. IEEE Transactions on Automatic Control, 2020, 65 (9): 3943-3949.

[3] Li T X, Chen B, Yu L, et al. Active security control approach against DoS attacks in cyber-physical systems [J]. IEEE Transactions on Automatic Control, 2020, 66 (9): 4303-4310.

[4] Yang H J, Li Y, Dai L, et al. MPC-based defense strategy for distributed networked control systems under DoS attacks [J]. Systems and Control Letters, 2019, 128: 9-18.

[5] Zhang X M, Han Q L, Ge X H, et al. Resilient control design based on a sampled-data model for a class of networked control systems under denial-of-service attacks [J]. IEEE Transactions on Cybernetics, 2020, 50 (8): 3616-3626.

[6] Hu S L, Yue D, Xie X P, et al. Resilient event-triggered controller synthesis of networked control systems under periodic DoS jamming attacks [J]. IEEE Transactions on Cybernetics, 2019, 49 (12): 4271-4281.

[7] Li H D, Han C Y, Zhang H S, et al. Optimal control and stabilization for networked systems with input delay and Markovian packet losses [J]. IEEE Transactions on Systems, Man, and Cybernetics: Systems, 2021, 51 (7): 4453-4465.

[8] Cui Y L, Xu L L. Networked control for linear systems with forward and backward channels in presence of data transmission delays, consecutive packet dropouts and disordering [J]. Journal of the Franklin Institute, 2021, 358 (8): 4121-4140.

[9] Yu M, Bai S, Yang T, et al. Quantized output feedback control of networked control systems with packet dropout [J]. International Journal of Control, Automation and Systems, 2018, 16: 2559-2568.

[10] Song X N, Men Y Z, Zhou J P, et al. Event-triggered H_∞ control for networked discrete-time Markov jump systems with repeated scalar nonlinearities [J]. Applied Mathematics and Computation, 2017, 298: 123-132.

[11] Luan X L, Liu F, Shi P. Neural-network-based finite-time H_∞ control for extended Markov jump nonlinear systems [J]. International Journal of Adaptive Control and Signal Processing, 2010, 24 (7): 554-567.

［12］ Wu Z G，Shi P，Su H Y，et al. Asynchronous l_2-l_∞ filtering for discrete-time stochastic Markov jump systems with randomly occurred sensor nonlinearities［J］. Automatica，2014，50（1）：180-186.

［13］ Yaz E E. Linear matrix inequalities in system and control theory［J］. Proceedings of the IEEE，1998，86（12）：2473-2474.

第 14 章 具有 S-C 数据包丢失的网络化 Markov 跳变系统的故障检测

在 NCS 中，互联网通信信道至关重要，它起到了将系统的多个组成部分联结在一起的关键作用。互联网拥挤、网络延时、数据发送的时序错乱等事件都会导致数据丢包，对于数据包而言，丢包只是最浅显的危害，更重要的是会使故障的检测信息不完备以至于不能及时发现系统发生了故障，当处在此类状况中时，系统的性能有可能会受到损伤。就研究现状而言，较多学者都将目光聚集于控制器设计问题上，有少部分人致力于故障检测的研究。NCS 工作过程中内部部件的老化在所难免，而外部干扰又常常是伴随着系统运行的，由此可知系统故障是时有发生的[1]，因此研究 NCS 的故障检测问题具备实际意义，值得专家们将精力投入其中。

大方向上来说关于 NCS 故障检测的文献可分为以下三类。第一类仅仅讨论了有关数据包丢失的问题。例如文献［2］讨论了 S-C 之间数据丢包的 NCS 的故障检测，构造了新的故障观测器，丢包事件一旦出现，便将此前顺利传递的系统输出用于观测器的反馈。第二类研究方法仅仅讨论了时延的影响，如文献［3］讨论了具有时延的分布式 NCS（distributed networked control systems，DNCS）的故障检测方面的问题，主要对一类有着滑模观测器的两级 DNCS 的故障检测方法开展了研究，同时提出了两种不同状况下的研究方法；当系统的所有状态都可以测量时，将故障检测问题转换为滑动稳定可达问题；当系统的某些状态不可以测量时，设计一个变换矩阵来分离可测状态和未知状态，然后针对这些未知状态开发不同的滑模观测器来达到发现故障的目的。又如文献［4］解决了基于观测器的具有不确定时变时延的 NCS 的鲁棒故障检测滤波器的研究内容，同时也进一步讨论了优化问题。第三类则是将时间延迟和数据丢包都考虑进去，同步进行讨论，如文献［5］主要对一类有着随时间变化的延迟的 NCS 进行了讨论，故障检测是在传感器数据中存在输出延迟和丢包的情况下进行的，通过联合控制器数据的到达条件，构建了基于离散异步动力系统的故障观测器误差方程。

上述文献的研究对象均为线性系统，在实际的工程应用领域中，许多系统所展现出的特性通常不是特定的，其结构和参数有时会具有随机变化的特征，很难用确定性的模型来描述。而本章的研究对象为 Markov 跳变系统。Markov 跳变系统可以用来应对系统参数或结构发生突变的情况，在通信系统以及制造系统中，都有关于 Markov 跳变系统的应用。本章主要研究了在 S-C 之间具有数据丢包的 Markov 跳变系统的故障检测问题。主要的内容可概括如下：

① 讨论 S-C 侧丢包，通过在控制器端构造观测器以产生残差和实现基于观测器的输出反馈控制，建立所考虑系统的数学模型。

② 利用所构造的 Lyapunov 函数，得到所考虑系统随机稳定的充分条件，同时也得到控制器增益矩阵的求解方法。

14.1 问题描述

在 S-C 之间存在数据包的丢失、C-A 之间不存在数据包丢失的情况下，网络化 Markov 跳变系统如图 14.1 所示。

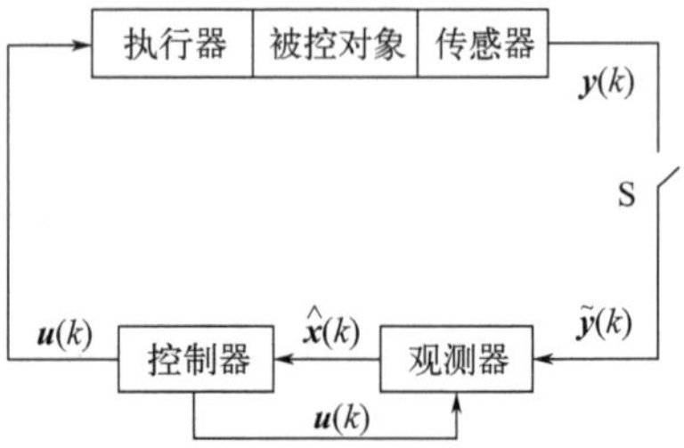

图 14.1　网络化 Markov 跳变系统

其状态方程如下所示：

$$\begin{cases} \boldsymbol{x}(k+1)=\boldsymbol{A}_{\delta(k)}\boldsymbol{x}(k)+\boldsymbol{B}_{\delta(k)}\boldsymbol{u}(k)+\boldsymbol{B}_{\omega\delta(k)}\boldsymbol{\omega}(k)+\boldsymbol{B}_{f\delta(k)}\boldsymbol{f}(k) \\ \boldsymbol{y}(k)=\boldsymbol{C}_{\delta(k)}\boldsymbol{x}(k) \end{cases} \tag{14.1}$$

在这个式子中，$\boldsymbol{x}(k)\in\mathbf{R}^n$ 描述了系统状态，$\boldsymbol{u}(k)\in\mathbf{R}^m$ 描述了系统输入，$\boldsymbol{\omega}(k)\in\mathbf{R}^s$ 描述了外部扰动，$\boldsymbol{f}(k)\in\mathbf{R}^t$ 描述了系统故障，$\boldsymbol{y}(k)\in\mathbf{R}^r$ 描述了系统输出；$\boldsymbol{A}_{\delta(k)}$，$\boldsymbol{B}_{\delta(k)}$，$\boldsymbol{B}_{\omega\delta(k)}$，$\boldsymbol{B}_{f\delta(k)}$，$\boldsymbol{C}_{\delta(k)}$是有着合适的维数的实常数矩阵，$\delta(k)$在集合 $\phi=\{1,2,\cdots,g\}$ 中选取合适的数值，它的转移概率矩阵可以描述为 $\boldsymbol{Q}=[q_{mn}]$，$q_{mn}=\Pr\{\delta(k+1)=n\,|\,\delta(k)=m\}$，$\sum_{n=1}^{g}q_{mn}=1$，$q_{mn}\geqslant 0, m,n\in\phi$。

随机变量 $\alpha(k)$代表开关 S 的状态，同时从集合$\{0,1\}$中选取数值；当 $\alpha(k)=0$ 时，开关 S 断开，数据包在传输中发生了丢失的情况，数据传递失败；当 $\alpha(k)=1$ 时，开关 S 接通，数据顺利传递出去。

状态观测器描述如下：

$$\begin{cases} \hat{\boldsymbol{x}}(k+1)=\boldsymbol{A}_{\delta(k)}\hat{\boldsymbol{x}}(k)+\boldsymbol{B}_{\delta(k)}\boldsymbol{u}(k)+\boldsymbol{L}[\tilde{\boldsymbol{y}}(k)-\hat{\boldsymbol{y}}(k)] \\ \hat{\boldsymbol{y}}(k)=\boldsymbol{C}_{\delta(k)}\hat{\boldsymbol{x}}(k) \\ \boldsymbol{r}(k)=\boldsymbol{V}[\tilde{\boldsymbol{y}}(k)-\hat{\boldsymbol{y}}(k)] \end{cases} \tag{14.2}$$

在这个式子中，$\hat{\boldsymbol{x}}(k)\in\mathbf{R}^n$ 描述了观测器的状态，$\hat{\boldsymbol{y}}(k)\in\mathbf{R}^r$ 描述了观测器的输出，$\boldsymbol{L}\in\mathbf{R}^{n\times r}$ 描述了观测器的增益矩阵，$\tilde{\boldsymbol{y}}(k)\in\mathbf{R}^r$ 代表观测器接收到的系统输出，$\boldsymbol{r}(k)\in\mathbf{R}^q$ 代表残差信号，$\boldsymbol{V}\in\mathbf{R}^{q\times r}$ 为残差增益矩阵，$\boldsymbol{u}(k)\in\mathbf{R}^m$ 代表观测器的控制输入，可被描述如下：

$$\boldsymbol{u}(k)=\boldsymbol{K}\hat{\boldsymbol{x}}(k) \tag{14.3}$$

式子中的 $\boldsymbol{K}$ 代表控制器的增益矩阵。

因为在 S-C 之间存在数据包的丢失，所以 k 时刻在控制器端的系统输出可描述为：

$$\tilde{\boldsymbol{y}}(k)=\alpha(k)\boldsymbol{y}(k) \tag{14.4}$$

定义状态估计误差 $\boldsymbol{e}(k)$，残差误差 $\boldsymbol{r}_e(k)$和增广向量 $\boldsymbol{\zeta}(k)$、$\boldsymbol{\eta}(k)$如下：

$$e(k)=x(k)-\hat{x}(k),\ r_e(k)=r(k)-f(k)$$

$$\zeta(k)=\begin{bmatrix}x^{\mathrm{T}}(k) & e^{\mathrm{T}}(k)\end{bmatrix}^{\mathrm{T}},\ \eta(k)=\begin{bmatrix}\omega^{\mathrm{T}}(k) & f^{\mathrm{T}}(k)\end{bmatrix}^{\mathrm{T}}$$

通过对上面的式(14.1)～式(14.4) 的分析与讨论，可得闭环系统描述如下：

$$\begin{cases}\zeta(k+1)=(\overline{A}_{\delta(k)}+\overline{B}_{\delta(k)}KI_1+I_2L\overline{C}_{\delta(k)})\zeta(k)+\overline{D}_{\delta(k)}\eta(k)\\ r_e(k)=V\overline{E}_{\delta(k)}\zeta(k)-I_3\eta(k)\end{cases} \tag{14.5}$$

其中：

$$\overline{A}_{\delta(k)}=\begin{bmatrix}A_{\delta(k)} & 0\\ 0 & A_{\delta(k)}\end{bmatrix},\overline{B}_{\delta(k)}=\begin{bmatrix}B_{\delta(k)}\\ 0\end{bmatrix},I_1=\begin{bmatrix}I & -I\end{bmatrix},I_2=\begin{bmatrix}0\\ I\end{bmatrix}$$

$$\overline{C}_{\delta(k)}=\begin{bmatrix}[1-\alpha(k)]C_{\delta(k)} & -C_{\delta(k)}\end{bmatrix}$$

$$\overline{D}_{\delta(k)}=\begin{bmatrix}B_{\omega\delta(k)} & B_{f\delta(k)}\\ B_{\omega\delta(k)} & B_{f\delta(k)}\end{bmatrix},\overline{E}_{\delta(k)}=\begin{bmatrix}[\alpha(k)-1]C_{\delta(k)} & C_{\delta(k)}\end{bmatrix},I_3=\begin{bmatrix}0 & I\end{bmatrix}$$

① 当 $\alpha(k)=0$ 时，S-C 之间存在数据包的丢失，所考虑系统［式(14.5)］可描述为：

$$\begin{cases}\zeta(k+1)=(\overline{A}_{\delta(k),1}+\overline{B}_{\delta(k),1}KI_1+I_2L\overline{C}_{\delta(k),1})\zeta(k)+\overline{D}_{\delta(k),1}\eta(k)\\ r_e(k)=V\overline{E}_{\delta(k),1}\zeta(k)-I_3\eta(k)\end{cases} \tag{14.6}$$

其中：

$$\overline{A}_{\delta(k),1}=\begin{bmatrix}A_{\delta(k)} & 0\\ 0 & A_{\delta(k)}\end{bmatrix},\overline{B}_{\delta(k),1}=\begin{bmatrix}B_{\delta(k)}\\ 0\end{bmatrix},\overline{C}_{\delta(k),1}=\begin{bmatrix}C_{\delta(k)} & -C_{\delta(k)}\end{bmatrix}$$

$$\overline{D}_{\delta(k),1}=\begin{bmatrix}B_{\omega\delta(k)} & B_{f\delta(k)}\\ B_{\omega\delta(k)} & B_{f\delta(k)}\end{bmatrix},\overline{E}_{\delta(k),1}=\begin{bmatrix}-C_{\delta(k)} & C_{\delta(k)}\end{bmatrix}$$

② 当 $\alpha(k)=1$ 时，S-C 之间不存在数据包的丢失，那么所考虑系统［式(14.5)］可描述为：

$$\begin{cases}\zeta(k+1)=(\overline{A}_{\delta(k),2}+\overline{B}_{\delta(k),2}KI_1+I_2L\overline{C}_{\delta(k),2})\zeta(k)+\overline{D}_{\delta(k),2}\eta(k)\\ r_e(k)=V\overline{E}_{\delta(k),2}\zeta(k)-I_3\eta(k)\end{cases} \tag{14.7}$$

其中：

$$\overline{A}_{\delta(k),2}=\begin{bmatrix}A_{\delta(k)} & 0\\ 0 & A_{\delta(k)}\end{bmatrix},\overline{B}_{\delta(k),2}=\begin{bmatrix}B_{\delta(k)}\\ 0\end{bmatrix},\overline{C}_{\delta(k),2}=\begin{bmatrix}0 & -C_{\delta(k)}\end{bmatrix}$$

$$\overline{D}_{\delta(k),2}=\begin{bmatrix}B_{\omega\delta(k)} & B_{f\delta(k)}\\ B_{\omega\delta(k)} & B_{f\delta(k)}\end{bmatrix},\overline{E}_{\delta(k),2}=\begin{bmatrix}0 & C_{\delta(k)}\end{bmatrix}$$

当处于数据丢包状况下时，所考虑系统［式(14.5)］在式(14.6)～式(14.7) 之中转移，因为上一瞬间的丢包与此刻的丢包紧密相关，因此可将闭环系统描述如下：

$$\begin{cases}\zeta(k+1)=(\overline{A}_{\delta(k),\theta(k)}+\overline{B}_{\delta(k),\theta(k)}KI_1+I_2L\overline{C}_{\delta(k),\theta(k)})\zeta(k)+\overline{D}_{\delta(k),\theta(k)}\eta(k)\\ r_e(k)=V\overline{E}_{\delta(k),\theta(k)}\zeta(k)-I_3\eta(k)\end{cases} \tag{14.8}$$

在这个式子中，$\{\theta(k),k\in \mathbf{Z}\}$是离散时间的 Markov 链，集中在集合 $\ell=\{1,2\}$的范围中选取数值，$\theta(k)$的转移概率矩阵可以被描述为 $\boldsymbol{\Pi}=[\pi_{ij}]$，$\pi_{ij}=\Pr\{\theta(k+1)=j\mid\theta(k)=i\}$，$\pi_{ij}\geqslant 0$，$\sum_{j=1}^{2}\pi_{ij}=1,i,j\in\ell$。

可以利用如下的残差评价函数来进行描述：

$$J(k)=\sum_{l=\rho_0}^{\rho_0+k}\sqrt{r^{\mathrm{T}}(l)r(l)} \tag{14.9}$$

可以选用如下的故障检测阈值来进行描述：

$$J_{th}=\sup_{\eta(k)=0}\sum_{l=\rho_0}^{\rho_0+L_0}\sqrt{\boldsymbol{r}^{\mathrm{T}}(l)\boldsymbol{r}(l)} \tag{14.10}$$

在上面所描述的式子中，ρ_0 描述了初始评价时刻，L_0 描述了评价步长。

通过比较 $J(k)$ 和 J_{th} 就能知道是否有故障发生：

$$\begin{cases}J(k)\leqslant J_{th}\Rightarrow 正常\\ J(k)>J_{th}\Rightarrow 故障\end{cases} \tag{14.11}$$

本章的主要核心内容是对 S-C 侧数据丢包进行分析，与此同时设计故障检测状态观测器［式(14.2)］和基于观测器的反馈控制律［式(14.3)］，使得：

(a) 当在 $\boldsymbol{\eta}(k)=0$ 条件下时，所考虑的系统［式(14.8)］达到随机稳定；

(b) 当处于零初始状态时，有：

$$\sum_{k=0}^{\infty}\boldsymbol{r}_e^{\mathrm{T}}(k)\boldsymbol{r}_e(k)<\gamma^2\sum_{k=0}^{\infty}\boldsymbol{\eta}^{\mathrm{T}}(k)\boldsymbol{\eta}(k) \tag{14.12}$$

在这个式子中 $\gamma>0$，所描述的是干扰衰减性能要求。

14.2 主要结论

14.2.1 稳定性分析

定理 14.1 当 $\boldsymbol{\eta}(k)=0$ 时，如果存在正定矩阵 $\boldsymbol{P}_{m,i}>0$，$\boldsymbol{Y}_{m,i}>0$，以及矩阵 $\boldsymbol{K}$、$\boldsymbol{L}$，使得：

$$\begin{bmatrix}-\boldsymbol{P}_{m,i} & *\\ \boldsymbol{\Upsilon}_{m,i} & -\widetilde{\boldsymbol{Y}}_{n,j}\end{bmatrix}<0 \tag{14.13}$$

$$\boldsymbol{P}_{m,i}\boldsymbol{Y}_{m,i}=\boldsymbol{I} \tag{14.14}$$

其中：

$$\boldsymbol{\Upsilon}_{m,i}=\left[\sqrt{q_{m1}\pi_{i1}}\boldsymbol{\Psi}_{m,i}^{\mathrm{T}},\sqrt{q_{m1}\pi_{i2}}\boldsymbol{\Psi}_{m,i}^{\mathrm{T}},\cdots,\sqrt{q_{mg}\pi_{i2}}\boldsymbol{\Psi}_{m,i}^{\mathrm{T}}\right]^{\mathrm{T}}$$

$$\widetilde{\boldsymbol{Y}}_{n,j}=\mathrm{diag}(\boldsymbol{Y}_{1,1},\boldsymbol{Y}_{1,2},\cdots,\boldsymbol{Y}_{g,2})$$

$$\boldsymbol{\Psi}_{m,i}=\overline{\boldsymbol{A}}_{m,i}+\overline{\boldsymbol{B}}_{m,i}\boldsymbol{K}\boldsymbol{I}_1+\boldsymbol{I}_2\boldsymbol{L}\overline{\boldsymbol{C}}_{m,i}$$

对所有的 $m,n\in\phi,i,j\in\iota$ 都成立，那么可以得出所讨论的系统［式(14.8)］是随机稳定的这一结论。

证明： 对所讨论的系统［式(14.8)］，当 $\boldsymbol{\eta}(k)=0$ 时，考虑如下的 Lyapunov 函数：

$$V(k)=\boldsymbol{\zeta}^{\mathrm{T}}(k)\boldsymbol{P}_{\delta(k),\theta(k)}\boldsymbol{\zeta}(k)$$

其中，$\boldsymbol{P}_{\delta(k),\theta(k)}>0$。

$$\begin{aligned}E\{\Delta V(k)\}&=E\{\boldsymbol{\zeta}^{\mathrm{T}}(k+1)\boldsymbol{P}_{\delta(k+1),\theta(k+1)}\boldsymbol{\zeta}(k+1)\mid\delta(k)=m,\theta(k)=i\}-\boldsymbol{\zeta}^{\mathrm{T}}(k)\boldsymbol{P}_{\delta(k),\theta(k)}\boldsymbol{\zeta}(k)\\&=[(\overline{\boldsymbol{A}}_{m,i}+\overline{\boldsymbol{B}}_{m,i}\boldsymbol{K}\boldsymbol{I}_1+\boldsymbol{I}_2\boldsymbol{L}\overline{\boldsymbol{C}}_{m,i})\boldsymbol{\zeta}(k)]^{\mathrm{T}}\sum_{n\in\phi}\sum_{j\in\iota}q_{mn}\pi_{ij}\boldsymbol{P}_{n,j}\\&\quad(\overline{\boldsymbol{A}}_{m,i}+\overline{\boldsymbol{B}}_{m,i}\boldsymbol{K}\boldsymbol{I}_1+\boldsymbol{I}_2\boldsymbol{L}\overline{\boldsymbol{C}}_{m,i})\boldsymbol{\zeta}(k)-\boldsymbol{\zeta}^{\mathrm{T}}(k)\boldsymbol{P}_{m,i}\boldsymbol{\zeta}(k)\\&=\boldsymbol{\zeta}^{\mathrm{T}}(k)\boldsymbol{\Phi}_{m,i}\boldsymbol{\zeta}(k)\end{aligned}$$

由 Schur 补引理可得：

$$\boldsymbol{\Phi}_{m,i}=\begin{bmatrix} -\boldsymbol{P}_{m,i} & * & * & \cdots & * \\ \sqrt{q_{m1}\pi_{i1}}\boldsymbol{\Psi}_{m,i} & -\boldsymbol{P}_{1,1}^{-1} & * & \cdots & * \\ \sqrt{q_{m1}\pi_{i2}}\boldsymbol{\Psi}_{m,i} & 0 & -\boldsymbol{P}_{1,2}^{-1} & \cdots & * \\ \vdots & \vdots & \vdots & & \vdots \\ \sqrt{q_{mg}\pi_{i2}}\boldsymbol{\Psi}_{m,i} & 0 & 0 & \cdots & -\boldsymbol{P}_{g,2}^{-1} \end{bmatrix}$$

令 $\boldsymbol{Y}_{m,i}=\boldsymbol{P}_{m,i}^{-1}$，则：

$$\boldsymbol{\Phi}_{m,i}=\begin{bmatrix} -\boldsymbol{P}_{m,i} & * & * & \cdots & * \\ \sqrt{q_{m1}\pi_{i1}}\boldsymbol{\Psi}_{m,i} & -\boldsymbol{Y}_{1,1} & * & \cdots & * \\ \sqrt{q_{m1}\pi_{i2}}\boldsymbol{\Psi}_{m,i} & 0 & -\boldsymbol{Y}_{1,2} & \cdots & * \\ \vdots & \vdots & \vdots & & \vdots \\ \sqrt{q_{mg}\pi_{i2}}\boldsymbol{\Psi}_{m,i} & 0 & 0 & \cdots & -\boldsymbol{Y}_{g,2} \end{bmatrix}$$

因此，若定理 14.1 中式(14.14) 满足，那么所考虑系统［式(14.8)］是随机稳定的，证明结束。

14.2.2 故障检测观测器设计

定理 14.2 当 $\boldsymbol{\eta}(k)\neq 0$ 时，对于给定的标量 $0\leqslant\gamma\leqslant 1$，以及残差增益矩阵 $\mathbf{V}$，如果可以找到矩阵 $\boldsymbol{K}$、$\boldsymbol{L}$ 以及正定矩阵 $\boldsymbol{P}_{m,i}>0$，$\boldsymbol{Y}_{m,i}>0$，对于下面所示的不等式来说是成立的，则可以得出所考虑的系统［式(14.8)］是随机稳定的这一结论，且满足 H_∞ 性能指标［式(14.12)］。

$$\boldsymbol{\Gamma}=\begin{bmatrix} \boldsymbol{\Gamma}_{11} & * \\ \boldsymbol{\Gamma}_{21} & \boldsymbol{\Gamma}_{22} \end{bmatrix}<0 \tag{14.15}$$

$$\boldsymbol{P}_{m,i}\boldsymbol{Y}_{m,i}=\boldsymbol{I},m\in\phi,i\in\ell \tag{14.16}$$

在上述的式子中：

$$\boldsymbol{\Gamma}_{11}=\begin{bmatrix} -\boldsymbol{P}_{m,i} & * \\ 0 & -\gamma^2\boldsymbol{I} \end{bmatrix}$$

$$\boldsymbol{\Gamma}_{21}=\begin{bmatrix} \mathbf{V}\overline{\boldsymbol{E}}_{m,i} & -\boldsymbol{I}_3 \\ \sqrt{q_{m1}}\sqrt{\pi_{i1}}(\overline{\boldsymbol{A}}_{m,i}+\overline{\boldsymbol{B}}_{m,i}\boldsymbol{K}\boldsymbol{I}_1+\boldsymbol{I}_2\boldsymbol{L}\overline{\boldsymbol{C}}_{m,i}) & \sqrt{q_{m1}}\sqrt{\pi_{i1}}\overline{\boldsymbol{D}}_{m,i} \\ \sqrt{q_{m1}}\sqrt{\pi_{i2}}(\overline{\boldsymbol{A}}_{m,i}+\overline{\boldsymbol{B}}_{m,i}\boldsymbol{K}\boldsymbol{I}_1+\boldsymbol{I}_2\boldsymbol{L}\overline{\boldsymbol{C}}_{m,i}) & \sqrt{q_{m1}}\sqrt{\pi_{i2}}\overline{\boldsymbol{D}}_{m,i} \\ \vdots & \vdots \\ \sqrt{q_{mg}}\sqrt{\pi_{i2}}(\overline{\boldsymbol{A}}_{m,i}+\overline{\boldsymbol{B}}_{m,i}\boldsymbol{K}\boldsymbol{I}_1+\boldsymbol{I}_2\boldsymbol{L}\overline{\boldsymbol{C}}_{m,i}) & \sqrt{q_{mg}\pi_{i2}}\overline{\boldsymbol{D}}_{m,i} \end{bmatrix}$$

$$\boldsymbol{\Gamma}_{22}=\mathrm{diag}(-\boldsymbol{I},-\boldsymbol{Y}_{1,1},-\boldsymbol{Y}_{1,2},\cdots,-\boldsymbol{Y}_{g,2})$$

证明：当 $\boldsymbol{\eta}(k)\neq 0$ 时，由式(14.8) 可得：

$$\begin{aligned} & E\{\Delta V(k)+\boldsymbol{r}_e^{\mathrm{T}}(k)\boldsymbol{r}_e(k)-\gamma^2\boldsymbol{\eta}^{\mathrm{T}}(k)\boldsymbol{\eta}(k)\} \\ = & [(\overline{\boldsymbol{A}}_{m,i}+\overline{\boldsymbol{B}}_{m,i}\boldsymbol{K}\boldsymbol{I}_1+\boldsymbol{I}_2\boldsymbol{L}\overline{\boldsymbol{C}}_{m,i})\boldsymbol{\zeta}(k)+\overline{\boldsymbol{D}}_{m,i}\boldsymbol{\eta}(k)]^{\mathrm{T}} \\ & \sum_{n\in\phi}\sum_{j\in\ell}q_{mn}\pi_{ij}\boldsymbol{P}_{n,j}[(\overline{\boldsymbol{A}}_{m,i}+\overline{\boldsymbol{B}}_{m,i}\boldsymbol{K}\boldsymbol{I}_1+\boldsymbol{I}_2\boldsymbol{L}\overline{\boldsymbol{C}}_{m,i})\boldsymbol{\zeta}(k)+\overline{\boldsymbol{D}}_{m,i}\boldsymbol{\eta}(k)] \end{aligned}$$

$$-\boldsymbol{\zeta}^{\mathrm{T}}(k)\boldsymbol{P}_{m,i}\boldsymbol{\zeta}(k)+[\boldsymbol{V}\overline{\boldsymbol{E}}_{m,i}\boldsymbol{\zeta}(k)-\boldsymbol{I}_3\boldsymbol{\eta}(k)]^{\mathrm{T}}[\boldsymbol{V}\overline{\boldsymbol{E}}_{m,i}\boldsymbol{\zeta}(k)-\boldsymbol{I}_3\boldsymbol{\eta}(k)]-\gamma^2\boldsymbol{\eta}^{\mathrm{T}}(k)\boldsymbol{\eta}(k)$$
$$=\boldsymbol{\xi}^{\mathrm{T}}(k)\boldsymbol{\Phi}'_{m,i}\boldsymbol{\xi}(k)$$

在这个式子中：

$$\boldsymbol{\xi}^{\mathrm{T}}(k)=[\boldsymbol{\zeta}^{\mathrm{T}}(k)\quad \boldsymbol{\eta}^{\mathrm{T}}(k)],\boldsymbol{\Phi}'_{m,i}=\begin{bmatrix}\boldsymbol{\Upsilon}_{11} & * \\ \boldsymbol{\Upsilon}_{21} & \boldsymbol{\Upsilon}_{22}\end{bmatrix}$$

$$\boldsymbol{\Upsilon}_{11}=(\overline{\boldsymbol{A}}_{m,i}+\overline{\boldsymbol{B}}_{m,i}\boldsymbol{K}\boldsymbol{I}_1+\boldsymbol{I}_2\boldsymbol{L}\overline{\boldsymbol{C}}_{m,i})^{\mathrm{T}}\sum_{n\in\phi}\sum_{j\in\ell}q_{mn}\pi_{ij}\boldsymbol{P}_{n,j}(\overline{\boldsymbol{A}}_{m,i}+\overline{\boldsymbol{B}}_{m,i}\boldsymbol{K}\boldsymbol{I}_1+\boldsymbol{I}_2\boldsymbol{L}\overline{\boldsymbol{C}}_{m,i})$$
$$-\boldsymbol{P}_{m,i}+\overline{\boldsymbol{E}}_{m,i}^{\mathrm{T}}\boldsymbol{V}^{\mathrm{T}}\boldsymbol{V}\overline{\boldsymbol{E}}_{m,i}$$

$$\boldsymbol{\Upsilon}_{21}=\overline{\boldsymbol{D}}_{m,i}^{\mathrm{T}}\sum_{n\in\phi}\sum_{j\in\ell}q_{mn}\pi_{ij}\boldsymbol{P}_{n,j}(\overline{\boldsymbol{A}}_{m,i}+\overline{\boldsymbol{B}}_{m,i}\boldsymbol{K}\boldsymbol{I}_1+\boldsymbol{I}_2\boldsymbol{L}\overline{\boldsymbol{C}}_{m,i})-\boldsymbol{I}_3^{\mathrm{T}}\boldsymbol{V}\overline{\boldsymbol{E}}_{m,i}$$

$$\boldsymbol{\Upsilon}_{22}=\overline{\boldsymbol{D}}_{m,i}^{\mathrm{T}}\sum_{n\in\phi}\sum_{j\in\ell}q_{mn}\pi_{ij}\boldsymbol{P}_{n,j}\overline{\boldsymbol{D}}_{m,i}+\boldsymbol{I}_3^{\mathrm{T}}\boldsymbol{I}_3-\gamma^2\boldsymbol{I}$$

运用 Schur 补引理，则可以得到式(14.15) 和式(14.16)，并且可以得到：

$$E\{\Delta\boldsymbol{V}(k)+\boldsymbol{r}_e^{\mathrm{T}}(k)\boldsymbol{r}_e(k)-\gamma^2\boldsymbol{\eta}^{\mathrm{T}}(k)\boldsymbol{\eta}(k)\}<0 \tag{14.17}$$

采取将式(14.17) 从 $k=0$ 到 $k=\infty$进行累加的方式，进一步得到：

$$\sum_{k=0}^{\infty}\boldsymbol{r}_e^{\mathrm{T}}(k)\boldsymbol{r}_e(k)<\gamma^2\sum_{k=0}^{\infty}\boldsymbol{\eta}^{\mathrm{T}}(k)\boldsymbol{\eta}(k)+\boldsymbol{V}(0)-\boldsymbol{V}(\infty)$$

从上式轻易可知：

$$\sum_{k=0}^{\infty}\boldsymbol{r}_e^{\mathrm{T}}(k)\boldsymbol{r}_e(k)<\gamma^2\sum_{k=0}^{\infty}\boldsymbol{\eta}^{\mathrm{T}}(k)\boldsymbol{\eta}(k)$$

则证明结束。

14.3 实例仿真

本节通过给出一个示例来体现所得结果的有效性。

讨论如下的状态方程：

$$\begin{cases}\boldsymbol{x}(k+1)=\boldsymbol{A}_{\delta(k)}\boldsymbol{x}(k)+\boldsymbol{B}_{\delta(k)}\boldsymbol{u}(k)+\boldsymbol{B}_{\omega\delta(k)}\boldsymbol{\omega}(k)+\boldsymbol{B}_{f\delta(k)}\boldsymbol{f}(k)\\ \boldsymbol{y}(k)=\boldsymbol{C}_{\delta(k)}\boldsymbol{x}(k)\end{cases}$$

式中：

$$\boldsymbol{A}_1=\begin{bmatrix}0.2 & 0.7\\ -0.5 & 0.1\end{bmatrix},\boldsymbol{B}_1=\begin{bmatrix}0.2\\ 0.3\end{bmatrix},\boldsymbol{B}_{\omega1}=\begin{bmatrix}0.2\\ 0.1\end{bmatrix},\boldsymbol{B}_{f1}=\begin{bmatrix}-0.2\\ 0.1\end{bmatrix},\boldsymbol{C}_1=\begin{bmatrix}0.3 & 0.6\\ -0.2 & 0.3\end{bmatrix}$$

$$\boldsymbol{A}_2=\begin{bmatrix}0.1 & 0.5\\ -0.4 & 0.2\end{bmatrix},\boldsymbol{B}_2=\begin{bmatrix}-0.1\\ 0.1\end{bmatrix},\boldsymbol{B}_{\omega2}=\begin{bmatrix}0.4\\ 0.3\end{bmatrix},\boldsymbol{B}_{f2}=\begin{bmatrix}-0.3\\ 0.2\end{bmatrix},\boldsymbol{C}_2=\begin{bmatrix}0.5 & 0.3\\ -0.1 & 0.2\end{bmatrix}$$

$\delta(k)\in\{1,2\}$

假定 $\delta(k)$的转移概率矩阵为 $\boldsymbol{Q}=\begin{bmatrix}0.8 & 0.2\\ 0.1 & 0.9\end{bmatrix}$，$\theta(k)$的转移概率矩阵为 $\boldsymbol{\Pi}=\begin{bmatrix}0.4 & 0.6\\ 0.7 & 0.3\end{bmatrix}$，残差增益矩阵为 $\boldsymbol{V}=[1\quad 2]$。故障信号描述如下：

$$f(k)=\begin{cases}5, k=15,\cdots,30\\ 0,\text{其他}\end{cases}$$

依据定理 14.2，得控制器增益矩阵、观测器增益矩阵和最小干扰抑制性能指标描述如下：

$$\boldsymbol{K}=[0.7466\quad -2.0176],\boldsymbol{L}=\begin{bmatrix}1.6763 & 2.4425\\ -0.3544 & -0.2980\end{bmatrix},\gamma_{\min}=1.14$$

所考虑系统的初始状态假设为 $\boldsymbol{x}(0)=[1\quad -1]^{\mathrm{T}}$，$\hat{\boldsymbol{x}}(0)=[1\quad 0]^{\mathrm{T}}$。外部扰动信号是随机的，并且幅度不超过 0.001。选择 $J(k)=\sum_{l=0}^{k}\sqrt{\boldsymbol{r}^{\mathrm{T}}(l)\boldsymbol{r}(l)}$，故障检测器的步长描述为 $L_0=100$。图 14.2 和图 14.3 表示了系统模态 $\delta(k)$ 以及数据包丢失模态 $\theta(k)$ 的图像。

当没有故障发生时，图 14.4、图 14.5 表示了闭环系统的状态。而在有故障存在的状况下，图 14.6 和图 14.7 清晰且准确地表示了故障残差信号 $r(k)$ 和残差评价函数 $J(k)$ 的图像，

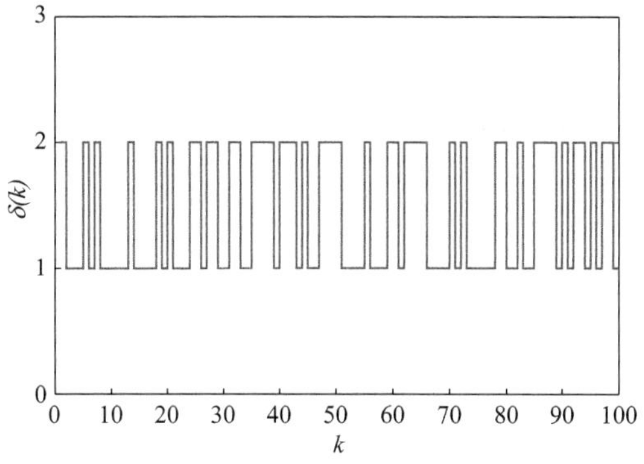

图 14.2　闭环系统模态 $\delta(k)$

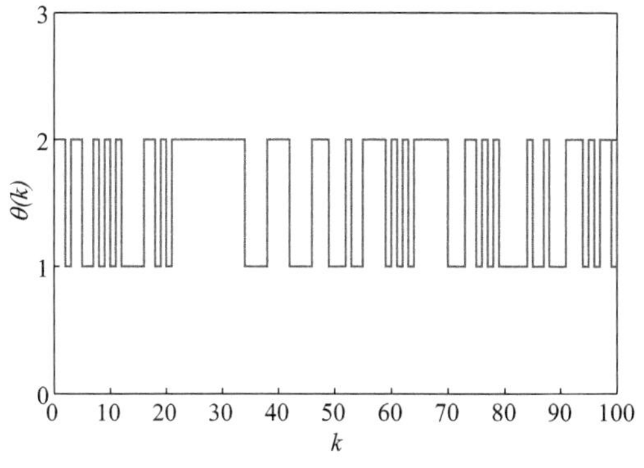

图 14.3　数据包丢失模态 $\theta(k)$

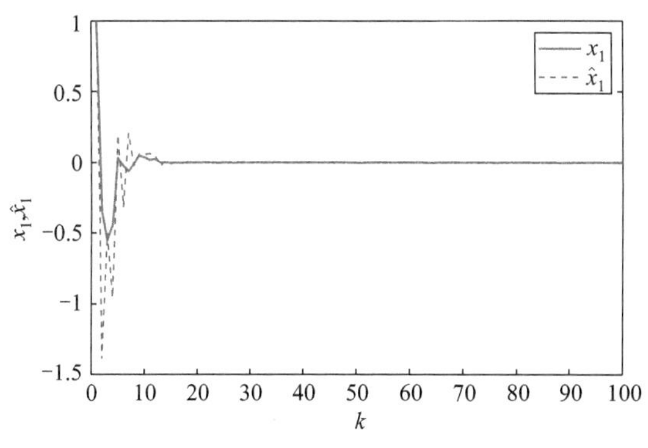

图 14.4　闭环系统 x_1 的状态及其观测值 $\hat{x}_1$ 曲线

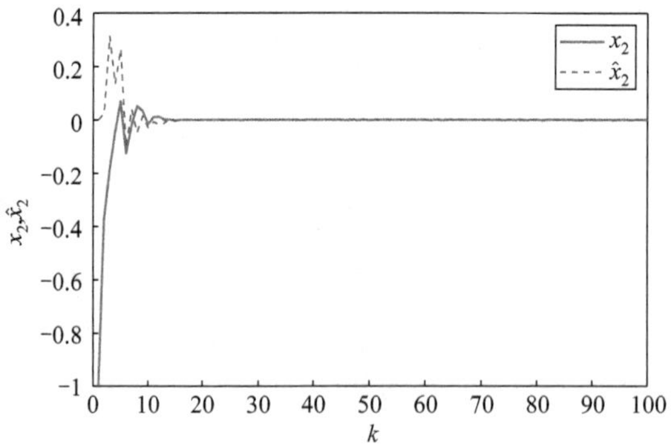

图 14.5　闭环系统 x_2 的状态及其观测值 $\hat{x}_2$ 曲线

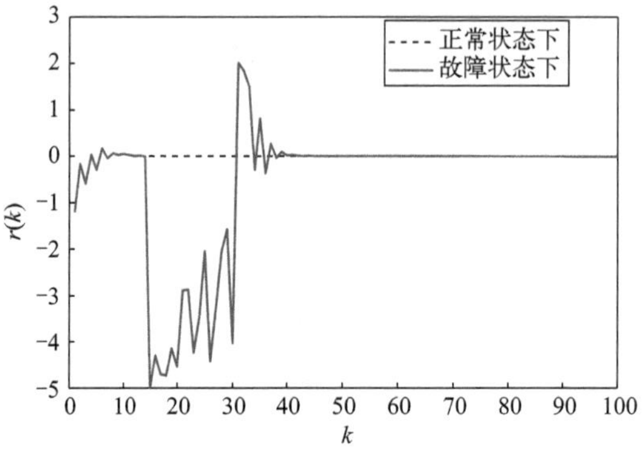

图 14.6　残差信号 $r(k)$

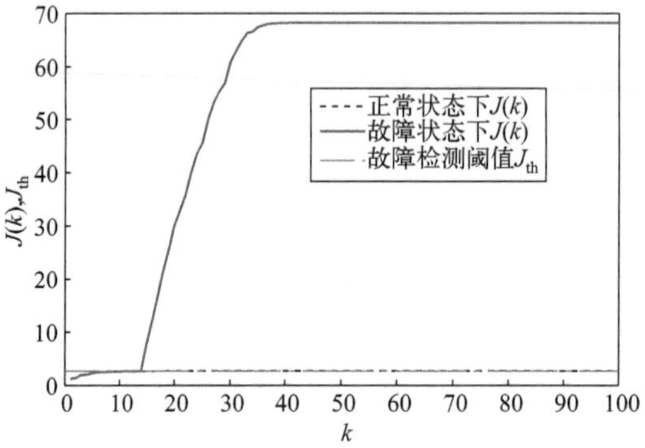

图 14.7　残差评价函数 $J(k)$ 及故障检测阈值 J_{th}

通过所给出的图能够清晰地得出，当处于故障发生状况时，故障残差信号 $r(k)$ 和函数 $J(k)$ 各自都相应地发生了变化。另外，由图 14.7 可以得到 $J(14)=2.6737<J_{th}=2.6944<J(15)=7.6702$，这表示故障信号 $f(k)$ 在 $k=15$ 的时候被检测出来。

14.4　本章小结

本章研究了对一类基于观测器的存在数据包丢失的网络化 Markov 跳变系统故障检测问题，讨论了 S-C 侧存在数据丢包的状况，并依据这个情况构造了闭环系统的数学模型，得到了所考虑系统随机稳定的充分条件，与此同时也相应地给出了控制器的求解步骤。

参考文献

[1] 李艳辉，陶莹莹. 事件触发机制下分布时滞网络化控制系统 H_∞ 故障检测 [J]. 控制与决策，2020，35 (12)：3056-3065.

[2] Li Z J，Sun D H，Zhen J J，et al. Fault detection for networked control system with data packet dropout [C]//2009 IEEE International Conference on Automation and Logistics. IEEE，2009：610-615.

[3] Zong Q，Zeng F L，Liu W J，et al. Sliding mode observer-based fault detection of distributed networked control systems with time delay [J]. Circuits，Systems and Signal Processing，2012，31：203-222.

[4] Wang Q，Wang Z L，Dong C Y，et al. Fault detection and optimization for networked control systems with uncertain time-varying delay [J]. Journal of Systems Engineering & Electronics，2015，26 (3)：544-556.

[5] Zhang J，Bo Y M，Tao D J，et al. Fault detection based on equally divided sampling period to data packet dropout in networked control systems [C]//2010 International Conference on Computer，Mechatronics，Control and Electronic Engineering. IEEE，2010：258-262.

第 15 章 具有 S-C 及 C-A 时延的连续网络化 Markov 跳变系统的容错控制

网络化控制系统（NCS）是由传感器、控制器、执行器、控制对象和共享网络共同组成的闭环反馈控制系统。近几年，NCS 得到飞速发展，与传统的点对点的控制系统相比，NCS 布线少，成本低，可靠性高，信息共享方便，并且易于安装和维护，在工业生产和日常生活中得到了广泛的应用，例如智能交通、航空航天等[1-3] 领域。

然而在实际控制中，由于网络的介入，不可避免地会发生网络诱导时延、数据包丢失、错序等问题，导致系统的性能降低甚至破坏系统的稳定性。其中网络诱导时延问题更加突出，吸引了广大专家学者进行分析和研究。文献［4］研究了具有随机时延网络系统的控制器设计问题，将随机时延建模为符合伯努利随机二元分布的随机变量线性函数，实现了控制器指数稳定。文献［5］针对时变时延的网络控制系统，研究了基于观测器的鲁棒故障检测滤波器的设计与优化问题，把不确定时变时延的非确定系统建模为参数不确定系统，构造了一个基于观测器的残差发生器，提高了故障检测系统的性能。在文献［6］中，曾丽萍等人研究了具有时变传输时延和间隔的 NCS，基于传输和输入时延构建了依赖时间的 Lyapunov 泛函，结合缩放方法及凸优化技术，给出了能减少系统保守性的稳定性准则。

由于系统不是静态的，因元器件故障等问题而导致系统发生故障是不可避免和不可预测的，会导致系统退化甚至失去稳定性。为了提高系统的稳定性和安全性，学者对此进行了研究。就目前来看，容错控制是系统出现元器件故障仍能保持系统稳定性最常用的控制方法，近年来受到了越来越多学者的关注和研究，而有关容错控制的研究主要是考虑时延的容错控制。在文献［7］中，Li 等人研究了具有执行器故障现象的非线性概率密度函数控制系统。在文献［8］中，Fang 等人研究了具有随机时滞和执行器故障的网络控制系统的容错控制问题，采用了符合伯努利分布的随机变量描述随机时滞，设计了满足稳定性和机动性要求的状态反馈控制器。

进一步地，在航空航天、电力、通信等领域，遇到外部的干扰或者内部元器件的故障等突发情况时，系统的参数会随机发生跳变。这种情况下，普通的单模态模型无法应对，Markov 跳变系统作为一类特殊的混杂系统应运而生。由于其数学描述形式简单，在实际应用时建模能力强，占据重要地位[9-12]，近几年吸引了不同领域学者的共同关注。在文献［13］中，He 等人研究了具有攻击的 MJS（马尔可夫跳变系统）的抗攻击控制问题，在同时考虑了传感器攻击和执行器攻击的前提下设计了基于投影运算的自适应律，由此提出了控制策略，以保证系统状态的有界性和稳定性。在文献［14］中，Zhang 等人研究了具有时变时滞的连续线性 MJS 的滤波器的设计问题，调整了加权矩阵，分别降低扩展的耗散率，用 Lyapunov 泛函等得到了随机稳定等相关条件，给出了滤波器的设计方法。在文献［15］中，Wang 等人研究了一类具有时延的离散网络控制系统的镇定问题，用 Markov 链描述传时延，建立了闭环系统模型，构造了 Lyapunov 泛函，并得到了控制器和观测器增益矩阵。

需要指出的是，上述文献以及现有的许多基于观测器的网络化 MJS 的研究中，多数未考虑通信网络时延的影响，或者只考虑了单侧时延的情况，本章以连续 MJS 为研究对象，同时考虑双侧时延，介绍执行器故障下容错控制器的设计方法。本章的内容主要有以下两点：

① 考虑传感器到控制器和控制器到执行器同时存在时延，在控制器端构造观测器，基于观测器的输出反馈控制进行分析，并引入执行器故障指示矩阵，将闭环系统建模为含有两个时延的时滞系统；

② 构造合适的李雅普诺夫泛函，通过李雅普诺夫稳定性理论，得到保证闭环系统随机稳定性的充分条件，给出容错控制器与观测器的设计方法。

15.1　问题描述

在本章中，基于观测器的网络化 MJS 结构如图 15.1。

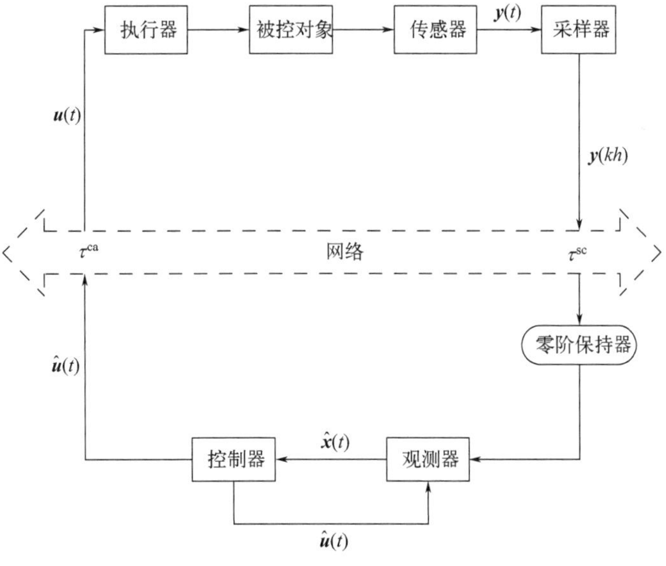

图 15.1　基于观测器的网络化 MJS

采样器采集系统的输出信号为固定周期 h。采样器采集到的信号通过网络传输，经过零阶保持器后传输到控制器端。

考虑连续 Markov 跳变对象模型如下：

$$\begin{cases}\dot{\boldsymbol{x}}(t)=\boldsymbol{A}(r_t)\boldsymbol{x}(t)+\boldsymbol{B}(r_t)\boldsymbol{F}\boldsymbol{u}(t)\\ \boldsymbol{y}(t)=\boldsymbol{C}(r_t)\boldsymbol{x}(t)\end{cases}\tag{15.1}$$

其中，$\boldsymbol{x}(t)\in\mathbf{R}^n$，$\boldsymbol{u}(t)\in\mathbf{R}^m$，$\boldsymbol{y}(t)\in\mathbf{R}^q$，三者分别为系统的状态向量、输入向量和输出向量；$\boldsymbol{A}(r_t)$、$\boldsymbol{B}(r_t)$、$\boldsymbol{C}(r_t)$为具有合适维数的实常矩阵。为了方便讨论，设 $\boldsymbol{A}(r_t)=$

$\boldsymbol{A}_i$，其余类似。针对执行器故障，定义故障指示矩阵 $\boldsymbol{F}=\mathrm{diag}(l_1,\cdots,l_m),l_j\in\{0,1\},j=1,2,3,\cdots,m$,其中 $l_j=0$ 表示第 j 个执行器完全失效，$l_j=1$ 表示其工作正常。由于有 m 个执行器，因此所有可能的故障模式共有 2^m-1 种。$\{r_t,t\geqslant 0\}$取值于有限合集 $\ell\triangleq\{1,\cdots,M\}$的连续 Markov 过程，具有以下模式转移速率：

$$\Pr(r_{t+\sigma}=j\mid r_t=i)=\begin{cases}\lambda_{ij}\sigma+o(\sigma),j\neq i\\1+\lambda_{ii}\sigma+o(\sigma),j=i\end{cases}$$

其中 $\sigma>0$，$\lim\limits_{\sigma\to 0}[o(\sigma)/\sigma]=0$ 且 $\lambda_{ij}\geqslant 0(i,j\in\ell,j\neq i)$，当 $j\neq i$ 时，$\lambda_{ii}=-\sum\limits_{j=1,j\neq i}\lambda_{ij}$，且所有 $i\in\ell$。进一步，Markov 过程转移速率矩阵 $\boldsymbol{\Omega}$ 定义为：

$$\boldsymbol{\Omega}=\begin{bmatrix}\lambda_{11} & \lambda_{12} & \cdots & \lambda_{1M}\\ \lambda_{21} & \lambda_{22} & \cdots & \lambda_{2M}\\ \vdots & \vdots & & \vdots\\ \lambda_{M1} & \lambda_{M2} & \cdots & \lambda_{MM}\end{bmatrix}\tag{15.2}$$

在控制器端构造的观测器如下：

$$\begin{cases}\dot{\hat{\boldsymbol{x}}}(t)=\boldsymbol{A}(r_t)\hat{\boldsymbol{x}}(t)+\boldsymbol{B}(r_t)\hat{\boldsymbol{u}}(t)+\boldsymbol{L}(r_t)[\boldsymbol{y}(t-\tau^{sc})-\hat{\boldsymbol{y}}(t-\tau^{sc})]\\ \boldsymbol{y}(t)=\boldsymbol{C}(r_t)\hat{\boldsymbol{x}}(t)\end{cases}\tag{15.3}$$

其中 $\hat{\boldsymbol{x}}(t)$为观测器的状态向量，$\hat{\boldsymbol{y}}(t)$为观测器的输出向量。

采用基于观测器的反馈控制律如下，其中 $\boldsymbol{K}(r_t)$为控制器增益矩阵：

$$\hat{\boldsymbol{u}}(t)=\boldsymbol{K}(r_t)\hat{\boldsymbol{x}}(t)\tag{15.4}$$

由于从控制器到执行器存在时延 τ^{ca}，被控对象的输入与观测器的输入不同，所以：

$$\boldsymbol{u}(t)=\hat{\boldsymbol{u}}(t-\tau^{ca})=\boldsymbol{K}(r_t)\hat{\boldsymbol{x}}(t-\tau^{ca})\tag{15.5}$$

将式(15.5) 代入式(15.1) 中得：

$$\begin{cases}\dot{\boldsymbol{x}}(t)=\boldsymbol{A}(r_t)\boldsymbol{x}(t)+\boldsymbol{B}(r_t)\boldsymbol{F}\boldsymbol{K}(r_t)\hat{\boldsymbol{x}}(t-\tau^{ca})\\ \boldsymbol{y}(t)=\boldsymbol{C}(r_t)\boldsymbol{x}(t)\end{cases}\tag{15.6}$$

定义误差向量 $\boldsymbol{e}(t)=\boldsymbol{x}(t)-\hat{\boldsymbol{x}}(t)$，增广状态向量 $\boldsymbol{z}(t)=[\boldsymbol{x}^{\mathrm{T}}(t)\quad \boldsymbol{e}^{\mathrm{T}}(t)]^{\mathrm{T}}$，$h_1=\tau^{sc}$，$h_2=\tau^{sc}+h$，$h_3=\tau^{ca}$，$h_4=\tau^{ca}+h$。由式(15.3) 和式(15.6) 可得闭环系统为：

$$\dot{\boldsymbol{z}}(t)=\overline{\boldsymbol{A}}_i\boldsymbol{z}(t)+\overline{\boldsymbol{B}}_i\overline{\boldsymbol{K}}_i\boldsymbol{z}(t)-\widetilde{\boldsymbol{B}}_i\boldsymbol{F}\overline{\boldsymbol{K}}_i\boldsymbol{z}(t-\tau^{ca})+\overline{\boldsymbol{L}}_i\overline{\boldsymbol{C}}_i\boldsymbol{z}(t-\tau^{sc})\tag{15.7}$$

其中：

$$\overline{\boldsymbol{A}}_i=\begin{bmatrix}\boldsymbol{A}_i & 0\\ 0 & \boldsymbol{A}_i\end{bmatrix},\overline{\boldsymbol{B}}_i=\begin{bmatrix}0\\ \boldsymbol{B}_i\end{bmatrix},\widetilde{\boldsymbol{B}}_i=\begin{bmatrix}\boldsymbol{B}_i\\ \boldsymbol{B}_i\end{bmatrix},\overline{\boldsymbol{C}}_i=[0\quad \boldsymbol{C}_i],\overline{\boldsymbol{L}}_i=\begin{bmatrix}0\\ -\boldsymbol{L}_i\end{bmatrix},\overline{\boldsymbol{K}}_i=[-\boldsymbol{K}_i\quad \boldsymbol{K}_i]$$

定义 15.1[16]　如果每个初始条件 $\boldsymbol{x}_0\in\mathbf{R}^n$ 和 $r_0\in\ell$，以下条件成立，则系统［式(15.7)］是随机稳定的。

$$\lim_{t\to\infty}E^{-}\left\{\int_0^t\|\boldsymbol{z}(t)\|^2\mid \boldsymbol{x}_0,r_0\right\}<\infty$$

引理 15.1[17]　(Jensen 不等式）对任意对称正定矩阵 $\boldsymbol{N}\in\mathbf{R}^{n\times n}$，$\boldsymbol{N}=\boldsymbol{N}^{\mathrm{T}}\geqslant 0$，参数 $0\leqslant\tau_1\leqslant\tau_2$ 及向量值函数 $\dot{\boldsymbol{x}}:[-\tau_2\quad -\tau_1]\to\mathbf{R}^n$，存在如下不等式成立：

$$-(\tau_2-\tau_1)\int_{t-\tau_2}^{t-\tau_1}\dot{\boldsymbol{x}}^{\mathrm{T}}(s)\boldsymbol{N}\dot{\boldsymbol{x}}(s)\mathrm{d}s\leqslant-\begin{bmatrix}\boldsymbol{x}(t-\tau_1)\\ \boldsymbol{x}(t-\tau_2)\end{bmatrix}^{\mathrm{T}}\begin{bmatrix}\boldsymbol{N} & -\boldsymbol{N}\\ * & \boldsymbol{N}\end{bmatrix}\begin{bmatrix}\boldsymbol{x}(t-\tau_1)\\ \boldsymbol{x}(t-\tau_2)\end{bmatrix}$$

引理 15.2[18] 假设 $f_1, f_2, \cdots, f_N: \mathbf{R}^m \to \mathbf{R}$ 在开集 D 的子集中有正值，$D \in \mathbf{R}^m$，则在集合 D 中 f_i 的互反凸组合满足：

$$\min_{\{b_i | b_i > 0, \sum_i b_i = 1\}} \sum_i \frac{1}{b_i} f_i(t) = \sum_i f_i(t) + \max_{g_{i,j}(t)} \sum_{i \neq j} g_{i,j}(t)$$

其中，$\left\{ g_{i,j}: \mathbf{R}^m \to \mathbf{R}, g_{j,i}(t) = g_{i,j}(t), \begin{bmatrix} f_i(t) & g_{i,j}(t) \\ g_{j,i}(t) & f_i(t) \end{bmatrix} \geqslant 0 \right\}$。

15.2 主要内容

首先给出闭环系统［式(15.7)］随机稳定的充分条件，再给出控制器和观测器协同设计方法。

定理 15.1 对于给定的标量 h_1，h_2，h_3，h_4，如果存在合适维数的正定矩阵 $\boldsymbol{P}_i > 0$，$\boldsymbol{R}_j > 0$，$\boldsymbol{X}_j > 0, j = 1,2,3,4$ 及矩阵 $\boldsymbol{L}_i$、$\boldsymbol{K}_i$、$\boldsymbol{V}$、$\boldsymbol{W}$ 满足下列不等式：

$$\begin{bmatrix} \boldsymbol{\Xi}_{11} & \boldsymbol{\Xi}_{12} \\ \boldsymbol{\Xi}_{21} & \boldsymbol{\Xi}_{22} \end{bmatrix} < 0 \tag{15.8}$$

$$\begin{bmatrix} \boldsymbol{R}_2 & \boldsymbol{V} \\ * & \boldsymbol{R}_2 \end{bmatrix} > 0, \begin{bmatrix} \boldsymbol{R}_4 & \boldsymbol{W} \\ * & \boldsymbol{R}_4 \end{bmatrix} > 0 \tag{15.9}$$

$$\boldsymbol{\Xi}_{11} = \begin{bmatrix} \boldsymbol{\Gamma}_{11} & \boldsymbol{R}_1 & \boldsymbol{P}_i \overline{\boldsymbol{L}}_i \overline{\boldsymbol{C}}_i & 0 & \boldsymbol{R}_3 & -\boldsymbol{P}_i \widetilde{\boldsymbol{B}}_i \boldsymbol{F} \overline{\boldsymbol{K}}_i & 0 \\ * & \boldsymbol{\Gamma}_{22} & \boldsymbol{\Gamma}_{23} & \boldsymbol{V} & 0 & 0 & 0 \\ * & * & \boldsymbol{\Gamma}_{33} & \boldsymbol{\Gamma}_{34} & 0 & 0 & 0 \\ * & * & * & \boldsymbol{\Gamma}_{44} & 0 & 0 & 0 \\ * & * & * & * & \boldsymbol{\Gamma}_{55} & \boldsymbol{\Gamma}_{56} & \boldsymbol{W} \\ * & * & * & * & * & \boldsymbol{\Gamma}_{66} & \boldsymbol{\Gamma}_{67} \\ * & * & * & * & * & * & \boldsymbol{\Gamma}_{77} \end{bmatrix}$$

$$\boldsymbol{\Xi}_{12} = \begin{bmatrix} h_1 \boldsymbol{\delta}^{\mathrm{T}} \boldsymbol{R}_1 & (h_2 - h_1) \boldsymbol{\delta}^{\mathrm{T}} \boldsymbol{R}_2 & h_3 \boldsymbol{\delta}^{\mathrm{T}} \boldsymbol{R}_3 & (h_4 - h_3) \boldsymbol{\delta}^{\mathrm{T}} \boldsymbol{R}_4 \end{bmatrix}$$

$$\boldsymbol{\Xi}_{22} = \mathrm{diag}(-\boldsymbol{R}_1, -\boldsymbol{R}_2, -\boldsymbol{R}_3, -\boldsymbol{R}_4)$$

$$\boldsymbol{\delta} = \begin{bmatrix} \overline{\boldsymbol{A}}_i + \overline{\boldsymbol{B}}_i \overline{\boldsymbol{K}}_i & 0 & \overline{\boldsymbol{L}}_i \overline{\boldsymbol{C}}_i & 0 & 0 & -\widetilde{\boldsymbol{B}}_i \boldsymbol{F} \overline{\boldsymbol{K}}_i & 0 \end{bmatrix}$$

$$\boldsymbol{\Gamma}_{11} = \boldsymbol{P}_i \overline{\boldsymbol{A}}_i + \overline{\boldsymbol{A}}_i^{\mathrm{T}} \boldsymbol{P}_i + \boldsymbol{P}_i \overline{\boldsymbol{B}}_i \overline{\boldsymbol{K}}_i + \overline{\boldsymbol{K}}_i^{\mathrm{T}} \overline{\boldsymbol{B}}_i^{\mathrm{T}} \overline{\boldsymbol{P}}_i + \sum_{j \in \iota} \lambda_{ij} \boldsymbol{P}_j + \boldsymbol{X}_1 + \boldsymbol{X}_2 + \boldsymbol{X}_3 + \boldsymbol{X}_4 - \boldsymbol{R}_1 - \boldsymbol{R}_3$$

$$\boldsymbol{\Gamma}_{22} = -\boldsymbol{X}_1 - \boldsymbol{R}_1 - \boldsymbol{R}_2, \boldsymbol{\Gamma}_{23} = \boldsymbol{R}_2 - \boldsymbol{V}, \boldsymbol{\Gamma}_{33} = -2\boldsymbol{R}_2 + \boldsymbol{V} + \boldsymbol{V}^{\mathrm{T}}, \boldsymbol{\Gamma}_{34} = -\boldsymbol{V} + \boldsymbol{R}_2, \boldsymbol{\Gamma}_{44} = -\boldsymbol{X}_2 - \boldsymbol{R}_2$$

$$\boldsymbol{\Gamma}_{55} = -\boldsymbol{X}_3 - \boldsymbol{R}_3 - \boldsymbol{R}_4, \boldsymbol{\Gamma}_{56} = \boldsymbol{R}_4 - \boldsymbol{W}, \boldsymbol{\Gamma}_{66} = -2\boldsymbol{R}_4 + \boldsymbol{W} + \boldsymbol{W}^{\mathrm{T}}, \boldsymbol{\Gamma}_{67} = \boldsymbol{R}_4 - \boldsymbol{W}, \boldsymbol{\Gamma}_{77} = -\boldsymbol{X}_4 - \boldsymbol{R}_4$$

那么闭环系统［式(15.7)］是随机稳定的。

证明： 构造 Lyapunov-Krasovskii 泛函如下：

$$V[t, \boldsymbol{z}(t)] = V_1[t, \boldsymbol{z}(t)] + V_2[t, \boldsymbol{z}(t)] + V_3[t, \boldsymbol{z}(t)] \tag{15.10}$$

其中：

$V[t, \boldsymbol{z}(t)] = V_1[t, \boldsymbol{z}(t)] + V_2[t, \boldsymbol{z}(t)] + V_3[t, \boldsymbol{z}(t)]$

$$V_1[t,\boldsymbol{z}(t)]=\boldsymbol{z}^{\mathrm{T}}(t)\boldsymbol{P}_i\boldsymbol{z}(t)$$

$$V_2[t,\boldsymbol{z}(t)]=\int_{t-h_1}^{t}\boldsymbol{z}^{\mathrm{T}}(s)\boldsymbol{X}_1\boldsymbol{z}(s)\mathrm{d}s+\int_{t-h_2}^{t}\boldsymbol{z}^{\mathrm{T}}(s)\boldsymbol{X}_2\boldsymbol{z}(s)\mathrm{d}s+\int_{t-h_3}^{t}\boldsymbol{z}^{\mathrm{T}}(s)\boldsymbol{X}_3\boldsymbol{z}(s)\mathrm{d}s+\int_{t-h_4}^{t}\boldsymbol{z}^{\mathrm{T}}(s)\boldsymbol{X}_4\boldsymbol{z}(s)\mathrm{d}s$$

$$V_3[t,\boldsymbol{z}(t)]=h_1\int_{-h_1}^{0}\int_{t+\theta}^{t}\dot{\boldsymbol{z}}^{\mathrm{T}}(s)\boldsymbol{R}_1\dot{\boldsymbol{z}}(s)\mathrm{d}s\mathrm{d}\theta+(h_2-h_1)\int_{-h_2}^{-h_1}\int_{t+\theta}^{t}\dot{\boldsymbol{z}}^{\mathrm{T}}(s)\boldsymbol{R}_2\dot{\boldsymbol{z}}(s)\mathrm{d}s\mathrm{d}\theta+h_3\int_{-h_3}^{0}\int_{t+\theta}^{t}\dot{\boldsymbol{z}}^{\mathrm{T}}(s)\boldsymbol{R}_3\dot{\boldsymbol{z}}(s)\mathrm{d}s\mathrm{d}\theta+(h_4-h_3)\int_{-h_4}^{-h_3}\int_{t+\theta}^{t}\dot{\boldsymbol{z}}^{\mathrm{T}}(s)\boldsymbol{R}_4\dot{\boldsymbol{z}}(s)\mathrm{d}s\mathrm{d}\theta$$

定义 ϑ 为随机过程 $V[t,\boldsymbol{z}(t)]$ 的弱无穷小算子，得：

$$\vartheta V[t,\boldsymbol{z}(t)]=\vartheta V_1[t,\boldsymbol{z}(t)]+\vartheta V_2[t,\boldsymbol{z}(t)]+\vartheta V_3[t,\boldsymbol{z}(t)] \tag{15.11}$$

其中：

$$\vartheta V_1[t,\boldsymbol{z}(t)]=2\boldsymbol{z}^{\mathrm{T}}(t)\boldsymbol{P}_i\dot{\boldsymbol{z}}(t)+\boldsymbol{z}^{\mathrm{T}}(t)\sum_{j\in\iota}\lambda_{ij}\boldsymbol{P}_j\boldsymbol{z}(t)$$

$$\begin{aligned}\vartheta V_2[t,\boldsymbol{z}(t)]=\;&\boldsymbol{z}^{\mathrm{T}}(t)\boldsymbol{X}_1\boldsymbol{z}(t)-\boldsymbol{z}^{\mathrm{T}}(t-h_1)\boldsymbol{X}_1\boldsymbol{z}(t-h_1)+\boldsymbol{z}^{\mathrm{T}}(t)\boldsymbol{X}_2\boldsymbol{z}(t)-\boldsymbol{z}^{\mathrm{T}}(t-h_2)\boldsymbol{X}_2\boldsymbol{z}(t-h_2)\\&+\boldsymbol{z}^{\mathrm{T}}(t)\boldsymbol{X}_3\boldsymbol{z}(t)-\boldsymbol{z}^{\mathrm{T}}(t-h_3)\boldsymbol{X}_3\boldsymbol{z}(t-h_3)+\boldsymbol{z}^{\mathrm{T}}(t)\boldsymbol{X}_4\boldsymbol{z}(t)-\boldsymbol{z}^{\mathrm{T}}(t-h_4)\boldsymbol{X}_4\boldsymbol{z}(t-h_4)\end{aligned}$$

$$\begin{aligned}\vartheta V_3[t,\boldsymbol{z}(t)]=\;&h_1^2\dot{\boldsymbol{z}}^{\mathrm{T}}(t)\boldsymbol{R}_1\dot{\boldsymbol{z}}(t)-h_1\int_{t-h_1}^{t}\dot{\boldsymbol{z}}^{\mathrm{T}}(s)\boldsymbol{R}_1\dot{\boldsymbol{z}}(s)\mathrm{d}s+(h_2-h_1)^2\dot{\boldsymbol{z}}^{\mathrm{T}}(t)\boldsymbol{R}_2\dot{\boldsymbol{z}}(t)\\&-(h_2-h_1)\int_{t-h_2}^{t-h_1}\dot{\boldsymbol{z}}^{\mathrm{T}}(s)\boldsymbol{R}_2\dot{\boldsymbol{z}}(s)\mathrm{d}s+h_3^2\dot{\boldsymbol{z}}^{\mathrm{T}}(t)\boldsymbol{R}_3\dot{\boldsymbol{z}}(t)-h_3\int_{t-h_3}^{t}\dot{\boldsymbol{z}}^{\mathrm{T}}(s)\boldsymbol{R}_3\dot{\boldsymbol{z}}(s)\mathrm{d}s\\&+(h_4-h_3)^2\dot{\boldsymbol{z}}^{\mathrm{T}}(t)\boldsymbol{R}_4\dot{\boldsymbol{z}}(t)-(h_4-h_3)\int_{t-h_4}^{t-h_3}\dot{\boldsymbol{z}}^{\mathrm{T}}(s)\boldsymbol{R}_4\dot{\boldsymbol{z}}(s)\mathrm{d}s\end{aligned}$$

应用引理 15.1 和引理 15.2 来处理式(15.11) 中含有的积分项，得：

$$\begin{aligned}&-h_1\int_{t-h_1}^{t}\dot{\boldsymbol{z}}^{\mathrm{T}}(s)\boldsymbol{R}_1\dot{\boldsymbol{z}}(s)\mathrm{d}s\leqslant-\boldsymbol{\varphi}_1^{\mathrm{T}}(t)\boldsymbol{N}_1\boldsymbol{\varphi}_1(t)\\&-(h_2-h_1)\int_{t-h_2}^{t-h_1}\dot{\boldsymbol{z}}^{\mathrm{T}}(s)\boldsymbol{R}_2\dot{\boldsymbol{z}}(s)\mathrm{d}s=-(h_2-h_1)\int_{t-\tau^{\mathrm{sc}}}^{t-h_1}\dot{\boldsymbol{z}}^{\mathrm{T}}(s)\boldsymbol{R}_2\dot{\boldsymbol{z}}(s)\mathrm{d}s\\&\qquad-(h_2-h_1)\int_{t-h_2}^{t-\tau^{\mathrm{sc}}}\dot{\boldsymbol{z}}^{\mathrm{T}}(s)\boldsymbol{R}_2\dot{\boldsymbol{z}}(s)\mathrm{d}s\leqslant-\boldsymbol{\varphi}_2^{\mathrm{T}}(t)\boldsymbol{N}_2\boldsymbol{\varphi}_2(t)\\&-h_3\int_{t-h_3}^{t}\dot{\boldsymbol{z}}^{\mathrm{T}}(s)\boldsymbol{R}_3\dot{\boldsymbol{z}}(s)\mathrm{d}s\leqslant-\boldsymbol{\varphi}_3^{\mathrm{T}}(t)\boldsymbol{N}_3\boldsymbol{\varphi}_3(t)\\&-(h_4-h_3)\int_{t-h_4}^{t-h_3}\dot{\boldsymbol{z}}^{\mathrm{T}}(s)\boldsymbol{R}_4\dot{\boldsymbol{z}}(s)\mathrm{d}s=-(h_4-h_3)\int_{t-\tau^{\mathrm{ca}}}^{t-h_3}\dot{\boldsymbol{z}}^{\mathrm{T}}(s)\boldsymbol{R}_4\dot{\boldsymbol{z}}(s)\mathrm{d}s\\&\qquad-(h_4-h_3)\int_{t-h_4}^{t-\tau^{\mathrm{ca}}}\dot{\boldsymbol{z}}^{\mathrm{T}}(s)\boldsymbol{R}_4\dot{\boldsymbol{z}}(s)\mathrm{d}s\leqslant-\boldsymbol{\varphi}_4^{\mathrm{T}}(t)\boldsymbol{N}_4\boldsymbol{\varphi}_4(t)\end{aligned} \tag{15.12}$$

其中：

$$\boldsymbol{\varphi}_1^{\mathrm{T}}(t)=\begin{bmatrix}\boldsymbol{z}(t)\\\boldsymbol{z}(t-h_1)\end{bmatrix}^{\mathrm{T}},\boldsymbol{\varphi}_2^{\mathrm{T}}(t)=\begin{bmatrix}\boldsymbol{z}(t-h_1)\\\boldsymbol{z}(t-\tau^{\mathrm{sc}})\\\boldsymbol{z}(t-h_2)\end{bmatrix}^{\mathrm{T}},\boldsymbol{\varphi}_3^{\mathrm{T}}(t)=\begin{bmatrix}\boldsymbol{z}(t)\\\boldsymbol{z}(t-h_3)\end{bmatrix}^{\mathrm{T}},\boldsymbol{\varphi}_4^{\mathrm{T}}(t)=\begin{bmatrix}\boldsymbol{z}(t-h_3)\\\boldsymbol{z}(t-\tau^{\mathrm{ca}})\\\boldsymbol{z}(t-h_4)\end{bmatrix}^{\mathrm{T}}$$

$$\boldsymbol{N}_1=\begin{bmatrix}\boldsymbol{R}_1&-\boldsymbol{R}_1\\ *&\boldsymbol{R}_1\end{bmatrix},\boldsymbol{N}_2=\begin{bmatrix}\boldsymbol{R}_2&\boldsymbol{V}-\boldsymbol{R}_2&-\boldsymbol{V}\\ *&2\boldsymbol{R}_2-\boldsymbol{V}-\boldsymbol{V}^{\mathrm{T}}&\boldsymbol{V}-\boldsymbol{R}_2\\ *&*&\boldsymbol{R}_2\end{bmatrix}$$

$$N_3=\begin{bmatrix}R_3 & -R_3\\ * & R_3\end{bmatrix},N_4=\begin{bmatrix}R_4 & W-R_4 & -W\\ * & 2R_4-W-W^{\mathrm{T}} & W-R_4\\ * & * & R_4\end{bmatrix}$$

令 $\boldsymbol{\xi}^{\mathrm{T}}(t)=[z^{\mathrm{T}}(t)\quad z^{\mathrm{T}}(t-h_1)\quad z^{\mathrm{T}}(t-\tau^{sc})\quad z^{\mathrm{T}}(t-h_2)\quad z^{\mathrm{T}}(t-h_3)\quad z^{\mathrm{T}}(t-\tau^{ca})\quad z^{\mathrm{T}}(t-h_4)]$

结合式(15.11) 和式(15.12)，得：

$$\vartheta V[t,z(t)]\leqslant\boldsymbol{\xi}^{\mathrm{T}}(t)(\boldsymbol{\Xi}_{11}-\boldsymbol{\Xi}_{12}\boldsymbol{\Xi}_{22}^{-1}\boldsymbol{\Xi}_{12}^{\mathrm{T}})\boldsymbol{\xi}(t)\tag{15.13}$$

结合式(15.8)、Schur 补引理和定义 15.1 可得 $\vartheta V[t,z(t)]<0$，所以 $\lim\limits_{t\to\infty}E\left\{\int_0^t\|z(t)\|^2|x_0,r_0\right\}<\infty$，则系统［式(15.7)］是随机稳定的。

控制器增益矩阵 K_i 及观测器增益矩阵 L_i 的求解方法由定理 15.2 给出。

定理 15.2　对于给定的标量 h_1，h_2，h_3，h_4，如果存在合适维数的正定矩阵 $P_i>0$，$U_{1i}>0$，$U_{2i}>0$，$\tilde{R}_j>0$，$\tilde{X}_j>0,j=1,2,3,4$ 及矩阵 L_i、K_i、$\tilde{V}$、$\tilde{W}$ 满足下列不等式：

$$\begin{bmatrix}\tilde{\boldsymbol{\Xi}}_{11} & \tilde{\boldsymbol{\Xi}}_{12}\\ \tilde{\boldsymbol{\Xi}}_{21} & \tilde{\boldsymbol{\Xi}}_{22}\end{bmatrix}<0\tag{15.14}$$

$$\begin{bmatrix}R_2 & V\\ * & R_2\end{bmatrix}>0,\begin{bmatrix}R_4 & W\\ * & R_4\end{bmatrix}>0\tag{15.15}$$

$$\tilde{\boldsymbol{\Xi}}_{11}=\begin{bmatrix}\tilde{\Gamma}_{11} & \tilde{R}_1 & -H_2^{\mathrm{T}}\bar{U}_{2i}H_2 & 0 & \tilde{R}_3 & \tilde{B}_iF\bar{U}_{1i}H_3 & 0\\ * & \tilde{\Gamma}_{22} & \tilde{\Gamma}_{23} & \tilde{V} & 0 & 0 & 0\\ * & * & \tilde{\Gamma}_{33} & \tilde{\Gamma}_{34} & 0 & 0 & 0\\ * & * & * & \tilde{\Gamma}_{44} & 0 & 0 & 0\\ * & * & * & * & \tilde{\Gamma}_{55} & \tilde{\Gamma}_{56} & \tilde{W}\\ * & * & * & * & * & \tilde{\Gamma}_{66} & \tilde{\Gamma}_{67}\\ * & * & * & * & * & * & \tilde{\Gamma}_{77}\end{bmatrix}$$

$$\tilde{\boldsymbol{\Xi}}_{12}=\begin{bmatrix}h_1\tilde{\boldsymbol{\delta}}^{\mathrm{T}} & (h_2-h_1)\tilde{\boldsymbol{\delta}}^{\mathrm{T}} & h_3\tilde{\boldsymbol{\delta}}^{\mathrm{T}} & (h_4-h_3)\tilde{\boldsymbol{\delta}}^{\mathrm{T}}\end{bmatrix}$$

$$\tilde{\boldsymbol{\Xi}}_{22}=\mathrm{diag}(\tilde{R}_1-2S_i,\tilde{R}_2-2S_i,\tilde{R}_3-2S_i,\tilde{R}_4-2S_i)$$

$$\tilde{\boldsymbol{\delta}}=\begin{bmatrix}\bar{A}_iS_i+\tilde{B}_i\bar{U}_{1i}H_3 & 0 & -H_2^{\mathrm{T}}\bar{U}_{2i}H_2 & 0 & 0 & \tilde{B}_iF\bar{U}_{1i}H_3 & 0\end{bmatrix}$$

$$\tilde{\Gamma}_{11}=\bar{A}_iS_i+S_i\bar{A}_i^{\mathrm{T}}+\tilde{B}_i\bar{U}_{1i}H_3+H_3^{\mathrm{T}}\bar{U}_{1i}^{\mathrm{T}}\tilde{B}_i^{\mathrm{T}}+S_i\sum_{j\in\ell}\lambda_{ij}P_jS_i+\tilde{X}_1+\tilde{X}_2+\tilde{X}_3+\tilde{X}_4-\tilde{R}_1-\tilde{R}_3$$

$$\tilde{\Gamma}_{22}=-\tilde{X}_1-\tilde{R}_1-\tilde{R}_2,\tilde{\Gamma}_{23}=\tilde{R}_2-\tilde{V},\tilde{\Gamma}_{33}=-2\tilde{R}_2+\tilde{V}+\tilde{V}^{\mathrm{T}},\tilde{\Gamma}_{34}=-\tilde{V}+\tilde{R}_2,\tilde{\Gamma}_{44}=-\tilde{X}_2-\tilde{R}_2$$

$$\tilde{\Gamma}_{55}=-\tilde{X}_3-\tilde{R}_3-\tilde{R}_4,\tilde{\Gamma}_{56}=\tilde{R}_4-\tilde{W},\tilde{\Gamma}_{66}=-2\tilde{R}_4+\tilde{W}+\tilde{W}^{\mathrm{T}},\tilde{\Gamma}_{67}=\tilde{R}_4-\tilde{W},\tilde{\Gamma}_{77}=-\tilde{X}_4-\tilde{R}_4$$

那么，闭环系统［式(15.7)］是随机稳定的，控制器增益矩阵 K_i、观测器增益矩阵 L_i 可由下式求得：

$$K_i=U_{1i}S_{1i}^{-1},L_i=U_{2i}S_{1i}^{-1}C_i^{+}$$

证明： 定义 $\boldsymbol{J}=\text{diag}(\boldsymbol{J}_1,\boldsymbol{J}_2)$，$\boldsymbol{J}_1=\text{diag}(\boldsymbol{P}_i^{-1},\boldsymbol{P}_i^{-1},\boldsymbol{P}_i^{-1},\boldsymbol{P}_i^{-1},\boldsymbol{P}_i^{-1},\boldsymbol{P}_i^{-1},\boldsymbol{P}_i^{-1})$，$\boldsymbol{J}_2=\text{diag}(\boldsymbol{R}_1^{-1},\boldsymbol{R}_2^{-1},\boldsymbol{R}_3^{-1},\boldsymbol{R}_4^{-1})$，$\boldsymbol{S}_{1i}=\boldsymbol{P}_{1i}^{-1}$，$\boldsymbol{S}_i=\boldsymbol{P}_i^{-1}=\text{diag}(\boldsymbol{P}_{1i}^{-1},\boldsymbol{P}_{1i}^{-1})=\text{diag}(\boldsymbol{S}_{1i},\boldsymbol{S}_{1i})$在式(15.8)左右分别乘以 $\boldsymbol{J}$，令 $\widetilde{\boldsymbol{V}}=\boldsymbol{S}_i\boldsymbol{V}\boldsymbol{S}_i$，$\widetilde{\boldsymbol{W}}=\boldsymbol{S}_i\boldsymbol{W}\boldsymbol{S}_i$，$\widetilde{\boldsymbol{R}}_j=\boldsymbol{S}_i\boldsymbol{R}_j\boldsymbol{S}_i$，$\widetilde{\boldsymbol{X}}_j=\boldsymbol{S}_i\boldsymbol{X}_j\boldsymbol{S}_i$，$j=1,2,3,4$，$\boldsymbol{U}_{1i}=\boldsymbol{K}_i\boldsymbol{S}_{1i}$，$\overline{\boldsymbol{U}}_{1i}=[\boldsymbol{U}_{1i}\quad -\boldsymbol{U}_{1i}]$，$\boldsymbol{U}_{2i}=\boldsymbol{L}_i\boldsymbol{C}_i\boldsymbol{S}_{1i}$，$\overline{\boldsymbol{U}}_{2i}=\text{diag}(0,\boldsymbol{U}_{2i})$，$\boldsymbol{H}_1=[\boldsymbol{I}\quad 0]$，$\boldsymbol{H}_2=[0\quad \boldsymbol{I}]$，$\boldsymbol{H}_3=[\boldsymbol{I}\quad -\boldsymbol{I}]$，那么可以由式(15.8)得到式(15.14)，结合定理15.1、式(15.14)及式(15.15)可知，满足条件 $\boldsymbol{K}_i=\boldsymbol{U}_{1i}\boldsymbol{S}_{1i}^{-1},\boldsymbol{L}_i=\boldsymbol{U}_{2i}\boldsymbol{S}_{1i}^{-1}\boldsymbol{C}_i^{+}$。

注意到由于 $\widetilde{\boldsymbol{R}}_1>0,\widetilde{\boldsymbol{R}}_2>0,\widetilde{\boldsymbol{R}}_3>0,\widetilde{\boldsymbol{R}}_4>0$，所以必有：

$$\begin{aligned}&(\widetilde{\boldsymbol{R}}_1-\boldsymbol{S}_i)\widetilde{\boldsymbol{R}}_1^{-1}(\widetilde{\boldsymbol{R}}_1-\boldsymbol{S}_i)\geqslant 0,(\widetilde{\boldsymbol{R}}_2-\boldsymbol{S}_i)\widetilde{\boldsymbol{R}}_2^{-1}(\widetilde{\boldsymbol{R}}_2-\boldsymbol{S}_i)\geqslant 0\\&(\widetilde{\boldsymbol{R}}_3-\boldsymbol{S}_i)\widetilde{\boldsymbol{R}}_3^{-1}(\widetilde{\boldsymbol{R}}_3-\boldsymbol{S}_i)\geqslant 0,(\widetilde{\boldsymbol{R}}_4-\boldsymbol{S}_i)\widetilde{\boldsymbol{R}}_4^{-1}(\widetilde{\boldsymbol{R}}_4-\boldsymbol{S}_i)\geqslant 0\end{aligned}\tag{15.16}$$

式(15.16)等价于：

$$\begin{aligned}&-\boldsymbol{S}_i\widetilde{\boldsymbol{R}}_1^{-1}\boldsymbol{S}_i\leqslant\widetilde{\boldsymbol{R}}_1-2\boldsymbol{S}_i,-\boldsymbol{S}_i\widetilde{\boldsymbol{R}}_2^{-1}\boldsymbol{S}_i\leqslant\widetilde{\boldsymbol{R}}_2-2\boldsymbol{S}_i\\&-\boldsymbol{S}_i\widetilde{\boldsymbol{R}}_3^{-1}\boldsymbol{S}_i\leqslant\widetilde{\boldsymbol{R}}_3-2\boldsymbol{S}_i,-\boldsymbol{S}_i\widetilde{\boldsymbol{R}}_4^{-1}\boldsymbol{S}_i\leqslant\widetilde{\boldsymbol{R}}_4-2\boldsymbol{S}_i\end{aligned}\tag{15.17}$$

最后，即可得到线性矩阵不等式(15.14)成立，其中 $\boldsymbol{K}_i=\boldsymbol{U}_{1i}\boldsymbol{S}_{1i}^{-1}$，$\boldsymbol{L}_i=\boldsymbol{U}_{2i}\boldsymbol{S}_{1i}^{-1}\boldsymbol{C}_i^{+}$，定理15.2即得证。

注 15.1 由于矩阵 $\boldsymbol{C}_i$ 是 $m\times n$ 的行满秩矩阵，则存在 $m\times n$ 的矩阵 $\boldsymbol{C}_i^{+}$ 使得 $\boldsymbol{C}_i^{+}\boldsymbol{C}_i=\boldsymbol{I}$，$\boldsymbol{C}_i^{+}$ 称为 $\boldsymbol{C}_i$ 的右逆。

15.3 实例仿真

在本节中，将所提方法应用于模型数据，来说明该方法的有效性。

$$\boldsymbol{A}_1=\begin{bmatrix}-1.5 & 0.3\\0.5 & -2\end{bmatrix},\boldsymbol{B}_1=\begin{bmatrix}-1 & 1.2\\-0.3 & 0.2\end{bmatrix},\boldsymbol{C}_1=[-0.6\quad 0.4]$$

$$\boldsymbol{A}_2=\begin{bmatrix}-1.8 & 0.8\\1 & -1\end{bmatrix},\boldsymbol{B}_2=\begin{bmatrix}-1 & 2\\0.8 & -2\end{bmatrix},\boldsymbol{C}_2=[0.5\quad -0.3]$$

假设系统模型的转移速率矩阵 $\boldsymbol{\Pi}=\begin{bmatrix}-0.5 & 0.5\\0.2 & -0.2\end{bmatrix}$，时延为 $h_1=0.01\text{s}$，$h_2=0.11\text{s}$，$h_3=0.01\text{s}$，$h_4=0.11\text{s}$。当系统正常工作时，根据定理15.2，得到系统的控制器增益矩阵 $\boldsymbol{K}_i$ 和观测增益矩阵 $\boldsymbol{L}_i$，结果如下：

$$\boldsymbol{K}_1=\begin{bmatrix}0.7936 & 0.6527\\0.4406 & 0.4572\end{bmatrix},\boldsymbol{L}_1=\begin{bmatrix}-0.5117\\0.3664\end{bmatrix}$$

$$\boldsymbol{K}_2=\begin{bmatrix}0.3299 & 0.0801\\0.1007 & 0.1084\end{bmatrix},\boldsymbol{L}_2=\begin{bmatrix}-0.7875\\0.5138\end{bmatrix}$$

假设系统的初始状态为 $\boldsymbol{x}(0)=[1\quad -1]^{\mathrm{T}}$、$\hat{\boldsymbol{x}}(0)=[0.6\quad -0.6]^{\mathrm{T}}$，闭环系统模态如图15.2所示，其状态分量 $x_1(t)$、$\hat{x}_1(t)$、$x_2(t)$、$\hat{x}_2(t)$的响应曲线如图15.3和图15.4所示。

当故障指示矩阵 $\boldsymbol{F}=\begin{bmatrix}1 & 0\\0 & 0\end{bmatrix}$时，根据定理15.2，得到系统执行器故障时的控制器增益矩阵 $\boldsymbol{K}_i$ 和观测增益矩阵 $\boldsymbol{L}_i$，结果如下：

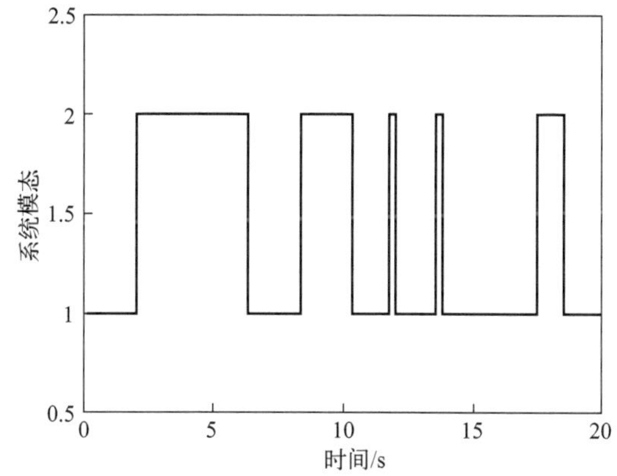

图 15.2　执行器正常运行时闭环系统模态

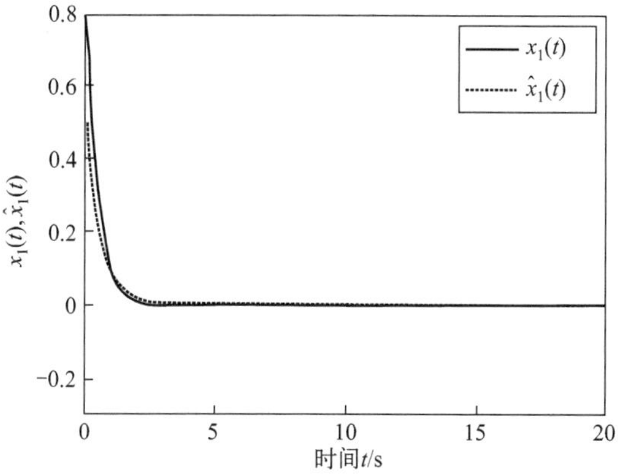

图 15.3　执行器正常运行时闭环系统状态分量 $x_1(t)$ 及其估计值 $\hat{x}_1(t)$ 的响应曲线

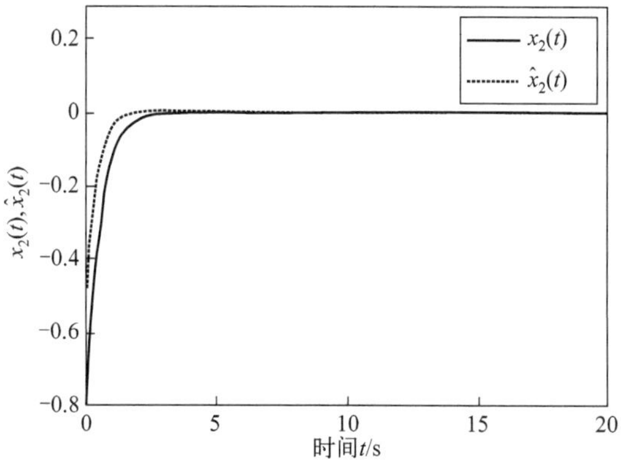

图 15.4　执行器正常运行时闭环系统状态分量 $x_2(t)$ 及其估计值 $\hat{x}_2(t)$ 的响应曲线

$$\boldsymbol{K}_1 = \begin{bmatrix} 0.1183 & 0.7339 \\ -0.1009 & 0.8101 \end{bmatrix}, \boldsymbol{L}_1 = \begin{bmatrix} -0.5159 \\ 0.3720 \end{bmatrix}$$

$$\boldsymbol{K}_2 = \begin{bmatrix} 0.1868 & 0.0737 \\ -0.0884 & 0.2486 \end{bmatrix}, \boldsymbol{L}_2 = \begin{bmatrix} -0.8149 \\ 0.5403 \end{bmatrix}$$

此时闭环系统模态如图 15.5 所示，其状态分量 $x_1(t)$、$\hat{x}_1(t)$、$x_2(t)$、$\hat{x}_2(t)$ 的响应曲线如图 15.6 和图 15.7 所示。

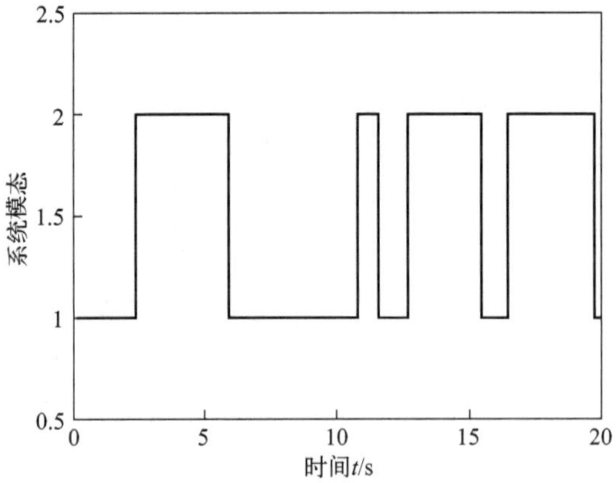

图 15.5　执行器故障时闭环系统模态（一）

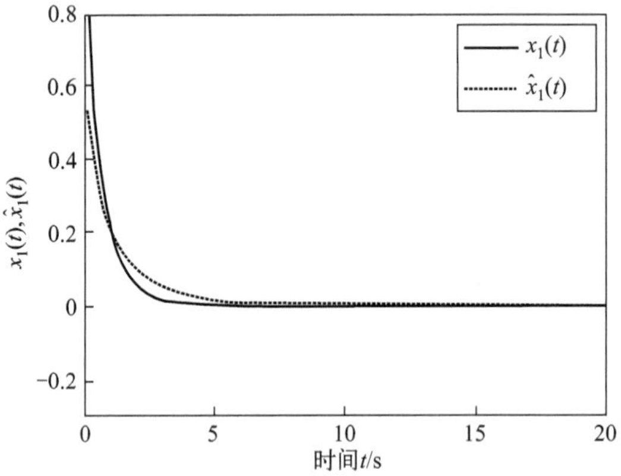

图 15.6　执行器故障时闭环系统状态分量 $x_1(t)$及其估计值 $\hat{x}_1(t)$的响应曲线（一）

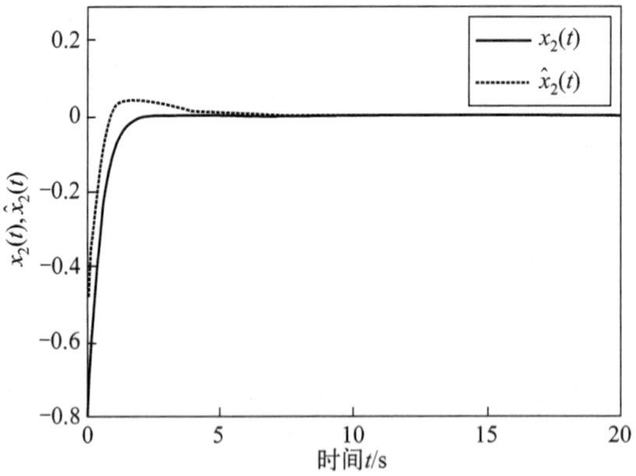

图 15.7　执行器故障时闭环系统状态分量 $x_2(t)$及其估计值 $\hat{x}_2(t)$的响应曲线（一）

当故障指示矩阵 $\boldsymbol{F}=\begin{bmatrix}0 & 0\\0 & 1\end{bmatrix}$时，根据定理 15.2，得到系统执行器故障时的控制器增益矩阵 $\boldsymbol{K}_i$ 和观测增益矩阵 $\boldsymbol{L}_i$，结果如下：

$$\boldsymbol{K}_1=\begin{bmatrix}1.0712 & -0.0395\\0.4416 & 0.0598\end{bmatrix},\boldsymbol{L}_1=\begin{bmatrix}-0.5207\\0.3658\end{bmatrix}$$

$$\boldsymbol{K}_2=\begin{bmatrix}0.5250 & -0.0802\\ 0.0902 & 0.0693\end{bmatrix},\boldsymbol{L}_2=\begin{bmatrix}-0.8219\\ 0.5374\end{bmatrix}$$

此时闭环系统模态如图 15.8 所示，其状态分量 $x_1(t)$、$\hat{x}_1(t)$、$x_2(t)$、$\hat{x}_2(t)$的响应曲线如图 15.9 和图 15.10 所示。

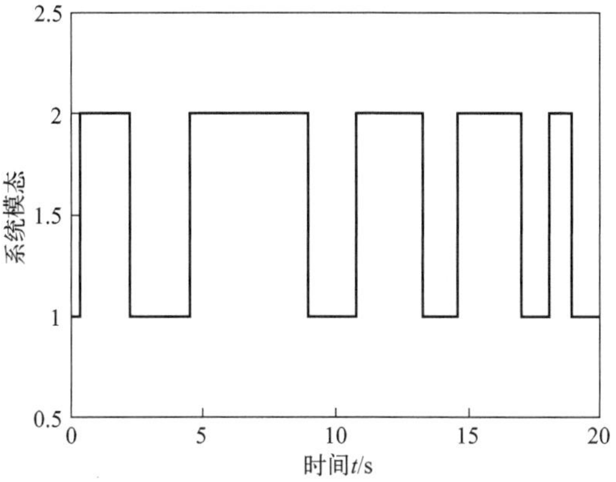

图 15.8　执行器故障时闭环系统模态（二）

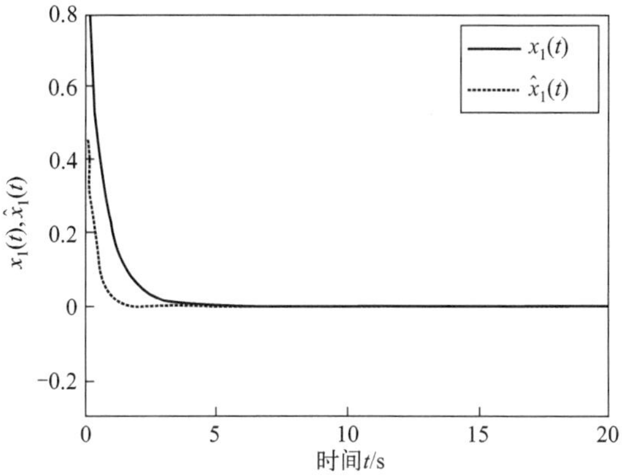

图 15.9　执行器故障时闭环系统状态分量 $x_1(t)$及其估计值 $\hat{x}_1(t)$的响应曲线（二）

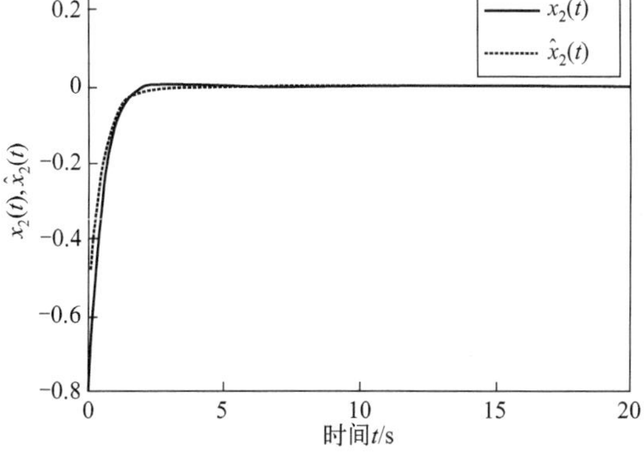

图 15.10　执行器故障时闭环系统状态分量 $x_2(t)$及其估计值 $\hat{x}_2(t)$的响应曲线（二）

可以从图 15.3～图 15.9 与图 15.10 中看到，在执行器故障时，系统通过有效的容错控制，在平衡点附近传输的数据较暂态过程少得多，能够按需求来控制传输数据。数据模拟结果显示，系统具有随机稳定性。

15.4 本章小结

本章研究了执行器故障下基于观测器的连续 MJS 的容错控制问题，引入了观测器来获取无法直接测量的被控系统的状态信息，同时考虑了传感器到控制器以及控制器到执行器之间的时延，引入了执行器故障指示矩阵，把闭环系统建模为时滞系统，利用李雅普诺夫稳定性定理，推导出了保证闭环系统稳定性的充分条件，求出了容错控制器和观测器增益矩阵。最后通过仿真结果验证了该方法的可行性。

参考文献

[1] Mao Y B，Jafarnejadsani H，Zhao P，et al. Novel stealthy attack and defense strategies for networked control systems [J] . IEEE Transactions on Automatic Control，2020，65 (9)：3847-3862.

[2] Donkers M C F，Heemels W P M H，Bernardini D，et al. Stability analysis of stochastic networked control systems [J] . Automatica，2012，48 (5)：917-925.

[3] Selivanov A，Fridman E. Distributed event-triggered control of diffusion semilinear PDEs [J] . Automatica，2016，68：344-351.

[4] Yang F W，Wang Z D，Hung Y S，et al. H_∞ control for networked systems with random communication delays [J] . IEEE Transactions on Automatic Control，2006，51 (3)：511-518.

[5] Wang Q，Wang Z L，Dong C Y，et al. Fault detection and optimization for networked control systems with uncertain time-varying delay. [J] . Journal of Systems Engineering and Electronics，2015，26 (3)：544-556.

[6] 曾丽萍 . 短时滞的网络控制系统稳定性分析 [J] . 自动化技术与应用，2021，40 (01)：15-19.

[7] Li L F，Yao L N，Wang H. Model predictive fault-tolerant tracking control for PDF control systems with packet losses [J] . IEEE Transactions on Systems，Man，and Cybernetics：Systems，2021，52 (8)：4751-4761.

[8] Fang F，Ding H，Liu Y J，et al. Fault tolerant sampled-data H_∞ control for networked control systems with probabilistic time-varying delay [J] . Information Sciences，2021，544：395-414.

[9] Casteren J F L，Bollen M H J，Schmieg M E. Reliability assessment in electrical power systems：the Weibull-Markov stochastic model [J] . IEEE Transactions on Industry Applications，2000，36 (3)：911-915.

[10] Platis A，Limnios N，Le Du M. Performability of electric-power systems modeled by non-homogeneous Markov chains [J] . IEEE Transactions on Reliability，1996，45 (4)：605-610.

[11] Ugrinovskii V A，Pota H R. Decentralized control of power systems via robust control of uncertain Markov jump parameter systems. International Journal of Control，2005，78 (9)：662-677.

[12] Challa M S. Simultaneous estimation of attitude and Markov-modeled rate corrections of gyroless spacecraft [J] . Journal of Guidance，Control，and Dynamics，2017，40 (9)：2381-2386.

[13] He H F，Qi W H，Liu Z T，et al. Adaptive attack-resilient control for Markov jump system with additive attacks [J] . Nonlinear dynamics，2021，103 (2)：1585-1598.

[14] Zhang B Y, Zheng W X, Xu S Y. Filtering of Markovian jump delay systems based on a new performance index [J] . IEEE Transactions on Circuits and Systems I: Regular Papers, 2013, 60 (5): 1250-1263.

[15] Wang Y F, He P, Li H, et al. Stabilization for networked control system with time-delay and packet loss in both S-C side and C-A side [J] . IEEE Access, 2020, 8: 2513-2523.

[16] Yu S Q, Li J M, Tang Y D, Dynamic output feedback control for nonlinear networked control systems with random packet dropout and random delay [J] . Mathematical Problems in Engineering, 2013, 14: 1-9.

[17] Jiang X F, Han Q L, Liu S R, et al. A new H_∞ stabilization criterion for networked control systems [J] . IEEE Transactions on Automatic Control, 53 (4): 1025-1032, 2008.

[18] Park P G, Ko J W, Jeong C. Reciprocally convex approach to stability of systems with time-varying delays [J] . Automatica, 2011, 47 (1): 235-238.

第 16 章

具有 S-C 及 C-A 时延的连续网络化 Markov 跳变系统事件触发控制

在工业系统中，计算机通信网络和控制系统越来越集成，通信网络引入控制系统已经成为一种趋势。由共享网络形成的闭环反馈控制系统称为网络控制系统（NCS）。NCS 与点对点连接的传统控制系统相比，具有系统的布线少、成本低、维护与扩展方便等优势[1]，目前已广泛应用于工业自动化领域[2-6]。

由于通信网络的引入，不可避免地发生网络诱导时延、网络拥塞、数据包丢失和数据时序错乱等，可能导致系统的稳定性降低甚至遭到严重破坏。相对于网络拥塞、数据包丢失和数据时序错乱等随机发生的网络问题，网络诱导时延是网络固有问题。文献［7］研究了广义网络控制系统在短时变时延条件下的指数稳定性控制问题，基于李雅普诺夫稳定性判据和线性矩阵不等式技术，给出了状态反馈控制器存在的条件和设计方法。值得注意的是，除了上述问题还需考虑的另一个设计约束是 NCS 的网络带宽有限。执行控制任务是周期性的，因此控制器可以使用采样数据系统进行设计。文献［8,9］从系统的分析和设计来考虑，使用了周期的采样方法。但是考虑到周期性触发的通信方案对有限网络资源的利用效率低，这种采样方法有时并不适合。文献［10］提出了事件触发机制，该采样方法可以有效地克服传统的周期采样控制方法对网络资源利用率低的缺点。文献［11］研究了时滞的离散网络控制系统的动态事件触发故障检测问题，为了减少触发次数，提出了一种新的动态事件触发方法，并在控制器节点上构造了一个观测器，建立了闭环系统的数学模型，构造了一个合适的 Lyapunov 泛函，推导出了闭环网络控制系统的充分稳定性条件。

现有关于 NCS 的研究，大多是以线性定常系统为研究对象的。然而，在实际系统中，由于环境、内部子系统连接方式等突然的变化，系统会发生随机突变，普通的线性系统已经不能准确地描述其动态特性，因此混杂系统应运而生，而 Markov 跳变系统（Markov jump systems，MJS）作为一类特殊的混杂系统，因其具有简单的数学描述形式和强大的建模能力，在过去的几十年中一直是国内外控制领域十分重要并且活跃的研究点。MJS 由一个或者多个不同的子系统组成，能够通过转移速率的变化随机从一个模态切换到另外一个模态，从而可以更加准确地描述实际过程，现已广泛应用于交通系统、制造系统和电力系统等[12-14]。文献［15］研究了一类具有时滞的 MJS 有限时间控制器设计的问题，采用了自由权重的方法，给出了 MJS 有限时间有界性、有限时间 H_∞ 有界性的判定准则，通过 LMI 求解，获得了状态观测器和状态反馈控制器的增益矩阵。文献［16］研究了一类具有部分未知跃迁概率的连续时间和离散线性 MJS 的稳定性和镇定问题。文献［17］研究了具有时变时滞的连续线性 MJS 的模式相关滤波器和模式无关滤波器的设计问题，所设计的滤波器保证了所得到的滤波误差系统是随机的。文献［18］基于李雅普诺夫泛函方法研究了一类不确定时滞广义半 MJS 的随机稳定性。近年来，对于 MJS 来说，研究观测器的设计也是十分重要的，在文献［19］中介绍了广义 MJS 的部分模态依赖观测器及相应控制器的设计问题，研究人员考虑了部分相关的 MJS，并设计了一个基于观测器的控制器。

现有的多数基于事件触发机制的网络化 MJS 的研究，未考虑通信网络时延的影响或者只考虑了单侧时延的情况，本章以连续 MJS 为研究对象，同时考虑双侧时延，介绍基于事件触发机制下的控制器和观测器协同设计方法。本章的主要内容有以下两点：

① 考虑传感器到控制器和控制器到执行器同时存在时延，通过在控制器端构造观测器，基于观测器的输出反馈控制，对信号传输时序进行分析，把闭环系统建模为含有两个时延的时滞系统；

② 构造合适的李雅普诺夫泛函，通过李雅普诺夫稳定性理论，得到保证闭环系统随机稳定性的充分条件，给出控制器与观测器的设计方法。

16.1　问题描述

考虑以下具有不确定性的 MJS：

$$\begin{cases}\dot{\boldsymbol{x}}(t)=\boldsymbol{A}(r_t)\boldsymbol{x}(t)+\boldsymbol{B}(r_t)\boldsymbol{u}(t)\\ \boldsymbol{y}(t)=\boldsymbol{C}(r_t)\boldsymbol{x}(t)\end{cases} \tag{16.1}$$

其中，$\boldsymbol{x}(t)\in\mathbf{R}^n$，$\boldsymbol{u}(t)\in\mathbf{R}^m$，$\boldsymbol{y}(t)\in\mathbf{R}^q$，三者分别为系统状态向量、输入向量和输出向量；$\boldsymbol{A}(r_t)$、$\boldsymbol{B}(r_t)$、$\boldsymbol{C}(r_t)$为具有合适维数的实常矩阵。$\{r_t,t\geqslant 0\}$取值于有限集合 $\ell\triangleq\{1,\cdots,N\}$ 的连续的 Markov 过程，具有以下模式转移速率：

$$\Pr\{r_{t+\Delta}=j\mid r_t=i\}=\begin{cases}\Pi_{ij}\Delta+o(\Delta),j\neq i\\ 1+\Pi_{ii}\Delta+o(\Delta),j=i\end{cases}$$

其中，$\Delta>0$，$\lim\limits_{\Delta\to 0}[o(\Delta)/\Delta]=0$ 且 $\Pi_{ij}\geqslant 0(i,j\in\ell,j\neq i)$；当 $j\neq i$ 时，$\Pi_{ii}=-\sum\limits_{j=1,j\neq i}\Pi_{ij}$，且所有 $i\in\ell$。进一步，Markov 过程转移速率矩阵 $\boldsymbol{\Pi}$ 定义为：

$$\boldsymbol{\Pi}=\begin{bmatrix}\Pi_{11} & \Pi_{12} & \cdots & \Pi_{1N}\\ \Pi_{21} & \Pi_{22} & \cdots & \Pi_{2N}\\ \vdots & \vdots & & \vdots\\ \Pi_{N1} & \Pi_{N2} & \cdots & \Pi_{NN}\end{bmatrix} \tag{16.2}$$

注 16.1　图 16.1 所示为事件触发机制下基于观测器的网络化 MJS 结构图。采样器采集系统输出信号是固定的周期 h。采样器采集的信号直接传送给和它相连的事件发生器，事件发生器经事件触发条件来判断接收到的信号是否发送给控制器。下面通过图 16.1 说明整个系统的工作原理。

采样器以固定的周期 h 采集系统的输出信号，然后采样器采集到的信号会直接传送给事件发生器，事件发生器是否将采样数据发送给控制器需要如下条件判断：

$$[\boldsymbol{y}(i_{k+m}h)-\boldsymbol{y}(i_kh)]^{\mathrm{T}}\boldsymbol{V}(r_t)[\boldsymbol{y}(i_{k+m}h)-\boldsymbol{y}(i_kh)]>\sigma\boldsymbol{y}^{\mathrm{T}}(i_{k+m}h)\boldsymbol{V}(r_t)\boldsymbol{y}(i_{k+m}h) \tag{16.3}$$

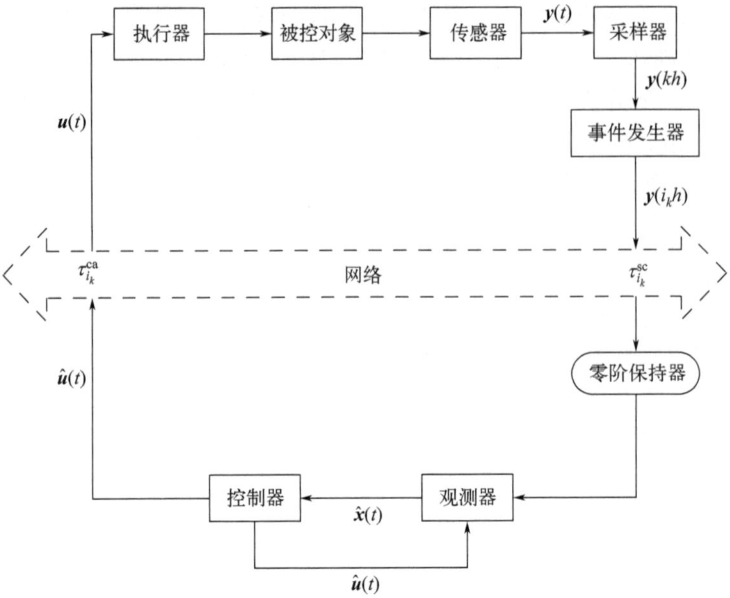

图 16.1 事件触发机制下基于观测器的网络化 MJS 结构

其中，$\boldsymbol{y}(i_k h)$为最近一次被传输的数据，$\boldsymbol{y}(i_{k+m}h)$为当前采样的数据($k=0,1,2,\cdots$；$m=1,2,3,\cdots$)，$k\in\mathbf{Z}^+$，$m\in\mathbf{Z}^+$，$\boldsymbol{V}(r_t)$是正定的事件触发权重矩阵，$\sigma\in[0,1]$为事件触发阈值。

注 16.2 参数σ、$\boldsymbol{V}(r_t)$、h 是式(16.3) 的参数，采集的状态数据 $\boldsymbol{y}(i_{k+m}h)$只有满足二次条件才会被传送给控制器。显然通信方案能够降低网络中的通信负载。作为一种特殊情况，如果式(16.3) 中的$\sigma=0$，则适用于所有的采样状态数据，方案［式(16.3)］也将简化为时间触发通信机制。

事件发生器释放当前采样信号，采样信号通过网络传送给零阶保持器，再经过零阶保持器传送给观测器后，由观测器传送给控制器。这个过程中，由于网络的存在，信号在传送过程中会有延时。在本章中，采用 $\tau_{i_k}^{sc}$ 表示从传感器到控制器的时延，$\tau_{i_k}^{ca}$ 表示从控制器到执行器的时延。为了便于下文分析，假设矩阵$\boldsymbol{C}(r_t)$是行满秩矩阵，$\tau_{i_k}^{sc}$ 和$\tau_{i_k}^{ca}$ 都是有界的，即对任意的 $t\geqslant 0$ 均有：

$$0<\tau_m^{sc}\leqslant\tau_{i_k}^{sc}\leqslant\tau_M^{sc},0<\tau_m^{ca}\leqslant\tau_{i_k}^{ca}\leqslant\tau_M^{ca}$$

在通信方案［式(16.3)］下，假设事件发生器的释放时刻为 $i_0h,i_1h,i_2h\cdots$，其中 $i_0h=0$ 为初始时刻，$\gamma_k h=i_{k+1}h-i_k h$ 为事件发生器的数据发送周期，此外，由于前面提到的网络时延的存在，释放信号到达观测器的时刻为 $i_0h+\tau_{i_0}^{sc},i_1h+\tau_{i_1}^{sc},i_2h+\tau_{i_2}^{sc}\cdots$。

基于上述分析，考虑到通信网络中的时延和事件触发通信方案的影响，观测器端收到的系统输出为：

$$\widetilde{\boldsymbol{y}}(t)=\boldsymbol{y}(i_k h),t\in[i_k h+\tau_{i_k}^{sc},i_{k+1}h+\tau_{i_{k+1}}^{sc}) \tag{16.4}$$

考虑到 $t\in[i_k h+\tau_{i_k}^{sc},i_{k+1}h+\tau_{i_{k+1}}^{sc})$，$\gamma_k h=i_{k+1}h-i_k h$，所以分以下两种情况讨论。

① 如果 $\gamma_k h\leqslant h+\tau_M^{sc}-\tau_{i_{k+1}}^{sc}$，定义：

$$\tau(t)=t-i_k h,t\in[i_k h+\tau_{i_k}^{sc},i_{k+1}h+\tau_{i_{k+1}}^{sc}) \tag{16.5}$$

由式(16.5) 可得：

$$\tau_{i_k}^{sc}\leqslant\tau(t)\leqslant i_{k+1}h-i_kh+\tau_{i_{k+1}}^{sc}\leqslant h+\tau_M^{sc} \tag{16.6}$$

定义误差向量为：

$$\partial_k(t)=0 \tag{16.7}$$

② 如果 $\gamma_k h>h+\tau_M^{sc}-\tau_{i_{k+1}}^{sc}$，而 $0\leqslant\tau_{i_k}^{sc}\leqslant\tau_M^{sc}$，那么存在正整数 $l\geqslant1$，使得：

$$lh+\tau_M^{sc}-\tau_{i_{k+1}}^{sc}<\gamma_k h\leqslant(l+1)h+\tau_M^{sc}-\tau_{i_{k+1}}^{sc} \tag{16.8}$$

为了便于表达，定义：

$$\begin{aligned}\Omega_0&=[i_kh+\tau_{i_k}^{sc},i_kh+h+\tau_M^{sc})\\ \Omega_d&=[i_kh+dh+\tau_M^{sc},i_kh+(d+1)h+\tau_M^{sc})\\ \Omega_n&=[i_kh+lh+\tau_M^{sc},i_{k+1}h+\tau_{i_{k+1}}^{sc})\end{aligned} \tag{16.9}$$

那么区间 $[i_kh+\tau_{i_k}^{sc},i_{k+1}h+\tau_{i_{k+1}}^{sc})$ 可以分为以下 $l+1$ 个子区间：

$$[i_kh+\tau_{i_k}^{sc},i_{k+1}h+\tau_{i_{k+1}}^{sc})=\Omega_0\cup\left\{\bigcup_{d=1}^{l-1}\Omega_d\right\}\cup\Omega_n$$

定义函数 $\tau(t)$ 为：

$$\tau(t)=\begin{cases}t-i_kh,t\in\Omega_0\\ t-i_kh-dh,t\in\Omega_d,d=1,2,\cdots,l-1\\ t-i_kh-lh,t\in\Omega_n\end{cases} \tag{16.10}$$

由式(16.10) 可得：

$$0<\tau_m^{sc}\leqslant\tau_{i_k}^{sc}\leqslant\tau_M^{sc}\leqslant\tau(t)\leqslant h+\tau_M^{sc} \tag{16.11}$$

定义误差向量为：

$$\partial_k(t)=\begin{cases}0,t\in\Omega_0\\ \boldsymbol{y}(i_kh)-\boldsymbol{y}(i_kh+dh),t\in\Omega_d\\ \boldsymbol{y}(i_kh)-\boldsymbol{y}(i_kh+lh),t\in\Omega_n\end{cases} \tag{16.12}$$

对于 $t\in[i_kh+\tau_{i_k}^{sc},i_{k+1}h+\tau_{i_{k+1}}^{sc})$，结合式(16.7) 和式(16.12) 可得：

$$\boldsymbol{y}(i_kh)=\partial_k(t)+\boldsymbol{y}[t-\tau(t)] \tag{16.13}$$

$$\partial_k^{\mathrm{T}}(t)\boldsymbol{V}(r_t)\partial_k(t)\leqslant\sigma\boldsymbol{y}^{\mathrm{T}}[t-\tau(t)]\boldsymbol{V}(r_t)\boldsymbol{y}[t-\tau(t)] \tag{16.14}$$

在控制器端构造如下形式的观测器：

$$\begin{cases}\dot{\hat{\boldsymbol{x}}}(t)=\boldsymbol{A}(r_t)\hat{\boldsymbol{x}}(t)+\boldsymbol{B}(r_t)\hat{\boldsymbol{u}}(t)+\boldsymbol{L}(r_t)\{\boldsymbol{y}[t-\tau(t)]+\partial_k(t)-\hat{\boldsymbol{y}}[t-\tau(t)]\}\\ \hat{\boldsymbol{y}}(t)=\boldsymbol{C}(r_t)\hat{\boldsymbol{x}}(t)\end{cases} \tag{16.15}$$

其中，$\hat{\boldsymbol{x}}(t),\hat{\boldsymbol{y}}(t)$ 分别是观测器的状态及输出，$\boldsymbol{L}(r_t)$ 为观测器的增益矩阵。$\forall r_t=i\in\iota$，为了简化表示，将 $\boldsymbol{A}(r_t),\boldsymbol{B}(r_t),\boldsymbol{C}(r_t),\boldsymbol{L}(r_t),\boldsymbol{V}(r_t)$ 分别用 $\boldsymbol{A}_i,\boldsymbol{B}_i,\boldsymbol{C}_i,\boldsymbol{L}_i,\boldsymbol{V}_i$ 表示。

采用如下基于观测器的反馈控制律：

$$\hat{\boldsymbol{u}}(t)=\boldsymbol{K}(r_t)\hat{\boldsymbol{x}}(t) \tag{16.16}$$

又因为从控制器到执行器存在时延 $\tau_{i_k}^{ca}$，被控对象的输入与观测器的输入不同，所以，

$$\boldsymbol{u}(t)=\hat{\boldsymbol{u}}(t-\tau_{i_k}^{ca})=\boldsymbol{K}(r_t)\hat{\boldsymbol{x}}(t-\tau_{i_k}^{ca}) \tag{16.17}$$

其中，$\boldsymbol{K}(r_t)(\forall r_t=i\in\iota)$ 为控制器增益矩阵，便于表达写为 $\boldsymbol{K}_i$。将式(16.17) 代入式(16.1) 可得：

$$\begin{cases} \dot{\boldsymbol{x}}(t)=\boldsymbol{A}_i\boldsymbol{x}(t)+\boldsymbol{B}_i\boldsymbol{K}_i\hat{\boldsymbol{x}}(t-\tau_{i_k}^{ca}) \\ \boldsymbol{y}(t)=\boldsymbol{C}_i\boldsymbol{x}(t) \end{cases} \tag{16.18}$$

定义 $\boldsymbol{e}(t)=\boldsymbol{x}(t)-\hat{\boldsymbol{x}}(t)$，$\boldsymbol{z}(t)=[\boldsymbol{x}^{\mathrm{T}}(t)\quad \boldsymbol{e}^{\mathrm{T}}(t)]^{\mathrm{T}}$，$h_1=\tau_m^{sc}$，$h_2=\tau_M^{sc}+h$，$h_3=\tau_m^{ca}$，$h_4=\tau_M^{ca}$，由式(16.15)及式(16.18)可得闭环网络控制系统为：

$$\dot{\boldsymbol{z}}(t)=\boldsymbol{A}_{1i}\boldsymbol{z}(t)+\boldsymbol{B}_{1i}\boldsymbol{K}_{1i}\boldsymbol{z}(t)-\boldsymbol{B}_{2i}\boldsymbol{K}_{1i}\boldsymbol{z}(t-\tau_{i_k}^{ca})+\boldsymbol{L}_{1i}\boldsymbol{C}_{1i}\boldsymbol{z}[t-\tau(t)]+\boldsymbol{L}_{1i}\,\partial_k(t) \tag{16.19}$$

其中：

$$\boldsymbol{A}_{1i}=\begin{bmatrix}\boldsymbol{A}_i & 0\\ 0 & \boldsymbol{A}_i\end{bmatrix},\boldsymbol{B}_{1i}=\begin{bmatrix}0\\ \boldsymbol{B}_i\end{bmatrix},\boldsymbol{B}_{2i}=\begin{bmatrix}\boldsymbol{B}_i\\ \boldsymbol{B}_i\end{bmatrix},\boldsymbol{C}_{1i}=[0\quad \boldsymbol{C}_i],\boldsymbol{L}_{1i}=\begin{bmatrix}0\\ -\boldsymbol{L}_i\end{bmatrix},\boldsymbol{K}_{1i}=[-\boldsymbol{K}_i\quad \boldsymbol{K}_i]$$

定义 16.1[20]　如果每个初始条件 $\boldsymbol{z}_0\in\mathbf{R}^{2n}$ 和 $r_0\in\ell$，以下条件成立，则系统［式(16.19)］是随机稳定的：

$$\lim_{t\to\infty}E\left\{\int_0^t\|\boldsymbol{z}(t)\|^2\mid \boldsymbol{z}_0,r_0\right\}<\infty$$

引理 16.1[21]　（Jensen 不等式）对任意对称正定矩阵 $\boldsymbol{N}\in\boldsymbol{R}^{n\times n}$，$\boldsymbol{N}=\boldsymbol{N}^{\mathrm{T}}\geqslant 0$，参数 $0\leqslant\tau_1\leqslant\tau_2$ 及向量值函数 $\dot{\boldsymbol{x}}:[-\tau_2\quad -\tau_1]\to\mathbf{R}^n$，存在如下不等式成立：

$$-(\tau_2-\tau_1)\int_{t-\tau_2}^{t-\tau_1}\dot{\boldsymbol{x}}^{\mathrm{T}}(s)\boldsymbol{N}\dot{\boldsymbol{x}}(s)\mathrm{d}s\leqslant-\begin{bmatrix}\boldsymbol{x}(t-\tau_1)\\ \boldsymbol{x}(t-\tau_2)\end{bmatrix}^{\mathrm{T}}\begin{bmatrix}\boldsymbol{N} & -\boldsymbol{N}\\ * & \boldsymbol{N}\end{bmatrix}\begin{bmatrix}\boldsymbol{x}(t-\tau_1)\\ \boldsymbol{x}(t-\tau_2)\end{bmatrix}$$

引理 16.2[22]　假设 $f_1,f_2\cdots f_N:\mathbf{R}^m\to\mathbf{R}$ 在开集 D 的子集中有正值，$D\in\mathbf{R}^m$，则在集合 D 中 f_i 的互反凸组合满足：

$$\min_{\{b_i\mid b_i>0,\sum_i b_i=1\}}\sum_i\frac{1}{b_i}f_i(t)=\sum_i f_i(t)+\max_{g_{i,j}(t)}\sum_{i\neq j}g_{i,j}(t)$$

其中，$\left\{g_{i,j}:\mathbf{R}^m\to\mathbf{R},g_{j,i}(t)=g_{i,j}(t),\begin{bmatrix}f_i(t) & g_{i,j}(t)\\ g_{j,i}(t) & f_i(t)\end{bmatrix}\geqslant 0\right\}$。

16.2 主要内容

这部分，首先给出闭环系统［式(16.19)］的随机稳定的充分条件，然后给出控制器和观测器协同设计方法。

定理 16.1　对于给定的标量 h_1,h_2,h_3,h_4,σ，如果存在合适维数的正定矩阵 $\boldsymbol{P}_i>0$，$\boldsymbol{V}_i>0$，$\boldsymbol{R}_j>0$，$\boldsymbol{Q}_j>0,j=1,2,3,4$ 及矩阵 $\boldsymbol{L}_i$，$\boldsymbol{K}_i$，$\boldsymbol{F}$，$\boldsymbol{G}$ 满足下列不等式：

$$\begin{bmatrix}\boldsymbol{\Lambda}_{11} & \boldsymbol{\Lambda}_{12}\\ * & \boldsymbol{\Lambda}_{22}\end{bmatrix}<0 \tag{16.20}$$

$$\begin{bmatrix}\boldsymbol{R}_2 & \boldsymbol{F}\\ * & \boldsymbol{R}_2\end{bmatrix}<0,\begin{bmatrix}\boldsymbol{R}_4 & \boldsymbol{G}\\ * & \boldsymbol{R}_4\end{bmatrix}<0 \tag{16.21}$$

其中：

$$\boldsymbol{\Lambda}_{11}=\begin{bmatrix}\boldsymbol{\Psi}_{11} & \boldsymbol{R}_1 & \boldsymbol{P}_i\boldsymbol{L}_{1i}\boldsymbol{C}_{1i} & 0 & \boldsymbol{R}_3 & -\boldsymbol{P}_i\boldsymbol{B}_{2i}\boldsymbol{K}_{1i} & 0 & \boldsymbol{P}_i\boldsymbol{L}_{1i}\\ * & \boldsymbol{\Psi}_{22} & \boldsymbol{\Psi}_{23} & F & 0 & 0 & 0 & 0\\ * & * & \boldsymbol{\Psi}_{33} & \boldsymbol{\Psi}_{34} & 0 & 0 & 0 & 0\\ * & * & * & \boldsymbol{\Psi}_{44} & 0 & 0 & 0 & 0\\ * & * & * & * & \boldsymbol{\Psi}_{55} & \boldsymbol{\Psi}_{56} & G & 0\\ * & * & * & * & * & \boldsymbol{\Psi}_{66} & \boldsymbol{\Psi}_{67} & 0\\ * & * & * & * & * & * & \boldsymbol{\Psi}_{77} & 0\\ * & * & * & * & * & * & * & -\boldsymbol{V}_i\end{bmatrix}$$

$\boldsymbol{\Lambda}_{12}=[h_1\boldsymbol{\xi}_1^{\mathrm{T}}\boldsymbol{R}_1\quad (h_2-h_1)\boldsymbol{\xi}_1^{\mathrm{T}}\boldsymbol{R}_2\quad h_3\boldsymbol{\xi}_1^{\mathrm{T}}\boldsymbol{R}_3\quad (h_4-h_3)\boldsymbol{\xi}_1^{\mathrm{T}}\boldsymbol{R}_4]$

$\boldsymbol{\Lambda}_{22}=\mathrm{diag}(-\boldsymbol{R}_1,-\boldsymbol{R}_2,-\boldsymbol{R}_3,-\boldsymbol{R}_4)$

$\boldsymbol{\xi}_1=[\boldsymbol{A}_{1i}+\boldsymbol{B}_{1i}\boldsymbol{K}_{1i}\quad 0\quad \boldsymbol{L}_{1i}\boldsymbol{C}_{1i}\quad 0\quad 0\quad -\boldsymbol{B}_{2i}\boldsymbol{K}_{1i}\quad 0\quad \boldsymbol{L}_{1i}]$

$\boldsymbol{\Psi}_{11}=\boldsymbol{P}_i\boldsymbol{A}_{1i}+\boldsymbol{A}_{1i}^{\mathrm{T}}\boldsymbol{P}_i+\boldsymbol{K}_{1i}^{\mathrm{T}}\boldsymbol{B}_{1i}^{\mathrm{T}}\boldsymbol{P}_i+\boldsymbol{P}_i\boldsymbol{B}_{1i}\boldsymbol{K}_{1i}+\sum_{j\in\ell}\boldsymbol{\Pi}_{ij}\boldsymbol{P}_j+\boldsymbol{Q}_1+\boldsymbol{Q}_2+\boldsymbol{Q}_3+\boldsymbol{Q}_4-\boldsymbol{R}_1-\boldsymbol{R}_3$

$\boldsymbol{\Psi}_{22}=-\boldsymbol{Q}_1-\boldsymbol{R}_1-\boldsymbol{R}_2,\boldsymbol{\Psi}_{23}=-\boldsymbol{F}+\boldsymbol{R}_2,\boldsymbol{\Psi}_{33}=-2\boldsymbol{R}_2+\boldsymbol{F}+\boldsymbol{F}^{\mathrm{T}}+\sigma\overline{\boldsymbol{C}}^{\mathrm{T}}\boldsymbol{V}_i\overline{\boldsymbol{C}}$

$\boldsymbol{\Psi}_{34}=-F+\boldsymbol{R}_2,\boldsymbol{\Psi}_{44}=-\boldsymbol{Q}_2-\boldsymbol{R}_2,\boldsymbol{\Psi}_{55}=-\boldsymbol{Q}_3-\boldsymbol{R}_3-\boldsymbol{R}_4,\boldsymbol{\Psi}_{56}=\boldsymbol{R}_4-\boldsymbol{G}$

$\boldsymbol{\Psi}_{66}=-2\boldsymbol{R}_4+\boldsymbol{G}+\boldsymbol{G}^{\mathrm{T}},\boldsymbol{\Psi}_{67}=\boldsymbol{R}_4-\boldsymbol{G},\boldsymbol{\Psi}_{77}=-\boldsymbol{R}_4-\boldsymbol{Q}_4,\overline{\boldsymbol{C}}=[\boldsymbol{C}_i\quad 0]$

那么，闭环系统［式(16.19)］是随机稳定的。

证明：构造如下 Lyapunov-Krasovskii 泛函：

$$V[t,\boldsymbol{z}(t)]=V_1[t,\boldsymbol{z}(t)]+V_2[t,\boldsymbol{z}(t)]+V_3[t,\boldsymbol{z}(t)]\tag{16.22}$$

其中：

$$V_1[t,\boldsymbol{z}(t)]=\boldsymbol{z}^{\mathrm{T}}(t)\boldsymbol{P}_i\boldsymbol{z}(t)$$

$$V_2[t,\boldsymbol{z}(t)]=\int_{t-h_1}^{t}\boldsymbol{z}^{\mathrm{T}}(s)\boldsymbol{Q}_1\boldsymbol{z}(s)\mathrm{d}s+\int_{t-h_2}^{t}\boldsymbol{z}^{\mathrm{T}}(s)\boldsymbol{Q}_2\boldsymbol{z}(s)\mathrm{d}s+\int_{t-h_3}^{t}\boldsymbol{z}^{\mathrm{T}}(s)\boldsymbol{Q}_3\boldsymbol{z}(s)\mathrm{d}s+\int_{t-h_4}^{t}\boldsymbol{z}^{\mathrm{T}}(s)\boldsymbol{Q}_4\boldsymbol{z}(s)\mathrm{d}s$$

$$V_3[t,\boldsymbol{z}(t)]=h_1\int_{-h_1}^{0}\int_{t+\theta}^{t}\dot{\boldsymbol{z}}^{\mathrm{T}}(s)\boldsymbol{R}_1\dot{\boldsymbol{z}}(s)\mathrm{d}s\mathrm{d}\theta+(h_2-h_1)\int_{-h_2}^{-h_1}\int_{t+\theta}^{t}\dot{\boldsymbol{z}}^{\mathrm{T}}(s)\boldsymbol{R}_2\dot{\boldsymbol{z}}(s)\mathrm{d}s\mathrm{d}\theta$$
$$+h_3\int_{-h_3}^{0}\int_{t+\theta}^{t}\dot{\boldsymbol{z}}^{\mathrm{T}}(s)\boldsymbol{R}_3\dot{\boldsymbol{z}}(s)\mathrm{d}s\mathrm{d}\theta+(h_4-h_3)\int_{-h_4}^{-h_3}\int_{t+\theta}^{t}\dot{\boldsymbol{z}}^{\mathrm{T}}(s)\boldsymbol{R}_4\dot{\boldsymbol{z}}(s)\mathrm{d}s\mathrm{d}\theta$$

定义 ϑ 为随机过程 $V[t,\boldsymbol{z}(t)]$的弱无穷小算子，当 $t\in[i_kh+\tau_{i_k}^{\mathrm{sc}},i_{k+1}h+\tau_{i_{k+1}}^{\mathrm{sc}})$时：

$$\vartheta V[t,\boldsymbol{z}(t)]=\vartheta V_1[t,\boldsymbol{z}(t)]+\vartheta V_2[t,\boldsymbol{z}(t)]+\vartheta V_3[t,\boldsymbol{z}(t)]\tag{16.23}$$

其中：

$$\vartheta V_1[t,\boldsymbol{z}(t)]=2\boldsymbol{z}^{\mathrm{T}}(t)\boldsymbol{P}_i\dot{\boldsymbol{z}}(t)+\boldsymbol{z}^{\mathrm{T}}(t)\sum_{j\in\ell}\boldsymbol{\Pi}_{ij}\boldsymbol{P}_j\boldsymbol{z}(t)$$

$$\vartheta V_2[t,\boldsymbol{z}(t)]=\boldsymbol{z}^{\mathrm{T}}(t)\boldsymbol{Q}_1\boldsymbol{z}(t)-\boldsymbol{z}^{\mathrm{T}}(t-h_1)\boldsymbol{Q}_1\boldsymbol{z}(t-h_1)+\boldsymbol{z}^{\mathrm{T}}(t)\boldsymbol{Q}_2\boldsymbol{z}(t)-\boldsymbol{z}^{\mathrm{T}}(t-h_2)$$
$$\boldsymbol{Q}_2\boldsymbol{z}(t-h_2)+\boldsymbol{z}^{\mathrm{T}}(t)\boldsymbol{Q}_3\boldsymbol{z}(t)-\boldsymbol{z}^{\mathrm{T}}(t-h_3)\boldsymbol{Q}_3\boldsymbol{z}(t-h_3)$$
$$+\boldsymbol{z}^{\mathrm{T}}(t)\boldsymbol{Q}_4\boldsymbol{z}(t)-\boldsymbol{z}^{\mathrm{T}}(t-h_4)\boldsymbol{Q}_4\boldsymbol{z}(t-h_4)$$

$$\vartheta V_3[t,\boldsymbol{z}(t)]=h_1^2\dot{\boldsymbol{z}}^{\mathrm{T}}(t)\boldsymbol{R}_1\dot{\boldsymbol{z}}(t)-h_1\int_{t-h_1}^{t}\dot{\boldsymbol{z}}^{\mathrm{T}}(s)\boldsymbol{R}_1\dot{\boldsymbol{z}}(s)\mathrm{d}s+(h_2-h_1)^2\dot{\boldsymbol{z}}^{\mathrm{T}}(t)\boldsymbol{R}_2\dot{\boldsymbol{z}}(t)$$
$$-(h_2-h_1)\int_{t-h_2}^{t-h_1}\dot{\boldsymbol{z}}^{\mathrm{T}}(s)\boldsymbol{R}_2\dot{\boldsymbol{z}}(s)\mathrm{d}s+h_3^2\dot{\boldsymbol{z}}^{\mathrm{T}}(t)\boldsymbol{R}_3\dot{\boldsymbol{z}}(t)-h_3\int_{t-h_3}^{t}\dot{\boldsymbol{z}}^{\mathrm{T}}(s)\boldsymbol{R}_3\dot{\boldsymbol{z}}(s)\mathrm{d}s$$

$$+(h_4-h_3)^2\dot{\boldsymbol{z}}^{\mathrm{T}}(t)\boldsymbol{R}_4\dot{\boldsymbol{z}}(t)-(h_4-h_3)\int_{t-h_4}^{t-h_3}\dot{\boldsymbol{z}}^{\mathrm{T}}(s)\boldsymbol{R}_4\dot{\boldsymbol{z}}(s)\mathrm{d}s$$
$$+\boldsymbol{\partial}_k^{\mathrm{T}}(t)\boldsymbol{V}_i\boldsymbol{\partial}_k(t)-\boldsymbol{\partial}_k^{\mathrm{T}}(t)\boldsymbol{V}_i\boldsymbol{\partial}_k(t)$$

应用引理 16.1 和引理 16.2 来处理式(16.23) 中含有的积分项，可得：

$$\begin{aligned}
&-h_1\int_{t-h_1}^{t}\dot{\boldsymbol{z}}^{\mathrm{T}}(s)\boldsymbol{R}_1\dot{\boldsymbol{z}}(s)\mathrm{d}s\leqslant-\boldsymbol{\varphi}_1^{\mathrm{T}}(t)\boldsymbol{W}_1\boldsymbol{\varphi}_1(t)\\
&-(h_2-h_1)\int_{t-h_2}^{t-h_1}\dot{\boldsymbol{z}}^{\mathrm{T}}(s)\boldsymbol{R}_2\dot{\boldsymbol{z}}(s)\mathrm{d}s=-(h_2-h_1)\int_{t-\tau(t)}^{t-h_1}\dot{\boldsymbol{z}}^{\mathrm{T}}(s)\boldsymbol{R}_2\dot{\boldsymbol{z}}(s)\mathrm{d}s-(h_2-h_1)\\
&\qquad\int_{t-h_2}^{t-\tau(t)}\dot{\boldsymbol{z}}^{\mathrm{T}}(s)\boldsymbol{R}_2\dot{\boldsymbol{z}}(s)\mathrm{d}s\\
&\qquad\leqslant-\boldsymbol{\varphi}_2^{\mathrm{T}}(t)\boldsymbol{W}_2\boldsymbol{\varphi}_2(t)\\
&-h_3\int_{t-h_3}^{t}\dot{\boldsymbol{z}}^{\mathrm{T}}(s)\boldsymbol{R}_3\dot{\boldsymbol{z}}(s)\mathrm{d}s\leqslant-\boldsymbol{\varphi}_3^{\mathrm{T}}(t)\boldsymbol{W}_3\boldsymbol{\varphi}_3(t)\\
&-(h_4-h_3)\int_{t-h_4}^{t-h_3}\dot{\boldsymbol{z}}^{\mathrm{T}}(s)\boldsymbol{R}_4\dot{\boldsymbol{z}}(s)\mathrm{d}s=-(h_4-h_3)\int_{t-\tau_{i_k}^{\mathrm{ca}}}^{t-h_3}\dot{\boldsymbol{z}}^{\mathrm{T}}(s)\boldsymbol{R}_4\dot{\boldsymbol{z}}(s)\mathrm{d}s-(h_4-h_3)\\
&\qquad\int_{t-h_4}^{t-\tau_{i_k}^{\mathrm{ca}}}\dot{\boldsymbol{z}}^{\mathrm{T}}(s)\boldsymbol{R}_4\dot{\boldsymbol{z}}(s)\mathrm{d}s\\
&\qquad\leqslant-\boldsymbol{\varphi}_4^{\mathrm{T}}(t)\boldsymbol{W}_4\boldsymbol{\varphi}_4(t)
\end{aligned}\tag{16.24}$$

其中：

$$\boldsymbol{\varphi}_1^{\mathrm{T}}(t)=\begin{bmatrix}\boldsymbol{z}(t)\\ \boldsymbol{z}(t-h_1)\end{bmatrix}^{\mathrm{T}},\boldsymbol{\varphi}_2^{\mathrm{T}}(t)=\begin{bmatrix}\boldsymbol{z}(t-h_1)\\ \boldsymbol{z}[t-\tau(t)]\\ \boldsymbol{z}(t-h_2)\end{bmatrix}^{\mathrm{T}},\boldsymbol{\varphi}_3^{\mathrm{T}}(t)=\begin{bmatrix}\boldsymbol{z}(t)\\ \boldsymbol{z}(t-h_3)\end{bmatrix}^{\mathrm{T}},\boldsymbol{\varphi}_4^{\mathrm{T}}(t)=\begin{bmatrix}\boldsymbol{z}(t-h_3)\\ \boldsymbol{z}(t-\tau_{i_k}^{\mathrm{ca}})\\ \boldsymbol{z}(t-h_4)\end{bmatrix}^{\mathrm{T}}$$

$$\boldsymbol{W}_1=\begin{bmatrix}\boldsymbol{R}_1 & -\boldsymbol{R}_1\\ * & \boldsymbol{R}_1\end{bmatrix},\boldsymbol{W}_2=\begin{bmatrix}\boldsymbol{R}_2 & \boldsymbol{F}-\boldsymbol{R}_2 & -\boldsymbol{F}\\ * & 2\boldsymbol{R}_2-\boldsymbol{F}-\boldsymbol{F}^{\mathrm{T}} & \boldsymbol{F}-\boldsymbol{R}_2\\ * & * & \boldsymbol{R}_2\end{bmatrix}$$

$$\boldsymbol{W}_3=\begin{bmatrix}\boldsymbol{R}_3 & -\boldsymbol{R}_3\\ * & \boldsymbol{R}_3\end{bmatrix},\boldsymbol{W}_4=\begin{bmatrix}\boldsymbol{R}_4 & \boldsymbol{G}-\boldsymbol{R}_4 & -\boldsymbol{G}\\ * & 2\boldsymbol{R}_4-\boldsymbol{G}-\boldsymbol{G}^{\mathrm{T}} & \boldsymbol{G}-\boldsymbol{R}_4\\ * & * & \boldsymbol{R}_4\end{bmatrix}$$

令 $\boldsymbol{\eta}^{\mathrm{T}}(t)=[\boldsymbol{z}^{\mathrm{T}}(t)\quad \boldsymbol{z}^{\mathrm{T}}(t-h_1)\quad \boldsymbol{z}^{\mathrm{T}}[t-\tau(t)]\quad \boldsymbol{z}^{\mathrm{T}}(t-h_2)\quad \boldsymbol{z}^{\mathrm{T}}(t-h_3)\quad \boldsymbol{z}^{\mathrm{T}}(t-\tau_{i_k}^{\mathrm{ca}})\quad \boldsymbol{z}^{\mathrm{T}}(t-h_4)\quad \boldsymbol{\partial}_k^{\mathrm{T}}(t)]$，结合式(16.13)～式(16.24) 可得：

$$\vartheta V[t,\boldsymbol{z}(t)]\leqslant\boldsymbol{\eta}^{\mathrm{T}}(t)(\boldsymbol{\Lambda}_{11}-\boldsymbol{\Lambda}_{12}\boldsymbol{\Lambda}_{22}^{-1}\boldsymbol{\Lambda}_{12}^{\mathrm{T}})\boldsymbol{\eta}(t)\tag{16.25}$$

结合式(16.20)、Schur 补引理和定义 16.1 可得，$\vartheta V[t,\boldsymbol{z}(t)]<0$，所以 $\lim\limits_{t\to\infty}E\left\{\int_0^t\|\boldsymbol{z}(t)\|^2\,|\,\boldsymbol{z}_0,r_0\right\}<\infty$，则系统［式 (16.19)］是随机稳定的。

定理 16.1 给出了闭环系统［式(16.19)］随机稳定性的充要条件，定理 16.2 将在定理 16.1 的基础上，给出控制器、观测器的增益矩阵及事件触发权重矩阵的求解方法：

定理 16.2 对于给定的标量 h_1，h_2，h_3，h_4，σ，如果存在合适维数的正定矩阵 $\boldsymbol{V}_i>0$，$\boldsymbol{Y}_{1i}>0$，$\boldsymbol{Y}_{2i}>0$，$\boldsymbol{\Omega}_i>0$，$\overline{\boldsymbol{R}}_j>0$，$\overline{\boldsymbol{Q}}_j>0$，$j=1,2,3,4$ 及矩阵 $\boldsymbol{L}_i$，$\boldsymbol{K}_i$，$\overline{\boldsymbol{F}}$，$\overline{\boldsymbol{G}}$ 满足下列不等式成立：

$$\begin{bmatrix}\boldsymbol{\Lambda}_{11}' & \boldsymbol{\Lambda}_{12}'\\ * & \boldsymbol{\Lambda}_{22}'\end{bmatrix}<0\tag{16.26}$$

$$\begin{bmatrix} \boldsymbol{R}_2 & \overline{\boldsymbol{F}} \\ * & \boldsymbol{R}_2 \end{bmatrix} > 0, \begin{bmatrix} \boldsymbol{R}_4 & \overline{\boldsymbol{G}} \\ * & \boldsymbol{R}_4 \end{bmatrix} > 0 \tag{16.27}$$

其中：

$$\boldsymbol{\Lambda}'_{11} = \begin{bmatrix} \boldsymbol{\Psi}'_{11} & \overline{\boldsymbol{R}}_1 & -\boldsymbol{H}_2^{\mathrm{T}}\overline{\boldsymbol{Y}}_{2i}\boldsymbol{H}_2 & 0 & \overline{\boldsymbol{R}}_3 & \boldsymbol{B}_{2i}\overline{\boldsymbol{Y}}_{1i}\boldsymbol{H}_3 & 0 & \boldsymbol{H}_2\overline{\boldsymbol{Y}}_{2i}\boldsymbol{C}_{1i}^{\mathrm{T}}\boldsymbol{H}_2 \\ * & \boldsymbol{\Psi}'_{22} & \boldsymbol{\Psi}'_{23} & \overline{\boldsymbol{F}} & 0 & 0 & 0 & 0 \\ * & * & \boldsymbol{\Psi}'_{33} & \boldsymbol{\Psi}'_{34} & 0 & 0 & 0 & 0 \\ * & * & * & \boldsymbol{\Psi}'_{44} & 0 & 0 & 0 & 0 \\ * & * & * & * & \boldsymbol{\Psi}'_{55} & \boldsymbol{\Psi}'_{56} & \overline{\boldsymbol{G}} & 0 \\ * & * & * & * & * & \boldsymbol{\Psi}'_{66} & \boldsymbol{\Psi}'_{67} & 0 \\ * & * & * & * & * & * & \boldsymbol{\Psi}'_{77} & 0 \\ * & * & * & * & * & * & * & -\boldsymbol{C}_i\boldsymbol{\Omega}_i\boldsymbol{C}_i^{\mathrm{T}} \end{bmatrix}$$

$$\boldsymbol{\Lambda}'_{12} = \begin{bmatrix} h_1\boldsymbol{\xi}'^{\mathrm{T}}_1 & (h_2-h_1)\boldsymbol{\xi}'^{\mathrm{T}}_1 & h_3\boldsymbol{\xi}'^{\mathrm{T}}_1 & (h_4-h_3)\boldsymbol{\xi}'^{\mathrm{T}}_1 \end{bmatrix}^{\mathrm{T}}$$

$$\boldsymbol{\Lambda}'_{22} = \mathrm{diag}(\boldsymbol{R}_1 - 2\boldsymbol{S}_i, \boldsymbol{R}_2 - 2\boldsymbol{S}_i, \boldsymbol{R}_3 - 2\boldsymbol{S}_i, \boldsymbol{R}_4 - 2\boldsymbol{S}_i)$$

$$\boldsymbol{\xi}'_1 = \begin{bmatrix} \boldsymbol{A}_{1i}\boldsymbol{S}_i + \boldsymbol{B}_{1i}\overline{\boldsymbol{Y}}_{1i}\boldsymbol{H}_3 & 0 & -\boldsymbol{H}_2^{\mathrm{T}}\overline{\boldsymbol{Y}}_{2i}\boldsymbol{H}_2 & 0 & 0 & \boldsymbol{B}_{2i}\boldsymbol{Y}_{1i}\boldsymbol{H}_3 & 0 & \boldsymbol{H}_2^{\mathrm{T}}\overline{\boldsymbol{Y}}_{2i}\boldsymbol{C}_i \end{bmatrix}$$

$$\boldsymbol{\Psi}'_{11} = \boldsymbol{A}_{1i}\boldsymbol{S}_i + \boldsymbol{S}_i\boldsymbol{A}_{1i}^{\mathrm{T}} + \boldsymbol{B}_{1i}\overline{\boldsymbol{Y}}_{1i}\boldsymbol{H}_3 + \boldsymbol{H}_3^{\mathrm{T}}\overline{\boldsymbol{Y}}_{1i}^{\mathrm{T}}\boldsymbol{B}_{1i}^{\mathrm{T}} + \boldsymbol{S}_i\sum_{j=\ell}\boldsymbol{\Pi}_{ij}\boldsymbol{P}_j\boldsymbol{S}_i + \overline{\boldsymbol{Q}}_1 + \overline{\boldsymbol{Q}}_2 + \overline{\boldsymbol{Q}}_3 + \overline{\boldsymbol{Q}}_4 - \overline{\boldsymbol{R}}_1 - \overline{\boldsymbol{R}}_3$$

$$\boldsymbol{\Psi}'_{22} = -\overline{\boldsymbol{Q}}_1 - \overline{\boldsymbol{R}}_1 - \overline{\boldsymbol{R}}_2, \boldsymbol{\Psi}'_{23} = -\overline{\boldsymbol{F}} + \overline{\boldsymbol{R}}_2, \boldsymbol{\Psi}'_{33} = -2\overline{\boldsymbol{R}}_2 + \overline{\boldsymbol{F}} + \overline{\boldsymbol{F}}^{\mathrm{T}} + \sigma\boldsymbol{H}_1^{\mathrm{T}}\boldsymbol{\Omega}_i\boldsymbol{H}_1$$

$$\boldsymbol{\Psi}'_{34} = -\overline{\boldsymbol{F}} + \overline{\boldsymbol{R}}_2, \boldsymbol{\Psi}'_{44} = -\overline{\boldsymbol{Q}}_2 - \overline{\boldsymbol{R}}_2, \boldsymbol{\Psi}'_{55} = -\overline{\boldsymbol{Q}}_3 - \overline{\boldsymbol{R}}_3 - \overline{\boldsymbol{R}}_4, \boldsymbol{\Psi}'_{56} = \overline{\boldsymbol{R}}_4 - \overline{\boldsymbol{G}}$$

$$\boldsymbol{\Psi}'_{66} = -2\overline{\boldsymbol{R}}_4 + \overline{\boldsymbol{G}} + \overline{\boldsymbol{G}}^{\mathrm{T}}, \boldsymbol{\Psi}'_{67} = \overline{\boldsymbol{R}}_4 - \overline{\boldsymbol{G}}, \boldsymbol{\Psi}'_{77} = -\overline{\boldsymbol{Q}}_4 - \overline{\boldsymbol{R}}_4, \overline{\boldsymbol{C}} = \begin{bmatrix} \boldsymbol{C}_i & 0 \end{bmatrix}$$

那么，闭环系统［式(16.19)］是随机稳定的，控制器增益矩阵 $\boldsymbol{K}_i$、观测器增益矩阵 $\boldsymbol{L}_i$、事件触发权重矩阵 $\boldsymbol{V}_i$ 可由下式求得：

$$\boldsymbol{K}_i = \boldsymbol{Y}_{1i}\boldsymbol{S}_{1i}^{-1}, \boldsymbol{L}_i = \boldsymbol{Y}_{2i}\boldsymbol{S}_{1i}^{-1}\boldsymbol{C}_i^{+}, \boldsymbol{V}_i = (\boldsymbol{C}_i^{+})^{\mathrm{T}}(\boldsymbol{S}_{1i}^{\mathrm{T}})^{-1}\boldsymbol{\Omega}_i\boldsymbol{S}_{1i}^{-1}\boldsymbol{C}_i^{+}$$

证明：定义 $\boldsymbol{J} = \mathrm{diag}(\boldsymbol{J}_1, \boldsymbol{J}_2)$，$\boldsymbol{J}_1 = \mathrm{diag}(\boldsymbol{P}_i^{-1}, \boldsymbol{P}_i^{-1}, \boldsymbol{P}_i^{-1}, \boldsymbol{P}_i^{-1}, \boldsymbol{P}_i^{-1}, \boldsymbol{P}_i^{-1}, \boldsymbol{P}_i^{-1}, \boldsymbol{C}_i\boldsymbol{S}_{1i}\boldsymbol{C}_i^{\mathrm{T}})$，$\boldsymbol{J}_2 = \mathrm{diag}(\boldsymbol{R}_1^{-1}, \boldsymbol{R}_2^{-1}, \boldsymbol{R}_3^{-1}, \boldsymbol{R}_4^{-1})$，$\boldsymbol{S}_i = \boldsymbol{P}_i^{-1}$，$\boldsymbol{S}_{1i} = \overline{\boldsymbol{P}}_i^{-1}$，$\boldsymbol{S}_i = \mathrm{diag}(\boldsymbol{S}_{1i}, \boldsymbol{S}_{1i})$ 在式(16.20) 左右两边分别乘以 $\boldsymbol{J}$，设 $\overline{\boldsymbol{F}} = \boldsymbol{S}_i\boldsymbol{F}\boldsymbol{S}_i$，$\overline{\boldsymbol{G}} = \boldsymbol{S}_i\boldsymbol{G}\boldsymbol{S}_i$，$\overline{\boldsymbol{R}} = \boldsymbol{S}_i\boldsymbol{R}_j\boldsymbol{S}_i$，$\overline{\boldsymbol{Q}} = \boldsymbol{S}_i\boldsymbol{Q}_j\boldsymbol{S}_i$，$j = 1, 2, 3, 4$，$\boldsymbol{Y}_{1i} = \boldsymbol{K}_i\boldsymbol{S}_{1i}$，$\overline{\boldsymbol{Y}}_{1i} = \begin{bmatrix} \boldsymbol{Y}_{1i} & -\boldsymbol{Y}_{1i} \end{bmatrix}$，$\boldsymbol{Y}_{2i} = \boldsymbol{L}_i\boldsymbol{C}_i\boldsymbol{S}_{1i}$，$\overline{\boldsymbol{Y}}_{2i} = \begin{bmatrix} 0 & 0 \\ 0 & -\boldsymbol{Y}_{2i} \end{bmatrix}$，$\boldsymbol{\Omega}_i = \boldsymbol{S}_{1i}^{\mathrm{T}}\boldsymbol{C}_i^{\mathrm{T}}\boldsymbol{V}_i\boldsymbol{C}_i\boldsymbol{S}_{1i}$，$\boldsymbol{H}_1 = \begin{bmatrix} \boldsymbol{I} & 0 \end{bmatrix}$，$\boldsymbol{H}_2 = \begin{bmatrix} 0 & \boldsymbol{I} \end{bmatrix}$，$\boldsymbol{H}_3 = \begin{bmatrix} \boldsymbol{I} & -\boldsymbol{I} \end{bmatrix}$ 那么可以从式(16.20) 得到式(16.26)，结合定理 16.1、式(16.26) 和式(16.27) 可知，满足条件 $\boldsymbol{K}_i = \boldsymbol{Y}_{1i}\boldsymbol{S}_{1i}{}^{-1}$，$\boldsymbol{L}_i = \boldsymbol{Y}_{2i}\boldsymbol{S}_{1i}{}^{-1}\boldsymbol{C}_i^{+}$，$\boldsymbol{V}_i = (\boldsymbol{C}_i^{+})^{\mathrm{T}}(\boldsymbol{S}_{1i}^{\mathrm{T}})^{-1}\boldsymbol{\Omega}_i\boldsymbol{S}_{1i}^{-1}\boldsymbol{C}_i^{+}$。

注意到由于 $\overline{\boldsymbol{R}}_1 > 0$，$\overline{\boldsymbol{R}}_2 > 0$，$\overline{\boldsymbol{R}}_3 > 0$，$\overline{\boldsymbol{R}}_4 > 0$，因此必有：

$$\begin{aligned} &(\overline{\boldsymbol{R}}_1 - \boldsymbol{S}_i)\overline{\boldsymbol{R}}_1^{-1}(\overline{\boldsymbol{R}}_1 - \boldsymbol{S}_i) \geqslant 0, (\overline{\boldsymbol{R}}_2 - \boldsymbol{S}_i)\overline{\boldsymbol{R}}_2^{-1}(\overline{\boldsymbol{R}}_2 - \boldsymbol{S}_i) \geqslant 0 \\ &(\overline{\boldsymbol{R}}_3 - \boldsymbol{S}_i)\overline{\boldsymbol{R}}_3^{-1}(\overline{\boldsymbol{R}}_3 - \boldsymbol{S}_i) \geqslant 0, (\overline{\boldsymbol{R}}_4 - \boldsymbol{S}_i)\overline{\boldsymbol{R}}_4^{-1}(\overline{\boldsymbol{R}}_4 - \boldsymbol{S}_i) \geqslant 0 \end{aligned} \tag{16.28}$$

式(16.28) 等价于：

$$\begin{aligned} &-\boldsymbol{S}_i\overline{\boldsymbol{R}}_1^{-1}\boldsymbol{S}_i \leqslant \overline{\boldsymbol{R}}_1 - 2\boldsymbol{S}_i, -\boldsymbol{S}_i\overline{\boldsymbol{R}}_2^{-1}\boldsymbol{S}_i \leqslant \overline{\boldsymbol{R}}_2 - 2\boldsymbol{S}_i \\ &-\boldsymbol{S}_i\overline{\boldsymbol{R}}_3^{-1}\boldsymbol{S}_i \leqslant \overline{\boldsymbol{R}}_3 - 2\boldsymbol{S}_i, -\boldsymbol{S}_i\overline{\boldsymbol{R}}_4^{-1}\boldsymbol{S}_i \leqslant \overline{\boldsymbol{R}}_4 - 2\boldsymbol{S}_i \end{aligned} \tag{16.29}$$

最后，式(16.26) 通过 Schur 补引理可得式(16.20)，定理 16.2 即得证。

注 16.3 由于矩阵 $\boldsymbol{C}_i$ 是 $m \times n$ 的行满秩矩阵，则存在 $m \times n$ 的矩阵 $\boldsymbol{C}_i^{+}$ 使得 $\boldsymbol{C}_i^{+}\boldsymbol{C}_i = \boldsymbol{I}$，$\boldsymbol{C}_i^{+}$ 称为 $\boldsymbol{C}_i$ 的右逆。

16.3 实例仿真

在这一部分中，通过实例来说明所提出结果的有效性。

$$\boldsymbol{A}_1 = \begin{bmatrix} -1.9 & 0.3 \\ 0.5 & -2 \end{bmatrix}, \boldsymbol{B}_1 = \begin{bmatrix} -1 & 1.2 \\ -0.3 & 0.2 \end{bmatrix}, \boldsymbol{C}_1 = \begin{bmatrix} -0.6 & 0.4 \end{bmatrix}$$

$$\boldsymbol{A}_2 = \begin{bmatrix} -2.8 & 0.8 \\ 1 & -3 \end{bmatrix}, \boldsymbol{B}_2 = \begin{bmatrix} -1 & 2 \\ 0.8 & -2 \end{bmatrix}, \boldsymbol{C}_2 = \begin{bmatrix} 0.5 & -0.3 \end{bmatrix}$$

假设系统模型的转移速率矩阵 $\boldsymbol{\Pi} = \begin{bmatrix} -0.3 & 0.3 \\ 0.6 & -0.6 \end{bmatrix}$。事件触发机制参数为 $\sigma = 0.2$，时延为 $h_1 = 0.01\text{s}$，$h_2 = 0.11\text{s}$，$h_3 = 0.01\text{s}$，$h_4 = 0.11\text{s}$，系统的初始状态为 $\boldsymbol{x}(0) = [1 \quad -1]^{\mathrm{T}}$，$\hat{\boldsymbol{x}}(0) = [0.6 \quad -0.6]^{\mathrm{T}}$。

根据定理 16.2，得到系统正常运行时的控制器增益矩阵 $\boldsymbol{K}_i$、观测器增益矩阵 $\boldsymbol{L}_i$ 及触发矩阵 $\boldsymbol{V}_i$，结果如下：

$$\boldsymbol{K}_1 = \begin{bmatrix} 0.5389 & 0.4082 \\ 0.4431 & 0.4132 \end{bmatrix}, \boldsymbol{L}_1 = \begin{bmatrix} -0.2813 \\ 0.1876 \end{bmatrix}, \boldsymbol{V}_1 = 0.3543$$

$$\boldsymbol{K}_2 = \begin{bmatrix} 0.7189 & 0.3111 \\ 0.3092 & 0.1642 \end{bmatrix}, \boldsymbol{L}_2 = \begin{bmatrix} 0.3624 \\ -0.2094 \end{bmatrix}, \boldsymbol{V}_2 = 0.5517$$

事件触发网络控制系统的事件触发时刻与闭环系统模态如图 16.2、图 16.3 所示。其状态分量 $x_1(t)$、$\hat{x}_1(t)$、$x_2(t)$、$\hat{x}_2(t)$ 的响应曲线如图 16.4、图 16.5 所示。数值模拟结果表明，该系统具有随机稳定性。

图 16.2 可以看出事件触发通信机制能够节约网络通信资源，由图 16.3 和图 16.4 可以看出，系统传输的数据在平衡点附近较暂态过程中少得多，符合按控制需求传输数据的期望。

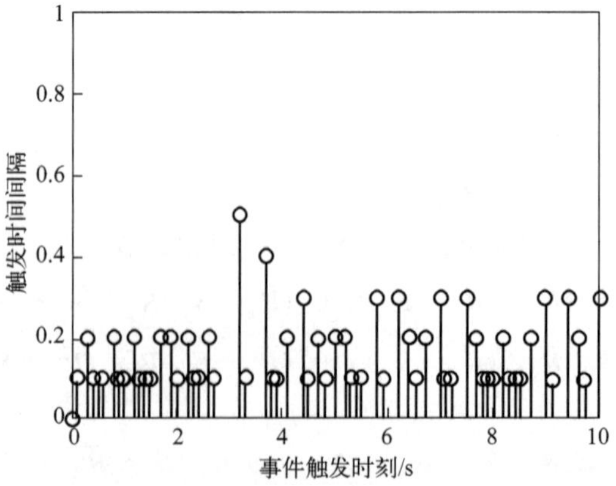

图 16.2 事件触发 NCS 的事件触发时刻与触发时间间隔

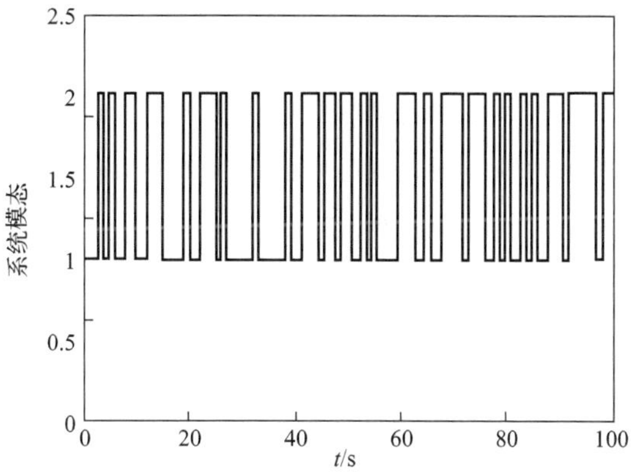

图 16.3　闭环系统模态

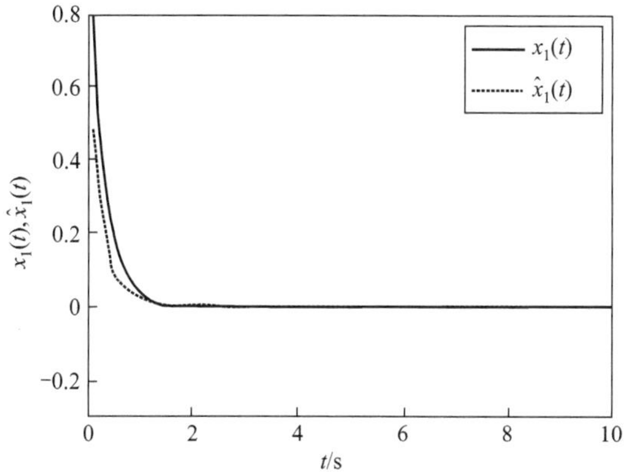

图 16.4　$x_1(t)$及其估计值$\hat{x}_1(t)$响应曲线

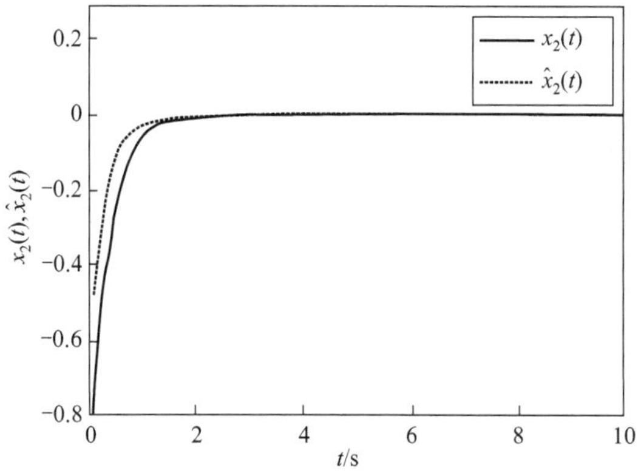

图 16.5　$x_2(t)$及其估计值$\hat{x}_2(t)$响应曲线

16.4　本章小结

本章研究了事件触发机制下基于观测器的连续 MJS 的控制问题。引入了事件触发机制来减少通信负担，采用观测器来获取无法直接测量的被控系统的状态信息。同时考虑了传感器到控制器以及控制器到执行器之间的时延，利用李雅普诺夫稳定性理论和积分不等式，推导并建立了保证系统稳定性的充分条件。最后通过实例仿真验证了该方法的可行性。

参考文献

[1] 黄秀惠，高志宏．基于观测器的时延网络控制系统镇定［J］．控制工程，2018，25（8）：1490-1496.

[2] Long Y S，Liu S，Xie L H. Stochastic channel allocation for networked control systems［J］. IEEE Control Systems Letters，2017，1（1）：176-181.

[3] Lian B S，Zhang Q L，Li J N. Sliding mode control for nonlinear networked control systems subject to packet disordering via prediction method［J］. IET Control Theory and Applications，2017，11（17）：3079-3088.

[4] Chen C Y，Gui W H，Wu L H，et al. Tracking performance limitations of MIMO networked control systems with multiple communication constraints［J］. IEEE Transactions on Cybernetics，2020，50（7）：2982-2995.

[5] Noroozi N，Geiselhart R，Mousavi S H，et al. Integral input-to-state stability of networked control systems［J］. IEEE Transactions on Automatic Control，2020，65（3）：1203-1210.

[6] 陈惠英，刘仁伟．网络化 Markov 跳变系统的事件触发异步控制［J］．湖州师范学院学报，2021，43（10）：49-57.

[7] 周红艳，张钊，陈雪波，等．短时延广义网络控制系统的指数保性能控制［J］．控制理论与应用，2023，40（1）：178-184.

[8] Heemels W P M H，Donkers M C F，Teel A R. Periodic event-triggered control based on state feedback［C]//2011 50th IEEE Conference on Decision and Control and European Control Conference. IEEE，2011：2571-2576.

[9] Donkers M C F，Heemels W P M H. Output-based event-triggered control with guaranteed L_∞-gain and improved event-triggering［C］//2010 49th IEEE Conference on Decision and Control. IEEE，2010：3246-3251.

[10] Tiberi U，Araujo J，Johansson K H. On event-based PI control of first-order processes［C]//IFAC Proceedings Volumes. Elsevier 2012，45（3）：448-453.

[11] Wang Y F，Hou Y Q，Wang P L. Dynamic event-triggered fault detection for discrete networked control system with time-delay［J］. IEEE Access，2022，10：109108-109118.

[12] Casteren J F L，Bollen M H J，Schmieg M E. Reliability assessment in electrical power systems：the Weibull-Markov stochastic model［J］. IEEE Transactions on Industry Applications，2002，36（3）：911-915.

[13] Platis A，Limnios N，Le Du M. Performability of electric-power systems modeled by non-homogeneous Markov chains［J］. IEEE Transactions on Reliability，1996，45（4）：605-610.

[14] Challa M S. Simultaneous estimation of attitude and Markov-modeled rate corrections of gyroless spacecraft［J］. Journal of Guidance，Control，and Dynamics，2017，40（9）：2386-2392.

[15] 熊威，顾德，刘飞．转移概率部分未知时滞跳变系统有限时间 H_∞ 控制［J］．计算机测量与控制，2019，27（7）：63-69.

[16] Zhang L X，Boukas E K. Stability and stabilization of Markovian jump linear systems with partly unknown transition probabilities［J］. Automatica，2009，45（2）：463-468.

[17] Zhang B Y，Zheng W X，Xu S Y. Filtering of Markovian jump delay systems based on a new performance index［J］. IEEE Transactions on Circuits and Systems Ⅰ：Regular Papers，2013，60（5）：1250-1263.

[18] 彭春源．不确定时滞广义半马尔科夫跳变系统的随机稳定性研究［J］．科学技术创新，2022，35：29-32.

[19] 王国良，孙广兢，薄海英．广义马尔科夫跳变系统的部分模态依赖观测器设计［J］．控制与决策，2015，30（4）：733-738.

[20] Yu S Q，Li J M，Tang Y D. Dynamic output feedback control for nonlinear networked control systems with random packet dropout and random delay［J］．Mathematical Problems in Engineering，2013：1-9.

[21] Jiang X F，Han Q L，Liu S R，et al. A new H_∞ stabilization criterion for networked control systems［J］．IEEE Transactions on Automatic Control，2008，53（4）：1025-1032，2008.

[22] Park P G，Ko J W，Jeong C. Reciprocally convex approach to stability of systems with time-varying delays［J］．Automatica，2011，47（1）：235-238.

第 17 章 具有 S-C 及 C-A 时延的网络化 Lurie 控制系统的事件触发鲁棒容错控制

随着计算机、通信和控制技术的迅速发展与广泛应用，网络控制系统（NCS）即各节点（传感器、控制器、执行器和被控对象）通过共享的通信网络传输数据的控制系统备受关注[1]。与传统的点对点控制系统相比，NCS 具有安装成本低、易于维护、灵活性高、可实现信息资源共享及远程操作简便等优点，目前已被广泛应用于智能医疗、智能运输和智能制造[2-5]。但因 NCS 自身网络带宽有限及其具有在应用中衍生出的时延、丢包、执行器故障及通信资源浪费等问题，实际生产过程将有许多不确定因素，如设备磨损和生产线老化，系统性能不可避免地退化甚至失稳[6]。系统一旦失效，可能会造成灾难性损失甚至人身安全损害，利用容错控制提高 NCS 运行的可靠性和稳定性具有重要的经济和社会意义。

容错控制是目前最常见、最有效的控制方法[7,8]，它受到了学术界的广泛关注，并取得了一定的效果。现有的关于 NCS 容错控制的研究文献可分为两类。第一类文献只考虑了传感器和控制器之间有时滞的 NCS 的容错控制。Fu 等人在文献［9］中提出了一种基于观测器估计的容错控制器设计方法，并结合李雅普诺夫稳定性，使闭环 NCS 渐近稳定并满足给定的控制性能理论和线性矩阵不等式方法。Bahreini 等人在文献［10］中将从传感器到控制器的时延建模为一个具有不完全转移概率的马尔可夫链，并使用状态增强技术将闭环系统转换为一个马尔可夫跳跃系统，给出充分条件来保证 NCS 的稳定性，并设计容错控制器。第二类文献考虑 NCS 的容错控制，从传感器到控制器和控制器到执行器之间存在时滞。Telbissi 等人在文献［11］中结合传感器-控制器网络的时延和控制器-执行器网络的时延，建立了一个鲁棒的容错控制方法离散 NCS 时滞，结合李雅普诺夫稳定性理论，设计了容错控制器。Zhang 等人在文献［12］中根据符合伯努利分布的随机变量，描述了从传感器到控制器和从控制器到执行器的时延之和，提出了一种随机时变时延系统的稳定性准则，保证了所设计的容错控制器能够满足稳定性和可操作性的要求。

随着控制科学与计算机技术的发展和集成，对数据和信息传输的需求也在不断增加。由于网络通信带宽的限制，通信资源受到限制，如果系统传输的数据量超过所能承载的阈值，将会导致网络拥塞甚至系统崩溃。针对这一问题，一些学者进行了研究。传统的时间触发机制简单易实现，但所选择的采样周期较小，频繁的数据传输和更新会导致通信资源的浪费，容易造成网络拥塞[13,14]。为了克服时间触发机制的不足，许多学者先后采用了事件触发机制来节约网络资源。实现方法是让采样信号到达事件触发器，然后事件触发器根据触发条件决定信号是否传输到网络。仅发送必要的信号，减少由触发条件确定的不必要的信号传输的机制，有效地减少了对有限的通信资源的占用，提高了信息传输的效率[15-17]。随着 NCS 的不断发展，事件触发机制取得了许多创新的成果。例如，文献［18,19］中提到的自适应事件触发机制就引起了广泛的关注。与传统的事件触发机制相比，其触发阈值是一个与系统状态相关的时间变量，可以根据系统状态灵活调整触发条件，进一步降低数据传输，保持更好的系统性能，这对 NCS 来说具有重要意义。学者们在 NCS 中引入了不同类型的事件触发机制，取代了传统的基于时间的周期传输方法，这已成为 NCS 中的一个重要的研究内容。

近年来，在事件触发机制下对 NCS 进行容错控制的研究已经取得了一些成果。例如，Wang 等人在文献［20］中针对从传感器到控制器的连续不确定 NCS，提出了一种具有容错控制策略的事件触发机制，使系统在执行器故障的情况下保持稳定。Qiu 等人在文献［21］中研究了存在执行器故障和时延的离散马尔可夫跳转系统的容错控制，提出了一种基于模式依赖李雅普诺夫-克拉索夫斯基（Lyapunov-Krasovskii）函数的模式依赖事件触发机制方法，得到了在执行器故障下具有随机均方稳定性的闭环系统的性能，以及异步容错控制器和事件触发机制的联合设计方法。然而，上述文献都是在可测量系统状态情况下基于状态反馈的研究。在系统状态无法测量的情况下，Wang 等人在文献［22］中提出了一类具有时延和故障的连续网络系统的延迟事件触发故障估计观测器，给出了一种基于故障估计的容错控制方法来补偿系统故障产生的影响，并设计了容错控制器增益和事件触发参数，以保证故障系统的性能，减少通信资源损耗。Qian 等人在文献［23］中提出了动态事件触发机制下具有时滞的线性 NCS 容错控制模型，提出了一种同时估计状态向量和未知执行器故障的观测器设计方法，并结合传感器到控制器和控制器到执行器的时延设计了一种基于观测器的故障控制器。

Lurie 系统是一类具有典型结构特征的非线性系统，可以更准确地建模以反映客观现实，它们代表了非线性系统的许多基本特征，其绝对稳定性受到了广泛的关注。然而，关于驱动器故障条件下的容错控制问题的文献研究很少。

众所周知，在 NCS 中，时延是导致系统不稳定的主要原因。现有的大多数技术只研究了 S-C 时延或者将 S-C 和 C-A 之间的时延合并到了一起处理，未见将 S-C 和 C-A 时延分别进行处理的研究。因此很自然地出现了下列问题：是否可能建立基于事件触发机制的具有 S-C 和 C-A 双侧时延的 NCS 统一模型？如何在这统一模型下进行事件触发机制、观测器与容错控制器的联合设计使得具有时延、不确定性及执行器故障的闭环系统维持稳定？

本章中，将针对具有 S-C 和 C-A 双侧时延和不确定性的连续网络化 Lurie 控制系统，解决其在执行器故障下的事件触发机制与容错控制器的协同设计问题，主要内容有以下几点：

① 考虑 S-C 和 C-A 双侧时延对控制系统的影响，具有可解释性与机理性。

② 同时考虑时延、系统不确定性和执行器故障等因素，在控制器节点上构造一个观测器，建立事件触发机制下 Lurie NCS 模型，使得在同一框架内可以对时延、不确定性、事件触发机制和执行器故障对系统性能的影响进行分析。

③ 根据李雅普诺夫稳定性理论，给出闭环控制系统的稳定条件，并给出求解事件触发权重矩阵、鲁棒容错控制器和观测器的设计方法。

17.1　问题描述

考虑如下含有不确定性与执行器故障的 Lurie 系统：

$$\begin{cases}\dot{\boldsymbol{x}}(t)=(\boldsymbol{A}+\Delta\boldsymbol{A})\boldsymbol{x}(t)+(\boldsymbol{B}+\Delta\boldsymbol{B})\boldsymbol{F}\boldsymbol{u}(t)+(\boldsymbol{D}+\Delta\boldsymbol{D})\boldsymbol{\omega}(t)\\ \boldsymbol{y}(t)=\boldsymbol{C}\boldsymbol{x}(t)\\ \boldsymbol{\omega}(t)=-\boldsymbol{\psi}[\boldsymbol{y}(t)]\end{cases} \tag{17.1}$$

其中，$\boldsymbol{x}(t)\in\mathbf{R}^n$，$\boldsymbol{u}(t)\in\mathbf{R}^m$，$\boldsymbol{y}(t)\in\mathbf{R}^q$，三者分别为系统状态向量、输入向量和输出向量；$\boldsymbol{A}$、$\boldsymbol{B}$、$\boldsymbol{C}$、$\boldsymbol{D}$ 表示合适维数的实常矩阵；$\Delta\boldsymbol{A}$、$\Delta\boldsymbol{B}$、$\Delta\boldsymbol{D}$ 表示范数有界的不确定性矩阵，且满足 $[\Delta\boldsymbol{A}\ \Delta\boldsymbol{B}\ \Delta\boldsymbol{D}]=\boldsymbol{U}\boldsymbol{\Xi}(t)\ [\boldsymbol{H}_1\ \boldsymbol{H}_2\ \boldsymbol{H}_3]$，其中 $\boldsymbol{U}$、$\boldsymbol{H}_1$、$\boldsymbol{H}_2$、$\boldsymbol{H}_3$ 表示具有适当维数的已知矩阵，$\boldsymbol{\Xi}(t)$ 表示满足 $\boldsymbol{\Xi}(t)^{\mathrm{T}}\boldsymbol{\Xi}(t)<\boldsymbol{I}$ 的未知矩阵；$\boldsymbol{F}$ 为执行器故障下定义的故障指示矩阵，满足 $\boldsymbol{F}=\mathrm{diag}(f_1,\ f_2,\ \cdots,\ f_m)$，$f_j\in[0,1]$，$j=1,2,\cdots m$。其中，$f_j=0$ 代表第 j 个执行器完全失效，$f_j=1$ 代表第 j 个执行器正常工作，$f_j\in(0,1)$ 代表第 j 个执行器部分失效。$\boldsymbol{\psi}(\cdot):\mathbf{R}^q\rightarrow\mathbf{R}^q$ 代表无记忆非线性函数，在局部 Lipschitz 条件下满足 $\boldsymbol{\psi}(0)=0$，且对于任意的 $y(t)\in\mathbf{R}^q$ 适于扇形区条件：

$$\boldsymbol{\psi}^{\mathrm{T}}\boldsymbol{y}(t)\{\boldsymbol{\psi}[\boldsymbol{y}(t)]-\boldsymbol{\Theta}\boldsymbol{y}(t)\}\leqslant 0 \tag{17.2}$$

其中，$\boldsymbol{\Theta}$ 是一个实对角矩阵。一般情况下称上述的非线性函数 $\boldsymbol{\psi}(\cdot)$满足扇形区域$[0,\boldsymbol{\Theta}]$，写成 $\boldsymbol{\psi}(\cdot)\in\ell[0,\boldsymbol{\Theta}]$的形式。

注 17.1 当 $\boldsymbol{\psi}(\cdot)\in\ell[\boldsymbol{\Theta}_1,\boldsymbol{\Theta}_2]$时，可以使用环路变换转换成 $\boldsymbol{\psi}(\cdot)\in\ell[0,\boldsymbol{\Theta}]$的情况，所以本章仅考虑 $\boldsymbol{\psi}(\cdot)\in\ell[0,\boldsymbol{\Theta}]$的情况。

图 17.1 所示的 NCS 结构图由执行器、观测器、控制器、被控对象、传感器、采样器、零阶保持器、事件发生器组成。采样器以固定的周期 $\boldsymbol{y}(t_kh+jh)$采集系统的输出信号。采样器采集的信号会直接传给与它相连的事件发生器，然后事件发生器是否能将采样数据 $\boldsymbol{y}(t_kh+jh)$发送给控制器需要根据如下条件来判断：

$$[\boldsymbol{y}(t_kh+jh)-\boldsymbol{y}(t_kh)]^{\mathrm{T}}\boldsymbol{V}[\boldsymbol{y}(t_kh+jh)-\boldsymbol{y}(t_kh)]>\sigma\boldsymbol{y}^{\mathrm{T}}(t_kh+jh)\boldsymbol{V}\boldsymbol{y}(t_kh+jh) \tag{17.3}$$

其中 $\boldsymbol{y}(t_kh+jh)$是当下采样时刻的数据，$\boldsymbol{y}(t_kh)$为最近一次成功传送的采样时刻的信号，$\boldsymbol{V}$ 为合适维数的正定矩阵，$j\in\mathbf{Z}^+$，$\sigma\in[0,1]$。

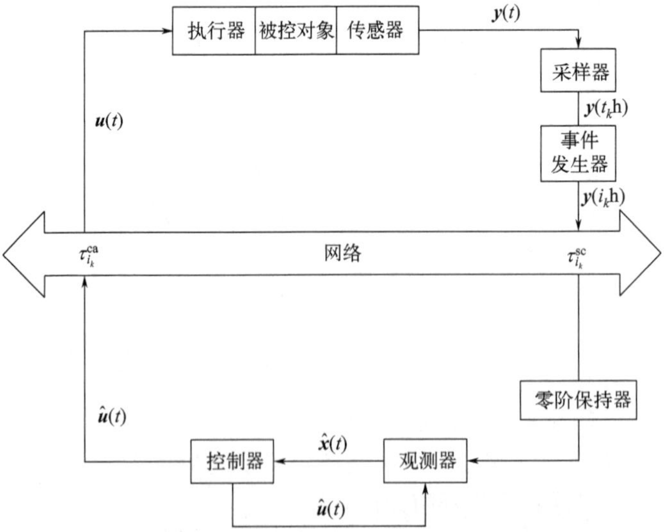

图 17.1 事件触发机制下基于观测器的 NCS 结构

注 17.2 输出采样数据 $\tau_{i_k}^{sc}$ 被传输的前提是要满足式(17.3)，显而易见式(17.3)中的事件触发机制可降低网络中的通信负载，进而降低控制器的运算量。如果式(17.3)中 $\tau_{i_k}^{sc}$，那么对所有的采样输出数据 $\tau_{i_k}^{sc}$ 式(17.3)都成立。这时，事件触发机制将退化为周期发送的时间触发机制。另外，本章中所应用的事件触发机制的触发时刻是基于系统采样周期 $\tau_{i_k}^{sc}$ 的，仅在采样时刻才有可能触发，从而使最小事件间隙时间为正，不会发生芝诺（Zeno）行为。

当事件发生器释放了当前采样信号后，采样信号直接经网络传给零阶保持器，进而经由观测器传给执行器。采样信号在传输过程中不可避免地会有时延。用 $\tau_{i_k}^{sc}$ 表示 S-C 时延，$\tau_{i_k}^{ca}$ 表示 C-A 时延。

为了方便分析，提出以下假设：

① 矩阵 $\boldsymbol{C}$ 是行满秩矩阵；

② 传感器是靠时间驱动的，控制器及执行器是靠事件驱动的，且传输数据是单包传输的；

③ 时延 $\tau_{i_k}^{sc}$ 和 $\tau_{i_k}^{ca}$ 均是有界的，即对任意的 $t\geqslant 0$ 均有 $0<\tau_{\mathrm{m}}^{sc}\leqslant\tau_{i_k}^{sc}\leqslant\tau_{\mathrm{M}}^{sc},0<\tau_{\mathrm{m}}^{ca}\leqslant\tau_{i_k}^{ca}\leqslant\tau_{\mathrm{M}}^{ca}$。

将事件发生器发送数据的时刻记为 $i_0h,i_1h,i_2h\cdots$，其中 $i_0h=0$ 是初始触发时刻。由于网络时延的存在，那些释放的信号到达观测器的时刻为 $i_0h+\tau_{i_0}^{sc},i_1h+\tau_{i_1}^{sc},i_2h+\tau_{i_2}^{sc}\cdots$另外，事件发生器发送数据的周期可表示为 $\lambda\!\!\!^{-}{}_k h\triangleq=i_{k+1}h-i_kh$。

基于上述分析观测器端收到的系统输出：

$$\tilde{\boldsymbol{y}}(t)=\boldsymbol{y}(i_kh),t\in[i_kh+\tau_{i_k}^{sc},i_{k+1}h+\tau_{i_{k+1}}^{sc}) \tag{17.4}$$

对于 $t\in[i_kh+\tau_{i_k}^{sc},i_{k+1}h+\tau_{i_{k+1}}^{sc})$，$\lambda\!\!\!^{-}{}_kh=i_{k+1}h-i_kh$，分以下类型说明。

第一种类型：如果 $\lambda\!\!\!^{-}{}_kh\leqslant h+\tau_{\mathrm{M}}^{sc}-\tau_{i_{k+1}}^{sc}$，定义下式为：

$$\rho(t)=t-i_kh,t\in[i_kh+\tau_{i_k}^{sc},i_{k+1}h+\tau_{i_{k+1}}^{sc}) \tag{17.5}$$

可得：

$$\tau_{i_k}^{sc}\leqslant\rho(t)\leqslant i_{k+1}h-i_kh+\tau_{i_{k+1}}^{sc}\leqslant h+\tau_{\mathrm{M}}^{sc} \tag{17.6}$$

相应地，定义一个误差向量：

$$\boldsymbol{\vartheta}_k(t)=0 \tag{17.7}$$

第二种类型：若 $\lambda\!\!\!^{-}{}_kh>h+\tau_{\mathrm{M}}^{sc}-\tau_{i_{k+1}}^{sc}$，由于 $0\leqslant\tau_{i_k}^{sc}\leqslant\tau_{\mathrm{M}}^{sc}$，很容易证明存在一个正整数 $\varepsilon\geqslant 1$ 使得下式成立：

$$\varepsilon h+\tau_{\mathrm{M}}^{sc}-\tau_{i_{k+1}}^{sc}<\lambda\!\!\!^{-}{}_kh\leqslant(\varepsilon+1)h+\tau_{\mathrm{M}}^{sc}-\tau_{i_{k+1}}^{sc} \tag{17.8}$$

为了简化表达，令：

$$\begin{cases}\mho_0=[i_kh+\tau_{i_k}^{sc},i_kh+h+\tau_{\mathrm{M}}^{sc})\\ \mho_\delta=[i_kh+\delta h+\tau_{\mathrm{M}}^{sc},i_kh+(\delta+1)h+\tau_{\mathrm{M}}^{sc})\\ \mho_n=[i_kh+\varepsilon h+\tau_{\mathrm{M}}^{sc},i_{k+1}h+\tau_{i_{k+1}}^{sc})\end{cases} \tag{17.9}$$

然后区间$[i_kh+\tau_{i_k}^{sc},i_{k+1}h+\tau_{i_{k+1}}^{sc})$就可以被分成下面 $\varepsilon+1$ 个子区间：

$$[i_kh+\tau_{i_k}^{sc},i_{k+1}h+\tau_{i_{k+1}}^{sc})=\mho_0\cup\{\bigcup_{\delta=1}^{\varepsilon-1}\mho_\delta\}\cup\mho_n$$

定义分段函数：

$$\rho(t)=\begin{cases}t-i_kh,t\in\mho_0\\ t-i_kh-\delta h,t\in\mho_\delta,\delta=1,2,\cdots,\varepsilon-1\\ t-i_kh-\varepsilon h,t\in\mho_n\end{cases} \tag{17.10}$$

可以得到：

$$\tau_{\mathrm{m}}^{\mathrm{sc}} \leqslant \rho(t) \leqslant h+\tau_{\mathrm{M}}^{\mathrm{sc}} \tag{17.11}$$

这时，定义误差向量：

$$\boldsymbol{\vartheta}_k(t)=\begin{cases}0, t\in \mho_0 \\ \boldsymbol{y}(i_k h)-\boldsymbol{y}(i_k h+\delta h), t\in \mho_\delta \\ \boldsymbol{y}(i_k h)-\boldsymbol{y}(i_k h+\varepsilon h), t\in \mho_n\end{cases} \tag{17.12}$$

从 $\boldsymbol{\vartheta}_k(t)$的定义可知，$t\in[i_k h+\tau_{i_k}^{\mathrm{sc}}, i_{k+1}h+\tau_{i_{k+1}}^{\mathrm{sc}})$时可以得到以下式子成立：

$$\boldsymbol{y}(i_k h)=\boldsymbol{\vartheta}_k(t)+\boldsymbol{y}[t-\rho(t)] \tag{17.13}$$

$$\boldsymbol{\vartheta}_k^{\mathrm{T}}(t)\boldsymbol{V}\boldsymbol{\vartheta}_k(t)\leqslant \sigma \boldsymbol{y}^{\mathrm{T}}[t-\rho(t)]\boldsymbol{V}\boldsymbol{y}[t-\rho(t)] \tag{17.14}$$

在控制器端构造一个如下形式的观测器：

$$\begin{cases}\dot{\hat{\boldsymbol{x}}}(t)=\boldsymbol{A}\hat{\boldsymbol{x}}(t)+\boldsymbol{B}\hat{\boldsymbol{u}}(t)+\boldsymbol{L}\{\boldsymbol{y}[t-\rho(t)]+\boldsymbol{\vartheta}_k(t)-\hat{\boldsymbol{y}}[t-\rho(t)]\} \\ \hat{\boldsymbol{y}}(t)=\boldsymbol{C}\hat{\boldsymbol{x}}(t)\end{cases} \tag{17.15}$$

其中，$\hat{\boldsymbol{x}}(t)$代表观测器的状态，$\hat{\boldsymbol{y}}(t)$代表观测器的输出，$\boldsymbol{L}$ 是待设计的观测器增益矩阵。

采用如下基于观测器的反馈控制律：

$$\hat{\boldsymbol{u}}(t)=\boldsymbol{K}\hat{\boldsymbol{x}}(t) \tag{17.16}$$

式中，$\boldsymbol{K}$ 为控制器增益矩阵。

注 17.3 由于控制器到执行器网络中存在时延 $\tau_{i_k}^{\mathrm{ca}}$，控制对象的输入不同于观测器的输入，如下式子成立：

$$\boldsymbol{u}(t)=\hat{\boldsymbol{u}}(t-\tau_{i_k}^{\mathrm{ca}})=\boldsymbol{K}\hat{\boldsymbol{x}}(t-\tau_{i_k}^{\mathrm{ca}}) \tag{17.17}$$

定义误差向量 $\boldsymbol{e}(t)=\boldsymbol{x}(t)-\hat{\boldsymbol{x}}(t)$，增广向量 $\boldsymbol{z}(t)=[\boldsymbol{x}^{\mathrm{T}}(t)\boldsymbol{e}^{\mathrm{T}}(t)]^{\mathrm{T}}$，$h_1=\tau_{\mathrm{m}}^{\mathrm{sc}}, h_2=\tau_{\mathrm{M}}^{\mathrm{sc}}+h$，$h_3=\tau_{\mathrm{m}}^{\mathrm{ca}}, h_4=\tau_{\mathrm{M}}^{\mathrm{ca}}$。基于以上分析，闭环控制系统可以写成如下形式：

$$\begin{cases}\dot{\boldsymbol{z}}(t)=[\boldsymbol{A}_1+\overline{\boldsymbol{U}}\,\boldsymbol{\Xi}(t)\overline{\boldsymbol{H}}_1+\boldsymbol{B}_1\boldsymbol{K}_1]\boldsymbol{z}(t)-[\boldsymbol{B}_2+\overline{\boldsymbol{U}}\,\boldsymbol{\Xi}(t)\overline{\boldsymbol{H}}_2]\boldsymbol{F}\boldsymbol{K}_1\boldsymbol{z}(t-\tau_{i_k}^{\mathrm{ca}}) \\ \qquad +\boldsymbol{L}_1\boldsymbol{C}_1\boldsymbol{z}[t-\rho(t)]+[\boldsymbol{D}_1+\overline{\boldsymbol{U}}\,\boldsymbol{\Xi}(t)\overline{\boldsymbol{H}}_3]\boldsymbol{\omega}(t)+\boldsymbol{L}_1\boldsymbol{\vartheta}_k(t) \\ \boldsymbol{z}(t)=\phi(t), \forall t\in\ [t_0-\max(h_4, h_3,\ h_2, h_1), t_0-h_1)\end{cases} \tag{17.18}$$

其中：

$$\boldsymbol{A}_1=\begin{bmatrix}\boldsymbol{A} & 0\\ 0 & \boldsymbol{A}\end{bmatrix}, \boldsymbol{B}_1=\begin{bmatrix}0\\ \boldsymbol{B}\end{bmatrix}, \boldsymbol{B}_2=\begin{bmatrix}\boldsymbol{B}\\ \boldsymbol{B}\end{bmatrix}, \boldsymbol{C}_1=[0\quad \boldsymbol{C}], \boldsymbol{D}_1=\begin{bmatrix}\boldsymbol{D}\\ \boldsymbol{D}\end{bmatrix}, \boldsymbol{K}_1=[-\boldsymbol{K}\quad \boldsymbol{K}], \boldsymbol{L}_1=\begin{bmatrix}0\\ -\boldsymbol{L}\end{bmatrix}$$

$$\overline{\boldsymbol{U}}=\begin{bmatrix}\boldsymbol{U} & 0\\ 0 & \boldsymbol{U}\end{bmatrix}, \overline{\boldsymbol{\Xi}}(t)=\begin{bmatrix}\boldsymbol{\Xi}(t) & 0\\ 0 & \boldsymbol{\Xi}(t)\end{bmatrix}, \overline{\boldsymbol{H}}_1=\begin{bmatrix}\boldsymbol{H}_1 & 0\\ \boldsymbol{H}_1 & 0\end{bmatrix}, \overline{\boldsymbol{H}}_2=\begin{bmatrix}\boldsymbol{H}_2\\ \boldsymbol{H}_2\end{bmatrix}, \overline{\boldsymbol{H}}_3=\begin{bmatrix}\boldsymbol{H}_3\\ \boldsymbol{H}_3\end{bmatrix}$$

此时，条件变为：

$$\boldsymbol{\omega}^{\mathrm{T}}(t)\boldsymbol{\omega}(t)+\boldsymbol{\omega}^{\mathrm{T}}(t)\overline{\boldsymbol{\Theta}}\boldsymbol{z}(t)\leqslant 0 \tag{17.19}$$

其中，$\overline{\boldsymbol{\Theta}}=\boldsymbol{\Theta}\boldsymbol{C}[\boldsymbol{I}\quad 0]$。

注 17.4 在实际工业系统中，执行器故障指示矩阵 $\boldsymbol{F}=\mathrm{diag}(0,0)$代表执行器完全失效，控制器将无法实现对被控对象的控制。因此，本章只考虑执行器部分失效的情况，即执行器仍能在一定范围内正常工作。

引理 17.1 （Jensen 不等式）对于任意的常数矩阵 $\boldsymbol{Q}\in \boldsymbol{R}^{n\times n}, \boldsymbol{Q}=\boldsymbol{Q}^{\mathrm{T}}\geqslant 0$，标量 $0\leqslant d_1\leqslant d_2$，向量值函数 $\dot{\boldsymbol{x}}:[-d_2\quad -d_1]\to \boldsymbol{R}^n$，存在如下不等式成立：

$$-(d_2-d_1)\int_{t-d_2}^{t-d_1}\dot{\boldsymbol{x}}^{\mathrm{T}}(\alpha)\boldsymbol{Q}\dot{\boldsymbol{x}}(\alpha)\mathrm{d}\alpha\leqslant-\begin{bmatrix}\boldsymbol{x}(t-d_1)\\ \boldsymbol{x}(t-d_2)\end{bmatrix}^{\mathrm{T}}\begin{bmatrix}\boldsymbol{Q} & -\boldsymbol{Q}\\ * & \boldsymbol{Q}\end{bmatrix}\begin{bmatrix}\boldsymbol{x}(t-d_1)\\ \boldsymbol{x}(t-d_2)\end{bmatrix}$$

引理 17.2　假设 $l_1,l_2,\cdots,l_N:\mathbf{R}^m\rightarrow\mathbf{R}$ 在开集 V 的子集中存在正值，且 $V\in\boldsymbol{R}^m$，则在集合 V 中 l_i 的互反凸组合满足：

$$\min_{\{\gamma_i\mid\gamma_i>0,\sum_i\gamma_i=1\}}\sum_i\frac{1}{\gamma_i}l_i(t)=\sum_i l_i(t)+\max_{f_{i,j}(t)}\sum_{i\neq j}f_{i,j}(t)$$

其中，$\left\{f_{i,j}:\mathbf{R}^m\rightarrow\mathbf{R},f_{j,i}(t)=f_{i,j}(t),\begin{bmatrix}l_i(t) & f_{i,j}(t)\\ f_{j,i}(t) & l_i(t)\end{bmatrix}\geqslant0\right\}$。

引理 17.3　给定合适维数的对称矩阵 $\boldsymbol{\Lambda}_1$ 和实矩阵 $\boldsymbol{\Lambda}_2$ 和 $\boldsymbol{\Lambda}_3$，若对于所有的 $\boldsymbol{\Delta}\in\Omega$ 有 $\boldsymbol{\Lambda}_1+\boldsymbol{\Lambda}_2\boldsymbol{\Delta}\boldsymbol{\Lambda}_3+\boldsymbol{\Lambda}_3^{\mathrm{T}}\boldsymbol{\Delta}\boldsymbol{\Lambda}_2^{\mathrm{T}}<0$，其中 $\Omega=\{\boldsymbol{\Delta}=\mathrm{diag}(\boldsymbol{\Delta}_1,\cdots,\boldsymbol{\Delta}_k,p_1\boldsymbol{I},\cdots,p_l\boldsymbol{I}):\|\boldsymbol{\Delta}\|\leqslant1,\boldsymbol{\Delta}_i\in\boldsymbol{R}^{n_i\times n_i},i=1,\cdots,k;p_j\in\mathbf{R},j=1,\cdots,g;k,g\in\mathbf{Z}^+\}$，当且仅当存在 $\boldsymbol{\Gamma}\in\chi$ 满足：

$$\begin{bmatrix}\boldsymbol{\Lambda}_1+\boldsymbol{\Lambda}_3^{\mathrm{T}}\boldsymbol{\Gamma}\boldsymbol{\Lambda}_3 & \boldsymbol{\Lambda}_2\\ * & -\boldsymbol{\Gamma}\end{bmatrix}<0$$

其中 $\chi=\{\mathrm{diag}(s_1\boldsymbol{I},\cdots,s_k\boldsymbol{I},\boldsymbol{S}_1,\cdots,\boldsymbol{S}_g):0<s_i\in\mathbf{R},0<\boldsymbol{S}_j\in\mathbf{R}^{n_j\times n_j},k,g\in\mathbf{Z}^+\}$。特别地，当 $k=1,g=0$ 时，有 $\boldsymbol{\Lambda}_1+\boldsymbol{\Lambda}_2\boldsymbol{\Delta}_1\boldsymbol{\Lambda}_3+\boldsymbol{\Lambda}_3^{\mathrm{T}}\boldsymbol{\Delta}_1^{\mathrm{T}}\boldsymbol{\Lambda}_2^{\mathrm{T}}<0$ 等价于 $\boldsymbol{\Lambda}_1+s_1\boldsymbol{\Lambda}_3^{\mathrm{T}}\boldsymbol{\Lambda}_3+s_1^{-1}\boldsymbol{\Lambda}_2\boldsymbol{\Lambda}_2^{\mathrm{T}}<0$。

17.2 主要结论

17.2.1 稳定性分析

定理 17.1　考虑如图 17.1 所示的系统，对于给定的标量 h_1,h_2,h_3,h_4,σ，执行器故障指示矩阵 $\boldsymbol{F}$，增益矩阵 $\boldsymbol{K}$ 和 $\boldsymbol{L}$，如果存在合适维数的矩阵 $\boldsymbol{M},\boldsymbol{N}$ 和正定矩阵 $\boldsymbol{W}>0,\boldsymbol{V}>0,\boldsymbol{S}_i>0,\boldsymbol{P}_i>0,i=1,2,3,4$，满足下列不等式：

$$\begin{bmatrix}\aleph_{11} & \aleph_{12}\\ * & \aleph_{22}\end{bmatrix}<0 \tag{17.20}$$

$$\begin{bmatrix}\boldsymbol{P}_2 & \boldsymbol{M}\\ * & \boldsymbol{P}_2\end{bmatrix}>0,\begin{bmatrix}\boldsymbol{P}_4 & \boldsymbol{N}\\ * & \boldsymbol{P}_4\end{bmatrix}>0 \tag{17.21}$$

其中：

$$\aleph_{11}=\begin{bmatrix}\boldsymbol{\Phi}_{11} & \boldsymbol{P}_1 & \boldsymbol{W}\boldsymbol{L}_1\boldsymbol{C}_1 & 0 & \boldsymbol{\Phi}_{15} & \boldsymbol{P}_3 & 0 & \boldsymbol{W}\boldsymbol{L}_1 & \boldsymbol{\Phi}_{19}\\ * & \boldsymbol{\Phi}_{22} & \boldsymbol{\Phi}_{23} & \boldsymbol{M} & 0 & 0 & 0 & 0 & 0\\ * & * & \boldsymbol{\Phi}_{33} & \boldsymbol{\Phi}_{34} & 0 & 0 & 0 & 0 & 0\\ * & * & * & \boldsymbol{\Phi}_{44} & 0 & 0 & 0 & 0 & 0\\ * & * & * & * & \boldsymbol{\Phi}_{55} & \boldsymbol{\Phi}_{56} & \boldsymbol{\Phi}_{57} & 0 & 0\\ * & * & * & * & * & \boldsymbol{\Phi}_{66} & \boldsymbol{N} & 0 & 0\\ * & * & * & * & * & * & \boldsymbol{\Phi}_{77} & 0 & 0\\ * & * & * & * & * & * & * & -\boldsymbol{V} & 0\\ * & * & * & * & * & * & * & * & -2\boldsymbol{I}\end{bmatrix}$$

$\aleph_{12}=\left[h_1\boldsymbol{\zeta}_1^{\mathrm{T}}\quad \boldsymbol{P}_1\quad (h_2-h_1)\boldsymbol{\zeta}_1^{T}\boldsymbol{P}_2\quad h_3\boldsymbol{\zeta}_1^{\mathrm{T}}\boldsymbol{P}_3\quad (h_4-h_3)\boldsymbol{\zeta}_1^{\mathrm{T}}\boldsymbol{P}_4\right]$

$\aleph_{22}=\operatorname{diag}(-\boldsymbol{P}_1,-\boldsymbol{P}_2,-\boldsymbol{P}_3,-\boldsymbol{P}_4)$

$\boldsymbol{\zeta}_1=[(\boldsymbol{A}_1+\overline{\boldsymbol{U}}\boldsymbol{\Xi}(t)\overline{\boldsymbol{H}}_1+\boldsymbol{B}_1\boldsymbol{K}_1)\quad 0\quad \boldsymbol{L}_1\boldsymbol{C}_1\quad 0-(\boldsymbol{B}_2+\overline{\boldsymbol{U}}\boldsymbol{\Xi}(t)\overline{\boldsymbol{H}}_2)\boldsymbol{F}\boldsymbol{K}_1\quad 0\quad 0\quad \boldsymbol{L}_1(\boldsymbol{D}_1+\overline{\boldsymbol{U}}\boldsymbol{\Xi}(t)\overline{\boldsymbol{H}}_3)]$

$\boldsymbol{\phi}_{11}=\boldsymbol{W}[\boldsymbol{A}_1+\overline{\boldsymbol{U}}\boldsymbol{\Xi}(t)\overline{\boldsymbol{H}}_1+\boldsymbol{B}_1\boldsymbol{K}_1]+[\boldsymbol{A}_1+\overline{\boldsymbol{U}}\boldsymbol{\Xi}(t)\overline{\boldsymbol{H}}_1+\boldsymbol{B}_1\boldsymbol{K}_1]^{\mathrm{T}}\boldsymbol{W}+\boldsymbol{W}\boldsymbol{B}_1\boldsymbol{K}_1+\boldsymbol{K}_1^{\mathrm{T}}\boldsymbol{B}_1^{\mathrm{T}}\boldsymbol{W}$
$\quad+\boldsymbol{S}_1+\boldsymbol{S}_2+\boldsymbol{S}_3+\boldsymbol{S}_4-\boldsymbol{P}_1-\boldsymbol{P}_3$

$\boldsymbol{\phi}_{15}=-\boldsymbol{W}[\boldsymbol{B}_2+\overline{\boldsymbol{U}}\boldsymbol{\Xi}(t)\overline{\boldsymbol{H}}_2]\boldsymbol{F}\boldsymbol{K}_1$

$\boldsymbol{\phi}_{19}=\boldsymbol{W}[\boldsymbol{D}_1+\overline{\boldsymbol{U}}\boldsymbol{\Xi}(t)\overline{\boldsymbol{H}}_3]-\overline{\boldsymbol{\Theta}}^{\mathrm{T}}$

$\boldsymbol{\phi}_{22}=-\boldsymbol{S}_1-\boldsymbol{P}_1-\boldsymbol{P}_2,\boldsymbol{\phi}_{23}=-\boldsymbol{M}+\boldsymbol{P}_2$

$\boldsymbol{\phi}_{33}=-2\boldsymbol{P}_2+\boldsymbol{M}+\boldsymbol{M}^{\mathrm{T}}+\sigma\overline{\boldsymbol{C}}^{\mathrm{T}}\boldsymbol{V}\overline{\boldsymbol{C}}$

$\boldsymbol{\phi}_{34}=-\boldsymbol{M}+\boldsymbol{P}_2,\boldsymbol{\phi}_{44}=-\boldsymbol{S}_2-\boldsymbol{P}_2$

$\boldsymbol{\phi}_{55}=-2\boldsymbol{P}_4+\boldsymbol{N}+\boldsymbol{N}^{\mathrm{T}}$

$\boldsymbol{\phi}_{56}=\boldsymbol{P}_4^{\mathrm{T}}-\boldsymbol{N}^{T}$

$\boldsymbol{\phi}_{57}=\boldsymbol{P}_4-\boldsymbol{N}$

$\boldsymbol{\phi}_{66}=-\boldsymbol{S}_3-\boldsymbol{P}_3-\boldsymbol{P}_4$

$\boldsymbol{\phi}_{77}=-\boldsymbol{S}_4-\boldsymbol{P}_4$

$\overline{\boldsymbol{C}}=[\boldsymbol{C}\quad 0]$

则 Lurie 系统（17.18）在 $l[0,\boldsymbol{\Theta}]$内是鲁棒绝对稳定的。

证明：构造一个 Lyapunov-Krasovskii 泛函如下。

$$\boldsymbol{V}[t,\boldsymbol{z}(t)]=\boldsymbol{V}_1[t,\boldsymbol{z}(t)]+\boldsymbol{V}_2[t,\boldsymbol{z}(t)]+\boldsymbol{V}_3[t,\boldsymbol{z}(t)]\tag{17.22}$$

其中：

$$\boldsymbol{V}_1[t,\boldsymbol{z}(t)]=\boldsymbol{z}^{\mathrm{T}}(t)\boldsymbol{W}\boldsymbol{z}(t)$$

$$\begin{aligned}\boldsymbol{V}_2[t,\boldsymbol{z}(t)]=&\int_{t-h_1}^{t}\boldsymbol{z}^{\mathrm{T}}(\alpha)\boldsymbol{S}_1\boldsymbol{z}(\alpha)\mathrm{d}\alpha+\frac{n!}{r!\ (n-r)!}\int_{t-h_2}^{t}\boldsymbol{z}^{\mathrm{T}}(\alpha)\boldsymbol{S}_2\boldsymbol{z}(\alpha)\mathrm{d}\alpha\\&+\int_{t-h_3}^{t}\boldsymbol{z}^{\mathrm{T}}(\alpha)\boldsymbol{S}_3\boldsymbol{z}(\alpha)\mathrm{d}\alpha+\int_{t-h_4}^{t}\boldsymbol{z}^{\mathrm{T}}(\alpha)\boldsymbol{S}_4\boldsymbol{z}(\alpha)\mathrm{d}\alpha\end{aligned}$$

$$\begin{aligned}\boldsymbol{V}_3[t,\boldsymbol{z}(t)]=&h_1\int_{-h_1}^{0}\int_{t+\theta}^{t}\dot{\boldsymbol{z}}^{\mathrm{T}}(\alpha)\boldsymbol{P}_1\dot{\boldsymbol{z}}(\alpha)\mathrm{d}\alpha\mathrm{d}\theta+(h_2-h_1)\int_{-h_2}^{-h_1}\int_{t+\theta}^{t}\dot{\boldsymbol{z}}^{\mathrm{T}}(\alpha)\boldsymbol{P}_2\dot{\boldsymbol{z}}(\alpha)\mathrm{d}\alpha\mathrm{d}\theta\\&+h_3\int_{-h_3}^{0}\int_{t+\theta}^{t}\dot{\boldsymbol{z}}^{\mathrm{T}}(\alpha)\boldsymbol{P}_3\dot{\boldsymbol{z}}(\alpha)\mathrm{d}\alpha\mathrm{d}\theta+(h_4-h_3)\int_{-h_4}^{-h_3}\int_{t+\theta}^{t}\dot{\boldsymbol{z}}^{\mathrm{T}}(\alpha)\boldsymbol{P}_4\dot{\boldsymbol{z}}(\alpha)\mathrm{d}\alpha\mathrm{d}\theta\end{aligned}$$

沿系统对 $\boldsymbol{V}[t,\boldsymbol{z}(t)]$求导：

$$\dot{\boldsymbol{V}}[t,\boldsymbol{z}(t)]=\dot{\boldsymbol{V}}_1[t,\boldsymbol{z}(t)]+\dot{\boldsymbol{V}}_2[t,\boldsymbol{z}(t)]+\dot{\boldsymbol{V}}_3[t,\boldsymbol{z}(t)]\tag{17.23}$$

其中：

$$\dot{\boldsymbol{V}}_1[t,\boldsymbol{z}(t)]=\dot{\boldsymbol{z}}^{\mathrm{T}}(t)\boldsymbol{W}\boldsymbol{z}(t)+\boldsymbol{z}^{\mathrm{T}}(t)\boldsymbol{W}\dot{\boldsymbol{z}}(t)=2\boldsymbol{z}^{\mathrm{T}}(t)\boldsymbol{W}\dot{\boldsymbol{z}}(t)$$

$$\begin{aligned}\dot{\boldsymbol{V}}_2[t,\boldsymbol{z}(t)]=&\boldsymbol{z}^{\mathrm{T}}(t)\boldsymbol{S}_1\boldsymbol{z}(t)-\boldsymbol{z}^{\mathrm{T}}(t-h_1)\boldsymbol{S}_1\boldsymbol{z}(t-h_1)\\&+\boldsymbol{z}^{\mathrm{T}}(t)\boldsymbol{S}_2\boldsymbol{z}(t)-\boldsymbol{z}^{\mathrm{T}}(t-h_2)\boldsymbol{S}_2\boldsymbol{z}(t-h_2)+\boldsymbol{z}^{\mathrm{T}}(t)\boldsymbol{S}_3\boldsymbol{z}(t)\\&-\boldsymbol{z}^{\mathrm{T}}(t-h_3)\boldsymbol{S}_3\boldsymbol{z}(t-h_3)+\boldsymbol{z}^{\mathrm{T}}(t)\boldsymbol{S}_4\boldsymbol{z}(t)-\boldsymbol{z}^{\mathrm{T}}(t-h_4)\boldsymbol{S}_4\boldsymbol{z}(t-h_4)\end{aligned}$$

$$\dot{\boldsymbol{V}}_3[t,\boldsymbol{z}(t)]=h_1^2\dot{\boldsymbol{z}}^{\mathrm{T}}(t)P_1\dot{\boldsymbol{z}}(t)-h_1\int_{t-h_1}^{t}\dot{\boldsymbol{z}}^{\mathrm{T}}(\alpha)\boldsymbol{P}_1\dot{\boldsymbol{z}}(\alpha)\mathrm{d}\alpha+(h_2-h_1)^2\dot{\boldsymbol{z}}^{\mathrm{T}}(t)\boldsymbol{P}_2\dot{\boldsymbol{z}}(t)$$

$$-(h_2-h_1)\int_{t-h_2}^{t-h_1}\dot{\boldsymbol{z}}^{\mathrm{T}}(\alpha)\boldsymbol{P}_2\dot{\boldsymbol{z}}(\alpha)\mathrm{d}\alpha+h_3^2\dot{\boldsymbol{z}}^{\mathrm{T}}(t)\boldsymbol{P}_3\dot{\boldsymbol{z}}(t)-h_3\int_{t-h_3}^{t}\dot{\boldsymbol{z}}^{\mathrm{T}}(\alpha)\boldsymbol{P}_3\dot{\boldsymbol{z}}(\alpha)\mathrm{d}\alpha$$
$$+(h_4-h_3)^2\dot{\boldsymbol{z}}^{\mathrm{T}}(t)\boldsymbol{P}_4\dot{\boldsymbol{z}}(t)-(h_4-h_3)\int_{t-h_4}^{t-h_3}\dot{\boldsymbol{z}}^{\mathrm{T}}(\alpha)\boldsymbol{P}_4\dot{\boldsymbol{z}}(\alpha)\mathrm{d}\alpha$$

应用引理 17.1 和引理 17.2 来处理式(17.23) 中的积分项，可以得到：

$$-h_1\int_{t-h_1}^{t}\dot{\boldsymbol{z}}^{\mathrm{T}}(\alpha)\boldsymbol{P}_1\dot{\boldsymbol{z}}(\alpha)\mathrm{d}\alpha\leqslant-\boldsymbol{\varphi}_1^{\mathrm{T}}(t)\boldsymbol{\Pi}_1\boldsymbol{\varphi}_1(t) \tag{17.24}$$

$$\begin{aligned}-(h_2-h_1)\int_{t-h_2}^{t-h_1}\dot{\boldsymbol{z}}^{\mathrm{T}}(\alpha)\boldsymbol{P}_2\dot{\boldsymbol{z}}(\alpha)\mathrm{d}\alpha&=-(h_2-h_1)\int_{t-\tau(t)}^{t-h_1}\dot{\boldsymbol{z}}^{\mathrm{T}}(\alpha)\boldsymbol{P}_2\dot{\boldsymbol{z}}(\alpha)\mathrm{d}\alpha\\&\quad-(h_2-h_1)\int_{t-h_2}^{t-\tau(t)}\dot{\boldsymbol{z}}^{\mathrm{T}}(\alpha)\boldsymbol{P}_2\dot{\boldsymbol{z}}(\alpha)\mathrm{d}\alpha\\&\leqslant-\boldsymbol{\varphi}_2^{\mathrm{T}}(t)\boldsymbol{\Pi}_2\boldsymbol{\varphi}_2(t)\end{aligned} \tag{17.25}$$

$$-h_3\int_{t-h_3}^{t}\dot{\boldsymbol{z}}^{\mathrm{T}}(\alpha)\boldsymbol{P}_3\dot{\boldsymbol{z}}(\alpha)\mathrm{d}\alpha\leqslant-\boldsymbol{\varphi}_3^{\mathrm{T}}(t)\boldsymbol{\Pi}_3\boldsymbol{\varphi}_3(t) \tag{17.26}$$

$$\begin{aligned}-(h_4-h_3)\int_{t-h_4}^{t-h_3}\dot{\boldsymbol{z}}^{\mathrm{T}}(\alpha)\boldsymbol{P}_4\dot{\boldsymbol{z}}(\alpha)\mathrm{d}\alpha&=-(h_4-h_3)\int_{t-\tau(t)}^{t-h_3}\dot{\boldsymbol{z}}^{\mathrm{T}}(\alpha)\boldsymbol{P}_4\dot{\boldsymbol{z}}(\alpha)\mathrm{d}\alpha\\&\quad-(h_4-h_3)\int_{t-h_4}^{t-\tau(t)}\dot{\boldsymbol{z}}^{\mathrm{T}}(\alpha)\boldsymbol{P}_4\dot{\boldsymbol{z}}(\alpha)\mathrm{d}\alpha\\&\leqslant-\boldsymbol{\varphi}_4^{\mathrm{T}}(t)\boldsymbol{\Pi}_4\boldsymbol{\varphi}_4(t)\end{aligned} \tag{17.27}$$

其中：

$$\boldsymbol{\varphi}_1^{\mathrm{T}}(t)=\begin{bmatrix}\boldsymbol{z}(t)\\\boldsymbol{z}(t-h_1)\end{bmatrix},\boldsymbol{\varphi}_2^{\mathrm{T}}=\begin{bmatrix}\boldsymbol{z}(t-h_1)\\\boldsymbol{z}(t-\rho(t))\\\boldsymbol{z}(t-h_2)\end{bmatrix},\boldsymbol{\varphi}_3^{\mathrm{T}}(t)=\begin{bmatrix}\boldsymbol{z}(t)\\\boldsymbol{z}(t-h_3)\end{bmatrix},\boldsymbol{\varphi}_4{}^{\mathrm{T}}=\begin{bmatrix}\boldsymbol{z}(t-h_3)\\\boldsymbol{z}(t-\tau_{i_k}^{\mathrm{ca}})\\\boldsymbol{z}(t-h_4)\end{bmatrix}$$

$$\boldsymbol{\Pi}_1=\begin{bmatrix}\boldsymbol{P}_1&-\boldsymbol{P}_1\\ *&\boldsymbol{P}_1\end{bmatrix},\boldsymbol{\Pi}_2=\begin{bmatrix}\boldsymbol{P}_2&\boldsymbol{M}-\boldsymbol{P}_2&-\boldsymbol{M}\\ *&2\boldsymbol{P}_2-\boldsymbol{M}-\boldsymbol{M}^{\mathrm{T}}&\boldsymbol{M}-\boldsymbol{P}_2\\ *&*&\boldsymbol{P}_2\end{bmatrix},\boldsymbol{\Pi}_3=\begin{bmatrix}\boldsymbol{P}_3&-\boldsymbol{P}_3\\ *&\boldsymbol{P}_3\end{bmatrix}$$

$$\boldsymbol{\Pi}_4=\begin{bmatrix}\boldsymbol{P}_4&\boldsymbol{N}-\boldsymbol{P}_4&-\boldsymbol{N}\\ *&2\boldsymbol{P}_4-\boldsymbol{N}-\boldsymbol{N}^{\mathrm{T}}&\boldsymbol{N}-\boldsymbol{P}_4\\ *&*&\boldsymbol{P}_4\end{bmatrix}$$

将式(17.24)～式(17.26)代入式(17.22)，结合式(17.14)及式(17.19)可得：

$$\begin{aligned}\dot{\boldsymbol{V}}[t,\boldsymbol{z}(t)]\leqslant&2\boldsymbol{z}^{\mathrm{T}}(t)\boldsymbol{W}\dot{\boldsymbol{z}}(t)+\boldsymbol{z}^{\mathrm{T}}(t)\boldsymbol{S}_1\boldsymbol{z}(t)-\boldsymbol{z}^{\mathrm{T}}(t-h_1)\boldsymbol{S}_1\boldsymbol{z}(t-h_1)+\boldsymbol{z}^{\mathrm{T}}(t)\boldsymbol{S}_2\boldsymbol{z}(t)\\&-\boldsymbol{z}^{\mathrm{T}}(t-h_2)\boldsymbol{S}_2\boldsymbol{z}(t-h_2)+\boldsymbol{z}^{\mathrm{T}}(t)\boldsymbol{S}_3\boldsymbol{z}(t)-\boldsymbol{z}^{\mathrm{T}}(t-h_3)\boldsymbol{S}_3\boldsymbol{z}(t-h_3)\\&+\boldsymbol{z}^{\mathrm{T}}(t)\boldsymbol{S}_4\boldsymbol{z}(t)-\boldsymbol{z}^{\mathrm{T}}(t-h_4)\boldsymbol{S}_4\boldsymbol{z}(t-h_4)+h_1^2\dot{\boldsymbol{z}}^{\mathrm{T}}(t)\boldsymbol{P}_1\dot{\boldsymbol{z}}(t)\\&+(h_2-h_1)^2\dot{\boldsymbol{z}}^{\mathrm{T}}(t)\boldsymbol{P}_2\dot{\boldsymbol{z}}(t)+h_3^2\dot{\boldsymbol{z}}^{\mathrm{T}}(t)\boldsymbol{P}_3\dot{\boldsymbol{z}}(t)+(h_4-h_3)^2\dot{\boldsymbol{z}}^{\mathrm{T}}(t)\boldsymbol{P}_4\dot{\boldsymbol{z}}(t)\\&+\sigma\boldsymbol{y}^{\mathrm{T}}[t-\rho(t)]\boldsymbol{V}\boldsymbol{y}[t-\rho(t)]-\boldsymbol{\vartheta}_k^{\mathrm{T}}(t)\boldsymbol{V}\boldsymbol{\vartheta}_k(t)-2\boldsymbol{\omega}^{\mathrm{T}}(t)\boldsymbol{\omega}(t)-2\boldsymbol{\omega}^{\mathrm{T}}(t)\overline{\boldsymbol{\Theta}}\boldsymbol{z}(t)\\\leqslant&\boldsymbol{\eta}^{\mathrm{T}}(t)(\aleph_{11}-\aleph_{12}\aleph_{22}^{-1}\aleph_{12}^{\mathrm{T}})\boldsymbol{\eta}(t)\end{aligned} \tag{17.28}$$

其中：

$\boldsymbol{\eta}^{\mathrm{T}}(t)=[\boldsymbol{z}^{\mathrm{T}}(t)\ \boldsymbol{z}^{\mathrm{T}}(t-h_1)\boldsymbol{z}^{\mathrm{T}}(t-\rho(t))\boldsymbol{z}^{\mathrm{T}}(t-h_2)\boldsymbol{z}^{\mathrm{T}}(t-\tau_{i_k}^{\mathrm{ca}})\boldsymbol{z}^{\mathrm{T}}(t-h_3)\ \boldsymbol{z}^{\mathrm{T}}(t-h_4)\boldsymbol{\vartheta}_k^{\mathrm{T}}(t)$ $\boldsymbol{\omega}^{\mathrm{T}}(t)]$，由 Schur 补引理得，若式(17.28) 小于 0 可知 Lurie 系统［式(17.18)］对任意的

$\iota[0,\boldsymbol{\Theta}]$都是全局渐近稳定的，因而是绝对稳定的，定理 17.1 证毕。

17.2.2 观测器和容错控制器的联合设计

定理 17.2 考虑如图 17.1 所示的系统，对于给定的标量 h_1,h_2,h_3,h_4,σ，执行器故障指示矩阵 $\boldsymbol{F}$，增益矩阵 $\boldsymbol{K}$ 和 $\boldsymbol{L}$，如果存在合适维数的矩阵 $\overline{\boldsymbol{M}},\overline{\boldsymbol{N}},\boldsymbol{Y}_1,\boldsymbol{Y}_2$ 和正定矩阵 $\boldsymbol{X}>0$，$\boldsymbol{V}>0,\boldsymbol{Y}>0,\overline{\boldsymbol{S}}_i>0,\overline{\boldsymbol{P}}_i>0,i=1,2,3,4$，满足下列不等式：

$$\begin{bmatrix}\widetilde{\boldsymbol{\Lambda}}_{11} & \widetilde{\boldsymbol{\Lambda}}_{12}\\ * & \widetilde{\boldsymbol{\Lambda}}_{22}\end{bmatrix}<0 \tag{17.29}$$

$$\begin{bmatrix}\boldsymbol{P}_2 & \boldsymbol{M}\\ * & \boldsymbol{P}_2\end{bmatrix}>0,\begin{bmatrix}\boldsymbol{P}_4 & \boldsymbol{N}\\ * & \boldsymbol{P}_4\end{bmatrix}>0 \tag{17.30}$$

其中：

$$\widetilde{\boldsymbol{\Lambda}}_{11}=\begin{bmatrix}\widetilde{\boldsymbol{\Phi}}_{11} & \overline{\boldsymbol{P}}_1 & -\boldsymbol{I}_2\overline{\boldsymbol{Y}}_2\boldsymbol{I}_2^{\mathrm{T}} & 0 & \widetilde{\boldsymbol{\Phi}}_{15} & \overline{\boldsymbol{P}}_3 & 0 & -\boldsymbol{I}_2\overline{\boldsymbol{Y}}_2\boldsymbol{C}^{\mathrm{T}} & \widetilde{\boldsymbol{\Phi}}_{19}\\ * & \widetilde{\boldsymbol{\Phi}}_{22} & \widetilde{\boldsymbol{\Phi}}_{23} & \overline{\boldsymbol{M}} & 0 & 0 & 0 & 0 & 0\\ * & * & \widetilde{\boldsymbol{\Phi}}_{33} & \widetilde{\boldsymbol{\Phi}}_{34} & 0 & 0 & 0 & 0 & 0\\ * & * & * & \widetilde{\boldsymbol{\Phi}}_{44} & 0 & 0 & 0 & 0 & 0\\ * & * & * & * & \widetilde{\boldsymbol{\Phi}}_{55} & \widetilde{\boldsymbol{\Phi}}_{56} & \widetilde{\boldsymbol{\Phi}}_{57} & 0 & 0\\ * & * & * & * & * & \widetilde{\boldsymbol{\Phi}}_{66} & \overline{\boldsymbol{N}} & 0 & 0\\ * & * & * & * & * & * & \widetilde{\boldsymbol{\Phi}}_{77} & 0 & 0\\ * & * & * & * & * & * & * & -\boldsymbol{CYC}^{\mathrm{T}} & 0\\ * & * & * & * & * & * & * & * & -2\boldsymbol{I}\end{bmatrix}$$

$$\widetilde{\boldsymbol{\Lambda}}_{12}=\begin{bmatrix}h_1\widetilde{\boldsymbol{\zeta}}^{\mathrm{T}} & (h_2-h_1)\widetilde{\boldsymbol{\zeta}}^{\mathrm{T}} & h_3\widetilde{\boldsymbol{\zeta}}^{\mathrm{T}} & (h_4-h_3)\widetilde{\boldsymbol{\zeta}}^{\mathrm{T}} & \widetilde{\boldsymbol{\xi}}_1^{\mathrm{T}} & \widetilde{\boldsymbol{\xi}}_2^{\mathrm{T}}\end{bmatrix}$$

$$\widetilde{\boldsymbol{\Lambda}}_{22}=\mathrm{diag}(\overline{\boldsymbol{P}}_1-2\overline{\boldsymbol{X}},\overline{\boldsymbol{P}}_2-2\overline{\boldsymbol{X}},\overline{\boldsymbol{P}}_3-2\overline{\boldsymbol{X}},\overline{\boldsymbol{P}}_4-2\overline{\boldsymbol{X}},-s\boldsymbol{I},-s^{-1}\boldsymbol{I})$$

$$\widetilde{\boldsymbol{\zeta}}=\begin{bmatrix}\boldsymbol{A}_1\overline{\boldsymbol{X}}+\boldsymbol{B}_1\overline{\boldsymbol{Y}}_1\boldsymbol{I}_1 & 0 & -\boldsymbol{I}_2\overline{\boldsymbol{Y}}_2\boldsymbol{I}_2^{\mathrm{T}} & 0 & -\boldsymbol{B}_2\boldsymbol{F}\overline{\boldsymbol{Y}}_1\boldsymbol{I}_1 & 0 & 0 & -\boldsymbol{I}_2\overline{\boldsymbol{Y}}_2\boldsymbol{C}^{\mathrm{T}} & \boldsymbol{D}_1\end{bmatrix}$$

$$\widetilde{\boldsymbol{\xi}}_1=\begin{bmatrix}\overline{\boldsymbol{U}}^{\mathrm{T}} & 0 & 0 & 0 & 0 & 0 & 0 & 0 & 0 & \overline{\boldsymbol{U}}^{\mathrm{T}} & \overline{\boldsymbol{U}}^{\mathrm{T}} & \overline{\boldsymbol{U}}^{\mathrm{T}} & \overline{\boldsymbol{U}}^{\mathrm{T}}\end{bmatrix}$$

$$\widetilde{\boldsymbol{\xi}}_2=\begin{bmatrix}\overline{\boldsymbol{X}}\,\overline{\boldsymbol{H}}_1 0 & 0 & 0 & -\overline{\boldsymbol{H}}_2 & \boldsymbol{F}\overline{\boldsymbol{Y}}_1\boldsymbol{I}_1 & 0 & 0 & 0 & \overline{\boldsymbol{H}}_3 & 0 & 0 & 0\end{bmatrix}$$

$$\widetilde{\boldsymbol{\Phi}}_{11}=\boldsymbol{A}_1\overline{\boldsymbol{X}}+\boldsymbol{B}_1\overline{\boldsymbol{Y}}_1\boldsymbol{I}_1+\overline{\boldsymbol{X}}\boldsymbol{A}_1^{\mathrm{T}}+\boldsymbol{I}_1^{\mathrm{T}}\overline{\boldsymbol{Y}}_1^{\mathrm{T}}\boldsymbol{B}_1^{\mathrm{T}}+\overline{\boldsymbol{S}}_1+\overline{\boldsymbol{S}}_2+\overline{\boldsymbol{S}}_3+\overline{\boldsymbol{S}}_4-\overline{\boldsymbol{P}}_1-\overline{\boldsymbol{P}}_3$$

$$\widetilde{\boldsymbol{\Phi}}_{15}=-\boldsymbol{B}_2\boldsymbol{F}\overline{\boldsymbol{Y}}_1\boldsymbol{I}_1,\widetilde{\boldsymbol{\Phi}}_{19}=\boldsymbol{D}_1-\overline{\boldsymbol{X}}\,\overline{\boldsymbol{\Theta}}^{\mathrm{T}}$$

$$\widetilde{\boldsymbol{\Phi}}_{22}=-\overline{\boldsymbol{S}}_1-\overline{\boldsymbol{P}}_1-\overline{\boldsymbol{P}}_2,\widetilde{\boldsymbol{\Phi}}_{23}=-\overline{\boldsymbol{M}}+\overline{\boldsymbol{P}}_2$$

$$\widetilde{\boldsymbol{\Phi}}_{33}=-2\overline{\boldsymbol{P}}_2+\overline{\boldsymbol{M}}+\overline{\boldsymbol{M}}^{\mathrm{T}}+\sigma\boldsymbol{I}_3^{\mathrm{T}}\boldsymbol{Y}\boldsymbol{I}_3,\widetilde{\boldsymbol{\Phi}}_{34}=-\overline{\boldsymbol{M}}+\overline{\boldsymbol{P}}_2$$

$$\widetilde{\boldsymbol{\Phi}}_{44}=-\overline{\boldsymbol{S}}_2-\overline{\boldsymbol{P}}_2$$

$$\widetilde{\boldsymbol{\Phi}}_{55}=-2\overline{\boldsymbol{P}}_4+\overline{\boldsymbol{N}}+\overline{\boldsymbol{N}}^{\mathrm{T}},\widetilde{\boldsymbol{\Phi}}_{56}=\overline{\boldsymbol{P}}_4^{\mathrm{T}}-\overline{\boldsymbol{N}}^{\mathrm{T}},\widetilde{\boldsymbol{\Phi}}_{57}=\overline{\boldsymbol{P}}_4-\overline{\boldsymbol{N}}$$

$$\widetilde{\boldsymbol{\Phi}}_{66}=-\overline{\boldsymbol{S}}_3-\overline{\boldsymbol{P}}_3-\overline{\boldsymbol{P}}_4$$

$\widetilde{\boldsymbol{\phi}}_{77}=-\overline{\boldsymbol{S}}_4-\overline{\boldsymbol{P}}_4$,

$\boldsymbol{I}_1=[-\boldsymbol{I} \quad \boldsymbol{I}],\boldsymbol{I}_2=[0 \quad \boldsymbol{I}]$

则 Lurie 系统 [式(17.18)] 在 $l[0,\boldsymbol{\Theta}]$内是鲁棒绝对稳定的，控制器增益矩阵$\boldsymbol{K}$，观测器增益矩阵$\boldsymbol{L}$，事件触发权重矩阵$\boldsymbol{V}$可由下式求取：

$$K=\boldsymbol{Y}_1\boldsymbol{X}^{-1},L=\boldsymbol{Y}_2\boldsymbol{X}^{-1}\boldsymbol{C}^{+},V=\boldsymbol{C}^{+\mathrm{T}}\boldsymbol{X}^{-1}\boldsymbol{Y}\boldsymbol{X}^{-1}\boldsymbol{C}^{+} \tag{17.31}$$

证明： 由 Schur 补引理及引理 17.3 可知$\aleph_{11}-\aleph_{12}\aleph_{22}^{-1}\aleph_{12}^{T}$可转化为：

$$\aleph_{11}-\aleph_{12}\aleph_{22}^{-1}\aleph_{12}^{\mathrm{T}}\leqslant\boldsymbol{\Lambda}_{11}-\boldsymbol{\Lambda}_{12}\boldsymbol{\Lambda}_{22}^{-1}\boldsymbol{\Lambda}_{12}^{\mathrm{T}} \tag{17.32}$$

其中：

$$\boldsymbol{\Lambda}_{11}=\begin{bmatrix}\overline{\boldsymbol{\phi}}_{11} & \boldsymbol{P}_1 & \boldsymbol{WL}_1\boldsymbol{C}_1 & 0 & \overline{\boldsymbol{\phi}}_{15} & \boldsymbol{P}_3 & 0 & \boldsymbol{WL}_1 & \overline{\boldsymbol{\phi}}_{19}\\ * & \boldsymbol{\phi}_{22} & \boldsymbol{\phi}_{23} & \boldsymbol{M} & 0 & 0 & 0 & 0 & 0\\ * & * & \boldsymbol{\phi}_{33} & \boldsymbol{\phi}_{34} & 0 & 0 & 0 & 0 & 0\\ * & * & * & \boldsymbol{\phi}_{44} & 0 & 0 & 0 & 0 & 0\\ * & * & * & * & \boldsymbol{\phi}_{55} & \boldsymbol{\phi}_{56} & \boldsymbol{\phi}_{57} & 0 & 0\\ * & * & * & * & * & \boldsymbol{\phi}_{66} & \boldsymbol{N} & 0 & 0\\ * & * & * & * & * & * & \boldsymbol{\phi}_{77} & 0 & 0\\ * & * & * & * & * & * & * & -\boldsymbol{V} & 0\\ * & * & * & * & * & * & * & * & -2\boldsymbol{I}\end{bmatrix}$$

$\boldsymbol{\Lambda}_{12}=[h_1\overline{\boldsymbol{\zeta}}^{\mathrm{T}}\boldsymbol{P}_1(h_2-h_1)\overline{\boldsymbol{\zeta}}^{\mathrm{T}}\boldsymbol{P}_2h_3\overline{\boldsymbol{\zeta}}^{\mathrm{T}}\boldsymbol{P}_3(h_4-h_3)\overline{\boldsymbol{\zeta}}^{\mathrm{T}}\boldsymbol{P}_4\boldsymbol{\xi}_1^{\mathrm{T}}\boldsymbol{\xi}_2^{\mathrm{T}}]$

$\boldsymbol{\Lambda}_{22}=\mathrm{diag}(-\boldsymbol{P}_1, \quad \boldsymbol{P}_2, \quad \boldsymbol{P}_3,-\boldsymbol{P}_4,-s\boldsymbol{I},-s^{-1}\boldsymbol{I})$

$\boldsymbol{\xi}_1^{\mathrm{T}}=[(\boldsymbol{W}\overline{\boldsymbol{U}})^{\mathrm{T}} \quad 0 \quad 0 \quad 0 \quad 0 \quad 0 \quad 0 \quad 0 \quad 0 \quad (\boldsymbol{P}_1\overline{\boldsymbol{U}})^{\mathrm{T}} \quad (\boldsymbol{P}_2\overline{\boldsymbol{U}})^{\mathrm{T}} \quad (\boldsymbol{P}_3\overline{\boldsymbol{U}})^{\mathrm{T}} \quad (\boldsymbol{P}_4\overline{\boldsymbol{U}})^{\mathrm{T}}]^{\mathrm{T}}$

$\boldsymbol{\xi}_2^{\mathrm{T}}=[\overline{\boldsymbol{H}}_1 \quad 0 \quad 0 \quad 0 \quad -\overline{\boldsymbol{H}}_2\boldsymbol{FK}_1 \quad 0 \quad 0 \quad 0 \quad \overline{\boldsymbol{H}}_3 \quad 0 \quad 0 \quad 0 \quad 0]^{\mathrm{T}}$

$\overline{\boldsymbol{\zeta}}=[\boldsymbol{A}_1+\boldsymbol{B}_1\boldsymbol{K}_1 \quad 0 \quad \boldsymbol{L}_1\boldsymbol{C}_1 \quad 0 \quad -\boldsymbol{B}_2\boldsymbol{FK}_1 \quad 0 \quad 0 \quad \boldsymbol{L}_1 \quad \boldsymbol{D}_1]$

$\overline{\boldsymbol{\phi}}_{11}=\boldsymbol{WA}_1+\boldsymbol{WB}_1\boldsymbol{K}_1+\boldsymbol{A}_1^{\mathrm{T}}\boldsymbol{W}+\boldsymbol{K}_1^{\mathrm{T}}\boldsymbol{B}_1^{\mathrm{T}}\boldsymbol{W}+\boldsymbol{S}_1+\boldsymbol{S}_2+\boldsymbol{S}_3+\boldsymbol{S}_4-\boldsymbol{P}_1-\boldsymbol{P}_3$

$\overline{\boldsymbol{\phi}}_{15}=-\boldsymbol{WB}_2\boldsymbol{FK}_1$

$\overline{\boldsymbol{\phi}}_{19}=\boldsymbol{WD}_1-\overline{\boldsymbol{\Theta}}^{\mathrm{T}}$

$\boldsymbol{\phi}_{22}=-\boldsymbol{S}_1-\boldsymbol{P}_1-\boldsymbol{P}_2$

$\boldsymbol{\phi}_{23}=-\boldsymbol{M}+\boldsymbol{P}_2$

$\boldsymbol{\phi}_{33}=-2\boldsymbol{P}_2+\boldsymbol{M}+\boldsymbol{M}^{\mathrm{T}}+\sigma\overline{\boldsymbol{C}}^{\mathrm{T}}\boldsymbol{V}\overline{\boldsymbol{C}}$

$\boldsymbol{\phi}_{34}=-\boldsymbol{M}+\boldsymbol{P}_2$

$\boldsymbol{\phi}_{44}=-\boldsymbol{S}_2-\boldsymbol{P}_2$

$\boldsymbol{\phi}_{55}=-2\boldsymbol{P}_4+\boldsymbol{N}+\boldsymbol{N}^{\mathrm{T}}$

$\boldsymbol{\phi}_{56}=\boldsymbol{P}_4^{\mathrm{T}}-\boldsymbol{N}^{\mathrm{T}}$

$\boldsymbol{\phi}_{57}=\boldsymbol{P}_4-\boldsymbol{N}$

$\boldsymbol{\phi}_{66}=-\boldsymbol{S}_3-\boldsymbol{P}_3-\boldsymbol{P}_4$

$\boldsymbol{\phi}_{77}=-\boldsymbol{S}_4-\boldsymbol{P}_4$

$\overline{\boldsymbol{C}}=[\boldsymbol{C} \quad 0]$

由于 $\boldsymbol{\Lambda}_{11}-\boldsymbol{\Lambda}_{12}\boldsymbol{\Lambda}_{22}^{-1}\boldsymbol{\Lambda}_{12}^{\mathrm{T}}$ 中存在非线性项，不便控制器的求解，因此取 $\boldsymbol{W}=\mathrm{diag}(\overline{\boldsymbol{W}},\overline{\boldsymbol{W}})$，定义 $\boldsymbol{X}=\overline{\boldsymbol{W}}^{-1},\overline{\boldsymbol{X}}=\boldsymbol{W}^{-1}=\mathrm{diag}\{\boldsymbol{X},\boldsymbol{X}\},\boldsymbol{Y}_1=\boldsymbol{KX},\boldsymbol{Y}_2=\boldsymbol{LCX},\boldsymbol{Y}=\boldsymbol{XC}^{\mathrm{T}}\boldsymbol{VCX},\overline{\boldsymbol{Y}}_1=[\boldsymbol{Y}_1\ -\boldsymbol{Y}_1]$，$\overline{\boldsymbol{Y}}_2=\begin{bmatrix}0 & 0\\ 0 & -\boldsymbol{Y}_2\end{bmatrix},\overline{\boldsymbol{M}}=\overline{\boldsymbol{X}}\boldsymbol{M}\overline{\boldsymbol{X}},\overline{\boldsymbol{N}}=\overline{\boldsymbol{X}}\boldsymbol{N}\overline{\boldsymbol{X}},\overline{\boldsymbol{P}}_i=\overline{\boldsymbol{X}}\boldsymbol{P}_i\overline{\boldsymbol{X}},\overline{\boldsymbol{S}}_i=\overline{\boldsymbol{X}}\boldsymbol{S}_i\overline{\boldsymbol{X}},i=1,2,3,4$。在矩阵 $\begin{bmatrix}\boldsymbol{\Lambda}_{11} & \boldsymbol{\Lambda}_{12}\\ * & \boldsymbol{\Lambda}_{22}\end{bmatrix}$ 两边分别左乘右乘 $\mathrm{diag}(\overline{\boldsymbol{X}},\overline{\boldsymbol{X}},\overline{\boldsymbol{X}},\overline{\boldsymbol{X}},\overline{\boldsymbol{X}},\overline{\boldsymbol{X}},\overline{\boldsymbol{X}},\boldsymbol{CXC}^{\mathrm{T}},\boldsymbol{I},\boldsymbol{P}_1^{-1},\boldsymbol{P}_2^{-1},\boldsymbol{P}_3^{-1},\boldsymbol{P}_4^{-1},\boldsymbol{I},\boldsymbol{I})$，注意到由于 $\overline{\boldsymbol{P}}_1>0,\overline{\boldsymbol{P}}_2>0,\overline{\boldsymbol{P}}_3>0,\overline{\boldsymbol{P}}_4>0$，必有：

$$\begin{cases}(\overline{\boldsymbol{P}}_1-\overline{\boldsymbol{X}})\overline{\boldsymbol{P}}_1^{-1}(\overline{\boldsymbol{P}}_1-\overline{\boldsymbol{X}})\geqslant 0\\ (\overline{\boldsymbol{P}}_2-\overline{\boldsymbol{X}})\overline{\boldsymbol{P}}_2^{-1}(\overline{\boldsymbol{P}}_2-\overline{\boldsymbol{X}})\geqslant 0\\ (\overline{\boldsymbol{P}}_3-\overline{\boldsymbol{X}})\overline{\boldsymbol{P}}_3^{-1}(\overline{\boldsymbol{P}}_3-\overline{\boldsymbol{X}})\geqslant 0\\ (\overline{\boldsymbol{P}}_4-\overline{\boldsymbol{X}})\overline{\boldsymbol{P}}_4^{-1}(\overline{\boldsymbol{P}}_4-\overline{\boldsymbol{X}})\geqslant 0\end{cases} \tag{17.33}$$

式(17.33) 等价于式(17.34)：

$$\begin{cases}-\overline{\boldsymbol{X}}\boldsymbol{P}_1^{-1}\overline{\boldsymbol{X}}\leqslant\overline{\boldsymbol{P}}_1-2\overline{\boldsymbol{X}}\\ -\overline{\boldsymbol{X}}\boldsymbol{P}_2^{-1}\overline{\boldsymbol{X}}\leqslant\overline{\boldsymbol{P}}_2-2\overline{\boldsymbol{X}}\\ -\overline{\boldsymbol{X}}\boldsymbol{P}_3^{-1}\overline{\boldsymbol{X}}\leqslant\overline{\boldsymbol{P}}_3-2\overline{\boldsymbol{X}}\\ -\overline{\boldsymbol{X}}\boldsymbol{P}_4^{-1}\overline{\boldsymbol{X}}\leqslant\overline{\boldsymbol{P}}_4-2\overline{\boldsymbol{X}}\end{cases} \tag{17.34}$$

即可得到线性矩阵不等式(17.29) 成立，其中 $\boldsymbol{K}=\boldsymbol{Y}_1\boldsymbol{X}^{-1},\boldsymbol{L}=\boldsymbol{Y}_2\boldsymbol{X}^{-1}\boldsymbol{C}^{+},\boldsymbol{V}=\boldsymbol{C}^{+\mathrm{T}}\boldsymbol{X}^{-1}\boldsymbol{Y}\boldsymbol{X}^{-1}\boldsymbol{C}^{+}$，定理 17.2 证毕。

注 17.5 由于矩阵 $\boldsymbol{C}$ 是 $m\times n$ 的行满秩矩阵，则存在 $n\times m$ 的矩阵 $\boldsymbol{C}^{+}$ 使得 $\boldsymbol{CC}^{+}=\boldsymbol{I}$，$\boldsymbol{C}^{+}$ 称为 $\boldsymbol{C}$ 的右逆，由 $\boldsymbol{Y}_2=\boldsymbol{LCX}$ 可得观测器增益矩阵 $\boldsymbol{L}=\boldsymbol{Y}_2\boldsymbol{X}^{-1}\boldsymbol{C}^{+}$。

注 17.6 由于 $\boldsymbol{X}>0,\boldsymbol{V}>0,\boldsymbol{CX}\neq 0,\boldsymbol{C}$ 行满秩，所以必然存在 $(\boldsymbol{CX})^{\mathrm{T}}\boldsymbol{V}(\boldsymbol{CX})>0$，即 $\boldsymbol{Y}=\boldsymbol{XC}^{\mathrm{T}}\boldsymbol{VCX}$ 为非奇异矩阵，可得事件触发权重矩阵 $\boldsymbol{V}=\boldsymbol{C}^{+\mathrm{T}}\boldsymbol{X}^{-1}\boldsymbol{Y}\boldsymbol{X}^{-1}\boldsymbol{C}^{+}$。

注 17.7 证明中引入了时延的上、下界，使结论不那么保守。除了构造 Lyapunov 函数所需的决策变量外，不引入自由权矩阵，降低了决策变量过多造成的计算负担和决策变量优化过多造成的保守性。本章采用了 Jensen 不等式方法，该不等式在处理积分项时可有效降低运算的复杂性和结果的保守性。

17.3 实例仿真

为了验证算法的有效性和可靠性，考虑如下的 Lurie 系统，其中：

$$\boldsymbol{A}=\begin{bmatrix}0.1 & 0.1\\ 0 & -0.9\end{bmatrix},\boldsymbol{B}=\begin{bmatrix}1.2 & 0\\ 0 & 0.1\end{bmatrix},\boldsymbol{C}=[0.1\quad 0.1],\boldsymbol{D}=\begin{bmatrix}0.1\\ 0.1\end{bmatrix},\boldsymbol{U}=\begin{bmatrix}0.2 & 0\\ 0 & 0\end{bmatrix}$$

$$\boldsymbol{H}_1=\begin{bmatrix}0 & 0.1\\ 0 & 0\end{bmatrix},\boldsymbol{H}_2=\begin{bmatrix}0 & 0.1\\ 0 & 0\end{bmatrix},\ \boldsymbol{H}_3=\begin{bmatrix}0\\ 0.1\end{bmatrix},\boldsymbol{\Xi}(t)=\begin{bmatrix}\sin t & 0\\ 0 & \cos t\end{bmatrix},\psi(\cdot)\in\ell[0,1]$$

显然此系统不稳定。

根据定理 17.2，当选取的其他参数不变时，系统所允许的时延上界随事件触发阈值 σ 变化的规律如表 17.1 所示。

表 17.1　不同事件触发阈值 σ 下的 τ_M^{sc} 或 τ_M^{ca}

σ	0.4	0.3	0.2	0.1	0.05
给定 $\tau_M^{sc}=0.1$，τ_M^{ca} 的上界	1.532	1.541	1.557	1.586	1.611
给定 $\tau_M^{ca}=0.1$，τ_M^{sc} 的上界	1.546	1.548	1.552	1.561	1.569

从表中可以看到，事件阈值 σ 越小，所允许的系统时延上界越大。因此，为了减轻时延对系统性能的影响，可以适当减小事件触发阈值 σ。

假设事件触发阈值 $\sigma=0.1$，系统采样周期 $h=0.01\mathrm{s}$，$h_1=0.01\mathrm{s}$，$h_2=0.11\mathrm{s}$，$h_3=0.01\mathrm{s}$，$h_4=0.11\mathrm{s}$，非线性函数 $\psi(\cdot)$采用饱和函数 sat($\cdot$)，将系统初始状态取为 $\boldsymbol{x}(0)=[-0.8\quad 0.8]^{\mathrm{T}}$，$\hat{\boldsymbol{x}}(0)=[-0.6\quad 0.6]^{\mathrm{T}}$。

根据定理 17.2，给定故障指示矩阵 $\boldsymbol{F}=\begin{bmatrix}1 & 0\\ 0 & 1\end{bmatrix}$，可求得系统正常运行时的控制器增益矩阵、观测器增益矩阵及事件触发权重矩阵为：

$$\boldsymbol{K}=\begin{bmatrix}-0.1945 & -0.0245\\ -0.0431 & -0.1645\end{bmatrix},\boldsymbol{L}=\begin{bmatrix}4.1849\\ 0.8596\end{bmatrix},\boldsymbol{V}=4.6857$$

事件触发时刻及时间间隔如图 17.2 所示，系统的状态曲线如图 17.3、图 17.4 所示。

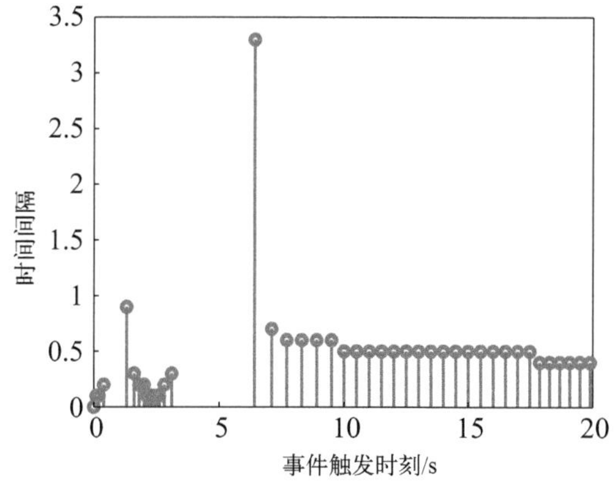

图 17.2　执行器正常时事件触发时刻及时间间隔

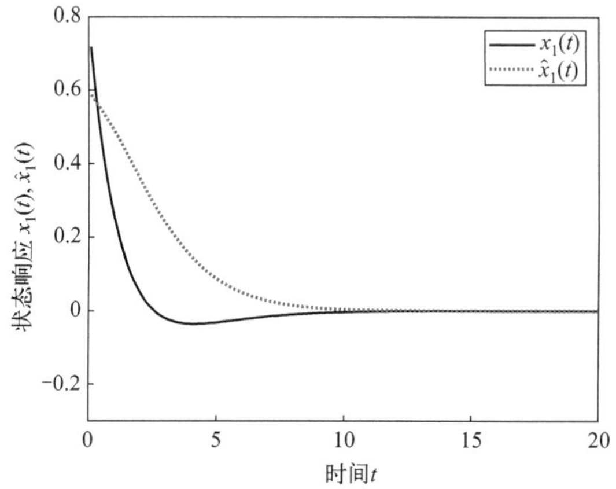

图 17.3　执行器正常时系统状态 $x_1(t)$及其估计值$\hat{x}_1(t)$曲线

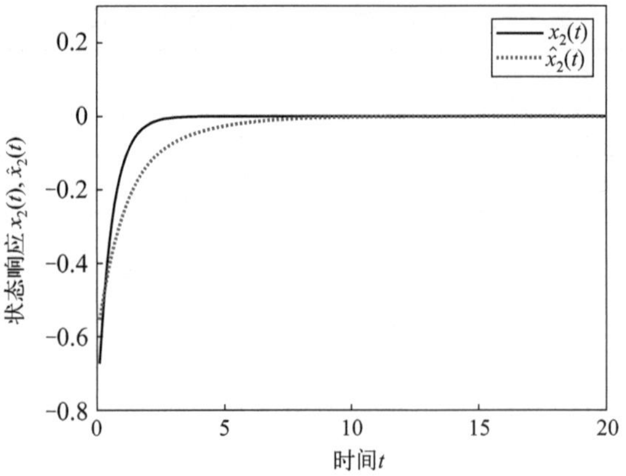

图 17.4　执行器正常时系统状态 $x_2(t)$及其估计值$\hat{x}_2(t)$曲线

给定故障指示矩阵 $\boldsymbol{F}=\begin{bmatrix}1 & 0\\0 & 0\end{bmatrix}$,可求得系统执行器故障时的控制器增益矩阵、观测器增益矩阵及事件触发权重矩阵为:

$$\boldsymbol{K}=\begin{bmatrix}-0.1973 & -0.0185\\0.1882 & -0.7919\end{bmatrix},\boldsymbol{L}=\begin{bmatrix}4.1656\\0.8093\end{bmatrix},\boldsymbol{V}=4.6690$$

事件触发时刻及时间间隔如图 17.5 所示，系统的状态曲线如图 17.6、图 17.7 所示。

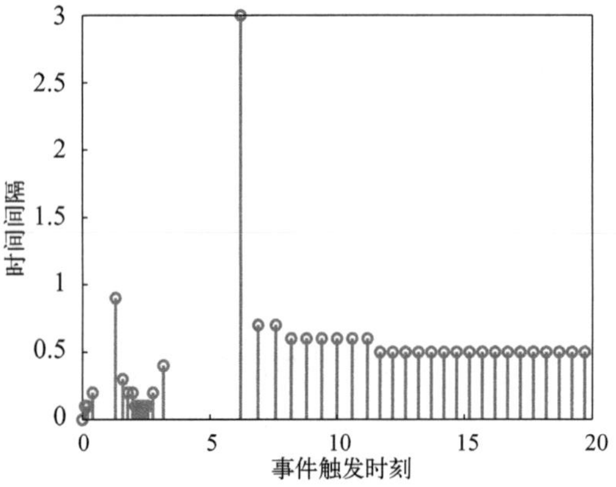

图 17.5　$\boldsymbol{F}=\mathrm{diag}(1,0)$时事件触发时刻及时间间隔

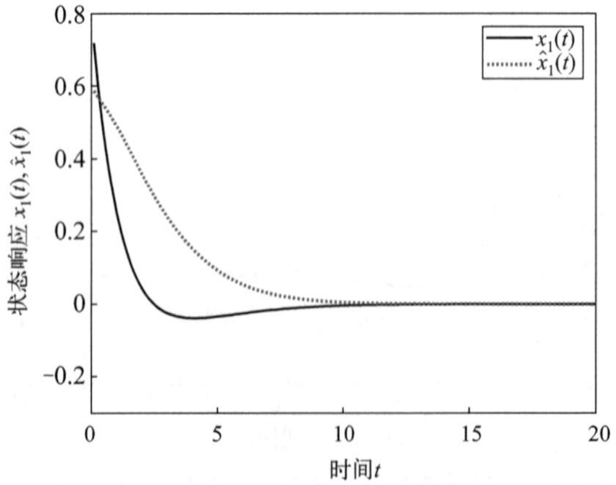

图 17.6　$\boldsymbol{F}=\mathrm{diag}(1,0)$时系统状态 $x_1(t)$及其估计值$\hat{x}_1(t)$曲线

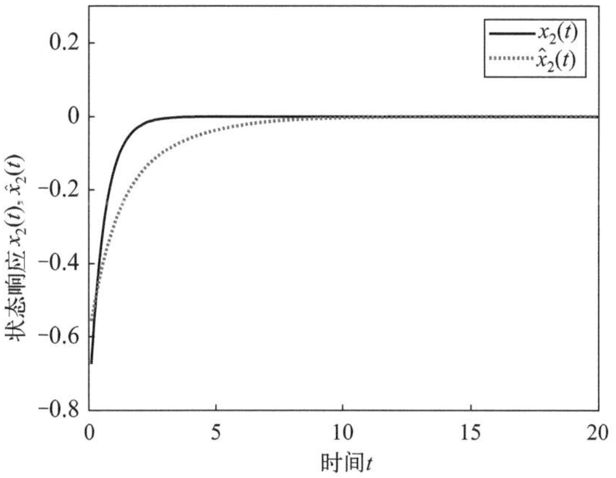

图 17.7　$\boldsymbol{F}=\mathrm{diag}(1,0)$时系统状态 $x_2(t)$及其估计值$\hat{x}_2(t)$曲线

给定故障指示矩阵 $\boldsymbol{F}=\begin{bmatrix}0 & 0\\0 & 1\end{bmatrix}$，可求得系统执行器故障时的控制器增益矩阵、观测器增益矩阵及事件触发权重矩阵为：

$$\boldsymbol{K}=\begin{bmatrix}-0.1942 & -0.0246\\-0.0426 & -0.1639\end{bmatrix},\boldsymbol{L}=\begin{bmatrix}4.1673\\0.8359\end{bmatrix},\boldsymbol{V}=4.5781$$

事件触发时刻及时间间隔如图 17.8 所示，系统的状态曲线如图 17.9、图 17.10 所示。

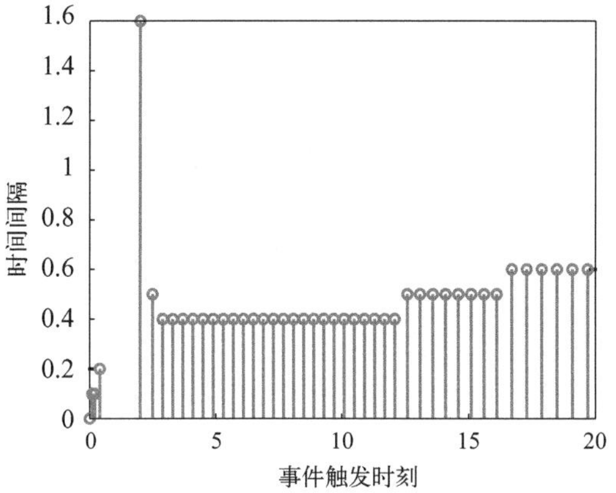

图 17.8　$\boldsymbol{F}=\mathrm{diag}(0,1)$时事件触发时刻及时间间隔

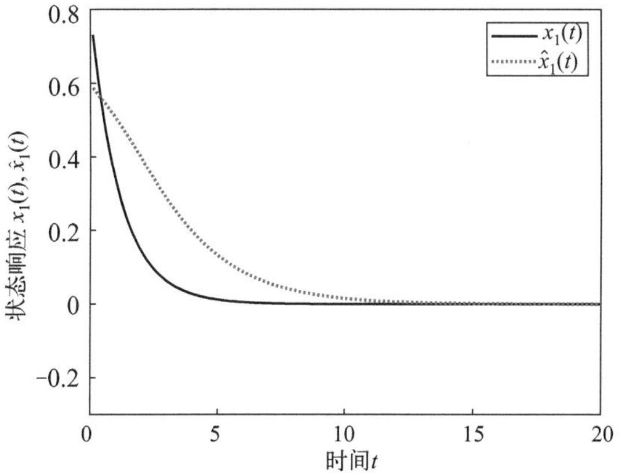

图 17.9　$\boldsymbol{F}=\mathrm{diag}(0,1)$时系统状态 $x_1(t)$及其估计值$\hat{x}_1(t)$曲线

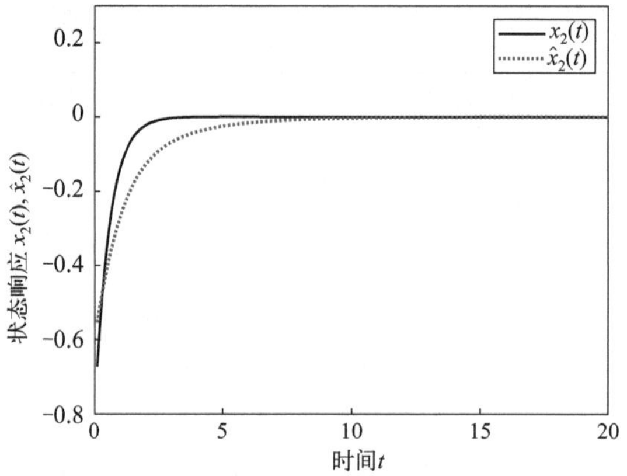

图 17.10 $\boldsymbol{F}=\mathrm{diag}(0,1)$ 时系统状态 $x_2(t)$ 及其估计值 $\hat{x}_2(t)$ 曲线

由图 17.2、图 17.5 和图 17.8 可以看出，当系统处于平衡点附近时，所需要传送的数据比暂态过程中要少得多，这正好与按控制需求传送数据的预期相吻合，与时间触发机制相比，它能够有效地节约网络通信资源。由图 17.6 和图 17.7、图 17.9 和图 17.10 可以看出，在执行器发生故障时，系统通过有效的容错控制，依旧可以稳定。

17.4 本章小结

本章针对 S-C 和 C-A 之间均具有时延和不确定性的 Lurie NCS，设计了鲁棒容错控制器，使得系统执行器发生故障时，能够对故障有效地容错并使系统保持稳定。通过在控制器节点上构造了一个观测器，建立了基于观测器的事件触发机制数学模型，在保证闭环系统稳定的同时减少了数据传输量，进而节约了网络带宽资源。根据 Lyapunov 稳定性理论，推导出了闭环系统稳定的充分条件，实现了事件触发机制、容错控制器与观测器的协同设计。

参考文献

[1] Yan X，Li J，Mei B Z. Collaborative optimization design for centralized networked control system [J]. IEEE Access，2021，9：19479-19487.

[2] Zhang X M，Han Q L，Ge X H，et al. Networked control systems：a survey of trends and techniques [J] . IEEE/CAA Journal of Automatica Sinica，2019，7：1-17.

[3] Shah H A，Zhao L，Kim L M. Joint network control and resource allocation for space-terrestrial integrated network through hdacrl [J] . IEEE Transactions on Vehicular Technology，2021，70 (5)：4943-4954.

[4] Fetanat M，Stevens M，Hayward C，et al. A sensorless control system for an implantable heart pump using a realtime deep convolutional neural network [J] . IEEE Transactions on Biomedical Engineering，2021，68 (10)：3029-3038.

[5] Hou S X，Fei J T，Chen C，et al. Finite-time adaptive fuzzy-neural-network control of active power fi-filter [J] . IEEE Transactions on Power Electronics，2019，34 (10)：10298-10313.

[6] Wang Y F，He P，Shi P，et al. Fault detection for systems with model uncertainty and disturbance via coprime factorization and gap metric [J] . IEEE Transactions on Cybernetics，2022，52 (8)：

7765-7775.

[7] Gao X F, Zhang J X, Hao L N. Fault-tolerant control of pneumatic continuum manipulators under actuator faults [J]. IEEE Transactions on Industrial Informatics, 2021, 17 (12): 8299-8307.

[8] Kang H G, Xiao B X, Ni Y Y, et al. Sensor fault diagnosis and fault tolerant control for automated guided forklift [J]. IEEE Access, 2021, 9: 56191-56200.

[9] Fu X J, Pang X R. Robust fault estimation and fault-tolerant control for nonlinear Markov jump systems with time-delays [J]. Automatika, 2021, 62 (1): 21-31.

[10] Bahreini M, Zarei J. Robust fault-tolerant control for networked control systems subject to random delays via static-output feedback [J]. ISA Transactions, 2019, 86: 153-162.

[11] Telbissi K, Benzaouia A. Robust fault-tolerant control for discrete-time switched systems with time delays [J]. International Journal of Adaptive Control and Signal Processing, 2020, 34 (3): 389-406.

[12] Zhang H X, Hu J, Yu X Y. Adaptive sliding mode faulttolerant control for a class of uncertain systems with prob abilistic random delays [J]. IEEE Access, 2019, 7: 64234-64246.

[13] Ding L, Han Q L, Ge X H, et al. An overview of recent advances in event-triggered consensus of m systems [J]. IEEE Transactions on Cybernetics, 2018, 48 (4): 1110-1123.

[14] Zhu S Y, Lu J Q, Lin L, et al. Minimum-time and minimum-triggering observability of stochastic boolean networks [J]. IEEE Transactions on Automatic Control, 2022, 67 (3): 1558-1565.

[15] Wang C L, Su X J, Yang Y, et al. Sliding mode control of Markovian jump system via an event-triggered mechanism [C] //Proceedings of the 2019 Chinese Automation Congress. IEEE, 2019: 4345-4348.

[16] Xu Y, Sun J, Wang G, et al. Dynamic triggering mechanisms for distributed adaptive synchronization control and its application to circuit systems [J]. IEEE Transactions on Circuits and Systems Ⅰ: Regular Papers, 2021, 68 (5): 2246-2256.

[17] Ge X H, Han Q L, Ding L, et al. Dynamic event-triggered distributed coordination control and its applications: a survey of trends and techniques [J]. IEEE Transactions on Systems, Man, and Cybernetics: Systems, 2020, 50 (9): 3112-3125.

[18] Liu J L, Yin T T, Cao J, et al. Security control for T-S fuzzy systems with adaptive event-triggered mechanism and multiple cyber-attacks [J]. IEEE Transactions on Systems, Man, and Cybernetics: Systems, 2021, 51 (10): 6544-6554.

[19] Gu Z, Shi P, Yue D, et al. Fault estimation and fault-tolerant control for networked systems based on an adaptive memory-based event-triggered mechanism [J]. IEEE Transactions on Network Science and Engineering, 2021, 8 (4): 3233-3241.

[20] Wang A M, Li J N. Event-triggered asynchronous H_∞ fault-tolerant control for discrete-time Markov jump system with actuator faults [J]. Proceedings of the Institution of Mechanical Engineers-Part Ⅰ: Journal of Systems and Control Engineering, 2021, 235 (6): 781-794.

[21] Qiu J B, Ma M, Wang T. Event-triggered adaptive fuzzy fault-tolerant control for stochastic nonlinear systems via command fifiltering [J]. IEEE Transactions on Systems, Man, and Cybernetics: Systems, 2022, 52 (2): 1145-1155.

[22] Wang X D, Fei Z Y, Wang Z H, et al. Event-triggered fault estimation and fault-tolerant control for networked control systems [J]. Journal of the Franklin Institute, 2019, 356 (8): 4420-4441.

[23] Qian M S, Yan X G. Integrated fault-tolerant control approach for linear time-delay systems using a dynamic event-triggered mechanism [J]. International Journal of Systems Science, 2020, 51 (16): 3471-3490.

第 18 章 具有 S-C 及 C-A 时延的离散网络控制系统事件触发故障检测

随着通信技术的发展及控制系统规模的日益增加，将计算机通信网络引入到控制系统当中，已经成为了工业控制领域的发展趋势。通过共享网络构成的闭环反馈网络成为网络控制系统（networked control system，NCS）[1-4]。网络控制系统具有结构灵活、易扩展、安装和维护费用低等优点，在工业自动化领域获得了广泛应用[5-8]。同时，由于网络的引入而出现了时延和丢包等问题，使得系统的分析变得更为复杂，也使得其在工程应用中对安全性、可靠性的要求更高[9-11]。

NCS 的结构和规模日益增大，随着元件的老化、外部扰动及工作环境的变化，系统不可避免地会出现各种故障[12,13]。因此，NCS 的故障检测问题是一个具有理论和实际意义的课题，得到了学术界的广泛关注并出现了很多研究成果。现有的关于 NCS 故障检测的文献可以分为三类。第一类仅考虑时延，如文献［14］将传感器到控制器（S-C）时延及控制器到执行器（C-A）时延之和建模为 Markov 链，进而把 NCS 建模为 Markov 跳变系统，给出了闭环系统稳定的充分条件并求解出了故障检测观测器增益矩阵。文献［15］用两个独立的 Markov 链分别描述 S-C 时延及 C-A 时延，在转移概率部分未知的条件下给出了 NCS 故障检测方法。第二类仅考虑丢包，如文献［16］假设丢包满足 Bernoulli 分布，针对 S-C 丢包和 C-A 丢包的 NCS 研究了故障检测问题，给出了误差系统均方指数稳定并满足一定鲁棒 H_∞ 干扰抑制水平的条件和故障检测滤波器设计方法。文献［17］将具有 S-C 丢包和 C-A 丢包的 NCS 建模为含有 4 个模态的 Markov 跳变系统，把 NCS 故障检测问题转化为 H_∞ 滤波问题进而设计了故障检测滤波器。第三类同时考虑时延和丢包。如文献［18,19］对于同时具有时延和丢包的 NCS，给出了故障检测滤波器存在并使闭环系统具有一定 H_∞ 干扰抑制水平的条件。

工业控制系统通常存在周期性采样以对被控对象进行控制和监控，然而这种传统的周期采样技术不仅会导致能量的浪费也会增加网络的通信负担。在此背景下，事件触发机制被提出，其主要思想是满足某些预先指定的条件时才进行采样或数据传输，从而大大节省了网络带宽，进而有利于减少网络时延和丢包的现象。不同的事件触发机制相继被提出，用于各类复杂系统的控制或者状态估计[20-22]。从故障检测的角度来说，事件触发机制由于其非均匀传输模式，损失了系统部分信息，增加了故障检测的难度。

目前针对基于事件触发机制的 NCS 的故障检测的研究尚不多见。考虑故障检测对象到故障检测滤波器的时延，文献［23-25］研究了事件触发机制下基于故障检测滤波器的故障检测问题。通过将被控对象和故障检测滤波器进行增广，将故障检测问题转化为滤波问题，提出了一种事件触发采样机制下的故障检测滤波器设计方法。然而，对于典型的 NCS，网络不仅存在于传感器和控制器（S-C）之间还存在于控制器和执行器（C-A）之间。文献［23-25］仅考虑了检测对象到故障检测滤波器的时延或丢包，且仅设计了故障检测滤波器，没有实现控制器和故障检测滤波器的联合设计。本章同时考虑 S-C 时延和 C-A 时延，介绍在事件触发机制下关于控制器和故障检测滤波器的联合设计，本章的内容主要包括以下两点：

① 同时考虑 S-C 时延和 C-A 时延，通过在控制器端构造观测器以产生残差和实现基于观测器的输出反馈控制，通过对信号的时序分析，建立事件触发下的闭环系统模型。

② 通过构造合适的 Lyapunov-Krasovskii 泛函，得到闭环系统稳定的充分条件，并给出观测器增益矩阵、控制器增益矩阵及最小干扰抑制指标求解算法。

18.1　问题描述

本章所研究的 NCS 结构如图 18.1 所示，在传感器与观测器之间装有事件发生器。它的功能是判断在每一采样时刻是否将采样数据发送给控制器。

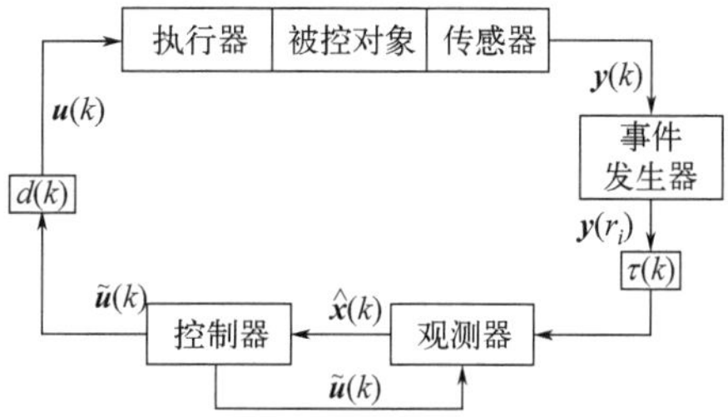

图 18.1　具有时延的 NCS 结构

假设被控对象的状态空间模型为：

$$\begin{cases}\boldsymbol{x}(k+1)=\boldsymbol{A}\boldsymbol{x}(k)+\boldsymbol{B}_u\boldsymbol{u}(k)+\boldsymbol{B}_\omega\boldsymbol{\omega}(k)+\boldsymbol{B}_f\boldsymbol{f}(k)\\ \boldsymbol{y}(k)=\boldsymbol{C}\boldsymbol{x}(k)\end{cases} \tag{18.1}$$

其中 $\boldsymbol{x}(k)\in\mathbf{R}^n$ 是状态向量，$\boldsymbol{u}(k)\in\mathbf{R}^m$ 是控制输入向量，$\boldsymbol{y}(k)\in\mathbf{R}^g$ 是输出向量，$\boldsymbol{\omega}(k)\in\mathbf{R}^p$ 是外部扰动，$\boldsymbol{f}(k)\in\mathbf{R}^q$ 是待检测的故障信号。$\boldsymbol{A}$、$\boldsymbol{B}_u$、$\boldsymbol{B}_\omega$、$\boldsymbol{B}_f$、$\boldsymbol{C}$ 是适当维数的定常矩阵。

将系统（18.1）的当前输出向量记为 $\|\boldsymbol{y}(k)-\boldsymbol{y}(r_i)\|_2>\mu\|\boldsymbol{y}(k)\|_2$，上次传出去的输出向量记为 $\|\boldsymbol{y}(k)-\boldsymbol{y}(r_i)\|_2>\mu\|\boldsymbol{y}(k)\|_2$，那么当当前输出向量 $\|\boldsymbol{y}(k)-\boldsymbol{y}(r_i)\|_2>\mu\|\boldsymbol{y}(k)\|_2$ 与上次传出的输出向量 $\|\boldsymbol{y}(k)-\boldsymbol{y}(r_i)\|_2>\mu\|\boldsymbol{y}(k)\|_2$ 满足如下关系：

$$\|\boldsymbol{y}(k)-\boldsymbol{y}(r_i)\|_2>\mu\|\boldsymbol{y}(k)\|_2 \tag{18.2}$$

其中 $k\in\mathbf{Z}^+$，$r_i\in\mathbf{Z}^+$，$0\leqslant\mu\leqslant1$，事件发生器就发送当前输出向量 $y(k)$。

注 18.1　事件发生器的传输时刻 $\{r_0,r_1,r_2,\cdots\}$ 是采样时刻 $\{0,1,2,\cdots\}$ 的子集，用 r_i 和 r_{i+1} 分别代表当前触发时刻和下一次触发时刻，那么对于 $r\in[r_i,r_{i+1}-1]$，有：

$$\|\boldsymbol{y}(k)-\boldsymbol{y}(r_i)\|_2\leqslant\mu\|\boldsymbol{y}(k)\|_2 \tag{18.3}$$

即仅有部分采样数据发送给了控制器。

其中，$\tau(k)$ 和 $d(k)$ 分别表示 S-C 和 C-A 时延，并且假设时延均有界，即 $\tau(k)\in[0,\tau_{\mathrm{M}}]$，$d(k)\in[0,d_{\mathrm{M}}]$，其中 τ_{M} 和 d_{M} 为正整数。

考虑到时延 $\tau(k)$ 的影响，事件发生器释放的数据 $\boldsymbol{y}(r_i)(i=0,1,2,\cdots,\infty)$ 到达观测器的时刻为 $r_i+\tau(r_i)$。由于零阶保持器的作用，观测器接收到的数据 $\tilde{\boldsymbol{y}}(k)$ 为：

$$\tilde{\boldsymbol{y}}(k)=\boldsymbol{y}(r_i),k\in[r_i+\tau(r_i),r_{i+1}+\tau(r_{i+1})-1] \tag{18.4}$$

考虑如下两种情况：

情况一：$r_{i+1}+\tau(r_{i+1})-1\leqslant r_i+1+\tau_M$，定义函数 $\eta(k)$：

$$\eta(k)=k-r_i,\ k\in[r_i+\tau(r_i),r_{i+1}+\tau(r_{i+1})-1]$$

可得：

$$\tau(r_i)\leqslant\eta(k)\leqslant r_{i+1}-r_i+\tau(r_{i+1})-1\leqslant 1+\tau_M$$

情况二：$r_{i+1}+\tau(r_{i+1})-1>r_i+1+\tau_M$，易知存在一个正整数 N 使得：

$$r_i+N+\tau_M<r_{i+1}+\tau(r_{i+1})-1=r_i+N+1+\tau_M$$

因此可得：

$$\begin{aligned}&[r_i+\tau(r_i),r_{i+1}+\tau(r_{i+1})-1]\\=&[r_i+\tau(r_i),r_i+\tau_M+1)\cup\cdots\cup[r_i+\tau_M+l,r_i+\tau_M+l+1)\cup[r_i+\tau_M+N,r_i+\tau_M+N+1]\end{aligned}$$

定义函数 $\eta(k)$：

$$\eta(k)=\begin{cases}k-r_i,k\in\Omega_1\\k-r_i-l,k\in\Omega_2\end{cases}\tag{18.5}$$

其中，$\Omega_1=[r_i+\tau(r_i),r_i+\tau_M+1)$，$\Omega_2=[r_i+\tau_M+l,r_i+\tau_M+l+1]$，$l\in 1,2,\cdots,N$。

由式(18.5) 可知：

$$\begin{cases}\tau(r_i)\leqslant\eta(k)\leqslant 1+\tau_M\triangleq\eta_M,k\in\Omega_1\\\tau(r_i)\leqslant\tau_M\leqslant\eta(k)\leqslant\eta_M,k\in\Omega_2\end{cases}$$

对于情况一，定义 $\boldsymbol{h}_i(k)=0$，$k\in[r_i+\tau(r_i),r_{i+1}+\tau(r_{i+1})-1]$。

对于情况二，定义：

$$\boldsymbol{h}_i(k)=\begin{cases}0,k\in\Omega_1\\\boldsymbol{y}(r_i)-\boldsymbol{y}(r_i+l),k\in\Omega_2\end{cases}\tag{18.6}$$

当 $k\in[r_i+\tau(r_i),r_{i+1}+\tau(r_{i+1})-1]$时，由 $h_i(k)$的定义可得：

$$\boldsymbol{y}(r_i)=\boldsymbol{y}[k-\eta(k)]+\boldsymbol{h}_i(k)\tag{18.7}$$

并且：

$$\boldsymbol{h}_i^{\mathrm{T}}(k)\boldsymbol{h}_i(k)\leqslant\mu\boldsymbol{y}^{\mathrm{T}}[k-\eta(k)]\boldsymbol{y}[k-\eta(k)]\tag{18.8}$$

在控制器端点构造如下结构的观测器：

$$\begin{cases}\hat{\boldsymbol{x}}(k+1)=\boldsymbol{A}\hat{\boldsymbol{x}}(k)+\boldsymbol{B}_u\tilde{\boldsymbol{u}}(k)+\boldsymbol{L}\{\boldsymbol{y}[k-\eta(k)]+\boldsymbol{h}_i(k)-\hat{\boldsymbol{y}}[k-\eta(k)]\}\\\hat{\boldsymbol{y}}(k)=\boldsymbol{C}\hat{\boldsymbol{x}}(k)\\\boldsymbol{r}(k)=\boldsymbol{V}\{\boldsymbol{y}[k-\eta(k)]-\hat{\boldsymbol{y}}[k-\eta(k)]\}\end{cases}\tag{18.9}$$

其中$\hat{\boldsymbol{x}}(k)\in\mathbf{R}^n$ 是观测器的状态向量，$\hat{\boldsymbol{y}}(k)\in\mathbf{R}^g$ 是观测器的输出向量，$\boldsymbol{r}(k)\in\mathbf{R}^q$ 是残差，$\boldsymbol{L}$ 是待定的增益矩阵，$\boldsymbol{V}$ 是残差增益矩阵。

采用基于观测器的反馈控制律：

$$\tilde{\boldsymbol{u}}(k)=\boldsymbol{K}\hat{\boldsymbol{x}}(k)\tag{18.10}$$

其中 $\boldsymbol{K}$ 是控制器增益矩阵。

注 18.2 由于 C-A 时延的存在，被控对象［式(18.1)］中的控制输入与观测器的控制输入不同，即：

$$\boldsymbol{u}(k)=\tilde{\boldsymbol{u}}[k-d(k)]=\boldsymbol{K}\hat{\boldsymbol{x}}[k-d(k)]\tag{18.11}$$

定义状态估计误差 $\boldsymbol{e}(k)$，残差误差 $\boldsymbol{r}_e(k)$ 及增广向量 $\boldsymbol{X}(k)$、$\boldsymbol{\chi}(k)$：

$$e(k)=x(k)-\hat{x}(k),\ r_e(k)=r(k)-f(k),$$

$$X(k)=[x^{T}(k)\quad e^{T}(k)]^{T},\chi(k)=[\omega^{T}(k)\quad f^{T}(k)]^{T}$$

基于以上分析，当 $k\in[r_i+\tau(r_i),r_{i+1}+\tau(r_{i+1})-1]$时，闭环系统可以写为：

$$\begin{cases}X(k+1)=(A_1+B_1KI_1)X(k)+B_2KI_1X[k-d(k)]\\ \qquad\qquad +I_2LC_1X[k-\eta(k)]+I_2Lh_i(k)+B_d\chi(k)\\ r_e(k)=VC_1X[k-\eta(k)]-I_3\chi(k)\\ X(k)=\varphi(k),k\in\{-\max(\eta_M,d_M),\cdots,0\}\end{cases}\tag{18.12}$$

其中：

$$A_1=\begin{bmatrix}A & 0\\ 0 & A\end{bmatrix},\ B_1=\begin{bmatrix}0\\ -B_u\end{bmatrix},\ B_2=\begin{bmatrix}B_u\\ B_u\end{bmatrix},\ B_d=\begin{bmatrix}B_\omega & B_f\\ B_\omega & B_f\end{bmatrix},\ C_1=[0\quad C]$$

$$I_1=[I\quad -I]\in\mathbf{R}^{n\times 2n},\ I_2=\begin{bmatrix}0\\ -I\end{bmatrix}\in\mathbf{R}^{2n\times n},\ I_3=[0\quad I]\in\mathbf{R}^{n\times 2n},\ I_4=[I\quad 0]\in\mathbf{R}^{n\times 2n}$$

本章的目标是在事件触发机制［式(18.2)］的作用下，同时考虑 S-C 和 C-A 时延，以故障检测为基础的设计观测器［式(18.9)］以及实现以观测器为基础的反馈控制律［式(18.11)］，并满足：

① $\chi(k)=0$ 情况下，上述闭环系统［式(18.12)］是渐近稳定的；

② 在零初始条件情况下：

$$\sum_{k=0}^{\infty}r_e^{T}(k)r_e(k)<\gamma^2\sum_{k=0}^{\infty}\chi^{T}(k)\chi(k)\tag{18.13}$$

其中 $\gamma>0$，是干扰抑制性能指标。

残差评价函数可以表示成：

$$J(k)=\sum_{l=\rho_0}^{\rho_0+k}\sqrt{r^{T}(l)r(l)}\tag{18.14}$$

故障检测阈值可以表示成：

$$J_{th}=\sup_{\chi(k)\in L_2,\chi(k)=0}\sum_{l=\rho_0}^{\rho_0+L_0}\sqrt{r^{T}(k)r(k)}\tag{18.15}$$

上式的 ρ_0 是初始的评价时刻，L_0 代表评价步长。

对比 $J(k)$和 J_{th} 的大小关系就能知道系统是正常的还是故障的，可以表示成：

$$\begin{cases}J(k)\leqslant J_{th}\Rightarrow 正常\\ J(k)>J_{th}\Rightarrow 故障\end{cases}$$

引理 18.1　对任意的正定矩阵 G 和标量 α、α_0，满足 $\alpha\geqslant\alpha_0\geqslant1$，那么以下式子始终成立：

$$\sum_{l=\alpha_0}^{\alpha}v^{T}(l)G\sum_{l=\alpha_0}^{\alpha}v(l)\leqslant(\alpha-\alpha_0+1)\sum_{l=\alpha_0}^{\alpha}v^{T}(l)Gv(l)\ 。$$

18.2 主要结论

18.2.1 稳定性分析

定理 18.1　$\chi(k)=0$ 时，若给定的标量满足 $0\leqslant\mu\leqslant1$，且存在适当维数的矩阵 K、L

和正定矩阵$P>0$，$S_1>0$，$S_2>0$，$Q_1>0$，$Q_2>0$，$Q_3>0$，$Q_4>0$，使得下列所述的不等式成立：

$$\boldsymbol{\Gamma}=\begin{bmatrix} \boldsymbol{\Gamma}_{11} & * & * & * & * & * \\ \boldsymbol{\Gamma}_{21} & \boldsymbol{\Gamma}_{22} & * & * & * & * \\ \boldsymbol{\Gamma}_{31} & \boldsymbol{\Gamma}_{32} & \boldsymbol{\Gamma}_{33} & * & * & * \\ \boldsymbol{\Gamma}_{41} & \boldsymbol{\Gamma}_{42} & \boldsymbol{\Gamma}_{43} & \boldsymbol{\Gamma}_{44} & * & * \\ 0 & \boldsymbol{S}_2 & 0 & 0 & -\boldsymbol{Q}_4-\boldsymbol{S}_2 & * \\ 0 & 0 & \boldsymbol{S}_1 & 0 & 0 & -\boldsymbol{Q}_3-\boldsymbol{S}_1 \end{bmatrix}<0 \tag{18.16}$$

其中：

$$\boldsymbol{\Gamma}_{11}=\boldsymbol{Q}_1+\eta_M\boldsymbol{Q}_1+\boldsymbol{Q}_2+d_M\boldsymbol{Q}_2+\boldsymbol{Q}_3+\boldsymbol{Q}_4-\boldsymbol{S}_1-\boldsymbol{S}_2-\boldsymbol{P}+(\boldsymbol{I}_1^T\boldsymbol{K}^T\boldsymbol{B}_1^T+\boldsymbol{A}_1^T)\boldsymbol{P}(\boldsymbol{A}_1+\boldsymbol{B}_1\boldsymbol{K}\boldsymbol{I}_1)$$
$$+\eta_M^2(\boldsymbol{I}_1^T\boldsymbol{K}^T\boldsymbol{B}_1^T+\boldsymbol{A}_1^T-\boldsymbol{I})\boldsymbol{S}_1(\boldsymbol{A}_1+\boldsymbol{B}_1\boldsymbol{K}\boldsymbol{I}_1-\boldsymbol{I})+d_M^2(\boldsymbol{I}_1^T\boldsymbol{K}^T\boldsymbol{B}_1^T+\boldsymbol{A}_1^T-\boldsymbol{I})$$
$$\boldsymbol{S}_2(\boldsymbol{A}_1+\boldsymbol{B}_1\boldsymbol{K}\boldsymbol{I}_1-\boldsymbol{I})$$

$$\boldsymbol{\Gamma}_{21}=\boldsymbol{S}_2+\boldsymbol{I}_1^T\boldsymbol{K}^T\boldsymbol{B}_2^T\boldsymbol{P}(\boldsymbol{A}_1+\boldsymbol{B}_1\boldsymbol{K}\boldsymbol{I}_1)+\eta_M^2\boldsymbol{I}_1^T\boldsymbol{K}^T\boldsymbol{B}_2^T\boldsymbol{S}_1(\boldsymbol{A}_1+\boldsymbol{B}_1\boldsymbol{K}\boldsymbol{I}_1)$$
$$+d_M^2\boldsymbol{I}_1^T\boldsymbol{K}^T\boldsymbol{B}_2^T\boldsymbol{S}_2(\boldsymbol{A}_1+\boldsymbol{B}_1\boldsymbol{K}\boldsymbol{I}_1)$$

$$\boldsymbol{\Gamma}_{22}=-\boldsymbol{Q}_2-\boldsymbol{S}_2-\boldsymbol{S}_2+\boldsymbol{I}_1^T\boldsymbol{K}^T\boldsymbol{B}_2^T\boldsymbol{P}\boldsymbol{B}_2\boldsymbol{K}\boldsymbol{I}_1+\eta_M^2\boldsymbol{I}_1^T\boldsymbol{K}^T\boldsymbol{B}_2^T\boldsymbol{S}_1\boldsymbol{B}_2\boldsymbol{K}\boldsymbol{I}_1+d_M^2\boldsymbol{I}_1^T\boldsymbol{K}^T\boldsymbol{B}_2^T\boldsymbol{S}_2\boldsymbol{B}_2\boldsymbol{K}\boldsymbol{I}_1$$

$$\boldsymbol{\Gamma}_{31}=\boldsymbol{S}_1+\boldsymbol{C}_1^T\boldsymbol{L}^T\boldsymbol{I}_2^T\boldsymbol{P}(\boldsymbol{A}_1+\boldsymbol{B}_1\boldsymbol{K}\boldsymbol{I}_1)+\eta_M^2\boldsymbol{C}_1^T\boldsymbol{L}^T\boldsymbol{I}_2^T\boldsymbol{S}_1(\boldsymbol{A}_1+\boldsymbol{B}_1\boldsymbol{K}\boldsymbol{I}_1)+d_M^2\boldsymbol{C}_1^T\boldsymbol{L}^T\boldsymbol{I}_2^T\boldsymbol{S}_2(\boldsymbol{A}_1+\boldsymbol{B}_1\boldsymbol{K}\boldsymbol{I}_1)$$

$$\boldsymbol{\Gamma}_{32}=\boldsymbol{C}_1^T\boldsymbol{L}^T\boldsymbol{I}_2^T\boldsymbol{P}\boldsymbol{B}_2\boldsymbol{K}\boldsymbol{I}_1+\eta_M^2\boldsymbol{C}_1^T\boldsymbol{L}^T\boldsymbol{I}_2^T\boldsymbol{S}_1\boldsymbol{B}_2\boldsymbol{K}\boldsymbol{I}_1+d_M^2\boldsymbol{C}_1^T\boldsymbol{L}^T\boldsymbol{I}_2^T\boldsymbol{S}_2\boldsymbol{B}_2\boldsymbol{K}\boldsymbol{I}_1$$

$$\boldsymbol{\Gamma}_{33}=-\boldsymbol{Q}_1-\boldsymbol{S}_1-\boldsymbol{S}_1+\mu\boldsymbol{I}_4^T\boldsymbol{C}^T\boldsymbol{C}\boldsymbol{I}_4+\boldsymbol{C}_1^T\boldsymbol{L}^T\boldsymbol{I}_2^T\boldsymbol{P}\boldsymbol{I}_2\boldsymbol{L}\boldsymbol{C}_1+\eta_M^2\boldsymbol{C}_1^T\boldsymbol{L}^T\boldsymbol{I}_2^T\boldsymbol{S}_1\boldsymbol{I}_2\boldsymbol{L}\boldsymbol{C}_1+d_M^2\boldsymbol{C}_1^T\boldsymbol{L}^T\boldsymbol{I}_2^T\boldsymbol{S}_2\boldsymbol{I}_2\boldsymbol{L}\boldsymbol{C}_1$$

$$\boldsymbol{\Gamma}_{41}=\boldsymbol{L}^T\boldsymbol{I}_2^T\boldsymbol{P}(\boldsymbol{A}_1+\boldsymbol{B}_1\boldsymbol{K}\boldsymbol{I}_1)+\eta_M^2\boldsymbol{L}^T\boldsymbol{I}_2^T\boldsymbol{S}_1(\boldsymbol{A}_1+\boldsymbol{B}_1\boldsymbol{K}\boldsymbol{I}_1)+d_M^2\boldsymbol{L}^T\boldsymbol{I}_2^T\boldsymbol{S}_2(\boldsymbol{A}_1+\boldsymbol{B}_1\boldsymbol{K}\boldsymbol{I}_1)$$

$$\boldsymbol{\Gamma}_{42}=\boldsymbol{L}^T\boldsymbol{I}_2^T\boldsymbol{P}\boldsymbol{B}_2\boldsymbol{K}\boldsymbol{I}_1+\eta_M^2\boldsymbol{L}^T\boldsymbol{I}_2^T\boldsymbol{S}_1\boldsymbol{B}_2\boldsymbol{K}\boldsymbol{I}_1+d_M^2\boldsymbol{L}^T\boldsymbol{I}_2^T\boldsymbol{S}_2\boldsymbol{B}_2\boldsymbol{K}\boldsymbol{I}_1$$

$$\boldsymbol{\Gamma}_{43}=\boldsymbol{L}^T\boldsymbol{I}_2^T\boldsymbol{P}\boldsymbol{I}_2\boldsymbol{L}\boldsymbol{C}_1+\eta_M^2\boldsymbol{L}^T\boldsymbol{I}_2^T\boldsymbol{S}_1\boldsymbol{I}_2\boldsymbol{L}\boldsymbol{C}_1+d_M^2\boldsymbol{L}^T\boldsymbol{I}_2^T\boldsymbol{S}_2\boldsymbol{I}_2\boldsymbol{L}\boldsymbol{C}_1$$

$$\boldsymbol{\Gamma}_{44}=-\boldsymbol{I}+\boldsymbol{L}^T\boldsymbol{I}_2^T\boldsymbol{P}\boldsymbol{I}_2\boldsymbol{L}+\eta_M^2\boldsymbol{L}^T\boldsymbol{I}_2^T\boldsymbol{S}_1\boldsymbol{I}_2\boldsymbol{L}+d_M^2\boldsymbol{L}^T\boldsymbol{I}_2^T\boldsymbol{S}_2\boldsymbol{I}_2\boldsymbol{L}$$

那么闭环系统［式(18.12)］是渐近稳定的。

证明：令$\varepsilon(k)=\boldsymbol{X}(k+1)-\boldsymbol{X}(k)$，构造如下的 Lyapunov-Krasovskii 泛函：

$$V[k,\boldsymbol{X}(k)]=\sum_{i=1}^{5}V_i[k,\boldsymbol{X}(k)]$$

其中：

$$V_1[k,\boldsymbol{X}(k)]=\boldsymbol{X}^T(k)\boldsymbol{P}\boldsymbol{X}(k)$$

$$V_2[k,\boldsymbol{X}(k)]=\sum_{l=k-\eta(k)}^{k-1}\boldsymbol{X}^T(l)\boldsymbol{Q}_1\boldsymbol{X}(l)+\sum_{l=k-d(k)}^{k-1}\boldsymbol{X}^T(l)\boldsymbol{Q}_2\boldsymbol{X}(l)$$

$$V_3[k,\boldsymbol{X}(k)]=\sum_{l=k-\eta_M}^{k-1}\boldsymbol{X}^T(l)\boldsymbol{Q}_3\boldsymbol{X}(l)+\sum_{l=k-d_M}^{k-1}\boldsymbol{X}^T(l)\boldsymbol{Q}_4\boldsymbol{X}(l)$$

$$V_4[k,\boldsymbol{X}(k)]=\sum_{n=-\eta_M+1}^{0}\sum_{m=k+n}^{k-1}\boldsymbol{X}^T(m)\boldsymbol{Q}_1\boldsymbol{X}(m)+\sum_{n=-d_M+1}^{0}\sum_{m=k+n}^{k-1}\boldsymbol{X}^T(m)\boldsymbol{Q}_2\boldsymbol{X}(m)$$

$$V_5[k,\boldsymbol{X}(k)]=\sum_{n=-\eta_M+1}^{0}\sum_{m=k+n-1}^{k-1}\eta_M\boldsymbol{\varepsilon}^T(m)\boldsymbol{S}_1\boldsymbol{\varepsilon}(m)+\sum_{n=-d_M+1}^{0}\sum_{m=k+n-1}^{k-1}d_M\boldsymbol{\varepsilon}^T(m)\boldsymbol{S}_2\boldsymbol{\varepsilon}(m)$$

当$k\in[r_i+\tau(r_i),r_{i+1}+\tau(r_{i+1})-1]$时，沿着闭环系统［式(18.12)］的轨线，可得：

$$
\begin{aligned}
&\Delta V_1[k,\boldsymbol{X}(k)] \qquad (18.17)\\
=&\boldsymbol{X}^{\mathrm{T}}(k+1)\boldsymbol{P}\boldsymbol{X}(k+1)-\boldsymbol{X}^{\mathrm{T}}(k)\boldsymbol{P}\boldsymbol{X}(k)\\
=&\{(\boldsymbol{A}_1+\boldsymbol{B}_1\boldsymbol{K}\boldsymbol{I}_1)\boldsymbol{X}(k)+\boldsymbol{B}_2\boldsymbol{K}\boldsymbol{I}_1\boldsymbol{X}[k-d(k)]+\boldsymbol{I}_2\boldsymbol{L}\boldsymbol{C}_1\boldsymbol{X}[k-\eta(k)]+\boldsymbol{I}_2\boldsymbol{L}\boldsymbol{h}_i(k)\}^{\mathrm{T}}\boldsymbol{P}\\
&\{(\boldsymbol{A}_1+\boldsymbol{B}_1\boldsymbol{K}\boldsymbol{I}_1)\boldsymbol{X}(k)+\boldsymbol{B}_2\boldsymbol{K}\boldsymbol{I}_1\boldsymbol{X}[k-d(k)]+\boldsymbol{I}_2\boldsymbol{L}\boldsymbol{C}_1\boldsymbol{X}[k-\eta(k)]+\boldsymbol{I}_2\boldsymbol{L}\boldsymbol{h}_i(k)\}-\boldsymbol{X}^{\mathrm{T}}(k)\boldsymbol{P}\boldsymbol{X}(k)\\
=&\boldsymbol{X}^{\mathrm{T}}(k)[(\boldsymbol{A}_1+\boldsymbol{B}_1\boldsymbol{K}\boldsymbol{I}_1)^{\mathrm{T}}\boldsymbol{P}(\boldsymbol{A}_1+\boldsymbol{B}_1\boldsymbol{K}\boldsymbol{I}_1)-\boldsymbol{P}]\boldsymbol{X}(k)+\boldsymbol{X}^{\mathrm{T}}(k)(\boldsymbol{A}_1+\boldsymbol{B}_1\boldsymbol{K}\boldsymbol{I}_1)^{\mathrm{T}}\boldsymbol{P}\boldsymbol{B}_2\boldsymbol{K}\boldsymbol{I}_1\boldsymbol{X}[k-d(k)]\\
&+\boldsymbol{X}^{\mathrm{T}}(k)(\boldsymbol{A}_1+\boldsymbol{B}_1\boldsymbol{K}\boldsymbol{I}_1)^{\mathrm{T}}\boldsymbol{P}\boldsymbol{I}_2\boldsymbol{L}\boldsymbol{C}_1\boldsymbol{X}[k-\eta(k)]+\boldsymbol{X}^{\mathrm{T}}(k)(\boldsymbol{A}_1+\boldsymbol{B}_1\boldsymbol{K}\boldsymbol{I}_1)^{\mathrm{T}}\boldsymbol{P}\boldsymbol{I}_2\boldsymbol{L}\boldsymbol{h}_i(k)\\
&+\boldsymbol{X}^{\mathrm{T}}[k-d(k)](\boldsymbol{B}_2\boldsymbol{K}\boldsymbol{I}_1)^{\mathrm{T}}\boldsymbol{P}(\boldsymbol{A}_1+\boldsymbol{B}_1\boldsymbol{K}\boldsymbol{I}_1)\boldsymbol{X}(k)+\boldsymbol{X}^{\mathrm{T}}[k-d(k)](\boldsymbol{B}_2\boldsymbol{K}\boldsymbol{I}_1)^{\mathrm{T}}\boldsymbol{P}\boldsymbol{B}_2\boldsymbol{K}\boldsymbol{I}_1\boldsymbol{X}[k-d(k)]\\
&+\boldsymbol{X}^{\mathrm{T}}[k-d(k)](\boldsymbol{B}_2\boldsymbol{K}\boldsymbol{I}_1)^{\mathrm{T}}\boldsymbol{P}\boldsymbol{I}_2\boldsymbol{L}\boldsymbol{C}_1\boldsymbol{X}[k-\eta(k)]+\boldsymbol{X}^{\mathrm{T}}[k-d(k)](\boldsymbol{B}_2\boldsymbol{K}\boldsymbol{I}_1)^{\mathrm{T}}\boldsymbol{P}\boldsymbol{I}_2\boldsymbol{L}\boldsymbol{h}_i(k)\\
&+\boldsymbol{X}^{\mathrm{T}}[k-\eta(k)](\boldsymbol{I}_2\boldsymbol{L}\boldsymbol{C}_1)^{\mathrm{T}}\boldsymbol{P}(\boldsymbol{A}_1+\boldsymbol{B}_1\boldsymbol{K}\boldsymbol{I}_1)\boldsymbol{X}(k)+\boldsymbol{X}^{\mathrm{T}}[k-\eta(k)](\boldsymbol{I}_2\boldsymbol{L}\boldsymbol{C}_1)^{\mathrm{T}}\boldsymbol{P}\boldsymbol{B}_2\boldsymbol{K}\boldsymbol{I}_1\boldsymbol{X}[k-d(k)]\\
&+\boldsymbol{X}^{\mathrm{T}}[k-\eta(k)](\boldsymbol{I}_2\boldsymbol{L}\boldsymbol{C}_1)^{\mathrm{T}}\boldsymbol{P}\boldsymbol{I}_2\boldsymbol{L}\boldsymbol{C}_1\boldsymbol{X}[k-\eta(k)]+\boldsymbol{X}^{\mathrm{T}}[k-\eta(k)](\boldsymbol{I}_2\boldsymbol{L}\boldsymbol{C}_1)^{\mathrm{T}}\boldsymbol{P}\boldsymbol{I}_2\boldsymbol{L}\boldsymbol{h}_i(k)\\
&+\boldsymbol{h}_i^{\mathrm{T}}(k)(\boldsymbol{I}_2\boldsymbol{L})^{\mathrm{T}}\boldsymbol{P}(\boldsymbol{A}_1+\boldsymbol{B}_1\boldsymbol{K}\boldsymbol{I}_1)\boldsymbol{X}(k)+\boldsymbol{h}_i^{\mathrm{T}}(k)(\boldsymbol{I}_2\boldsymbol{L})^{\mathrm{T}}\boldsymbol{P}\boldsymbol{B}_2\boldsymbol{K}\boldsymbol{I}_1\boldsymbol{X}[k-d(k)]\\
&+\boldsymbol{h}_i^{\mathrm{T}}(k)(\boldsymbol{I}_2\boldsymbol{L})^{\mathrm{T}}\boldsymbol{P}\boldsymbol{I}_2\boldsymbol{L}\boldsymbol{C}_1\boldsymbol{X}[k-\eta(k)]+\boldsymbol{h}_i^{\mathrm{T}}(k)(\boldsymbol{I}_2\boldsymbol{L})^{\mathrm{T}}\boldsymbol{P}\boldsymbol{I}_2\boldsymbol{L}\boldsymbol{h}_i(k)
\end{aligned}
$$

$$
\begin{aligned}
&\Delta V_2[k,\boldsymbol{X}(k)] \qquad (18.18)\\
=&\sum_{l=k+1-\eta(k+1)}^{k}\boldsymbol{X}^{\mathrm{T}}(l)\boldsymbol{Q}_1\boldsymbol{X}(l)+\sum_{l=k+1-d(k+1)}^{k}\boldsymbol{X}^{\mathrm{T}}(l)\boldsymbol{Q}_2\boldsymbol{X}(l)\\
&-\sum_{l=k-\eta(k)}^{k-1}\boldsymbol{X}^{\mathrm{T}}(l)\boldsymbol{Q}_1\boldsymbol{X}(l)-\sum_{l=k-d(k)}^{k-1}\boldsymbol{X}^{\mathrm{T}}(l)\boldsymbol{Q}_2\boldsymbol{X}(l)\\
=&\boldsymbol{X}^{\mathrm{T}}(k)\boldsymbol{Q}_1\boldsymbol{X}(k)+\sum_{l=k+1-\eta(k+1)}^{k-1}\boldsymbol{X}^{\mathrm{T}}(l)\boldsymbol{Q}_1\boldsymbol{X}(l)\\
&-\left\{\sum_{l=k+1-\eta(k)}^{k-1}\boldsymbol{X}^{\mathrm{T}}(l)\boldsymbol{Q}_1\boldsymbol{X}(l)+\boldsymbol{X}^{\mathrm{T}}[k-\eta(k)]\boldsymbol{Q}_1\boldsymbol{X}[k-\eta(k)]\right\}\\
&+\boldsymbol{X}^{\mathrm{T}}(k)\boldsymbol{Q}_2\boldsymbol{X}(k)+\sum_{l=k+1-d(k+1)}^{k-1}\boldsymbol{X}^{\mathrm{T}}(l)\boldsymbol{Q}_2\boldsymbol{X}(l)\\
&-\left\{\sum_{l=k+1-d(k)}^{k-1}\boldsymbol{X}^{\mathrm{T}}(l)\boldsymbol{Q}_2\boldsymbol{X}(l)+\boldsymbol{X}^{\mathrm{T}}[k-d(k)]\boldsymbol{Q}_2\boldsymbol{X}[k-d(k)]\right\}\\
=&\boldsymbol{X}^{\mathrm{T}}(k)\boldsymbol{Q}_1\boldsymbol{X}(k)-\boldsymbol{X}^{\mathrm{T}}[k-\eta(k)]\boldsymbol{Q}_1\boldsymbol{X}[k-\eta(k)]+\sum_{l=k+1-\eta(k+1)}^{k-1}\boldsymbol{X}^{\mathrm{T}}(l)\boldsymbol{Q}_1\boldsymbol{X}(l)\\
&-\sum_{l=k+1-\eta(k)}^{k-1}\boldsymbol{X}^{\mathrm{T}}(l)\boldsymbol{Q}_1\boldsymbol{X}(l)+\boldsymbol{X}^{\mathrm{T}}(k)\boldsymbol{Q}_2\boldsymbol{X}(k)-\boldsymbol{X}^{\mathrm{T}}[k-d(k)]\boldsymbol{Q}_2\boldsymbol{X}[k-d(k)]\\
&+\sum_{l=k+1-d(k+1)}^{k-1}\boldsymbol{X}^{\mathrm{T}}(l)\boldsymbol{Q}_2\boldsymbol{X}(l)-\sum_{l=k+1-d(k)}^{k-1}\boldsymbol{X}^{\mathrm{T}}(l)\boldsymbol{Q}_2\boldsymbol{X}(l)\\
=&\boldsymbol{X}^{\mathrm{T}}(k)\boldsymbol{Q}_1\boldsymbol{X}(k)-\boldsymbol{X}^{\mathrm{T}}[k-\eta(k)]\boldsymbol{Q}_1\boldsymbol{X}[k-\eta(k)]+\sum_{l=k+1-\eta(k)}^{k-1}\boldsymbol{X}^{\mathrm{T}}(l)\boldsymbol{Q}_1\boldsymbol{X}(l)\\
&+\sum_{l=k+1-\eta(k+1)}^{k-\eta(k)}\boldsymbol{X}^{\mathrm{T}}(l)\boldsymbol{Q}_1\boldsymbol{X}(l)-\sum_{l=k+1-\eta(k)}^{k-1}\boldsymbol{X}^{\mathrm{T}}(l)\boldsymbol{Q}_1\boldsymbol{X}(l)+\boldsymbol{X}^{\mathrm{T}}(k)\boldsymbol{Q}_2\boldsymbol{X}(k)\\
&-\boldsymbol{X}^{\mathrm{T}}[k-d(k)]\boldsymbol{Q}_2\boldsymbol{X}[k-d(k)]+\sum_{l=k+1-d(k)}^{k-1}\boldsymbol{X}^{\mathrm{T}}(l)\boldsymbol{Q}_2\boldsymbol{X}(l)
\end{aligned}
$$

$$+\sum_{l=k+1-d(k+1)}^{k-d(k)} \boldsymbol{X}^{\mathrm{T}}(l)\boldsymbol{Q}_2\boldsymbol{X}(l)-\sum_{l=k+1-d(k)}^{k-1} \boldsymbol{X}^{\mathrm{T}}(l)\boldsymbol{Q}_2\boldsymbol{X}(l)$$

$$\leqslant \boldsymbol{X}^{\mathrm{T}}(k)\boldsymbol{Q}_1\boldsymbol{X}(k)-\boldsymbol{X}^{\mathrm{T}}[k-\eta(k)]\boldsymbol{Q}_1\boldsymbol{X}[k-\eta(k)]$$

$$+\sum_{l=k+1-\eta_{\mathrm{M}}}^{k} \boldsymbol{X}^{\mathrm{T}}(l)\boldsymbol{Q}_1\boldsymbol{X}(l)+\boldsymbol{X}^{\mathrm{T}}(k)\boldsymbol{Q}_2\boldsymbol{X}(k)+\sum_{l=k+1-d_{\mathrm{M}}}^{k} \boldsymbol{X}^{\mathrm{T}}(l)\boldsymbol{Q}_2\boldsymbol{X}(l)$$

$$\Delta V_3[k,\boldsymbol{X}(k)] \tag{18.19}$$

$$=\sum_{l=k+1-\eta_{\mathrm{M}}}^{k} \boldsymbol{X}^{\mathrm{T}}(l)\boldsymbol{Q}_3\boldsymbol{X}(l)+\sum_{l=k+1-d_{\mathrm{M}}}^{k} \boldsymbol{X}^{\mathrm{T}}(l)\boldsymbol{Q}_4\boldsymbol{X}(l)$$

$$-\sum_{l=k-\eta_{\mathrm{M}}}^{k-1} \boldsymbol{X}^{\mathrm{T}}(l)\boldsymbol{Q}_3\boldsymbol{X}(l)-\sum_{l=k-d_{\mathrm{M}}}^{k-1} \boldsymbol{X}^{\mathrm{T}}(l)\boldsymbol{Q}_4\boldsymbol{X}(l)$$

$$=\boldsymbol{X}^{\mathrm{T}}(k)\boldsymbol{Q}_3\boldsymbol{X}(k)-\boldsymbol{X}^{\mathrm{T}}(k-\eta_{\mathrm{M}})\boldsymbol{Q}_3\boldsymbol{X}(k-\eta_{\mathrm{M}})+\boldsymbol{X}^{\mathrm{T}}(k)\boldsymbol{Q}_4\boldsymbol{X}(k)-\boldsymbol{X}^{\mathrm{T}}(k-d_{\mathrm{M}})\boldsymbol{Q}_4\boldsymbol{X}(k-d_{\mathrm{M}})$$

$$\Delta V_4[k,\boldsymbol{X}(k)] \tag{18.20}$$

$$=\sum_{n=-\eta_{\mathrm{M}}+1}^{0}\sum_{m=k+1+n}^{k} \boldsymbol{X}^{\mathrm{T}}(m)\boldsymbol{Q}_1\boldsymbol{X}(m)+\sum_{n=-d_{\mathrm{M}}+1}^{0}\sum_{m=k+1+n}^{k} \boldsymbol{X}^{\mathrm{T}}(m)\boldsymbol{Q}_2\boldsymbol{X}(m)$$

$$-\sum_{n=-\eta_{\mathrm{M}}+1}^{0}\sum_{m=k+n}^{k-1} \boldsymbol{X}^{\mathrm{T}}(m)\boldsymbol{Q}_1\boldsymbol{X}(m)+\sum_{n=-d_{\mathrm{M}}+1}^{0}\sum_{m=k+n}^{k-1} \boldsymbol{X}^{\mathrm{T}}(m)\boldsymbol{Q}_2\boldsymbol{X}(m)$$

$$=\sum_{n=-\eta_{\mathrm{M}}+1}^{0}\left[\sum_{m=k+1+n}^{k} \boldsymbol{X}^{\mathrm{T}}(m)\boldsymbol{Q}_1\boldsymbol{X}(m)-\sum_{m=k+n}^{k-1} \boldsymbol{X}^{\mathrm{T}}(m)\boldsymbol{Q}_1\boldsymbol{X}(m)\right]$$

$$+\sum_{n=-d_{\mathrm{M}}+1}^{0}\left[\sum_{m=k+1+n}^{k} \boldsymbol{X}^{\mathrm{T}}(m)\boldsymbol{Q}_2\boldsymbol{X}(m)-\sum_{m=k+n}^{k-1} \boldsymbol{X}^{\mathrm{T}}(m)\boldsymbol{Q}_2\boldsymbol{X}(m)\right]$$

$$=\sum_{n=-\eta_{\mathrm{M}}+1}^{0}[\boldsymbol{X}^{\mathrm{T}}(k)\boldsymbol{Q}_1\boldsymbol{X}(k)-\boldsymbol{X}^{\mathrm{T}}(k+n)\boldsymbol{Q}_1\boldsymbol{X}(k+n)]$$

$$+\sum_{n=-d_{\mathrm{M}}+1}^{0}[\boldsymbol{X}^{\mathrm{T}}(k)\boldsymbol{Q}_2\boldsymbol{X}(k)-\boldsymbol{X}^{\mathrm{T}}(k+n)\boldsymbol{Q}_2\boldsymbol{X}(k+n)]$$

$$=\eta_{\mathrm{M}}\boldsymbol{X}^{\mathrm{T}}(k)\boldsymbol{Q}_1\boldsymbol{X}(k)-\sum_{l=k-\eta_{\mathrm{M}}+1}^{k} \boldsymbol{X}^{\mathrm{T}}(l)\boldsymbol{Q}_1\boldsymbol{X}(l)$$

$$+d_{\mathrm{M}}\boldsymbol{X}^{\mathrm{T}}(k)\boldsymbol{Q}_2\boldsymbol{X}(k)-\sum_{l=k-d_{\mathrm{M}}+1}^{k} \boldsymbol{X}^{\mathrm{T}}(l)\boldsymbol{Q}_2\boldsymbol{X}(l)$$

$$\Delta V_5[k,\boldsymbol{X}(k)] \tag{18.21}$$

$$=\sum_{n=-\eta_{\mathrm{M}}+1}^{0}\sum_{m=k+n}^{k} \eta_{\mathrm{M}}\boldsymbol{\varepsilon}^{\mathrm{T}}(m)\boldsymbol{S}_1\boldsymbol{\varepsilon}(m)+\sum_{n=-d_{\mathrm{M}}+1}^{0}\sum_{m=k+n}^{k} d_{\mathrm{M}}\boldsymbol{\varepsilon}^{\mathrm{T}}(m)\boldsymbol{S}_2\boldsymbol{\varepsilon}(m)$$

$$-\sum_{n=-\eta_{\mathrm{M}}+1}^{0}\sum_{m=k+n-1}^{k-1} \eta_{\mathrm{M}}\boldsymbol{\varepsilon}^{\mathrm{T}}(m)\boldsymbol{S}_1\boldsymbol{\varepsilon}(m)-\sum_{n=-d_{\mathrm{M}}+1}^{0}\sum_{m=k+n-1}^{k-1} d_{\mathrm{M}}\boldsymbol{\varepsilon}^{\mathrm{T}}(m)\boldsymbol{S}_2\boldsymbol{\varepsilon}(m)$$

$$=\sum_{n=-\eta_{\mathrm{M}}+1}^{0}\left[\sum_{m=k+n}^{k} \eta_{\mathrm{M}}\boldsymbol{\varepsilon}^{\mathrm{T}}(m)\boldsymbol{S}_1\boldsymbol{\varepsilon}(m)-\sum_{m=k+n-1}^{k-1} \eta_{\mathrm{M}}\boldsymbol{\varepsilon}^{\mathrm{T}}(m)\boldsymbol{S}_1\boldsymbol{\varepsilon}(m)\right]$$

$$+\sum_{n=-d_{\mathrm{M}}+1}^{0}\left[\sum_{m=k+n}^{k} d_{\mathrm{M}}\boldsymbol{\varepsilon}^{\mathrm{T}}(m)\boldsymbol{S}_2\boldsymbol{\varepsilon}(m)-\sum_{m=k+n-1}^{k-1} d_{\mathrm{M}}\boldsymbol{\varepsilon}^{\mathrm{T}}(m)\boldsymbol{S}_2\boldsymbol{\varepsilon}(m)\right]$$

$$= \sum_{n=-\eta_M+1}^{0} [\eta_M \boldsymbol{\varepsilon}^T(k)\boldsymbol{S}_1\boldsymbol{\varepsilon}(k) - \eta_M \boldsymbol{\varepsilon}^T(k+n-1)\boldsymbol{S}_1\boldsymbol{\varepsilon}(k+n-1)]$$

$$+ \sum_{n=-d_M+1}^{0} [d_M \boldsymbol{\varepsilon}^T(k)\boldsymbol{S}_2\boldsymbol{\varepsilon}(k) - d_M \boldsymbol{\varepsilon}^T(k+n-1)\boldsymbol{S}_2\boldsymbol{\varepsilon}(k+n-1)]$$

$$= \eta_M^2 \boldsymbol{\varepsilon}^T(k)\boldsymbol{S}_1\boldsymbol{\varepsilon}(k) - \eta_M \sum_{l=k-\eta_M}^{k-1} \boldsymbol{\varepsilon}^T(l)\boldsymbol{S}_1\boldsymbol{\varepsilon}(l) + d_M^2 \boldsymbol{\varepsilon}^T(k)\boldsymbol{S}_2\boldsymbol{\varepsilon}(k)$$

$$- d_M \sum_{l=k-d_M}^{k-1} \boldsymbol{\varepsilon}^T(l)\boldsymbol{S}_2\boldsymbol{\varepsilon}(l)$$

根据引理 18.1，可得：

$$\begin{aligned} & -\eta_M \sum_{l=k-\eta_M}^{k-1} \boldsymbol{\varepsilon}^T(l)\boldsymbol{S}_1\boldsymbol{\varepsilon}(l) - d_M \sum_{l=k-d_M}^{k-1} \boldsymbol{\varepsilon}^T(l)\boldsymbol{S}_2\boldsymbol{\varepsilon}(l) \\ & \leqslant -\{\boldsymbol{X}(k) - \boldsymbol{X}[k-\eta(k)]\}^T \boldsymbol{S}_1 \{\boldsymbol{X}(k) - \boldsymbol{X}[k-\eta(k)]\} \\ & \quad -\{\boldsymbol{X}[k-\eta(k)] - \boldsymbol{X}(k-\eta_M)\}^T \boldsymbol{S}_1 \{\boldsymbol{X}[k-\eta(k)] - \boldsymbol{X}(k-\eta_M)\} \\ & \quad -\{\boldsymbol{X}(k) - \boldsymbol{X}[k-d(k)]\}^T \boldsymbol{S}_2 \{\boldsymbol{X}(k) - \boldsymbol{X}[k-d(k)]\} \\ & \quad -\{\boldsymbol{X}[k-d(k)] - \boldsymbol{X}(k-d_M)\}^T \boldsymbol{S}_2 \{\boldsymbol{X}[k-d(k)] - \boldsymbol{X}(k-d_M)\} \end{aligned} \tag{18.22}$$

由式(18.17)～式(18.22) 可得：

$$\Delta V[k,\boldsymbol{X}(k)] + \mu \boldsymbol{y}^T[k-\eta(k)]\boldsymbol{y}[k-\eta(k)] - \boldsymbol{h}_i^T(k)\boldsymbol{h}_i(k) \leqslant \boldsymbol{\xi}^T(k)\Gamma\boldsymbol{\xi}(k) \tag{18.23}$$

其中：

$\boldsymbol{\xi}(k) = [\boldsymbol{\zeta}^T(k) \quad \boldsymbol{\lambda}^T(k)]^T, \boldsymbol{\zeta}(k) = [\boldsymbol{X}^T(k) \quad \boldsymbol{X}^T[k-d(k)] \quad \boldsymbol{X}^T[k-\eta(k)]]^T$

$\boldsymbol{\lambda}^T(k) = [\boldsymbol{h}_i^T(k) \quad \boldsymbol{X}^T(k-d_M) \quad \boldsymbol{X}^T(k-\eta_M)]^T$

因此，若式(18.16) 成立，则闭环系统 [式(18.12)]渐近稳定，证明结束。

18.2.2　故障检测观测器和控制器的联合设计

定理 18.2　$\boldsymbol{\chi}(k) \neq 0$ 时，对于给定的标量 $0 \leqslant \mu \leqslant 1$，$0 \leqslant \gamma \leqslant 1$，以及残差权值矩阵 $\boldsymbol{V}$，如果存在矩阵 $\boldsymbol{K}$、$\boldsymbol{L}$ 和正定矩阵 $\boldsymbol{P}>0$，$\boldsymbol{S}_1>0$，$\boldsymbol{S}_2>0$，$\boldsymbol{Y}>0$，$\boldsymbol{T}_1>0$，$\boldsymbol{T}_2>0$，$\boldsymbol{Q}_1>0$，$\boldsymbol{Q}_2>0$，$\boldsymbol{Q}_3>0$，$\boldsymbol{Q}_4>0$，使得如下的不等式成立：

$$\boldsymbol{\Psi} = \begin{bmatrix} \boldsymbol{\Psi}_{11} & * & * \\ \boldsymbol{\Psi}_{21} & \boldsymbol{\Psi}_{22} & * \\ \boldsymbol{\Psi}_{31} & \boldsymbol{\Psi}_{32} & \boldsymbol{\Psi}_{33} \end{bmatrix} < 0 \tag{18.24}$$

$$\boldsymbol{PY} = \boldsymbol{I}, \boldsymbol{S}_i\boldsymbol{T}_i, i \in \{1,2\} \tag{18.25}$$

其中：

$$\boldsymbol{\Psi}_{11} = \begin{bmatrix} \boldsymbol{\Theta}_{11} & * & * \\ \boldsymbol{S}_2 & -\boldsymbol{Q}_2 - 2\boldsymbol{S}_2 & * \\ \boldsymbol{S}_1 & 0 & -\boldsymbol{Q}_1 - 2\boldsymbol{S}_1 \end{bmatrix}, \boldsymbol{\Psi}_{21} = \begin{bmatrix} 0 & 0 & 0 \\ 0 & \boldsymbol{S}_2 & 0 \\ 0 & 0 & \boldsymbol{S}_1 \\ 0 & 0 & 0 \end{bmatrix}$$

$$\boldsymbol{\Psi}_{22} = \mathrm{diag}(-\boldsymbol{I}, -\boldsymbol{Q}_4 - \boldsymbol{S}_2, -\boldsymbol{Q}_3 - \boldsymbol{S}_1, -\gamma^2 \boldsymbol{I})$$

$$\boldsymbol{\Theta}_{11}=(1+\eta_{\mathrm{M}})\boldsymbol{Q}_1+(1+d_{\mathrm{M}})\boldsymbol{Q}_2+\boldsymbol{Q}_3+\boldsymbol{Q}_4-\boldsymbol{S}_1-\boldsymbol{S}_2-\boldsymbol{P}$$

$$\boldsymbol{\Psi}_{31}=\begin{bmatrix} \boldsymbol{A}_1+\boldsymbol{B}_1\boldsymbol{K}\boldsymbol{I}_1 & \boldsymbol{B}_2\boldsymbol{K}\boldsymbol{I}_1 & \boldsymbol{I}_2\boldsymbol{L}\boldsymbol{C}_1 \\ \eta_{\mathrm{M}}(\boldsymbol{A}_1+\boldsymbol{B}_1\boldsymbol{K}\boldsymbol{I}_1-\boldsymbol{I}) & \eta_{\mathrm{M}}\boldsymbol{B}_2\boldsymbol{K}\boldsymbol{I}_1 & \eta_{\mathrm{M}}\boldsymbol{I}_2\boldsymbol{L}\boldsymbol{C}_1 \\ d_{\mathrm{M}}(\boldsymbol{A}_1+\boldsymbol{B}_1\boldsymbol{K}\boldsymbol{I}_1-\boldsymbol{I}) & d_{\mathrm{M}}\boldsymbol{B}_2\boldsymbol{K}\boldsymbol{I}_1 & d_{\mathrm{M}}\boldsymbol{I}_2\boldsymbol{L}\boldsymbol{C}_1 \\ 0 & 0 & \sqrt{\mu}\boldsymbol{C}\boldsymbol{I}_4 \\ 0 & 0 & \boldsymbol{V}\boldsymbol{C}_1 \end{bmatrix},\boldsymbol{\Psi}_{32}=\begin{bmatrix} \boldsymbol{I}_2\boldsymbol{L} & 0 & 0 & \boldsymbol{B}_d \\ \eta_{\mathrm{M}}\boldsymbol{I}_2\boldsymbol{L} & 0 & 0 & \eta_{\mathrm{M}}\boldsymbol{B}_d \\ d_{\mathrm{M}}\boldsymbol{I}_2\boldsymbol{L} & 0 & 0 & \mathrm{d}_{\mathrm{M}}\boldsymbol{B}_d \\ 0 & 0 & 0 & 0 \\ 0 & 0 & 0 & -\boldsymbol{I}_3 \end{bmatrix}$$

$$\boldsymbol{\Psi}_{33}=\mathrm{diag}(-\boldsymbol{Y},-\boldsymbol{T}_1,-\boldsymbol{T}_2,-\boldsymbol{I},-\boldsymbol{I})$$

那么闭环系统［式(18.12)］满足 H_∞ 性能指标［式(18.13)］。

证明：$\boldsymbol{\chi}(k)\neq 0$ 时，由式(18.11) 可得：

$$\begin{aligned}
&\Delta V(k)+\mu\boldsymbol{y}^{\mathrm{T}}[k-\eta(k)]\boldsymbol{y}[k-\eta(k)]-\boldsymbol{h}_i^{\mathrm{T}}(k)\boldsymbol{h}_i(k)+\boldsymbol{r}_e^{\mathrm{T}}(k)\boldsymbol{r}_e(k)-\gamma^2\boldsymbol{\chi}^{\mathrm{T}}(k)\boldsymbol{\chi}(k)\\
\leqslant&\boldsymbol{X}^{\mathrm{T}}(k)[(\boldsymbol{A}_1+\boldsymbol{B}_1\boldsymbol{K}\boldsymbol{I}_1)^{\mathrm{T}}\boldsymbol{P}(\boldsymbol{A}_1+\boldsymbol{B}_1\boldsymbol{K}\boldsymbol{I}_1)-\boldsymbol{P}]\boldsymbol{X}(k)+\boldsymbol{X}^{\mathrm{T}}(k)(\boldsymbol{A}_1+\boldsymbol{B}_1\boldsymbol{K}\boldsymbol{I}_1)^{\mathrm{T}}\boldsymbol{P}\boldsymbol{B}_2\boldsymbol{K}\boldsymbol{I}_1\boldsymbol{X}[k-d(k)]\\
&+\boldsymbol{X}^{\mathrm{T}}(k)(\boldsymbol{A}_1+\boldsymbol{B}_1\boldsymbol{K}\boldsymbol{I}_1)^{\mathrm{T}}\boldsymbol{P}\boldsymbol{I}_2\boldsymbol{L}\boldsymbol{C}_1\boldsymbol{X}[k-\eta(k)]+\boldsymbol{X}^{\mathrm{T}}(k)(\boldsymbol{A}_1+\boldsymbol{B}_1\boldsymbol{K}\boldsymbol{I}_1)^{\mathrm{T}}\boldsymbol{P}\boldsymbol{I}_2\boldsymbol{L}\boldsymbol{h}_i(k)\\
&+\boldsymbol{X}^{\mathrm{T}}(k)(\boldsymbol{A}_1+\boldsymbol{B}_1\boldsymbol{K}\boldsymbol{I}_1)^{\mathrm{T}}\boldsymbol{P}\boldsymbol{B}_d\boldsymbol{\chi}(k)\\
&+\boldsymbol{X}^{\mathrm{T}}[k-d(k)](\boldsymbol{B}_2\boldsymbol{K}\boldsymbol{I}_1)^{\mathrm{T}}\boldsymbol{P}(\boldsymbol{A}_1+\boldsymbol{B}_1\boldsymbol{K}\boldsymbol{I}_1)\boldsymbol{X}(k)+\boldsymbol{X}^{\mathrm{T}}[k-d(k)](\boldsymbol{B}_2\boldsymbol{K}\boldsymbol{I}_1)^{\mathrm{T}}\boldsymbol{P}\boldsymbol{B}_2\boldsymbol{K}\boldsymbol{I}_1\boldsymbol{X}[k-d(k)]\\
&+\boldsymbol{X}^{\mathrm{T}}[k-d(k)](\boldsymbol{B}_2\boldsymbol{K}\boldsymbol{I}_1)^{\mathrm{T}}\boldsymbol{P}\boldsymbol{I}_2\boldsymbol{L}\boldsymbol{C}_1\boldsymbol{X}[k-\eta(k)]+\boldsymbol{X}^{\mathrm{T}}[k-d(k)](\boldsymbol{B}_2\boldsymbol{K}\boldsymbol{I}_1)^{\mathrm{T}}\boldsymbol{P}\boldsymbol{I}_2\boldsymbol{L}\boldsymbol{h}_i(k)\\
&+\boldsymbol{X}^{\mathrm{T}}[k-d(k)](\boldsymbol{B}_2\boldsymbol{K}\boldsymbol{I}_1)^{\mathrm{T}}\boldsymbol{P}\boldsymbol{B}_d\boldsymbol{\chi}(k)+\boldsymbol{X}^{\mathrm{T}}[k-\eta(k)](\boldsymbol{I}_2\boldsymbol{L}\boldsymbol{C}_1)^{\mathrm{T}}\boldsymbol{P}(\boldsymbol{A}_1+\boldsymbol{B}_1\boldsymbol{K}\boldsymbol{I}_1)\boldsymbol{X}(k)\\
&+\boldsymbol{X}^{\mathrm{T}}[k-\eta(k)](\boldsymbol{I}_2\boldsymbol{L}\boldsymbol{C}_1)^{\mathrm{T}}\boldsymbol{P}\boldsymbol{B}_2\boldsymbol{K}\boldsymbol{I}_1\boldsymbol{X}[k-d(k)]+\boldsymbol{X}^{\mathrm{T}}[k-\eta(k)](\boldsymbol{I}_2\boldsymbol{L}\boldsymbol{C}_1)^{\mathrm{T}}\boldsymbol{P}\boldsymbol{I}_2\boldsymbol{L}\boldsymbol{C}_1\boldsymbol{X}[k-\eta(k)]\\
&+\boldsymbol{X}^{\mathrm{T}}[k-\eta(k)](\boldsymbol{I}_2\boldsymbol{L}\boldsymbol{C}_1)^{\mathrm{T}}\boldsymbol{P}\boldsymbol{I}_2\boldsymbol{L}\boldsymbol{h}_i(k)+\boldsymbol{X}^{\mathrm{T}}[k-\eta(k)](\boldsymbol{I}_2\boldsymbol{L}\boldsymbol{C}_1)^{\mathrm{T}}\boldsymbol{P}\boldsymbol{B}_d\boldsymbol{\chi}(k)\\
&+\boldsymbol{h}_i^{\mathrm{T}}(k)(\boldsymbol{I}_2\boldsymbol{L})^{\mathrm{T}}\boldsymbol{P}(\boldsymbol{A}_1+\boldsymbol{B}_1\boldsymbol{K}\boldsymbol{I}_1)\boldsymbol{X}(k)+\boldsymbol{h}_i^{\mathrm{T}}(k)(\boldsymbol{I}_2\boldsymbol{L})^{\mathrm{T}}\boldsymbol{P}\boldsymbol{B}_2\boldsymbol{K}\boldsymbol{I}_1\boldsymbol{X}[k-d(k)]\\
&+\boldsymbol{h}_i^{\mathrm{T}}(k)(\boldsymbol{I}_2\boldsymbol{L})^{\mathrm{T}}\boldsymbol{P}\boldsymbol{I}_2\boldsymbol{L}\boldsymbol{C}_1\boldsymbol{X}[k-\eta(k)]+\boldsymbol{h}_i^{\mathrm{T}}(k)(\boldsymbol{I}_2\boldsymbol{L})^{\mathrm{T}}\boldsymbol{P}\boldsymbol{I}_2\boldsymbol{L}\boldsymbol{h}_i(k)\\
&+\boldsymbol{h}_i^{\mathrm{T}}(k)(\boldsymbol{I}_2\boldsymbol{L})^{\mathrm{T}}\boldsymbol{P}\boldsymbol{B}_d\boldsymbol{\chi}(k)+\boldsymbol{\chi}^{\mathrm{T}}(k)\boldsymbol{B}_d{}^{\mathrm{T}}\boldsymbol{P}(\boldsymbol{A}_1+\boldsymbol{B}_1\boldsymbol{K}\boldsymbol{I}_1)\boldsymbol{X}(k)+\boldsymbol{\chi}^{\mathrm{T}}(k)\boldsymbol{B}_d{}^{\mathrm{T}}\boldsymbol{P}\boldsymbol{B}_2\boldsymbol{K}\boldsymbol{I}_1\boldsymbol{X}[k-d(k)]\\
&+\boldsymbol{\chi}^{\mathrm{T}}(k)\boldsymbol{B}_d{}^{\mathrm{T}}\boldsymbol{P}\boldsymbol{I}_2\boldsymbol{L}\boldsymbol{C}_1\boldsymbol{X}[k-\eta(k)]+\boldsymbol{\chi}^{\mathrm{T}}(k)\boldsymbol{B}_d{}^{\mathrm{T}}\boldsymbol{P}\boldsymbol{I}_2\boldsymbol{L}\boldsymbol{h}_i(k)+\boldsymbol{\chi}^{\mathrm{T}}(k)\boldsymbol{B}_d{}^{\mathrm{T}}\boldsymbol{P}\boldsymbol{B}_d\boldsymbol{\chi}(k)+\boldsymbol{X}^{\mathrm{T}}(k)\boldsymbol{Q}_1\boldsymbol{X}(k)\\
&-\boldsymbol{X}^{\mathrm{T}}[k-\eta(k)]\boldsymbol{Q}_1\boldsymbol{X}[k-\eta(k)]+\boldsymbol{X}^{\mathrm{T}}(k)\boldsymbol{Q}_2\boldsymbol{X}(k)-\boldsymbol{X}^{\mathrm{T}}[k-d(k)]\boldsymbol{Q}_2\boldsymbol{X}[k-d(k)]+\boldsymbol{X}^{\mathrm{T}}(k)\boldsymbol{Q}_3\boldsymbol{X}(k)\\
&-\boldsymbol{X}^{\mathrm{T}}(k-\eta_{\mathrm{M}})\boldsymbol{Q}_3\boldsymbol{X}(k-\eta_{\mathrm{M}})+\boldsymbol{X}^{\mathrm{T}}(k)\boldsymbol{Q}_4\boldsymbol{X}(k)-\boldsymbol{X}^{\mathrm{T}}(k-d_{\mathrm{M}})\boldsymbol{Q}_4\boldsymbol{X}(k-d_{\mathrm{M}})+\eta_{\mathrm{M}}\boldsymbol{X}^{\mathrm{T}}(k)\boldsymbol{Q}_1\boldsymbol{X}(k)\\
&+d_{\mathrm{M}}\boldsymbol{X}^{\mathrm{T}}(k)\boldsymbol{Q}_2\boldsymbol{X}(k)+\eta_{\mathrm{M}}^2\boldsymbol{\varepsilon}^{\mathrm{T}}(k)\boldsymbol{S}_1\boldsymbol{\varepsilon}(k)+d_{\mathrm{M}}^2\boldsymbol{\varepsilon}^{\mathrm{T}}(k)\boldsymbol{S}_2\boldsymbol{\varepsilon}(k)\\
&-\{\boldsymbol{X}(k)-\boldsymbol{X}[k-\eta(k)]\}^{\mathrm{T}}\boldsymbol{S}_1\{\boldsymbol{X}(k)-\boldsymbol{X}[k-\eta(k)]\}\\
&-\{\boldsymbol{X}[k-\eta(k)]-\boldsymbol{X}(k-\eta_{\mathrm{M}})\}^{\mathrm{T}}\boldsymbol{S}_1\{\boldsymbol{X}[k-\eta(k)]-\boldsymbol{X}(k-\eta_{\mathrm{M}})\}\\
&-\{\boldsymbol{X}(k)-\boldsymbol{X}[k-d(k)]\}^{\mathrm{T}}\boldsymbol{S}_2\{\boldsymbol{X}(k)-\boldsymbol{X}[k-d(k)]\}\\
&-\{\boldsymbol{X}[k-d(k)]-\boldsymbol{X}(k-d_{\mathrm{M}})\}^{\mathrm{T}}\boldsymbol{S}_2\{\boldsymbol{X}[k-d(k)]-\boldsymbol{X}(k-d_{\mathrm{M}})\}+\mu\boldsymbol{X}^{\mathrm{T}}[k-\eta(k)]\\
&\boldsymbol{I}_4^{\mathrm{T}}\boldsymbol{C}^{\mathrm{T}}\boldsymbol{C}\boldsymbol{I}_4\boldsymbol{X}[k-\eta(k)]\\
&-\boldsymbol{h}_i^{\mathrm{T}}(k)\boldsymbol{h}_i(k)+\{\boldsymbol{V}\boldsymbol{C}_1\boldsymbol{X}[k-\eta(k)]-\boldsymbol{I}_3\boldsymbol{\chi}(k)\}^{\mathrm{T}}\{\boldsymbol{V}\boldsymbol{C}_1\boldsymbol{X}[k-\eta(k)]-\boldsymbol{I}_3\boldsymbol{\chi}(k)\}-\gamma^2\boldsymbol{\chi}^{\mathrm{T}}(k)\boldsymbol{\chi}(k)\\
=&\boldsymbol{\xi}^{\mathrm{T}}(k)\widetilde{\boldsymbol{\Gamma}}\boldsymbol{\xi}(k)
\end{aligned}$$

其中：

$$\widetilde{\boldsymbol{\Gamma}}=\begin{bmatrix}\boldsymbol{\Gamma}_{11} & * & * & * & * & * & * \\ \boldsymbol{\Gamma}_{21} & \boldsymbol{\Gamma}_{22} & * & * & * & * & * \\ \boldsymbol{\Gamma}_{31} & \boldsymbol{\Gamma}_{32} & \widetilde{\boldsymbol{\Gamma}}_{33} & * & * & * & * \\ \boldsymbol{\Gamma}_{41} & \boldsymbol{\Gamma}_{42} & \boldsymbol{\Gamma}_{43} & \boldsymbol{\Gamma}_{44} & * & * & * \\ 0 & \boldsymbol{S}_2 & 0 & 0 & -\boldsymbol{Q}_4-\boldsymbol{S}_2 & * & * \\ 0 & 0 & \boldsymbol{S}_1 & 0 & 0 & -\boldsymbol{Q}_3-\boldsymbol{S}_1 & * \\ \widetilde{\boldsymbol{\Gamma}}_{71} & \widetilde{\boldsymbol{\Gamma}}_{72} & \widetilde{\boldsymbol{\Gamma}}_{73} & \widetilde{\boldsymbol{\Gamma}}_{74} & 0 & 0 & \widetilde{\boldsymbol{\Gamma}}_{77}\end{bmatrix}$$

$\widetilde{\boldsymbol{\Gamma}}_{33}=\boldsymbol{\Gamma}_{33}+\boldsymbol{C}_1^{\mathrm{T}}\boldsymbol{V}^{\mathrm{T}}\boldsymbol{V}\boldsymbol{C}_1$

$\widetilde{\boldsymbol{\Gamma}}_{71}=\boldsymbol{B}_d^{\mathrm{T}}\boldsymbol{P}(\boldsymbol{A}_1+\boldsymbol{B}_1\boldsymbol{K}\boldsymbol{I}_1)+\eta_{\mathrm{M}}^2\boldsymbol{B}_d^{\mathrm{T}}\boldsymbol{S}_1(\boldsymbol{A}_1+\boldsymbol{B}_1\boldsymbol{K}\boldsymbol{I}_1)+d_{\mathrm{M}}^2\boldsymbol{B}_d^{\mathrm{T}}\boldsymbol{S}_2(\boldsymbol{A}_1+\boldsymbol{B}_1\boldsymbol{K}\boldsymbol{I}_1)$

$\widetilde{\boldsymbol{\Gamma}}_{72}=\boldsymbol{B}_d^{\mathrm{T}}\boldsymbol{P}\boldsymbol{B}_2\boldsymbol{K}\boldsymbol{I}_1+\eta_{\mathrm{M}}^2\boldsymbol{B}_d^{\mathrm{T}}\boldsymbol{S}_1\boldsymbol{B}_2\boldsymbol{K}\boldsymbol{I}_1+d_{\mathrm{M}}^2\boldsymbol{B}_d^{\mathrm{T}}\boldsymbol{S}_2\boldsymbol{B}_2\boldsymbol{K}\boldsymbol{I}_1$

$\widetilde{\boldsymbol{\Gamma}}_{73}=\boldsymbol{B}_d^{\mathrm{T}}\boldsymbol{P}\boldsymbol{I}_2\boldsymbol{L}\boldsymbol{C}_1-\boldsymbol{I}_3^{\mathrm{T}}\boldsymbol{V}\boldsymbol{C}_1+\eta_{\mathrm{M}}^2\boldsymbol{B}_d^{\mathrm{T}}\boldsymbol{S}_1\boldsymbol{I}_2\boldsymbol{L}\boldsymbol{C}_1+d_{\mathrm{M}}^2\boldsymbol{B}_d^{\mathrm{T}}\boldsymbol{S}_2\boldsymbol{I}_2\boldsymbol{L}\boldsymbol{C}_1$

$\widetilde{\boldsymbol{\Gamma}}_{74}=\boldsymbol{B}_d^{\mathrm{T}}\boldsymbol{P}\boldsymbol{I}_2\boldsymbol{L}+\eta_{\mathrm{M}}^2\boldsymbol{B}_d^{\mathrm{T}}\boldsymbol{S}_1\boldsymbol{I}_2\boldsymbol{L}+d_{\mathrm{M}}^2\boldsymbol{B}_d^{\mathrm{T}}\boldsymbol{S}_2\boldsymbol{I}_2\boldsymbol{L}$

$\widetilde{\boldsymbol{\Gamma}}_{77}=-\gamma^2\boldsymbol{I}+\boldsymbol{I}_3^{\mathrm{T}}\boldsymbol{I}_3+\boldsymbol{B}_d^{\mathrm{T}}\boldsymbol{P}\boldsymbol{B}_d+\eta_{\mathrm{M}}^2\boldsymbol{B}_d^{\mathrm{T}}\boldsymbol{S}_1\boldsymbol{B}_d+d_{\mathrm{M}}^2\boldsymbol{B}_d^{\mathrm{T}}\boldsymbol{S}_2\boldsymbol{B}_d$

再引入 Schur 补引理，$\widetilde{\boldsymbol{\Gamma}}<0$ 等价于：

$$\begin{bmatrix}\boldsymbol{\Psi}_{11} & * & * \\ \boldsymbol{\Psi}_{21} & \boldsymbol{\Psi}_{22} & * \\ \boldsymbol{\Psi}_{31} & \boldsymbol{\Psi}_{32} & \widetilde{\boldsymbol{\Psi}}_{33}\end{bmatrix}<0 \tag{18.26}$$

其中$\widetilde{\boldsymbol{\Psi}}_{33}=\mathrm{diag}(-\boldsymbol{P}^{-1},-\boldsymbol{S}_1^{-1},-\boldsymbol{S}_2^{-1},-\boldsymbol{I},-\boldsymbol{I})$。令 $\boldsymbol{P}^{-1}=\boldsymbol{Y},\boldsymbol{S}_1^{-1}=\boldsymbol{T}_1,\boldsymbol{S}_2^{-1}=\boldsymbol{T}_2$，可得式(18.24) 及式(18.25) 成立。另外，有：

$$\Delta\boldsymbol{V}(k)+\mu\boldsymbol{y}^{\mathrm{T}}[k-\eta(k)]\boldsymbol{y}[k-\eta(k)]-\boldsymbol{h}_i^{\mathrm{T}}(k)\boldsymbol{h}_i(k)+\boldsymbol{r}_e^{\mathrm{T}}(k)\boldsymbol{r}_e(k)-\gamma^2\boldsymbol{\chi}^{\mathrm{T}}(k)\boldsymbol{\chi}(k)<0 \tag{18.27}$$

由式(18.27) 并结合式(18.8) 可得：

$$\Delta\boldsymbol{V}(k)+\boldsymbol{r}_e^{\mathrm{T}}(k)\boldsymbol{r}_e(k)-\gamma^2\boldsymbol{\chi}^{\mathrm{T}}(k)\boldsymbol{\chi}(k)<0 \tag{18.28}$$

对式(18.28)，将 k 从 0 到∞累加可得：

$$\sum_{k=0}^{\infty}\boldsymbol{r}_e^{\mathrm{T}}(k)\boldsymbol{r}_e(k)<\gamma^2\boldsymbol{\chi}^{\mathrm{T}}(k)\boldsymbol{\chi}(k)+\boldsymbol{V}(0)-\boldsymbol{V}(\infty)$$

由系统零初始条件可得：

$$\sum_{k=0}^{\infty}\boldsymbol{r}_e^{\mathrm{T}}(k)\boldsymbol{r}_e(k)<\gamma^2\sum_{k=0}^{\infty}\boldsymbol{\chi}^{\mathrm{T}}(k)\boldsymbol{\chi}(k)$$

即满足 H_∞ 性能指标［式(18.13)］。

注 18.3　定理 18.2 中的约束条件不是 LMI，不能直接用 Matlab 中的 LMI 工具箱进行求解。可以采用锥补线性化方法（cone complementarity linearization，CCL）将其转化为具有 LMI 约束的非线性最小化问题：

$$\min\ \mathrm{tr}\left(\sum_{i=1}^{2}\boldsymbol{S}_i\boldsymbol{T}_i+\boldsymbol{P}\boldsymbol{Y}\right)$$
$$\text{s. t. 式(18.24)、式(18.29)}$$

$$\begin{bmatrix} \boldsymbol{P} & \boldsymbol{I} \\ \boldsymbol{I} & \boldsymbol{Y} \end{bmatrix} > 0, \begin{bmatrix} \boldsymbol{S}_i & \boldsymbol{I} \\ \boldsymbol{I} & \boldsymbol{T}_i \end{bmatrix} > 0, i \in \{1,2\} \tag{18.29}$$

给出求解控制器增益矩阵 $\boldsymbol{K}$、观测器增益矩阵 $\boldsymbol{L}$，以及最小 H_∞ 衰减水平 $\gamma_{\min}$ 的算法如下。

步骤 1　给定 $\gamma=\gamma_0$；

步骤 2　求解式(18.24)、式(18.29)，得到一组可行解 $(\boldsymbol{S}_1^0, \boldsymbol{T}_1^0, \boldsymbol{S}_2^0, \boldsymbol{T}_2^0, \boldsymbol{P}^0, \boldsymbol{Y}^0, \boldsymbol{K}^0, \boldsymbol{L}^0)$，令 $k=0$；

步骤 3　求解如下非线性最小化问题：

$$\min \operatorname{tr}\left(\sum_{i=1}^{2} \boldsymbol{S}_i \boldsymbol{T}_i + \boldsymbol{P}\boldsymbol{Y}\right)$$

s. t. 式(18.23)、式(18.25)

令 $\boldsymbol{S}_1^k=\boldsymbol{S}_1$，$\boldsymbol{T}_1^k=\boldsymbol{T}_1$，$\boldsymbol{S}_2^k=\boldsymbol{S}_2$，$\boldsymbol{T}_2^k=\boldsymbol{T}_2$，$\boldsymbol{P}^k=\boldsymbol{P}$，$\boldsymbol{Y}^k=\boldsymbol{Y}$，$\boldsymbol{K}^k=\boldsymbol{K}$，$\boldsymbol{L}^k=\boldsymbol{L}$；

步骤 4　检查此时式(18.24)～式(18.25) 是否成立，如果成立就可适当减小 γ，也就是说令 $\gamma=\gamma-\delta$，其中 δ 是一正实数，再令 $k=k+1$，转到步骤 3；如果迭代次数超过最大迭代次数那么就终止迭代；

步骤 5　当迭代结束后再检查 γ。如果 $\gamma=\gamma_0$，就表明此优化问题在给定的迭代次数内是没有解的；如果 $\gamma<\gamma_0$，那么 $\gamma_{\min}<\gamma+\delta$。

18.3　实例仿真

将所得结果用于如图 18.2 所示的动态小车系统[26]，以说明所提方法的有效性。s 是小车的位移，m 是小车的质量，u 是施加在小车上的力，h 是缓冲器的黏滞摩擦系数，k_s 是弹簧的系数。动态系统的参数为 $m=2\text{kg}$，$h=3\text{N}\cdot\text{s/cm}$，$k_s=100\text{N/cm}$。选择系统的状态为 $\boldsymbol{x}=[s \quad \dot{s}]^{\mathrm{T}}$，采样周期为 0.1s，可得小车离散状态空间模型参数为：

$$\boldsymbol{A}=\begin{bmatrix} 0.7717 & 0.0853 \\ -4.2658 & 0.6437 \end{bmatrix}, \boldsymbol{B}_u=\begin{bmatrix} 0.0023 \\ 0.0427 \end{bmatrix}, \boldsymbol{C}=[1 \quad 0]$$

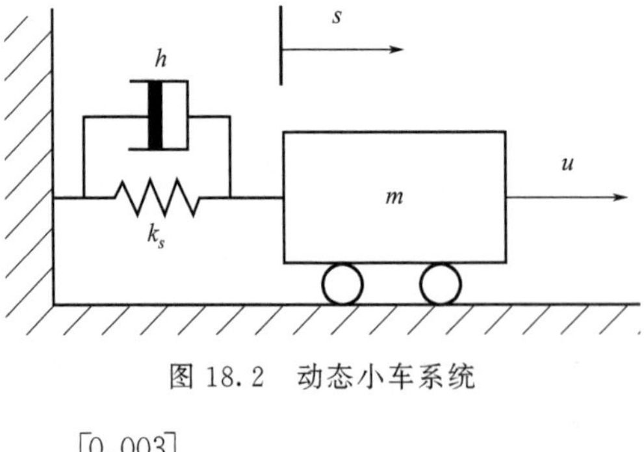

图 18.2　动态小车系统

假设 $\boldsymbol{B}_\omega=\begin{bmatrix} 0.005 \\ 0.065 \end{bmatrix}$，$\boldsymbol{B}_f=\begin{bmatrix} 0.003 \\ 0.006 \end{bmatrix}$，并取残差权值 $V=1$，根据定理及事件触发参数 $\mu=0.5$，由定理 18.2 求得控制器增益矩阵 $\boldsymbol{K}$、观测器增益矩阵 $\boldsymbol{L}$ 及最小 H_∞ 衰减水平 $\gamma_{\min}$ 分别为：

$$\boldsymbol{K}=[1.1045 \quad -0.1494], \boldsymbol{L}=[-0.2442 \quad -0.3292], \gamma_{\min}=1.1$$

假设系统的初始状态 $\boldsymbol{x}(0)=[-0.1 \quad 0.1]^{\mathrm{T}}$，$\hat{\boldsymbol{x}}(0)=[0 \quad 0]^{\mathrm{T}}$，外部扰动信号为均值(为零)，幅值不超 0.001 的随机信号。当没有故障发生时，事件发生器触发时刻和时间间隔如图 18.3 所示。系统状态和观测器的估计值曲线如图 18.4 和图 18.5 所示。

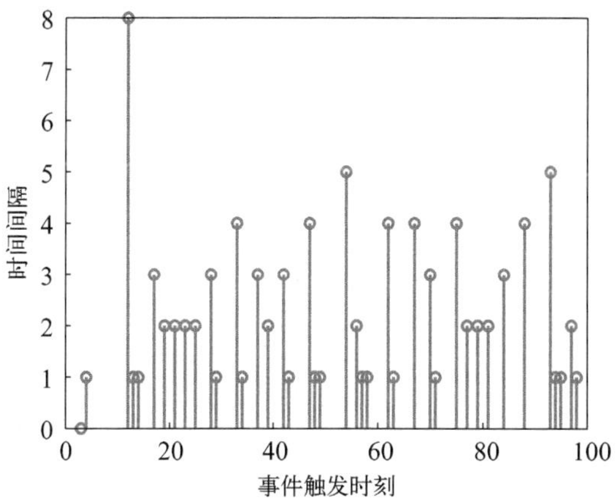

图 18.3　正常状态下的事件触发时刻和时间间隔

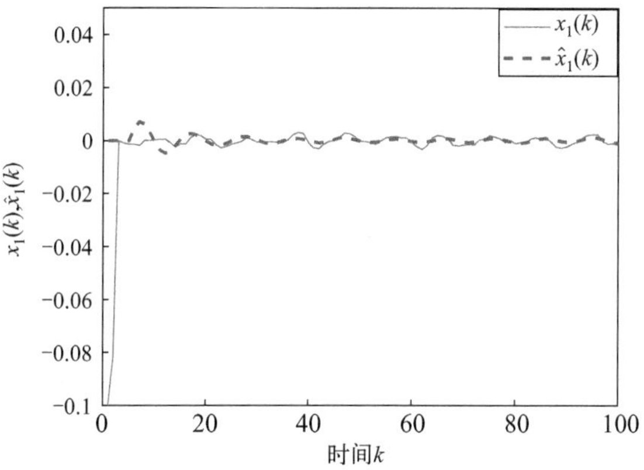

图 18.4　系统状态 $x_1(k)$ 与观测器估计值 $\hat{x}_1(k)$ 曲线

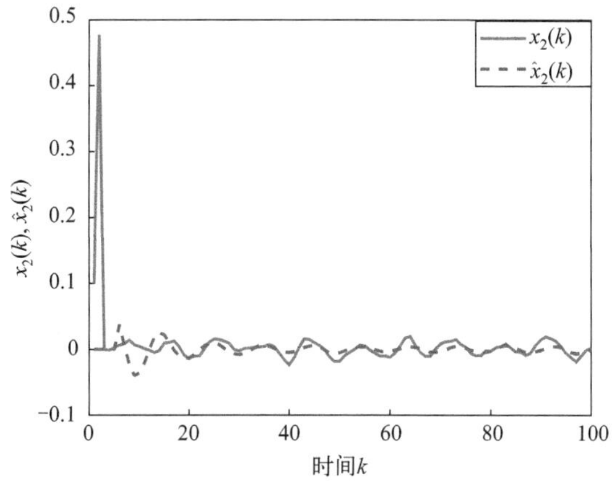

图 18.5　系统状态 $x_2(k)$ 与观测器估计值 $\hat{x}_2(k)$ 曲线

假设故障信号为：

$$f(k)=\begin{cases}5, k=15,\cdots,30\\0,\text{其他}\end{cases}$$

当系统发生故障时，事件发生器触发时刻和时间间隔如图 18.6 所示。

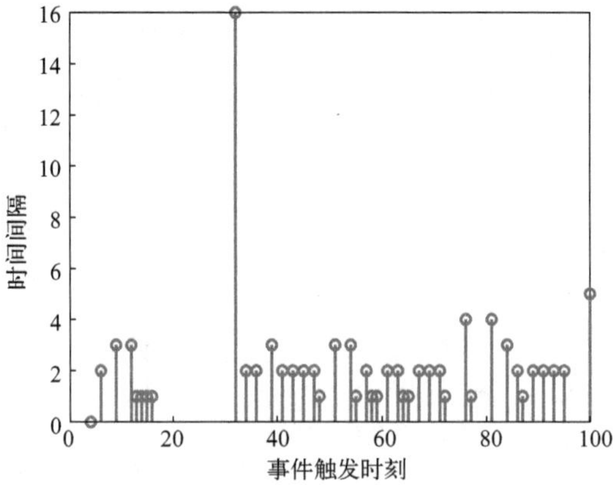

图 18.6 故障情况下的事件触发时刻和时间间隔

选取残差评价函数 $J(k)=\sum_{l=0}^{k}\sqrt{\boldsymbol{r}^{\mathrm{T}}(l)\boldsymbol{r}(l)}$ 及故障检测步长 $L_0=100$。求得故障检测阈值 $J_{\mathrm{th}}=0.8805$。残差信号 $r(k)$、残差评价函数 $J(k)$及故障检测阈值 J_{th} 分别如图 18.7 及图 18.8 所示。从图 18.7 及图 18.8 可以看到，当故障发生时，残差信号 $r(k)$及残差评价函数 $J(k)$均发生了显著变化。另外，求得 $J(19)=0.8741<J_{\mathrm{th}}=0.8805<J(20)=1.0439$，这意味着在 $k=20$ 时检测到故障信号。

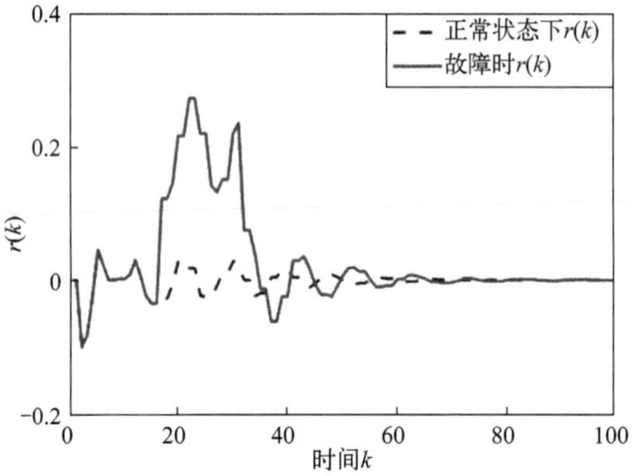

图 18.7 系统的残差信号 $r(k)$

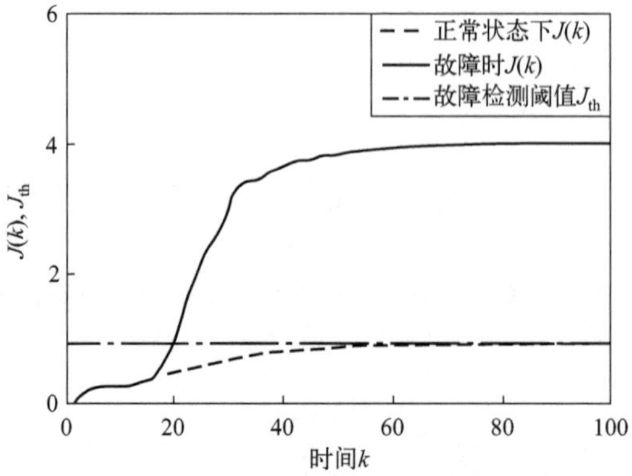

图 18.8 残差评价函数 $J(k)$ 及故障检测阈值 J_{th}

18.4 本章小结

本章同时考虑事件触发机制及时延对系统的影响，研究了基于观测器的 NCS 故障检测问题。利用时滞系统的方法建立了同时具有 S-C 和 C-A 时延的 NCS 模型，并将其转化为一个等价的时滞系统。通过构造合适的 Lyapunov-Krasovskii 泛函，得到了闭环系统稳定的条件，并给出了故障检测观测器和控制器增益矩阵的求解方法，实现了故障检测观测器和控制器的联合设计。

参考文献

[1] Su L L, Chesi G. Robust stability analysis and synthesis for uncertain discrete-time networked control systems over fading channels [J]. IEEE Transactions on Automatic Control, 2017, 62 (4): 1966-1971.

[2] Sadi Y, Ergen S C. Joint optimization of wireless network energy consumption and control system performance in wireless networked control systems [J]. IEEE Transactions on Wireless Communications, 2017, 16 (4): 2235-2248.

[3] Mahmoud M S, Hamdan M M. Fundamental issues in networked control systems [J]. IEEE/CAA Journal of Automatica Sinica, 2018, 5 (5): 902-922.

[4] Wu C W, Liu J X, Jing X J, et al. Adaptive fuzzy control for nonlinear networked control systems [J]. IEEE Transactions on Systems, Man, and Cybernetics: Systems, 2017, 47 (8): 2420-2430.

[5] Long Y S, Liu S, Xie L H. Stochastic channel allocation for networked control systems [J]. IEEE Control Systems Letters, 2017, 1 (1): 176-181.

[6] Lian B S, Zhang Q L, Li J N. Sliding mode control for nonlinear networked control systems subject to packet disordering via prediction method [J]. IET Control Theory and Applications, 2017, 11 (17): 3079-3088.

[7] Chen C Y, Gui W H, Wu L H, et al. Tracking performance limitations of MIMO networked control systems with multiple communication constraints [J]. IEEE Transactions on Cybernetics, 2020, 50 (7): 2982-2995.

[8] Noroozi N, Geiselhart R, Mousavi S H, et al. Integral input-to-state stability of networked control systems [J]. IEEE Transactions on Automatic Control, 2020, 65 (3): 1203-1210.

[9] Wang Y L, Wang T B, Han Q L. Fault detection filter design for data reconstruction-based continuous-time networked control systems [J]. Information Sciences, 2016, 328: 577-594.

[10] Boem F, Ferrari R M G, Keliris C, et al. A distributed networked approach for fault detection of large-scale systems [J]. IEEE Transactions on Automatic Control, 2017, 62 (1): 18-33.

[11] He X, Wang Z D, Qin L G, et al. Active fault-tolerant control for an internet-based networked three-tank system [J]. IEEE Transactions on Control Systems Technology, 2016, 24 (6): 2150-2157.

[12] Fang F, Ding H T, Liu Y J, et al. Fault tolerant sampled-data H_∞ control for networked control systems with probabilistic time-varying delay [J]. Information Sciences, 2021, 544: 395-414.

[13] Li L F, Yao L N, Jin H K, et al. Fault diagnosis and fault-tolerant control based on Laplace transform for nonlinear networked control systems with random delay [J]. International Journal of Robust and Nonlinear Control, 2020, 30 (3): 1223-1239.

[14] Wang Q, Wang Z L, Dong C Y, et al. Fault detection and optimization for networked control systems

with uncertain time-varying delay [J] . Journal of Systems Engineering and Electronics, 2015, 26 (3): 544-556.

[15] 王燕锋，王培良，蔡志端．时延转移概率部分未知的网络控制系统鲁棒 H_∞ 故障检测 [J]．控制理论与应用，2017，34 (2)：273-279.

[16] 罗小元，李娜，徐奎，等．具有随机丢包的非线性网络化控制系统鲁棒故障检测 [J]．控制与决策，2013，28 (10)：1596-1600.

[17] 黄鹤，谢德晓，韩笑冬，等．具有随机丢包的一类网络控制系统的故障检测 [J]．控制理论与应用，2011，28 (1)：79-86.

[18] Ding W G, Mao Z H, Jiang B, et al. Fault detection for a class of nonlinear networked control systems with Markov transfer delays and stochastic packet drops [J] . Circuits, Systems, and Signal Processing, 2015, 34: 1211-1231.

[19] He X, Wang Z D, Zhou D H. Robust fault detection for networked systems with communication delay and data missing [J] . Automatica, 2009, 62 (4): 1966-1971

[20] Donkers M C F, Heemels W P M H. Output-based event-triggered control with guaranteed L_∞-gain and improved and decentralized event-triggering [J] . IEEE Transactions on Automatic Control, 2012, 57 (6): 1362-1376.

[21] Ding D R, Wang Z D, Ho D W C, et al. Observer-based eventtriggering consensus control for multiagent systems with lossy sensors [J] . IEEE Transactions on Cybernetics, 2017, 47 (8): 1936-1947.

[22] Yang D P, Ren W, Liu X D, et al. Decentralized event-triggered consensus for linear multi-agent systems under general directed graphs [J] . Automatica, 2016, 69: 242-249.

[23] Qiu A B, Al-Dabbagh A W, Chen T. A tradeoff approach for optimal event-triggered fault detection [J] . IEEE Transactions on Industrial Electronics, 2019, 66 (3): 2111-2121.

[24] Song S Y, Hu J, Chen D Y, et al. An event-triggered approach to robust fault detection for nonlinear uncertain Markovian jump systems with time-varying delays [J] . Circuits, Systems, and Signal Processing, 2020, 39 (5): 3445-3469.

[25] Ge X H, Han Q L, Wang Z D. A dynamic event-triggered transmission scheme for distributed set-membership estimation over wireless sensor networks [J] . IEEE Transactions on Cybernetics, 2019, 49 (1): 171-183.

[26] Wang Y F, He P, Shi P, et al. Fault detection for systems with model uncertainty and disturbance via coprime factorization and gap metric [J] . IEEE Transactions on Cybernetics, 2022, 52 (8): 7765-7775.

第 19 章 具有时延和受到周期 DoS 攻击的网络化 Lurie 控制系统事件触发控制

网络控制系统（networked control system，NCS）通过公共的网络将控制器、执行器以及传感器连接起来，实现了信息交换与反馈，具有安装成本低、易于维护等优势，在工业控制、环境监测、多智能体系统等领域具有广泛的应用[1-3]。在近几十年，针对网络缺陷，如时延、丢包、乱序进行控制器设计、滤波、故障检测的研究已经取得了大量的成果[4-7]。近年来，NCS 所具有的有限资源和网络安全问题日益引起了学术界的关注。

随着控制系统规模的日益增大，数据和信息传输需求也越来越大，但系统处理信息所需要的计算资源和传输数据所需要的带宽资源是有限的。传统的控制系统通常通过周期性的采样以对系统进行控制和监控，然而这种周期性的采样不仅会导致计算资源的浪费也会增加网络传输负担。动态事件触发机制的触发条件依赖于当前状态及上一次发送状态和当前状态之间的误差，其触发阈值为常数，不可调节[8,9]。针对这一问题，提出了事件触发的控制策略，其核心思想为仅当特定事件发生时才更新控制信号，否则控制信号将保持不变。根据触发条件是否可以动态调整，事件触发机制又可分为静态事件触发机制和动态事件触发机制。静态事件触发通常通过引入由动态方程描述的辅助变量来调节触发阈值，与静态事件触发条件相比，能够增大触发间隔时间，进一步降低数据传输量[10-13]。研究表明，事件触发机制能够有效降低采样数据的发送次数，从而降低网络负载，减轻网络带宽压力，节约计算和能量资源。目前事件触发机制已广泛应用于多个工程领域[14-17]。

由于网络的开放性，NCS 容易遭受网络攻击，并产生了诸多网络安全隐患。随着网络攻击导致的系统安全事件频发，NCS 的安全问题成为了另外一个研究热点问题[18-22]。很多学者致力于对网络攻击分类和建模的研究，并取得了一定的研究成果。网络攻击大致可分为三类：拒绝服务（denial of service，DoS）攻击、欺骗攻击和重放攻击，其中 DoS 攻击是 NCS 常见的攻击模式，这种攻击试图通过传输大量无用数据，故意占用系统通信资源使得系统无法进行正常通信。近年来，对于 DoS 攻击下 NCS 的事件触发控制问题的研究出现一些研究成果：如针对遭受 DoS 攻击的单输入线性系统，文献［23］提出了弹性控制和事件触发策略，使得在 DoS 攻击下系统的稳定性仍然可以得到保证；对于具有量化和 DoS 攻击的不确定 NCS，文献［24］研究了基于静态事件触发机制的镇定问题。上述文献都是在系统状态可测的情况下，基于状态反馈所做的相关研究。对于系统状态不可测的情况，对于混合网络攻击（包含 DoS 攻击）下的多区域电力系统，文献［25］研究了基于静态事件触发机制的 H_∞ 负荷频率输出反馈控制问题，通过把闭环系统建模为切换系统，得到了闭环系统随机指数稳定的条件，并给出了控制器增益矩阵及事件触发机制权重矩阵的联合设计方法。

文献［26］通过在静态触发条件中加入一个正项表示DoS攻击对系统的影响，研究了输出反馈弹性控制问题，指出系统在忍受DoS攻击时将受到一定的损失。文献［27］通过构造观测器，研究了周期DoS攻击下基于观测器的线性NCS的静态事件触发控制问题，得到了系统采样周期、攻击（休眠）周期和闭环系统衰减率之间的关系。文献［28］将有关结论被推广到非周期DoS攻击的动态事件触发控制的情况。

众所周知，时延是NCS的基本问题，时延的存在将会降低系统的性能甚至使系统失稳[29-31]。然而上述文献并未将时延考虑进来。基于以上论述，因此很自然地出现了下列问题：能否建立包含DoS攻击、网络时延及事件触发机制的NCS的统一模型？如何在这统一模型下进行事件触发机制与控制律的联合设计使得具有时延及受到DoS攻击的闭环系统指数稳定？时延对闭环系统的衰减率有何影响？如何减小时延对衰减率的影响？

另外，现有的关于网络攻击下系统安全控制器的研究大多基于线性系统。然而，实际系统普遍存在非线性，因此研究非线性系统的安全控制问题具有更重要的实际意义。Lurie控制系统是一类很重要的非线性控制系统，实际工程中许多系统都表示成Lurie控制系统的结构形式，即一个线性系统和非线性单元的反馈连接，而非线性部分满足一个扇形区条件。Lurie控制系统的绝对稳定性问题受到了广泛关注[32-34]，但对于网络攻击下的安全控制问题，鲜有文献将其作为对象加以研究。

本章中，将以Lurie控制系统为对象，在存在DoS攻击和时延的情况下，解决基于事件触发机制的控制器设计问题，主要内容可以总结为以下三点：

① 通过对时延和DoS攻击对控制信号影响的分析，利用输入补偿策略即攻击活跃期间控制器使用最近一次的控制量，提出了闭环系统的建模方法。

② 得到了系统采样周期、时延、攻击（休眠）周期和闭环系统衰减率之间的关系，从中看出时延对系统衰减率的影响。

③ 得到了在DoS攻击及时延的作用下闭环系统指数稳定的条件，给出了控制器和事件触发机制的联合设计方法。

19.1 问题描述

(1) 周期DoS攻击

所考虑的NCS由传感器、事件发生器、控制器及零阶保持器和执行器组成，如图19.1所示。

数据通过网络在传感器与控制器之间及控制器与执行器之间进行传输。假设如下的周期DoS攻击发生在控制器与执行器之间：

$$I_{\text{DoS}}(t)=\begin{cases}0, t\in G_{1,n}\\1, t\in G_{2,n}\end{cases} \tag{19.1}$$

其中 $G_{1,n}\triangleq[\mathrm{nT},\mathrm{nT}+\mathrm{T}_{off})$ 表示攻击休眠时间间隔，在此间隔内数据可以正常传输。$G_{2,n}\triangleq[nT+T_{\text{off}},(n+1)T)$ 表示攻击活跃时间间隔，在此间隔内，网络无法正常工作，数据无法传输。$n+1(n\in N)$ 表示攻击周期数；$T>0$ 表示攻击周期；T_{off} 表示攻击休眠周期，满足 $T_{\text{off}}^{\min}\leqslant T_{\text{off}}<T$。

(2) 事件触发机制

图19.1中的被控对象状态方程为

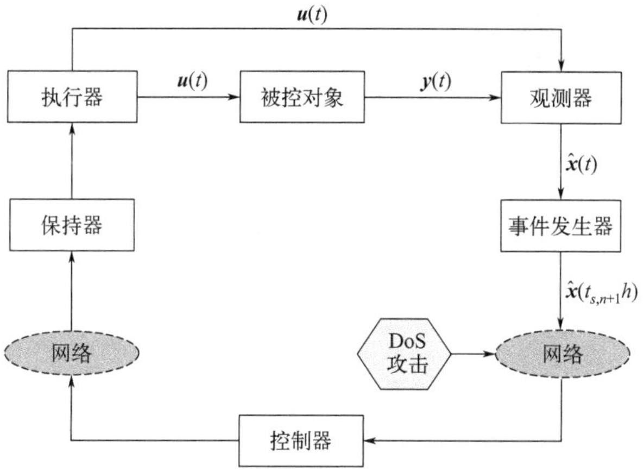

图 19.1　基于观测器的 NCS 结构

$$
\begin{cases}\dot{\boldsymbol{x}}(t)=\boldsymbol{A}\boldsymbol{x}(t)+\boldsymbol{B}\boldsymbol{u}(t)-\boldsymbol{B}_f\boldsymbol{f}[\boldsymbol{y}(t)]\\ \boldsymbol{y}(t)=\boldsymbol{C}\boldsymbol{x}(t)\end{cases}\tag{19.2}
$$

其中 $\boldsymbol{x}(t)\in\mathbf{R}^n$，$\boldsymbol{u}(t)\in\mathbf{R}^m$，$\boldsymbol{y}(t)\in\mathbf{R}^q$ 分别为系统状态、控制输入及系统输出向量；$\boldsymbol{A},\boldsymbol{B},\boldsymbol{C},\boldsymbol{B}_f$ 为适当维数的定常矩阵。$\boldsymbol{f}(\cdot):\mathbf{R}^q\rightarrow\mathbf{R}^q$ 为无记忆非线性函数，满足局部 Lipschitz 条件：$\boldsymbol{f}(0)=0$，且对于任意的 $\boldsymbol{y}(t)\in\mathbf{R}^q$ 满足如下扇形区条件：

$$
\boldsymbol{f}^{\mathrm{T}}[\boldsymbol{y}(t)]\{\boldsymbol{f}[\boldsymbol{y}(t)]-\boldsymbol{\Theta}\boldsymbol{y}(t)\}\leqslant 0\tag{19.3}
$$

其中，$\boldsymbol{\Theta}$ 为实对角矩阵。通常称这样的非线性函数 $\boldsymbol{f}(\cdot)$ 属于扇形区域$[0,\boldsymbol{\Theta}]$，记为 $\boldsymbol{f}(\cdot)\in\ell[0,\boldsymbol{\Theta}]$。

假设系统状态不可预测，利用观测器估计系统状态以产生控制量。观测器的数据是否被传输，取决于是否处于攻击休眠间隔及是否满足如下的事件触发机制：

$$
\boldsymbol{e}_{s,n+1}^{\mathrm{T}}(t)\boldsymbol{\Phi}\boldsymbol{e}_{s,n+1}(t)\leqslant\sigma\hat{\boldsymbol{x}}^{\mathrm{T}}(t_{s,n+1}h)\boldsymbol{\Phi}\hat{\boldsymbol{x}}(t_{s,n+1}h)\tag{19.4}
$$

其中 $\sigma\in(0,1)$是事件触发阈值，$\boldsymbol{\Phi}>0$ 为事件触发权值矩阵。$\boldsymbol{e}_{s,n+1}(t)=\hat{\boldsymbol{x}}(t_{s,n+1}h)-\hat{\boldsymbol{x}}(t_{s,n+1}h+jh)$，$\hat{\boldsymbol{x}}(t_{s,n+1}h)$及$\hat{\boldsymbol{x}}(t_{s,n+1}h+jh)$分别为 $t_{s,n+1}h$ 及 $t_{s,n+1}h+jh$ 时刻观测器的状态，h 为系统采样周期。$t_{s,n+1}h$ 表示第 n 个 DoS 攻击周期内最近一次触发瞬间。攻击休眠间隔内，采样数据$\hat{\boldsymbol{x}}(t_{s,n+1}h)$经过传感器至控制器时延 $\tau_{s,n+1}$ 到达控制器生成控制量，再经过控制器至执行器时延 $d_{s,n+1}$ 到达执行器，遭受的总时延为 $\rho_{s,n+1}\triangleq\tau_{s,n+1}+d_{s,n+1}$。$s\in\{1,\cdots s(n)\}$为第 $n+1$ 次 DoS 攻击周期内的触发次数，$s(n)=\sup\{s\in\mathbf{N}^*,t_{s,n+1}h+\rho_{s,n+1}\leqslant nT+T_{\mathrm{off}}\}$，$t_{1,n+1}h\triangleq nT$，$t_{s,n+1}h+jh(j>0)$表示第 n 次 DoS 攻击周期内最近一次触发的后续瞬间。触发瞬间 $t_{s,n+1}h=\{t_{s,n+1}h+jh$ 满足式(19.4)$|t_{s,n+1}h+jh\in G_{1,n}\}\cup\{nT\}$，其中 $j\in\mathbf{N}$。

注 19.1　对于 $s>s(n)$的采样数据，即使满足触发条件［式(19.4)］并被网络传输，但由于时延的影响，在其未达到执行器之前即发生了 DoS 攻击，因此无法作用于被控对象。

注 19.2　本章所采用的事件触发机制的触发时刻 $t_{s,n+1}h$ 是基于系统采样周期 h 的，只有在采样时刻才有可能触发，保证了最小事件间隙时间为正，避免了芝诺行为。

为了便于分析，本章作以下合理假设：

① 矩阵 $\boldsymbol{C}$ 是列满秩的；

② 系统总时延是有界的，即 $0\leqslant\rho_{s,n+1}\leqslant\rho_{\mathrm{M}}\leqslant T_{\mathrm{off}}$；

③ 攻击活跃时间间隔满足 $G_{2,n}>\bar{\rho}_{\mathrm{M}}\triangleq h+\rho_{\mathrm{M}}$。

(3) 周期 DoS 攻击下具有时延的 NCS 建模

对于区间 $L_{s,n+1}\triangleq[t_{s,n+1}h+\rho_{s,n+1},t_{s+1,n+1}h+\rho_{s+1,n+1})$，$s\leqslant s(n)-1$，考虑以下两种情况：

① 如果 $t_{s+1,n+1}h-t_{s,n+1}h\leqslant h+\rho_{\mathrm{M}}-\rho_{s+1,n+1}$ 定义：

$$\rho_{s,n+1}(t)=t-t_{s,n+1}h,t\in L_{s,n+1} \tag{19.5}$$

可得 $0\leqslant\rho_{s,n+1}(t)\leqslant h+\rho_{\mathrm{M}}$。另外定义误差向量 $e_{s,n+1}\triangleq 0$。

② 如果 $t_{s+1,n+1}h-t_{s,n+1}h>h+\rho_{\mathrm{M}}-\rho_{s+1,n+1}$，则存在 $\delta_{s,n+1}\geqslant 1$ 使得：

$$\delta_{s,n+1}h+\rho_{\mathrm{M}}-\rho_{s+1,n+1}<t_{s+1,n+1}h-t_{s,n+1}h\leqslant(\delta_{s,n+1}+1)h+\rho_{\mathrm{M}}-\rho_{s+1,n+1} \tag{19.6}$$

令

$$\begin{cases}\psi_{s,n+1}^{1}=[t_{s,n+1}h+\rho_{s,n+1},t_{s,n+1}h+h+\rho_{\mathrm{M}})\\ \psi_{s,n+1}^{p+1}=[t_{s,n+1}h+ph+\rho_{\mathrm{M}},t_{s,n+1}h+ph+h+\rho_{\mathrm{M}})\\ \psi_{s,n+1}^{\delta_{s,n+1}}=[t_{s,n+1}h+\delta_{s,n+1}h+\rho_{\mathrm{M}},t_{s+1,n+1}h+\rho_{s+1,n+1})\end{cases} \tag{19.7}$$

有 $p=\{1,2,\cdots,\delta_{s,n+1}-1\}$，显然 $L_{s,n+1}=\bigcup_{l=1}^{\delta_{s,n+1}}\psi_{s,n+1}^{l}$。

定义以下分段函数：

$$\rho_{s,n+1}(t)=\begin{cases}t-t_{s,n+1}h,t\in\psi_{s,n+1}^{1}\\ t-t_{s,n+1}h-h,t\in\psi_{s,n+1}^{2}\\ \vdots\\ t-t_{s,n+1}h-\delta_{s,n+1}h,t\in\psi_{s,n+1}^{\delta_{s,n+1}}\end{cases} \tag{19.8}$$

定义误差向量：

$$\boldsymbol{e}_{s,n+1}(t)=\begin{cases}0,t\in\psi_{s,n+1}^{1}\\ \hat{\boldsymbol{x}}(t_{s,n+1}h)-\hat{\boldsymbol{x}}(t_{s,n+1}h+h),t\in\psi_{s,n+1}^{2}\\ \vdots\\ \hat{\boldsymbol{x}}(t_{s,n+1}h)-\hat{\boldsymbol{x}}(t_{s,n+1}h+\delta_{s,n+1}h),t\in\psi_{s,n+1}^{\delta_{s,n+1}}\end{cases} \tag{19.9}$$

对于区间 $L_{s(n),n+1}\triangleq[t_{s(n)+1,n+1}h+\rho_{s(n)+1,n+1},t_{1,n+2}h+\rho_{1,n+2})$，因 $G_{2,n}>h+\rho_{\mathrm{M}}$，因此存在 $\delta_{s(n),n+1}\geqslant 1$ 使得：

$$\delta_{s(n),n+1}h+\rho_{\mathrm{M}}-\rho_{1,n+2}<t_{1,n+2}h-t_{s(n),n+1}h\leqslant(\delta_{s(n),n+1}+1)h+\rho_{\mathrm{M}}-\rho_{1,n+2} \tag{19.10}$$

将 $L_{s(n),n+1}$ 分为以下子区间：

$$\begin{cases}\psi_{s(n),n+1}^{1}=[t_{s(n),n+1}h+\rho_{s(n),n+1}t_{s(n),n+1}+h+\rho_{\mathrm{M}})\\ \psi_{s(n),n+1}^{p+1}=[t_{s(n),n+1}h+ph+\rho_{\mathrm{M}},t_{s(n),n+1}h+ph+h+\rho_{\mathrm{M}})\\ \psi_{s(n),n+1}^{\delta_{s(n),n+1}}=[t_{s(n),n+1}h+\delta_{s(n),n+1}h+\rho_{\mathrm{M}},t_{1,n+2}h+\rho_{1,n+2})\end{cases} \tag{19.11}$$

$p=\{1,2,\cdots,\delta_{s(n),n+1}-1\}$，定义以下分段函数：

$$\rho_{s(n),n+1}(t)=\begin{cases}t-t_{s(n),n+1}h,t\in\psi_{s(n),n+1}^{1}\\ t-t_{s(n),n+1}h-h,t\in\psi_{s(n),n+1}^{2}\\ \vdots\\ t-t_{s(n),n+1}h-\delta_{s(n)+1,n+1}h,t\in\psi_{s(n),n+1}^{\delta_{s(n),n+1}}\end{cases} \tag{19.12}$$

由式(19.11) 及式(19.12) 可得 $0\leqslant\rho_{s(n),n+1}(t)\leqslant\rho_M+h$。

定义误差向量：

$$e_{s(n),n+1}(t)=\begin{cases}0,t\in\psi^1_{s(n),n+1}\\ \hat{x}(t_{s(n),n+1}h)-\hat{x}(t_{s(n),n+1}h+h),t\in\psi^2_{s(n),n+1}\\ \vdots\\ \hat{x}(t_{s(n),n+1}h)-\hat{x}(t_{s(n),n+1}h+\delta_{s(n),n+1}h),t\in\psi^{\delta_{s(n),n+1}}_{s(n),n+1}\end{cases}\tag{19.13}$$

由式(19.7) 及式(19.11) 可得：

$$\begin{aligned}[t_{1,n+1}h+\rho_{1,n+1},nT+T_{\text{off}})&=\bigcup_{s=1}^{s(n)}L_{s,n+1}\cap G_{1,n}\\&=\bigcup_{s=1}^{s(n)-1}L_{s,n+1}\cup L_{s(n),n+1}\cap G_{1,n}\\&=\bigcup_{s=1}^{s(n)-1}\bigcup_{l=1}^{\delta_{s,n+1}}\psi^l_{s,n+1}\bigcup_{l=1}^{\delta_{s(n),n+1}}\psi^l_{s(n),n+1}\cap G_{1,n}\end{aligned}$$

$$\begin{aligned}[t_{1,n+1}h+\rho_{1,n+1},t_{1,n+2}h+\rho_{1,n+2})&=[nT+\rho_{1,n+1},(n+1)T+\rho_{1,n+2})\\&=\bigcup_{s=1}^{s(n)-1}\bigcup_{l=1}^{\delta_{s,n+1}}\psi^l_{s,n+1}\bigcup_{l=1}^{\delta_{s(n),n+1}}\psi^l_{s(n),n+1}\end{aligned}$$

注 19.3　DoS 攻击下，基于事件触发机制的时延 NCS 的信号传输的例子如图 19.2 所示，其中 $T=12h$，$T_{\text{off}}=9h$，$s(n)=2$，$\rho_M=2h$。

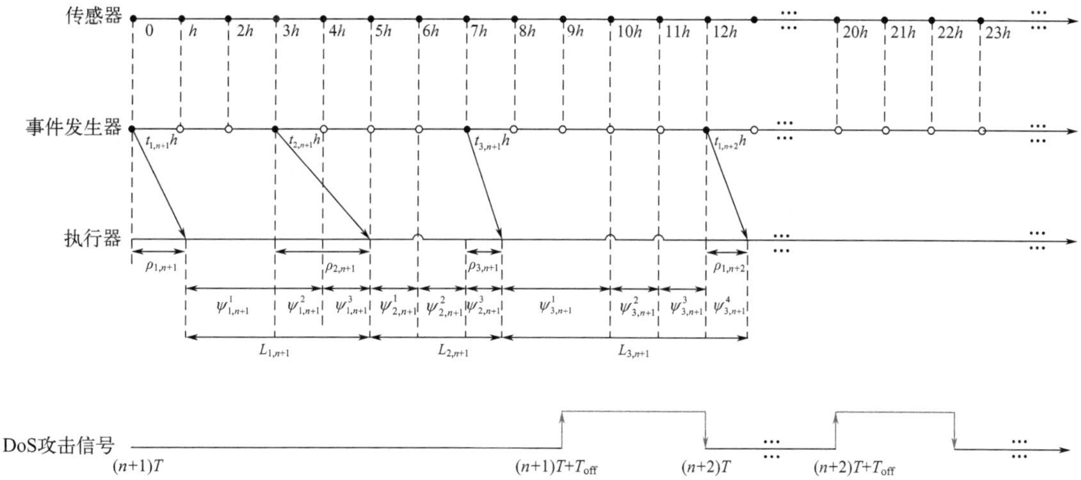

图 19.2　基于事件触发机制的时延 NCS 的信号传输的例子

由式(19.8)、式(19.9)、式(19.12) 及式(19.13) 可得，对于 $1\leqslant s\leqslant s(n)$：

$$\hat{x}(t_{s,n+1}h)=\hat{x}[t-\rho_{s,n+1}(t)]+e_{s,n+1}(t)\tag{19.14}$$

$$e^T_{s,n+1}(t)\Phi e_{s,n+1}(t)\leqslant\sigma\{\hat{x}[t-\rho_{s,n+1}(t)]+e_{s,n+1}(t)\}^T\Phi\{\hat{x}[t-\rho_{s,n+1}(t)]+e_{s,n+1}(t)\}\tag{19.15}$$

$$0\leqslant\rho_{s,n+1}(t)\leqslant\bar{\rho}_M\tag{19.16}$$

观测器的方程如下：

$$\begin{cases}\dot{\hat{x}}(t)=A\hat{x}(t)+Bu(t)+L_i[y(t)-\hat{y}(t)]\\ \hat{y}(t)=C\hat{x}(t)\end{cases}\tag{19.17}$$

其中$\hat{\boldsymbol{x}}(t)\in\mathbf{R}^n$ 和$\hat{\boldsymbol{y}}(t)\in\mathbf{R}^q$ 分别为观测器的状态及输出；$\boldsymbol{L}_i$ 为待设计的增益矩阵，有：

$$i=\begin{cases}1,t\in\bigcup\limits_{s=1}^{s(n)-1}L_{s,n+1}\cup L_{s(n),n+1}\cap G_{1,n}\\2,t\in[nT+T_{\text{off}},t_{1,n+2}h+\rho_{1,n+2})\end{cases}$$

取基于观测器的反馈控制律：

$$\boldsymbol{u}(t)=\begin{cases}K_1\hat{\boldsymbol{x}}(t_{s,n+1}h),t\in L_{s,n+1}\cap G_{1,n},1\leqslant s\leqslant s(n)\\K_2\hat{\boldsymbol{x}}(t_{s(n),n+1}h),t\in[nT+T_{\text{off}},(n+1)T+\rho_{1,n+2})\end{cases}\tag{19.18}$$

其中，$\boldsymbol{K}_1$，$\boldsymbol{K}_2$ 为待设计的控制器增益矩阵。

令$\tilde{\boldsymbol{x}}(t)=\boldsymbol{x}(t)-\hat{\boldsymbol{x}}(t),\boldsymbol{\phi}(t)=[\hat{\boldsymbol{x}}^{\mathrm{T}}(t)\quad\tilde{\boldsymbol{x}}^{\mathrm{T}}(t)]^{\mathrm{T}}$ 由上式可得闭环系统：

$$\dot{\boldsymbol{\phi}}(t)=\begin{cases}\boldsymbol{A}_1\boldsymbol{\phi}(t)+\boldsymbol{B}_1G\boldsymbol{\phi}[t-\rho_{s,n+1}(t)]+\boldsymbol{B}_1\boldsymbol{e}_{s,n+1}(t)+\overline{\boldsymbol{B}}\boldsymbol{f}(t),t\in L_{s,n+1}\cap G_{1,n},1\leqslant s\leqslant s(n)\\\boldsymbol{A}_2\boldsymbol{\phi}(t)+\boldsymbol{B}_2G\boldsymbol{\phi}[t-\rho_{s,n+1}(t)]+\boldsymbol{B}_2\boldsymbol{e}_{s,n+1}(t)+\overline{\boldsymbol{B}}\boldsymbol{f}(t),t\in[nT+T_{\text{off}},(n+1)T+\rho_{1,n+2})\\\boldsymbol{\phi}(t)=\boldsymbol{\vartheta}(t),t\in[-\bar{\rho}_{\mathrm{M}},\rho_{1,1}]\end{cases}\tag{19.19}$$

其中：

$$\boldsymbol{A}_1=\begin{bmatrix}\boldsymbol{A}&\boldsymbol{L}_1\boldsymbol{C}\\0&\boldsymbol{A}-\boldsymbol{L}_1\boldsymbol{C}\end{bmatrix},\boldsymbol{A}_2=\begin{bmatrix}\boldsymbol{A}&\boldsymbol{L}_2\boldsymbol{C}\\0&\boldsymbol{A}-\boldsymbol{L}_2\boldsymbol{C}\end{bmatrix},\boldsymbol{B}_1=\begin{bmatrix}\boldsymbol{B}\boldsymbol{K}_1\\0\end{bmatrix},\boldsymbol{B}_2=\begin{bmatrix}\boldsymbol{B}\boldsymbol{K}_2\\0\end{bmatrix},\overline{\boldsymbol{B}}=\begin{bmatrix}0\\-\boldsymbol{B}_f\end{bmatrix},\boldsymbol{G}=[\boldsymbol{I}\quad 0]$$

相应的，条件［式(19.3)］可以写为：

$$\boldsymbol{f}^{\mathrm{T}}[\boldsymbol{y}(t)]\boldsymbol{f}[\boldsymbol{y}(t)]+\boldsymbol{f}^{\mathrm{T}}[\boldsymbol{y}(t)]\overline{\boldsymbol{\Theta}}\boldsymbol{\phi}(t)\leqslant 0\tag{19.20}$$

其中，$\overline{\boldsymbol{\Theta}}=\boldsymbol{\Theta}\boldsymbol{C}[\boldsymbol{I}\quad\boldsymbol{I}]$。

注 19.4 在 DoS 攻击活跃期间，控制器到执行器的通信信道被占用，数据无法传输，文献［27，28］采用零输入策略来应对 DoS 攻击对传输信号的影响，即在 DoS 攻击活跃期间将控制量置零。本章在 DoS 攻击活跃期间，采用保持输入补偿策略，将 DoS 攻击前最近一次成功触发状态对应的控制量即$\boldsymbol{K}_2\hat{\boldsymbol{x}}(t_{s(n),n+1})$作为控制信号。

定义 19.1 如果对于所有的$\boldsymbol{f}(\cdot)\in\iota[0,\boldsymbol{\Theta}]$，存在标量$\upsilon>0$，使得

$$\|\boldsymbol{\phi}(t)\|\leqslant\upsilon\boldsymbol{e}^{-\bar{\omega}t}\|\boldsymbol{\vartheta}(0)\|_{\bar{\rho}_{\mathrm{M}},\rho_{1,1}},\forall t\geqslant\rho_{1,1}$$

其中$\|\boldsymbol{\vartheta}(0)\|_{\bar{\rho}_{\mathrm{M}},\rho_{1,1}}\triangleq\sup_{-\bar{\rho}_{\mathrm{M}}\leqslant t\leqslant\rho_{1,1}}\{\|\boldsymbol{\vartheta}\|(t)\|,\|\dot{\boldsymbol{\vartheta}}(t)\|\}$，那么闭环系统［式(19.17)］都是全局指数稳定的，则称其在$\iota[0,\boldsymbol{\Theta}]$内是绝对指数稳定的，$\bar{\omega}$ 称为衰减率。本章的目标是：在存在周期性 DoS 攻击及时延的情况下，设计基于观测器［式(19.17)］的控制律［式(19.18)］及事件触发机制［式(19.15)］使得闭环系统［式(19.19)］绝对指数稳定。

引理 19.1 对于任意矩阵$\boldsymbol{W}=\begin{bmatrix}-\boldsymbol{R}&*\\\boldsymbol{T}^{\mathrm{T}}&-\boldsymbol{R}\end{bmatrix}\leqslant 0$，其中$\boldsymbol{R}$ 为正定对称矩阵，$\boldsymbol{T}^{\mathrm{T}}$ 为任意矩阵，变量$0\leqslant\rho_{s,n+1}(t)\leqslant\bar{\rho}_{\mathrm{M}}$，向量函数$\dot{\boldsymbol{\phi}}(t)$:$[-\bar{\rho}_{\mathrm{M}},0]\to\mathbf{R}^n$，下面不等式成立：

$$-\bar{\rho}_{\mathrm{M}}\int_{t-\bar{\rho}_{\mathrm{M}}}^{t}\dot{\boldsymbol{\phi}}^{\mathrm{T}}(\alpha)\boldsymbol{R}\dot{\boldsymbol{\phi}}(\alpha)\mathrm{d}\alpha\leqslant\boldsymbol{\theta}^{\mathrm{T}}(t)\boldsymbol{Z}\boldsymbol{\theta}(t)$$

其中，$\boldsymbol{\theta}^{\mathrm{T}}(t)=\left[\boldsymbol{\phi}^{\mathrm{T}}(t)\quad\boldsymbol{\phi}^{\mathrm{T}}[t-\rho_{s,n+1}(t)]\quad\boldsymbol{\phi}^{\mathrm{T}}(t-\bar{\rho}_{\mathrm{M}})\right],\boldsymbol{Z}=\begin{bmatrix}-\boldsymbol{R}&*&*\\\boldsymbol{R}-\boldsymbol{T}^{\mathrm{T}}&\mathrm{He}(\boldsymbol{T}-\boldsymbol{R})&*\\\boldsymbol{T}^{\mathrm{T}}&\boldsymbol{R}-\boldsymbol{T}^{\mathrm{T}}&-\boldsymbol{R}\end{bmatrix}$。

19.2　主要结论

对于闭环系统［式(19.19)］，如下定理中将给出其 Lyapunov-Krasovskii 泛函在区间 $[nT+\rho_{1,n+1},nT+T_{\mathrm{off}})$ 及 $t\in[nT+T_{\mathrm{off}},(n+1)T+\rho_{1,n+2})$ 的上界，进而为系统的稳定性分析做准备。

定理 19.1　给定标量 $T,T_{\mathrm{off}},r_i\in(0,+\infty),\mu_i\in(1,+\infty),\sigma\in(0,1),\bar{\rho}_{\mathrm{M}}>0$ 及 $h>0$，如果存在正定矩阵 $\boldsymbol{S}_i>0,\boldsymbol{P}_i>0,\boldsymbol{M}_i>0(i=1,2)$ 和矩阵 $\boldsymbol{K}_i,\boldsymbol{L}_i$ 及 $\boldsymbol{T}_i,i\in\{1,2\}$，使得：

$$\begin{bmatrix}\boldsymbol{\Sigma}_{11} & * \\ \boldsymbol{\Sigma}_{21} & \boldsymbol{\Sigma}_{22}\end{bmatrix}<0 \tag{19.21}$$

$$\begin{bmatrix}\boldsymbol{\Lambda}_{11} & * \\ \boldsymbol{\Lambda}_{21} & \boldsymbol{\Lambda}_{22}\end{bmatrix}<0 \tag{19.22}$$

其中

$$\boldsymbol{\Sigma}_{11}=\begin{bmatrix}\boldsymbol{\Sigma}_{11}^{11} & * & * & * & * \\ \boldsymbol{\Sigma}_{11}^{21} & \boldsymbol{\Sigma}_{11}^{22} & * & * & * \\ \boldsymbol{T}_1^{\mathrm{T}}\boldsymbol{G} & \mathrm{e}^{-2r_1\bar{\rho}_{\mathrm{M}}}\boldsymbol{M}_1-\boldsymbol{T}_1^{\mathrm{T}} & \boldsymbol{\Sigma}_{11}^{33} & * & * \\ \boldsymbol{B}_1^{\mathrm{T}}\boldsymbol{S}_1 & \sigma\boldsymbol{\Phi} & 0 & (\sigma-1)\boldsymbol{\Phi} & * \\ \overline{\boldsymbol{B}}^{\mathrm{T}}\boldsymbol{S}_1-\overline{\boldsymbol{\Theta}} & 0 & 0 & 0 & -2\boldsymbol{I}\end{bmatrix}$$

$$\boldsymbol{\Lambda}_{11}=\begin{bmatrix}\boldsymbol{\Lambda}_{11}^{11} & * & * & * & * \\ \boldsymbol{\Lambda}_{11}^{21} & \boldsymbol{\Lambda}_{11}^{22} & * & * & * \\ \boldsymbol{T}_2^{\mathrm{T}}\boldsymbol{G} & \mathrm{e}^{2r_2\bar{\rho}_{\mathrm{M}}}\boldsymbol{M}_2-\boldsymbol{T}_2^{\mathrm{T}} & \boldsymbol{\Lambda}_{11}^{33} & * & * \\ \boldsymbol{B}_2^{\mathrm{T}}\boldsymbol{S}_2 & \sigma\boldsymbol{\Phi} & 0 & (\sigma-1)\boldsymbol{\Phi} & * \\ \overline{\boldsymbol{B}}^{\mathrm{T}}\boldsymbol{S}_2-\overline{\boldsymbol{\Theta}} & 0 & 0 & 0 & -2\boldsymbol{I}\end{bmatrix}$$

$$\boldsymbol{\Sigma}_{11}^{11}=2r_1\boldsymbol{S}_1+\boldsymbol{A}_1^{\mathrm{T}}\boldsymbol{S}_1+\boldsymbol{S}_1\boldsymbol{A}_1+\boldsymbol{G}^{\mathrm{T}}\boldsymbol{P}_1\boldsymbol{G}-\mathrm{e}^{-2r_1\bar{\rho}_{\mathrm{M}}}\boldsymbol{G}^{\mathrm{T}}\boldsymbol{M}_1\boldsymbol{G}$$

$$\boldsymbol{\Sigma}_{11}^{21}=\boldsymbol{B}_1^{\mathrm{T}}\boldsymbol{S}_1-\boldsymbol{T}_1^{\mathrm{T}}\boldsymbol{G}+\mathrm{e}^{-2r_1\bar{\rho}_{\mathrm{M}}}\boldsymbol{M}_1\boldsymbol{G}$$

$$\boldsymbol{\Sigma}_{11}^{22}=\sigma\boldsymbol{\Phi}+\mathrm{He}\ (\boldsymbol{T}_1-\mathrm{e}^{-2r_1\bar{\rho}_{\mathrm{M}}}\boldsymbol{M}_1)$$

$$\boldsymbol{\Sigma}_{11}^{33}=-\mathrm{e}^{-2r_1\bar{\rho}_{\mathrm{M}}}\boldsymbol{P}_1-\mathrm{e}^{-2r_1\bar{\rho}_{\mathrm{M}}}\boldsymbol{M}_1$$

$$\boldsymbol{\Lambda}_{11}^{11}=-2r_2\boldsymbol{S}_2+\boldsymbol{A}_2^{\mathrm{T}}\boldsymbol{S}_2+\boldsymbol{S}_2\boldsymbol{A}_2^{\mathrm{T}}+\boldsymbol{G}^{\mathrm{T}}\boldsymbol{P}_2\boldsymbol{G}-\mathrm{e}^{2r_2\bar{\rho}_{\mathrm{M}}}\boldsymbol{G}^{\mathrm{T}}\boldsymbol{M}_2\boldsymbol{G}$$

$$\boldsymbol{\Lambda}_{11}^{21}=\boldsymbol{B}_2^{\mathrm{T}}\boldsymbol{S}_2-\boldsymbol{T}_2^{\mathrm{T}}\boldsymbol{G}+\mathrm{e}^{2r_2\bar{\rho}_{\mathrm{M}}}\boldsymbol{M}_2\boldsymbol{G}$$

$$\boldsymbol{\Lambda}_{11}^{22}=\sigma\boldsymbol{\Phi}+\mathrm{He}\ (\boldsymbol{T}_2-\mathrm{e}^{2r_2\bar{\rho}_{\mathrm{M}}}\boldsymbol{M}_2\boldsymbol{G})$$

$$\boldsymbol{\Lambda}_{11}^{33}=-\mathrm{e}^{2r_2\bar{\rho}_{\mathrm{M}}}\boldsymbol{P}_2-\mathrm{e}^{2r_2\bar{\rho}_{\mathrm{M}}}\boldsymbol{M}_2$$

$$\boldsymbol{\Sigma}_{21}=\bar{\rho}_{\mathrm{M}}\boldsymbol{M}_1\boldsymbol{G}\boldsymbol{\zeta}_1,\ \boldsymbol{\Sigma}_{22}=-\boldsymbol{M}_1$$

$$\boldsymbol{\Lambda}_{21}=\bar{\rho}_{\mathrm{M}}\boldsymbol{M}_2\boldsymbol{G}\boldsymbol{\zeta}_2,\ \boldsymbol{\Lambda}_{22}=-\boldsymbol{M}_2$$

$$\boldsymbol{\zeta}_1=\begin{bmatrix}\boldsymbol{A}_1 & \boldsymbol{B}_1 & 0 & \boldsymbol{B}_1 & \overline{\boldsymbol{B}}\end{bmatrix}$$

$\boldsymbol{\zeta}_2=\begin{bmatrix}\boldsymbol{A}_2 & \boldsymbol{B}_2 & 0 & \boldsymbol{B}_2 & \overline{\boldsymbol{B}}\end{bmatrix}$

那么，沿着系统［式(19.19)］，下式成立：

$$V_1(t)\leqslant \mathrm{e}^{-2r_1(t-nT-\rho_{1,n+1})}V_1(nT+\rho_{1,n+1}),t\in[nT+\rho_{1,n+1},nT+T_{\mathrm{off}}) \tag{19.23}$$

$$V_2(t)\leqslant \mathrm{e}^{2r_2(t-nT-T_{\mathrm{off}})}V_2(nT+T_{\mathrm{off}}),t\in[nT+T_{\mathrm{off}},(n+1)T+\rho_{1,n+2}) \tag{19.24}$$

其中 Lyapunov-Krasovskii 泛函 $V_i(t)(i=1,2)$ 如式(19.25) 所示。

证明： 对于系统［式(19.19)］构造如下 Lyapunov-Krasovskii 泛函：

$$V(t)=\begin{cases}V_1(t),t\in\bigcup\limits_{s=1}^{s(n)-1}L_{s,n+1}\cup L_{s(n),n+1}\cap G_{1,n}\\ V_2(t),t\in[nT+T_{\mathrm{off}},(n+1)T+\rho_{1,n+2})\end{cases} \tag{19.25}$$

其中：

$$\begin{aligned}V_1(t)=&\boldsymbol{\phi}^{\mathrm{T}}(t)\boldsymbol{S}_1\boldsymbol{\phi}(t)+\int_{t-\bar{\rho}_{\mathrm{M}}}^{t}\boldsymbol{\phi}^{\mathrm{T}}(\alpha)\mathrm{e}^{-2r_1(t-\alpha)}\boldsymbol{G}^{\mathrm{T}}\boldsymbol{P}_1\boldsymbol{G}\boldsymbol{\phi}(\alpha)\mathrm{d}\alpha\\&+\bar{\rho}_{\mathrm{M}}\int_{-\bar{\rho}_{\mathrm{M}}}^{0}\int_{t+\beta}^{t}\dot{\boldsymbol{\phi}}^{\mathrm{T}}(\alpha)\mathrm{e}^{2r_1(t-\alpha)}\boldsymbol{G}^{\mathrm{T}}\boldsymbol{M}_1\boldsymbol{G}\dot{\boldsymbol{\phi}}(\alpha)\mathrm{d}\alpha\mathrm{d}\beta\end{aligned} \tag{19.26}$$

$$\begin{aligned}V_2(t)=&\boldsymbol{\phi}^{\mathrm{T}}(t)\boldsymbol{S}_2\boldsymbol{\phi}(t)+\int_{t-\bar{\rho}_{\mathrm{M}}}^{t}\boldsymbol{\phi}^{\mathrm{T}}(\alpha)\mathrm{e}^{2r_2(t-\alpha)}\boldsymbol{G}^{\mathrm{T}}\boldsymbol{P}_2\boldsymbol{G}\boldsymbol{\phi}(\alpha)\mathrm{d}\alpha\\&+\bar{\rho}_{\mathrm{M}}\int_{-\bar{\rho}_{\mathrm{M}}}^{0}\int_{t+\beta}^{t}\dot{\boldsymbol{\phi}}^{\mathrm{T}}(\alpha)\mathrm{e}^{2r_2(t-\alpha)}\boldsymbol{G}^{\mathrm{T}}\boldsymbol{M}_2\boldsymbol{G}\dot{\boldsymbol{\phi}}(\alpha)\mathrm{d}\alpha\mathrm{d}\beta\end{aligned} \tag{19.27}$$

沿着系统［式(19.19)］求得 $V_1(t)$ 的导数：

$$\begin{aligned}\dot{V}_1(t)=&\dot{\boldsymbol{\phi}}^{\mathrm{T}}(t)\boldsymbol{S}_1\boldsymbol{\phi}(t)+\boldsymbol{\phi}^{\mathrm{T}}(t)\boldsymbol{S}_1\dot{\boldsymbol{\phi}}(t)+\boldsymbol{\phi}^{\mathrm{T}}(t)\boldsymbol{G}^{\mathrm{T}}\boldsymbol{P}_1\boldsymbol{G}\boldsymbol{\phi}(t)-\boldsymbol{\phi}^{\mathrm{T}}(t-\bar{\rho}_{\mathrm{M}})\\&\mathrm{e}^{-2r_1\bar{\rho}_{\mathrm{M}}}\boldsymbol{G}^{\mathrm{T}}\boldsymbol{P}_1\boldsymbol{G}\boldsymbol{\phi}(t-\bar{\rho}_{\mathrm{M}})+\bar{\rho}_{\mathrm{M}}^2\dot{\boldsymbol{\phi}}^{\mathrm{T}}(t)\boldsymbol{G}^{\mathrm{T}}\boldsymbol{M}_1\boldsymbol{G}\dot{\boldsymbol{\phi}}(t)\\&-\bar{\rho}_{\mathrm{M}}\int_{t-\bar{\rho}_{\mathrm{M}}}^{t}\dot{\boldsymbol{\phi}}^{\mathrm{T}}(\alpha)\mathrm{e}^{-2r_1(t-\alpha)}\boldsymbol{G}^{\mathrm{T}}\boldsymbol{M}_1\boldsymbol{G}\dot{\boldsymbol{\phi}}(\alpha)\mathrm{d}\alpha-2r_1V_1(t)+2r_1\boldsymbol{\phi}^{\mathrm{T}}(t)\boldsymbol{S}_1\boldsymbol{\phi}(t)\end{aligned} \tag{19.28}$$

应用引理 19.1 处理上式中的积分项可得：

$$-\bar{\rho}_{\mathrm{M}}\int_{t-\bar{\rho}_{\mathrm{M}}}^{t}\dot{\boldsymbol{\phi}}^{\mathrm{T}}(\alpha)\mathrm{e}^{-2r_1\bar{\rho}_{\mathrm{M}}}\boldsymbol{G}^{\mathrm{T}}\boldsymbol{M}_1\boldsymbol{G}\dot{\boldsymbol{\phi}}(\alpha)\mathrm{d}\alpha\leqslant\boldsymbol{\theta}^{\mathrm{T}}(t)\boldsymbol{Z}\boldsymbol{\theta}(t) \tag{19.29}$$

其中：

$$\boldsymbol{\theta}^{\mathrm{T}}(t)=\begin{bmatrix}\boldsymbol{\phi}^{\mathrm{T}}(t) & \boldsymbol{\phi}^{\mathrm{T}}[t-\rho_{s,n+1}(t)]\boldsymbol{G}^{\mathrm{T}} & \boldsymbol{\phi}^{\mathrm{T}}(t-\bar{\rho}_{\mathrm{M}})\boldsymbol{G}^{\mathrm{T}}\end{bmatrix}$$

$$\boldsymbol{Z}=\begin{bmatrix}-\mathrm{e}^{-2r_1\bar{\rho}_{\mathrm{M}}}\boldsymbol{G}^{\mathrm{T}}\boldsymbol{M}_1\boldsymbol{G} & * & *\\ \mathrm{e}^{-2r_1\bar{\rho}_{\mathrm{M}}}\boldsymbol{M}_1\boldsymbol{G}-\boldsymbol{T}_1^{\mathrm{T}}\boldsymbol{G} & \mathrm{He}(\boldsymbol{T}_1-\mathrm{e}^{-2r_1\bar{\rho}_{\mathrm{M}}}\boldsymbol{M}_1) & *\\ \boldsymbol{T}_1^{\mathrm{T}}\boldsymbol{G} & \mathrm{e}^{-2r_1\bar{\rho}_{\mathrm{M}}}\boldsymbol{M}_1-\boldsymbol{T}_1^{\mathrm{T}} & -\mathrm{e}^{-2r_1\bar{\rho}_{\mathrm{M}}}\boldsymbol{M}_1\end{bmatrix}$$

将式(19.29) 代入式(19.28)，结合式(19.15) 及式(19.20) 可得：

$$\begin{aligned}\dot{V}_1(t)\leqslant&-2r_1V_1(t)+2r_1\boldsymbol{\phi}^{\mathrm{T}}(t)\boldsymbol{S}_1\boldsymbol{\phi}(t)+\dot{\boldsymbol{\phi}}^{\mathrm{T}}(t)\boldsymbol{S}_1\boldsymbol{\phi}(t)+\boldsymbol{\phi}^{\mathrm{T}}(t)\boldsymbol{S}_1\dot{\boldsymbol{\phi}}(t)+\boldsymbol{\phi}^{\mathrm{T}}(t)\boldsymbol{G}^{\mathrm{T}}\boldsymbol{P}_1\boldsymbol{G}\boldsymbol{\phi}(t)\\&-\boldsymbol{\phi}^{\mathrm{T}}(t-\bar{\rho}_{\mathrm{M}})\mathrm{e}^{-2r_1\bar{\rho}_{\mathrm{M}}}\boldsymbol{G}^{\mathrm{T}}\boldsymbol{P}_1\boldsymbol{G}\boldsymbol{\phi}(t-\bar{\rho}_{\mathrm{M}})+\bar{\rho}_{\mathrm{M}}^2\dot{\boldsymbol{\phi}}^{\mathrm{T}}(t)\boldsymbol{G}^{\mathrm{T}}\boldsymbol{M}_1\boldsymbol{G}\dot{\boldsymbol{\phi}}(t)+\boldsymbol{\theta}^{\mathrm{T}}(t)\boldsymbol{Z}\boldsymbol{\theta}(t)\\&-2\boldsymbol{f}^{\mathrm{T}}[y(t)]\boldsymbol{f}(t)-2\boldsymbol{f}^{\mathrm{T}}[\boldsymbol{y}(t)]\overline{\boldsymbol{\Theta}}\boldsymbol{\phi}(t)-\boldsymbol{e}_{s,n+1}^{\mathrm{T}}(t)\boldsymbol{\Phi}\boldsymbol{e}_{s,n+1}(t)+\sigma\{\hat{\boldsymbol{x}}[t-\rho_{s,n+1}(t)]\\&+\boldsymbol{e}_{s,n+1}(t)\}^{\mathrm{T}}\boldsymbol{\Phi}\{\hat{\boldsymbol{x}}[t-\rho_{s,n+1}(t)]+\boldsymbol{e}_{s,n+1}(t)\}\end{aligned}$$

定义 $\boldsymbol{\Sigma}_{21}=\bar{\rho}_{\mathrm{M}}\boldsymbol{M}_1\boldsymbol{G}\boldsymbol{\zeta}_1,\boldsymbol{\Sigma}_{22}=-\boldsymbol{M}_1,\boldsymbol{\eta}(t)=\begin{bmatrix}\boldsymbol{\theta}^{\mathrm{T}}(t) & \boldsymbol{e}^{\mathrm{T}}(t) & \boldsymbol{f}^{\mathrm{T}}[\boldsymbol{y}(t)]\end{bmatrix}^{\mathrm{T}}$，可以得到：

$\boldsymbol{\eta}^{\mathrm{T}}(t)(\boldsymbol{\Sigma}_{21}^{\mathrm{T}}\boldsymbol{\Sigma}_{22}^{-1}\boldsymbol{\Sigma}_{21})\boldsymbol{\eta}(t)=-\bar{\rho}_{\mathrm{M}}^{2}\dot{\boldsymbol{\phi}}^{\mathrm{T}}(t)\boldsymbol{G}^{\mathrm{T}}\boldsymbol{M}_{1}\boldsymbol{G}\dot{\boldsymbol{\phi}}(t)$

组合上式可以得：

$$\dot{V}_{1}(t)\leqslant-2r_{1}V(t)+\boldsymbol{\eta}^{\mathrm{T}}(t)(\boldsymbol{\Sigma}_{11}-\boldsymbol{\Sigma}_{21}^{\mathrm{T}}\boldsymbol{\Sigma}_{22}^{-1}\boldsymbol{\Sigma}_{21})\boldsymbol{\eta}(t)$$

式中，$\boldsymbol{\Sigma}_{11}$ 如定理 19.2 所示。由 Schur 补引理可知，$\boldsymbol{\Sigma}_{11}-\boldsymbol{\Sigma}_{21}^{\mathrm{T}}\boldsymbol{\Sigma}_{22}^{-1}\boldsymbol{\Sigma}_{21}<0$ 可保证 $\dot{V}_{1}(t)\leqslant-2r_{1}V_{1}(t)$。因此，当 $t\in[nT+\rho_{1,n+1},nT+T_{\mathrm{off}})$时，可得：

$$V_{1}(t)\leqslant\mathrm{e}^{-2r_{1}(t-nT-\rho_{1,n+1})}V_{1}(nT+\rho_{1,n+1})\tag{19.30}$$

类似地，沿系统［式(19.19)］的轨迹求 $V_{2}(t)$的导数，同理可得：

$$\dot{V}_{2}(t)\leqslant2r_{2}V_{2}(t)+\boldsymbol{\eta}^{\mathrm{T}}(t)(\boldsymbol{\Lambda}_{11}-\boldsymbol{\Lambda}_{21}^{\mathrm{T}}\boldsymbol{\Lambda}_{22}^{-1}\boldsymbol{\Lambda}_{21})\boldsymbol{\eta}(t)$$

由 Schur 补理论可知 $\boldsymbol{\Lambda}_{11}-\boldsymbol{\Lambda}_{21}^{\mathrm{T}}\boldsymbol{\Lambda}_{22}^{-1}\boldsymbol{\Lambda}_{21}<0$,可保证 $\dot{V}(t)\leqslant2r_{2}V(t)$。因此，当 $t\in[nT+T_{\mathrm{off}},(n+1)T+\rho_{1,n+2})$时，可得：

$$V_{2}(t)\leqslant\mathrm{e}^{2r_{2}(t-nT-T_{\mathrm{off}})}V_{2}(nT+T_{\mathrm{off}})\tag{19.31}$$

接下来，利用定理 19.1 的结果，对闭环系统［式(19.19)］进行稳定性分析，建立其绝对指数稳定的充分条件。

定理 19.2　对于参数 T 及 T_{off} 已知的攻击信号 $S_{\mathrm{DoS}}(t)$，事件触发阈值 $\sigma\in(0,1)$，$r_{i}\in(0,+\infty)$，$\mu_{i}\in(1,+\infty)$，$\bar{\rho}_{\mathrm{M}}>0,h>0$，如果存在正定矩阵 $\boldsymbol{S}_{i}>0,\boldsymbol{P}_{i}>0,\boldsymbol{M}_{i}>0(i=1,2)$和矩阵 $\boldsymbol{K}_{i}$、$\boldsymbol{L}_{i}$ 及 $\boldsymbol{T}_{i}$，$i\in\{1,2\}$使得式(19.32)～式(19.37) 成立：

$$\boldsymbol{S}_{1}\leqslant\mu_{2}\boldsymbol{S}_{2}\tag{19.32}$$

$$\mathrm{e}^{-2(r_{1}+r_{2})\bar{\rho}_{\mathrm{M}}}\boldsymbol{S}_{2}\leqslant\mu_{1}\boldsymbol{S}_{1}\tag{19.33}$$

$$\boldsymbol{P}_{1}\leqslant\mu_{2}\boldsymbol{P}_{2}\tag{19.34}$$

$$\boldsymbol{M}_{1}\leqslant\mu_{2}\boldsymbol{M}_{2}\tag{19.35}$$

$$\boldsymbol{P}_{2}\leqslant\mu_{1}\boldsymbol{P}_{1}\tag{19.36}$$

$$\boldsymbol{M}_{2}\leqslant\mu_{1}\boldsymbol{M}_{1}\tag{19.37}$$

则闭环系统［式(19.19)］在 DOS 攻击［式(19.1)］下是绝对指数稳定的，且其衰减率为：

$$\bar{\omega}=\eta/2T\tag{19.38}$$

其中 $\eta=2r_{1}(T_{\mathrm{off}}-\rho_{\mathrm{M}})-2r_{2}[T-(T_{\mathrm{off}}-\rho_{\mathrm{M}})]-2(r_{1}+r_{2})(\rho_{\mathrm{M}}+h)-\ln(\mu_{1}\mu_{2})$。

证明：由定理 19.1 可知：

$$V_{1}(nT+\rho_{1,n+1})\leqslant\mu_{2}V_{2}[(nT+\rho_{1,n+1})^{-}]\tag{19.39}$$

$$V_{2}(nT+T_{\mathrm{off}})\leqslant\mu_{1}\mathrm{e}^{2(r_{1}+r_{2})\bar{\rho}_{\mathrm{M}}}V_{1}[(nT+T_{\mathrm{off}})^{-}]\tag{19.40}$$

当 $t\in[nT+\rho_{1,n+1},nT+T_{\mathrm{off}})$时，由式(19.23)、式(19.39) 及式(19.40)，可得：

$$\begin{aligned}
&V_{1}(t)\\
&\leqslant\mathrm{e}^{-2r_{1}[t-(nT+\rho_{1,n+1})]}V_{1}(nT+\rho_{1,n+1})\\
&\leqslant V_{1}(nT+\rho_{1,n+1})\\
&\leqslant\mu_{2}V_{2}[(nT+\rho_{1,n+1})^{-}]\\
&\leqslant\mu_{1}\mu_{2}\mathrm{e}^{-2r_{1}(T_{\mathrm{off}}-\rho_{1,n})}\mathrm{e}^{2r_{2}[T-(T_{\mathrm{off}}-\rho_{1,n+1})]}\mathrm{e}^{2(r_{1}+r_{2})\bar{\rho}_{\mathrm{M}}}V_{1}[(n-1)T+\rho_{1,n}]\\
&\leqslant(\mu_{1}\mu_{2})^{n}\mathrm{e}^{-2nr_{1}(T_{\mathrm{off}}-\rho_{\mathrm{M}})}\mathrm{e}^{2nr_{2}[T-(T_{\mathrm{off}}-\rho_{\mathrm{M}})]}\mathrm{e}^{2(r_{1}+r_{2})\rho_{\mathrm{M}}}V_{1}(\rho_{1,1})\\
&=\mathrm{e}^{-\eta n}V_{1}(\rho_{1,1})
\end{aligned}\tag{19.41}$$

另外，由 $t\in[nT+\rho_{1,n+1},nT+T_{\text{off}})$，可得 $n>\dfrac{t-T_{\text{off}}}{T}$，因此：

$$V_1(t)\leqslant V_1(\rho_{1,1})\mathrm{e}^{\frac{\eta T_{\text{off}}}{T}}\mathrm{e}^{-\frac{\eta}{T}t} \tag{19.42}$$

当 $t\in[nT+T_{\text{off}},(n+1)T+\rho_{1,n+2})$时，由式(19.24)、式(19.39) 及式(19.40)，可得：

$$\begin{aligned}V_2(t)&\leqslant \mathrm{e}^{2r_2[t-(nT+T_{\text{off}})]}V_2(nT+T_{\text{off}})\\&\leqslant \mathrm{e}^{2r_2[(n+1)T+\rho_{1,n+2}-(nT+T_{\text{off}})]}V_2(nT+T_{\text{off}})\\&\leqslant \mu_1\mathrm{e}^{-2r_1(T_{\text{off}}-\rho_{1,n+1})}\mathrm{e}^{2r_2[T-(T_{\text{off}}-\rho_{1,n+2})]}\mathrm{e}^{2(r_1+r_2)\bar{\rho}_{\text{M}}}V_1(nT+\rho_{1,n+1})\\&\leqslant \mu_1\mathrm{e}^{-2r_1(T_{\text{off}}-\rho_{\text{M}})}\mathrm{e}^{2r_2[T-(T_{\text{off}}-\rho_{\text{M}})]}\mathrm{e}^{2(r_1+r_2)\bar{\rho}_{\text{M}}}V_1(nT+\rho_{1,n+1})\\&\leqslant V_1(\rho_{1,1})\mu_2^{-1}\mathrm{e}^{-\eta(n+1)}\end{aligned} \tag{19.43}$$

并且，当 $t\in[nT+T_{\text{off}},(n+1)T+\rho_{1,n+2})$时，可得 $n+1>\dfrac{t-\rho_{\text{M}}}{T}$，因此：

$$V_2(t)\leqslant V_1(\rho_{1,1})\mu_2^{-1}\mathrm{e}^{\frac{\eta\rho_{\text{M}}}{T}}\mathrm{e}^{-\frac{\eta}{T}t} \tag{19.44}$$

令 $a_1=\min\{\lambda_{\min}(\boldsymbol{S}_1),\boldsymbol{\lambda}_{\min}(\boldsymbol{S}_2)\}$, $a_2=\lambda_{\max}(\boldsymbol{S}_1)$，$a_3=a_2+\bar{\rho}_{\text{M}}\lambda_{\max}(\boldsymbol{G}^{\text{T}}\boldsymbol{P}_1\boldsymbol{G})+\dfrac{\bar{\rho}_{\text{M}}^2}{2}\lambda_{\max}(\boldsymbol{G}^{\text{T}}\boldsymbol{M}_1\boldsymbol{G})$，$\zeta=\max\{\mathrm{e}^{\frac{\eta T_{\text{off}}}{T}},\mu_2^{-1}\mathrm{e}^{\frac{\eta\rho_{\text{M}}}{T}}\}$，$\upsilon=\sqrt{\dfrac{\zeta a_3}{a_1}}$。

由式(19.42) 及式(19.44) 可得：

$$V(t)\leqslant \zeta\mathrm{e}^{-\frac{\eta}{T}t}V_1(\rho_{1,1}) \tag{19.45}$$

不难得出：

$$V(t)\geqslant a_1\|\boldsymbol{\phi}(t)\|^2,V_1(\rho_{1,1})\leqslant a_3\|\boldsymbol{\vartheta}(0)\|^2_{\bar{\rho}_{\text{M}},\rho_{1,1}} \tag{19.46}$$

因此可得：

$$\|\boldsymbol{\phi}(t)\|\leqslant \upsilon\mathrm{e}^{-\bar{\omega}t}\|\boldsymbol{\vartheta}(0)\|_{\bar{\rho}_{\text{M}},\rho_{1,1}},\forall t\geqslant \rho_{1,1} \tag{19.47}$$

因此，由定义 19.1 可知系统［式(19.17)］是绝对指数稳定的。

注 19.5 从式(19.38) 可以得到，闭环系统的衰减率 $\bar{\omega}$ 取决于攻击周期 T，攻击休眠周期 T_{off}，系统采样周期 h，系统时延上界 ρ_{M} 及参数 r_1、r_2。衰减率 $\bar{\omega}$ 随 ρ_{M} 单调递减，即 ρ_{M} 越大，$\bar{\omega}$ 越小，如表 19.1 所示。另外，为了减少时延 ρ_{M} 对衰减率 $\bar{\omega}$ 的影响，可以适当减小采样周期 h。

表 19.1 不同 ρ_{M} 下的衰减率

ρ_{M}	0.01	0.015	0.02	0.025	0.03
$\bar{\omega}$	0.0534	0.0512	0.0491	0.0469	0.0447
$\bar{\omega}'$	0.05773	0.0577	0.05777	0.05773	0.0577

基于定理 19.2，在如下定理中给出控制器增益矩阵 $\boldsymbol{K}_1$、$\boldsymbol{K}_2$，观测器增益矩阵 $\boldsymbol{L}_1$、$\boldsymbol{L}_2$ 及事件触发机制权重矩阵 $\boldsymbol{\Phi}$ 的联合设计方法。

定理 19.3 考虑 DoS 攻击信号［式(19.2)］，其参数 T、T_{off} 是已知的，对于给定参数

$r_1>0, r_2>0, \sigma\in(0,1), \bar{\rho}_M>0, h>0, \mu_1>1, \mu_2>1, \varepsilon_1>0, \varepsilon_2>0, \varepsilon_3>0, \varepsilon_4>0$，若存在正定矩阵 $\boldsymbol{X}_1>0, \boldsymbol{X}_2>0, \overline{\boldsymbol{P}}_1>0, \overline{\boldsymbol{P}}_2>0, \overline{\boldsymbol{M}}_1>0, \overline{\boldsymbol{M}}_2>0, \boldsymbol{\Phi}>0$ 和 $\overline{\boldsymbol{T}}>0$ 及矩阵 $\boldsymbol{Y}_1$、$\boldsymbol{Y}_2$、$\boldsymbol{Y}_3$、$\boldsymbol{Y}_4$ 使得：

$$\overline{\boldsymbol{\Sigma}}=\begin{bmatrix}\overline{\boldsymbol{\Sigma}}_{11} & * \\ \overline{\boldsymbol{\Sigma}}_{21} & \overline{\boldsymbol{\Sigma}}_{22}\end{bmatrix}<0 \tag{19.48}$$

$$\overline{\boldsymbol{\Lambda}}=\begin{bmatrix}\overline{\boldsymbol{\Lambda}}_{11} & * \\ \overline{\boldsymbol{\Lambda}}_{21} & \overline{\boldsymbol{\Lambda}}_{22}\end{bmatrix}<0 \tag{19.49}$$

$$\begin{bmatrix}-\mu_2\boldsymbol{X}_2 & * \\ \boldsymbol{X}_2 & -\boldsymbol{X}_1\end{bmatrix}\leqslant 0 \tag{19.50}$$

$$\begin{bmatrix}-\mu_1 \mathrm{e}^{2(r_1+r_2)\bar{\rho}_M}\boldsymbol{X}_1 & * \\ \boldsymbol{X}_1 & -\boldsymbol{X}_2\end{bmatrix}\leqslant 0 \tag{19.51}$$

$$\begin{bmatrix}-\mu_2\overline{\boldsymbol{P}}_2 & * \\ \boldsymbol{X}_{21} & \varepsilon_3^2\overline{\boldsymbol{P}}_1-2\varepsilon_3\boldsymbol{X}_{11}\end{bmatrix}\leqslant 0 \tag{19.52}$$

$$\begin{bmatrix}-\mu_2\overline{\boldsymbol{M}}_2 & * \\ \boldsymbol{X}_{21} & \varepsilon_1^2\overline{\boldsymbol{M}}_1-2\varepsilon_1\boldsymbol{X}_{11}\end{bmatrix}\leqslant 0 \tag{19.53}$$

$$\begin{bmatrix}-\mu_1\overline{\boldsymbol{P}}_1 & * \\ \boldsymbol{X}_{11} & \varepsilon_4^2\overline{\boldsymbol{P}}_2-2\varepsilon_4\boldsymbol{X}_{21}\end{bmatrix}\leqslant 0 \tag{19.54}$$

$$\begin{bmatrix}-\mu_1\overline{\boldsymbol{M}}_1 & * \\ \boldsymbol{X}_{11} & \varepsilon_2^2\overline{\boldsymbol{M}}_2-2\varepsilon_2\boldsymbol{X}_{21}\end{bmatrix}\leqslant 0 \tag{19.55}$$

其中

$$\overline{\boldsymbol{\Sigma}}_{11}=\begin{bmatrix}\overline{\boldsymbol{\Sigma}}_{11}^{11} & * & * & * & * & * \\ \overline{\boldsymbol{\Sigma}}_{11}^{21} & \overline{\boldsymbol{\Sigma}}_{11}^{22} & * & * & * & * \\ \overline{\boldsymbol{\Sigma}}_{11}^{31} & 0 & \overline{\boldsymbol{\Sigma}}_{11}^{33} & * & * & * \\ \overline{\boldsymbol{T}}_1^{\mathrm{T}} & 0 & \overline{\boldsymbol{\Sigma}}_{11}^{34} & \overline{\boldsymbol{\Sigma}}_{11}^{44} & * & * \\ \boldsymbol{Y}_2^{\mathrm{T}}\boldsymbol{B}^{\mathrm{T}} & 0 & \sigma\overline{\boldsymbol{\Phi}} & 0 & \overline{\boldsymbol{\Sigma}}_{11}^{55} & * \\ \overline{\boldsymbol{\Sigma}}_{11}^{61} & \overline{\boldsymbol{\Sigma}}_{11}^{62} & 0 & 0 & 0 & -2\boldsymbol{I}\end{bmatrix}$$

$$\overline{\boldsymbol{\Lambda}}_{11}=\begin{bmatrix}\overline{\boldsymbol{\Lambda}}_{11}^{11} & * & * & * & * & * \\ \overline{\boldsymbol{\Lambda}}_{11}^{21} & \overline{\boldsymbol{\Lambda}}_{11}^{22} & * & * & * & * \\ \overline{\boldsymbol{\Lambda}}_{11}^{31} & 0 & \overline{\boldsymbol{\Lambda}}_{11}^{33} & * & * & * \\ \overline{\boldsymbol{T}}_2^{\mathrm{T}} & 0 & \overline{\boldsymbol{\Lambda}}_{11}^{34} & \overline{\boldsymbol{\Lambda}}_{11}^{44} & * & * \\ \boldsymbol{Y}_4^{\mathrm{T}}\boldsymbol{B}^{\mathrm{T}} & 0 & \sigma\overline{\boldsymbol{\Phi}} & 0 & \overline{\boldsymbol{\Lambda}}_{11}^{55} & * \\ \overline{\boldsymbol{\Lambda}}_{11}^{61} & \overline{\boldsymbol{\Lambda}}_{11}^{62} & 0 & 0 & 0 & -2\boldsymbol{I}\end{bmatrix}$$

$$\overline{\boldsymbol{\Sigma}}_{11}^{11}=2r_1\boldsymbol{X}_{11}+\boldsymbol{X}_{11}\boldsymbol{A}^{\mathrm{T}}+\boldsymbol{A}\boldsymbol{X}_{11}+\overline{\boldsymbol{P}}_1-\mathrm{e}^{-2r_1\bar{\rho}_M}\overline{\boldsymbol{M}}_1$$

$\overline{\boldsymbol{\Sigma}}_{11}^{21}=\boldsymbol{Y}_1^{\mathrm{T}},\overline{\boldsymbol{\Sigma}}_{11}^{22}=2r_1\boldsymbol{X}_{12}+\boldsymbol{X}_{12}\boldsymbol{A}^{\mathrm{T}}+\boldsymbol{A}\boldsymbol{X}_{12}-\boldsymbol{Y}_1-\boldsymbol{Y}_1^{\mathrm{T}}$

$\overline{\boldsymbol{\Sigma}}_{11}^{31}=\boldsymbol{Y}_2^{\mathrm{T}}\boldsymbol{B}^{\mathrm{T}}-\overline{\boldsymbol{T}}_1^{\mathrm{T}}+\mathrm{e}^{-2r_1\overline{\rho}_{\mathrm{M}}}\overline{\boldsymbol{M}}_1,\overline{\boldsymbol{\Sigma}}_{11}^{33}=\sigma\overline{\boldsymbol{\Phi}}+\mathrm{He}(\overline{\boldsymbol{T}}_1-\mathrm{e}^{-2r_1\overline{\rho}_{\mathrm{M}}}\overline{\boldsymbol{M}}_1)$

$\overline{\boldsymbol{\Sigma}}_{11}^{43}=e^{-2r_1\overline{\rho}_{\mathrm{M}}}\overline{\boldsymbol{M}}_1-\overline{\boldsymbol{T}},\overline{\boldsymbol{\Sigma}}_{11}^{44}=-\mathrm{e}^{-2r_1\overline{\rho}_{\mathrm{M}}}\overline{\boldsymbol{P}}_1-\mathrm{e}^{-2r_1\overline{\rho}_{\mathrm{M}}}\overline{\boldsymbol{M}}_1$

$\overline{\boldsymbol{\Sigma}}_{11}^{55}=(\sigma-1)\overline{\boldsymbol{\Phi}},\overline{\boldsymbol{\Sigma}}_{11}^{61}=-\boldsymbol{\Theta}\boldsymbol{C}\boldsymbol{X}_{11},\overline{\boldsymbol{\Sigma}}_{11}^{62}=-\boldsymbol{B}_f^{\mathrm{T}}-\boldsymbol{\Theta}\boldsymbol{C}\boldsymbol{X}_{12}$

$\overline{\boldsymbol{\Lambda}}_{11}^{11}=-2r_2\boldsymbol{X}_{21}+\boldsymbol{X}_{21}\boldsymbol{A}^{\mathrm{T}}+\boldsymbol{A}\boldsymbol{X}_{21}+\overline{\boldsymbol{P}}_2-\mathrm{e}^{2r_2\overline{\rho}_{\mathrm{M}}}\overline{\boldsymbol{M}}_2$

$\overline{\boldsymbol{\Lambda}}_{11}^{21}=\boldsymbol{Y}_3^{\mathrm{T}},\overline{\boldsymbol{\Lambda}}_{11}^{22}=-2r_2\boldsymbol{X}_{22}+\boldsymbol{X}_{22}\boldsymbol{A}^{\mathrm{T}}+\boldsymbol{A}\boldsymbol{X}_{22}-\boldsymbol{Y}_3-\boldsymbol{Y}_3^{\mathrm{T}}$

$\overline{\boldsymbol{\Lambda}}_{11}^{31}=\boldsymbol{Y}_4^{\mathrm{T}}\boldsymbol{B}^{\mathrm{T}}-\overline{\boldsymbol{T}}_2^{\mathrm{T}}+\mathrm{e}^{2r_2\overline{\rho}_{\mathrm{M}}}\overline{\boldsymbol{M}}_2,\overline{\boldsymbol{\Lambda}}_{11}^{33}=\sigma\boldsymbol{\Phi}+\mathrm{He}(\overline{\boldsymbol{T}}_2-\mathrm{e}^{2r_2\overline{\rho}_{\mathrm{M}}}\overline{\boldsymbol{M}}_2)$

$\overline{\boldsymbol{\Lambda}}_{11}^{43}=\mathrm{e}^{2r_2\overline{\rho}_{\mathrm{M}}}\overline{\boldsymbol{M}}_2-\overline{\boldsymbol{T}}_2,\overline{\boldsymbol{\Lambda}}_{11}^{44}=-\mathrm{e}^{2r_2\overline{\rho}_{\mathrm{M}}}\overline{\boldsymbol{P}}_2-\mathrm{e}^{2r_2\overline{\rho}_{\mathrm{M}}}\overline{\boldsymbol{M}}_2$

$\overline{\boldsymbol{\Lambda}}_{11}^{55}=(\sigma-1)\overline{\boldsymbol{\Phi}},\overline{\boldsymbol{\Lambda}}_{11}^{61}=-\boldsymbol{\Theta}\boldsymbol{C}\boldsymbol{X}_{21},\overline{\boldsymbol{\Lambda}}_{11}^{62}=-\boldsymbol{B}_f^{\mathrm{T}}-\boldsymbol{\Theta}\boldsymbol{C}\boldsymbol{X}_{22}$

$\overline{\boldsymbol{\Sigma}}_{21}=\overline{\rho}_{\mathrm{M}}[\boldsymbol{A}\boldsymbol{X}_{11}\quad \boldsymbol{Y}_1\quad \boldsymbol{B}\boldsymbol{Y}_4\quad 0\quad \boldsymbol{B}\boldsymbol{Y}_4\quad 0],\overline{\boldsymbol{\Sigma}}_{22}=\varepsilon_1^2\overline{\boldsymbol{M}}_1-2\varepsilon_1\boldsymbol{X}_{11}$

$\overline{\boldsymbol{\Lambda}}_{21}=\overline{\rho}_{\mathrm{M}}[\boldsymbol{A}\boldsymbol{X}_{21}\quad \boldsymbol{Y}_3\quad \boldsymbol{B}\boldsymbol{Y}_3\quad 0\quad \boldsymbol{B}\boldsymbol{Y}_3\quad 0],\overline{\boldsymbol{\Lambda}}_{22}=\varepsilon_2^2\overline{\boldsymbol{M}}_2-2\varepsilon_2\boldsymbol{X}_{21}$

$\boldsymbol{X}_1=\mathrm{diag}(\boldsymbol{X}_{11},\boldsymbol{X}_{12})$

$\boldsymbol{X}_2=\mathrm{diag}(\boldsymbol{X}_{21},\boldsymbol{X}_{22})$

那么，使闭环系统［式(19.19)］绝对指数稳定的控制器及观测器增益矩阵分别为 $\boldsymbol{L}_1=\boldsymbol{Y}_1\boldsymbol{X}_{12}^{-1}\boldsymbol{C}^{+},\boldsymbol{L}_2=\boldsymbol{Y}_3\boldsymbol{X}_{22}^{-1}\boldsymbol{C}^{+},\boldsymbol{K}_1=\boldsymbol{Y}_2\boldsymbol{X}_{11}^{-1},\boldsymbol{K}_2=\boldsymbol{Y}_4\boldsymbol{X}_{21}^{-1}$。

证明： 取 $\boldsymbol{S}_1=\mathrm{diag}(\boldsymbol{S}_{11},\boldsymbol{S}_{12}),\boldsymbol{S}_2=\mathrm{diag}(\boldsymbol{S}_{21},\boldsymbol{S}_{22})$，令 $\boldsymbol{S}_1^{-1}=\boldsymbol{X}_1,\boldsymbol{S}_2^{-1}=\boldsymbol{X}_2$。在式(19.21)两边分别乘以 $\mathrm{diag}(\boldsymbol{X}_1,\boldsymbol{X}_{11},\boldsymbol{X}_{11},\boldsymbol{X}_{11},\boldsymbol{I},\boldsymbol{M}_1^{-1})$，及在式(19.22) 两边分别乘以 $\mathrm{diag}(\boldsymbol{X}_2,\boldsymbol{X}_{21},\boldsymbol{X}_{21},\boldsymbol{X}_{21},\boldsymbol{I},\boldsymbol{M}_2^{-1})$。令 $\boldsymbol{X}_{11}\boldsymbol{P}_1\boldsymbol{X}_{11}=\overline{\boldsymbol{P}}_1$，$\boldsymbol{X}_{11}\boldsymbol{M}_1\boldsymbol{X}_{11}=\overline{\boldsymbol{M}}_1$，$\boldsymbol{X}_{21}\boldsymbol{P}_2\boldsymbol{X}_{21}=\overline{\boldsymbol{P}}_2$，$\boldsymbol{X}_{21}\boldsymbol{M}_2\boldsymbol{X}_{21}=\overline{\boldsymbol{M}}_2,\boldsymbol{X}_{11}\boldsymbol{\Phi}\boldsymbol{X}_{11}=\overline{\boldsymbol{\Phi}},\boldsymbol{Y}_1=\boldsymbol{L}_1\boldsymbol{C}\boldsymbol{X}_{12},\boldsymbol{Y}_2=\boldsymbol{K}_1\boldsymbol{X}_{11},\boldsymbol{Y}_3=\boldsymbol{L}_2\boldsymbol{C}\boldsymbol{X}_{22},\boldsymbol{Y}_4=\boldsymbol{K}_2\boldsymbol{X}_{21}$。

由于 $\overline{\boldsymbol{M}}_1>0,\overline{\boldsymbol{M}}_2>0,\overline{\boldsymbol{P}}_1>0,\overline{\boldsymbol{P}}_2>0$，易知对于 $\varepsilon_i\in\mathbf{R}^{+}(i=1,2,3,4)$，式(19.56) 等价于式(19.57)。

$$\begin{cases}(\overline{\boldsymbol{M}}_1-\varepsilon_1^{-1}\boldsymbol{X}_{11})\overline{\boldsymbol{M}}_1^{-1}(\overline{\boldsymbol{M}}_1-\varepsilon_1^{-1}\boldsymbol{X}_{11})\geqslant 0\\(\overline{\boldsymbol{M}}_2-\varepsilon_2^{-1}\boldsymbol{X}_{21})\overline{\boldsymbol{M}}_2^{-1}(\overline{\boldsymbol{M}}_2-\varepsilon_2^{-1}\boldsymbol{X}_{21})\geqslant 0\\(\overline{\boldsymbol{P}}_1-\varepsilon_3^{-1}\boldsymbol{X}_{11})\overline{\boldsymbol{P}}_1^{-1}(\overline{\boldsymbol{P}}_1-\varepsilon_3^{-1}\boldsymbol{X}_{11})\geqslant 0\\(\overline{\boldsymbol{P}}_2-\varepsilon_4^{-1}\boldsymbol{X}_{21})\overline{\boldsymbol{P}}_2^{-1}(\overline{\boldsymbol{P}}_2-\varepsilon_4^{-1}\boldsymbol{X}_{21})\geqslant 0\end{cases}\tag{19.56}$$

$$\begin{cases}-\boldsymbol{X}_{11}\overline{\boldsymbol{M}}_1^{-1}\boldsymbol{X}_{11}\leqslant\varepsilon_1^2\overline{\boldsymbol{M}}_1-2\varepsilon_1\boldsymbol{X}_{11}\\-\boldsymbol{X}_{21}\overline{\boldsymbol{M}}_2^{-1}\boldsymbol{X}_{21}\leqslant\varepsilon_2^2\overline{\boldsymbol{M}}_2-2\varepsilon_2\boldsymbol{X}_{21}\\-\boldsymbol{X}_{11}\overline{\boldsymbol{P}}_1^{-1}\boldsymbol{X}_{11}\leqslant\varepsilon_3^2\overline{\boldsymbol{P}}_1-2\varepsilon_3\boldsymbol{X}_{11}\\-\boldsymbol{X}_{21}\overline{\boldsymbol{P}}_2^{-1}\boldsymbol{X}_{21}\leqslant\varepsilon_4^2\overline{\boldsymbol{P}}_2-2\varepsilon_4\boldsymbol{X}_{21}\end{cases}\tag{19.57}$$

在式(19.32)、式(19.33) 左右两边分别乘以 $\boldsymbol{X}_2$，式(19.34)、式(19.36) 左右两边分别乘以 $\boldsymbol{X}_{21}$，式(19.35)、式(19.37) 左右两边分别乘以 $\boldsymbol{X}_{11}$，由式(19.57) 及 Schur 补引理可得式(19.48)～式(19.55) 成立。令 $\boldsymbol{Y}_2=\boldsymbol{K}_1\boldsymbol{X}_{11},\boldsymbol{Y}_4=\boldsymbol{K}_2\boldsymbol{X}_{21}$，可求得控制器增益矩阵 $\boldsymbol{K}_1=\boldsymbol{Y}_2\boldsymbol{X}_{11}^{-1},\boldsymbol{K}_2=\boldsymbol{Y}_4\boldsymbol{X}_{21}^{-1}$。由于矩阵 $\boldsymbol{C}$ 行满秩，因此其 Moore-Penrose 逆矩阵 $\boldsymbol{C}^{+}$ 存在。由 $\boldsymbol{Y}_1=\boldsymbol{L}_1\boldsymbol{C}\boldsymbol{X}_{12}$ 及 $\boldsymbol{Y}_3=\boldsymbol{L}_2\boldsymbol{C}\boldsymbol{X}_{22}$ 可得观测器增益矩阵：$\boldsymbol{L}_1=\boldsymbol{Y}_1\boldsymbol{X}_{12}^{-1}\boldsymbol{C}^{+},\boldsymbol{L}_2=\boldsymbol{Y}_3\boldsymbol{X}_{22}^{-1}\boldsymbol{C}^{+}$。

19.3　实例仿真

考虑如下 Lurie 系统[35]，其中：

$$\boldsymbol{A}=\begin{bmatrix}0 & 1\\0 & -0.9\end{bmatrix},\ \boldsymbol{B}=\begin{bmatrix}1\\1\end{bmatrix},\ \boldsymbol{C}=[1\quad 0],\boldsymbol{B}_f=\begin{bmatrix}0\\1\end{bmatrix},f(\cdot)\in\ell[0,1]$$

显然此系统不稳定。

假设 DoS 攻击信号的参数 $T=3\text{s},T_{\text{off}}=2.5\text{s}$，系统采样周期 $h=0.01\text{s}$，事件触发阈值 $\sigma=0.3$，系统时延上界 $\rho_{\text{M}}=0.02\text{s}$，取 $r_1=0.2,r_2=0.45$，$\mu_1=1.1,\mu_2=1.1$，$\varepsilon_1=1,\varepsilon_2=1,\varepsilon_3=5,\varepsilon_4=5$。根据定理 19.3，求得事件触发权重矩阵，控制器及观测器增益矩阵分别为：

$$\boldsymbol{\Phi}=\begin{bmatrix}77.0881 & 66.1824\\66.1824 & 64.2502\end{bmatrix}$$

$$\boldsymbol{K}_1=[-0.4705\quad -0.4285],\boldsymbol{K}_2=[-0.4821\quad -0.4387]$$

$$\boldsymbol{L}_1=[-0.6471\quad 2.4183]^{\text{T}},\boldsymbol{L}_2=[-4.1645\quad 9.0517]^{\text{T}}$$

取非线性函数 $f(\cdot)$为饱和函数 $\text{sat}(\cdot)$，系统初始状态取为 $\boldsymbol{x}(0)=[0.5\quad -0.8]^{\text{T}}$，$\hat{\boldsymbol{x}}(0)=[0.1\quad -0.1]^{\text{T}}$。在网络攻击的作用下，系统的状态及估计值曲线如图 19.3、图 19.4 所示，事件触发时刻时间间隔如图 19.5 所示。

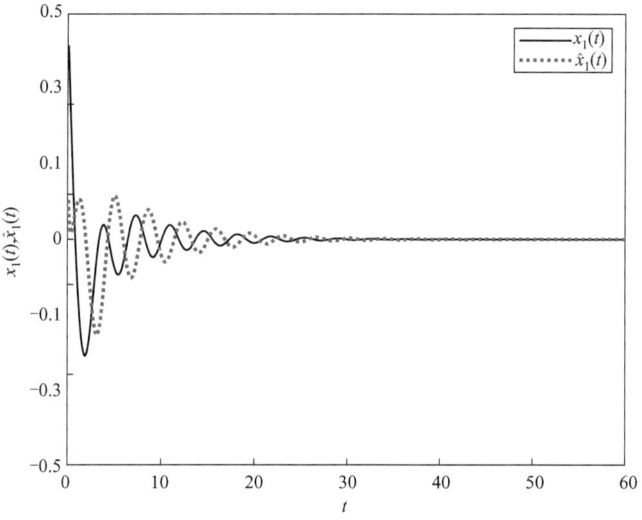

图 19.3　系统的状态 $x_1(t)$及其估计值$\hat{x}_1(t)$曲线

为了说明时延对系统衰减率的影响，将一些计算结果列于表 19.1 中。

从表 19.1 可以看到，时延越大，系统衰减率越小。如果忽略时延，系统衰减率将被过大地计算为 $\bar{\omega}'=0.0577$。

接下来进一步研究事件触发机制对系统性能的影响。根据定理 19.3，当其他参数的选取不变时，系统所允许的时延上界 ρ_{M} 随事件触发阈值 σ 变化的规律如表 19.2 所示。

表 19.2　不同事件触发阈值 σ 下的 ρ_{M}

σ	0.3	0.2	0.1	0.05
ρ_{M}	0.063	0.222	0.348	0.417

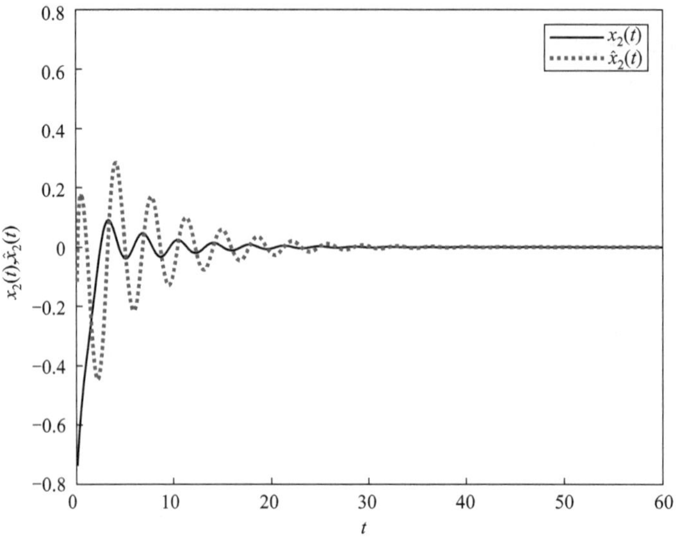

图 19.4　系统的状态 $x_2(t)$ 及其估计值 $\hat{x}_2(t)$ 曲线

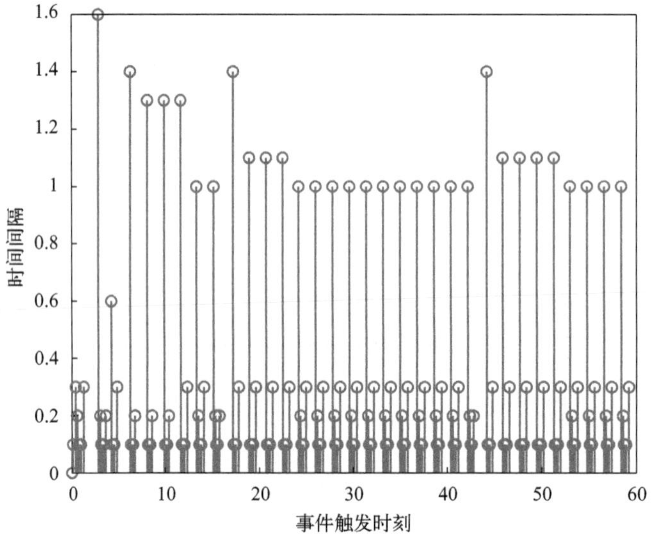

图 19.5　事件触发时刻时间间隔

从表 19.2 可以看到，事件阈值 σ 越小，所允许的系统时延上界 ρ_M 越大。因此，为了减轻时延 ρ_M 对系统性能的影响，可以适当减小事件阈值 σ。

19.4　本章小结

本章针对 Lurie 被控对象，建立了包含 DoS 攻击、网络时延及事件触发机制在内的 NCS 的统一数学模型。给出了事件触发机制、观测器及控制器增益矩阵的联合设计方法。根据所得到的闭环系统衰减率的表达式，可以看到时延将影响闭环系统的衰减率，衰减率随时延单调递减，即时延越大，衰减率越小。衰减率随系统采样周期亦单调递减，为了增大衰减率可以适当减小采样周期。另外，可以看到当其他参数不变时，事件阈值越小，所允许的系统时延上界越大。在未来的研究中，将把有关结果推广到受到未知周期的 DoS 攻击的情形。

参考文献

[1] Zhang Y，Wang Z D，Alsaadi F E. Detection of intermittent faults for nonuniformly sampled multi-rate systems with dynamic quantisation and missing measurements [J]. International Journal of Control，2020，93 (4)：898-909.

[2] Maity D，Mamduhi M H，Hirche S，et al. Optimal LQG control of networked systems under traffic-correlated delay and dropout [J]. IEEE Control Systems Letters，2022，6：1280-1285.

[3] Palmisano M，Steinberger M，Horn M. Optimal finite-horizon control for networked control systems in the presence of random delays and packet losses [J]. IEEE Control Systems Letters，2021，5 (1)：271-276.

[4] Caballero-Aguila R，Hermoso-Carazo A，Linares-Prez J，et al. A new approach to distributed fusion filtering for networked systems with random parameter matrices and correlated noises [J]. Information Fusion，2019，45：324-332.

[5] Wang Y Q，Ye H，Ding S X. Residual generation and evaluation of networked control systems subject to random packet dropout [J]. Automatica，2009，45 (10)：2427-2434.

[6] Schenato L. Optimal estimation in networked control systems subject to random delay and packet drop [J]. IEEE Transactions on Automatic Control，2008，53 (5)：1311-1317.

[7] Maity D，Mamduhi M H，Hirche S，et al. Optimal LQG control under delay-dependent costly information [J]. IEEE Control Systems Letters，2019，3 (1)：102-107.

[8] Qiu A B，Al-Dabbagh A W，Chen T W. A tradeoff approach for optimal event-triggered fault detection [J]. IEEE Transactions on Industrial Electronics，2019，66 (3)：2111-2121.

[9] Song S Y，Hu J，Chen D Y，et al. An event-triggered approach to robust fault detection for nonlinear uncertain Markovian jump systems with time-varying delays [J]. Circuits，Systems，and Signal Processing，2020，39 (5)：3445-3469.

[10] Ge X H，Han Q L，Wang Z D. A dynamic event-triggered transmission scheme for distributed set-membership estimation over wireless sensor networks [J]. IEEE Transactions on Cybernetics，2019，49 (1)：171-183.

[11] Li Q，Shen B，Wang Z D，et al. Synchronization control for a class of discrete time-delay complex dynamical networks：a dynamic event-triggered approach [J]. IEEE Transactions on Cybernetics，2019，49 (5)：1979-1986.

[12] Zhu K Q，Song Y，Ding D R，et al. Robust MPC under event-triggered mechanism and round-robin protocol：an average dwell time approach [J]. Information Sciences，2018，457-458：126-140.

[13] Dong Y Y，Song Y，Wang J H，et al. Dynamic output feedback fuzzy MPC for Takagi-Sugeno fuzzy systems under event-triggering-based try-once-discard protocol [J]. International Journal of Robust and Nonlinear Control，2019，30 (4)：1394-1416.

[14] Hu S L，Yue D，Xie X P，et al. Stabilization of neural-network-based control systems via event-triggered control with non periodic sampled data [J]. IEEE Transactions on Neural Networks and Learning Systems，2018，29 (3)：573-585.

[15] Peng C，Li J C，Fei M R. Resilient event-triggering H_∞ load frequency control for multi-area power systems with energy-limited DoS attacks [J]. IEEE Transactions on Power Systems，2017，32 (5)：

4110-4118.

[16] Peng C, Zhang J, Han Q L. Consensus of multiagent systems with nonlinear dynamics using an integrated sampled-data-based event-triggered communication scheme [J]. IEEE Transactions on Systems, Man, and Cybernetics: Systems, 2019, 49 (3): 589-599.

[17] Wang L C, Liu S, Zhang Y H, et al. Non-fragile l_2-l_∞ state estimation for time-delayed artificial neural networks: an adaptive event-triggered approach [J]. International Journal of Systems Science, 2022, 53 (10): 2247-2259.

[18] Wang J H, Song Y. Resilient RMPC for cyber-physical systems with polytopic uncertainties and state saturation under TOD scheduling: an ADT approach [J]. IEEE Transactions on Industrial Informatics, 2020, 16 (7): 4900-4908.

[19] Zhao N, Shi P, Xing W, et al. Event-triggered control for networked systems under denial of service attacks and applications [J]. IEEE Transactions on Circuits and Systems Ⅰ: Regular Papers, 2022, 69 (2): 811-820.

[20] Fawzi H, Tabuada P, Diggavi S. Secure estimation and control for cyber-physical systems under adversarial attacks [J]. IEEE Transactions on Automatic Control, 2014, 59 (6): 1454-1467.

[21] Chang Y H, Hu Q, Tomlin C J. Secure estimation based Kalmanfilter for cyber-physical systems against sensor attacks [J]. Automatica, 2018, 95: 399-412.

[22] Gong C, Zhu G, Shi P, et al. Asynchronous distributed finite-time H_∞ filtering in sensor networks with hidden Markovian switching and two-channel stochastic attacks [J]. IEEE Transactions on Cybernetics, 2022, 52 (3): 1502-1514.

[23] Dolk V S, Tesi P, De Persis C, et al. Event-triggered control systems under denial-of-service attacks [J]. IEEE Transactions on Control of Network Systems, 2017, 4 (1): 93-105.

[24] Chen X L, Wang Y G, Hu S L. Event-based robust stabilization of uncertain networked control systems under quantization and denial-of-service attacks [J]. Information Sciences, 2018, 459: 369-386.

[25] Sun H T, Peng C, Wang Y L, et al. Output-based resilient event-triggered control for networked control systems under denial of service attacks [J]. IET Control Theory and Applications, 2019, 13 (16): 2521-2528.

[26] Liu J L, Gu Y Y, Zha L J, et al. Event-triggered H_∞ load frequency control for multiarea power systems under hybrid cyber attacks [J]. IEEE Transactions on Systems, Man, and Cybernetics: Systems, 2019, 49 (8): 1665-1678.

[27] Hu S L, Yue D, Han Q L, et al. Observer based event-triggered control for networked linear systems subject to Denial-of-Service attacks [J]. IEEE Transactions on Cybernetics, 2020, 50 (5): 1952-1964, .

[28] Hu S L, Yue D, Cheng Z H, et al. Co-design of dynamic event-triggered communication scheme and resilient observer based control under aperiodic DoS attacks [J]. IEEE Transactions on Cybernetics, 2021, 51 (9): 4591-4601.

[29] Yang F W, Wang Z D, Hung Y S, et al. H_∞ control for networked systems with random communication delays [J]. IEEE Transactions on Automatic Control, 2006, 51 (3): 511-518.

[30] Ding L, Han Q L, Wang L Y, et al. Distributed cooperative optimal control of DC microgrids with communication delays [J]. IEEE Transactions on Industrial Informatics, 2018, 14 (9): 3924-3935.

[31] Shi Y, Yu B. Output feedback stabilization of networked control systems with random delays modeled by Markov chains [J]. IEEE Transactions on Automatic Control, 2009, 54 (7): 1668-1674.

[32] Shi K B, Tang Y Y, Zhong S M, et al. Nonfragile asynchronous control for uncertain chaotic Lurie

network systems with Bernoulli stochastic process [J] . International Journal of Robust and Nonlinear Control, 2018, 28 (5): 1693-1714.

[33] Zhang L S, Wang S X, Yu W, et al. New absolute stability results for Lurie systems with interval time-varying delay based on improved Wirtinger-type integral inequality [J] . International Journal of Robust and Nonlinear Control, 2019, 29 (8): 2422-2437.

[34] Ma Y C, Yang P J, Zhang Q L. Delay-dependent robust absolute stability of uncertain Lurie singular systems with neutral type and time-varying delays [J] . International Journal of Machine Learning and Cybernetics, 2018, 9 (12): 2071-2080.

[35] Zhao X H, Hao F. Absolute stability for a class of observer-based nonlinear networked control systems [J] . Acta Automatica Sinica, 2009, 35 (7): 933-944.